腐植酸应用丛书

中国腐植酸工业协会　组织编写

腐植酸类物质概论（第二版）

成绍鑫　编

化学工业出版社
·北京·

内 容 提 要

本次修订是作者在阅读大量国内外文献和长期研究积累的基础上，对第一版做了大量补充和修改。本书详细介绍了腐植酸类物质的研究历史、起源与形成、生态功能、资源评价、提取精制、物理化学和生物学性质、分子组成结构特征及其重要反应，以及在工业、农业、畜牧、水产、环保和医药等方面的应用概况，系统展示了实现工业化的腐植酸类产品，具有很强的指导性与实用性。

本书作为腐植酸化学基础和工艺学读物，可供从事腐植酸基础研究、工艺开发和生产的科技与管理人员阅读，也可供煤化学化工及相关专业的师生学习参考。

图书在版编目（CIP）数据

腐植酸类物质概论/成绍鑫编；中国腐植酸工业协会组织编写．—2版．—北京：化学工业出版社，2020.8
（腐植酸应用丛书）
ISBN 978-7-122-37081-5

Ⅰ.①腐…　Ⅱ.①成…②中…　Ⅲ.①腐植酸-概论　Ⅳ.①O636.9

中国版本图书馆CIP数据核字（2020）第085968号

责任编辑：刘　军　张　赛　　　装帧设计：张　辉
责任校对：赵懿桐

出版发行：化学工业出版社（北京市东城区青年湖南街13号　邮政编码100011）
印　　刷：北京京华铭诚工贸有限公司
装　　订：三河市振勇印装有限公司
710mm×1000mm　1/16　印张23½　字数410千字　　2020年8月北京第2版第1次印刷

购书咨询：010-64518888　　　售后服务：010-64518899
网　　址：http://www.cip.com.cn
凡购买本书，如有缺损质量问题，本社销售中心负责调换。

定　　价：88.00元

序

第一版《腐植酸类物质概论》（以下简称《概论》）出版后，不到5年即告售罄，究其原因有五点：一是2007年党的十七大报告提出生态文明建设的战略部署越来越重要；二是腐植酸类物质与生态环境建设密不可分，系“美丽因子”；三是经过全行业几十年不懈努力，腐植酸产业已经成为推动生态环境建设的重要力量；四是作者具有理论和实践研究的丰富经验，汇集了60年的主要研究成果，十分接地气；五是该书系中国腐植酸环境友好产业发展50年献礼丛书之一，寓意深远。

腐植酸是地球碳循环的重要一环，与地球上各种生态物质有着紧密联系。腐植酸是从土壤中发现的，通过工业化利用反哺土壤，腐植酸类肥料立了第一功。在腐植酸环境友好产业各门类中，腐植酸肥料产业影响力最大，形成的理论与实践成果最多，如构筑“土肥和谐”新关系、确立“两机互补”理论、明确“腐植酸与化肥”融合力最大（公约数）、阐明“黑白交慧”原理、开创“肥料工业4.0”时代等，经过四届“化肥零增长行动”“净土洁食工程”检验，腐植酸肥料的“身子骨”越来越硬朗。“让黑色腐植酸将白色化肥转变成黑色肥料还土壤本色，改变一下中国，也改变一下世界”，这个信条的力量会越来越大。

六十年来，成绍鑫先生见证了中国腐植酸环境友好产业发展的全过程，也是腐植酸研究开发的践行者。成先生“出身”中国科学院煤炭化学研究所——中国腐植酸开发研究的发祥地，他师从第一代腐植酸研究者代表吴奇虎老先生，一干就是四十多年。成先生理论扎实、实践丰富，是腐植酸研究领域的常青树。成先生退休后，义无反顾地支持、帮助行业发展。凡是协会提出来的需求，先生从不拒绝，无不第一时间“交卷”，令人十分感佩。这次委托成先生修编《概论》，他本着科学认真负责的态度，收集各类素材，花了一年多的时间，付出了很多心血，在此表示感谢！

这次修订《概论》，成先生遵照习近平总书记关于“绿水青山就是金山银山”“山水林田湖草”命运体建设、扎实推进碧水蓝天净土保卫战等一系列指示精神，坚持协会“两以论”（即以“国泰论”，腐植酸是自觉参与生态文明建设的“美丽因子”；以“环宇论”，腐植酸是积极维护地球碳循环的“安全卫士”）方针，引入了很多新理念。说到“概论”，腐植酸在农业、工业、环境、医药等各个门类广泛应用，涉足的内容十分广泛。各门类与腐植酸的起源形成、资源利用、作用功能、机理研究、基础产品等内容息息相关，实难概全。目前，腐植酸仍无法人为合成，其物质组成和作用的复杂性，给科学工作者留下了广阔的研究空间，也给产业各界提供了巨大的探索空间。

第二版《概论》，为新时期发展腐植酸环境友好产业打开了再学习、再深入、再发展的一扇窗，诚如“万物一孔”！于是乎，受命之际，题“童叟无欺”，贺“六十载探索始终无悔，八十叟求真礼敬年轻”一联，是敬是序。

曾宪成

2020 年 2 月 18 日于北京

前言

12年前，本书第一版作为纪念中国腐植酸工业发展50周年献礼的丛书之一问世。由于编者水平所限，又缺乏写作经验，自觉第一版存在不少缺憾。尽管如此，出版后不到5年就销售一空。与其说本书受到广大读者的厚爱，不如说本专业文献专著远远不能满足我国腐植酸研究和生产的快速发展需求。中国腐植酸工业协会曾宪成名誉会长、韩立新会长以及不少行业同仁鼓励我再次捉笔改写。在此情况下，编者只能“恭敬不如从命”，用一年多时间浏览了近十多年来的国内外文献，在原稿基础上做了不少修改和补充。本书第二版，算是对我国60多年来腐植酸事业的不完全的总结，也是编者对缺憾的弥补和对读者的回报吧。

趁本书出版之际，还想向读者说几句肺腑之言。

我退休前在恩师吴奇虎研究员指导下从事腐植酸研究21年，退休后的20年又亲历了我国腐植酸事业蓬勃发展的全过程，可以说是“地道的”腐植酸事业发展的历史见证者和亲历者，确实为我国腐植酸事业的成就感到骄傲和自豪。特别从这次纵览文献过程中看到几组非常令人振奋的数据。据陆中桂等（2018）通过Web of Science数据库统计研究表明，2008—2017年10年内我国腐植酸（HA）论文发文量占世界HA总发文量的38.36%，中、美、德居世界前三位。其次，我国许多论文在世界核心期刊上发表，说明我国HA研究处于世界领先水平。研究还发现，中美两国有多位学者是“高被引用者”，反映了两国在HA研究中拥有世界一流的研究人才和较高的学术水平，其中HA在生态环境方面的研究内容占绝大多数。从技术研发和产业发展情况来看，近十几年也取得了举世瞩目的成就。

党的十八大将生态文明建设作为建设中国特色社会主义总体战略布局之一，首次提出“尊重自然、顺应自然、保护自然的生态文明理念”，提出“建设美丽中国、实现中华民族永续发展”“着力推进绿色发展、循环发展、低碳发展”“形成节约资源和保护环境的空间格局”等重大战略构想。党的十九大以来，中央继续强化生态文明建设力度，加快实施“健康中国战略”和“绿色发展”步伐，祖国大地呈现一片勃勃生机。低碳环保、土肥和谐、空气净化、江河治理、食品安全等成为生态文明建设的主题词。

在此历史的节点上，我国腐植酸人已自觉担当起环境修复和促进农业可持续发展的历史使命。中国腐植酸工业协会不失时机地引导全行业走在国家生态建设的前列，使HA从默默关怀人类的产业成长为生态文明建设中光荣绽放的“美丽因子”。从编者阅读的大量文献报道不难看出，近年来HA行业实施科技创新驱动机制，为贯彻国家“水十条”“气十条”“土十条”等精神，充分发挥与环境友好的天然优势，重点瞄准水土环境修复治理，向工业、农业、医药方面的应用辐射，力争为国家经济建设、生态建设和人民健康事业做出积极贡献。目前我国HA达55个产业类型，HA企业8500多家，其中HA肥料企业3466家，比5年前增加了42%；截至2019年6月底，含HA水溶肥料产品累计登记3445个，涉及1964个企业，反映了HA在肥料领域中的重要地位和作用。与此相应的应用基础研究也发布了不少成果。据国家知识产权局1985—2017年专利数据统计，审批和已经获批的腐植酸相关国家专利9892项，其中2015—2017就达8681项，占比87.8%，充分彰显了近年来HA科技发展和产业壮大的速度。HA行业不再是以作坊式经营为主导，而是向几十万到百万吨级的大型企业进军。我国HA研究和产业国际影响力也日益增强。我国积极参加国际腐殖质协会、国际泥炭学会的学术交流，经常接待国外专家和贸易团体。2014年6月协会曾宪成会长在“世界环境日”登上联合国讲坛的精彩演讲，博得全球代表的高度赞扬；他在“2016中国-东盟暨一带一路土壤修复与植物营养发展峰会”上的主旨报告，也为国外代表分享了我国HA生态修复的经验和成果，为促进世界HA产业发展提供了范例。我国的HA研究成果和产业发展是几代腐植酸人不忘初心、前赴后继、不断奋进的结果。

在总结过程中，编者也感到有一些不尽人意之处，如学术上的虚夸浮躁、概念炒作之风，研发中的急功近利、低水平重复劳动现象，市场销售中的虚假宣传、鱼龙混杂等现象时有发生。近十多年来HA基础研究没有多少重大理论突破，研发领域的成果转化比例也不高，均与上述现象有直接关系。这些不和谐的“音符”，必将在不断发展的滚滚洪流中得到纠正和更新。我国腐植酸事业必将迎来更加美好的春天！

本书分为13章，前7章是基础理论部分，后6章是应用研究和产品研发部分。各章结尾都引出了参考文献，编者尽量将一些经典专著和文章收入到引用文献中，但因涉及的文献资料太多，不可能都列入文献目录，故有不少文献（主要是过刊文章）只在正文中写出作者名字，并在后面括号中标明发表年份，以便于读者查阅。

曾宪成名誉会长对本书的编写提出不少指导性意见，提供了很多有价值的资料；李双副秘书长为本书编写做了大量细致的工作；中国矿业大学（北京）化学与环境工程学院黄占斌教授、昆明理工大学生命科学与技术学院李宝才教授为本书提出了很多宝贵的修改意见；还有学术界和行业中不少同仁也给予许多鼓励和帮助，在此一并表示衷心的感谢！

腐植酸类物质涉及的学科领域非常广泛，编者所涉猎的文献资料也只是沧海之一粟，再加编者专业知识的局限，本书仍存在缺憾和不妥之处，欢迎读者给予斧正，并提出宝贵意见。

成绍鑫

2020年元月

第一版前言

说起腐植酸类物质，大多数人可能了解甚少，但对土壤学和煤化学工作者来说并不陌生。这种分布广泛、数量巨大、年代久远的天然大分子有机物质，早就与地球上的生物和人类相依为伍，但真正开始研究和认识它们，也就是200多年的时间，而自觉利用乃至投入产品开发，也只有50多年的历史。早期的腐植酸研究主要局限于土壤化学和煤炭成因方面。近期的深入研究才发现，腐植酸不仅对土壤肥力、植物生长、矿物的积累迁移有重要影响，而且关系到地球碳循环和生态平衡，也与环境毒物的迁徙、生物和人类的健康息息相关。今天，腐植酸已不仅仅是一个学术概念，而早已作为应用科学和工艺技术，涉及基础有机化学、农学、煤化学、土壤学、医学、微生物学及环境化学等多种门类的边缘学科，而且逐渐进入高技术领域和产业化阶段，在农业、工业、畜牧、环保、医药方面得到广泛应用。

20世纪七八十年代是我国腐植酸研究和开发的黄金时期。在此期间，我国腐植酸的应用基础研究、化学工艺以及产品开发方面取得了一系列瞩目的研究成果，并初步建立了多种腐植酸产品的生产线，积累了大量文献资料。进入21世纪，迅速掀起的绿色浪潮极大地冲击着人们的传统思维方式和价值观念。地球资源和环境危机的加剧，促使人类逐渐改变自己的认识误区，重新审视自己的行动。在此形势下，似乎“名不见经传”的腐植酸再次受到人们的关注。“十一五”期间，国家已规划出建设环境友好社会、实施循环经济的蓝图，对腐植酸的研发更加重视。作为朝阳产业的腐植酸行业开始跨上新的台阶，展现出无限美好的前景。行业同仁急需一套新的参考书，不少相关人士也想了解腐植酸的基本知识。中国腐植酸工业协会决定组织编写《腐植酸应用丛书》，是非常必要和适时的。协会指定我编写这本《腐植酸类物质概论》，深感时间紧迫，任务繁重。但协会的信任和许多同仁的鼓励，又感到义不容辞，只好班门弄斧。

本书是在阅读大量国内外文献及编者多年的研究积累的基础上编写的。有关腐植酸的文献非常丰富，近30年来仅录入《美国化学文摘》(CA)的涉及腐植酸主题的文献每年就达1000篇左右。总体上看，一些成熟的或具有经典性的资料大都集中在20世纪90年代以前的著作中。因此，本书主要引用早期有代表性的专著和文献，也适当引用近期发表的创新性论述。

本书作为对腐植酸类物质的综合性述评，其主要宗旨是偏重于实际应用，但为了给应用提供理论依据，故也用相当篇幅叙述了必要的化学基础知识和研究进展。编者力求做到以下3点。1）通用性。就是说本书采用科普读物的写法，尽量用通俗的语言介绍腐植酸类物质的知识概貌，争取让不同专业、不同文化层次的读者都能看懂。由于篇幅所限，不少叙述可能是蜻蜓点水，故专业人员可阅读有关专著和参考文献。2）客观性。由于腐植酸化学不属于经典化学范畴，而是一门发展中的边缘学科，也是一门实验性很强的科学，可以说绝大多数学说或观点都没有统一的结论。由于各研究者采用的样品来源、实验方法、实验背景和目标不同，所得结论有很大差别。在遇到这种情况时，笔者一般不轻易下结论，尽可能客观反映不同研究者的观点，给读者留下思考和继续探索的空间。3）可操作性。书中涉及一些腐植酸实验研究和生产技术，为便于相关研究技术人员的实际操作，笔者力求简明扼要地说明研究方法和技术要点。

本书共十一章。第一章到第七章为基础部分，第八章到十一章为应用部分和主要产品介绍。本书可供从事腐植酸科学研究、技术开发、教学、生产的人员参考，也是给对腐植酸感兴趣的人们提供的启蒙读物。

中国腐植酸工业协会曾宪成理事长为本书的策划和编写方案提出了许多宝贵意见，做了大量组织工作；吴奇虎和李善祥研究员、俞晓芸高工为笔者提供了不少文献资料；本书编辑委员会的部分委员审阅了初稿，特别是郑平教授为全书的修改提出了不少指导性意见；华东理工大学的周霞萍老师、《腐植酸》杂志和化学工业出版社的编辑们也给予了不少帮助，在此一并表示衷心的感谢！

腐植酸类物质涉及专业和学科领域范围非常广泛。由于作者专业和知识的局限，本书定会存在不妥之处，希望读者提出宝贵意见，以便再版时修正。

编者

2007年7月

目 录

01

第1章　绪　论

五十多年前，有位在黑龙江农场插队的知青朋友给我来信说，那里的土地黑得像墨，肥得流油，“插双筷子都能生根发芽”。当时，总以为朋友的描述不可思议。又过了十几年，当我进入腐植酸研究行列，并亲自去东北考察后才真正领略到那“黑色”的深奥和内涵。朋友的描述尽管过于夸张，但那黝黑广袤的土地以及她孕育的一望无垠的绿色生命，确实令人震撼！我们现在已经知道，这种蕴藏在土壤中的黑色物质就是腐殖质，其中绝大多数是腐植酸类物质。这类物质似乎虚无缥缈，不像矿石、煤炭那样一目了然，但它们确确实实是以实体存在的宝贵资源，而且在默默地为生物和人类做着贡献。它们在地球生物圈的数量大得惊人，可以万亿吨计算；它们的起源年代非常久远，大约 45 亿年前地球上有生命时就出现了，而有了陆生植物时（约 4 亿年前）开始大量积累；它们分布的范围也非常广泛，在低级别煤炭（泥炭、褐煤和风化煤）中含量最多，在苍莽的林海、草原和寒-温带黑土地中大量积累（所以才有东北看到的景象），在耕地表层、河海底泥、动物粪便、有机肥料、污泥、垃圾、人工发酵产物中也为数不少，即使在高山荒原、冻土带表面、江河湖海水域，在死亡动植物细胞或患病组织中，甚至在大气尘埃中也有腐植酸类物质的踪迹（一般含量不到 1%，所以看不到其黑色“容貌”）。可以说，凡有生命的地方，就有腐植酸的一席之地。早在史前社会，腐植酸就与生物和人类生活结下了不解之缘。到五六千年前的农耕时代，人类才开始自发地利用腐植化的有机质。直到近代和现代社会，人类已经进入理性认知和自觉应用腐植酸的时代。

1.1　腐植酸研究与应用的意义

腐植酸类物质数量如此巨大，分布得如此广泛，几乎无所不在，但占地壳的重量却平均不到1‰。虽然比例很小，但在生物圈中的地位却很重要。因此，对腐植酸类物质的研究和合理利用非常必要，可以归纳为以下几点。

（1）在多学科研究中都不能回避腐植酸　腐植酸研究较早为腐植酸化学，腐植酸化学是天然有机化学和地球有机化学的一个分支，涉及地理学、煤化学、土壤化学、微生物学、植物生理学、生态学、气象学等诸多领域。在这些学科的研究中，都不可能回避腐植酸。比如，植物的生长、土壤的形成与肥力、煤的生成与转化、微生物的繁衍与代谢、地球碳循环等等，都与腐植酸有千丝万缕的联系。深入研究腐植酸的起源、组成结构以及其在自然界的反应与转化历程，有助于加深对地球生物圈循环机制的认知，进而为人类认识自然、改造自然提供科学依据。

（2）腐植酸类物质与地球环境及人类生活有密切关系　深入研究它们如何影响矿物质的积累和迁移，如何影响土壤肥力和植物生长，它们与各种物质（如矿物、化肥、农药、生长调节剂、石油产品、酶物质等）发生什么样的作用，它们在生物碳循环中又是扮演什么样的角色，哪些作用因素对人类是有利的，哪些是有害的等等。搞清这些问题，我们就能掌握腐植酸类物质的演变规律，“调动”它们的活性，为保护地球生态环境和促进人类健康服务。

（3）发掘和评价腐植酸资源是腐植酸研究开发的基础工作　土壤、水体中的腐植酸含量很低，不可能提取出来作为资源加以利用。真正能作为资源利用的，主要是低级别煤炭（包括泥炭、褐煤和风化煤），其腐植酸含量一般在20％～70％；一些天然生物质（植物残体、污泥、动物排泄物等）本身含一定数量的腐植酸，经生物化学处理后也可作为腐植酸的来源。如何有效地保护、开发和合理利用这些资源，对我国腐植酸工业和应用的可持续发展有重要的现实和长远意义。

（4）腐植酸的相关研究直接影响腐植酸产品的应用效果　对腐植酸物质的提取、加工和改性，制取适合于工业、农业、环保和医药应用的产品，使它们转化为现实生产力，是腐植酸化学研究的主要方向和目标。在经济迅速发展、科技日益进步的今天，腐植酸制剂效果的优劣，不仅直接影响诸多方面的使用效果，也关系到生物和人类的健康和食品安全。要想提高腐植酸产品的应用效果，就必须加大科技投入，不断创新。但腐植酸毕竟是一类天然大分子有机酸的混合物，况且原始物质来源、生成年代、贮存环境千差万别，导致其组成结构和物化性质的多样性和可变性。有关腐植酸的许多化学和生物化学复杂现象至今很难解释，这也是制约腐植酸技术创新和产品开发的重要因素。因此，在产品开发的同时，继续加强有关的基础研究，提高腐植酸化学学科水平，对于推动技术开发和指导推广应用，无疑有着重要的实际意义。

1.2　世界腐植酸研究与应用简史

腐植酸的研究实际上是从土壤腐殖质（humus）开始的。腐植酸研究历史大致可以分为四个时期。

第一时期（18 世纪中叶到 19 世纪初）——启蒙时期。很早以前就有人怀疑土壤发黑的原因是由于有一种黑色的东西在“作怪”。在没有搞清原委之前，土壤学界统统把它们称为“暗色物质”（dark substances）。1761 年由华莱士发表的世界上第一部农业化学著作《农业化学原理》一书中，首先提出“腐殖质”（humus）这一名称，认为油和脂肪就是腐殖质，并把它看作是植物的“养料”，是土壤肥力的关键要素。罗蒙诺索夫（1763）首先解释这种腐殖质起源于“动、植物残体随时间的腐解”。后来，德国科学家们又发现泥炭中有更多的暗色物质，而且泥炭还有神奇的医疗作用，遂将注意力转向泥炭。德国的阿查德（1786）是第一个从泥炭中用碱溶液提取再用酸沉淀出深色无定形沉淀物（即后来被命名为“腐植酸”）的学者。此后，法国的沃克林（1797）、英国的汤姆森（1807）又先后用碱液从腐解植物残体和土壤中提取出此类褐色物质，建议将其称作“乌敏酸”（ulmin acid）。俄国的科莫夫（1789）在他的《论农业》一书中首次明确提出土壤褐色有机质在土壤肥力和植物营养中的重要作用。索休尔（1804）首次用“腐殖质”（humus）一词来描述土壤中棕色有机质，并认为腐殖质可以被植物直接利用。可以看出，在这一时期，科学界发现了腐殖质，也提取出腐植酸，但对它的认识仅处于朦胧阶段，也未给腐植酸命名，更没有弄清腐殖质的化学本性。

第二时期（19 世纪初到 20 世纪初）——腐殖质化学研究快速发展的时期。这个时期，是经典有机化学、胶体化学、微生物学理论和实验技术飞跃发展的阶段。在这些近代理论和实验技术的支撑下，腐殖质化学研究实现了跨越式发展。土壤学界对腐殖质的起源、命名、分离、分类、组成和性质的认识已形成不同观点，发表了大量文献，并展开激烈的学术争论。德国的斯普伦盖尔（1826）第一个把溶于碱溶液的腐殖质称做腐植酸（huminsäuren），并测出其碳含量为 58%，把不溶的部分称作“腐植碳”。瑞典化学家伯齐留斯（1832）把 ulmin 称作 gein（希腊语“土”的意思）和 geic acid，表示用碱液提取出来的土壤有机质；1839 年他又把从矿泉水中提取出的酸称作克连酸和阿波克连酸（后者为前者的氧化产物）。此后，斯普伦盖尔的学生穆德尔（1861—1862）总结前人的建议，首次按颜色和溶解性把腐殖质分为 3 部分：克连酸和阿波克连酸（crenic and apocrenic acid，溶于水的组分）、乌敏酸和胡敏酸（ulmic acid and humic acid，溶于碱的褐色和黑色组分）、乌敏素和胡敏素（ulmin and humin，不溶于碱液）。瑞典学者奥登（1919）又提出第 4 组分——吉马多美朗酸（溶于乙醇，即今称的棕腐酸），并把溶于水的组分改名为富里酸（fulvic acid），奠定了现代腐植酸类物质命名的基础。奥登还对煤给出“腐植煤”（humus coal）的概念，首次将土壤腐植质与煤的腐植有机质联系在一起。这个时期，在腐植酸组成和成因方面出现了一系列重要的学说，具有代表性的有以下四种。

（1）认为腐植酸纯粹是一种化学反应合成的产物，其中主要是碳水化合物脱水或与蛋白质反应形成的，这些产物几乎都能仔细分开，并能一一写出分子式和具体名称。伯齐留斯、盖尔曼（1840）、麦拉德（1916）、斯雷涅尔（1910）等是这一学说的代表。此学说后来遭到质疑，认为他们所说的那些“腐植酸”实际上是人为合成的产物，不能代表真正的腐植酸。

（2）以塔尔霍夫（1881）为代表的学者从胶体化学研究结果证明，腐植酸类物质是一种复杂的无定形胶体，企图作为单体化合物来分离是徒劳的，以分子式或化学式表示也是毫无意义的。奥登（1922）也通过超显微镜、光学研究和分子量测定验证了腐植酸类物质的胶体化学性质，但却认为腐植酸和吉马多美朗酸是特征的化学化合物，而“腐植碳”和富里酸是“类群”。

（3）以什穆克（1914）为代表的学说认为，腐殖质不是单一化合物，而是一类具有同一结构特征的物质“类群”，其中的腐植酸是腐殖质“类群”中最具特征性的组分。他首先提出腐植酸是介于胶体和晶体之间的一类胶体分散体，具有吸附、膨胀以及在电解质中沉淀的倾向，证实了腐植酸芳香结构特征和羧基、酚羟基的存在，其中还包含氨基酸、芳香氨基酸、吲哚等含氮化合物。什穆克的学说已经与现代腐植酸结构理论非常接近，可以说他是腐植酸胶体化学和结构化学的奠基人。

（4）达尔文（1882）和道库洽耶夫（1883）可以说是腐植酸微生物起源假说的创始人。他们认为，腐植酸类物质生成历程不是化学反应，而是微生物作用及动物参与下的生物学过程。在此过程中，植物被分解并合成了腐殖质，微生物也掺在其中成为“殉葬品”。他们首次特别提出，腐殖质决定着土壤的肥力，是土壤中最重要的组成部分，从而肯定了腐殖质的重要地位。

第三时期（20世纪上半叶）——已形成具有一定水平的腐植酸化学理论并开始投入应用，是腐植酸研究最有成效的时期之一。这一时期的显著特点是，土壤化学家和煤化学家在许多理论问题上不谋而合，共同丰富着腐植酸的科学宝库，而植物学家和微生物学家的积极参与，对这一研究领域的进展无疑起了推波助澜的作用，促使腐植酸研究进入鼎盛时期。这期间出现了一批颇具影响的腐植酸学者和学术著作，如科诺诺娃的《土壤腐殖质问题及其研究工作当前的任务》（1951）[1]和《土壤有机质》（1963）[2]、瓦克斯曼的《腐殖质》（1938）[3]、库哈连科的《矿物煤中的腐植酸》（1953）[4]和彻弗尔的《腐殖质及其肥料》（1960）[5]等。主要的学说和成就如下。

(1) 基本肯定了生成腐植酸类物质的微生物酶解-合成理论 以威廉姆斯(1939)为代表的学说认为，腐植酸的形成是生命→死亡、共生→抗生两个相反过程矛盾统一的结果，即有机物质在活植物体中合成→死亡后受微生物作用而水解成简单物质→合成复杂而较稳定物质（腐殖质）的过程，而且全部是微生物酶活动的结果。他用实验证明了放线菌（促进蛋白质产生醌型芳香化合物）和真菌（促进苯甲酸、水杨酸等缩合成暗色物质）是形成土壤腐植酸类物质的关键菌种。威廉姆斯的学说至今仍是腐植酸起源学说的基础，难怪后来科诺诺娃高度评价他是“把（腐殖质）理论与土壤发生学中最重要的问题联系起来，把理论与农业实际问题联系起来的典范”。

(2) 基本统一了腐植酸的形成机理假说 这一时期已完全否定了碳水化合物分解以及它与蛋白质合成腐植酸的假说，但又出现了新的争论（主要是在泥炭学和煤化学界进行的）。第一种观点是以德国煤化学家费舍尔（1933）和施拉德（1933）等为代表的，认为腐植酸仅仅是木质素生成的，与纤维素无关（因为它们事先已被微生物分解掉了）。瓦克斯曼（1938）支持上述观点，但又认为蛋白质也是参与者，并提出著名的“木质素-蛋白质理论”，认为木质素-蛋白质分解物的复合体参与了腐植酸的形成。但不少人持反对意见，认为“不含木质素的物质照样能生成腐植酸”。第二种意见是马库逊（1926）提出的，认为纤维素可以通过氧化-脱氢-芳构化参与腐植酸的形成。第三种观点认为，芳香化合物（特别是酚类）在腐植酸形成中起特别关键的作用，而碳水化合物不直接参与，只是作为微生物生命活动和转化的原料。第四种是以恩德尔斯（1943）为代表的“折中”观点，认为植物的纤维素、木质素都是形成腐植酸类物质的原料，而腐植酸又是泥炭和煤的前身，并提出详细的反应历程模型。恩德尔斯的学说后来被公认为现代腐植酸起源和成煤学说的理论基础。此外，克列乌林（1948）首先把人工氧化煤或自然风化煤形成的腐植酸定义为“再生腐植酸”；库哈连科（1960）等[6]率先对苏联风化煤的成因及其腐植酸资源进行了研究和评价。西蒙（1938）等还提出一些新的名称，如“真腐植酸”“灰色腐植酸”“绿色腐植酸”“α-腐植酸和β-腐植酸”等，但都未成定论。

(3) 应用各种手段对腐植酸的化学结构进行研究，并提出几种假想结构模型 德拉古诺夫（1950）可能是第一个完整地提出土壤腐植酸结构模型的人。此后Schnitzer、Stevenson、Piccolo等提出若干腐植酸结构假说和模型。

(4) 肯定了腐殖质和腐植酸对土壤形成、植物营养、生理活性以及微生物代谢的重要作用。

(5) 基本形成了较权威的腐植酸类物质分离、提纯以及研究方法，如腐植酸含量测定、光密度、凝聚极限、元素分析、官能团、分子量等的测定以及紫外和红外光谱、纸上电泳、纸上色谱、电子显微镜、X射线的应用，都是在20世纪50～60年代就引入腐植酸研究的。最有代表性的是科诺诺娃（1966）[2]、彻勒（1953）和邱林（1961）等人的研究方法。

（6）由基础研究走向应用　德国开创了腐植酸农业应用的先河。早在20世纪30年代，德国就把黑钙土作为研究腐殖质和腐植酸的理想土壤，反过来又把“创造黑钙土”、促进农业增产作为研究腐植酸的最终目的。德国农学家认为，研究腐植酸不能仅仅出于兴趣，而是“企图为创造以维持稳产高产为前提的肥沃土壤的理论基础”。第二次世界大战结束不久，德国和苏联就开展了具有一定规模的土壤腐殖质普查和腐植酸农田试验，强调增施腐植酸对土壤和作物的重要性，并提出“腐殖质肥料”的概念[5]。

第四时期（20世纪60年代以来）——进入腐植酸现代研究和应用阶段。在此期间，有机结构化学、量子化学、微生物学、地球有机化学、环境化学和计算机科学的迅速发展，成为腐植酸研究的巨大推动力。腐植酸化学和应用迎来了快速发展的黄金时期，本书的大部分内容就是介绍这一时期的研究成果与应用成果的。当然，任何新生事物都是在正反两方面相互斗争中发展的，腐植酸科学也不例外。Kim[7]的综述文章对20世纪末学术界的论战做了很形象的描述：土壤学界迄今对腐殖质、腐植酸命名一直争论不休，特别是20世纪70～80年代“问题更加恶化”，有人认为腐植酸“是瞬间即逝的东西”，甚至怀疑到底是否存在腐殖质、腐植酸之类的东西。还有人说，即使有腐植酸，也是一种“操作化合物”“人工制品”，或是强制执行的一种“人造物质”，没有任何研究价值。若非要研究，也“仅仅为了满足好奇心而进行研究”，“要么发表论文，要么丧失地位”。因此，一度几乎没有土壤学家和有机化学家愿意为腐植酸的问题付出努力，以致于Schnitzer在1982年新德里举行的国际土壤学会上为其申辩时都有一种压迫感。不少科学家（如Schnitzer、Stevenson、Schulten、Hayes等）通过艰辛劳动，用一系列科学数据给予“腐植酸虚无论”“人造制品论”以“致命打击”。到21世纪初，“腐殖质是真实存在的天然有机复合物”的结论得以公认，学术界的争论才暂时偃旗息鼓。

这里仅简单归纳6条近期研究的主要成就。

（1）除前述的近代测试手段外，这一时期又出现了核磁和顺磁共振波谱、热化学分析、凝胶过滤、毛细管电泳、X射线光电子能谱、色谱-质谱-计算机联用技术以及一系列胶体化学和生物化学手段，并引入计算机分子结构模拟软件技术，使腐植酸的基本化学结构更为清晰，提出更加优化的腐植酸基本结构单元概念和分子结构模型。

（2）腐植酸的提取、分离、纯化手段日臻完善，物理化学、胶体化学、生物活性等方面的研究更为深入，对腐植酸与肥料组分、金属离子、各种有机或无机化合物的相互作用机理的认识更加深化。

（3）腐植酸肥料在农业上的应用研究更加深入。由于李比希“矿物质营养学说”的正确性得到公认，“腐殖质营养学说”基本退出历史舞台。但腐植酸在改良土壤、刺激植物生长及对化肥增效等方面的作用，也在以德国、苏联、日本、印度为代表的一批腐植酸农业研究资料中得到印证。

（4）将腐植酸的研究从土壤、煤炭领域逐渐扩展到水体、大气和整个地球生态环境，加深了对腐植酸-地球碳循环和生态环境的重要性的认识。

（5）对腐植酸的应用由科学试验走向经济领域，由感性认识转变为积极开发，由农业应用向畜牧、工业、环保、医药领域扩展。石油钻井液处理剂、陶瓷添加剂、水质净化剂、电极材料、饲料添加剂、农药增效剂等相继投入试验和应用，特别是农业应用，已基本形成一整套较系统的理论和经验总结，苏联从 20 世纪 50 年代开始陆续出版的《腐植酸类肥料的理论与实践及其应用》[8]可见一斑。腐植酸化学和应用内容已被引入《煤化学》《农业化学》《环境化学》等专著和教科书。

（6）初步实现了产业化和商品化　20 世纪 60 年代，苏联率先以泥炭为原料，在营养基质、肥料、石油钻井、蓄电池等制品上实现半工业化，日本、美国、德国、法国、奥地利等发达国家的相关项目也相继上马，除农业、工业应用外，少量医药保健制品也进入市场。90 年代以后，随着绿色农业和食品安全热潮的高涨，腐植酸应用的重点转向土壤环境保护、水溶肥料、长效缓效肥料方面。腐植酸良好的应用效果已引起各国的普遍关注。国外腐植酸应用方面的专利发布不少，而且有逐年增加的势头，但产品的生产规模仍不是很大，品种也不多。

与腐植酸有关的国际组织有两个，一个是 20 世纪 50 年代成立的国际泥炭学会(International Peat Society，简称 IPS)，偏重于泥炭地理、资源和利用方面的学术交流；另一个是 80 年代成立的国际腐殖质协会（International Humic Substance Society，简称 IHSS)，主要交流各国腐殖质化学基础研究。虽然目前还没有专门的腐植酸研究和应用方面的国际组织，但通过这两个协会也可以了解到腐植酸的有关信息。

20 世纪 70 年代以来，国外有影响的腐植酸方面的主要著作有：Schnitzer 的《环境中的腐植物质》（1979）[9]和《土壤有机质》（1978）[10]、奥尔洛夫的《土壤腐植酸》(1974)[11]和《土壤腐植酸与腐植化概论》(1990)[12]、Frimmel 等的《腐植物质及其在环境中的作用》(1988)[13]、熊田恭一的《土壤有机质的化学》(1984)[14]、Stevenson 的《腐殖质化学、起源组成和反应》（1994）[15]和 Senesi 等的《土壤腐殖质》(2004）等[16]，基本可以反映最近 40 多年腐植酸研究和应用的成就。

1.3 我国腐植酸研究和开发进展

早在1952年，中国科学院工业化学研究所（现中科院大连化学物理所和山西煤炭化学所前身）开始对黑龙江桦川泥炭化学组成和干馏工艺进行研究。云南大学、西南农学院（现西南大学）、北京农业大学（现中国农业大学）和东北农业科学研究所等单位也开展了泥炭农业应用研究。这些工作虽已涉及泥炭腐植酸，但还没有专门开展腐植酸方面的专项研究。1957年，由中国科学院煤炭研究室（今中科院山西煤炭化学所前身）吴奇虎主持的“煤中腐植酸的组成和性质”课题立项，拉开了我国腐植酸基础研究的序幕。1965年，吴奇虎、唐运千、孙淑和等发表的论文《煤中腐植酸的研究》[17]率先用现代化学分析手段对我国若干产地的泥炭、褐煤、氧化烟煤和风化烟煤（共22个样品）的化学组成和性质进行了较全面的研究；华东化工学院（现华东理工大学）朱之培、高晋生等以及中科院南京土壤所、北京石油学院（现中国石油大学）和北京农业大学（现中国农业大学）等单位也分别对泥炭、褐煤硝基腐植酸进行了基础和应用研究。当时的研究刚刚与苏联和日本接轨，不幸在“文化大革命”的干扰下中断了近10年之久。

出于应对肥料紧缺局面、加快农业发展的需要，1974国务院批转了原燃料化学工业部、农林部关于试验和推广腐植酸类肥料的请示报告（即国发［1974］110号文件），在全国掀起生产和试用腐植酸肥料的热潮，并迅速影响到工业、畜牧、环保和医药应用领域，虽带有大量盲目性和非科学的倾向，但也积累了不少试验数据和经验。

1979年国务院批转了国家经委关于加强腐植酸综合利用工作的请示报告（即国发［1979］200号文件），我国腐植酸的研究和开发才逐步走上科学化发展的轨道。此后的10年时间，是我国腐植酸研究与产品开发的黄金时期。国家经委和各级专业部门直接领导或过问腐植酸工作，许多研究机构、大专院校参与科技合作，一大批研究成果和工业产品都是在这个时期问世的。为交流和总结腐植酸基础研究成果和应用经验。中国科学院和中国化学会先后4次召开“腐植酸化学学术讨论会”；1980—1985年，在农业部的支持下，由北京农大牵头，组织全国32个农业院校和科研单位，在19个省（市）进行了正规农田试验和示范，对腐植酸农业应用机理和效果做出了科学结论；1982—1984年，在国家经委和中科院的支持下，由中科院化学所牵头，组织11个科研单位和院校进行了“不同来源腐植酸的工农业应用评价”，对20个腐植酸应用课题分别做了较深入的研究和理论阐述，为腐植酸生产原料的选择提供了科学依据。1980—1984年，化工部对当时初具规模的5条生产线（腐植酸钠、腐植酸铵、硝基腐植酸铵、湿法硝基腐植酸和腐植酸复合颗粒肥料）组织了定型鉴定，为国内腐植酸主导产品的生产工艺提供了范例[18]。10多年时间，100 多项研究成果通过鉴定，建立了 70 多个小型生产企业，部分腐植酸产品实现了工业化或半工业化生产；腐植酸及其衍生物在农业、工业、医药、畜牧、环保方面作为抗旱剂、生长剂、饲料添加剂、石油钻井液处理剂、陶瓷增强剂、锅炉防垢剂、工业循环水质稳定剂、铅蓄电池阴极板膨胀剂、混凝土减水剂、重金属废水处理剂等都通过工农业放大试验或示范，其中不少产品经受了时间的考验，至今仍在正常应用。这一时期，腐植酸的医药、兽药应用研究也非常活跃，一批医药研究机构和院校不仅在药理研究方面取得一定结论，而且做了大量临床试验，证明在防治某些疾病上有较好效果。在煤炭腐植酸产业发展的同时，这个时期生物（生化）腐植酸产业也异军突起，在工农业应用领域取得可喜的进展。应该说，无论从深度和广度上看，这一时期我国腐植酸研究和技术开发水平已走在世界前列。此期间发表了大量文献和著作，其中专著有中国科学院山西煤炭化学研究所等合作编著的《腐植酸类肥料》[19]，秦万德编著的《腐植酸的综合利用》[20]，何立千主编的《生物技术黄腐酸的研究和应用》[21]和郑平主编的《煤炭腐植酸的生产和应用》[22]，特别是后者，成为我国当时腐植酸研究、生产和应用试验的全面总结，至今仍是我国腐植酸科技界的主要指导性文献。

1987 年成立中国腐植酸工业协会，这是世界上唯一的全国性腐植酸行业组织，是政府与腐植酸企业间的桥梁和纽带，担负着腐植酸信息交流、科技发展导向、企业管理协调、标准的审查和制定、科技成果的推荐和组织审定、会员权益的维护等职责，为推动我国腐植酸科学研究和技术进步发挥了积极作用。

20 世纪 90 年代至今，全球进入绿色产业革命和循环经济时代，我国也在深化改革开放和现代化建设中落实科学发展观，实施人与自然、资源利用与环境保护协调和谐发展的战略决策。我国腐植酸产业经受了经济转型和市场竞争的考验，迎来了新的发展时期。这一时期，不仅保留了大部分主流产品继续在工农业领域应用，而且适应历史潮流，积极实行技术创新和产品更新换代，不少大专院校和研究所的腐植酸领域的研究工作也较活跃。行业协会紧跟国家战略部署，主动担当起“绿色环保”历史重任，在引领行业发展壮大、促进技术合作、推动市场开发等方面做了大量工作。十九大以来，在习近平新时代中国特色社会主义思想指引下，我国腐植酸行业继续坚持绿色化发展理念，努力在“土肥和谐”和“人民健康”两大领域做好文章。据《中国腐植酸企业大全》（第三版）统计，截至 2017 年 6 月，我国腐植酸企业已有 7208 家，其中腐植酸基础产品厂家 794 家，肥料企业 3466 家，其中上亿资产的企业不在少数，有几家大型国有化肥企业已建成百万吨级的喷淋造粒腐植酸尿素和腐植酸复合肥装置。含腐植酸水溶肥料发展迅速，截至 2019 年 6 月，在农业农村部登记的产品已有 3445 个，涉及企业 1964 家，年总产量约 110 万吨。在工业应用领域，腐植酸类石油钻井液处理剂、陶瓷添加剂、蓄电池阴极板膨胀剂、水质净化剂等产品也稳步增长，取得较明显的社会经济效益。腐植酸已被广大用户誉为现代化建设中的“美丽因子”。我国腐植酸绿色农资技术和产品供给体系日臻完善，标准化工作正深入推进。在“一带一路”倡议指引下，我国腐植酸工业正逐步实施“走出去”的国际化战略，不仅单纯输出产品，而且在海外上市，开展全面国际技术贸易合作。我国腐植酸工业在国际上“唱主角”的时代指日可待。

1.4 发展前景与方向

促成人类与地球自然环境和谐发展，是现代人类觉醒的标志和美好理想，也是今后各国制定经济发展政策必须优先考虑的前提。工业的高速发展、人类活动的日益频繁，导致地球环境每况愈下已是不争的事实。保护人类赖以生存的土壤、水体、空气、动植物、有益微生物，不可回避地要牵涉到腐植酸类物质；人们使用的肥料、农药、各种处理剂、吸附剂、化学品和药物等，凡是涉及绿色环保和食品安全的，都有可能与腐植酸的利用联系起来。因此，腐植酸研究、开发和应用方兴未艾，任重道远。

近年来，我国腐植酸研究和产业虽然已有长足的进步，有些研究和技术水平已进入世界前列，但作为一个大国，首先是农业大国和腐植酸资源大国，腐植酸科技和应用无论从深度还是广度来看，仍不太适应国家经济发展和生态建设的需要。

1.4.1 资源保护和原料选择

作为天然腐植酸资源的低级别煤（包括泥炭、褐煤、风化煤）在我国储量2000多亿吨，实际上可作为腐植酸原料（腐植酸含量至少应40%以上）的数量很有限，而且毕竟是不可再生资源，总有用完的时候。注重节约、合理加工和有效利用，是我国腐植酸产业实现持续发展的前提。对资源一是要保护，防止乱采滥伐，随意流失。近年来许多新开采的煤炭矿区，约数十亿吨的表层剥离风化煤被埋葬或丢弃，应组织调研，加以回收利用；对我国发育的泥炭沼泽地，应加以保护，但对枯竭的泥炭矿，应合理开采利用。但具体哪些地区的泥炭该保护，哪些该开采，似乎还没有明确规定。二是要对原料分类和规范化。腐植酸原料煤来源不同，质量差异极大，这是造成产品性能不稳定的主要原因之一。对某些特定的腐植酸产品来说，并不是所有的低级别煤都能用。就泥炭来说，俄罗斯、白俄罗斯、芬兰、爱尔兰等国家对不同应用领域（燃料、堆肥、铺垫材料、化工原料等）的原料都分别有具体的质量标准，已基本形成固定的原料供给网点；美国的钻井液处理剂和腐植酸液体肥料产品，基本上采用北达科他州的风化褐煤（leonardite）为原料，其腐植酸含量高达80%；俄罗斯生产腐植酸产品的原料也大部分取自坎茨克-阿钦斯克等少数几种腐植酸含量高的褐煤或风化煤；日本主要认可褐煤硝基腐植酸作为工农业应用的主导产品，最初采用本国称作“中山亚炭”的低灰年轻褐煤为原料，近40年来一直采用我国定点风化煤原料和专业厂家生产的硝基腐植酸。有的国家还对我国出口的腐植酸及其原料煤中有害元素含量提出限制指标。可见，发达国家对腐植酸原料的要求十分严格。我国多年的评价和使用，也基本搞清了低级别煤炭的资源分布和质量情况，应根据产品种类和品位，分别对待。如一般通用型产品可就近选取原料、就地加工生产，但高技术含量的产品一定要在试验的基础上选择定点的高质量原料，以确保其应用效果。对煤炭腐植酸原料，国家有关部门应继续制定严格的限定标准，并确定几个主要的示范矿点。至于生物（生化）腐植酸原料，更要严格规范，并制定详细的标准，不能把任何废弃物都作为腐植酸原料。

1.4.2 生产工艺技术

我国常规煤炭腐植酸生产技术已基本成熟，大致可以满足目前国内外市场对产品质量和数量的需求，但加工工艺和设备普遍落后和简陋。有些老工艺操作过程始终存在明显的缺点，已不能适应腐植酸产业日益发展的形势了。如原料的脱灰及品位的提升、碱溶酸析工艺的改进、腐植酸胶体的固液分离、固体产品的浓缩-干燥、液体产品的稳定和抗絮凝、制剂的纯化等技术问题，都有更新的必要性和可能性。对所谓“活化”的含糊概念，应加以科学分析，避免盲目。活化的内涵，主要是使腐植酸的高价金属结合态转化为游离态，或游离态转化为水溶态，以提高腐植酸的化学活性和生物活性。在生产某些产品时，强调腐植酸的活化是正确的。但在某项特定工艺和产品来说，是否需要活化？如何活化？从经济或环境上考虑，活化是否有利？都应该权衡，不要盲目“跟风”。比如，作为改良酸碱性土壤用的腐植酸(用量一般很大)，就不必活化，甚至用高钙镁腐植酸做改良剂的效果就很好。作为制取水溶性肥料的腐植酸和制取某些复合肥的腐植酸，就应该对原料采取一定的预处理措施。多年的实践还发现，已转化为水溶性的腐植酸，一旦与各种化肥复配，就又恢复为“不溶性”的了。一些肥料标准中即使规定了“可溶性腐植酸”含量，往往也成为一句空话。这方面的难题至今未能解决。因此，不仅应强调腐植酸活化技术的重要性，还应解决肥料“钝化”腐植酸的难题。技术创新离不开先进的设备，近年来我国自行研制或引进的高效节能的萃取、分离、干燥、蒸发等工艺设备不少，可以结合技术改造酌情选用。

关于生物腐植酸类的生产，只能通过特种微生物的发酵工艺来实现，也就是木质-纤维类物质的生物化学分解-聚合过程，但生成物质的组分，除了部分初生态的腐植酸外，主要还是碳水化合物、氨基酸等非腐植酸类物质。迄今未见用化学降解生物质的方法成功制成腐植酸的报道。有人极力宣传“高温高压降解植物废弃物制取腐植酸”，这是误导，实际是为造纸废液进入腐植酸领域杜撰“理论依据”。大量研究数据证明，高温高压条件下只能将木质素和纤维素分解成低分子糖类和脂肪族烃类，极端情况下会分解成 CO_2 和 H_2O，不存在聚合过程，也就不可能生成腐植酸类物质。

1.4.3　正确认识腐植酸的问题

应该用辩证唯物主义的观点实事求是地看待腐植酸，用现代科学发展观解读腐植酸，避免绝对化、边缘化、极端化。比如，对腐植酸在农业上的作用，一方面全盘否定，或将腐植酸肥料边沿化，只承认堆肥（有机肥），而把腐植酸打入“另类”，以至否定腐植酸肥料在应对“化肥用量负增长”中的巨大贡献；另一方面，又把腐植酸“神化”，似乎“舍我其谁也”，只有腐植酸才能在现代农业中“包打天下”，或者无限夸大其作用，认为腐植酸是“智能材料”，包医百病，无所不能。在植物营养理论上，也出现了走极端的倾向。一说化学肥料的副作用，就全盘否定李比希的“矿物质营养学说”，完全回到“腐殖质营养学说”的老路，似乎只有施用腐植酸肥料才是有机或绿色农产品。还有把腐植酸“异化”的现象，将腐植酸肥料（主要是生物腐植酸肥料）称作“碳肥”，认为腐植酸的作用主要是为植物提供碳营养，是解决植物“碳短板”的重要“创新”。在腐植酸功能材料方面，出现了什么“纳米腐植酸”之类的“发明”。在医药和环保领域，也出现了虚假夸大的宣传，似乎已发明了对付极端天气和重大自然灾害、治疗某特种疑难病症的腐植酸“特效药”，以误导消费者。许多非腐植酸类的东西也“惊羡”其声誉，打出“腐植酸”的旗号招摇过市。对一些重要理论和实践问题，本书各章将会有一定的资料论证，在此仅扼要地归纳几点意见。

（1）腐植酸属于天然高分子有机物质，尽管它们具有一定的化学反应性和生物活性，也可以进行化学改性。但是，无论怎样变化，它们仍然只有自然属性，不存在人工属性和社会属性。用腐植酸制取的任何材料，也仍然是功能性材料，达不到“智能”材料的水平。认识到这一点，就不至于将其“神化”，闹出一些“无所不能”的笑话。

（2）就目前的认识和研发水平，无论在哪个领域，腐植酸绝大多数情况下只是“配角”，甚至不可能是“主角”。在农业领域，它们作为肥料的增效剂、土壤改良剂、生长刺激剂和抗逆剂等，是久经验证的真理，但本身并不是肥料，当作“腐植酸有机营养剂”就不恰当了。因此，对植物营养和肥料来说，腐植酸只能是“陪衬”的“绿叶”，而非“红花”。对于保护大气环境、应对全球变暖来说，施用腐植酸有利于补充土壤碳损失，控制氮肥分解和流失，增加生物圈植被，从而维护地球碳/氮平衡，减少 CO_2、NO_x 温室气体排放，但这也仅仅是对抑制温室效应的间接作用。如果过于夸大它们的作用，让腐植酸去作为应对天灾的主角，那就期望过高了。那些所谓“上市”的“腐植酸抗雾霾剂”“腐植酸温室气体控制剂”之类的东西，都是虚假宣传。在医药应用上，就当前的研究水平，宁可看作是一种常规的抗菌、免疫的医疗保健制剂及抗肿瘤和高血压的辅助药剂，还没有达到专治某种疑难病症的药物的水平。在工业应用上，腐植酸主要是作为化学助剂或表面活性剂使用，同样是配角。作为合成材料（如农林保水剂）中间体，仍然是化学合成的不饱和烃类的共聚物占主导地位，腐植酸类物质只作为共混物或部分接枝中间体，起到一定优化作用，但不能把腐植酸看作是合成材料的主角。当然，即使在这些领域中腐植酸都是配角，但都起到很大的作用，有的甚至是必不可少的。腐植酸应该、也必须当好配角，为国家经济建设和生态建设助力。过度“假大空”的宣传，反而有损于腐植酸类物质的声誉。

（3）对腐植酸的认识存在误区，也不利于腐植酸科学的发展。腐植酸并不是什么“有机碳肥”，更不可能补充“碳短板”。科学家早已做出结论：植物所需的碳元素几乎全部是由吸收大气中 CO_2 经光合作用而积累的[23]，即使根部吸收少量的小分子有机酸，但对植物所需大量碳元素来说，仅仅是杯水车薪。因此，把腐植酸说成“碳肥”是不科学的。腐植酸类肥料的活性作用包括化肥增效、植物生长刺激等，关键是它们的芳香族大分子结构，特别是含氧官能团和类似植物激素结构在起作用，而不是提供碳元素的贡献。李比希的“矿物质营养学说”仍然是颠扑不破的真理。不能因为有机肥料和腐植酸促进的矿物质营养的储存和吸收，就过分夸大有机质的作用，以致错误地认为腐植酸也能为植物提供营养。实事求是地说，“腐植有机质助力矿物质营养”更为恰当。另外，搞出什么“纳米腐植酸”，也是为了给腐植酸套上“时髦”的外衣。事实上，稀溶液中的腐植酸分子的直径本身就是几纳米，即使在低 pH 的悬浮体中，腐植酸胶体颗粒的直径也就几十到几百纳米。可以说，腐植酸分子本身就是纳米级的。这也是腐植酸的自然属性，根本用不着采取专门的手段制造“纳米腐植酸”。形成这些误区的原因，可能是人们的认知水平所限，但应该警惕有人借题发挥，进行商业炒作，扰乱市场秩序。正如白由路教授[23]所说：“目前，我国肥料总体处于供大于销的产能过剩的状态，各生产厂家都在积极创新，为保证我国粮食安全和生态安全做出贡献。但是，也有一些厂家为了找‘卖点’，不惜在营养理论方面动脑筋，找出一些违背科学，甚至是伪科学的卖点，需要广大消费者擦亮眼睛，以防受骗上当”。

（4）腐植酸功能材料在众多天然有机物质中不过是沧海一粟，类似的物质，如改性木质素、碳纳米材料、甲壳素、某些氨基酸，以及正规的有机肥料产品等，在农业上也有类似腐植酸的作用，只是组成、作用机制上有所不同。对于那些确实经过无害化处理的、具有生物活性功能的有机材料，同腐植酸类物质之间并不对立，而应该和平共处、公平竞争，共同为国家经济建设和生态建设做贡献。现在的问题是，由于腐植酸来源广泛，成本低廉，近年来在农用市场上比较火爆，因此有些非腐植酸的东西硬挤进腐植酸领域，打着“腐植酸”的旗号出售。对此应该区别看待，一是对那些采用特种菌种和专门的发酵工艺处理的木质-纤维物质（包括秸秆、木屑、糖蜜发酵酒精废液、餐厨废弃物、食品加工废弃物等）确实转化为腐植酸的产品（生物腐植酸、生物黄腐酸），符合腐植酸肥料相关标准的产品，应该欢迎进入腐植酸领域；二是对那些经过某些化学改性的木质-纤维物质（如碱法或亚铵法造纸黑液、磺化木质素等）、重金属和其他有害物质符合国家标准限定的产品，属于改性木质素产品，应该名正言顺地按“木质素类农用产品”上市，但不应该挂腐植酸的招牌；三是有些既不是特种菌种发酵的植物废弃物，也不是化学改性木质素产物，只是一种水溶性废糖蜜等（主要是碳水化合物），打出“生化黄腐酸”的旗号，就属于假冒产品，实际无任何活性。对此类产品应该坚决取缔。

1.4.4 关于研究方向问题

就近年来腐植酸研究现状和方向提几点看法。

（1）关于基础研究，这是科技创新的后劲　近年来，国内外腐植酸方面的研究论文数量剧增，但没有重大理论突破和突出的知识创新成果。就拿腐植酸分子结构研究来说，几年前有人提出“超分子结构”概念，实际上只是一个空泛的名词替换而已，与 Schnitzer 和 Stevenson 等的“有机大分子胶体聚集体”的概念没有多大区别。基础研究的滞后，是阻碍腐植酸技术进步的一大瓶颈。我们可以联想到某些科学家对世界科技发展形势的分析：20 世纪初到 40 年代，人类基础科学理论的两项重大突破——量子力学与爱因斯坦的相对论。这两项突破重建了现代物理学，让人类对自然与宇宙的认识上了一个新台阶，带来了第二次世界大战后应用科技的爆发式繁荣。小至摩尔定律和芯片技术，大到核聚变和空间技术，都是在这两项基础研究成果上衍生出来的。但是到了 21 世纪，人们突然发现，目前的基础理论水平还停留在上个世纪爱因斯坦的时代。人类的基础科学理论停滞了将近 70 年，应用科技发展也渐渐走到了极限。人们担心，今后的科技发展将被拖慢。腐植酸的研究状况也是这样。目前我国的腐植酸研究水平并不落后，只要承认现状、树立长远战略思维和集中优势研究团队，深信我国有能力突破某些腐植酸基础研究制高点。

（2）关于应用研究方向和部署　腐植酸研究应该也必须以解决现实应用问题为出发点和落脚点。近十多年论文和专利发表得并不少，也不乏较高水平和技术创新的文献，但存在的问题也非常明显。试验浮躁、低水平重复劳动的现象有之，“专利”造假、概念炒作的情况也有之，而生产中许多亟待探索和解决的问题却无人问津。农业领域的应用固然是主战场，倾注大量人力物力是非常必要的，但工业领域的研发和应用却显得冷清。许多成熟的应用研究成果，不应再大量重复试验，应该总结提高，走上产业化的时候了。医药领域的应用研究已积累了大量药理和临床试验资料，现在也是该重点突破的时候了，特别是在腐植酸原料选择、主要疾病防治的“构效关系”、腐植酸与其他药物的复合增效及特种药剂的研发上，应下大力气研发。在生态环境中的应用是腐植酸产业的重头戏，其中在修复重金属和有机污染土壤、某些工业废水的治理方面也大有文章可做。大量试验证明，单独用简单加工的腐植酸处理污染，一般并不理想。通过定向化学或生物改性的腐植酸，可能效果更好；腐植酸＋其他特种有机/无机物质，往往会取得“1＋1＞2”的效果。即使腐植酸仅仅是辅助增效作用，也值得重视。

(3) 加大腐植酸科技成果转化力度　近来腐植酸工业有重大进展，如百万吨级含腐植酸尿素和颗粒复合肥料项目建成、万吨级餐厨废弃物生产生物腐植酸产品进入市场，几项大中型土壤调理剂生产线建成投产，高端农用腐植酸钾和黄腐酸类基础产品产量增加，腐植酸水溶肥料发展迅速，产品登记数量激增，这都是腐植酸科技成果转化为生产力的范例。但总的来说，成果转化的比例不高，媒体上号称有几十种腐植酸产品，而真正投入正规生产和应用的并不多，腐植酸产业的发展还不能适应国家经济和生态建设的需要。文献报道显示，近年来确实有一些很有发展潜力的腐植酸类研究成果具备转化的可行性，如合成可降解农用高吸水剂、盐碱地或污染土壤修复剂、抗高温抗污染石油钻井液处理剂、水煤浆分散稳定剂、某些废水污染物吸附剂、催化剂及其载体、铅酸蓄电池和高效锂电池电极材料、防腐涂料等，可惜长期停留在实验阶段。期望我国腐植酸企业继续与科研单位、大专院校合作，加快科技成果转化速度，让腐植酸在国家工农业和生态建设上发挥更大的作用。

十九大以来，腐植酸化学及产业迎来了历史上最好的发展机遇。我们将继续在“五位一体”战略指引下，始终围绕生态可持续发展这一大框架，整合资源优势和人才优势，提升自主知识产权的创新能力，拿出具有世界先进水平的研究成果和中国特色的腐植酸产品品牌，为建设“美丽中国”添砖加瓦，为人类多做一些贡献！

1.5 分类

腐植酸的分类都是经验性的，至今还没有规范化的规定。简要总结如下。

按来源分类，可分为天然腐植酸和人造腐植酸两大类。在天然腐植酸中，又按存在领域分为土壤腐植酸、煤炭腐植酸、水体腐植酸和霉菌腐植酸等。

在煤炭腐植酸中，按生成方式可分为原生腐植酸（成煤过程中生成的腐植酸）和再生腐植酸（成煤后被再次氧化、风化生成的腐植酸，包括天然风化煤和人工氧化煤中的腐植酸）。

按在溶剂中的溶解性和颜色分类，又有黑腐酸、棕腐酸和黄腐酸之分。在早先的文献中，还有灰腐酸、褐腐酸和绿色腐植酸的称呼，其实都是不同溶剂分离出来的东西，没有多少实际意义。按天然结合状态，又分为游离腐植酸和（钙、镁）结合腐植酸。在 Simon（1938）的经典土壤腐植酸分类中还按腐植酸的腐植化程度（吸光系数等指标），分为 A 型、B 型（真正的腐植酸）和 R_P 型和 P 型（不成熟的腐植酸）等。尽管腐植酸的分类多种多样，但对我们的研究和应用工作影响不大。

1.6 定义与命名

关于腐植酸的定义和命名，至今没有一个权威性的说法。煤中腐植酸组成结构较单纯，分离和研究的障碍相对较小，故煤化学界在命名上的分歧也较少，但土壤学界就显得麻烦一些。腐植酸定义来自土壤“腐殖质”，“麻烦”可能就出在这里。至今不少文献对土壤有机质、腐植有机质、腐殖质、腐植土、腐植物质、腐植酸等名称混为一谈，仅“腐植物质”的定义，不同土壤学家就提出截然不同的四、五种说法，其中，最著名的是 Scheffer（1960）[24]的论断：“腐植物质是土壤圈特有的暗色成分，是生物死亡后在生命现象控制不了的条件下表现得非常稳定的最终产物”，但只是强调了腐植物质的来源和稳定性，仍没有概括腐植物质的化学本质。

正如熊田恭一[14]所说：“这种情况在历届国际土壤学会上都进行过讨论，但很难处理”。Abbott（1963）也无奈地说：“实际上，许多（土壤学）命名上的混乱是由于长期以来没有能够明确区分‘腐殖质’和‘腐植酸’这两个术语所造成的。前者笼统地表示土壤中全部有机质，后者指的是腐殖质中的一种特定化合物。了解到这些事实，我们就不会对目前如此丰富的有关腐植酸的知识是由燃料研究，而不是从具有悠久历史的土壤研究中得到而感到惊讶。”此话道出了当时争论的实质，但也反映出土壤学界对煤化学中腐植酸命名简单化的羡慕。

虽然存在许多争议，但经过多年的磨合，土壤学和煤化学对腐植酸的命名逐步接近一致。目前国内外普遍公认 Kononova[25]的土壤腐殖质分级命名系统（见图 1-1），该系统也部分适用于煤炭和其他来源的腐植物质。

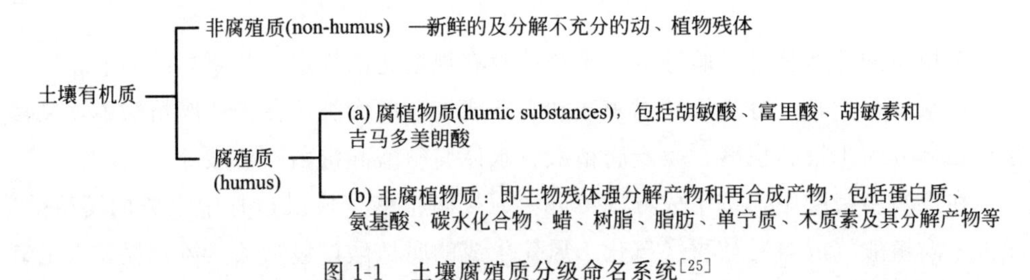

图 1-1 土壤腐殖质分级命名系统[25]

为了便于本书以下章节的阐述，我们暂以 Kononova 的命名原则及土壤学家的定义为基础，并尊重我国多年来形成的惯例，提出以下几个主要组分的定义和命名建议。

（1）土壤有机质（soil organic matters） 指土壤中存在的所有天然有机物质，

包括非腐殖质（新鲜的分解不充分的动植物残体）和腐殖质（包括腐植物质和非腐植物质）两部分。

（2）腐植物质（humic substances）　指动植物残体，主要是植物残体，经过微生物分解和合成的腐植化过程（有的还继续通过地球物理化学作用产生变化）形成的一类富含多种活性官能团的非均一脂肪-芳香族无定形有机高分子混合物。按不同溶剂的溶解性，腐植物质可分为腐植酸（胡敏酸）、棕腐酸（吉马多美朗酸）、黄腐酸（富里酸）和腐黑物（胡敏素）。

（3）腐植酸类物质（humic substances）　可理解成“腐植物质”的代名词。

（4）腐殖质（humus）　土壤有机质中被微生物分解和合成的一类高分子复杂混合物，包括：①腐植物质：经过腐植化的产物（具有脂肪性和芳香性、多分散有机电解质性质）；②非腐植物质：经过非腐植化的其他强分解及微生物代谢产物（包括蛋白质、氨基酸、碳水化合物、蜡、树脂、脂肪、鞣质、木质素及其分解产物等）。

（5）黄腐酸（fulvic acid）　腐植物质中可溶于碱性、酸性、中性水溶液及丙酮、乙醇中的组分（最初的含义是，煤有机质在碱溶-酸析后留在酸性溶液中的那部分可溶有机酸，近年来土壤学界把“黄腐酸”的概念范围大大扩展了）。

（6）腐植酸（humic acid）　在土壤学上，指的是腐植物质中用碱溶液提取而用酸沉淀出来的级分（包括黑腐酸和棕腐酸）。在许多文献资料及日常习惯上，“腐植酸”一词往往作为“腐植酸类物质”的简称，实际也把黄腐酸囊括在内了。有些腐植酸化学分析方法中，为了简化操作程序，往往也把碱溶液可溶的组分都称为腐植酸（也包含黄腐酸）。读者在阅读时应注意分辨。

（7）棕腐酸（hymatomelanic acid）　腐植酸中溶于丙酮、乙醇等极性有机溶剂的级分。该级分一般只能从碱溶-酸析得到的腐植酸胶体中萃取出来。

（8）黑腐酸（pyrotomalenic acid）　俄文文献中称“真腐酸”，指只溶于碱性溶液，不溶于水、酸性溶液和丙酮、乙醇的腐植酸组分，即从腐植酸胶体中萃取出棕腐酸后剩下的那部分腐植酸。

（9）腐黑物（humin）　土壤学中也称“胡敏素”，煤化学中称“残留煤”，俄文文献中还称“沥青质”，即用碱液提取腐植酸后残留下来的中性缩合芳香族大分子腐植物质。

（10）结合态腐植酸（bonded humic acid）　活性官能团与高价金属离子（Ca^{2+}、Mg^{2+}、Fe^{3+}等）键合的腐植酸，我国俗称“高钙镁腐植酸”，难溶于碱溶液，只能用焦磷酸钠碱溶液提取出来。

（11）游离腐植酸（free humic acid）　活性官能团与H^{+}结合的腐植酸，即可用碱溶液提取出来的腐植物质。

（12）总腐植酸（total humic acid）　结合态腐植酸与游离腐植酸的总称。

（13）腐植酸盐（humates） 腐植酸与各种金属离子或铵离子反应的产物，包括腐植酸一价盐（腐植酸钾、腐植酸钠、腐植酸铵）、多价盐（常见的有腐植酸钙、腐植酸镁、腐植酸铁、腐植酸锌等）。实际在腐植酸盐中，一般都包含黄腐酸盐。

（14）腐植酸总量（humic acid summations） 黄腐酸、棕腐酸和黑腐酸含量之和（用于腐植酸的定量分析）。

关于腐植酸类物质中的“植”和“殖”的用法，建议在学术研究领域可以通用，而产业和商品领域应统一用“植”字。本书除习惯上“腐殖质”一词中用“殖”字外，其余有关名称中都用“植”字。

需要再说明的是：①由于腐植酸类物质命名的混乱，许多现代文献仍把腐殖质、腐植酸（胡敏酸）、黑腐酸混为一谈，特别是普遍把溶于碱的有机质统统都算作“腐植酸”（包括Kononova文章中的定义也常常自相矛盾）。要知道，许多土壤和泥炭中的一些碳水化合物也会溶于碱溶液。读者阅读文献时应注意对名称的含义进行分辨。②在一些腐植酸类化学分析标准和文献中，将碱溶（不经过酸沉淀）的腐植物质均称为“腐植酸”（包含黄腐酸），对那些黄腐酸含量很低的腐植酸原料和产品来说，与碱溶酸析测定法所得结果差异不大。在此情况下，这样定义应该是允许的。但为了严格起见，应将“腐植酸”改成“腐植酸总量”为宜。③腐植酸类物质的复杂性以及提取、分离方法的多样性，本身就造成分类命名的极大难度。正如Felbeck（1965）所说：“实际上腐植物质与非腐植物质并没有明显的界限，黄腐酸、腐植酸、腐黑物或变化着的木质素、鞣质、腐殖质之间是一系列连续的链环和过渡。”因此，在目前还没有国内外统一命名的情况下，应尽量理解腐植酸类物质的实质和内涵，尽量不要混淆概念。

现将国内外与腐植酸类物质有关的部分物质名称列于表1-1。本书以后各章节中的常用名称将尽量采用表中的代号。

表1-1 与腐植酸类物质有关的部分物质名称对照表

现用名称	别名或曾用中文译名	代号	英文名称	俄文名称	日文名称
腐殖质	腐植土	Hu	humus	гумус	フミンしっ質
腐植物质	腐植酸类物质	HS	humic substances	гумусовая вещества	フミン サブスタンス
腐植酸	胡敏酸	HA	humic acid(s)	гуминовые кислоты	フミンさん酸
黑腐酸	真腐酸，β-腐植酸	PYA	pyrotomalenic acid(s)	гумусовые кислоты (ГК)	ブラック フミンさん酸
棕腐酸	吉马多美朗酸，脱氢腐植酸，草木樨酸	HYA	hymatomelanic acid(s)	гиматомела-новые кислты	ヒマトメラン さん酸
黄腐酸	富里酸，富啡酸，克连酸，阿波克连酸	FA	fulvic acid(s)	фульвокислоты(ФК)	フルボさん酸
腐黑物	胡敏素，残留煤	Hm	humin	гумин	フミン

续表

现用名称	别名或曾用中文译名	代号	英文名称	俄文名称	日文名称
腐植酸盐	包括腐植酸钠/钾/镁/铁等	HA-M	humate(s)	гумат(ы)	フミンさん酸塩
硝基腐植酸		NHA	nitro-humic acid	нитро-ГК	ニトロ フミンさん酸
磺化腐植酸		SHA	sulphonated HA	сульфо-ГК	スルンか化フミンさん酸
氯化腐植酸		ChA	chlorinated HA	хлористыеГК	塩化フミンさん酸
游离腐植酸		F-HA	free humic acid	свободныеГК	遊離フミンさん酸
结合腐植酸	高钙镁腐植酸	B-HA	bonded HA	примыкатые ГК	結合フミンさん酸
再生腐植酸	包括天然风化 HA 和人工氧化 HA	R-HA	regenerative HA	второйчные ГК	再生フミンさん酸
生化黄腐酸	生物技术黄腐酸	BFA	biolotech. FA	биологий ГК	生物フルボさん酸
煤炭腐植酸	煤基腐植酸	CHA	coal humic acid	угольные ГК	コール フミンさん酸
低级别煤	低阶煤,低牌号煤	LRC	low rank coals	ГК малоступени	低品位炭
泥炭	泥煤,草炭		peat	торф	泥炭
柴煤	木煤,年轻褐煤		lignite	лигнит	亞炭
褐煤			brown coal	Бурыйуголь	褐炭
风化煤	煤逊,引煤,露头煤		weathered coal	выветрёлый уголь	ウエザ炭,風化炭
风化褐煤			leonardite	выветрёлый Бурый-уголь	ウエザ褐炭

参 考 文 献

［1］ 科诺诺娃．土壤腐殖质问题及其研究工作当前的任务［M］．尹崇仁，译．北京：科学出版社，1956.

［2］ 科诺诺娃．土壤有机质［M］．周礼恺，译．北京：科学出版社，1966.

［3］ Waksman S A. Humus，Origin，Chemical Composition and Importance in Nature［M］. Baltimore，1938.

［4］ Кухаренко Т А. Гуминовые Кислоты Ископаемых Углей［M］. Природа，1953.

［5］ Scheffer F，Ulrich B. Humus und Humsdüngung. Bd 1. Marphologie，Biologie，Chemie und Dunamik des Humus［M］. Stuttgart，1960.

［6］ КухаренкоТА，Екатеринина Л Н. Тр Инст Горючих Ископаемых［M］. АН СССР，1960：14.

［7］ Kim H T. 关于腐殖质的议题［J］．张彩凤，段月娟，闫降风，译．腐植酸，2009，(5)：32-37.

[8] Хальков М Т，Колбасин А А. Гуминовые Удобрения，Теория и Практика их Применения [M]. Изд Хар Универ. 1957，Ⅰ；1962，Ⅱ；1968，Ⅲ；1973，Ⅳ.

[9] Schnitzer M. 环境中的腐植物质 [M]. 吴奇虎，译 . 北京：科学出版社，1979.

[10] Schnitzer M，Khan S U. Soil Organic Matter [M]. Amsterdam：Elsevier，1978.

[11] Орлов Д С. Гумусовые Кислоты Почв [M]. Издатеьство ，МГУ，1974.

[12] Orlov D S. Soil humic acids and general theory of humification [M]. Moscow：Moscow state university publisher，1990.

[13] Frimmel F H，Christman R F. Humic Substances and their Role in the Environment [M]. New York：John Wiley & Sons，1988 .

[14] 熊田恭一 . 土壤有机质的化学 [M]. 李庆荣，孙铁男，解惠光，等译 . 北京：科学出版社，1984.

[15] Stevenson F J. Humus Chem，Genesis，Composition，Reaction [M]. 2nd ed. New York：John Wiley & Sons，1994：496.

[16] Senesi N，Loffredo E. 土壤腐殖质 [M]. 沈圆圆，等译 .//霍夫里特，等 . 生物高分子. 北京：化学工业出版社，2004.

[17] 吴奇虎，唐运千，孙淑和，等 . 煤中腐植酸的研究 [J]. 燃料化学学报，1965，6（2）：122-132.

[18] 成绍鑫，李双 . 腐植酸，永远的丰碑：原化工部组织的 5 项腐植酸工艺定型鉴定回顾 [J]. 腐植酸，2017，（3）：15-21；49.

[19] 中国科学院山西煤炭化学研究所，等 . 腐植酸类肥料 [M]. 北京：科学出版社，1979.

[20] 秦万德 . 腐植酸的综合利用 [M]. 北京：科学出版社，1987.

[21] 何立千 . 生物技术黄腐酸的研究和应用 [M]. 北京：化学工业出版社，1999.

[22] 郑平 . 煤炭腐植酸的生产和应用 [M]. 北京：化学工业出版社，1991.

[23] 白由路 . 植物营养中理论问题的追本溯源 [J]. 植物营养与肥料学报，2019，25（1）：1-10.

[24] Scheffer F，Ulrich B. Lehrbuch der Agukulturchemie und Badenkunde. 3Teil，Humus und Humusdüngung 1 [M]. Enke Stuttgart，1960：266.

[25] Kononova M M. Soil Organic Matter，its Nature，its Role in Soil Formation and in Soil Fortility [M]. 2nd ed. Pergamon Press，1966.

02

第2章 起源与形成

“腐植酸类物质（HS）是由动植物残骸经过微生物分解-转化以及地球物理化学作用演变而来的”，得出这一结论之前，人们经历了漫长的研究、争论和逐步统一的过程。18世纪末，在腐植酸化学还未创立之前，人们对自然界大量物质变暗的现象无法解释，就统称为“暗色化现象”，把变暗的物质称作“暗色物质”。随着研究的深入，才出现了“腐植化”和“腐殖质”的概念，但当时对腐植化过程的本质并不清楚，甚至把所有暗色化现象都看作是“腐植化”，所有暗色物质都认为是“腐殖质”。近代和现代科学技术的发展，极大地刺激了腐植酸化学的突飞猛进，也更加激发了科学家为揭开腐植酸类物质起源奥秘的执着精神。正如Steelink所说：“总会有一些坚韧不拔的人，纯粹出于‘执拗’，想了解（腐植物质）这种物质在自然界广泛分布的基本原因，以及自然界合成它们的方法。”一直到20世纪初，尽管腐植酸的植物起源学说得到公认，但生成机理仍有颇多争议，争论的焦点是：①腐植酸究竟是植物中哪些组分，通过怎样的途径合成；②是什么因素（化学的、微生物的，还是其他）促成其反应的。为搞清这些问题，至今仍有人试图通过纯化学或微生物途径制取“腐植酸”，以验证其生成机理。看了本章的有关介绍，读者就不难了解腐植酸的起源与形成了。

2.1 生成机理学说

2.1.1 起源物质及反应

关于腐植酸类物质（HS）的原始物质，大约有以下4种学说。

（1）糖-胺合成理论　以麦拉德（1917）和马库逊（1926）等为代表的学说认为，纤维素被微生物分解后形成的低分子糖类本身就会芳构化形成缩合芳环或呋喃环，进而形成 HS；微生物代谢产物中的含氮化合物（氨基酸等）的氨基，与非酶解过程生成的还原糖中的醛基发生缩合，形成席夫碱和氮取代的氨基葡萄糖，再重排、失水、断裂，形成 3-碳链的醛和酮，进而聚合成无定形的“黑蛋白素”，认为这就是 HS。他们还认为，这些反应都是纯化学性质的，微生物除把蛋白质分解成氨基酸、把碳水化合物分解成低分子糖外，对合成 HS 没有起到直接作用。

（2）木质素-蛋白质合成理论[1]　以瓦克斯曼（1938）为代表的学者认为，木质素失去甲氧基生成邻位羟基、苯酚脂肪链氧化成羧基；酚被氧化成醌，再与氨类和含氮有机物一起在微生物作用下发生氨基缩合反应，先生成腐黑物（Hm），然后再形成腐植酸（HA），最后形成黄腐酸（FA）。在整个过程中，耐溶的大分子组分（角质、软木脂、黑色素等）都参与了反应。微生物也将一部分不稳定组分最终降解为二氧化碳和水。意大利学者 Adani 等[2]（2007）通过研究玉米类植物如何形成 HS 时，发现木质素类衍生物是生成 HS 的主要化学来源，此类衍生物来源于连接到木质素上的香豆酸（羟苯基丙烯酸）和阿魏酸、多糖酶及细胞壁上的生物大分子的部分水解。该实验验证了瓦克斯曼的论点。

（3）木质素-丙酮醛-氨基酸合成理论　英德尔（1943）发展了瓦克斯曼的理论，认为不仅是木质素本身就可以生成（贫氮的）HS，而且纤维素、半纤维素被微生物分解为丙糖，再氧化为丙酮酸，丙酮酸与蛋白质（来自死亡动、植物）降解得到的氨基酸以及木质素降解生成的酚类共同缩合成 FA 和棕腐酸（HYA），然后再聚合成 HA，最后形成年轻褐煤（与瓦克斯曼理论的次序正好相反）。

（4）多酚合成理论　该理论与德拉古诺夫（1950）、Flaig（1978）和 Stevenson（1994）[3]的学说一脉相承，并发展了 Enders 理论，强调纤维素、半纤维素的葡糖苷、鞣酸以及其他非木素物质，只要能被微生物利用，几乎都能转化为多酚。它们在多酚氧化酶作用下又转化为醌，再与氨基化合物反应，缩合成 FA，再聚合成 HA 和腐殖质（Hu）。该理论肯定了反应的复杂性和多样性：不仅有酚-醛缩合，而且还有中间体的复杂偶联反应，多肽、蛋白质、氨基酸、糖类等都可能共价结合到 HA 大分子中。目前学术界一般倾向于这一理论。

多酚合成理论支持者认为，氨基酸-纤维素都参与了 HS 的合成。Mecozzi 等[4]的研究认为，与 HA 的形成相关的多种官能团，最后都是通过与氨基酸（AA）的缩合形成 HA 大分子；而 AA 与糖类化合物以氢键连接的反应，是 HA 形成过程的主要反应之一。该过程是通过“美拉德反应”来实现的，而纤维素的降解产物还原糖连同 AA 是该反应的前体物质[5]。近期魏自民等[6]的研究也证明，在堆肥过程中，杂草和秸秆的 AA 分别降低 90.7%和 80.9%，而 HA 含量则逐渐升高，说明 AA 参与了 HA 的生成反应，其中以纤维素、蛋白质为主要结构的物料（杂草、蔬菜、秸秆）的物料的 HA-AA 变化更具相关性，说明纤维素对氨基酸的减少和

HA 的形成起明显促进作用。

2.1.2 转化历程

如果说 20 世纪初人们对 HS 生成的纯化学机理还耿耿于怀的话，到 50 年代几乎都统一到微生物降解-合成反应历程学说上来。特别是 HS 化学结构研究的巨大成果，更加巩固了微生物学说的地位。据布列格（1960）的研究表明，由 HA 和 FA 中萃取出来的正构烷烃和酸类，C_{14}～C_{22} 占绝大部分，且偶数碳/奇数碳（平均值）分别为 9.6 和 2.6，与微生物的烃类碳分布非常相似，这是微生物生成机理的有力证据。但是，在微生物转化的具体历程上仍存在不少分歧，包括以下 4 种假说[7]。

（1）植物木质素残留假说 认为植物碳水化合物等组分都被微生物降解殆尽，只留下耐降解的木质素等被腐植化，其过程是先生成 HA 和 Hu，继续降解为 FA 乃至二氧化碳和水。

（2）化学聚合假说 植物被降解为小分子化合物后，细菌将其作为碳源和能源，合成酚类和氨基酸，在环境中氧化-聚合生成 HS。原始植物组成性质与生成的 HS 类型无关。

（3）细胞自溶假说 HS 都是植物和微生物死亡后细胞自溶的产物，其后生成的细胞断片（含糖类、氨基酸、酚类及其他芳香化合物）再经过游离基缩合与聚合，生成 HS。

（4）微生物合成假说 细菌利用植物作碳源和能源，先在细胞间合成高分子物质。在细菌死亡后，这些物质被释放到土壤中，就作为腐植化最初阶段的产物，其后再由细胞外的微生物降解成 HA 和 FA，最终被转化为二氧化碳和水。

土壤化学界一般倾向于（2）和（4）两种假说。实际上，地球表面生物化学作用非常复杂，不可能是一种简单的模式，因此后 3 种历程可能都存在，只是原始物质、环境条件不同，可能各种过程同时发生，或者交错进行。

下面介绍的 HA 成因理论基本上是以 Stevenson、Flaig 等的现代学说为基础整理出来的。

2.2 原始植物概述

先了解一些植物构造和成分的基本知识，有助于我们更深入地研究腐植酸类物质的起源。

2.2.1 植物的种类和组织构造

地球上的植物大约起源于 50 亿年前。植物的变化是从简单到复杂，由水生到陆生，由低等到高等的发展演变过程。现代植物仍分为低等和高等两大类。低等植物大多是形体简单、根茎叶不分的单细胞和多细胞植物，广泛分布的菌类、生长于湖泊和浅海或沼泽中的藻类就是典型的低等植物。它们大多数在水中处于浮游状态，故也称为“浮游生物”。高等植物的构造则复杂得多。蕨类植物和种子植物都属于高等植物。以下主要介绍高等植物（简称“植物”）的构造。

植物的根、茎、叶和花统称为器官，器官是由组织复合组成的，而组织又是由细胞搭配起来的。植物的组织包括 6 部分。

① 基本组织　柔软部分或基本的薄壁组织，负责光合、物质交换、储存等基本生命过程。

② 生长组织　分初生和次生组织（形成层），负责保持新细胞的不断形成和生长。

③ 外皮组织　即表皮（角质层）和木栓（死去的细胞），保护植物不致过多失水和抵御外界环境影响。

④ 输送组织　包括韧皮部和木质部两部分，都是纤维状微管束组成的，负责输送水分和溶于水中的养分物质。

⑤ 机械组织　变厚了的薄壁组织，包括厚角组织（细胞仍有活力）和厚壁组织（木质化了的“死构造”），支持植物固有形态。

⑥ 孢子和花粉　其外壳都较稳定。

2.2.2　植物细胞的构造和组成

典型高等植物的细胞是由细胞壁和内含物（主要是原生质）组成的。原生质极具活力，担负着植物营养、成长、繁殖等生命过程的一系列重任，其成分极其复杂，主要构成物质是：蛋白质、碳水化合物、鞣质、色素、生物碱、酵母、树脂等。细胞壁是由胞间层、初生壁和次生壁三部分构成，起着增强细胞机械强度和稳定性、保护原生质和维持细胞形态的作用，也与细胞的生理活动有关。年轻的细胞壁是由纤维素组成的，随着壁的增厚，在其中就生成了果胶质和半纤维素。当植物成熟后，细胞壁就发生巨大变化，即木质化和木栓化了。

高等植物通常还包含着整组死亡的细胞，其内含物已完全丧失，仅细胞壁（包括木栓质、某些机械组织、输送组织等）被完整保存下来。某种程度上细胞壁比内含物还重要，它对保障植物生命活动起着极其重要的作用。

2.2.3　植物的化学组成

植物的有机组成包括以下几部分[7]。

（1）碳水化合物　包括纤维素、半纤维素、淀粉、果胶等。

纤维素是葡萄糖的聚合物，是细胞壁的主要成分。纤维素由葡萄糖苷键连接六元环（环中有一个氧原子）组成的饱和长链构成，可用结构简式（$C_6H_{10}O_5$）$_n$表示，分子量范围约$3\times10^4\sim60\times10^4$。纤维素的分子结构见图2-1。

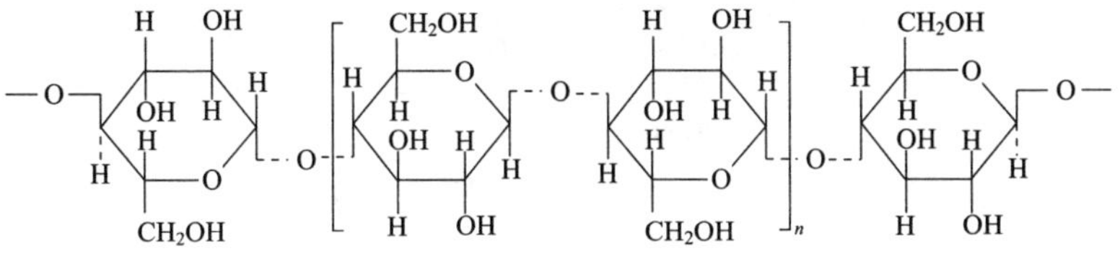

图2-1　纤维素的分子结构图

半纤维素是戊聚糖（木聚糖、阿拉伯聚糖）、己聚糖（甘露聚糖、葡聚糖、半乳聚糖）、糖醛酸（葡糖醛酸、半乳糖醛酸）等聚合物的总称，也主要存在于细胞壁中，起机械和储备作用。

淀粉是葡萄糖的聚合物，是植物重要的储备物质，在块茎、根部和种子中以颗粒形态存在，分子量约$4\times10^4\sim16\times10^4$。

果胶具有甲基化的聚乳己糖醛酸结构（包括半乳酸醛酸和果胶酸甲酯等），有胶体性质，易水解为糖和酸类，主要存在于细胞壁和果汁中。

此外，碳水化合物中包括褐藻酸（聚甘露糖醛酸，多在海藻中发现）、甲壳质（聚乙酰基氨基葡萄糖，一般存在于真菌硬壳、贝类硬壳中）。这些物质都较易被微生物分解。植物残体中还有糖苷，是糖类与醇、酚类缩合成的链状化合物。

碳水化合物在植物死亡后容易在各种细菌作用下分解，参与HS的形成。

（2）木质素　木质素是贯穿于木质化植物细胞壁的重要物质。它们包围着纤维素并充满空隙，以增强植物组织的机械强度，故被誉为纤维素的“黏结剂”。

木质素具有芳香结构特征，是以苯基丙烷为基本骨架（单元）构成的三维空间聚合体，最密集聚合体的分子量大约6000～11000（聚合度20～25）。木质素的结构单元主要有香草醛、丁香醛、香豆醛（见图2-2）、松柏醇、芥子醇、香豆醇等。不同种类的植物木质素结构单元略有差别，如阔叶树以香草醛和香豆醇结构为主，针叶树以丁香醛和松柏醇结构为主，而禾本科植物木质素中则各种醛或醇结构都或多或少存在着。苔藓植物一般不含或含少量木质素。木质素聚合体结构很复杂，不少研究者提出过结构模型，但只能代表某一类植物或其木质素的局部。Fuchs（1931）的木质素结构模型（见图2-3）是比较有代表性的。

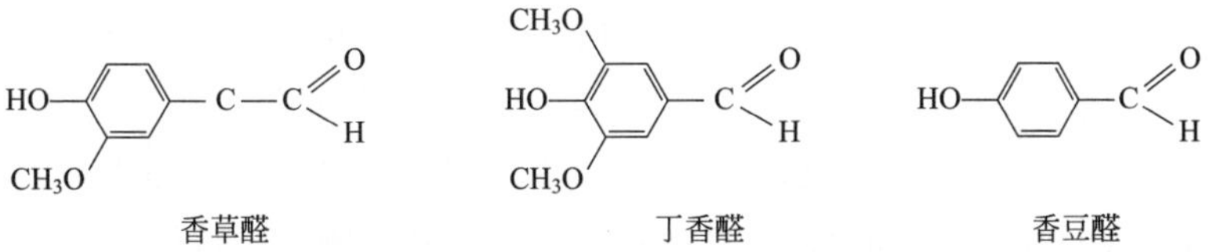

香草醛　丁香醛　香豆醛

图2-2　木质素的主要芳香结构单元

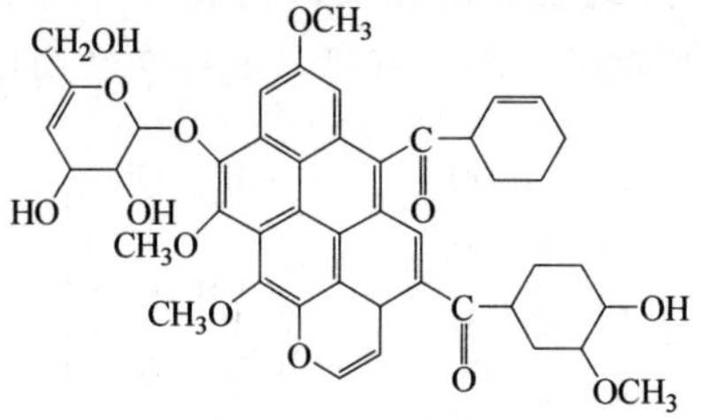

图 2-3 Fuchs 的木质素结构模型

木质素是形成 HS 的重要组分之一。虽然它的生化稳定性较强，但由于本身含有酚羟基、羰基、甲氧基等活性基团，在泥炭沼中微生物作用下也会缩合形成更大的分子。

（3）其他芳香族化合物

① 鞣质　分为两类，第一类是五倍子酸和原儿茶酸的衍生物，它们相互反应形成酯类；第二类是儿茶酸的黄酮和花色苷的衍生物，如五倍子酸、原儿茶酸和儿茶酸（见图 2-4），它们也容易缩合成酯并在氧化酶的作用下氧化，生成分子量更大的鞣质。

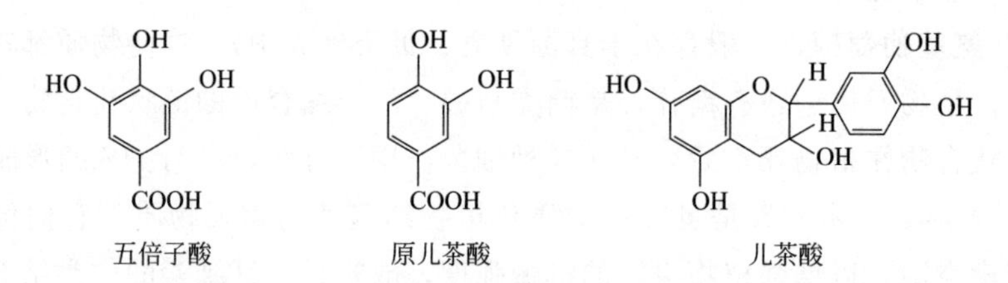

图 2-4　鞣质中的部分单元化合物

② 酚型和醌型化合物　植物中还发现 60 多种酚型和 20 多种醌型化合物（包括单核与多核）及其衍生物，如酚羧酸和醌酸以及原木素等；还有氢化芳香化合物，如金鸡纳树皮酸、环己六醇等，都容易转化成芳香族化合物。研究认为，这些酚、醌、氢化芳环都是木质素的前身。

（4）蛋白质和其他含氮化合物　蛋白质是构成植物细胞原生质的基本物质，是生命活动的集中部分。一般高等植物体内蛋白质含量不高，但低等植物（如菌类、藻类）却含量很高。蛋白质的单体主要是脂族氨基酸，其通式为：HOOC-R-CH_2NH_2，也有少量芳香族氨基酸，如色氨酸、组氨酸等。氨基酸通过肽键（-NH-CO-）、硫醚键（R-S-R）、脒键（-N═C-），可能还有酯键、氢键连接起来，形成具有三维网状大分子特征的蛋白质，其分子量高达几百万。蛋白质有碱性基团（$-NH_2$）和酸性基团（-COOH），是亲水性很强的胶体物质，也没有固定的结构模式。在需氧条件下，蛋白质可水解成氨基酸、卟啉等氮化物。在厌氧条件下可能不完全分解，生成不同复杂程度的多肽，其结构中含有-NH、-COOH、-OH、-SH和二氮茂等基团，这就决定了它们化学反应的多样性，也是参与HA形成过程的组成部分。HA中的氮和硫元素主要来自蛋白质。

其他含氮化合物有叶绿素、生物碱（如吡啶、喹啉、吲哚、间二氮茂等）、核酸。这些化合物都可能成为HA结构的一部分。

（5）脂肪族化合物　包括脂肪、蜡质、树脂等。

① 脂肪　长链脂肪酸的甘油酯，极具生物活性的甾醇也包含在内。脂肪是植物的储备物质，高等植物中一般占1%～2%，几乎都聚积在种子和果实中；而低等植物中脂肪含量高达20%以上，大都聚积在孢子和种子中。在天然条件下脂肪相当稳定。

② 蜡质　除含一定量的高级游离脂肪酸外，主要是长链脂肪酸与含24～36个碳原子的一元醇构成的酯类，主要存在于植物茎、叶和果实的外表皮上，对组织起保护作用，其化学和生物稳定性很强。

③ 树脂　高等植物的分泌物，也是具有抗性的植物保护物质。健康植物含量不多，但植物受伤后才大量产生，以封闭和保护伤口。树脂中主要是芳香性的酸和一元醇的酯类，也含有游离酸，其中最典型的酸类是松香酸（枞酸）和右旋海松酸，都具不饱和性质，极易聚合。树脂中还发现有萜烯类化合物，是异戊二烯衍生物的一元～三元环状聚合体，本身容易相互叠合。橡胶也属树脂范围，是真正的高聚物，比较稳定。

④ 角质、木栓质和孢粉质　都是很稳定的物质。前二者是脂肪族蜡酸、蜡醇和蜡酯的缩合产物，分布在植物叶子、嫩枝、幼芽、果实外皮，而孢粉质具有脂肪-芳香碳网状结构，存在于种子和花粉外壁。

植物主要化学族组成及其生物化学稳定性总结于表2-1中[8]。不同种类植物的化学组成见表2-2[8]。

表2-1　植物主要化学族组成及其生物化学稳定性

聚合体	基本单体	低聚体	相关物质	微生物降解稳定性
纤维素	己糖	二聚糖	淀粉、树胶残留物等	易分解
半纤维素	戊糖、糖醛酸等	二聚戊糖	果胶、甲壳质、褐藻酸等	较易分解
木质素	酚基丙烷	原木素	花色素、儿茶酸、五倍子酸等	稳定
蛋白质	氨基酸	二肽	生物碱、核酸、叶绿素等	较易分解
蜡、树脂	脂肪酸、酯	低分子酯类	树胶、橡胶等	较稳定
角质、外皮	脂肪酸、酯	低分子酯类	木栓质、孢粉质等	稳定
多萜烯	异戊二烯	萜烯	类胡萝卜素、甾醇、类固醇等	较稳定

注：本表资料参考文献［8］并作了修改补充。

表 2-2　各种植物的大致化学组成　　单位：%

植物种类	蛋白质	脂肪、蜡、树脂	碳水化合物	木质素
菌类	40～70	—	0	0
藻类	20～30	20～30	10～22	0
苔藓类	15～20	8～10	30～40	约 10
蕨类	10～15	3～5	40～50	20～30
草本植物	5～10	5～10	约 50	20～30
木本植物	1～10	1～2	＞50	约 30

2.3　腐植酸类物质的生成机理

2.3.1　HS 形成前期的表观特征

腐植酸类物质形成的现代理论认为，几乎所有的植物组织和化学组分都参与了 HS 的形成过程，只是分解转化的深度不同而已。这个转化过程分为两个阶段：①死亡植物残体在微生物作用下分解成较简单的且极其活泼的化合物，主要是生物化学过程；②简单化合物合成植物中原来没有的新物质，即腐殖质（Hu），该过程包含化学过程和生物化学过程。

科诺诺娃[9]曾将苜蓿和冰草等植物的根和叶放入培养皿中，接种纤维黏菌、霉菌等微生物，观察其组织的变化情况，发现在 14～200d 内形成 HS。通过显微切片镜观察看出，1～2 个月后，木质部的薄壁组织已大量分解，在组织细胞中还发现大量纤维黏菌，而淀粉与木髓射线都消失了，原生质逐渐转变成褐色的 Hm，导管纤维、皮层组织都基本保留下来。这就是典型的腐植化的外观特征。腐植化后残留物的重量仅为原植物残体干重的 50%～75%，即 25%～50%被分解掉了。化学组成分析表明，腐植化后纤维素大量减少，蛋白质和半纤维素含量变化不大，木质素几乎无变化，说明在腐植化初期碳水化合物首先分解，并参与形成 Hu 的前驱物质，而木质素及其他组分可能在后期才扮演主要角色。

2.3.2　HS 形成前期的典型反应

植物残体中的纤维素、半纤维素和木质素占其有机质总量的 70%以上，是形成 HS 的主要原始物质。它们在腐植化初期究竟发生了哪些反应？是怎样逐步向 Hu 和 HS 过渡的？这是人们非常关心的问题。由于反应种类繁多，其中有些反应历程还有争议，故只举几个简单的例子加以说明。

（1）纤维素和半纤维素的反应　纤维素和半纤维素占植物组织的 50%～60%。植物死亡后，需氧细菌很容易通过纤维酶的作用将纤维素水解成葡萄糖等单糖，再进一步氧化至最终产物——二氧化碳和水。

$$(C_6H_{10}O_5)_n \xrightarrow{\text{细菌、酶、水}} C_6H_{12}O_6 \xrightarrow{O_2} CO_2\uparrow + H_2O(\text{放热}) \tag{2-1}$$

纤维素　　　　　　　　单糖

当环境缺氧时，糖类就在厌氧细菌作用下发酵生成丁酸、甲烷、乙酸、二氧化碳、氢和水等，其中丁酸、乙酸有可能同其他物质缩合生成缩聚物参与 HA 的形成过程。

$$3C_6H_{12}O_6 \longrightarrow 2CH_3(CH_2)_2COOH + 2CH_3COOH + 2H_2O + 2CH_4\uparrow + 4CO_2\uparrow \tag{2-2}$$

单糖　　　　　　丁酸　　　　　　乙酸　　　　　　甲烷

半纤维素在细菌作用下被水解为单糖（乳糖、甘露糖、阿拉伯糖、木糖等），其后的反应与纤维素的过程相似。

在不太适合微生物生长的环境中，则改变了上述正常的反应历程，即纤维素不是水解-氧化成葡萄糖和丁酸等，而是生成丙糖，再氧化为极具活泼性的丙酮醛（CH_3COCHO），它们很容易缩合成醌，或与蛋白质或氨基酸缩合成低分子 HA 和 FA，继续缩合成为大分子 HA。这个反应机理是由 Enders 提出的，整个反应过程见图 2-5。可见，碳水化合物在缺氧条件下有可能转化为芳香化合物。

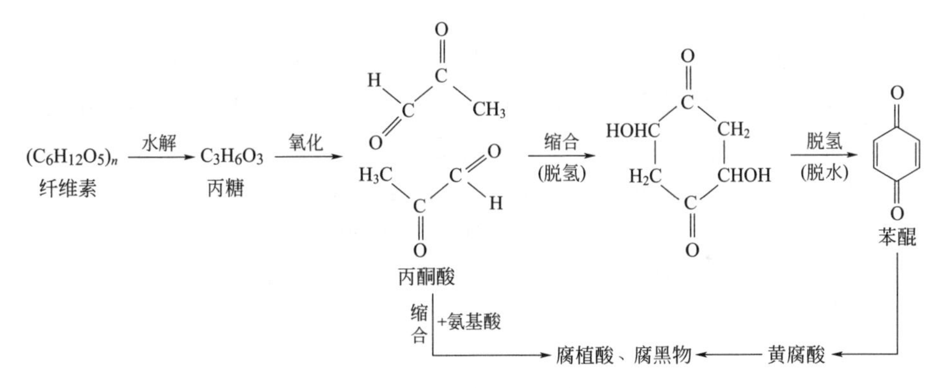

图 2-5　纤维素缩聚反应历程

Davis 等也通过实验提出了糖类芳构化的证据，即厌氧细菌对葡萄糖作用可形成环状的奎宁酸和莽草酸（见图 2-6），后者是碳水化合物和芳香化合物的中间产物，很容易继续转化为原儿茶酸类芳香体。

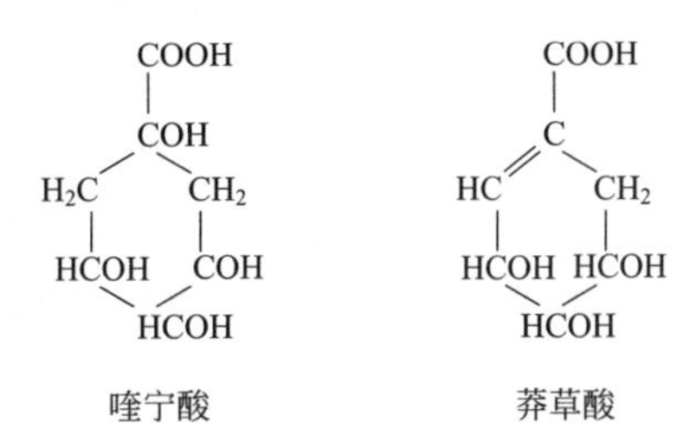

图 2-6　糖类的部分芳构化产物

（2）木质素及酚类的反应　木质素在高等植物中占20%～40%，是形成HS的重要组分。酚类物质主要来自木质素降解产物，其次是植物组织中原有的少量游离酚和微生物用糖类合成的酚类。20世纪不少学者提出了多种“多酚转化理论”，但基本都接近Flaig（1971）提出的3个步骤：①氧化形成醌类（特别是醌丙醇）；②醌形环破裂形成活泼的酮酸；③酮酸缩合成多环体系。这方面的实验证据很多，仅举几例来说明。

① 木质素分解生成酚类，继续氧化成酸类，通过脱甲基并羟基化生成原儿茶酸、没食子酸，再氧化、脱羧基，生成甲氧基氢醌。醌/酚类非常活泼，极易聚合成HA[10]。

② 库哈连科等（1947）研究证明，邻苯二酚容易氧化-开环，生成活泼的黏糠酸，它们本身可发生缩合或与蛋白质、氨基酸、尿素等含氮化合物反应，可形成HA。

③ Flaig等（1971）发现，木质素与邻苯三酚及其衍生物之间、木质素与醌之间都可发生自动氧化反应，使木质素结构发生很大改变，导致甲氧基、酚羟基，以及醇、醛、酮等基团减少，而羧基、酯/内酯基却增加，说明即使在非生物化学条件下，木质素在土壤中也会不断脱除脂肪结构，向HA大分子方向变化。

④ 酚类、醌类与氨基酸之间会发生偶联反应（可能发生在酚基上，见式2-3a），或者在醌的邻位发生取代（式2-3b），这些无疑都是HA形成过程中的重要反应[10]。大量研究表明，羟基醌（电子接受体）-氨基酸（电子给予体）人工合成HA与天然HA的化学结构非常相似，而且许多HA都是从羟基醌衍生出来的化合物，因此这两个反应已公认为HA成因的主要历程之一。

O O +2NH₂RCOOH → O—NHRCOOH O—NHRCOOH （2-3a）

$$\text{O, O} + 2NH_2RCOOH \longrightarrow \text{O—NHRCOOH, O—NHRCOOH} \tag{2-3a}$$

$$H_3C\text{, O, OH, O} \xrightarrow[O_2]{H_2NCH_2COOH} H_3C\text{, O, OH, } HOOC—H_2C—HN\text{, O} \tag{2-3b}$$

⑤ 邻苯三酚（焦棓酚）在碱性条件下氧化生成羟基醌，开环后形成烯醇型酮酸，再缩合成双环的红紫棓精（见图2-7）[8]。这是单环化合物缩合成多环化合物的典型例证，HA中的芳香缩合大分子结构完全可能来自此类反应。

（3）蛋白质的反应　蛋白质在微生物酶的作用下，首先被水解为氨基酸。氨基酸又可能在好气性或嫌气性氨化细菌作用下被水解、氧化或还原为脂肪酸，释放出NH_3和CO_2[11]。

$$NH_2CH_2RCOOH + H_2O \xrightarrow{\text{水解酶}} RCHOHCOOH + NH_3\uparrow \tag{2-4}$$

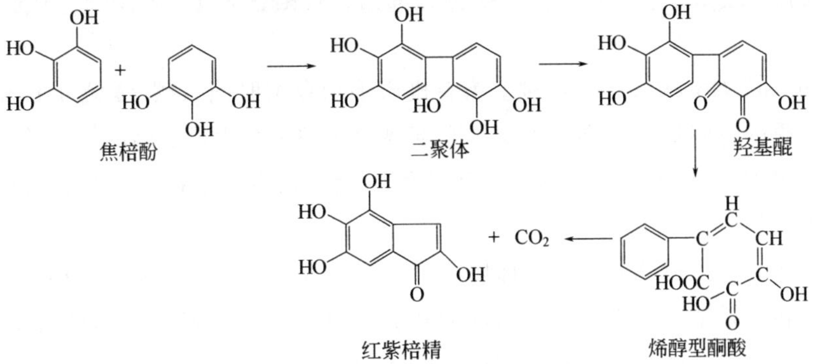

图 2-7　焦棓酚的氧化-缩聚反应历程

$$NH_2CH_2RCOOH + O_2 \xrightarrow{\text{氧化酶}} RCOOH + CO_2\uparrow + NH_3\uparrow \tag{2-5}$$

$$NH_2CH_2RCOOH + H_2 \xrightarrow{\text{还原酶}} RCH_2COOH + NH_3\uparrow \tag{2-6}$$

氨基酸以及分解产生的各种脂肪酸甚至氨，都能与酚、醌类反应合成 HA。木质素衍生物与蛋白质之间也可能通过席夫碱反应生成 HA[12]。

以上列举的例子只是浩瀚的自然界腐植化过程的冰山一角，而且是简化了的模式，大多数天然生化反应要复杂得多。但仅仅这些例子，也足以说明腐植酸类物质形成过程的复杂性。

2.3.3　土壤腐植酸的形成及其影响因素

土壤 HA 是自然界分布最广的腐植酸类物质，它们的形成机理最具代表性，因此探讨土壤 HA 的形成过程就可基本了解整个自然界 HS 的生成机制。

植物死亡进入土壤后，微生物立即用它作为营养和能量来源，首先对容易分解的淀粉、纤维素、半纤维素和多肽等发生作用，然后对木质素和其他酚类物质进行缓慢分解，其中一部分中间产物又会发生复杂的合成反应。这些分解、代谢或合成产物以及微生物本身互相结合，构成较稳定的高分子聚合体，而且随时间的推移，这些聚合体越来越难降解，即形成不同腐植化程度的 HS。死亡植物残体转化为 HS 是有条件的，这些条件包括水、光、温度、空气（氧）、酸碱度、矿物离子种类和强度、微生物和酶的种类与活力等。一般认为，生成 HS 的土壤条件是：通气、水分状况良好、无机质丰富、气候温和、植物生长繁茂和土壤生物活动旺盛等，但至今还没有人能提出一个确切的定量模式来具体描述这些影响因素，只能是统计性的资料。

2.3.3.1　微生物与酶活性的影响

土壤中微生物种类繁多，数量庞大，繁殖迅速。据测算，每公顷土壤中的微生物新鲜细胞可达 3.6～18 吨，仅放线菌、细菌、真菌就有 100×10^4～666×10^4 个/g 土壤。

Kang 和 Felbeck（1965）对土壤有机质平均存留时间（碳-14 测年）和微生物产生腐殖质的时间估算，推测土壤中全部腐殖质都是微生物成因的。目前，科学界已达成共识[11]：微生物是土壤有机质分解转化的动力，也在 HS 形成前期起着巨大的、不可替代的作用。

试验表明，导致草本植物残体腐解初期最发育的微生物是无芽孢细菌（主要是黏液菌）和白霉菌。它们主要攻击的对象是单糖、双糖、氨基酸和蛋白质。此后，芽孢细菌取代上述菌类，主要利用植物残体中较复杂的物质。芽孢细菌消失后，分解纤维的细菌急剧发育。在腐植化的最后阶段，放线菌又成为主要角色，攻击残体中较稳定的部分（木质素、脂类、鞣质等），而且还利用新形成的 Hu。这些微生物在生命过程中吸收利用植物分解产物后，产生大量代谢产物和再合成产物，都统统参与到 HA 的结构中去。

土壤、淤泥、泥炭和森林落叶层中的纤维细菌和真菌非常多，容易筛选和培养。目前人们最关注的是分解木质素等芳香化合物的菌类。降解此类物质的微生物有：①细菌，主要是放线菌。现已发现链霉素绿孢子菌，有很强的分解能力。②真菌，主要是担子菌（包括白腐菌、褐腐菌、软腐真菌、半知菌、香栓孔菌等）和微真菌（包括曲霉、镰刀霉、青霉等），分别靠 MnP 酶、虫漆酶、多酚氧化酶、酪氨酸酶活性对芳香结构发生作用。

应该注意的是，微生物及其酶不仅仅是分解作用，而且还利用部分组分作养分进行合成与代谢，形成植物原来没有的芳香-脂肪化合物，成为 HA 的前体物质。比如，褐腐菌就有合成酚的能力；半知菌专门通过合成酚进一步制造 HA 前体物质；有 12 种真菌可由葡萄糖通过莽草酸途径合成对-羟基苯酸、对-香草酸、咖啡酸和异阿魏酸。链霉菌的代谢产物中就有萘醌、二嵌苯醌、蒽衍生物等多环芳香化合物；有些酶对一些合成物还有稳定作用。如链霉蛋白酶在 HA 的游离羟基作用下可抑制蛋白质和氨基酸的分解，这可能是土壤和泥炭 HA 中含有较多蛋白质类物质的原因；在厌氧环境中过氧化物酶活性受到抑制时，或与 HA 形成高度稳定结合的腐殖质-酶复合体时，促进 HA 形成，并使得土壤 HA 相对稳定[13]。

2.3.3.2 土壤动物的影响

土壤微动物（包括原生动物、轮虫、线虫等）和土壤动物（包括无脊椎动物和脊椎动物）对 HA 的形成也起着推波助澜的作用。土壤动物中的蚯蚓数量最可观，在较肥沃的土壤中，每公顷有蚯蚓约 130×10^4 条，森林土中每公顷达（250～350）万条，重达 1700～2000kg；其次，蚁类、鼠类的数量也不少。它们的生命活动中，对植物物质的撕碎、搬运、与矿物的掺和以及消化过程，都有力地促进 HS 的形成，某种程度上甚至决定着 HS 的性质[9]。例如，蚯蚓的活动增加了土壤通气和通水性能，加速了有机质的分解。被蚯蚓破碎、掺混和消化的植物残体，微生物更容易攻击分解。特别是在中性和适度水分的条件下，土壤动物对植物残体的攻击和改性更为剧烈。更有趣的发现是，在植物物质进入无脊椎动物的肠道后，肠道壁上分泌的纤维素酶、甲壳质酶、酚氧化酶等，加速了微生物对纤维素的分解与改性，并促进芳香化合物与氨基酸等的缩合和 HA 的合成。有的研究者甚至得出这样的结论："腐植化主要是在动物肠道中进行的"，认为"HA 在土壤中的积累，并不是取决于有多少有机物质进入土壤，而是取决于有多少有机物质通过了动物的消化管道"。这种说法虽然言过其实，但也从另一方面强调了土壤动物在 HS 形成中的贡献。

2.3.3.3　温度、湿度和通气状况的影响

不少研究者认为，在温和的气候、干湿交替和轻微好气土壤条件下，有利于促进中间体缩合成为 HS，特别是在春季干燥、冻结或短期积水时，铵态氮增加，更能促进死亡生物体积累和 HS 的生成。过分干燥或积水过多，显然通气状况也不好，不利于 HS 的形成。据古拉可夫（1967）等研究表明，在哈萨克斯坦，越往南的土壤中 HA/FA 比例越小，不溶的腐黑物越多，HA 越少，就是由于气候越来越干燥，抑制了 HA 的形成。反之，如果渍水过多，植物分解和腐植化也受到抑制，有的正在分解阶段就被水掩埋，以还原状态积累起来。此类环境似乎不利于多酚与氨基酸或多肽的亲核加成反应，从而延缓了腐植化进程。这就是独特的腐植化过程，即我们将在"2.3.4.1"谈到的"泥炭化阶段"。

2.3.3.4　酸碱度的影响

一般来说，多数微生物降解酶在中性和微碱性情况下活性最高，有利于土壤有机质的分解；在微酸性条件下有利于抑制过度分解和适当延缓腐植化进程，泥炭化过程就属于这种情况。强酸、强碱介质则严重抑制腐植化。强酸介质中有机质的分解和矿化速度比弱酸中慢许多，形成 HA 的速度也更慢。

2.3.3.5　土壤类型和矿物种类的影响

土壤类型与地球地质条件、地理位置以及气候、湿度等有密切关系，是一个综合因素，对 HS 的形成及其类型有很大影响。

Simon 和熊田恭一[14]曾经把土壤 HA 分为 A、B、R_P、P 四类：A 型和 B 型是"真正的腐植酸"，R_P型和 P 型是"初生态的腐植酸"（结合着大量未完全转化的蛋白质、木质素、低分子有机酸），实际就是按 HA 在土壤类型中的分布以及所结合矿物种类进行分类的。一般情况下，腐植化程度加深的顺序为 $R_P \rightarrow P \rightarrow B \rightarrow A$。他们认为，黑钙土、火山灰化土最有利于腐植化，是生成 A 型 HA 的土壤；其次是腐泥土、中性棕色森林土、黑色石灰土以及冲积土中形成的 HA 属于 B 型。而

酸性棕色森林土、泥炭土、水田土、红黄壤、灰化土、高山土、草原土都属于难深度腐植化的土壤，大都是 HA 停留在“不成熟的”R_P型；最不利于腐植化的是灰壤，只形成 P 型 HA。有机堆肥中的 HA 一般也属于 R_P型 HA。此外，腐植化程度与结合的矿物质，包括黏土矿物和多价金属的参与也是不可忽略的因素，其中水铝英石、Al_2O_3和 Fe_2O_3可能对鞣质、多酚的聚合（暗色化）起独特的催化作用。不同土壤的 pH 值和矿物离子也影响 HA 的类型，如中性介质中形成的多为游离态的 B 型 HA，而碱性条件下形成的多是与 Ca 结合的 A 型 HA。如果钙被淋失，土壤酸化且矿物缺乏活性，腐植化就向 P 型或 R_P型逆转；如果酸性条件下有丰富的 Fe^{3+}、Al^{3+}，也会转化成 A 型 HA。程励励等（1987）也证明，2∶1 型（蒙脱石类）和 1∶1 型（高岭石）黏土矿物，都对多酚有催化缩合的作用，促进 HA 的形成。

2.3.3.6　氮素的影响

土壤有机质中的氮对 HA 的形成也起重要作用。有人在用多酚模拟合成 HA 的实验中发现，加与不加铵态氮和尿素相比，前者 HA 产率多一倍。熊田恭一[14]也证明，氮的含量和矿化率对腐植化有较大影响，但 C/N＝20～30 是氮的有机化和矿化的临界值，小于该数值时，N 矿化率太高，既不利于有机质的腐植化，也会导致 N 的过多流失。

最后，关于土壤 HA 储存年代问题。从上述情况看，土壤 HA 在复杂的生化环境中是一个分解-合成-再分解-再合成的动态过程，不存在只生不灭的情况。一般田间耕作土中植物残体的平均半分解期为 5～6 年[15]。古老的森林土和黑钙土中的 HA 可储存几百到几千年，7000～8000 年是最高值；冻土和泥炭中的腐殖质，储存期可达 1 万年之久[11]。

2.3.4　煤炭腐植酸的形成及其影响因素

就起源和发育初期过程来看，煤炭 HA 与土壤 HA 大致相同，但中后期的沉积、聚合、老化等过程则是煤炭 HA 所独有的。人们常说煤是由腐植酸演化来的，但只说对了一部分。应该说，只能是特定成煤条件下所生成的 HA 才能变成煤，而土壤 HA 或其他来源的 HA 都不会变成煤。土壤 HA 的形成几乎都是生物化学过程，而煤炭 HA 的形成除了初期的生化过程外，还要在后期经受地质化学（地球化学）作用。此外，能否最终转化成煤，还取决于植物种类、堆积数量、沉积环境、储存年代等。下面就按成煤的几个阶段来分析煤炭 HA 形成的历程。

成煤过程分为两个阶段：泥炭化阶段和煤化阶段，后者又分为成岩作用和变质作用两个次阶段。成煤之后又可能遇到自然风化作用。泥炭化和成岩作用阶段生成的 HA 是原生 HA，而风化作用生成的 HA 称天然再生 HA。

2.3.4.1　泥炭化阶段

实现泥炭化至少需要 3 个条件：①植物生长必须茂盛，以保证其死亡残体连续不断地大量堆积；②必须保持积水有足够深度，以使植物残体隔绝空气，且水的运动要稳定；③保持良好的微生物生存环境，如上层的好氧环境和下层的厌氧环境分别为中-微碱性和弱酸性。

生长非常茂盛的陆生植物（主要是沼泽植物）在沼泽、浅海和湖泊中被水充分浸润，不断繁殖、生长、死亡、堆积。堆积在上层的植物残体，空气容易进入，主要发生的是好氧细菌的水解作用，但这个过程时间很短。随着堆积层的不断增厚，下面的植物残体逐渐与空气隔绝，这时厌氧微生物扮演了腐植化的主角。于是，植物残体进入还原、脱水、脱氢、缩合反应为特征的泥炭化阶段。在此阶段，植物残体也依靠本身的氧进行自氧化分解作用（即厌氧分解），一部分残体最终分解为 CO_2、H_2O 和 CH_4 进入大气，另一部分则相互缩合逐渐形成 HS。在泥炭化阶段，仍保留着或多或少的植物原有的纤维素、半纤维素和类脂物质。

利施特万[16]认为，泥炭腐植酸的形成和积累速率，既取决于造炭植物成分的生物化学稳定性，也受介质条件的制约，分别导致分解-合成反应的加速、抑制和延缓。比如，泥炭藓中的大量苯酚类物质，不仅使介质呈现酸性，而且本身就是防腐剂，抑制了植物残体分解和 HA 的形成与积累，这就是高位泥炭中 HA 含量远不如低位泥炭中高的主要原因。

泥炭的储存年代因种类而异。由于处于缺氧和还原环境，泥炭储存时间跨度很大，最短的只有几年时间（如老泥炭地的上层，即裸露泥炭），且至今仍在继续沉积，形成新的泥炭（但此类新泥炭已为数不多了）。下层埋藏泥炭寿命可达几千年，最老的泥炭可追溯到冰川后期，距今至少一亿年[17]。

2.3.4.2　成岩作用阶段

泥炭沼经过漫长的岁月，腐殖质越积越厚，温度也越来越高，就进入成煤的第二阶段前期——成岩作用阶段，即生成褐煤阶段。这个阶段的特征[18]是：①微生物生命活动基本停止。按一般规律，在深于 40cm 以下的沉积层，真菌数量和活力已微乎其微，细菌的作用也随泥炭层深度逐渐减弱。因此，在褐煤阶段生物化学作用已不占主导地位，甚至完全消失了。因此，这一阶段还原和聚合反应远多于氧化降解反应；②随埋藏深度的增加，温度逐渐提高。据测定，深度每增加 100m，温度提高 3～5℃。由泥炭生成褐煤时的温度大约为 60～70℃，这时对有机物质的脱水、脱氢、脱羧、脱甲氧基以及缩合成大分子 HS 非常有利，因此褐煤阶段已基本不存在原来植物组织残体和原有的碳水化合物、木质素、类脂物质等组分了，而且 HA 的缩合芳香结构也变得更大、更稳定了。这种作用都属于有机化学或物理化学作用过程；③原始物质和地球地质条件的特殊性。不是所有的泥炭都能转化成褐煤。地质考察发现，在陆生植物出现后，地球上曾经有过大面积的茂密森林（见图 2-8）。距今年代最短的（约 6000 万年前）第三纪褐煤，最老的（约 1 亿年前）白垩纪褐煤，都是由非常巨大的树木生成的，而且老褐煤几乎都是在地壳断裂和变动后埋入很深的地下，经受了较深的地球地质化学作用。因此，远古时期高大茂密的森林、地壳变动以及剧烈的地球化学作用，是生成褐煤及其 HA 的关键因素。

图 2-8　石炭纪丛林[8]

2.3.4.3　变质作用阶段

褐煤继续长期经受高温（约 100～200℃）和高压，就依次形成次烟煤、烟煤、无烟煤以至石墨化物质，这一系列变化统称为变质作用。烟煤大约是在距今 1.2 亿～3 亿年前形成的，石炭-二叠纪被认为是我国大陆成煤的鼎盛时期（约 2.7 亿年前）。次烟煤是从成岩到变质的过渡阶段，或多或少还有腐植酸的踪迹。到烟煤阶段，腐植酸已荡然无存，原有的腐植酸都已聚合成中性大分子的腐黑物（煤化学中也称“沥青质”）了。

整个植物成煤过程可从图 2-9 一目了然。

2.3.4.4　煤的风化

无论褐煤、烟煤还是无烟煤，都可能被自然风化，又生成 HA，这就是所谓的天然再生腐植酸[18]。

风化作用是大气中发生的各种物理化学变化的综合现象。当煤层离地表很近时，空气、地下水和大气中的水就沿岩石小孔或裂隙渗入煤层，使煤发生自然氧化和水解。水中溶解的某些矿物质也对煤的风化起催化作用。由于岩石裂隙不规则，故渗入的水和空气也不均匀，就使得风化煤腐植酸含量不够稳定。风化煤与

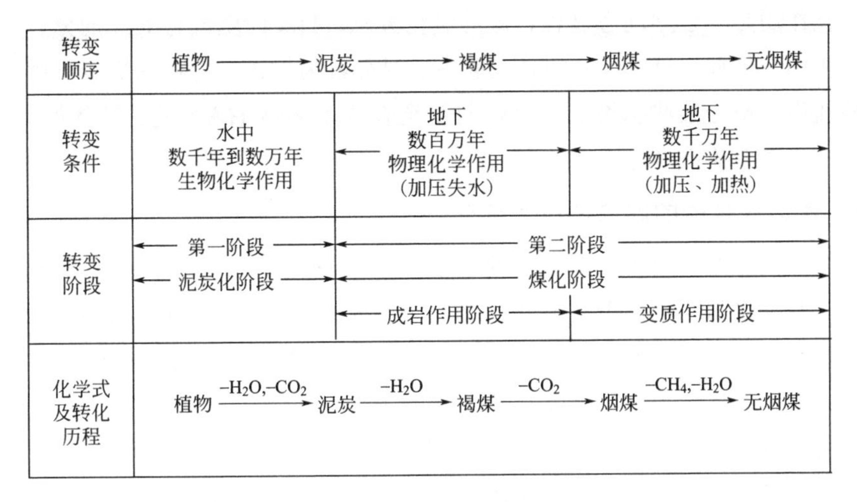

转变顺序	植物 → 泥炭 → 褐煤 → 烟煤 → 无烟煤		
转变条件	水中 数千年到数万年 生物化学作用	地下 数百万年 物理化学作用 （加压失水）	地下 数千万年 物理化学作用 （加压、加热）
转变阶段	第一阶段	第二阶段	
	泥炭化阶段	煤化阶段	
		成岩作用阶段	变质作用阶段
化学式及转化历程	植物 $\xrightarrow{-H_2O,-CO_2}$ 泥炭 $\xrightarrow{-H_2O}$ 褐煤 $\xrightarrow{-CO_2}$ 烟煤 $\xrightarrow{-CH_4,-H_2O}$ 无烟煤		

图 2-9　植物成煤过程[17]

相应的原煤相比，碳和氢含量减少，氧含量增加，灰分增加，挥发分、黏结性、燃烧热和机械强度均降低，吸湿性增加。从显微观察（见图 2-10）可见，轻度风化的煤粒表面发生变化，剧烈风化则导致煤的显微结构全部破坏，原有的凝胶化基质和镜煤质几乎都转化成无定形的不透明物质，反映出煤被剧烈氧化分解的特征。

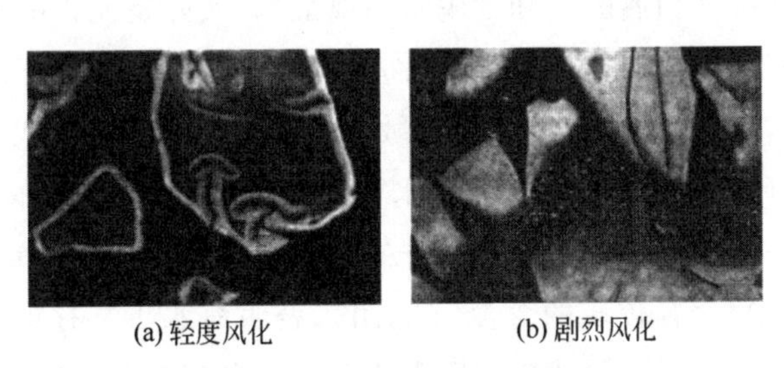

(a) 轻度风化　　(b) 剧烈风化

图 2-10　风化煤显微反射光照片[8]

多数研究者认为，煤的自然风化一般不需微生物参与，基本上是化学氧化降解过程。煤风化形成 HA 的反应历程大致为：

① 煤的芳香结构大分子的侧链和弱结合键上形成活性含氧基团或过氧化键；

② 过氧化键和邻位酚结构断裂，开始形成 HA；

③ 剧烈氧化分解，芳香结构被破坏，不仅生成大量黑腐酸，而且有一定量棕腐酸、FA 和其他低分子酸以及 CH_4、CO_2 等裂解气体。

由于所处的地理环境的影响，风化煤中的 HA 一般有两种情况：一种是与阳离子结合的腐植酸，常称为“高钙镁腐植酸”，是在风化石灰岩地带形成的；另一种是游离腐植酸（可用碱液直接提取出来），一般是在砂岩地带形成的。

风化作用是一系列动态过程，煤的氧化分解、HA的生成与HA的分解可能是同时发生的。因此，HA产率的高低取决于煤分解为HA的速度与后者分解为气体产物的速度平衡。某些矿物质与游离HA结合成不溶性HA，使其分解受到抑制，有利于HA的保存与积累。

2.3.5 水体腐植酸的起源及组成特点

水体腐植酸主要起源于浮游生物（蛋白质和糖类组分为主，几乎无木质素），但也有一些来自陆地土壤HA和动植物残体。现代光化学理论[19]认为，水体HA生成机理与陆地HA有所不同，除了少数微生物因素外，主要是光化学过程。在阳光的光子辐射作用下，天然水体中会生成相当数量的过氧化氢（H_2O_2），并激发水中的有机质发生氧化降解-自由基合成反应，逐渐形成HA。研究表明，水体HA尽管都溶于水，但并非都像陆地FA那样的组成结构，所以不能都称作“水体黄腐酸”。比如，曾有人测定格鲁吉亚河水体中可溶HS中约有1/4为HA，其余为FA。水体HA一般脂肪结构为主，分子量较低，色度较浅，吸收光谱也与陆地HA有较大差异。由于水生生物的特殊性，所以水体HA中还存在一些陆地HA少见的组分。如日本的大槻忠（1978）曾发现海水中有不少是叶绿素分解产物形成的HA，这与海水中含有相当数量的镁叶绿素有关。有人在河水中还发现浅色、低分子和高脂肪特征的“白腐酸”和“脱水白腐酸”，实际是死亡的低等生物的分解-合成产物。外来的化学合成有机物转化成HS的现象也屡见不鲜，如谢富琴科（1963）等发现2,4-二氯苯氧乙酸在光敏化作用下分解-聚合成HA。阿根廷的Scapini等[20]对比研究了Engaño海湾海水和Chubut河水中HS的组成结构，发现它们在组成上有一定相似性，主要是由FA组成，直链脂肪碳含量较高、芳香碳含量很低，但海水FA含有较多的含氮官能团，表明海水FA有更多的蛋白类化合物，更低的芳香性和羧基碳，缺乏木质素成分。二者都来自水生植物或动物，但河水FA还有可能来自土壤FA。他们认为此类水体FA对硅藻种群的生长有明显促进作用，而对甲藻种群影响较小。总的来说，目前对水体HA还不像陆地HA那样研究得深入，有待于后人逐步揭开其“庐山真面目”。

2.4 腐植化历程模型

20世纪40～90年代，不少研究者都根据多年研究成果提出过腐植酸形成过程的假想模型。现代HA形成模型，基本上是以Steelink（1967）、Flaig[1]和Stevenson[3]提出的多酚理论为基础的。

Steelink用简单图式对多酚的来源作了描述（见图2-11）。实际参与反应的主

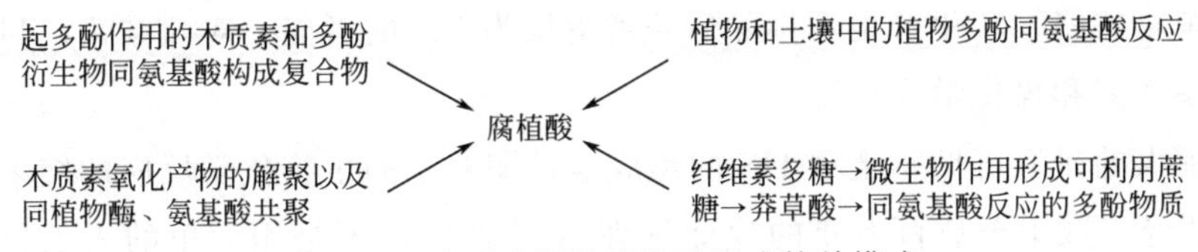

图 2-11　多酚来源及腐植酸形成简单模式

体物质——多酚是一个综合概念，它们既来自植物组织本体和木质素氧化解聚，也来自多糖降解-氧化形成的酚酸类（如奎宁酸、莽草酸），甚至包括木质素本身。它们都可能直接合成或与氨基酸缩聚成为 HA。

Varadachari 和 Ghosh 等（1984）在 Stevenson 多酚理论的基础上提出了一个更详细的模式，见图 2-12。

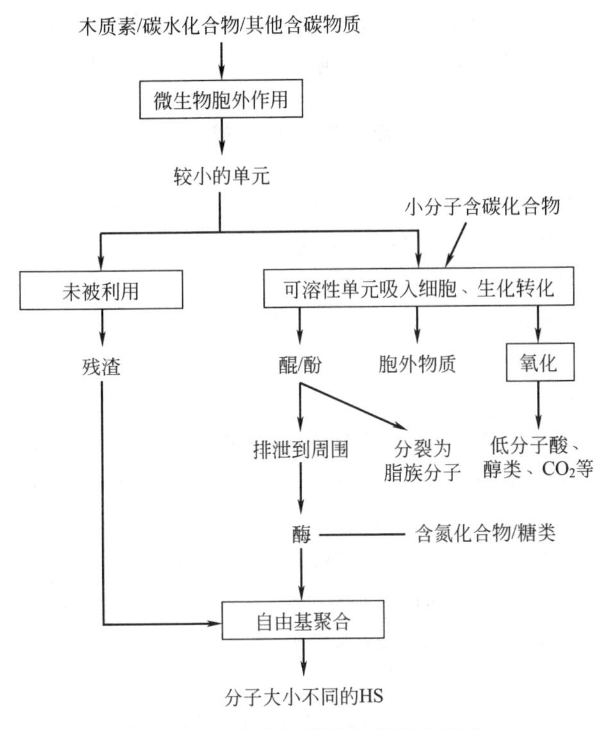

图 2-12　多酚合成腐植酸理论模式

这个模式较全面地总结了本章所述及的多酚合成 HS 的机理：①木质素、碳水化合物等任何含碳有机物质，只要能被微生物利用，就可能转化成酚酸和醌类，连同氧化酶一起经溶菌作用被排出体外；②可以利用和转化酚类物质的微生物对形成 HS 有直接作用，即微生物本身及其代谢产物都成为 HA 的前驱；③中、后期的转化是在酶作用下酚-酚（醌）之间、酚-氨基酸以及多肽、杂环氮化物之间发生自由基聚合反应（相当于前述的褐煤阶段地质化学作用）；④基本是按黄腐酸→腐植酸→腐黑物的路线转化，也不排除后两者解聚为FA的可能。对此结论，目前已逐渐被土壤学家和煤化学家接受。

从前人的研究可见，土壤HS的形成是长期复杂的生物化学反应的结果，煤炭HA还要经受数千至数百万年的地球物理-化学作用，不是用简单的人工化学反应在几个小时内就能完成的。有不少人试图用简单的化学手段制造“人工腐植酸”，几乎都事倍功半。捷克科学院生物中心的Novak教授等（2015）[21]从木质素磺酸盐氧化和水解转化后的产物中分离出“腐植酸组分”，经化学和光谱学方法进行组成结构表征，证明其尽管芳香度较高（60.6%），具有一定的酸性，但羧基很少，主要官能团仍然是木质素苯丙烷结构单元中的酚羟基，其酸性实际是磺酸基所体现出来的。因此，Novak认为，这种物质实际是氧化-磺化的木质素产物，不是腐植酸，顶多是“腐植酸类物质的相似物”。联想到近期有人把高温高压快速裂解生物质或用造纸黑液浓缩的物质称作“腐植酸”，实际是一种误导。

参 考 文 献

[1] Flaig W. In：Humic Substances and their Role in the Environment [M]. Frimmel F H ，Christman R F. New York：John Wiley & Sons，1988：75.

[2] Adani F，Spagnol M，Nierop K G J. Biochemical origin and refractory properties of humic acid extracted from maize plants：the contribution of lignin [J]. Biogeochemistry，2007，82 (1)：55-65.

[3] Stevenson F J. Humus Chem，Genesis，Composition，Reaction [M]. 2nd ed. New York：John Wiley & Sons，1994：496.

[4] Mecozzi M，Acquistucci R，Nisini L，et al. Mechanisms of browning development in aggregates of marine organic matter formed under anoxic conditions：a study by mid-infrared and near-infrared spectroscopy [J]. Infrared Physics & Technology，2014，63：74-83.

[5] Jokic A，Frenkel I，Huang P M. Effect of light on birnessite catalysis of the Maillard reaction and its implication in humification [J]. Canadian Journal of Soil Science，2001，81 (3)：277-283.

[6] 魏自民，吴俊秋，赵越，等．堆肥过程中氨基酸的产生及其对腐植酸形成的影响 [J]. 环境工程技术学报，2016，6 (4)：377-383.

[7] Felbech G T. In：Soil Biochem [M] . Vol. 2. Mclaren A D and Skujins K. Dekker New York，N Y. 1971：36.

[8] Van Krevelen D W. Coal. Typology-Chemistry-Physics-Constitution [M]. In：Coal Science Technology. 3rd ed. Amsterdam：Elsevier Pub Co. , 1993：90，99.

[9] 科诺诺娃．土壤有机质 [M]. 周礼恺，译．北京：科学出版社，1966.

[10] Haider K，Martin J P，Filip Z. Humus Biochemistry [M]. In Soil Biochemistry，Vol 4. Paul E A and Mclaren A D. Marcel Dekker Inc，1975：195.

[11] 夏荣基．土壤有机质的形成和分解 [M]//于天仁，陈志诚．土壤发生中的化学过程. 北京：科学出版社，1990：230.

[12] Senesi N，Loffredo E. 土壤腐殖质［M］. 沈圆圆，等译 .//霍夫里特，等 . 生物高分子. 北京：化学工业出版社，2004.

[13] Gianfreda L，Violante A. In Environmental Impact of Soil Component Interactions，Vol 1［M］. Huang P M，Berthelin J，Bollan J M，et al. Boca Raton. FL：CRC. Lewis，1995：201.

[14] 熊田恭一 . 土壤有机质的化学［M］. 李庆荣，孙铁男，解惠光，等译 . 北京：科学出版社，1984.

[15] Sawerbeck D R，Gonzalez M A. In Proc Symp Soil Organic Matter Studies Intern Atomic Energy Ageney［M］. Vienna，1977.

[16] Лиштван И И，Трентьев А А，Базин Е Т. Физико-хмические Основы Технологии Торфного Производства［M］. МН：Наука и Техника，1983：109.

[17] 朱之培，高晋生 . 煤化学［M］. 上海：上海科学技术出版社，1984.

[18] Кухаренко ТА. Сб：Гумин Удобр Теория и Практика их Применения，Часть 2［M］. Киев Гос Селскхоз УССР，1962：45.

[19] 邓南圣，吴峰 . 环境光化学［M］. 北京：化学工业出版社，2003：82.

[20] Scapini M del C，Conzonno V H，Balzaretti V T，et al. Comparison of marine and river water humic substances in Patagonian［J］. Aquatic Sciences，2010，72：1-12.

[21] Novak F，Sestauberova M，Hrabal B. Structural features of lignohumic acids［J］. Journal of Molecular Structure，2015，1093：179-185.

03

第3章 腐植酸与生态环境

HS与土壤、水体、大气中的各种有机、无机物质发生反应，对天然物质的溶解、沉积、凝聚、结晶、缓冲、迁移、生物效应以及生物圈碳循环、氮循环有着直接或间接的作用，对环境产生着不可估量的影响，与生物和人类生命活动及健康有着密切关系。正如Schnitzer所说："腐植物质广泛分布于地球表面，直接或间接地控制着许多反应，影响着这个星球上人类的生存，并持续地向许多久经考验的科学家的好奇心和智慧发起挑战。"本章内容主要是科学家们对生态环境中HS作用的部分研究结果，几乎都属于天然HS的生态效应，基本不涉及人工合成腐殖质的作用。

3.1 腐植物质在生物圈中的地位

腐殖质具有天然有机大分子结构和多官能团、聚电解质特性，这决定了它们在调节生物圈物质循环和能量转化以及构建和谐环境中扮演着重要角色。

生物圈的物质和能量循环机制简要概括如下：生物圈中的生命物质分为生产者（主要是陆地绿色植物）、消费者（动物）和分解者（微生物）三大类。这3类生物与其所生活的无机环境之间构成了一个庞大的生态系统。生产者从无机环境中摄取物质和能量，通过光合作用合成有机物，一级消费者（食草动物）摄取生产者及其合成有机物，二级消费者（食肉动物）捕食一级消费者，再将能量传递给三级、四级消费者……当有机生命死亡后，分解者将它们再降解为无机物，最终将来源于环境的物质归还给环境。上述过程为一个生态系统完整的物质循环和能量转换过程。只有生态系统内的物质种类、数量及其生产能力维持在相对稳定的状态，系统的能量输入与输出才能达到平衡，这就是通常所说的"生物和环境和谐发展"。生态系统中的任何一个环节遭到破坏，均会导致整个生态系统的和谐秩序的紊乱。那么，在这个庞大的生态系统中，腐植物质在哪里？就在微生物的“足下”。因为微生物将死亡的生命物质分解为无机物（最终产物是CO_2、CH_4和水，少量NH_3、NO_x）的过程，并不是瞬间完成的，大多数要经过一个中间过程——即以合成腐殖质为特征的腐植化阶段，其存续时间，少则几个月，多则几千年[1]（煤炭腐植酸存留时间还要长得多）。因此，HS 形成过程是生态系统中复杂生物化学反应的中间阶段。这个中间阶段非常关键，假设绕开这个中间阶段，地球上就不存在植物和微生物赖以生存的土壤，养分就无法保存，有毒物质将肆无忌惮地产生和蔓延，整个生态秩序就陷于混乱。更可怕的是，仅每年本应进入地表的 600 亿吨植物残体会迅速分解，大气中 CO_2 浓度将以每年 8%的速度增长，待 CO_2 浓度到达一定程度后，几乎所有生物都将受到严重影响。因此，HA 是生物圈中能量的缓冲器、生态环境的净化器、“维护生命的贮库和生物圈的保护者”[2]。

3.2 腐植酸与土壤

地球上土壤有机质约 3 万亿吨，其中 HS 占土壤有机质的 80%左右[3]，是土壤的重要组成部分，正如 Haan[4] 所说：“在决定一种土壤生产力的诸因素中，它的 HS 含量是最重要的。” HA 作为腐殖质（Hu）中最活跃的部分，对土壤的形成、物化性质和肥力起着关键的作用。可以说，没有 Hu 和 HA 的土地，就不能称其为土壤，仅仅是“土地”，甚至只是风化了的岩石而已。

3.2.1 腐植酸对土壤形成和肥力的作用

（1）腐植酸是土壤形成的积极参与者和促进者　众所周知，土壤无机质是岩石分解来的，生物体及其生命活动产物（如菌类和植物根的分泌物）对岩石和矿物的破坏及土壤的形成无疑起着巨大的作用，而生物死亡后形成的 HS 也不容忽视。在地球上土壤形成初期阶段，甚至高等植物出现之前，HA 就积极参与了这一过程。不少研究者早就发现 HA 和 FA 对硅酸盐、闪石、白云石、绿帘石都有较强的分解作用，可见 HS 作用之一斑。

（2）腐植酸促进和制约着土壤金属离子、微量元素的迁移、固定和淋溶　土壤中的 HS 只有很少一部分以游离态存在，大部分是以盐类、金属离子络合（螯合）物、铁或铝氧化物凝胶、被黏土吸附状态存在，其中以盐类和金属离子络合物的作用最大。这些腐植酸-无机质的复合体对土壤中钾、钙、镁、铁、锌、锰等元素的迁移或固定有很大影响。科诺诺娃等（1961）用电泳法研究发现，灰化土中的 HA 与 Fe^{3+} 能形成迁移性低的络合物，也能形成带负电的可移动性的络合物。究竟形成何种络合物，取决于土壤的物化条件。也有人发现 HA 与黏土矿物结合成的胶态体系，可以减少 Fe^{3+} 和 Al^{3+} 的淋溶。Bailey（1974）发现，土壤中 HA 与 Cu^{2+}

结合得最多，而且 Cu^{2+} 的数量与 HA 含量呈正比，还发现部分 Cu^{2+} 是与含氮基团络合的。土壤 HA 对碘（I_2）有很强的吸附力，其中 67％是化学吸附，但与 I^- 之间不发生吸附。据 Baohua（1990）报道，在 pH 高的土壤中，HA 吸附的硼（B）比黏土矿物吸附的高 5 倍，有时高达 58mmol B/kg（HS）；土壤 HA 中硒（Se）的含量占到土壤总 Se 的 75％～93％，即绝大部分 Se 是以有机态结合的，其中 40％～95％是与 HA 或 FA 结合的。这方面的研究报道还很多（将在“7.2.1”中叙述），虽然没有系统和规律性的见解，但足以印证 HS 对微量元素的富集量确实是可观的。

（3）腐植酸是土壤结构的稳定剂　土壤学家研究证明，土壤团聚体数量和结构决定着土壤肥力和储碳能力。科诺诺娃发现，在黑钙土中，HA 通过不溶性的 HA-Ca 络合物形成原生团聚体（微团聚体），这种形态的结合体对土壤结构的稳定性贡献最大；在灰化土和红壤中，Fe_2O_3 与 FA 结合成具有胶黏特征的化合物；在灰色和棕色森林土中则上述两种兼而有之。无论哪种土壤，都离不开 HA 与无机物质的有效结合。一般富含 HS 的土壤比贫瘠土壤的团聚体含量高 5～7 倍，总孔隙度高 0.3～1 倍，空气含量、渗水速度也都明显偏高。台湾学者 Chiu 等[5]用核磁共振法研究了长期施用生物固体（由污泥厌氧消解液制备）土壤腐植酸的结构的变化，发现随着施用生物固体量的增加，HA 中烷基碳增加，芳香碳降低，HA 结构以烷氧基主导变为烷基主导，而且增加了有机结合 Fe/Al 的总量。可见，长期施用腐植酸可增强土壤有机质的稳定性。这将在第 9 章将详细说明。

（4）腐植酸影响着土壤的盐基交换容量　盐基交换容量（CEC）是土壤肥力的一个重要指标，决定着土壤保持养分的能力。高尔巴诺夫（1948）对苏联土壤评价的结果表明，一般 HS 比无机部分的 CEC 高一倍左右。土壤表层 HS 占总土壤重量的 2％～10％，但 HS 的 CEC 却占总 CEC 的 35％～65％，其中黑钙土 HS 的 CEC 最高，比其他类型的土壤 CEC 高 2 倍左右，说明 HS 与矿物发生物理化学作用后改变了矿物吸附基团的性质。

（5）腐植酸影响土壤的持水性　由于腐植酸类物质能降低水的表面张力，从而减低水与土粒表面的接触角，增加水的铺展面积，使土壤的保水能力提高。据 Chen 和 Schnitzer（1978）统计，富含 HA 的土壤比贫瘠无机土壤持水能力高 5～10 倍。

（6）腐植酸是植物养料的仓库　土壤 HA 通过吸附、络合、螯合、离子交换等作用，或者间接通过激活或抑制土壤酶，对诸多营养元素起保护作用和贮存作用。比如，HA 本身就与含氮有机物共价结合或以氢键结合着，特别是黑钙土中的 C-N 键具有高度的耐水解性，是土壤不断增加易移动氮的主要因素，也是植物的主要缓效氮源。此外，HA 在促进 C、N 的矿化，固定大气中的 N，抑制速效磷、钾的固定，促进难溶磷、钾的溶解，减少各种营养元素的流失等方面都有重要作用。凡是 HA 含量高的土壤，营养元素含量也必然高。因此在 100 多年前便有人误认为 HA 本身就是植物的养料。

（7）腐植酸影响土壤微生物和酶活性　土壤微生物是组成土壤生态系统的重要组成部分。研究证明，凡是 HA 丰富的土壤，其好氧细菌、放线菌、纤维分解菌等的数量就多，否则就少。HA 不仅间接通过优化土壤结构、营养条件来影响土壤微生物，而且直接影响着微生物的生理活动，包括提高微生物细胞膜透性，促进微生物细胞内多种生理活性和生化反应的进行。同时，HA 还作为微生物体内呼吸的电子受体，促进能量生成和微生物的生长[6]。一般来说，土壤 HA 与酶的结合能力较强，对酶的活性与稳定性有保护作用，这与 HA 的表面疏水性、静电作用强度、阳离子作用及 HA 与酶间的包被程度等有关[7]。

3.2.2　土壤类型及其腐植酸的稳定性

（1）不同土壤中的腐植酸稳定性　20 世纪中叶，不少土壤化学家从土壤发生学角度研究了土壤类型与腐植酸类型的关系及其相互之间的变化规律。仅以熊田恭一[8]的研究结果为例加以说明，见表 3-1。

表 3-1　土壤种类与腐植酸的类型

土壤种类	腐植酸类型	
	A 层	B 层
高山草原土	P，R_P	P
灰壤	P	P
棕色森林土（海拔 400m 以上）	P	P
棕色森林土（海拔 400m 以下）		
干燥型	R_P	B
较干燥型	B	B
湿润型	B>A	P
红黄壤	R_P	R_P
火山灰土（黑色土）	A	B，P
黑钙土（捷克）	A>R_P	A>R_P
水田土（耕层）	R_P>B>A，P_0	—
各种土壤的 A_0 层	$R_P \gg P_0$	—
泥炭	R_P	—
堆厩肥和腐解初期植物残体	R_P	—

注：A 层和 B 层分别表示土壤耕作层的上层和下层（按日本命名法）。

按 Simon 和熊田恭一的分类原则，将土壤中的 HA 分为初生态或不稳定的 R_P 型、P 型或 P_0 型，以及稳定（“成熟”）态的 B 型和 A 型，可简单地理解为腐植化程度的顺序为 R_P<P<B<A，即腐植酸聚合度（分子量）和稳定性也按此次序增

加。表中资料显示，腐植化程度最高、HA 最稳定的土壤是黑钙土和黑色火山灰土，其次是潮湿和半干燥的棕色森林土；高山、草原、灰壤中的 HA 最不成熟，与厩肥、腐解初期的植物残体相近。泥炭 HA 环境特殊，实际也属于不成熟型的，只是因为埋藏较深，不易分解，储存时间较长。

此外，研究发现[4]，沙土和黏土中新形成的 HA 分解速度分别为 13%/年和 9%/年左右，而较老的 HA 分解速度则分别为 1.7%/年和 2.1%/年，说明黏土比沙土中 HA 稳定，陈腐 HA（腐植化程度高）比新 HA 稳定。未耕作土壤与耕作多年的同类土壤相比，前者 HA 的腐植化程度较高；旱田中 HA 与水田 HA 相比，也是前者腐植化程度较高。熊田恭一还发现，围垦的水田耕层 HA，随着开垦年限的增加，起初游离 HA 含量增加，但腐植化程度经过一段时间的提高后，向未成熟的方向退化，也就是说，HA 变得越来越不稳定了。他认为可能是由于开垦后的氧化、脱盐、酸化、堆肥等作用的结果。由此认为，耕作会降低 HA 的稳定性和含量。

（2）不同土壤腐植酸级分的平均存留时间　不同 HA 的级分相互比较，平均存留时间（可理解为“平均寿命”）顺序一般为：与钙、镁结合的腐植酸＞游离腐植酸，腐黑物＞腐植酸＞黄腐酸＞水解初期植物残体。据 Campbell（1967）的 ^{14}C 计年测定，各种 HS 的平均寿命约为：黑钙土中腐黑物 1140 年，腐植酸盐（主要为 HA-Ca）1235 年，而灰壤、黄壤中的游离 HA 只有 780 年，灰化土游离 HA 寿命不足黑钙土的 1/3；一般 FA 的平均寿命约 500 年，HA 的酸水解物和植物残体水解物寿命只有 25 年左右。

不少土壤化学文献中用 HA/FA 比值近似表示土壤腐植化程度，其潜在含义是，FA 含量越高的腐植物质结构越简单，且越不稳定。表 3-2 是几种土壤中的 HA/FA 值。可以看出，越是肥沃的土壤 HA/FA 值越高，其中盐碱化漠钙土最低，普通大田土居中，菜园土最高。有趣的是，耕作多年后撂荒地的土壤 HS 含量和 HA/FA 值有所提高。我国土壤分析也表明，暗棕壤的 HA/FA 一般在 1～2 之间，黄棕壤为 0.45～0.75，而砖红壤则＜0.45；同样土质情况下，湿润地区比干燥地区的 HA/FA 高。

表 3-2　不同土壤中的 HA/FA

土壤类型	腐植酸类物质		土壤类型	腐植酸类物质	
	总 HS（以 C 计）/%	HA/FA		总 HS（以 C 计）/%	HA/FA
盐碱化漠钙土	0.08～0.12	0.136～0.255	普通大田土(上层)	1.26	0.92
撩荒漠钙土	0.19	0.565	新菜园土(上层)	1.49	2.10
耕作漠钙土	0.14～0.18	0.424～0.466	中等熟化菜园土(上层)	2.13	2.33
灰棕色漠钙土	0.07	0.217	老菜园土(上层)	2.43	2.53
			老菜园土(下层)	1.20	—

注：此表据中科院新疆生物土壤沙漠所、西北水土保持所研究数据整理（内部资料，1987）。

3.2.3　土壤腐殖质与土壤生态保护

从以上分析，我们认识到腐植酸类物质在土壤中的重要作用及其储存稳定性的一般规律，自然会想到如何保护土壤腐殖质的问题。

土壤 HS 的形成和动态平衡，是千万年来复杂漫长的自然积累过程。全球土壤中积累的碳达 3 万亿吨，比其他地表分布的有机碳总和（2 万亿吨）还要多。它们不仅是土壤本身的活力所在，而且是整个生物圈的物质储库和保护者。因此，保护土壤腐殖质，是关系到保护土壤生态乃至地球生态及自然环境可持续发展的重大问题。但是，现代经济发展和人类活动造成的土壤退化状况不容乐观。统计表明[9]，20 世纪 80～90 年代，全球土壤每年流失 254 亿吨（我国 43 亿吨），森林以每年 1%的速度减少，特别热带森林每年减少 1300 万公顷，导致森林土质红土化；草原退化加剧，尤其是我国，每年以 30%（约 130 万公顷）的速度退化。沙尘暴的频发，就是土壤环境劣化结下的苦果。土壤流失，实质是有机质或腐殖质的流失。耕作年代越长，HS 流失或活性降低得越多。以我国东北黑土为例。据李阳等[10]的研究表明，长期对东北黑土耕作施肥，使土壤 HS 总量降低，其中游离态 HA、FA，和结合态 FA 减少，结合态 HS 的 HA/FA 增大，说明长期耕作施肥导致 HS 向腐植化程度高的类型转化，活性降低。据黑龙江水土保持研究所调查，黑土区有机质含量已由开发初期的 5%～8%降到目前的 1%～4%，黑土层厚度由 50 年前的 40～100cm 降到今天的 20～40cm。目前黑土区流失面积达 27.59km^2，超过其总面积的 1/4，其中 15%的母质裸露在外。人们说，“北大仓”有退化为第二个黄土高原的危险。自然培育的土壤腐殖质层的破坏，可能是几年、几个月的时间，要恢复却需漫长的岁月。比如，森林的恢复至少需要几十到几百年，而要恢复 1cm 厚的土壤腐殖质层，则需要 300～600 年。保护修复土壤腐殖质层的任务已迫在眉睫。新世纪伊始，我国政府采取了一系列保护生态环境的战略决策，包括退耕还林、退耕还草、三江源头生态脆弱地带以及西北黄土高原的植被保护，提倡轮作、科学施肥和推广使用腐植酸类肥料等，都使土壤腐殖质退化速度得到遏制，土壤生态建设初见成效。

3.3　腐植酸与水体

江、河、湖、海、地表径流以及水底沉积物中都含有或多或少的有机质(DOM)，其中 HA 和 FA 占 25%～50%，其余主要是蛋白质、多糖和亲水有机酸等[11]。天然水中腐植酸类物质统称“水体腐植酸”。国外水体 HA 含量[12]大致为地表水和黑色沼泽水 0.1～50mg/L，海水 0.5～1.2mg/L，地下水 0.1～10mg/L，河流 0.5～4mg/L，湖泊 0.5～40mg/L，废水和污水 1.7mg/L。我国河水中溶解的 HA 约 0.9～15mg/L，平均 4.56mg/L[12]；沉积物中 HA 含量较高，变化幅度也很大，如长江中下游浅水湖泊沉积物 HS 组成中，HA 1.03～6.73g/kg，FA 2.73%～9.77%，Hm 5.89～55.57g/kg，HA/(FA＋HA) 比值（PQ）平均 32.72%，说明重污染湖泊的沉积物腐植化程度较高[13]。

3.3.1 腐植酸在水中的结合形态

水体 HA 化学活性都较强，特别是海洋中的 HA，有不少是含 N 和 S 的官能团以及杂环结构，与金属离子或其他物质的结合能力更强。因此，水体 HA 主要是与黏土及其他固体悬浮体、有机化合物结合，或者以有机金属络合物形态存在（见图 3-1），很少是游离状态的 HA。相应地，水中的有机或无机粒子似乎与 HA 特别“亲近”，只要有足够的 HA，就纷纷与其结合。

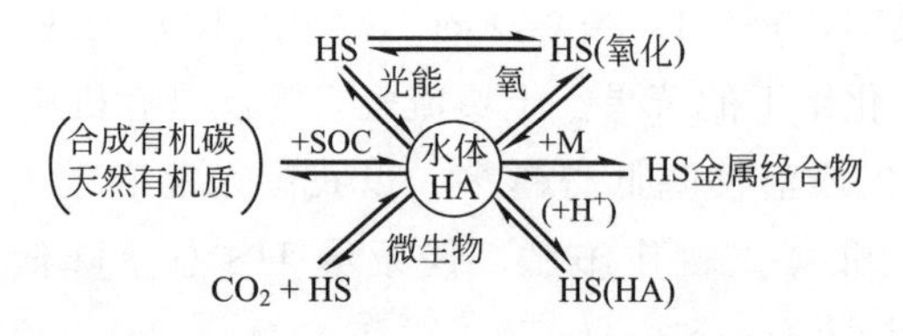

图 3-1 水体 HA 形成及其与环境物质的作用

（1）与金属离子的结合 水中金属离子的来源，一部分是浮游生物富集的，或是来自 HA 溶解与滤取的某些矿物组分，而另一部分来自人类活动排出的。所有这些金属离子，都可能成为水体 HA 的“盘中餐”。Mantoura 等（1978）的研究发现，淡水中的 Hg^{2+}、Cu^{2+} 等金属几乎全部是与 HA 结合的，但在海水中由于 NaCl 的浓度较高而减少了 HA 固定 Hg^{2+} 的程度（Strohal 等，1971）。Гончарова 等[14]认为，水体 HA 浓度与金属离子浓度（mol）比值 $C_{HA}:C_{M}^{2+}=1:0.7$，并且 pH≈7 时，Cu^{2+} 的结合量最大，pH＝7.5～9.0 时最易生成 HA-Ni、HA-Co 络合物，pH≥6 时极易形成可溶于水的 HA-Fe 络合物，并且非常稳定，严重影响饮用水的质量和色度。庄国顺等[15]曾对长江口 HA 做过研究，发现表层沉积物几乎没有游离 HA 和 FA。江水中的 Zn^{2+}、Cu^{2+} 和 Pb^{2+} 的浓度分别为 20.3mg/L、40.5mg/L、27.5mg/L，而与 HA 络合的分别达到 90%、36.7%和 25.4%，其余部分，不是与黏土结合的，就是在弱酸中可溶的形态。可见，在水环境中，有机结合态是许多有毒金属离子的主要赋存形式。水环境中的汞（Hg）也有其特殊性。作为污染物之一的 Hg，其还原作用（$Hg^{2+}\rightarrow Hg$）是一个重要的生物地球化学循环过程，一直受到广泛关注。国外许多研究证明，HA 对水体中的 Hg^{2+} 存在明显的还原作用，也对汞在环境中的迁移有至关重要的影响。江韬等（2012）对比研究了 3 种不同来源的 HA 对 Hg^{2+} 的还原容量，发现从腐植土中提取出来的 HA 分子量最高（E_4/E_6 最低）、所含活性官能团最多，对 Hg 的还原性最强，推断 HA 的还原容量不仅取决于醌基、酚羟基，还可能与羧基和芳香化程度也有关。

（2）与黏土的结合　黏土作为无机多分散胶体体系，一部分细小粒子在水中呈悬浮状态，吸附了 HA 后更增加了分散稳定性，这也是水体 HA 能“冒充”FA 保持“溶解”状态的原因之一。另一部分大粒黏土胶体则与 HS 结合后沉淀在水底。黏土对 HA 的吸附与环境条件有关。据 Rasid 等（1972）的研究，100g 黏土矿物在中性淡水中只吸附 0.4g 的 HA，而在海水（pH≈8.1，NaCl 含量约为 3.5%）中则可吸附 2.5g，多达 6 倍。因此不难理解，海中底泥比江河底泥中的 HA 要多得多。

（3）与有机化合物的结合及光敏化效应　水体腐植酸与外来有机物，特别是农药、染料、油脂类、某些高分子和合成石油化学制剂等的作用，是近 20 多年来科学界非常关注的课题。有些本来是疏水的物质，一旦与 HA 结合，就明显增加了溶解度或分散性。一方面是由于简单的吸附-增溶或催化水解效应所致，另一方面是水中 HA 的光敏作用[16,17]引起的。

光化学反应是自然环境中重要的反应之一。当天然水中 HA 吸收阳光后会产生一系列具有高度活性的物质，如溶剂化电子（e_{aq}^-）、单线态氧（$^1O_2$）、过氧化阴离子（$O_2^-\cdot$）、过氧化自由基（ROO·）、过氧化氢（H_2O_2）和氧化-还原物质（HS 激发态自由基|HA|·），还有消除其他光敏物质的基团，如羟自由基（·OH）等，这些物质都会诱导其他有机物降解或与 HA 缩聚。因此，HA 可被看作是一种水中的光敏剂，能使疏水性的有机物质形成新的多分散体系，极大地影响着油类、农药等物质的迁移、分散和沉淀作用。特别发现不少杀虫剂和含氯化合物与水体 HA 及其黏土复合物发生较强的吸附（主要是物理吸附），已引起环境科学界的关注。一些药物，如阿莫西林、酰胺醇类、啶虫脒、对乙酰氨基酚、氯贝酸、咖啡因等，在没有 HA 的情况下很难降解，而添加 HA 后则明显提高了降解速度，且与 HA 的浓度呈正相关。这都是由于 HA 的光敏化形成的$^1O_2$、·OH 和激发三重态（$^3HA^*$）起作用，其中$^3HA^*$的贡献率最大。如刘旭（2012）的研究表明，HA 光敏化降解 PAHs（多环芳烃）符合一级动力学方程，随着 HA 添加量的增加，PAHs 的降解动力学常数也逐渐增加，半衰期缩短；随着紫外光辐射强度的增加，PAHs 光降解速率也增加。一些研究表明，在紫外光照射下，HA 通过光掩蔽效应抑制了氯霉素类、氟喹诺酮类（FQs）的光降解；而另一些研究却发现 HA 光敏化生成的$^1O_2$ 引发了氯霉素类的降解，但 HA 对 FQs 光降解却表现为抑制作用。Wolters 等（2005）发现在日光下 HA 对阿莫西林、磺胺嘧啶有促进光解作用。这些不同的结论，都有待于环境学家继续深入研究。

3.3.2　水体腐植酸的生物效应

水中腐植酸与陆生腐植酸一样，也有很高的生物活性。大量试验证明，水体

HA对鱼、虾类水产动物的生长发育有良好效应，对某些疾病也有一定的防治效果。但也发现，HA会刺激某些藻类、菌类及鞭毛藻生长繁殖引起环境问题，应引起注意。

基于上述广泛而敏感的化学作用和生物效应，水体HA在宏观上最重要的表现形式就是化学缓冲作用，以及对金属和异生质的生物利用度的调节作用。

3.3.3 水体腐植酸的危害及解决方案

对饮用水来说，水中HA是需要去除的对象。因为HA不仅可能增加微污染物在水中的溶解度，而且会产生毒性更强的物质。1974年环境科学家发现天然水中HA经氯化消毒后会形成致癌性的三卤甲烷（THMs）。由此得出结论：天然HA是形成THMs的主要前驱物。除了生成THMs外，HA还与氯生成多种卤化物和消毒副产物，如二氯溴甲烷、一氯二溴甲烷、氯代酚、氯代酮和三氯乙烯等。这些卤化物还会抑制微囊藻毒素的降解，并促进水体的酸化。此外，在氯化过程中产生的次氯酸对HA氧化或取代反应起催化作用，加快了水中金属离子与HA的络合和THMs的生成。因此，如何脱除水体中HA成为近年来环境化学领域研究的热点。已知的方法有：光电化学法、光催化法、膜滤法、吸附法、氧化法、混凝法、生物法等。这些方法各有优缺点，目前倾向于用简易、廉价、环保、高效技术综合处理水中有机物，举例如下。

（1）紫外辐射＋混凝法　王文东等[18]的研究表明，紫外辐射对水中HA的稳定性有极其明显的影响。单纯混凝过程对HA无明显去除效果，紫外辐射＋混凝处理3h，HA去除率达到80%以上。

（2）催化氧化法　黄国忠等[19]采用活性炭催化臭氧氧化法对HA和COD去除率分别达到64.9%和40.8%，比单独臭氧氧化处理高出30%左右；李民等[20]制备了Fe-Ce/GAC催化剂，用于O_3氧化可使高浓度COD和HA去除率分别提高40.3%和31.8%，催化剂可重复使用5次。催化机理研究认为，活性成分氧化铁在催化过程中形成的羟基氧化铁促进羟基自由基的生成；铈元素生成的化学吸附氧也可促进对有机物的吸附和氧化；美国还有人用纳米粒子（TiON/PdO）为催化剂强化可见光降解水中HA。

（3）特种吸附剂处理　张健等[21]利用$FeCl_3$对磁性纳米粒子Fe_3O_4@SiO_2进行表面改性，对水体中HA的去除率达到90%以上。新加坡国立大学的Wang等[22]将废弃的聚苯乙烯转化成海绵状的功能化吸附剂，可有效地吸附水中HA和有机污染物，为水的净化提供了一种廉价环保的新思路。李磊等[23]采用先微波活化、后用氢氧化钙改性的粉煤灰吸附含HA废水，HA去除率达98.28%，不失为一种安全经济的办法。还有人研发了聚乙烯亚胺改性磁性吸附剂Fe_3O_4@SiO_2-PEI[24]、聚二甲基二烯丙基氯化铵对硅藻精土的有机改性吸附剂、十六烷基三甲基氯化铵（CTAC）改性的凹凸棒土吸附剂等。

（4）超声波处理　丁锐[25]的研究表明，超声波（1.1MHz）可有效降解水中HA，并证明超声波激发生成羟自由基（·OH）降解大分子的链接基团，使HA形成小分子碎片，然后羟自由基再深入氧化，故对HA有明显的分解脱除效果。以上的研究尽管都是实验室探索性的，但给我们提供了不少新的思路。

3.4　腐植酸与微生物

微生物是HA的重要创造者，也是HA的破坏者。

3.4.1　微生物对腐植酸的降解作用

大多数生物学家认为，HS是多种微生物唯一的能量来源。当微生物攻击HS时，几乎都向着深刻氧化降解的方向进行。20世纪初就有人发现某些霉菌（如曲霉、青霉）和细菌能利用HS作碳源和氮源。有人用真菌中的穗霉（*Spicaria*）和云芝（*Polystictus*）培养6～8周，HA损失达33%～43%。近期不少研究者又发现许多细菌，如放线菌、假单胞杆菌、芽孢杆菌、好热性硫酸盐还原菌、硅藻、腰鞭毛藻等都利用HA，特别是分泌过氧化酶、酚氧化酶或酪氨酸酶的链霉菌有很强的破坏能力[26]；几十种真菌，如微真菌（青霉、曲霉、镰刀霉、枝孢霉）和担子真菌（白腐菌、簇生垂幕菇菌、褐腐菌、香栓孔菌等）对HA都有相当强的分解和改性作用。它们不仅能利用HA的低分子脂肪链或吸附物质，而且能"啃动"结构坚实的芳香核。如*Polystictas Versicola*、*Pseudomonas*细菌能分解利用HA的酚结构，芽枝状枝孢霉可分解掉85%的河水HA。*Bact.naphtalinicus*和*Bact.phenanthrenicus*等菌类甚至能将三环的菲氧化成邻苯二酚，还有许多黏液菌、原放线菌和霉菌能用吡啶、吡咯等含氮杂环化合物作为氮源。一种伞状木腐菌（属于担子菌）甚至可以大量降解腐黑物和煤。被微生物降解后，HA将被"切割"为较简单的芳香酸、脂肪酸，最终可形成CO_2、CH_4、NH_3等气体产物。也有人发现不少真菌在好气条件下将HA的羧基还原降解为醛和醇基，生成水杨醛和水杨醇等低分子物质。但也有相反的情况，如肖善学等[27]发现某些霉菌有使泥炭FA缩聚成黑腐酸的倾向，并使其羧基减少、酚羟基增加，E_4/E_6降低，生物活性降低。

3.4.2　腐植酸对某些微生物活性的影响

HA对微生物降解某些有机物能力有促进或抑制作用。比如Martin[28]等发现土壤HA对微生物降解萘的活性有一定促进作用，认为泥炭HA可作为生物过滤器使用；但Hassett等[29,30]却发现HA抑制了某些菌种对碳水化合物和甲苯的降解速率和数量，甚至对 *Serratia marcascens*、*Micrococcus luteus* 等菌种有杀灭作用。腐植酸-微生物活性效应也与环境条件有关。Mathur（1969）试验表明，在厌氧条件下 1%浓度的 FA 抑制了所有细菌的分解活性，但有氧气存在时刺激细菌的活性，促使 FA 聚合。也有人发现，在一定情况下 HA 有杀菌作用，但与水解蛋白酶作用后，杀菌能力降低，使土壤中 HA 释放的氨基酸减少。许多试验也证明，低浓度的 HA 能刺激热带假丝酵母菌生长，使单细胞蛋白个数从 2×10^4/mL 加到 4×10^7/mL。HA 能提高三株聚磷菌的活性，减少水体中磷的含量，从而降低水体富磷引起的毒性[31]。HA 还能通过 Cd 和 Zn 降低对绿藻的毒性[32]，或控制蓝藻过度繁殖，减少藻青菌等有害藻菌的繁殖[33]。

3.4.3 腐植酸是环境微生物与氧化物的电子穿梭体

HA 充当着微生物的电子受体和氧化物的电子供体之间电子传递的加速器，可加速微生物对矿物、有机污染物的还原转化，被誉为自然环境中理想的“电子穿梭体”。这种电子传递能力主要机理是 HA 的醌-酚结构的氧化-还原过程。厌氧环境中的氧化性无机元素，特别是 Fe(Ⅲ)，是微生物呼吸过程中的重要电子受体。电子穿梭体——HA 首先作为电子受体被微生物还原（属于生物还原过程），然后它又作为电子供体将电子传递给矿物 Fe(Ⅲ)，矿物被还原（非生物还原过程），HA 再次成为氧化态充当微生物的电子受体。该电子传递机制见图 3-2[34]。如此循环往复，加速了微生物与矿物质之间的电子传递速率。与硫化物、生物炭等电子穿梭体相比，HS 有更大的优势。HS 的这种电子穿梭体机制，也是环境中的重金属、有机污染物的生物修复作用的生物化学基础之一，据说也开始在微生物制氢、微生物燃料电池等新型能源研发领域中应用。

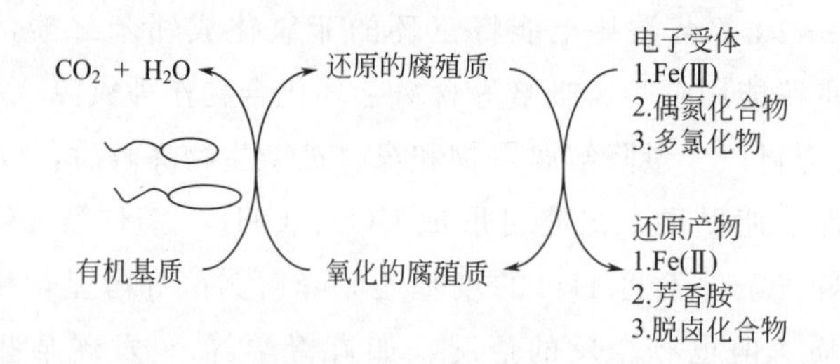

图 3-2　HA 参与微生物还原环境物质的电子传递机制[34]

3.5 腐植酸与环境健康

研究 HS 在自然界存在的状态和组成性质，最终将落脚于生物和人类生存环境安全上来。正如 Murphy 等（1995）所说：“HS 与矿物结合后，‘修饰’了地下沉积物的无机表面，改变了对水中有机-无机污染物作用位点的特性和数量，使得活性表面积和作用位点浓度可能超过原来溶解态和胶态HA，从而具有更大的吸附性和络合稳定性。”环境学家们基本肯定了HS的这种吸附稳定作用的正面效应，认为它们是“维持生命的贮库和生物圈的保护者”[35,36]。如前所述，HS的这些功绩早已载入“史册”，不容抹杀，但也不能回避HS的某些负面影响。

3.5.1　对某些天然有害元素的富集

在前文中提到了土壤和水中HS吸附和富集常量、微量元素（多数是有益的）的情况，但对有害元素的富集也值得关注，特别是HS与放射性污染物结合，是迄今最令人头痛的难题。据报道，在地壳和沉积岩中，铀（U）的平均含量为$3\times10^{-4}\%$，但泥炭中竟达到$9\times10^{-4}\%$，美国某种低级别煤中U竟高达0.005%～0.1%；德国三个矿点中的U中，有5%～10%是与HA或FA结合并一起迁移的。据中科院地球化学所研究报道（1972），我国某地风化煤中U与HA含量呈正相关性，从HA含量27%时的$U=3.3\times10^{-4}\%$提高到HA含量58.5%时的$U=12.0\times10^{-4}\%$。在某腐植酸钠产品中的U高达$15\times10^{-4}\%$。镓（Ga^{3+}）在成煤过程中也被富集，特别在pH 3～7之间被HA吸持得非常牢固，用稀盐酸都不能脱附。在泥炭水中富集的铀（UO_2^{2+}）、镧（La^{3+}）、钒（VO^{2+}）也分别达到$1\times10^{-4}\%$、$2.3\times10^{-4}\%$、$5\times10^{-4}\%$，比普通天然水高1万～5万倍[37]。据白俄罗斯科学院（2001）的研究报道，核试验排放的钚（^{239}Pu、^{240}Pu）和镅（^{241}Am）也很容易被土壤HA和FA固定，对Pu的固定多于Am。中国辐射防护研究院史英霞等[38]研究表明，地下水中^{237}Np、^{238}Pu和^{241}Am的胶体比例随HA浓度增大而增大，表明水中HA胶体与放射性核素是“共存”的，同时也使得核素在黄土上的吸附减弱。Szalay（1969）还发现VO_3^-、MoO_4^{2-}等阴离子在水中迁移时被HA还原为阳离子形态而固定下来。Tessema等（2001）则发现，随着土壤中HA含量增加，As的释放量也增加，而且与pH高低呈正相关，认为这种现象与HA-Al、HA-Fe络合物的形成有关。总之，天然HA对有害元素、特别是对放射性核素富集，对土壤环境健康和生物的安全构成一定威胁，人类应该设法消除这种负面影响，但也可利用HA的这一强络合特性主动吸收和回收放射性物质，既消除污染，又为人类服务。

3.5.2　对有毒物质的迁移转化问题

Frimmel[39]说：“水中HS是运转大多数生命物质甚至毒性物质的非常好的工具”，“HS在水中的重要性如同血液中的白细胞一样。”因此，水中或土壤中与矿物结合的HA，可能是“排除污染物的重要仓库”，意即HS可以像白细胞那样杀灭毒性。Murphy等（1995）研究表明，二价阳离子（Ca^{2+}等）可能通过促进HA

的疏水位点的暴露而增强对疏水有机污染物（如某些农药）的吸附。Perminova 等[40]的研究证实，土壤、泥炭和水体 HA 都对多环芳烃（PAHs，如芘、荧蒽、蒽等）有结合和解毒作用，其解毒常数（K_{∞}^{D}）随 HA 的含量和芳香度增加而提高。Jurkowska 等（1962）曾在土壤中加入中毒剂量的 Cu、Ni、Fe、Zn、Mo、F、乙醇、苯酚、双氰胺、甲醛等，使燕麦不能正常生长以致死亡，但添加褐煤 HA 的试验区则长势良好，充分证明 HA 对重金属和有机毒物的解毒作用。此外，土壤和水体 HA 在还原、高 pH 值或光诱导条件下产生大量瞬时自由基，激发农药发生氧化降解作用而解毒。以上报道说明，HA 吸附和排除污染物的作用是不容置疑的。一般认为，只有使污染物质形成水不溶物，且能与 HA 及其有机-无机络合物形成牢固的结合体沉淀于水底，或者此类不溶性结合体不被植物吸收，才能切实排除毒性和消除污染。假如 HA 与毒物的结合是朝另一方向进行的，就是说使其在水中的溶解性更高了，或者更容易被植物吸收了，就值得警惕。比如刘云国等（2005）研究发现，HA 对 Cu^{2+} 和 Zn^{2+} 有增溶作用，而 HA 与 Pb^{2+} 和 Cd^{2+} 的络合物为不溶性的有机络合物。Aiken 等[41]也发现，在中性和碱性介质中，有些 HA-重金属络合物可能是水溶性的，如在 pH 7.5～9.0 时最容易生成水可溶的 HA-Ni、HA-Co、HA-Fe，特别是 FA-Hg 的溶解性更强。据努弗里斯诺克（1964）研究表明，在弱酸介质中大多数金属离子能与 HA 反应迅速形成沉淀，只有 Zn^{2+}、Ni^{2+}、Co^{2+} 等少数离子的络合物基本可溶，但也会逐渐出现少量沉淀。这就是说，在弱酸环境中（此类天然水和土壤分布很广），HA 对重金属的去除率最大，但在其他介质中许多金属离子-腐植酸络合物则可能是水溶性的，很难保证土壤环境、生活和农田用水的安全性。大量研究资料还表明，FA-重金属络合物一般会提高在土壤中的移动性和生物有效性，而 HA 与重金属结合后则会降低其活性。如姚爱军等[42]研究发现 FA 对铁锰氧化物结合的汞的活性表现出极显著的促进效应；而 HA 对矿物结合汞的环境活性则表现出抑制作用。HA 对非金属元素的作用也不可忽视。研究发现[17]，土壤中 HA 含量与水溶性硼（BO_3^{3-}）含量之间呈明显的正相关性，特别是在 pH 高的土壤中，HA 吸附硼的含量比普通黏土中的高 5 倍。土壤中至少有 26.2%～55.8%的硒（Se）是以有机结合态存在的，其中 40%～95%是与 HA 或 FA 结合的。此外，大多数研究表明，HS 对农药有促进分解作用，但农药也可能与 HA 形成很稳定的络合物，延长某些农药在土壤或水中的保留期，也使人担心引起残留毒害。Stevenson 等（1972）就曾发现，除草剂和杀虫剂在土壤中的保留量与 HS 含量呈正比关系。Mekkaoui（2000）、Zheng（2001）等的研究也认为，土壤和水体中的 HS 可吸收光能，对有机污染物（如三苯糖醛酸内酯、乙酰氯、丁基氯、除草剂 imazapyr 等）的光化学降解起着一种屏蔽效应，使其延缓了分解时间。因此，迄今为止，还没有充分实验证据表明 HA

可以沉淀和排除一切污染，也不能肯定HA能选择性地保留一切有益元素，消除有害元素。

3.5.3　对氮氧化物的作用及转化的问题

氮是土壤、水体和大气中重要的元素之一。氮的氧化物与HS的作用及其形态转化的影响，更关乎生态环境的健康，因此也是近期国内外研究的热点。不少研究结论倾向于“HA可能是硝酸盐的还原促进剂”。Bems等[43]发现当HA浓度达到20mg/L时，水中的硝酸盐一般向毒性更大的亚硝酸盐转化。瑞士、德国、法国科学家的合作研究[44]也发现，大气对流层中的大量亚硝酸（HNO_2）来源不明，推断这些HNO_2的形成与地面上的HA有关。为验证这一假设，他们在一个放射状管式气流反应器中把HA膜暴露在NO_2氛围中，发现在光激发的HA上将NO_2还原为HNO_2，认为HA可选择性地将NO_2还原为HNO_2。这种在HA上的光诱导HNO_2产物对最低对流层的化学过程有着潜在的重要影响，特别是亚硝酸与高污染的大气中有机化合物发生快速自由基反应，形成气溶胶，导致空气二次污染。其次，微生物的反硝化脱氮是生物圈氮循环的重要组成部分。所谓微生物的反硝化，就是将硝酸盐或亚硝酸转化成氮气。但在反硝化过程中也会产生部分亚硝酸盐和N_2O。亚硝酸盐的存在会对环境中生物反硝化有抑制作用，而N_2O则是一种强温室气体，其增温作用是CO_2的300多倍。在抑制氨转化及反硝化方面，HS功不可没。多年来的研究证明，施用HA可抑制土壤脲酶活性，降低硝化和反硝化率，总体减少氨挥发损失33.5%～65%，显然有利于抑制全球温室效应。

3.5.4　腐植酸自身的毒性和诱变性问题

HA在消炎、抑菌、免疫和抗病毒等方面有明显的功能，但环境中存在的HA究竟对生物和人类有何影响？也是近期环境化学界十分关注的问题。

（1）基因诱变性和毒性　在正常环境浓度下，HA本身的毒性很低，一般不会对生物健康构成威胁，但在外在化学因素激发下可能会产生负效应。有人对地表水中HA潜在的基因毒性做过研究，但结论并不一致。Meyer（1988）指出，饮用水中存在的HA在Cl_2氯化和O_3氧化时产生的有机副产物，特别是其中的3-氯-4-(二氯甲基)-5-羟基-(5氢)-呋喃酮在细菌基因毒性实验中表现出很高的活性和诱变性。但也有人[36]认为，呋喃酮类物质（如维生素C）作为食物抗氧化剂，对细菌的诱变性会引起实验动物DNA损伤，实际上又是抗致癌剂。HA还有“去诱导活性”作用，从而消减苯并［a］芘或氧化偶氮甲烷等的致癌性。

（2）腐植酸与地方病　土壤和水体HA及其组分是否会导致疑难疾病是医学界在调查某些地方病过程中提出的疑点。中科院长春地理研究所、生态环境研究中心等单位（1981）研究表明，当地的大骨节病发病率与病区饮用水中的HA，特别是FA含量呈正相关，提出引起该病可能的原因如下：①FA中的阿魏酸和对羟基桂皮酸引起体外胎期软骨细胞损伤；②由于绝大多数Se被HA固定而使饮用水中缺乏游离 SeO_4^{2-}，导致食物和人体缺乏Se；③HA和FA对软骨细胞组成过氧化损伤（主要是通过羟自由基［·OH］反应而引发的）[45]；④HA影响软骨胶原的表达及排列结构，使关节软骨胶原水平下降，胶原分子直径增粗，糖基化产物减少。有关HA与大骨节病因关系方面的报道很多。如日本泷泽延次郎（1970）也发现大骨节病与饮用水中低分子有机酸（如阿魏酸、对羟基桂皮酸）过高有关，已知HA中不乏这两种物质结构。Liu（1990）也发现在台湾西海岸流行的一种黑脚病与当地饮用水中高浓度的HA和（或）砷有关。病理研究表明，高浓度的HA会导致外周血管紊乱或闭塞性动脉硬化，并破坏人的红细胞，可能是引起黑脚病的一个原因。Gau等（2000）通过HA预处理人脐静脉内皮细胞后发现其NF-KB的脂多糖诱导表达受到抑制，推测可能是HA诱发糖转化细胞基因损伤造成的。Cheng等[46]的试验发现浓度高达50～100mg/mL的HA就会使人体红细胞遭到破坏，还会引起外周血管紊乱以致闭塞性动脉硬化，因此怀疑黑脚病因与当地饮用水中高浓度的HA有关。有关HA的毒性问题将在“12.6”中详细介绍。

综上所述，环境中的HS是污染物的“清道夫”，对生物和人类健康起保护作用，这是它们的本质和主流。不能因为HS的一些负效应而抹杀它们对人类的重大贡献。但任何事物都有两面性，HS也有一定毒性和致病因素。它们的正、负效应与原始物质、化学组成有关，在很大程度上还受环境条件的制约。人类正确的态度是：第一，继续揭开HA的某些“奥秘”，加深对它们作用机理的认识，掌握和驾驭HA对环境物质的迁移、沉积、转化的规律，保护HA、合理使用HA，使它们为环境安全和人类健康服务；第二，在关乎生物和人类健康的领域，特别是饮用水，如果HA明显增加了水的色度和的浊度，就意味着可能结合了某些毒性因子，应该人工吸附和去除水中的HA。发达国家早已普遍采取化学氧化、活性炭或多孔阴离子交换树脂吸附等措施脱除饮用水中HA，以确保人类饮水安全。

3.6 腐植酸与碳循环

地壳中84种主要元素中，碳（C）的总重量仅占1.28%，而生物组织中的C却仅次于氧（干物重），是构成生物分子骨架的主要元素。生物质的碳来自地球表层和大气的碳循环。因此，碳循环对人类生存发展和地球环境具有重要意义。

全球碳循环是由大循环进入小循环的。大循环也称地质循环，是指C在岩石圈、水圈、大气圈、生物圈之间以 CO_3^{2-}、HCO_3^-、CO_2、CH_4、RCOOH（有机酸）等形式互相转换和迁移的过程。小循环即生物循环，就是我们通常所说的“陆地生态系统碳循环”，即生命物质与大气之间以 CO_2 形式进行交换的过程。

3.6.1　生物碳和能量的交换历程

在讨论生物碳循环之前，应先了解一下植物碳和能量的简单交换过程。

太阳光辐射到达地球大气层的能量约 56×10^{23} J，大约0.05%用于植物的光合作用[47]。植物中叶绿素在太阳能的作用下从大气中吸收 CO_2，合成植物自己的组织，放出 O_2。于是，植物组织就积蓄了太阳能，也就是将太阳能转化为生物质能。这些能量被动物和微生物利用，通过呼吸放出 CO_2 和植物死亡和分解后放出 CO_2 和水，回到大气中。整个过程见式3-1和式3-2：

$$CO_2+H_2O+\text{能量}\longrightarrow\text{植物组织}+O_2 \quad (3\text{-}1)$$

$$\text{植物组织}+O_2\longrightarrow CO_2+H_2O+\text{能量} \quad (3\text{-}2)$$

但是，并不是所有的植物组织都按式3-2完全分解。在一定条件下，相当一部分植物残体在微生物作用下被腐植化，形成HS。如果继续覆水、缺氧并处于酸性介质中，植物残体就可能通过泥炭化阶段进入成煤阶段，还有一些低等生物残体会转化为腐泥煤、石油和天然气。这实际上是以HS的形式把太阳能储存在地壳中了。HS和煤经微生物或纯化学氧化-降解过程，转化为 CO_2、CH_4 和其他低分子物质，放出能量，完成植物碳循环过程。这样，式3-1和式3-2应改为：

植物组织 + O_2 ←微生物→ H_2O + (CO_2 + 能量)
植物组织 —微生物→ 腐殖质 ---地热能---→ 煤
腐殖质 —O_2 (分解)→ (CO_2 + 能量)
煤 ---O_2 (风化，燃烧)---→ (CO_2 + 能量)　　(3-3)

一般来说，每年均有一定比例的植物枯枝落叶转化成新的HS。HS逐年积累，但同时又有一部分逐渐分解（矿化），到5年后大约只留下20%。越“老”的HS矿化得越慢，新HS比老的分解速度快几倍[48]。

动物也参与了生物碳循环。动物是利用植物储备的太阳能（以蛋白质、淀粉、脂肪的形式）进行生命活动的。动物通过摄食、呼吸作用、代谢以及死亡后进入腐植化过程，有机质被分解为 CO_2、H_2O、HS，后者继续缓慢分解，完成一个循环。当然，与植物相比，动物在地球碳循环中所占的比例要小得多。

3.6.2　地球碳分布及HS在碳循环中的地位

地球上碳元素总重量约 10^9 亿吨，其分布见表3-3。可见，全球有4大相对稳定的碳“储库”，其中岩石圈中碳酸盐的碳储量占整个地球碳总量的99.55%。在这里，碳的循环周期达百万年以上，可近似地看作是静止不动的。真正参与循环的碳元素不过0.05%。生物圈储备的碳约3.55万亿吨，是碳循环的主角，涉及大气圈、水圈和少量岩石圈中的有机沉积物（煤、石油等），但这些碳库在碳循环中的时间尺度差别很大（见图3-3）。比如，生物质与大气圈的碳交换周期在1～100年

表 3-3　地球碳分布

区域		数量/亿吨	备注
大气圈	CO_2	7500	少量 CH_4 等有机挥发物折算为 CO_2
生物圈	植被	5500	森林、草原、耕地、沼泽等
	土壤	3×10^4	土壤有机质，其中 80%是腐殖质
水圈	海洋生物群	30	
	溶解有机碳	1×10^4	
	溶解无机碳	3.4×10^4	主要是 $CaCO_3$ 和 $MgCO_3$
	中/深层海洋	38×10^4	
岩石圈	矿物燃料	4×10^4	煤炭、石油、天然气、油页岩等
	地质生成物	9×10^8	主要是 $CaCO_3$ 和 $MgCO_3$

注：据文献［49～51］数据整理。虚线以上为生物碳循环的主体部分。CH_4 等有机气体最终会被光解为 CO_2，故都归入 CO_2。

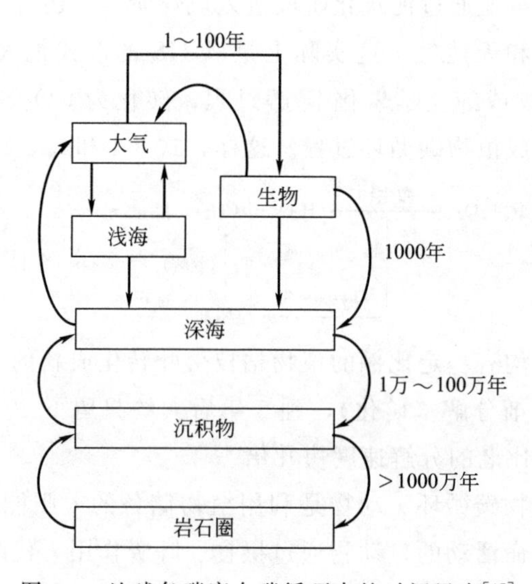

图 3-3　地球各碳库在碳循环中的时间尺度[47]

之间，而生物质与深海之间则需要 1000 年，再往地球深处，交换的周期更长。可见碳循环在生圈和大气层之间进行得最快，也就是说，生物有机质与大气 CO_2 之间的碳交换在地球碳循环中占主导地位。

生物圈的碳库主要在陆生植物和土壤有机质中，其中土壤有机碳（3 万亿吨）中有 2.4 万亿吨 HS 碳，占生物圈有机碳的 67%，是陆地植被碳的 4 倍多，大气 CO_2 碳的 3 倍多。实际上 HS 碳始终是处于动态平衡的。据估计，全球每年有 600 亿吨的植物残落物碳作为初级生产的碳进入土壤，其中约 75%的碳进入腐植化阶段，也有相应数量的 HS 分解，使地球表面保持 2.4 万亿吨 HS 的储存量。假如土壤 HS 多分解 10%，大气中的 CO_2 浓度就会增加 30%，将导致灾难性的后果，足见 HS 对生物圈碳平衡影响之巨大。

由此可知，陆地生态系统是地球表层最大的碳储库，包括“土壤碳库”和“植被碳库”两大碳库，它们也是大气中 CO_2 的“源”和“汇”，在全球气候变化中扮演着重要角色，特别是土壤碳库的变化和行为对陆地生态系统碳循环的变化具有更重要的影响[52,53]。正如 Schnitzer（1979）所说，土壤 HS 碳“作为环境和大气中 CO_2 浓度变化的极其敏感的碳聚集体”，直接影响着地球生物圈的碳平衡。

3.6.3 HS 对生物碳平衡的影响因素

据报道，陆生生态系统中约有 5%的 C 与大气进行循环，即陆生植物和土壤通过呼吸作用向大气排放出 500 亿吨 C/年（其中微生物对土壤有机质的分解，即异养呼吸作用占 50%～70%，其余为根系呼吸和自养呼吸），而植物凋落物返回土壤的 C（即“生产能力”）为 600 亿吨/年，这两项之和，基本上与植物光合作用从大气中吸收的 1100 亿吨 C/年相平衡。也就是说，在正常生态平衡状态下，每年积累的 HS≈分解的 HS，生物圈净 C 储量基本不变，大气中 CO_2 浓度不会有太大波动。但事实是，从世界工业革命伊始就打破了原来的平衡：大气 CO_2 浓度由 1850 年的 285μL/L 增加到 1998 年的 367μL/L，增加了近 30%；最近十年平均每年增加 0.5%。假如按此增长速度，21 世纪末 CO_2 浓度将达到 650～700μL/L。CO_2 浓度的变化，显然是地球碳循环失衡的表观现象，其深层的原因，除了工业燃烧和人类生命活动加剧因素外，主要与地球生态变化有关。全球陆地生态系统的 C 储量约 46%在森林中，23%在热带和温带草原中，其余依次在耕地、湿地、冻原、高山草地和沙漠中。可见，森林和草原的 C 占了总储量的 69%（约 2.4 万亿吨），是大气 C（0.75 万亿吨）的 3 倍多。显然，“牵一发而动全身”，这些大碳库的微小变化都会对大气 CO_2 浓度造成很大影响，现代经济建设中毁林、毁草、粗犷耕作造成的恶果更是令人震惊，具体可用数字说明如下[50,51]。

（1）森林的毁坏　占陆地面积 28%林地，储备着 80%的陆地植被碳和 40%的土壤 HS 碳，在碳循环中起着“缓冲器”和“阀”的作用（Tans 等，1990）。20 世纪 80 年代以来，全球森林损失达 1.8 亿平方千米，其中森林退化的速度比毁林速度快好几倍，仅每年因毁林（滥伐、改成农田、火灾等）而释放的 C 约 10～20 亿吨，其中很大一部分是由于森林被砍伐后使土壤腐殖质暴露而加速分解造成的，比如森林转为农田、草地和轮作地，土壤中 C 分别损失 25%～40%、20%和 18%～27%，成为大气 CO_2 浓度升高的主要原因之一。

（2）草原、湿地的退化　全球草原 32 亿公顷，碳储量占陆地生态系统总碳储量的 23%，其中 92%在土壤 HS 中。草原被开垦后，促进了土壤呼吸作用，加速了 HS 的分解。草原转为农田后，土壤 C 损失 30%～50%；过度放牧也使土壤 C

加速向大气释放，如内蒙古锡林河 40 年来由于放牧使表层土壤碳储量减少 12.4%。泥炭、沼泽和各种湿地中的 C 占陆地生态系统总碳的 12%左右。湿地的逐年减少也是不争的事实，显然也影响着生物圈碳平衡。还有一个不可忽视的问题，就是泥炭藓有效氮变化对地球碳平衡的影响。据最近意大利和英国生物学家 Bragazza 等[54]研究发现，随着环境慢性氮富营养化，泥炭藓植物中的总氮、总蛋白质及游离氨基酸含量持续增加直到饱和，促使植物生长加快，同时酚类的生物合成减少。众所周知，多酚在抑制泥炭中微生物分解和维持泥炭地巨量碳储存上发挥着至关重要的作用。泥炭藓残体的多酚含量一旦减少，就会加速泥炭向大气中释放 CO_2。

（3）耕作方式的改变　全球耕地面积 17 亿公顷，其 C 储量占世界土壤总 C 的 14%左右。由于人类耕作方式的改变（如机械操作、深耕、多耕、不科学施肥等），使 HS 加速分解释放，这也是大气 CO_2 浓度提高的一个重要原因。据统计，1850 年全球耕地 C 释放量 4 亿吨，1980 年达 8 亿吨/年，1990 年上升到 17 亿吨/年，其中 1/3 来自开垦导致的 HS 流失，2/3 来自植物生物量氧化（燃烧或分解）。100 多年来大气中 7%左右的 CO_2 是耕地腐殖质矿化释放而来的。

粗略估算[52]，20 世纪 80 年代到 21 世纪初，由于以上 3 项陆地生态系统原因导致大气中每年增加 16 亿吨 C，再加上每年工业燃烧释放的 C 约 63 亿吨，排入大气中的 C 每年增加 79 亿吨（约折合 290 亿吨 CO_2），其中约有 23 亿吨 C 被海洋吸收，33 亿吨 C 在大气中积累（即附加的那部分 CO_2 浓度），还有 23 亿吨 C 不知去向，环境科学界称后者为“未知碳库”（至今仍是一个“谜”，正在研究）。近期的全球碳循环模型可用图 3-4 表示[50,51]。

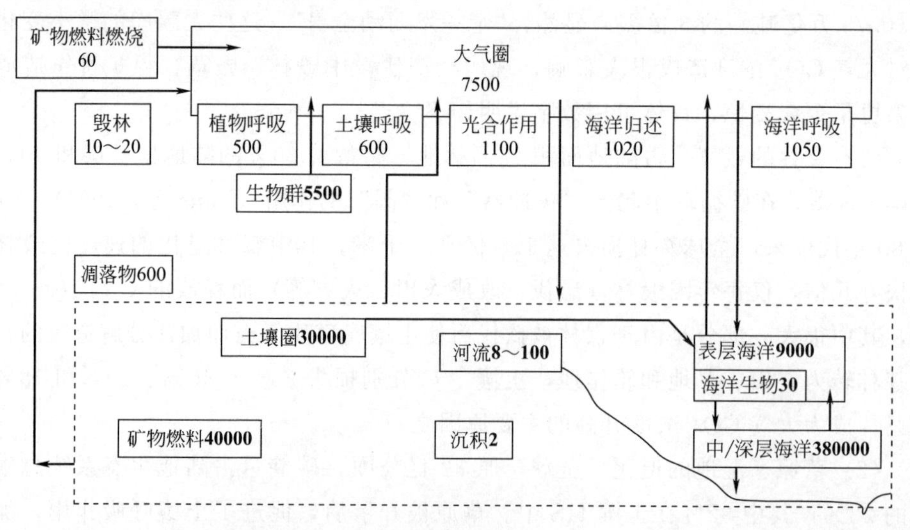

图 3-4　全球碳循环示意图［储量（粗体字）：10^8 吨 C；通量：10^8 吨 C/年］

大气 CO_2 浓度增加，不仅扰乱了地球碳循环和生态平衡，也直接影响了生物和人类的生存与健康。已经肯定，地球的“温室效应”也与 CO_2 浓度增高有关。近年来的平均气温比 20 世纪初提高了 0.3～0.6℃，并且还有增长的趋势。海面升高、灾害频发和疾病增多可能也与全球变暖有关。气温升高，反过来又增强了土壤呼吸作用和加速了土壤 HS 的分解，形成生态恶性循环。当然，气候变暖的根源很复杂，不少学者一直在考证，但 CO_2 排放量的增加被认为是祸根之一，其中土壤 HS 加速分解而增高大气层 CO_2 浓度，无疑是对全球“温室效应”火上加油。

维护地球碳平衡，是关系到人类当前乃至子孙后代生存环境安全的大事。今天的生态建设和环境保护概念，几乎都与碳循环有关。如上所述，陆地生态系统在碳循环中占主导地位，而土壤 HS 又是陆地生态系统中储量最大、作用最敏感的碳储库。因此，保护土壤腐殖质层，维护 HS 的动态平衡，合理利用天然腐植酸类物质，既是增加作物产量、改善作物品质、提高食品安全的需要，更是维护地球碳储存、缓和大气 CO_2 浓度升高和“温室效应”的重要举措。

现有的耕作方式已不能满足新形势下土壤固碳增汇的需要。若要扭转碳失衡的局面，人类必须采取以下措施：一是“碳补充”，就是在土壤中添加 HS，包括腐植酸类改土剂、有机-无机复混肥料、泥炭营养基质、可降解有机地膜、生物有机肥等。专家认为，全球农业温室气体减排潜力约占全球生物物理自然减排潜力的 20%，其中 90%可由土壤固碳潜力所贡献。我们初步测算[55]，每生产 1kg HA，可节约 62500kJ 能量，折合 2kg 标煤，相应少排放 5.6kg CO_2 并少排放 0.09kg SO_2 和 0.7kg NO_2。假设全国都使用含 5%HA 的肥料，将直接节能 43500×10^4 MJ，少排放 3900 万吨 CO_2，由此增加的绿色植物产量而增加 CO_2 吸收量约 16900 吨，共计少排放 17 亿吨 CO_2，节约标煤 6.7 亿吨，同时少排放 59 万吨 SO_2 和 500 万吨 NO_2。这确实是个惊人的壮举。二是“碳截留”，即保护森林、草原、湿地，杜绝滥采乱伐、过度放牧和盲目垦荒；大面积种树种草，实施科学耕作，实行轮作、减少耕作或取消耕作（零耕作），以增加土壤团聚体，最大限度地降低有机质分解速度，提高 HS 含量。美国普遍采用免耕技术后，当年就截留了 2.8～4.5 亿吨 C，HS 平均滞留时间提高了 1 倍多。当然实施和推广免耕技术还需要解决许多问题，应事先通过科学试验和试点，不能盲目。当前，碳补充和碳截留应该同时并举，甚至后者更为重要。泥炭湿地的保护、开采和再生是个特例。根据泥炭专家的意见，一些已经退化的泥炭地应该也必须适度开采，同时在开采过的矿层种植泥炭藓，20～30 年就可恢复泥炭积累系统，还可持续利用。在此情况下，可认为泥炭是一种可再生资源。

无论是碳的补充还是截留，都离不开腐植酸产业。在任何土地上使用 HA，都不等于简单地掺入含 HA 的有机原料和煤炭，而是要以绿色发展战略和可循环经济模式为指导，把 HA 作为“资源-产品-再生资源”的一支链条和环节，对一切可分解-合成和利用的有机物质（特别是生物质）进行加工、活化和无害化处理，制成具有活性和无毒的 HS，又归还土壤；土壤生产的植物废物完全回收后作为资源再加工利用。如此持续循环，既避免了产生废物和环境污染，又补充了土壤碳的损耗，为维护生物碳循环做出贡献！

参 考 文 献

[1] Clapp C C, Hayes M N B, Senesi N, et al. Humic and fulvic substances and contaminants [J]. Madison WI, ASA SSSA Pub, 2001: 231-250.

[2] Borner E K, Borner R A. Global Environment water air and geochemistry cycles [M]. New York: Prentice-Hall, Upper Saddle River, 1966.

[3] Senesi N , Loffredo E, Dorazio V, et al. Soil Humus. In Humic and Fulvic Substances and Contaminants Clapp C C, Hayes M H B, Senesi N et al. Madison WI, ASA SSSA Pub, 2001.

[4] Haan S D. In: Proc Symp Soil Organic Matter Studies Intern Atomic Energy Ageney [C]. Vienna, 1977.

[5] Chiu C Y, Tian G. Chemical structure of humic acids in biosolids-amended soil as revealed by NMR spectroscopy [J]. Applied Soil Ecology, 49: 76-80.

[6] Lovely D, Woodard J C, Philips E J, et al. Humic substances as electron acceptors for microbial respiration [J]. Nature, 1996, 382 (1): 447.

[7] Li Y, Tan W F, Koopal I K, et al. Influence of soil humic and fulvic acid on the activity and stability of lysozyme and urease [J]. Environmental Science & Technology, 2013, 47 (10): 5050-5056.

[8] 熊田恭一．土壤有机质的化学 [M]. 李庆荣，孙铁男，解惠光，等译．北京：科学出版社，1984.

[9] 宋健．现代科学技术基础知识 [M]. 北京：科学出版社，1994：425.

[10] 李阳，姜海，王继红．耕作黑土土壤腐殖质组成和胡敏酸类型研究 [J]. 土壤通报，2016，47 (2)：360-363.

[11] Gaffney J S, Marley N A, Clark S B. In Humic and Fulvic Substances, Isolation, Structure and Environmental Role. Marley J S and Clark S B. Washington. DC: Am Chem Soc, 1996: 2.

[12] 陶澍，陈静生，邓宝山，等．中国东部主要河流河水腐殖酸的起源、含量及地域分异规律 [J]. 环境科学学报，1988，8 (3)：286-294.

[13] 易文利，王圣瑞，杨苏文，等．长江中下游浅水湖泊沉积物腐殖质组分赋存特征 [J]. 湖泊科学，2011，23 (1)：21-28.

[14] Гончарова СО, Панюшкин ВТ, Каплин ВТ. Сб: Материалы Ⅲ, Всес Синпоз о Вопр Самоочищ Водоемов и Смещания Сточн Вод [C]. Москва, 1969, 4 (1): 205.

[15] 庄国顺，廖文卓，潘皆再，等．中国若干河口有机质及其对金属作用的研究 Ⅰ．长江口底质腐殖酸金属间络合作用及其模拟实验 [C]. 全国第三次腐植酸化学学术讨论会论文集．庐山：中国化学会，1984：64-69.

[16] Senesi N, Miano T M. In Environment Important of Soil Component Interactions [M]. Huag P M, et al. Boca Raton FL: CRC-Lewis, 1995.

[17] Hoigne J, Faust B C, Haag W R, et al. In: Aquatic Humic Substances Influence on Fate and Treat of Pollutants [M]. Suffet I H, MacCarthy P. Adv Chem Ser. Washington: D. C. American Chem Soc,

1989，219：363.

[18] 王文东，周礼川，丁真真，等．紫外辐射对腐殖酸化学稳定性影响机制研究［J］. 环境科学，2013，34（10）：2921-2926.

[19] 黄国忠，丁月红，陈瑛，等．活性炭催化氧化去除水中的腐植酸［J］. 化工环保，2007，(3)：13-16.

[20] 李民，陈炜鸣，蒋国斌，等．Fe-Ce/GAC 催化臭氧氧化降解高浓度腐殖酸废水［J］. 环境科学学报，2017，37（9）：3049-3418.

[21] 张健，曹锰，徐胜，等．改性磁纳米粒子对水体中腐植酸的吸附研究［J］. 腐植酸，2018，(6)：47-53.

[22] Wang Z，Bai R，Ting Y P. Conversion of waste polystyrene into porous and functionalized adsorbent and its application in humic acid removal［J］. Ind. Eng. Chem. Res.，2008，47：1861-1867.

[23] 李磊，王文娟，薛森娟，等．微波-化学改性粉煤灰及其处理腐殖酸机理研究［J］. 安全与环境工程，2014，21（4）：69-74；79.

[24] 王家宏，童新豪，毕丽娟，等．聚乙烯亚胺改性磁性吸附剂对水中腐殖酸的吸附［J］. 陕西科技大学学报，2018，36（1）：23-27；33.

[25] 丁锐，腐植酸溶液的超声波降解研究［J］. 青海大学学报：自然科学版，2006，24（2）：20-22.

[26] Vaughan D，Malcolm RE. Soil Organic Matter and Biophy Activ［M］. Dordretht Kluwer Acad. Pub.，1985.

[27] 肖善学，赵炜，徐志珍，等．霉菌生命活动对黄腐酸结构及生理活性的影响［J］. 华东理工大学学报，1999，25（6）：598-600；604.

[28] Martin A M. In Biological Degradation of Wastes［M］. London：Elsevier Applied Sci.，1991：341.

[29] Hassett D J，Bisesi M S，Hartenstein R. Bactericidal action of humic acids［J］. Soil Biol Biochem，1987，19：111.

[30] 斯维格罗兰 M，安东尼奥，马丁 M. 碳氢化合物残留的生物处理：腐植酸对甲苯降解的影响［J］. 李浩浩，林启美，译．腐植酸，2005（2）：41-44.

[31] 王锐平，孟冬丽，覃玉波．黄腐酸对聚磷细菌聚磷能力的影响［J］. 腐植酸，2006，(3)：22-24.

[32] Koukal B，Gu-eguen C，Pardos M，et al. Influences of humic substances on the toxic effect of cadmium and zinc to the green alga *Pseudokirchneriella Subcapitata*［J］. Chemosphere，2003，53（8）：953-961.

[33] Sun B，Tanji Y，Unno H. Influences of iron and humic acid on the growth of the cyanobacterium Anabaena circinalis［J］. Biochem. Eng. J.，2005，24（3）：195-210.

[34] Alvarez L H，Cervantes F J.（Bio）nanotechnologies to enhance environmental quality and energy production［J］. Journal of Chemical Technology and Biotechnology，2011，85：1354-1363.

[35] Senesi N，Miano T M. Humic substances in the global environment：implication for human hearth［M］. Amsterdam：Elsevier，1994.

[36] Borner E K，Berner R A. Glolal Environ Water Air and Geochem Cycles［M］. New York：Prentice-Hall，Upper Saddle River，1966.

[37] Schnitzer M. 环境中的腐植物质［M］. 吴奇虎，译．北京：科学出版社，1979.

[38] 史英霞，郭天亮．腐殖酸胶体对超铀核素存在形态的影响研究［J］. 核化学与发射化学，2003，25（1）：22-25.

[39] Frimmel F H. 水生腐殖质［M］. //霍夫里特 M，斯泰因比歇．生物高分子. 北京：化学工业出版社，2004：331.

[40] Perminova I V，Grechishcheva N Y，Kovalevskii D，et al. Quantification and prediction of the detoxifying properties of humic substances related to their chemical binding to polycyclic aromatic hydrocarbons [J]. Environ Sci Tech.，2001，35 (19)：3841-3848.

[41] Aiken G，Reddy M，Ravichandran M，et al. In ROSE Ⅱ. Abstract of Oral and Poster Papers [J]. Frimmel F H，Abbt-Braun G. Engler-Bunte-Institut der Universitüt Karlsruhe，2000：51-66.

[42] 姚爱军，青长乐，牟树森．腐殖酸对矿物结合汞环境迁移性的影响及其机制研究 [J]. 生态学报，2004，34 (2)：274-277.

[43] Bems B，Jentoft F C，Schlogl R. Photo-induced decomposition of nitrate in drinking water in the presence of titanic and humic acids [J]. Applied Catalysis B，1999，20 (2)：155-163.

[44] Stemmler K，Ammann M，Donders C，et al. Photosensitized reduction of nitrogen dioxide on humic acid as a source of nitrous acid [J]. Nature，2006，440 (7081)：195-198.

[45] 王春霞，王子健，彭安，等．不同来源腐植酸与活性氧自由基的相互作用 [J]. 中国科学 C 辑，1996，26 (4)：357-362.

[46] Cheng M L，Ho H Y，Huang Y W，et al. Humic acid induces oxidative DNA damage，growth retardation，and apoptosis in human primary fibrobilasts [J]. Exp Biol Med.，2003，228 (4)：413-423.

[47] 邓南圣，吴峰．环境光化学 [M]. 北京：化学工业出版社，2003：82.

[48] 麦克拉伦 A D，波得森 G H，斯库金斯，等．土壤生物化学 [M]. 闵九康，关松荫，王维敏，等译．北京：农业出版社，1984.

[49] Van Krevelen D W. Coal. Typology-Chemistry-Physics-Constitution. In：Coal Science Technology [M]. 3rd ed. Amsterdam：Elsevier Pub Co.，1993.

[50] 周广胜．全球碳循环 [M]. 北京：气象出版社，2003.

[51] 陈泮勤．地球系统碳循环 [M]. 北京：科学出版社，2004.

[52] Canadell J G，Mooney，H A，Baldocchi D D，et al. Carbon metabolism of the Terrestrial biosphere：A multitechnique approach for improved understanding [J]. Ecosystems，2000，(3)：115-130.

[53] 潘根兴，曹建华，周运超．土壤碳及其在地球表层系统碳循环中的意义 [J]. 第四世纪研究，2000，20 (4)：325-334.

[54] Bragazza L，Freeman C. High nitrogen availability reduces polyphenol content in *Sphagnum* peat [J]. Science of the Total Environment，2007，(377)：439-443.

[55] 成绍鑫，韩立新．腐植酸的低碳效应解析 [J]. 腐植酸，2011，(1)：1-7.

04

第4章　资源、提质、分离与精制

腐植酸原料的来源、资源评价和提质，是腐植酸类产品生产的前提。要生产合格的产品，必须选择HA含量高、易于加工、安全洁净的原料；对品位较低的原料，可能还要通过人工处理的途径提高原料中HA的含量和品位。HA的提取、分离、分级、纯化等程序，是HA研究工作的基本过程，也是某些产品的主要操作单元。本章综合叙述HA的资源评价、提质、再生、活化、萃取、分离和提纯等过程，作为讨论腐植酸研究和生产的参考。

4.1　资源评价要点

资源评价是HA开发利用最基础的工作，也是HA研究的一项重要内容。资源评价的目的有三：第一，考察和选择生产腐植酸产品的适宜原料。资源评价的对象主要是低级别煤（low rank coals，包括泥炭、褐煤和风化煤）。发达国家对此非常重视，早在20世纪50年代就通过资源评价确定了主要的腐植酸矿藏。如美国的北达科他州风化褐煤（leonardite）、苏联的坎茨克-阿钦斯克褐煤、日本的中山亚炭（年轻褐煤）、爱尔兰某地的苔草泥炭等都是早先定点的HS原料基地；我国80年代初也对泥炭和风化煤做过资源普查，积累了丰富的资料。第二，作为腐植酸的基础研究，为生态环境保护和有效利用提供科学依据。如国际腐殖质学会（IHSS）曾于1984年在英国伯明翰学术会议上确定统一制备6种HA标准样品（风化褐煤、泥炭或有机土壤、草甸上层土、活水湖底沉积物、活水、海水）进行统一评价。第三，土壤HA的分类评价，是土壤普查和分类研究的重要内容之一。如苏联和日本在大规模土壤普查工作中，曾经对成千上万个土壤HA样品进行了分析评价，对本国各类土壤中HA组成性质的异同有了初步了解，提出了土壤HA分类方案。

以下主要讨论低级别煤的评价问题。

4.1.1 评价指标和项目

腐植酸原料的评价指标一般根据原料用途来确定。苏联[1]曾规定，用于制备腐植酸肥料的原料煤，除 HA、FA 含量外，还提出 NH_3 和 $Ba(OH)_2$ 吸附容量、灰分中金属和倍半金属氧化物及 SiO_2 含量（与氨消耗及肥料中铵有效性有关）；白俄罗斯[2]一般对农用泥炭只要求分解度和灰分两项标准，但作为堆肥、绿化营养基质和有机-无机复混肥的原料还规定了相应的实用指标。但我国至今还没有提出明确的 HA 资源评价标准。一般来说，腐植酸资源评价包括以下两项内容。

（1）定性观察　即观察记录煤的颜色、形态、光泽、手感、硬度、湿度等。为大致了解游离 HA 的含量，可在 1%浓度的 NaOH 溶液中加少许煤粉，所得溶液颜色越深，游离 HA 含量越高。

（2）定量分析　按有关分析方法测定腐植酸总量（包括 HA、FA）、总 HA、游离 HA、FA、水分、灰分、阳离子交换容量（CEC）、pH 值等。泥炭还应测定分解度、沥青质、易水解物、难水解物、不水解物等；有时还要求提供有机元素、官能团、灰组成及重金属含量等数据。评价和分析方法可参阅有关专著。

4.1.2 样品的采取和制备

低级别煤炭矿层组分和质量一般不太稳定，特别是风化煤，不仅夹杂着数量不等的矸石和黏土，且而风化程度也不均匀，导致 HA 含量波动较大。因此，为保证所取样品具有代表性，一是要严格按国际标准（ISO 14180《煤层煤样导则》）及国家标准（GB 482《煤层煤样采取方法》、GB 474《煤样的制备方法》等）采样和分离组分；二是要按规定贮存样品。若要长期保存（2～3 年），应在包装瓶中充 N_2 气并用蜡密封。

4.2 低级别煤资源特点

4.2.1 泥炭

泥炭（peat）又称草炭、泥煤，是植物残体腐植化初期阶段的产物，在一定条件下也可能向成煤阶段转化。按国内外煤分类学规定，泥炭不属于煤的范畴。为照顾我国腐植酸行业和学术界的习惯，本书也把泥炭归入“低级别煤”。

从外观来看，泥炭大多呈棕色到褐色，自然状态下含水量很高。分解程度较低的泥炭呈纤维状，保留着较多植物残体；分解程度高的则呈海绵状或可塑状。

4.2.1.1 类型

按地表存在形态，可分为现代泥炭和埋藏泥炭两类。现代泥炭是在目前的沼泽里裸露在地表并仍在继续积累的泥炭；埋藏泥炭是在过去的沼泽中形成、但早已被不同厚度的泥沙层埋在地下的泥炭。

按形成条件和植物群落，可分为低位、中位和高位泥炭。

按国际通用分类法，泥炭分三大类、9 种，即①植物组成分类：藓类、苔草、木本泥炭；②按分解程度分为强、中和弱分解三种；③按营养状况分为贫、中和富营养三种。中国煤炭学会泥炭专业委员会以灰分和分解度为依据将我国泥炭分为 8 个类型[3]，对我国泥炭及其腐植酸的利用有一定指导意义。

4.2.1.2　组成性质

泥炭是集固体、气体和水分于一体的有机-无机复杂体系，其中有机物质由腐殖质和未完全分解的植物残体组成。从化学组成来分组，包含沥青质（苯提取物，即原始植物残存和演变后的蜡、树脂及微生物合成-代谢的蜡质）、易水解物（可用稀酸降解和分离出来的产物，主要是半纤维素和部分黄腐酸）、难水解物（可用浓酸降解的产物，主要是纤维素）、不水解物（主要是木质素）和腐植酸（用碱可提取出的组分，包含 FA）。

泥炭中的矿物质除少量是原始植物本身固有的外，主要是由地表水和地下水冲积而来，其灰组成中以 SiO_2 为主，其次是 Al_2O_3、Fe_2O_3、CaO、MgO 和 K_2O 等。

泥炭的理化性质一般是用分解度、自然湿度、持水量、密度、容重、孔隙度、酸碱度等指标来表征，其中分解度（R）是最主要的一个指标，它反映造炭植物的生物化学转化的程度，也就是泥炭中失去植物细胞结构的无定形物质（包括初步腐烂的残体和 HS）的含量。不同泥炭分解度差异很大，可从 1%到 70%。水分一般在 70%～90%之间，分解度越高，水分越小。泥炭干容重一般 0.2～0.5 吨/m^3，持水量 400%～1500%，pH 2.5～5.8，含 Ca 高的泥炭 pH 可达 7～7.5。泥炭沥青、HA、易水解物、纤维素、木质素等组分的含量，都与分解度有关。利施特万[2]总结了各地泥炭测定数据，列出三类泥炭的大致组成性质，结果见表 4-1。可以认为，从利用 HA 的角度考虑，选用低位、高分解度泥炭为宜。

表 4-1　三类泥炭的大致组成性质

泥炭类型	物理性质				化学组成$_{daf}$②/%				
	R/%	湿度/%	A_d①/%	pH(KCl)	沥青质	易水解物	HA	纤维素	木质素
低位	34	88	7.6	5.1	4.2	25.2	40.0	2.4	12.3
中位	31	90	4.7	4.1	6.6	23.9	37.8	3.6	11.4
高位	23	91	2.4	1.2	7.0	35.8	24.7	7.3	7.4

① A 代表灰分，d 代表干基；

② daf 代表干燥无灰基，下同。

4.2.1.3　资源状况

世界泥炭总储量约 3180 亿吨，主要分布在北美、北欧、白俄罗斯、俄罗斯等地。我国泥炭储量124.96亿吨，居世界第四位，大致分布在4个地区：东北寒温和温带山地、华北温带平原、长江中下游、青藏和西北高原。储量最大的省是四川（52亿吨）和云南（21.1亿吨），占了全国总储量的59%。我国泥炭主要形成于第四纪全新世，其次是晚更新世晚期。从泥炭类型来看，我国低位-富营养型的为115.34亿吨，占总储量的99.9%；就原始植物来看，草本泥炭占98.5%，其余依次是混合型、木本和苔藓型泥炭。我国泥炭分解度为20%～50%，湿度70%～90%，有机质50%～70%，HA 30%～60%，持水量500%～700%，pH值4.6～7，总体上属于中有机质、中分解度、高腐植酸、高灰和微酸性泥炭，适合于作为制取HA的原料或用作垫圈材料、营养基质和复混肥料等农用产品。我国4个主要泥炭样品的物化分析结果见表4-2[2]。

表4-2　我国4个主要泥炭样品的物化分析结果

泥炭产地	R/%	A_d/%	易水解物$_{daf}$/%	HA_{daf}/%	FA_{daf}/%	pH(H_2O)	元素分析$_{daf}$/%			
							C	H	O	N
四川若尔盖	37.1	21.85	22.98	57.03	6.04	5.80	60.66	6.28	30.50	2.25
黑龙江桦川	41.0	24.73	40.27	47.91	5.82	4.55	56.16	5.93	34.09	3.48
广东合浦	50	28.68	—	52.38	—	—	65.46	6.53	26.75	1.26
江苏江阴	38	46.39	—	48.50	—	—	55.70	5.92	43.77	3.61

4.2.2　褐煤

4.2.2.1　特点

褐煤是成煤过程第二阶段前期（成岩作用）的产物，其外观呈浅褐色到深褐色，有一定的层状构造。与泥炭的主要区别是，褐煤几乎不保存未分解植物的残体，水分较少，碳含量高。也有一些年轻褐煤（也称木煤、柴煤）仍保留着原始植物的外形结构（年轮、心线），或含有或多或少的沥青（即褐煤蜡）。褐煤仍含有HA（从1%到85%），煤化程度与HA含量无明显相关性，但烟煤阶段无HA存在。因此，HA的有无，是区分褐煤与烟煤的主要标志之一。与烟煤相比，褐煤水分大，密度小，加热后不黏结，易风化变质、破裂成碎块甚至粉末，热值低等。特别是有些年轻褐煤有机部分（包括腐植酸和腐黑物）表面积大，孔隙率高，还含有一定数量的活性官能团，具有较强的吸附、络合（螯合）、氧化、还原、离子交换等性能，经适当机械处理或化学改性就可以制成吸附剂。有些年轻褐煤碳含量较低，沥青质和含量较高，适合于作为提取HA和/或褐煤蜡的原料，也可用于化学加工制取再生HA和其他化学制剂。

4.2.2.2　类型

各国褐煤分类有所差别，但基本上有一定对应关系。我国煤分类标准主要根据透光率（P_M）将褐煤分为年轻褐煤（$P_M \leqslant 30\%$）和年老褐煤（$P_M > 30\%$～

50%）两个类型，大致分别对应于美国的褐煤和次烟煤，日本的亚炭和黑色褐煤，德国的软褐煤和硬褐煤；苏联的土状褐煤和暗褐煤相当于年轻褐煤，而亮褐煤相当于年老褐煤。

4.2.2.3　资源分布

世界褐煤总储量约2.4万亿吨[4]，主要分布于北美，其次是俄罗斯、西欧和日本。我国已探明储量1431亿吨，居世界第三位（次于美国和俄罗斯），主要集中在内蒙古东北部（929.83亿吨，占全国总储量的74.5%）以及与东北三省相邻的地区（晚侏罗纪褐煤为主）、云南、海南（晚第三纪年轻褐煤为主），还有零散分布的早第三纪褐煤（主要在黑龙江宝清，吉林舒兰，河北涞源，云南昭通、玉溪和弥勒，山西繁峙，广西百色等地）、少量第四纪年轻褐煤（浙江天台）。表4-3仅列举几个国内外典型褐煤样品分析结果。

表4-3　国内外典型褐煤样品分析结果　　单位：%

产地	类型	A_d	HA_d	FA_d	元素分析$_{daf}$				
					C	H	N	O+S	H/C①
北达科他州(美)	风化褐煤	7.7	77.81	—	63.9	4.0	1.2	30.9	0.75
中山(日)	柴煤	15.5	7.5	2.0	67.9	5.5	2.9	23.7	0.97
云南寻甸	年轻褐煤	8.45	53.28	9.82	54.81	5.38	1.46	38.35	1.17
内蒙古霍林河	年老褐煤	7.71	34.91	—	70.27	4.59	1.16	23.98	0.78
山东龙口	年老褐煤	10.97	12.60	2.27	74.96	5.62	—	16.45	0.90
吉林舒兰	年轻褐煤	47.70	12.24	—	64.95	5.68	1.71	27.63	1.05

① H/C表示“原子比”，下同。

4.2.3　风化煤

风化煤即露头煤，俗称“煤逊”“引煤”等，是接近或暴露于地表的煤长期经受阳光、雨雪、冰冻以及风沙等作用而形成的一类变质煤。无论褐煤、烟煤还是无烟煤都可能被风化，我国风化烟煤数量最多，习惯上都简称风化煤。

4.2.3.1　特点

与相应未风化的煤相比，风化煤的理化性质发生了一系列变化，如强度和硬度降低；吸湿性增加；碳、氢含量，着火点，发热量都降低，并引入大量含氧官能团，出现了再生腐植酸。由于埋藏和露头程度、矿物质成分、温度、水分含量等环境条件波动很大，故风化煤中HA含量差异较大。此外，风化煤矿床中无机矿物较多，包括含钙、铝、镁、铁、钠、钾等的硅酸盐、硅铝酸盐、碳酸盐以及硫酸盐（石膏）、硫化物（黄铁矿），以及氯化钠、氧化亚铁等。有些风化矿层中的钙、镁盐类被水浸蚀并与HA反应，形成“高钙镁HA”，不能用NaOH水溶液直接提取出来。

4.2.3.2 资源状况

世界风化煤资源数字未见报道，但据研究和应用信息判断，俄罗斯和印度储量不少。我国20世纪70年代不少省（区）曾做过初步调查，估计储量相当丰富。山西和内蒙古探明储量分别为80亿吨和50亿吨。新疆、黑龙江、云南、四川、江西、河南也有较多的储量，其HA含量一般在20％～70％之间，个别的可达80％以上，是我国宝贵的自然资源。现列举几个代表性的风化煤样品煤质分析数据，见表4-4。

表4-4 几个风化煤样品煤质分析结果 单位：％

产地	A_d	HA_d	元素分析/daf				
			C	H	N	O+S	H/C
江西萍乡	19.25	47.90	66.92	2.94	1.59	28.55	0.52
山西灵石	10～20	50～75	68.76	2.73	1.44	27.07	0.48
山西大同	24.83	45.95	68.09	2.40	1.28	28.23	0.42
黑龙江七台河	18～30	40～60	68.05	3.15	1.06	27.74	0.56
新疆米泉	5～12	60～80	61.93	2.59	0.94	34.54	0.50

4.3 煤炭腐植酸原料的物理-化学预处理

高HA含量的低级别煤原料并不多，HA超过70％的更是凤毛麟角。人们试图通过各种粗加工途径提高原料煤中的HA含量，以进一步提高煤的利用率，降低生产成本。

目前国内外有关原料提质和再生的方法有机械活化、物理分离和化学氧化和生物降解等。

4.3.1 机械活化

所谓机械活化，就是在提取腐植酸前将煤样粉碎，提高其HA含量和活性。俄罗斯和白俄罗斯学者认为，传统的提取方法不能保证原料煤中的HA与非腐植物质充分分离，机械活化法是增强HA析出性的新途径。波利宾茨耶夫（1998）和尤基娜（2002）等的研究表明机械活化可提高煤样多孔性和比表面，引起超分子结构和化学组分的变化，包括弱化学键以及烷基结构的断裂或变形，分子量变小，含氧官能团（羧基、酚羟基、总羟基）增加，HA和FA及其他水溶性产物增加，表明强烈粉碎和分散导致煤有机物质发生了轻度氧化降解作用。所采用的粉碎机是一种型号为阿特里托尔的离心冲击粉磨机，线速高达100～150m/s；或者装有钢球（平均转速18m/s）的星形粉磨机，也可用砂磨机。表4-5是部分褐煤和泥炭机械活化前后组成结构的变化。结果表明，无论褐煤还是泥炭，机械活化后HA含量、

表 4-5　褐煤和泥炭机械活化前后组成结构的变化（daf）　　单位：%

样品来源	活化处理	HA	FA	f_a①	元素分析				
					C	H	O	H/C	O/C
褐煤(汉金斯克)	前	33.5	—	57	64.4	4.6	27.6	0.85	0.32
	后	54.9	—	38	52.7	4.9	42.4	1.10	0.60
泥炭(藓类)	前	10.0	1.7	—	—	—	—	—	—
	后	19.5	2.5	—	—	—	—	—	—

① f_a表示“芳香度”，即芳香结构的 C 占总 C 的百分比（%）。

H/C、O/C 原子比均明显增加，芳香度（f_a）降低。泥炭活化处理时间（15～60min）和含水量（9.2%～89%）对 HA 产率有一定影响，含水量高比较有利于 HA 的产出。凝胶色谱分析表明，降低粉磨时间有利于增加低分子量组分，但时间太长则可能降低 HA 含量。ESR 分析表明，泥炭活化后顺磁信号（ΔH）变宽，自由基浓度增加，可能是由于机械作用下 Fe^{3+} 作为配位中心形成新的络合物。研究还发现，在机械处理时添加适量的碱或纤维分解酶可明显提高 HA 和水溶产物的收率。乌克兰科学院的希里科等[5]建议在褐煤机械活化的同时添加亚硫酸钠和碱进行磺化，以简化制取褐煤磺化制剂的工艺。刘光灿[6]对泥炭 HA 提取研究也发现，球磨机加 NaOH 湿磨不仅可快速降低泥炭粒度，缩短提取时间，而且 HA 产率从常规提取工艺的 70%～75%提高到 89%。可以认为，机械活化是值得继续探索的一项有应用前景的新技术。

4.3.2　超声波处理

超声波（声强≥0.7W·cm²）会在水中引发“空化效应”，当水溶液的空化泡在声场的压缩相位内发生“内塌陷”后，可在水中产生大量的［·OH］、［·HO_2］等氧自由基，它们可无选择性地将 HA 氧化降解。超声波预处理也是提高 HA 提取率和提取速度的一种有效方法。赫林科娃（1988）曾在煤粒度<0.2mm，煤/碱比 2∶1，频率 15kHz 的情况下处理褐煤 5～60min，可自动放热维持 75～89℃，HA 产率增加 0.5～1 倍，HA 析出速度提高 7 倍。超声处理还使 HA 结构和性质发生较大变化：O/C 和 H/C 提高，酚羟基和醌基含量增加，缩合芳香结构变小。生物试验表明，处理后的 HA 使植物根、茎增重 32%，表明生理活性有显著提高。钟世霞等[7]在水煤比 8∶1、超声波功率 200W、室温条件下处理 25min，游离 HA 从原来的 1.03%提高到 7.79%。谯华等[8]在液固比 8∶1、NaOH 浓度 0.05mol/L、超声功率 120W 下处理 30min，提取 3 次，土壤 HA 的回收率达 94.73%±1.5%，显著大于国际腐殖质协会（IHSS）推荐的提取方法（HA 回收率 64.76%±0.28%），且 HA 变异性小，提取时间短。一般在碱性条件下进行超声波处理比酸性效果好。

4.3.3 浮选和重介质分选

用廉价的物理方法脱除矿物和其他有机质，以提高原料煤的腐植酸含量，是不少研究者一直在探索的课题。由于 HS 与煤的密度差很小，分散性和黏滞性又较大，采用浮选法脱除煤中无机盐和煤有机粒子有较大难度，需要研发特种浮选剂。斯科雷列夫（1975）曾根据表面化学和矿物浮选原理，采用松脂酸铵作浮选剂成功地将煤中腐植酸和矿物质进行了分离。彭素琴等[9]用丁酸、仲辛醇和植物油等试制了一种 P-Ⅱ型复合浮选药剂，采用泡沫浮选法对风化煤进行浮选，HA 含量提高了 11.6 个百分点，灰分只降低了 2%左右，仍是有价值的研究成果。有人参考煤炭重介质分选、磁力分选和干法分选方法[10]对 HA 的原料煤进行分离，也引起研究者的极大兴趣。这些方法是基于 HA 和矿物质在密度、顺磁性、导电性或介电性等方面的差异得到有效分离的。所有分选工艺处理之前，应用简单的办法（如手选、过筛）除去煤中的矸石、泥沙，以便尽可能降低原料中的无机杂质，提高后续操作的效率。

4.3.4 氧化降解

人工氧化降解是提高原料煤 HA 含量的主要化学方法，所用的原料除低级别煤外，焦炭、半焦、炭黑和其他含碳物质都可用氧化的方法制取 HA。这对于缺乏天然 HA 资源的国家和地区无疑具有很大吸引力。能作为工业生产所用的廉价氧化剂主要是空气（O_2）和硝酸。

4.3.4.1 空气氧化

煤有很发达的比表面积，氧分子很容易通过微孔向煤粒内部渗透，与煤的 C 结构发生作用。据卡萨托奇金（1971）等报道，当煤粒＜0.2mm 时，空气扩散的影响可被消除，氧化反应可看作均相动力学控制。氧化过程分为 3 个阶段：①形成过氧化物和表面氧络合物，进一步分解放出部分 CO、CO_2 和 H_2O；②弱结合键（—O—，—CH_2—等）断裂，生成含氧官能团（COOH、OH_{ph}、C═O 等），即形成腐植酸；③继续氧化可能形成黄腐酸、低分子有机酸，以至分解形成 CO_2、H_2O。空气氧化煤生成 HA 的过程和动力学方程为：

$$\text{煤}+O_2 \xrightarrow{K_1} \text{I(中间产物)} \tag{4-1}$$

$$\text{I} \xrightarrow{K_2} \text{HA} \tag{4-2}$$

$$\frac{dI}{dt}=K_1-K_2 I \tag{4-3}$$

$$\frac{d(\text{HA})}{dt}=K_2 I \tag{4-4}$$

煤的空气氧化属一级反应，反应速度常数 K（S^{-1}）随温度提高而增大。经计算，HA形成和分解的表观活化能并不高，分别为46.9J/mol和53.6J/mol，表明氧化过程主要与脂肪侧链的破坏有关，不涉及芳香核。因此，空气氧化属于温和氧化过程。但Jensen等（1966）认为，煤空气氧化通过生成酚-醌结构导致芳环开裂而形成HA，反应历程见图4-1。

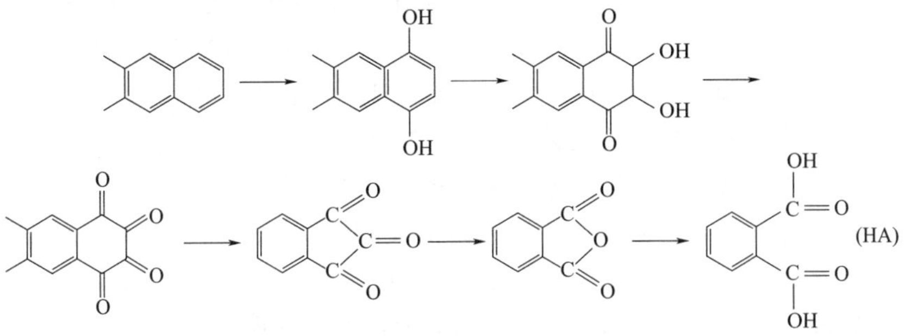

图4-1 煤的芳香结构氧化形成腐植酸的历程

煤氧化的深度不仅取决于煤的种类（变质程度），也与氧化反应条件有关。Shrikhande等（1962）曾在流化床反应器中≤200℃、空气线速度6cm/s的条件下对粒度通过200目的低级别煤氧化25～50h，HA产率达到70%～90%。该项研究曾实现了工业化生产。西田清二等（1965）在添加稀醋酸的情况下，在150℃下对褐煤进行湿式氧化，HA收率也明显提高。扎布拉姆内（1971）等用氨、NaOH或Na_2CO_3事先对煤预处理，再利用空气氧化，褐煤腐植酸含量从原来的20%提高到40%～60%，风化煤则达到78%。我国原北京石油学院（1965）在沸腾床内200℃下对扎赉诺尔褐煤进行氧化，HA含量从15%提到90%左右。氧化催化剂一般用Fe_2O_3，其次是Zn、Mn、Cu、Cr、W、La和V等的氧化物或盐类。有不少研究者对早先较剧烈氧化条件提出了异议，认为剧烈氧化不仅技术上难度大，而且经济上也不合算。西班牙Estévez等（1990）对不同煤种空气氧化进行对比研究后指出，褐煤150℃长时间氧化导致剧烈脱水脱烃，提高再生HA含量实际上是以减少原生HA为代价的，无工业生产价值，认为用长烟煤（变质程度比老褐煤稍高）150℃氧化10d比较合算。土耳其Yildirim（2001）在90℃下对当地褐煤进行空气氧化144h，氨水可溶HA产率达到85%，看来这是迄今最温和而有效的操作条件。丛兴顺[11]的研究表明，在超声波处理下进行空气氧化，可明显提高HA产率。如龙口洼里褐煤中HA含量6.8%，用1% NaOH溶液为溶剂，80℃下超声波-空气氧化处理80min，HA含量提高到21.25%。总的来说，空气氧化是相对廉价的提质方法，但氧化效果和工业可行性首先取决于原料煤本身的氧化活性，需要事先通过小规模实验来确定。

4.3.4.2 硝酸氧解

早在19世纪末，德国就率先进行过硝酸氧解煤制取HA的尝试。日本20世纪

50年代开始硝酸氧解褐煤制取HA（称为硝基腐植酸，NHA）的研究。此后，美国、波兰、印度、苏联和我国都相继开展相关研究，一度成为主要的再生HA加工途径，有的还实现了产业化。1962年日本台尔那特公司建成3吨/d的生产装置（商品名为胡敏绍尔、阿兹敏），乌兹别克斯坦也建立了100kg/d的半工业生产线。我国1965年由华东化工学院[12]开始硝酸氧化褐煤的基础研究，70～80年代由吉林化工设计研究院和中科院山西煤炭化学所[13,14]进行NHA工艺研究，先后建立了3条1000～2000吨/年的NHA生产装置。HNO_3浓度一般12%～60%（按硝酸用量的多少，分为湿法和干法工艺），温度在80～100℃之间。迄今国外仍将硝酸氧化作为制取硝基腐植酸或研究煤化学结构的主要方法之一。

樋口耕三等（1956—1960）等认为硝酸氧解分为“氧加成”（前10～30min）和水解（后2～4h）两个过程。朱之培等[12]也认为褐煤硝酸氧化反应分两个阶段，但在第一阶段氧加成和水解同时发生，硝酸消耗速度方程为：

$$C=C_0e^{-Kt} \tag{4-5}$$

式中，t、C、K分别为时间（min）、硝酸浓度（%）和反应速度常数。氧化的第一阶段$0\leqslant t<11$，$K_1=0.112$；第二阶段$t>11$，$K_2=0.047$，$C_2=24.9\%$，$K_1/K_2=2.38$。不难看出，在第一阶段的11min以内的反应速度极快（从室温自动升至100℃），硝酸消耗速度是第二阶段的两倍多。

成绍鑫等[14]对褐煤和风化烟煤的硝酸氧化机理研究认为，煤的硝酸氧化属于选择性氧化降解，较容易控制。硝酸氧化对褐煤的作用主要是对煤总体结构的氧化降解，而风化烟煤主要是脂族结构的氧化脱氢反应。具体来说，褐煤氧化不仅导致脂肪结构断裂，而且芳环也被部分裂解，平均分子结构单元的芳环数由原来的4个降到2～3个，并形成羧基、酚羟基和醌基，但风化烟煤的硝酸氧化则基本未触及芳香环。测得褐煤和风化烟煤的氧化反应热分别为3403J/g和287J/g，前者HA增加的幅度也大得多。Alvarez等[15]对褐煤硝酸氧化产物的结构研究也得出类似的结论。因此，褐煤作为硝酸氧化提质的原料更为合适。表4-6是部分褐煤和风化烟煤硝酸氧化试验结果。

表4-6 部分褐煤和风化烟煤硝酸氧化前后组成性质的变化

原料来源	氧化处理	收率$_d$/%	HA_d/%	CEC_d/(mmol/g)	HNO_3利用率/%	E_4/E_6(HA)	原子比	
							H/C	O/C
霍林河(褐煤)	前	—	34.91	—	—	2.03	0.78	0.31
	后	116.4	88.05	5.11	48.85	6.37	0.95	0.42
扎赉诺尔	前	—	14.55	—	—	2.00	0.78	0.22
	后	113.0	83.93	—	52.26	5.71	0.96	0.33
寻甸	前	—	51.2	0.22	—	2.33	1.01	0.30
	后	87.2	69.5	1.83	—	5.75	1.13	0.42
灵石(风化烟煤)	前	99.8	74.01	0.28	—	—	0.49	0.29
	后		76.01	4.24	62.0	—	0.42	0.30

可以看出，所有褐煤硝酸氧化后 HA 收率都明显提高，阳离子交换容量（CEC）、H/C、O/C 和 E_4/E_6 比值（反映芳香度和分子大小的一个指标）都有所增加，而且原煤 HA 含量越低，氧化后变化越大。风化烟煤氧化后除 CEC 明显提高外，其他指标变化不大，说明自然氧化程度很深（HA 很多）的缩合大分子煤物质很稳定，难以继续氧化。

近期国内外对煤硝酸氧化的研究都集中在催化剂的选择方面，发现催化氧解的效果比非催化的更好[16]。传统的催化剂有 H_2SO_4、H_2O_2、ZnO、FeS_2、Fe_2O_3、MnO_2、ZrO_2、V_2O_5等。这些催化剂几乎都是固体酸。在硝酸氧化反应体系中，这类金属离子或复合物，其化学本质就是质子酸和路易斯酸按某种方式复合形成的一种新酸，为氧化过程提供质子，强化酸中心，从而产生催化活性。凌强等[17]研究发现，SO_4^{2-}/Fe_2O_3、AC/Fe_2O_3都有一定催化效果。如固体酸催化剂 $n(Fe)$∶$n(Zr)$＝2∶1，用量为煤的 1%时，20% HNO_3氧化褐煤，HA 产率达到 59.94%；特别是活性炭负载钒催化剂（AC/V_2O_5）的效果更明显，HA 产率比不加催化剂提高了 15 个百分点。张月等[18]选用二氧化硅负载钼酸镍（$NiMoO_4/SiO_2$）作催化剂（用量 1%），在温度 80℃、HNO_3浓度 30%、酸∶煤比＝3∶1（体积/质量）、催化剂/煤＝0.01，对风化煤氧化 1h，腐植酸产率达到 57.03%，比不加催化剂提高了 13 个百分点。宋晓旻[19]用硝酸氧化风化煤时发现，未负载的硫酸镍催化剂催化活性较低，而分别用活性炭、二氧化硅和碳纳米管负载硫酸镍，较不加催化剂氧化所得 HA 产率分别提高 11.2%、14.73%和 15.84%，可见碳纳米管负载硫酸镍催化剂的效果最好。侯珂珂等[20]也采用纳米管负载氧化铈/钛催化剂（Ce-Ti-Ox/CNTs），使风化煤腐植酸从 37.5%提高到 65.43%。同样，碳纳米管负载三氧化铁比相应的非负载催化剂效果好。与不加催化剂相比，催化氧化后的 HA 产物的官能团数量更多，分子量更小[21]。此外，冉攀（2011）采用 *N*-羟基邻苯二甲酰亚胺（NHPI）做硝酸氧化催化剂，发现其催化效率很高，使新疆烟煤和贵州烟煤硝酸氧化后 HA 产率分别达到 36.75%和 33.60%，E_4/E_6达到 3.20（不加催化剂为 0.916），说明 NHPI 催化剂更有效地降低 HA 的芳香缩合度和分子量。

硝酸氧解处理低级别煤工艺有两点制约因素：①硝酸来源少和价格较高，只在有条件的地方才适于加工。此外，为节省硝酸且不排放废液，最好采用干法工艺，即固/液比例不超过 0.5。波兰和日本有人用生产硝酸的尾气（含 HNO_3、NO_2、NO、N_2O_4）处理低级别煤生产硝基腐植酸（NHA），是既降低成本又治理污染的明智方案。②硝酸反应尾气（主要是 NO 和 NO_2）的吸收处理，无疑是不可忽视的重要环保环节。除采用碱液吸收[13]、分子筛吸附及催化还原法除掉大部分 NO_x 后，再用泥炭＋碱（氨或石灰）吸附残余尾气[22]，可获得较好的净化效果，吸附饱和的泥炭还可用于制作肥料。

4.3.4.3 过氧化氢氧化

过氧化氢（双氧水，H_2O_2）可产生氧化性极强的羟基自由基，与煤分子作用首先生成酚羟基，之后转变为醌基。随着氧解程度的加深，芳环断裂，醌基转化为羧基。同时，H_2O_2 还原为水，无任何污染，因此 H_2O_2 氧解低级别煤制备 HA 的工艺受到广泛关注。但 H_2O_2 氧化属于非选择性氧化降解，反应深度较难控制。而且 H_2O_2 不稳定，受热易分解，利用率不高，限制了工业应用。为控制氧化深度，减少消耗，H_2O_2 氧化特别要尽可能保证低浓度（不超过 20%）和低温（不超过 60℃）。张水花等[23]加入“介孔催化剂”（N-Mn-TiO_2＝16∶0.001∶1）后，用 20% H_2O_2 对昭通褐煤氧化，FA 产率从不加催化剂的 20.4%提高到 32.17%。还有人采用 N-羟基邻苯二甲酰亚胺（NHPI）和 TiO_2[24]、纳米氧化铜（CuO-s 和 CuO-γ）催化剂[25]，在温和条件下对风化煤进行 H_2O_2 氧化，都取得较明显的效果。

4.3.4.4 其他氧化方法

除此之外，低级别煤还可以采用的光化学氧化、电化学氧化、空气-臭氧氧化、超声-氧化共处理、碱性 $KMnO_4$ 氧化、微波氧化等方法。例如：孙鸣等[26]在紫外光照射下用氧气氧化 HA，其 E_4/E_6 大幅度提高，说明 HA 分子量明显降低。Valencia等[27]用 TiO_2 作催化剂，室温和中性条件下对腐植酸进行光降解，也发现 HA 分子量明显降低。姜玉凤等[28]采用金属离子 La^{3+}、Fe^{3+} 和 Co^{2+} 对神府煤进行紫外光催化氧化，其中稀土金属离子 La^{3+} 的影响最显著，使 HA 含量提高 1 倍多。大连理工大学发布了电化学氧化的方法制取 HA 的专利[29]，该方法是先将褐煤与碱液混合，超声处理，制成煤浆，将其放入电化学反应器的阳极区，将同浓度碱液放入阴极区，饱和甘汞电极为参比电极，在常压下施加恒定的电压进行电解。反应完成后进行离心分离，溶液酸化至 pH 3，过滤、洗涤得到 HA 产品。据称该方法 HA 产率得到 70%以上。这些新方法氧化历程与硝酸氧化相近，条件都较温和，不需高温高压，得到较高收率的腐植酸类产物，但一般都耗时较长，生产规模受到限制，目前只通过实验室小规模试验，可望通过继续探索，找到几条温和氧化实现工业生产 HA 的新途径。

4.3.4.5 煤的溶胀及氧化预处理

采用以上氧化的方法来提高煤中 HA 含量，往往导致物料损失较多，国外学者认为用高阶煤的氧化降解制取腐植酸更为合算，但氧化剂消耗又过多。于是，煤的预先溶胀技术被引入腐植酸研究领域。

煤的溶胀实际是煤的溶剂化作用，是煤的一种重要物理化学性质。由于煤大分子具有供氢和受氢能力，在亲电和亲核试剂作用下，煤中小分子和结构单元之间的弱键被解离，其中非共价键更容易断裂。溶剂被去除后，煤的大分子结构发生改变和重排，而小分子与网络结构的结合力明显减弱，煤结构的自由能降低，使煤的体积膨胀。用于煤的抽提和溶胀的溶剂很多，其中吡啶、酰胺、胺类等极性溶剂提取率高达60%～80%。王德强等[30]将煤的溶胀用于提取煤中腐植酸的预处理。他们将粉碎过200目筛的气煤、肥煤、焦煤、瘦煤（变质程度依次增高，都不含HA）分别用吡啶、*N*,*N*-二甲基吡咯烷酮（NMP）、甲醇、丙酮在室温下溶胀2h，脱除溶剂后用0.1mol/L的硝酸对溶胀煤浸泡1h，以轻度氧化和脱灰，然后用碱溶酸析法制备HA，发现吡啶、NMP、甲醇和丙酮溶胀和HNO_3氧化后的HA产率分别为73.0%、71.4%、56.4%和58.4%。这些试验信息给人以启示，即用预先溶胀处理和轻度氧化的煤，可以获得高产率的HA，但对吡啶、NMP之类的含氮溶剂应该警惕溶剂的残留及反应副产物的毒性。

4.3.5　生物化学降解

用微生物降解煤炭的方法制取腐植酸类物质，一直是化学家和生物学家颇感兴趣的课题。此类方法基本可做到“零排放”，对保护生态环境、实现绿色化学生产具有重要的现实意义和发展前景。

20世纪中叶，就有人进行过煤物质生物降解尝试。熊田恭一等（1958）用无烟煤、烟煤和褐煤加入微生物色素，培养6个月后得到类似HA的物质，光谱和化学稳定性都与土壤HA极其相似。尼基廷斯基（1960）发现多种微生物以煤作为碳源和能源，并几乎都向着氧化降解、生成HS的方向进行；Cohen（1982）[31]等首先认定假单胞菌和白腐菌能降解褐煤。陕西微生物所等单位（1984）[32]筛选出对风化煤具有降解作用的锈赤链霉菌和绿色木霉两种细菌。近十多年来，不少研究者进行了微生物降解煤大分子物质的研究，发现多种真菌是主要的降解低级别煤的微生物（包括担子菌、曲霉、木霉、青霉等），其次是细菌（如假单胞菌、放线菌、链霉、杆菌等），主要菌种有*Polyporus versicolor*、*Poria monticola*、*Lentinula elodes*、*Pseudomonas*等，都对缩合芳香结构有较明显的氧化降解作用。酵母菌*Canadida* sp.也有一定降解能力。微生物学家还发现，单一菌种不足以充分降解褐煤，需要通过不同微生物协同降解，采用混合培养技术来实现。因此，直接从自然界筛选获得混合菌群成为近期研究的热点。中国农业大学袁红莉课题组[33,34]就微生物降解褐煤的课题进行了20多年的研究，认为褐煤的风化降解是多种微生物共同作用的结果，前期主要是放线菌起作用，接着是细菌，在风化程度较高的褐煤中则真菌起作用。她们从煤矿、洗煤厂等地共筛选出4株细菌、5株真菌、2株放线菌，对其中1株降解能力强的真菌（*Penicillum* sp. P_6）进行紫外和亚硝基胍诱变，使其降解能力继续提高。培养后的真菌将褐煤降解为褐色可溶的HA。据称该菌株已具有用于生产的能力。该课题组还研发了混合发酵降解褐煤的工艺技术，用霍林河褐煤降解后得到水溶性黄腐酸产率达到25%以上。所得FA的分子量、芳构化程度明显降低，而脂肪碳、羰基碳、氮含量则明显增加；农业应用试验显示，该FA有显著的生长刺激和改善作物品质的效应。张昕等[35]研究表明，经微生物处理后的褐煤中的HA由原煤的13.6%提高到26%，黄腐酸由原煤的1%提到4%～11%，FA/HA增加了3～7倍，而且原有HA的分子量降低，O、N、官能团、凝聚极限、植物生长势都明显提高。樊兴明等[36]用白菌-管囊酵母和黄菌对不同煤种进行生物氧化降解褐煤，使棕腐酸＋黑腐酸含量增加到原来的3倍，FA增加到原来的3.9倍；超声协同生物降解将FA分子量进一步降低到512.9。孟庆宇等[37]通过粗壮串珠霉转化-碱提光氧化，8d后神府煤HA产率最高达到35.54%，总转化率39.72%，处理后的神府煤明显提高H/C、O/C、N/C比和含氧官能团含量，减少煤结构中芳环比例，说明光-生化联合转化煤具有良好的协同效应。机理研究认为，微生物是通过向体外分泌胞外因子来解聚煤大分子的，其中主要是酶解、碱溶、表面活性与螯合，酶解作用最为显著。参与作用的酶包括氧化物酶（锰过氧化物酶、木质素过氧化物酶、漆酶）和水解酶（主要是酯酶）。

总的来说，煤的生物降解研究和开发是廉价和清洁生产HA和FA的新技术，而且所得产物的生物活性可能比原生HA更高，但仍需做许多优化工作。

4.4 生物质的生物化学处理

植物生物质（简称生物质）一般指农林废弃物（包括秸秆、树皮、锯屑、杂草、枯枝落叶等）、动物粪污以及制糖、制酒、味精等发酵工业、食品工业下脚料等，分布极广，可以说俯拾皆是，数量巨大，我国每年仅秸秆就有9亿吨（未利用的约2亿吨），畜禽粪便38亿吨（湿）（利用率不足60%），蔬菜废弃物1亿～1.5亿吨，城市垃圾2.5亿吨，干污泥30万吨，肉类加工废料0.6亿吨，饼粕类0.25亿吨，餐厨废弃物不低于6000万吨，糖蜜酒精废液1.5亿吨等，都是宝贵的可再生天然资源。近年来，国家提出化肥用量负增长的决策后，出台了一系列发展有机肥料、激励生物质循环利用的政策。农业农村部提出，要使全国畜禽粪污综合利用率达到75%以上，规模养殖场粪污处理设施装配率达到95%以上，更加激发了广大科研人员和企业研发生物质腐植酸的积极性。

采用微生物技术无害化处理生物质极具发展潜力，传统的沤肥方法实际就是生物质腐植化制取腐殖质的过程。但以制取腐植酸和黄腐酸为目标的生物化学方法，与常规农家肥（堆肥）有很大差别。以鸡粪＋秸秆好氧堆肥[38]为例，在发酵过程中，有机碳、水溶物质含量不断下降，FA、腐黑物分别降低64.5%和15.5%，而HA只增加27.2%，可提取的HS下降34.6%。对于一般的有机肥来说，这一过程是正常的，堆肥中HA含量的多少，是不必刻意控制的。但对于生产生物质HA

和FA来说，则传统的堆肥工艺并非理想的生产过程。制取生物质HA或FA，至少必须具备两个条件：一是必须筛选和培育专门的菌种；二是必须控制反应条件，包括水分、发酵温度、时间、通气量、pH值等，甚至还需要添加某些必需的营养物质。由于植物废弃物种类千差万别，故筛选的菌种和发酵条件也有所不同。专家认为，近年来发展起来的生物质高温堆肥化（高效腐植化）技术，很接近于生产腐植酸类物质的条件。高温堆肥化是多种微生物协同作用的结果，特别是嗜热毛壳霉（*Chaetomium thermophile* 和 *Humicola insolens*）等真菌在加速生物质分解和腐植化中起关键作用[39]。在适宜条件下［55℃，C/N＝(25～30)∶1，水分50%～60%，通气流量0.6～1.8m^3/(d·kg)，1～3个月］，HA产率可达20%～37%（无水无灰基），HA/FA＝1.17～5.32，比常规堆沤法高1到2倍。研究证明[40]，在生物质中接种微生物菌剂后，会加快堆体的升温速度并延长高温期，有利于加快堆肥过程，一般游离HA含量呈升-降-升的趋势，HA总量先降后升，水溶HA则一直上升直到堆肥结束。总体上，堆肥中添加菌剂后HA含量比普通堆肥高。其次，用微生物技术生产的黄腐酸类物质（通称BFA）在我国已研究和推广20多年，初步测定，BFA中腐植酸总量60%～64%，其中FA 48%～50%，氨基酸9%～10%，还有核酸、糖类、维生素和肌醇等物质。尽管产物的确切组成结构及许多生化反应机理不是很清楚，但基本思路、发展方向以及应用效果是符合科学原理的。近期不少研究者[41～43]筛选出各种适宜生产生物质HS的菌种，如枯草芽孢杆菌（*Bacillus subtilis*）、荧光假单胞菌（*Pseudomonas fluorescen*）、施氏假单胞菌（*Pseudomonas stutzeri*）、高温侧孢霉菌、链霉菌、黄孢原毛平革菌、毛霉（*Mucor*）、根霉（*Rhizopus*）、青霉（*Penicillium*）、康氏木霉、绿色木霉、酿造酵母等。堆肥过程中氮素的损失是影响堆肥品质的主要因素之一，在堆肥中添加调理剂是控制其氮损失的必不可少的措施。为此，Mahimairaja等[44]在畜禽粪便堆肥中添加10%～20%的含HA木本泥炭，氨的减排率达到64.87%～87.94%。徐鹏翔等[45]的研究也表明，在鲜猪粪中添加5%的煤炭HA有利于发酵反应的进行，即促进有机质分解，有效控制氮损失，提高堆肥大/微量元素含量，使堆肥产物无臭味。甘蔗糖蜜酒精废液是华南地区量大面广的排放物，有人将浓缩或干燥后假冒“黄腐酸”大量出售，不仅应用效果差，还导致二次污染。只有将酒精废液经生物发酵后，才能提高HA含量，并达到无害化应用的目的。李楠等[46]筛选出一种适用的巨大芽孢杆菌（*Bacillus megaterium*），发酵后的废液中HA含量从原来的6.60g/L增加到25.33g/L。奉灵波等[47]从土壤中筛选出一株曲霉属真菌，优化条件下接种量为12%，HA产量达38.12g/L，较优化前提高了148.34%。这些生物技术为酒精行业环保和可循环经济发展提供了新思路。

人们期望生物质制取HA的历程与土壤中微生物对植物残体分解-合成过程相

近，但至今未能实现。与土壤 HS、煤炭 HS 的组成结构相比，人工发酵制备的 HA 的芳香缩合程度、分子量都低得多，而非腐植物质（主要是糖类）则很多，显然是由于人工模拟“不到位”。生物质 HS 更像是熊田恭一所定义的 P 和 R_P 型 HA（“不成熟”的腐植酸）。要想得到天然 HS 的特征，其难度在于：①很难完全模拟培育专一菌种的土壤环境；②菌种的筛选和富集技术还不成熟，其中纤维素分解菌的筛选和培育技术与传统的有机堆肥相似，已基本解决，目前关键是分解木质素和多酚物质菌种的富集，特别是进一步缩合为 HA 的相关技术没有完全过关。早先发现的能将多环芳烃分解为较简单有机酸的微生物（如 *Bact. naphtalinicus* 等）应引起关注。一旦攻破这些技术难题，就可望进入微生物分解煤炭及生物质制取腐植酸的时代。

4.5 提取、分离与精制

无论以研究还是应用为目的，几乎都涉及 HA 的提取和分离步骤。基础研究和某些商品制剂，还要求组成结构较均一、纯度较高的 HA 系列产品，这就涉及精制或纯化的问题。但是，正如郑平教授所说[3]：“所谓分离和精制，不是指得到纯化合物，而只是意味着把它们从原料中和无机矿物质及非腐植酸的有机成分分离开来。即便如此，也是非常困难的事情。腐植酸是具有很强络合、吸附性能的胶体物质，要去尽其中的金属离子、硅酸盐等矿物质是不易做到的；和其他非腐植酸有机物的界限本来就不清楚，性能上又常交错重叠，彼此通过键合、氢键、吸附等化学、物理作用纠结在一起，要完全拆分，谈何容易。”因此，分离、分级和纯化，得到的仅是无机质很少、组分相对均一、分子结构相对接近的“族组分”，而不是单独化合物。有关这方面的文献很多，Senesi 等曾做过综述[48]。本节主要从实用角度介绍这方面的处理技术。

4.5.1 提取与分离

所谓 HA 的提取（或称萃取）是指用溶剂从原料中把 HA 分离出来的操作过程，因此从广义上讲，提取就是分离。但还有一层含义，即 HA 与非腐植酸类物质往往结合得非常牢固，难以解离。因此，所谓“分离”还包含通过特定方法进行解离的意思，以便提高萃取效果，即分离是萃取的先决条件和必要步骤。

4.5.1.1 萃取剂的选择

为有效提取出 HA，首要条件是采用适当的萃取剂，充分切断 HA 与各种金属离子的结合键，破坏与非腐植物质的极性、非极性吸附，氢键缔合等的作用，因此，萃取剂的选择是关键因素。Swift 等[49]提出 4 点选择萃取剂的原则：

① 应具有高极性和高介电常数，以利于荷电分子的分离；

② 分子尺寸小，以利于渗入 HA 结构中；

③ 能破坏原料中存在的氢键，而代之以 HA-溶剂间的氢键；

④ 能固定金属阳离子。

符合上述条件的萃取剂种类很多，包括强碱液、中性盐、有机酸盐、有机溶剂和有机螯合物 5 类。但 Stevenson 特别强调，萃取过程一要完全，二要普遍适用，三要不改变 HA 的组成性质，他和 Hayes[50] 对部分试剂的萃取产率大致做过比较，见表 4-7。

表 4-7　部分试剂对腐植酸的萃取产率

萃取剂		HA 萃取产率/%	萃取剂		HA 萃取产率/%
强碱	NaOH、KOH	约 80	有机溶剂	吡啶	36
	Na_2CO_3	约 30		DMF	18
中性盐	$Na_4P_2O_7$、NaF	约 30		四氢噻吩	22
有机酸盐	$Na_2C_2O_4$	约 30		DMSO	23
有机螯合物	乙酰丙酮	约 30		HCOOH	约 55
	EDTA-Na(1mol/L)	16		丙酮-水-HCl	约 20
	EDA(2.5mol/L,pH 2.6)	63			
	EDA(无水)	5			

注：EDTA 表示乙二胺四乙酸钠盐；EDA 表示乙二胺；DMF 表示二甲基甲酰胺；DMSO 表示二甲基亚砜。

表中数据只反映萃取土壤 HA 的相对比较，实际情况要复杂得多。一般来说，NaOH 和 KOH 的萃取率最高，其萃取过程属离子交换反应，很容易形成水溶性的 HA 钠（钾）盐，但只限于游离腐植酸的萃取，简化反应式为：

$$HA(COOH)_n + nNaOH \longrightarrow HA(COONa)_n + nH_2O \tag{4-6}$$

用碱液萃取高钙镁腐植酸就不适用了，而用焦磷酸钠（$Na_4P_2O_7$）反而能充分萃取出来。关于 $Na_4P_2O_7$ 的萃取原理，有以下两种说法。

① 复分解反应　即 $Na_4P_2O_7$ 能把与 HA 结合的 Ca^{2+}（Mg^{2+} 等）置换出来，形成可溶性的 HA 钠盐和不溶性的焦磷酸盐，反应式为：

$$HA[COOM(OH)_2]_m(COOCa_{1/2})_{n-m} + [(n-m)/4]Na_4P_2O_7 \longrightarrow HA[COOM(OH)_2]_m(COONa)_{n-m} + [(n-m)/4]Ca_2P_2O_7\downarrow \tag{4-7}$$

② 络合反应　因为 $Na_4P_2O_7$ 是很强的无机配位体，可能同 HA 的酸性官能团发生协同作用，与 HA 中的高价金属离子发生“共络合”而使其溶解。因此，对高钙镁 HA 来说，$Na_4P_2O_7$ 或 $Na_4P_2O_7$ + NaOH 是最好的萃取剂，而用 $Na_4P_2O_7$ + NaOH 提取低钙镁的游离 HA，提取率反而不高。Na_2S 和 Na_2CO_3 也有一定的效果。事先用稀盐酸浸泡此类原料，用水洗涤，脱除高价金属离子后再用碱液提取腐

植酸，萃取率更高些，但存在 HCl 废水的污染处理问题。除用于专门的基础研究外，大多数中性盐和有机溶剂作萃取剂的实用意义不大。含氮有机试剂作提取剂，还有被腐植酸不可逆吸附、改变其组成结构的风险。

4.5.1.2 提取和分离的有关技术

作为常规应用腐植酸的生产的质量检测来说，往往可以不顾及 HA 组成性质的变化而选用强碱性溶剂，并在苛刻条件下萃取 HA。但作为基础研究所用样品的制取，就必须考虑 HA 组成结构状态的变化。据马雷冶诺娃（2003）等多年研究证明，只要萃取剂一接触 HA 原料，就可能出现复杂情况，如非腐植物质的夹带、SiO_2 胶体的溶出、自动氧化、结构分解、氨基-羰基缩合等化学变化都可能发生，以致同一个 HA 样品在不同条件下萃取的元素组成、分子量、官能团、结构参数大相径庭。因此，萃取条件既要温和，尽可能使原始 HA 组成性质不发生太大变化（不可能绝对不变），又要保证尽可能充分分离与提取，其操作条件的掌握是至关重要的。可参考的方法要点如下。

（1）游离腐植酸提取　一般用 0.1～0.5mol/L 的 NaOH，固/液比 1∶2～1∶5，室温下通 N_2 操作，尽量避免与氧接触。

（2）高钙镁腐植酸的提取　一般用 0.1mol/L 的 $Na_4P_2O_7$ 溶液（pH≈7）；对极难分离的土壤 HA，也可用 0.1mol/L $Na_4P_2O_7$ ＋0.1mol/L NaOH（pH 13）提取。

（3）有的高钙镁低级别煤中的 FA 可用阳离子交换树脂、低浓度无机酸、丙酮-水-HCl（H_2SO_4）混合液提取。

（4）与 Fe^{3+}、Al^{3+} 等高价离子或其水合氧化物络合的腐植酸复合物，只有用强螯合剂（EDTA-Na 等）、DMSO＋1％ HCl、10％乙酰丙酮＋无水乙酸等分离和提取 HA。

（5）如果想要从土壤和其他物质中直接提取 HA 的金属-有机络合物，可选用 Na 型 Dowex A-1（亚氨二乙酸型树脂）进行吸附分离。

（6）泥炭、有机土壤，甚至某些褐煤中含有一定数量的类脂物质和沥青质（主要为高级脂肪酸的酯类），会干扰 HA 的萃取，应事先用苯、甲苯或苯-乙醇混合液予以脱除。

（7）用离子交换树脂（或膜）、分子吸附膜从水中分离 HA 或 FA，其中 XAD-8 树脂（非离子型大孔甲基丙烯酸甲酯树脂）吸附最有效，可基本上排除糖类、肽以及化学结合的金属离子；某些国产大孔树脂（如 GDX-102）是类似的吸附树脂，也可成功地吸附水中 FA。

（8）超临界流体萃取法用于 HA 的提取[51]，尽管技术上有一定难度，但提高了 FA 提取率和纯度，防止了 FA 的损失和结构破坏，无污染物排放，属于环境友好型技术，是一种有益的尝试，应予以关注。

（9）用碱液提取 HA 时添加原料煤 0.75%的蒽醌（AQ），HA 提取率提高了 20%以上，且 HA 中的羧基和酯羰基也明显提高，可能 AQ 起催化氧化降解的作用[52]。应该继续对其反应机理深入研究，或许由此可找到新的技术突破点。

（10）添加表面活性剂，以提高提取率　解田等[53]在提取风化煤 HA 时添加 0.1%～0.2%的润湿剂（壬基酚聚氧乙烯醚或月桂醇聚氧乙烯醚硫酸钠），并提高反应器搅拌速度（18000r/min），由于改善了固液界面的表面活性，增加了固液反应系统中反应物间的碰撞率，使 HA 提取率从原来的 56.12%提高到 75.23%。

4.5.2　纯化

不同方法萃取出来腐植酸几乎都含有较多的无机质（高温处理后即为灰分）。粗腐植酸的纯化主要是脱除无机质，俗称“脱灰”。脱灰有以下几种方法：

（1）物理絮凝　在 HA 的碱提取液中添加适量的 Na_2SO_4，促进细分散的无机胶体加快絮凝沉淀、离心或过滤，再用 HCl 调到 pH 1.5 左右，加热，水洗，一般可得到灰分<5%的腐植酸。

（2）化学法　1g HA 放入 0.5mL 浓 HCl＋0.5mL 48%HF＋99mL 水的混合液中，室温下振摇 24～48h，水洗到无 Cl^-。此法可有效脱除 Fe、Al、Si，使灰分降至 1%以下。

（3）黄腐酸与无机盐的分离和提炼，一直是非常棘手的问题，至今没有很简便、理想的方法。现有的部分技术如下。

① 电渗析法　电渗析采用离子交换膜，但分离 FA 时应考虑对离子选择性问题，一是黄腐酸分子半径应远大于无机盐离子；二是静电作用大小，即交换膜优先吸附高电荷密度的异电性离子。从位阻作用大小考虑，体积大的离子优先通过膜。常见的阳离子选择次序为：$Ba^{2+}>Pb^{2+}>Ca^{2+}>Ni^{2+}>Cd^{2+}>Co^{2+}>Zn^{2+}>Mg^{2+}$；阴离子选择次序为：$SCN^->Cl^->COO^->CH_3COO^-$>黄腐酸阴离子。裘余丹[54]认为，基于膜中活性离子基团对 FA 与无机盐离子的选择性通过，并考虑 FA 分子较大，可能堵塞膜孔而导致膜污染。从实用和产品稳定性角度考虑，应选择孔隙度较大的异相离子交换膜。他采用异相膜电渗析法成功地分离出 FA，纯度达 95%，产率达 88.47%，脱灰率 75.78%，交换膜多次使用后脱盐性能没有下降，也未发生膜污染情况。

② 吸附分离　用 H 型吸附树脂（如羧酸型 Ambertite IR-120、磺酸型 Dowex-50）吸附 FA，用碱液脱附 FA，再用醚提取，可得低灰分的 FA（Klöcking R，1969）。

③ 沉淀分离　用 Fe^{3+}、Al^{3+}、Pb^{2+} 等高价重金属将 FA 沉淀，再用强螯合剂（如双苯硫腙）脱除金属离子。

④ 用表面活性剂分离　如菊地敦纪等[55]在 pH 约 7 的溶液中加入阳离子表面活性剂，使其与 FA 形成离子对，以沉淀的形式析出，酸化后再用三氯甲烷脱除 DB，使 FA 得到分离。

⑤ 溶剂分离　用 HCl 处理腐植酸钠、水洗脱酸后，再依次用乙醇和水提取 FA[56]。

无论 HA 还是 FA，浓缩、干燥时最容易发生化学变化，故处理温度应＜70℃，最好是减压浓缩和冷冻干燥。

4.5.3　国际腐殖质协会土壤腐殖质综合分离纯化法

国际腐殖质协会（IHSS）制定的土壤腐殖质的综合分离-纯化法是迄今披露的唯一的 HA 样品统一处理方法。从内容看，基本上遵循了上述条件温和、萃取充分、溶质-溶剂无不可逆作用等原则。操作过程如下[57]。

将土壤过 2.0mm 筛，按 1∶10（质量体积比）加入 1mol/L HCl，使达到 pH 1～2，室温下振荡 1h，离心，上清液分出 FA（a）。在残留物中按 1∶10（质量体积比）加入 1mol/L NaOH，在 N_2 气氛下混合、振荡 4h，静置过夜，离心，除去残渣，用 6mol/L HCl 将提取液调到 pH 约 1，静置 12h，离心，上清液分出 FA（b）。在 N_2 气氛下将沉淀出来的 HA 用尽量少的 0.1mol/L KOH 重新溶解，高速离心，加 6mol/L HCl 调到 pH 约 1，沉淀 12～16h，离心，弃去清液，残留的 HA 用 0.1mol/L HCl＋0.3mol/L HF 混合液，室温下振荡过夜，离心，反复用 HCl＋HF 处理，使得到的 HA 灰分＜1.0%。再通过透析膜或透析管，至 $AgNO_3$ 检测不出 Cl^-，冷冻干燥。合并（a）、（b）两份黄腐酸溶液，用 XAD-8 树脂（XAD-8 的代用品为 POLYCLAR，即交联聚乙烯基吡咯烷酮，代号 PVP）吸附 FA，弃去残留液，依次用 0.1mol/L NaOH 和水洗脱，流出液立即用 6mol/L HCl 调到 pH 约 1.0，使 FA 仍留在溶液中。然后将溶液通过 H^+ 饱和的离子交换树脂，冷冻干燥得 H^+ 饱和的 FA。

4.6　腐植物质的分级

HS 是分子粒径范围极大、组成结构极其复杂的多分散体系，给实际应用和基础研究带来麻烦。多少年来，不少研究者致力于 HS 的分级，即把它们尽量分成组成结构相对较窄的“级分”，而且迄今已有不少比较成功的方法。HS 分级的机制有以下四种[58]。

4.6.1　基于酸碱度、溶解和沉淀分级

HS 大分子中的各种化学组分，由于其活性官能团含量和分布极不均匀，导致

其亲电子-亲核两种相反的倾向产生极大差异，也就决定了它们在不同极性和 pH 的溶剂中具有不同的溶解性。利用这一特性可对 HA 进行分级。首先，用碱溶酸析、丙酮（乙醇）提取分级是最传统的方法，见图 4-2。

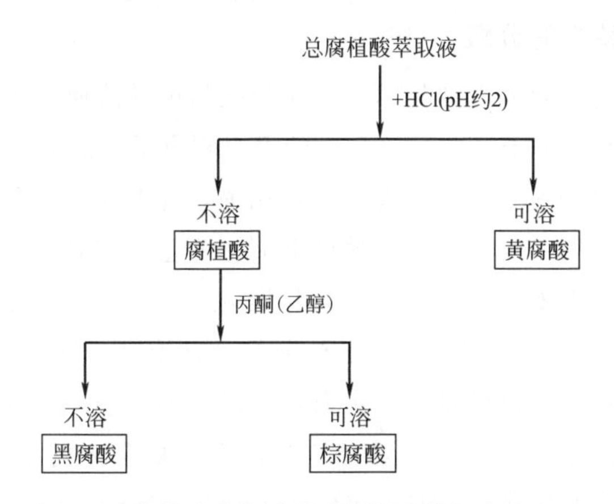

图 4-2　腐植酸类物质的溶剂提取分级流程之一

在黄、棕、黑腐酸分级的基础上，添加各种无机盐，继续沉淀、分级。如有人在棕腐酸中加 KCl，沉淀分出“灰腐酸”；在 FA 水溶液中加 Cu^{2+}，沉淀分出“白腐酸”等；Kumada 等（1968）在 HA 的碱溶液中逐渐增加乙醇的量，分离出 8 个 HA 段分，其芳香度随乙醇比例增加而降低；Nifanteva 等（2000）在腐植酸钾溶液中逐渐添加 $(NH_4)_2SO_4$，沉淀分离出 19 个级分。

4.6.2　基于分子尺寸的分级

常用的体积排阻色谱法就是按分子尺寸分离的一种技术。目前常用的方法主要是凝胶过滤法，即用交联葡聚糖凝胶（商品名 Sephadex）进行分离，可将几千到几十万的有机多分散体系分为若干分子量范围的级分，但仍存在一系列问题，如电荷作用、物理化学吸附、分子聚集以及 pH 值、离子强度及样品浓度的影响等，都会导致偏离标定的分子尺寸，须通过选择溶剂等措施克服负面效应。

超滤技术是也按原子孔径范围（质量单位为 amu，主要有 $1\times10^3\sim100\times10^3$ amu、$>1\times10^6$ amu 等级分）的合成膜分离的，但也与分子电荷和分子构型有关，其中市场上销售的平板型超滤器极化作用过于强烈，容易截留大量腐植酸。因此，Gaffney[59] 建议选用极化作用小的中空纤维超滤器，基本上可做到按分子尺寸分级，且腐植酸分子不会发生化学变化。李丽等[60] 用切面流超滤法将泥炭 HA 分离为分子量 $1\times10^3\sim300\times10^3$ 的 8 个不同级分，用排阻色谱等物理化学分析作了验证和表征。

超离心技术是按重力转换为分子尺寸分级的一种方法，但比较繁琐，而且分子间电荷的排斥影响很大。Hayes 等[61] 认为添加适当的电解质可抑制这种电荷作用。

控制孔径玻璃球（CPG，美国Electro-Nucleonics公司产，平均孔径177Å，粒径200～400目），也是简便的尺寸分级工具，可用pH 7 0.2mol/L磷酸盐淋洗和分离HA[62]。

4.6.3 基于电荷特性的分级

按该原理分级的主要是电泳技术，它是根据带电的溶质分子在电场中运动速度差异进行分离的。HA分子多数是负电性的聚合阴离子，需溶于碱性缓冲溶液中操作，其分子迁移距离和速度与分子大小呈负相关，与电荷密度呈正相关。电泳分级只能得到若干电荷梯度不同的组分，彼此电荷密度差别和界限不太明显。近期有人应用凝胶电泳、等速电泳（ITP）、等电聚焦（IEF）、聚丙烯酰胺凝胶色谱（PAGE）、毛细管电泳（CE）等新的电荷分级方法有所改进[63]，其中CE具有分离速度快、分离效率高、进样量少等优点，可以分离离子、小分子与复杂大分子物质，已广泛用于天然HA的分离。在CE基础上发展起来的毛细管胶束电动色谱（MECC）、毛细管等电聚焦（CIEF）、CE与质谱（MS）联用等高新技术已用于HA的分离鉴定。日本弘前大学的Karim等[64]在高浓度尿素存在下用聚丙烯酰胺（PAM）制备型电泳成功分离出不同分子量的水溶性HA，发现其中非荧光物质会在电泳过程中丢失，而小分子的荧光物质则通过氢键的断裂和7M尿素的疏水作用得到分离，故认为高浓度尿素存在下PAM凝胶电泳是分离和收集水溶性HA的一种很有用的方法。

4.6.4 基于吸附特性的分级

用多孔硅胶、氧化铝、活性炭、木炭等进行吸附-脱附是传统的分级方法。大孔甲基丙烯酸甲酯树脂（XAD-8）吸附力相对较弱，脱附率高，是分离FA类水溶有机物的有效吸附剂[65]。分别用有机溶剂（如三氯甲烷、环已烷、甲醇、丁醇、甲乙酮、乙酸乙酯等）、酸、碱或酸＋醇、丙酮＋水以及不同离子强度的缓冲液进行脱附，可以分为组成结构不同的段分[60]。不过，上述分离提炼一般要将HA预先甲基化，在薄层或色谱柱上用逐级增加极性的有机溶剂冲洗而得到分级，获得分子结构相对均一的HA级分。

参 考 文 献

[1] Кухаренко ТА. Теоріии Технол Процесов Переработки Топлив [M]. M：Недра，1966：25.

[2] Лиштван ИИ，Трентьев АА，Базин ЕТ. Физико -хмические Основы Технологии Торфного Производства. [M] . MH：Наука и Техника，1983：109.

[3] 郑平 . 煤炭腐植酸的生产和应用 [M]. 北京：化学工业出版社，1991：14-23；46-50.

[4] Schobert H H. The Chemistry of Low Rank Coal [M]. ACS Symposium Series，1984：264.

[5] 希里科 СЛ，等 . 腐植酸盐类的物理-化学性质 [J]. 成绍鑫，译 . 腐植酸，2008，(4)：33-38.

[6] 刘光灿．陕西某地泥炭腐植酸提取工艺的实验研究［J］. 广州化工，2011，39（4）：83-85.
[7] 钟世霞，徐玉新，骆洪义，等．超声波活化风化煤腐植酸的影响研究［J］. 山东农业大学学报：自然科学版，2014，45（1）：6-9；16.
[8] 谯华，李恒，周从直，等．土壤胡敏酸提取方法的优化［J］. 环境保护科学，2014，40(6)：83-87；130.
[9] 彭素琴，张继龙，王之春，等．泡沫浮选对风化煤腐植酸含量的影响初探［J］. 中国煤炭，2013，39（4）：74-77.
[10] Tsal S C. 煤炭洗选加工及应用基础［M］. 王曾辉，叶雅青，等译．上海：华东化工学院出版社，1991：278.
[11] 丛兴顺．从洼里褐煤中提取腐植酸的绿色工艺研究［J］. 山东化工，2010，39（5）：13-15.
[12] 朱之培，高晋生，池敬兴．褐煤硝酸氧解的研究［J］. 燃料化学学报，1965，6（3）：235-243.
[13] 孙淑和，成绍鑫，李善祥，等．煤稀硝酸氧化制取硝基腐植酸-第一报：制取硝基腐植酸工艺条件的考察［J］. 江西腐植酸，1983：1-13.
[14] 成绍鑫，孙淑和，李善祥，等．腐植酸和硝基腐植酸的结构研究［J］. 燃料化学学报，1983，11（2）：26-39.
[15] Alvarez R，Clemente C，Gómez-Limó N D. The influence of nitric acid oxidation of low rank coal and its impact on coal structure［J］. Fuel，2003，82（15-17）：2007-2015.
[16] Jun I H，Sadayoshi A，Haruo K，et al. Evaluation of macromolecular structure of a brown coal by means of oxidative degradation in aqueous phase［J］. Energy & Fuels，1999，13（1）：69-76.
[17] 凌强，崔平，孙永军，等．铁锆复合固体酸对煤制腐植酸产率与组成的影响［J］. 安徽工业大学学报，2009，26（4）：390-393.
[18] 张月，肖丹丹，赵雪姣，等．钼酸盐催化剂对风化煤提取腐植酸的影响［J］. 腐植酸，2016，（6）：23-30.
[19] 宋晓旻．风化煤催化氧解制备腐植酸［J］. 安徽工业大学学报，2007，24（2）：163-165；168.
[20] 侯珂珂，李学峰，崔平，等．负载型催化剂对风化煤制备腐植酸的影响［J］. 材料导报，2011，25（12）：115-118；123.
[21] 杨敏，崔平，宋晓旻．催化剂对东都风化煤硝酸氧解及其产物特性的影响［J］. 燃料化学学报，2007，35（2）：160-163.
[22] 张久华，张立言．泥炭处理 NO_x 尾气的试验探索［J］. 江西腐植酸，1983，（3）：6-15.
[23] 张水花，李宝才，张惠芬，等．H_2O_2 氧解褐煤产腐植酸的试验研究［J］. 安徽农业科学，2012，40（15）：8677-8679.
[24] 郭雅妮，马畅宁，惠璠，等．风化煤中腐殖酸的提取及性能表征［J］. 环境工程学报，2017，11（5）：3153-3160.
[25] 闫宝林，鹿剑，孟俐利，等．不同形貌纳米 CuO 催化氧化风化煤制取腐植酸的研究［J］. 腐植酸，2016，（4）：16-21.
[26] 孙鸣，周安宁，么秋香，等．煤的液相光催化氧化研究［J］. 煤炭学报，2010，35（9）：1553-1558.
[27] Valencia S，Marin J M，Restrepo G，et al. Application of excitation-emission Fluorescence matrices and UV/Vis absorption to commercial humic acid［J］. Science of the Total Environment，2013，442：207-214.
[28] 姜玉凤，李侃社，周安宁，等．神府煤光催化氧化产生腐植酸的特性研究［J］. 煤炭转化，2004，27（4）：83-86.

［29］ 大连理工大学．褐煤电化学氧化制取腐植酸的方法［P］. CN201210226324，2012.

［30］ 王德强，袁源．煤的溶胀处理对药用腐植酸提取的影响研究［J］. 煤化工，2014，(3)：3-134.

［31］ Cohen M S，Gabriele P D. Degradation of coal by the fungi polyporus versicolor and Poria monticolor［J］. Applied and Environmental Microbiology，1982，44，23-27.

［32］ 罗贤安，章鲜潢．利用腐殖酸的优势菌种筛选［C］. 全国第三次腐植酸化学学术讨论会论文集．庐山：中国化学会，1984：84-88.

［33］ 袁红莉，蔡亚歧，周希贵，等．微生物降解褐煤产生的腐殖酸化学特性研究［J］. 环境化学，2000，19 (3)：240-243.

［34］ Yuan H L，Yang J S，Chen W X. Production of alkaline materials，surfactants and enzymes by Penicillium decumbens strain P6 in association with lignite degradation/solubilization［J］. Fuel，2006. 85 (10-11)：1378-1382.

［35］ 张昕，林启美，赵小蓉．风化煤的微生物转化．*I*. 菌种筛选及转化能力测定［J］. 腐植酸，2002，(3)：18-23.

［36］ 樊兴明，张义超，张钊，等．腐植酸的选择性降解及其分子量测定研究［J］. 腐植酸，2011，(1)：20-24；34.

［37］ 孟庆宇，王文娟，周安宁．光-生联合转化神府煤的协同作用研究［J］. 中国矿业大学学报，2011，40 (3)：438-442.

［38］ 王玉军，窦森，张晋京，等．农业废弃物堆肥过程中腐殖质组成变化［J］. 东北林业大学学报，2009，37 (8)：79-81.

［39］ 李国学，张福锁．固体废物堆肥化与有机复混肥生产［M］. 北京：化学工业出版社，2000：31；75.

［40］ 王思同，辛寒晓，范学明，等．接种生物菌剂对菌糠堆肥过程中腐植酸变化的影响［J］. 腐植酸，2017，(2)：21-25.

［41］ 尚校兰，李宏宇，杨伊婷，等．化学法和生物法制备巨菌草腐植酸的比较［J］. 草业科学，2018，35 (1)：76-84.

［42］ 惠有为，赵亚玲，赵健，等．果渣固体发酵生产黄腐酸［J］. 西北大学学报：自然科学版，2005，35 (6)：746-750.

［43］ 许修宏，马怀良．接种菌剂对鸡粪堆肥腐殖酸的影响［J］. 中国土壤与肥料，2010，(1)：54-56.

［44］ Mahimairaja S，Bolan N S，Hedley M J，et al. Losses and transformation of nitrogen during composting of poultry with different amendments：An incubation experiment［J］. Bioresource Technology，1994，47 (3)：265-273.

［45］ 徐鹏翔，赵金兰，杨明．添加不同量腐殖酸对猪粪堆肥中主要养分变化的影响［J］. 环境工程学报，2011，5 (3)：685-688.

［46］ 李楠，邓智年，奉灵波，等．甘蔗糖蜜酒精废液产腐殖酸的菌种筛选与鉴定［J］. 广西师范大学学报：自然科学版，2013，31 (2)：87-92.

［47］ 奉灵波，周瑞芳，赵辰龙，等．利用甘蔗糖蜜酒精发酵液生产腐植酸的菌种鉴定及发酵条件研究［J］. 中国生物工程杂志，2012，32 (10)：80-85.

［48］ Senesi N，Loffred E. In Soil Physical Chemistry［M］. 2nd ed. Sparks D C. Boca Raton FL：CRC Press，1999：239.

［49］ Swift R S. 与腐植物质分子性质相关的提取和分级［J］. 郑平，译．腐植酸，1994，(3)：38-42；30.

［50］ Hayes M H B. In Humic Substances in Soil Sediment and Water，Geochem. Isolation and Charact［M］.

Aiken G R，Mckanight D M，Wershaw R L，et al. New York：Wiley & Sons，1985：329.
[51] 中国科学院山西煤炭化学研究所．一种用超临界 CO_2 制取高纯黄腐酸的方法［P］. CN01141835.4，2001.
[52] Jiang T，Han G，Zhang Y，et al，Improving extraction yield of humic substances from lignite with anthraquinone in alkaline solution［J］. J，Cent. South Univ. Technol.，2011，(18)：68-72.
[53] 解田，段永华．风化煤为原料制取腐植酸盐的工艺研究［J］. 内蒙古石油化工，2008，(5)：4-8.
[54] 裘余丹．用电渗析法分离煤中黄腐酸的研究［J］. 煤炭加工与综合利用，2000，(3)：25-28.
[55] 菊地敦纪，福基正己，田中文子，等．通过阳离子表面活性剂形成离子对的方法分离黄腐酸［J］. 高志明，译．腐植酸，2005，(1)：40-41.
[56] 曾述之，孟昭光，刘泳泉．药用黄腐酸的提取及鉴定［J］. 江西腐植酸，1982，(4)：49-51.
[57] Swift R S. Organic Matter Characterization. In Sparks D L，Page A L，Helmke P A，et al. Methods of Soil Anal，Pat 3，Chem Methods［M］. Sparks D L. Madison Wisconsin，USA：Soil Science Society of America，1996：1018-1020.
[58] Senesi N，Loffredo E. 土壤腐殖质［M］. 沈圆圆，等译．//霍夫里特，等．生物高分子. 北京：化学工业出版社，2004：273.
[59] Gaffney J S，Marley N A and Orlandini K A . In Humic and Fulvic Acids，Isolation，Structura and Environmental Role［M］. Gaffney J S，Marley N A，Claak SB. Washengton，DC：Am Chem Soc，1996：27.
[60] 李丽，冉勇，傅家谟，等．超滤分级研究腐植酸的结构组成［J］. 地球化学，2004，33 (4)：387-394.
[61] Hayes M H B and Swift R S. In The Chemistry of Soil Constituents［M］. Greenland D J and Hayes M H B. Chichester：John Wiley & Sons，1978：179.
[62] 余小春，张德和．不同来源腐植酸的体积排阻色谱特征［J］. 腐植酸，1990，(2)：7-9.
[63] Janos P. Separation methods in the chemistry of humic substances［J］. Journal of Chromatography A，2003，983 (1-2)：1-18.
[64] Karim S，Aoyama M. Separation of humic acid constituents by polyacrylamide gel electrophoresis in the presence of concentrated urea using a preparative electrophoresis system［D］. Hirosaki University，Japan，2011：75-77.
[65] Aiken G R. In Humic Substances and Their Role in the Environment［M］. Frimmel F H and Christman R F. Chichester：John Wiley & Sons，1988：15.

05

第 5 章　化学组成结构及其研究方法

大量研究资料表明，HS 并不是“变幻莫测”的或“不可知”的东西，在一定时间内，它们是相对稳定的，正如 Ziechmann（1994）所说，“腐植酸是真实存在的具有明确化学组成的一组独立的混合物”，因此，完全可以测定出它们的真实组成结构。一般有两种研究途径：一是通过常规化学方法或物理方法对平均样品进行表征，如有机元素、官能团、分子量、紫外和红外光谱、核磁和顺磁共振等仪器分析，了解其总体化学结构特征；二是通过精细物理分离以及化学降解的方法，将原样品分离成分子大小不同的段分，或者把大分子切割成小分子“碎片”，然后用色谱、质谱等手段进行鉴定和结构解析，推断其大分子的核、桥键以及分子结构单元模型。但是，HS 是一类复杂多变的天然大分子混合物和多分散体系，无论怎样精细分离和分析，都不可能获得一个准确的化学结构模式。但是，构成 HS 的各个单一组分却是非常明确的，比如其中的水杨酸、香草酸、阿魏酸、酚酸、苯多羧酸等化合物确实都是 HA 的单元结构，这都已成为有机化学界的共识。目前未知的或引起争论的问题，主要是所谓 HS“大分子”或“超分子”概念、立体构型方式、与相关物质结构的关系，以及不同来源、不同环境条件下 HS 分子构型的变化等。随着现代有机化学、量子化学理论的发展以及先进仪器和计算机的应用，必将进一步揭开 HS 的神秘面纱，有所突破和创新，但永远不可能“创造”出一个“放之四海而皆准”的统一结构模型。

5.1　化学分析法

5.1.1　元素组成

腐植物质的有机元素主要是碳（C）、氢（H）、氧（O）和氮（N），也有少量的硫（S）和磷（P）。一般只测定前4种。HS的元素分析基本上是引用经典的煤炭和土壤有机元素分析方法[1,2]；目前已有进口1106-Elemental Analyser微量元素分析仪，可直接测定C、H、O、N。

不同来源HS的元素组成有较大差异，从表5-1所列的部分样品分析结果可以看出，各种腐植酸类物质的元素含量范围为：C 45%～66%，H 3%～7%，O 26%～47%；N、S、P分别约1%～5%、0～2%和0～0.03%。H/C、O/C和N/C原子比是HA结构和类型的直观指标，其中H/C更是芳香缩合度的重要参数。据Stevenson[3]对O/C和H/C统计，土壤HA分别为0.5和1.0，而FA分别为0.7和1.4。表5-1数据规律来看，H/C大小的次序为：棕腐酸≈黄腐酸＞腐植酸；湖底沉积物HA＞土壤HA≥泥炭HA＞褐煤HA＞风化煤HA；不同煤来源的棕腐

表5-1 部分不同来源腐植酸类物质元素分析结果（daf）

类别		来源	C	H	N	O	原子比		
							H/C	O/C	N/C
腐植酸	土壤	灰化土	57.63	5.23	4.81	32.33	1.09	0.42	0.072
		森林土	61.20	3.6	3.88	31.32	0.71	0.38	0.054
		红壤	59.65	4.37	4.44	31.54	0.88	0.40	0.064
	泥炭	桦川	61.15	5.61	3.45	29.79	1.10	0.37	0.048
		遂溪	63.83	5.20	1.33	29.64	0.98	0.35	0.018
	褐煤	寻甸	59.55	3.82	1.48	33.73	0.70	0.43	0.021
		扎赉诺尔	65.45	4.39	—	30.16	0.81	0.35	—
		北达科他(美)	63.5	3.5	1.3	31.1	0.66	0.37	0.018
	风化煤	灵石	63.76	2.43	1.44	26.60	0.46	0.31	0.021
		吐鲁番	61.93	2.59	0.94	24.33	0.50	0.31	0.013
棕腐酸	泥炭	桦川	65.68	7.08	1.01	26.23	1.29	0.30	0.013
	褐煤	扎赉诺尔	64.63	5.66	—	29.71	1.05	0.35	—
	风化煤	大同	62.25	5.25	—	32.50	1.01	0.39	—
黄腐酸	土壤	加拿大	47.6	4.1	0.9	47.3	1.03	0.75	0.016
	湖水	加拿大	46.2	5.9	2.6	45.3	1.53	0.74	0.048
	泥炭	湛江	45.74	4.52	0.92	45.53	1.19	0.75	0.017
	风化煤	巩义	55.90	2.35	0.76	38.81	0.50	0.52	0.012
	堆肥	摩洛哥	50.23	7.18	4.21	41.75	1.72	0.54	0.08
BFA		深圳	47.56	7.30	5.41	39.73	1.84	0.63	0.098
		上海	41.54	5.28	2.19	49.44	1.53	0.89	0.045

注：1. 表中数据由文献［3～11］综合。

2. BFA为微生物发酵处理植物废物的液体产物，暂名“生物技术黄腐酸”。

3. 本表和表5-2均将原文数据基准转算为干燥无灰基（daf）。

酸也是这一趋向，说明芳香缩合程度依次增高。对黄腐酸类物质的 H/C 来说，BFA 最高，其次是水体 FA＞泥炭 FA＞土壤 FA。O/C 比例反映出含氧官能团和桥键的多少，明显是 FA 类＞HA 类。N 含量和 N/C 反映含氮基团的数量，也是 BFA 最高，其次是沉积物 HA＞腐黑物≥土壤 HA≥水体 FA≥泥炭 HA≥褐煤 HA≥风化煤 HA，完全符合腐植化序列的基本特征（即微生物活动逐渐减弱，含氮有机物逐渐减少）。如果把 H/C 和 O/C 之间、H/C 和 N/C 之间的关系用二维图形表示，可明显看出不同来源 HS 的差异[8]。以 FA 为例（见图 5-1），对 H/C-O/C 来说，煤炭 FA（主要是不同产地的风化煤和泥炭）在低位呈线性变化，而 BFA、土壤 FA 和堆肥 FA 则在高位呈群体分布，处于同一范围，其 H/C 几乎都在 1.4 以上。H/C-N/C 的变化曲线则明显分为两段：煤炭 FA 在低水平，而 BFA、土壤 FA 和堆肥 FA 在高水平呈线性分布。显然，后者以高氢和高氮为特征。特别是微生物发酵 BFA 与天然腐植酸有很大差异：极高的 H/C 比例，表明 BFA 基本上是脂肪结构特征；而极高的 N 含量和 N/C，可能是发酵所需的大量外来氮源或微生物代谢产物（核苷酸、氨基酸、蛋白质类）所致。

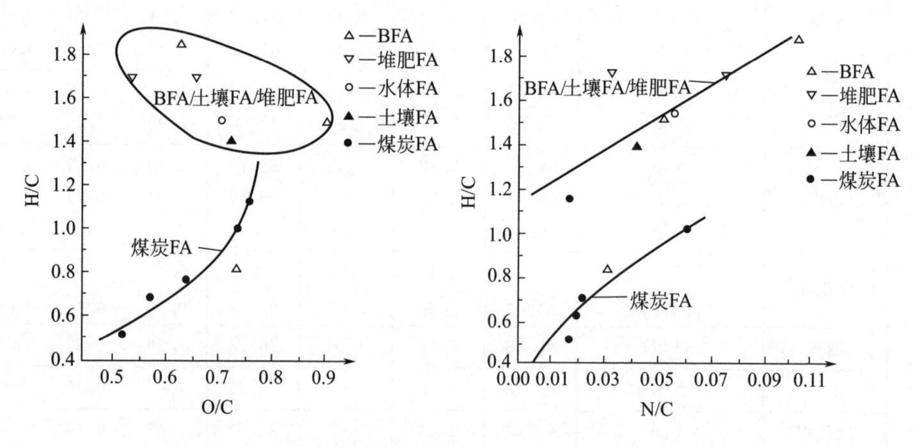

图 5-1　黄腐酸的 H/C-O/C 和 H/C-N/C 关系图[8]

至于 HS 中的氮形态，科诺诺娃（1963）的实验表明，用 6mol/L HCl 水解的 N 主要是氨基酸和松散结合的蛋白质，约占土壤 HA 总 N 的一半；另据统计，环境中腐植物质中 N 约 20%～50%是氨基酸 N，1%～10%是氨基糖 N，未水解的 N 大约有 50%～70%在杂环化合物中，其次是被牢固吸附在 HS 胶体上的蛋白质 N。黑钙土 HS 的易水解 N 含量次序（比例）是腐黑物（59.8%）＞HA(49.4%)＞FA(45.1%)，其中有 60%左右是氨基酸 N（至少可测出 18 种氨基酸）。在水解产物中还发现有少量吲哚、嘌呤和嘧啶（Anderson G，1961）。Tsutsuki 等（1978）发现，土壤不水解 N 含量随腐植化程度加深而增加，易水解 NH_4-N 减少，而在高度腐植化的 A 型 HA 中，氨基酸 N 与总 N 比例相当恒定，表明 HA 中的蛋白质是相当稳定的。易水解N在水体和沉积物中最多，这与它们的低等生物（高蛋白质含量）来源有关。泥炭HA与土壤HA中N形态分布基本相似，但对褐煤HA和风化煤HA来说，主要是杂环N和少量氨基或亚氨基键N[2]，易水解N和蛋白质N已微乎其微了。S含量的规律与N基本相同。以上信息再次证明，在土壤、水沉积物和泥炭HA生成早期，蛋白质以及各种N、S基团是微生物的能量来源，这也是腐植酸微生物成因学说的主要证据之一。

5.1.2 官能团

腐植酸类物质中的氧有68%～91%是存在于官能团中[5]。主要的含氧官能团是总酸性基[包括羧基（COOH）和酚羟基（OH_{ph}）]、醌基（$C=O_{qui}$）、非醌羰基（C=O）、醇羟基（OH_{alc}）、甲氧基（OCH_3）、烯醇基（CH=CHOH）等，$OH_{ph}+OH_{alc}$之和为总羟基（OH_{tot}）。最重要的官能团是总酸性基和醌基，它们是决定腐植酸化学性质和生物效应的主要活性部位。目前测定含氧官能团的方法主要是化学法和电位法[1,9]。不同来源HS的含氧官能团分析结果见表5-2。总的规律是：对COOH来说，FA>HA≥HYA>Hm；不同来源的同类腐植酸之间的差异不显著。对OH_{ph}来说，不同煤种的棕腐酸都较高，其中FA中的OH_{ph}随土壤、泥炭和风化煤依次降低。OH_{alc}含量高低的次序是土壤HA>泥炭HA>风化煤HA≥褐煤HA。而CO_{qui}则是风化煤HA和FA最高，泥炭FA最少；此外，在土壤、泥炭的各种HS级分中或多或少存在着OCH_3，而风化煤HS（除巩义FA外）无OCH_3存在。

表5-2　不同来源腐植酸类物质的含氧官能团分析结果（daf）

单位：mmol/g

类别	来源	总酸性基	COOH	OH_{ph}	OH_{tot}	OH_{alc}	$C=O_{qui}$	C=O	OCH_3
腐植酸	土壤(加拿大)	6.6	4.5	2.1	4.9	2.8	—	4.0	0.3
	泥炭(廉江)	6.57	3.95	2.62	3.98	1.36	1.8	2.3	0.23
	褐煤(茂名)	6.33	3.71	2.62	2.70	0.08	1.8	1.5	0
	风化煤(北京)	6.18	4.30	1.88	2.36	0.48	2.9	0.9	0
棕腐酸	泥炭(桦川)	4.88	1.72	3.16	—	—	—	—	2.64
	褐煤(扎赉诺尔)	6.68	3.58	3.10	—	—	—	—	0.50
	风化煤(大同)	7.28	3.49	3.80	—	—	—	—	0
黄腐酸	土壤(加拿大)	12.4	9.1	3.3	6.9	3.6	—	3.1	0.5
	泥炭(湛江)	8.47	6.39	2.08	5.55	3.47	0.70	0.85	0.26
	风化煤(吐鲁番)	10.7	9.1	1.6	1.83	0.23	1.40	2.60	0
	风化煤(巩义)	9.39	7.96	1.43	1.53	0.10	2.40	3.70	0.04
BFA	秸秆发酵(深州)	5.77	3.31	2.46	—	—	—	—	—

注：表中数据由文献[3～11]综合。

这些数据都再次证明腐植酸的生成规律：随腐植化或煤化程度的加深，原始腐植酸中表征植物残体固有的甲氧基、醇羟基、非醌羰基逐渐变少以至消失，而醌基逐渐增多，羧基和酚羟变化无明显规律。BFA属于特殊类型，其COOH含量只有煤炭 FA 的 1/3～1/2，表明 BFA 的中性碳水化合物及其他脂肪特征的结构占优势。

5.2 物理解析法

5.2.1 分子量及其分布

Hayes 等（1989）认为，腐植酸类物质没有的明确的分子量，“它们由复杂的、非理想配比的混合物所组成，不能用经验分子式来表示。”但 Flaig（1988）、Schnitzer（1994）、Schulten（1996）等坚持认为，既然蛋白质是由不连续的、分散的、大量组成上互不相同的分子组成的，可以用一个经验分子式来表示。HA 的大多数组分都是已知的，各组分都有不连续的经验分子式，当然 HA 也可以计算出平均经验分子式。从 1839 年的 Berzelious 开始，不少人提出过 HA 和 FA 的平均分子式。20 世纪中期至今，也有不少测定高分子化合物分子量的方法，所测 HS 的分子量范围可从几百到几百万[3,10]。这样宽的范围的意义应从三方面来理解：首先，HS 确实是由于原料来源和生成条件的不同，造成各不相同的分子量；其次，应将 HS 看作高分子聚电解质，即它们的“分子量”并不是像纯净物那样真正的“分子质量”，而是表示 HS 分子间通过各种物理-化学键结合形成的胶体聚集体颗粒的大小，而这些颗粒的大小是随环境而变动的，即在不同 pH 值、离子强度、浓度、温度等情况下，得出的分子量截然不同；第三，人为因素造成的巨大差异，包括样品提取和分离、杂质种类和含量、测定仪器和方法等各不相同，所得分子量可能会相差 2 个数量级。再者，不同手段测定的同一个 HA 样品分子量的数据差异也很大。因此，在测定和比较 HA 数据时必须考虑上述因素。

5.2.1.1 平均分子量的表示方法

腐植酸类物质分子量表示方法是参照高聚物分子量表示法，即用统计平均值 M 来表示。

分子量统计平均值的概念主要有以下 4 种。

（1）数均分子量　假定样品的分子数为 N 个，总重量为 W，其中有 n_i 个分子的分子量为 M_i，按式 5-1 计算的数均分子量（$\overline{M}_n$）表示该分子量是按分子数分布函数 $N(M)$ 的统计平均值：

$$\overline{M}_n = \frac{\sum_i n_i M_i}{\sum_i n_i} \tag{5-1}$$

（2）重均分子量　如果分子量是按重量分布函数 $W(M)$ 进行统计平均的，则称作重均分子量（$\overline{M}_w$）：

$$\overline{M}_w = \frac{\sum_i W_i M_i}{\sum_i W_i} = \frac{\sum_i n_i M_i^2}{\sum_i n_i M_i} \tag{5-2}$$

(3) Z均分子量 按分布函数 $MW(M)$ 或 $M^2N(M)$ 统计平均，则为Z均分子量（$\overline{M}_z$）：

$$\overline{M}_z=\frac{\sum_i(w_iM_i)M_i}{\sum_i w_iM_i}=\frac{\sum_i n_iM_i^3}{\sum_i n_iM_i^2} \tag{5-3}$$

(4) 黏均分子量 由物质黏度与分子量分布函数关系计算出来的分子量统计平均值称为黏均分子量（$\overline{M}_\eta$）：

$$\overline{M}_\eta=[\sum_i(w_iM_i^\alpha)]^{1/\alpha}=\left[\frac{\sum_i n_iM_i^{\alpha+1}}{\sum_i n_iM_i}\right]^{1/\alpha} \tag{5-4}$$

对分子量完全均一的物质来说，黏度指数 $\alpha=1$，且上述4种分子量测定值是相等的，但高分子聚合物则 $\overline{M}_n<\overline{M}_\eta<\overline{M}_w<\overline{M}_z$。据 Schnitzer 等[12]测定，土壤 FA 的3种分子量大小比例为 $\overline{M}_n:\overline{M}_w:\overline{M}_z=1:1.63:3.63$，而 Swift[13]测定的土壤 HA 的该比值为 $1:1.58:1.83$。对一般 HA 类物质来说，$\overline{M}_w\approx\overline{M}_z$。

5.2.1.2 常用分子量测定方法

有关测定腐植酸类物质分子量的报道很多，主要有数均分子量测定方法：沸点升高法、冰点下降法、蒸气渗透压法、扩散法、等温蒸馏法等；重均分子量测定方法：凝胶过滤法、X射线法、光散射法、超离心法等；Z均分子量测定方法：沉降法等；黏均分子量测定方法：毛细管黏度法。其他方法还有：电子显微镜、超滤、渗析、凝固点、端基分析等。下面介绍几种常用的方法。

(1) 蒸气渗透压法（VPO） 根据 Raoult 定律：在溶液体系中，由于不挥发溶质分子与溶剂分子的相互作用，导致溶剂的化学位低于纯溶剂，故溶液中溶剂的蒸发要相对困难些，其蒸气压会下降。于是，溶液蒸气比相应的纯溶剂的蒸气凝聚成液滴释放的温度也会偏高，二者会出现一个温度差。这一微小的温度差可在热敏电阻上转换成电信号，以电阻差（ΔR）反映出来。ΔR 的大小（Ω）与溶液的浓度 C（g溶质/1000g溶液）有关，也与溶质的数均分子量（$\overline{M}_n$）有关，可简单地用下式表示：

$$\overline{M}_n=\lim_{C\to0}\overline{M}_n(C)=\lim_{C\to0}\frac{K}{\Delta R/C} \tag{5-5}$$

式中，K 为仪器常数，可用已知分子量的纯物质（如蔗糖）进行标定，用浓度 C 对 ΔR 作图，将 C 外推到零，在坐标上求出 $\overline{M}_n$。

由于 VPO 仪器价格低廉，方法快速简便，已被广泛用于各种天然化合物特别是水中有机物的分子量测定。但是 HA 和 FA 的酸性官能团在不同 pH 下会发生不同程度的解离或缔合，使得测定结果偏差很大。Hansen 等（1969）基于 $\overline{M}_n$ 与

pH 的关系进行了校正，用式 5-6 计算：

$$\overline{M}_n(\text{校正})=\lim_{C\to 0}\overline{M}_n(C)=\lim_{C\to 0}\frac{\overline{M}_n(C)}{1-Y\overline{M}_n(C)} \tag{5-6}$$

式中，$Y=10^{-\mathrm{pH}}/C$ 或 $\lg Y=-\mathrm{pH}-\lg C$，即 Y 是 pH 和 C 的函数，由实验求得。

为避免用水作溶剂出现 FA 解离或缔合而增加分子量测定，张德和等[14]用二甲基亚砜（DMSO）作溶剂，成绍鑫等[15]用二甲基甲酰胺（DMF）作溶剂测定 FA 的分子量，都取得较合理的结果。

（2）冰点下降和沸点升高法　这两个方法也是基于 Raoult 定律，即含不挥发物质溶于溶剂后，溶液的蒸气压降低，使其相平衡重新分配，导致沸点上升或冰点下降。在理想状态下，沸点升高或冰点下降的温度差 ΔT（℃）、溶液浓度 C（g/1000g）与分子量 M 的关系为：

$$\Delta T=K\frac{C}{M} \tag{5-7}$$

但对 HA 之类的多分散性非理想溶液来说，不能简单地套用式 5-7，而是要测定几个浓度 C，找出与其相应的 ΔT，用 $\Delta T/C$ 对 C 作图并外推 $C\to 0$，在纵坐标上求截距 $(\Delta T/C)_{C\to 0}$，得出数均分子量：

$$\overline{M}_n=\lim_{C\to 0}\frac{K}{\Delta T/C} \tag{5-8}$$

这两种方法对样品纯度要求很高，任何一点杂质都会影响 ΔT 的数值。分析仪器较简单，可以自制。关键是选择一对匹配良好的热敏电阻和惠更斯电桥，构成测温桥路，其灵敏度等级应达到 2×10^{-4}℃/格。输出信号经光电放大后自动记录。仪器常数 K 可用超纯标准物质（如菲、八乙酰蔗糖）标定。测定 FA 分子量最好用环丁砜、四氢呋喃等有机溶剂（为非质子化溶剂，不使 HA 解离，不与 HA 缔合），也可用乙醇、乙醇-苯或乙醇-水共沸体系，但需作校正；或者将甲基化后的 FA 溶解于三氯甲烷或 DMSO。如果要用水作溶剂，必须先制成 HA 的钾盐或钠盐才能溶解，但 HA 也会在水中解离，须对 K^+ 或 Na^+ 进行校正。可在离子计上用离子选择电极测定溶液的 pNa 或 pK，计算出相应的 Na^+（K^+）浓度 $M_{Na^+}=10^{-\mathrm{pNa}}$，则式 5-8 转为式 5-9。

$$\overline{M}_n=\lim_{C\to 0}\frac{K_w}{\Delta T/C-K_w(N_{Na}/C)} \tag{5-9}$$

式中，$K_w=1.858$℃/(mol·kg)。

（3）毛细管黏度法　高分子溶液的黏度（η）一般比相应的溶剂黏度 η_0 高，其增加的数值称作增比黏度（specific viscosity）：

$$\eta_{sp}=\frac{\eta-\eta_0}{\eta_0}=\eta_r-1 \tag{5-10}$$

η 和 η_0 可用 Ubbelodhe 毛细管黏度计测定。η_{sp} 随溶液的浓度（C）增加而提高，η_{sp}/C 称作比浓黏度（reduced viscosity）。在极稀的溶液里，$\eta_{sp}/C=KM$，但浓度增高时就不适用此式。通常用 η_{sp}/C 对 C，或 $\ln\eta_r/C$ 对 C 作图，外推求得特性黏度［η］。

Houwink（1949）证明，在［η］与黏均分子量 $\overline{M}_\eta$ 之间存在一个经验关系：

$$[\eta]=KM_\eta^\alpha \tag{5-11}$$

式中，K 和 α 是常数，与溶质和溶剂种类、分子形状以及其他测定条件有关，其中 α 值对测定结果影响很大。一般 α 在 0.5～1 之间，当 $\alpha=1$ 时，$\overline{M}_\eta=\overline{M}_w$。$\alpha$ 值的大小取决于溶质分子的形状、线形分子卷曲的松紧、基团之间作用的强弱等。如前所述，HA 这样的复杂聚电解质和胶体粒子，种类和来源不同，所处环境、测定条件不同，其形状始终是变动的。为尽量减少测定偏差，提高数据的可比性，不少人就 HA 的分子形态和黏度常数的统一做过研究。Ghosh 和 Schnitzer（1980）试验结论是，在高浓度、低 pH 或高浓度中性盐介质中 HA 表现为刚性球体，反之为柔性或线形胶体。他们建议在 0.05mol/L NaCl、pH>7 的溶液中，使 HA 处于偏线形胶体的情况下测定黏度，可避免数据反常。此时测得 $\alpha=0.65$，$K=0.0306$。Adhikari 等（1980）也认为 $\alpha=0.65$ 是多数挠性聚电解质的通用常数，也适用于腐植物质，但他所得 K 值较小，对 HA 和 FA 分别为 7.33×10^{-4} 和 3.0×10^{-4}，所计算的天然 HA 的 $\overline{M}_\eta$ 为 14000～21000，而微生物发酵 HA 的 $\overline{M}_\eta$ 为 3900～4200，仍比沸点和冰点法的分子量测定值偏高。

（4）超离心法　超离心技术属于生物化学测定手段，主要用于细胞质、蛋白质、酶、DNA 等生物质的分离与分析，在分析蛋白质之类大分子物质的分子量和分子形态方面早已是成熟的方法，用于 HS 的分析仍存在一些技术上的问题。由于此方法在鉴定分子形状方面有独到之处，也引起腐植酸研究者的兴趣。

超离心技术可通过沉降速度、沉降平衡和近似沉降平衡 3 种途径测定分子量，其中最常用的是沉降速度法，其基本原理是：在高速旋转的离心场中，使随机分布的颗粒通过溶剂从旋转中心向外辐射移动，使悬浮颗粒与部分溶剂之间形成明显界面。该界面随时间移动的距离 x，就是颗粒沉降速度，可用分子沉降系数 s 来表达，用式 5-12 计算[16]：

$$s=\frac{dx}{dt}\cdot\frac{1}{\omega^2\gamma} \tag{5-12}$$

式中，γ 为离开旋转中心的辐射距离，cm；t 为时间，s；ω 为旋转角速度，r/s。

沉降系数 s 是由物质的分子量和分子形状决定的，其单位是 Svedberg（简化为 S，$1S=10^{-13}s$）。每一种特定物质，都有特定的 s 值，如过氧化氢酶为 11.35S，细菌的核蛋白是 60S。分子或颗粒的分子量 $\overline{M}_w$ 用 Svedberg 方程测定和计算（见式 5-13）：

$$\overline{M}_w=\frac{RTs}{D(1-\nu\rho)} \tag{5-13}$$

式中，R 为气体常数，8.3143J/(K·mol)；T 为绝对温度（K）；ν 为分子的微分比容（1g 溶质加到一个大体积的溶液中所占的体积，cm^3）；ρ 为溶剂的密度，g/cm^3；D 为扩散系数（被测溶质的专性参数，需用已知分子量和形状的物质标定）。

市售的分析超离心机转速高达 70000r/min，离心场高达 $7\times10^5g(g=\omega^2\gamma)$，完全适用于天然大分子物质的测定。但超离心法测定 HA 分子量的难度在于扩散系数 D 的确定。此参数与分子形状和构象有关，而且是摩擦系数（f）的函数。因为摩擦阻力越大，沉降速度越慢，分子就越不规则或越倾向与卷曲。这又牵涉到 f 的确定。Flaig 等（1989）研究发现，HA 水溶液的 pH、NaCl 浓度对 D、f、分子半径的影响甚大，同一 HA 所测 $\overline{M}_w$ 最低 2050（无 NaCl），最高可达 77000（0.2mol/L NaCl）。这是因为无 NaCl 时 HA 阴离子是高度带电的，表现为球形胶体粒子，所产生的电场与沉降构成相反的电泳运动，故降低了沉降速度。Hayes 等[17]则认为，溶液中添加电解质以抑制分子间电荷斥力，是提高测定效果的关键措施。Posner 等（1972）发现，采用沉降平衡超离心法（转速仅 7000～8000r/min）测定的效果较好，符合于 HA 的 Z 均分子量。Schnitzer 等[12]用超离心法与电泳结合测定的 FA 分子量为 5893，接近于蒸气渗透压法测定的数均分子量（3570）。Cameron 等认为，把 HA 看作具有较高分枝度、较紧密的无规线团结构更为合理，在此基础上采用平衡超离心法求出摩擦比（f/f_{min}）对分子量（$\overline{M}_w$）的关系为：$f/f_{min}=0.3M_w^{1/6}$（f/f_{min} 分别为 HA 分子的摩擦系数和无溶剂时但同样体积紧密球的摩擦系数）。以上作者的研究结果都有一定的参考价值。

（5）凝胶过滤法　凝胶过滤是 20 世纪 60 年代发展起来的一种测定大分子物质分子量分布的简易方法，是目前应用最广泛的腐植酸分离分级手段，也用来大致估计 HA 的分子量分布范围。

凝胶过滤所用的树脂主要是交联葡聚糖（商品名 Sephadex，瑞典 Pharmacia 公司产），其次是羧甲基葡聚糖（CM-Sephadex）、聚丙烯酰胺凝胶（Bio-Gel P）和琼脂糖（Sepharose，Bio Gel A）等。最通用的是 Sephadex，它是右旋葡萄糖与表氯醇交联反应得到一种亲水凝胶，在生产时控制交联程度的大小就制成了不同孔径的凝胶颗粒。市售的不同牌号的 Sephadex 就分别代表相应的分子量范围，其吸水值（1g 干凝胶在完全膨胀的凝胶颗粒中所吸收的水量）是主要特征性指标。如最小型号 G-10 的分子量约 700Da 左右，吸水值为 1.0g 水/g 干胶，最大型号 G-200 分子量范围在 1000～200000Da，吸水值为 20.0g 水/g 干胶。

凝胶过滤操作方法是：将选定的凝胶用水或特定溶液充分溶胀后装入玻璃柱，将待测 HA 溶液注入柱顶部，用洗脱液冲洗。大于该凝胶孔径（分子量）范围的 HA 被排斥在凝胶孔外（即排阻作用），首先被渗滤下来，相对小分子的 HA 则扩散进入凝胶孔内。继续不断洗脱，就把小分子的 HA 也冲洗下来，从而达到按分子量分离的目的。洗脱液用自动段分收集仪收集，用比色仪或分光光度仪作光密度分析。各段分数量比例用分配系数（K_{av}）表示，即：

$$K_{av}=\frac{V_e-V_o}{V_t-V_o} \tag{5-14}$$

式中，V_e为样品液洗脱体积，mL；V_o为外水体积（用 0.2%蓝葡聚糖-2000 标定），mL；V_t为柱总体积，mL。

用段分洗脱体积V_e对相应的光密度作图，就得到一条洗脱曲线。按曲线峰面积可估算各段分的大致含量及分子量分布。

但是，往往由于 HA 的各种官能团极性、分子电荷、分子构型以及 HA 同凝胶的各种吸附作用的差异，可能将小分子组分再分成若干段分。图 5-2 是晋城黄腐酸在 Sephadex G-50 上的洗脱曲线[18]。图中除 $K_{av}=0.02$ 峰是排阻的大分子段分外，其余的都是不同因素引起的小分子吸附峰。

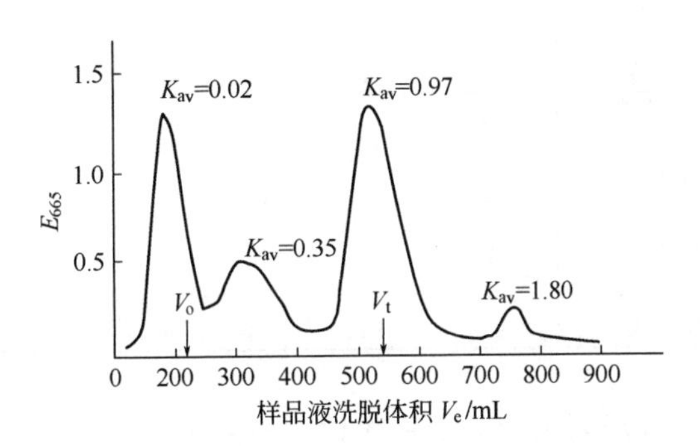

图 5-2　黄腐酸在 Sephadex G-50 上的洗脱曲线

腐植酸分子不仅在不同溶剂中存在解离或相互缔合的问题，而且 HA 与凝胶之间还可能发生复杂的吸附作用，特别是 HA 芳香结构的 π-电子与凝胶网格的不可逆吸附，对其分离和鉴定结果影响极大。当然分子大小和形状也与测定条件（温度、pH、离子强度等）有关。这些问题处理不好，就不可能达到按分子尺寸分级的目的。为减少或克服上述副作用，不少研究者做过大量的试验，提出了不同的措施。一是选择合适的无机溶液，包括电解质溶液（如硫酸盐、$NaHCO_3$等）、缓冲溶液（如 NaOH-氨基乙酸、硼酸盐、三羟甲基氨基甲烷盐酸盐等）；二是用合适的有机溶剂或尿素水溶液，如张德和等[19]认为凝胶过滤分离出的 FA 分子量偏高的主要原因是 FA 分子与水洗脱液间氢键缔合所致，二甲基亚砜（DMSO）是良好的氢受体，既可避免形成氢键，又防止 HA 在凝胶上的不可逆吸附。FA 直接用 DMSO 作洗脱液，可得到满意的分子量分级。三是事先对凝胶进行处理。如 Malcolm（1990）认为 HA 中的酚类、芳香或杂环化合物是主要的不可逆吸附因素，用甲醇冲洗凝胶，消除其电荷作用，可有效减少 HA 在凝胶上的吸附。由于上述干扰因素逐步解决，凝胶色谱技术在 HA 的分子量分析中的应用也有很大进展，其中“高效尺寸排阻色谱”（HPSEC）的分析结果与黏度法十分接近。

5.2.1.3　不同来源腐植酸的分子量

用不同方法测定的各种类型腐植物质的分子量差异很大，但同一方法测定的数值还是有可比性的。现列出一些文献公布的结果（见表 5-3），或许有一定参考价值。

表 5-3　不同方法测定 HS 的分子量对比

类型	来源	测定方法				
		冰点法	VPO 法	黏度法	超离心法	凝胶过滤法
腐植酸	黑土土壤	2250	—	36000	5893	10^4～2×10^5
	砖红壤	2200	—	14000～21000	2000～4800	—
	暗棕壤	890	—	—	—	—
	堆肥	985	—	—	—	—
	延庆泥炭	—	2273	5013	—	—
	日本中山褐煤	4200	—	—	—	—
	九道湾风化煤	2200	—	—	—	—
	灵石风化煤	—	2257	7834	—	—
硝基腐植酸	日本中山褐煤	1445	—	—	—	—
	舒兰褐煤	—	1210	3540	—	—
	灵石风化煤	—	1419	2542	—	—
黄腐酸	黑土土壤	1450	—	—	—	—
	砖红壤	710	952	—	—	—
	九道湾风化煤	1300	—	—	—	—
	晋城风化煤	—	3413	—	—	5000～50000

可以看出，同一方法测定的分子量相比，一般 HA＞NHA＞FA，而同一类型的不同来源 HS 的分子量大小没有一定规律，但几乎都在同一数量级（10^3）。因此，分子量与 H/C 原子比、芳香度并没有明显的依存关系。Butler 等（1969）用凝胶分级的土壤腐植酸段分，分子量却与脂肪碳、酸性官能团以及肽键、氨态氮含量呈正相关。这似乎是“反常规”的。这只能从胶体聚集体的角度来理解 HS 的分子量概念。

5.2.2　紫外和可见光谱（UV/VIS）

可见光（波长 400～780nm）和紫外光（波长 200～400nm）光谱是基于分子

内电子跃迁产生的吸收光谱进行分析的一种光学分析方法。

当具有一定辐射能量的光子束照射到物质样品上时，光子在近似于分子尺寸的空间内与物质分子碰撞。如果光子能量正好相应于分子体系内一个较低能级提高到一个较高能级所需的能量 ΔE 时，分子就吸收光子而跃迁到较高能级，其吸收的辐射能为：

$$\Delta E = h\nu \tag{5-15}$$

式中，ΔE 为分子吸收的辐射能；h 为普朗克常数，6.63×10^{34} J/s；ν 为辐射频率，Hz。

因此，辐射光的吸收是物质分子对光子的选择性俘获的过程。紫外和可见光谱与不饱和双键 C═C 以及含 O、N 基团的共用电子对的共轭体系吸收有关，而脂肪侧链或脂环结构则无吸收。通常所谓 C═C、C═O、—N═N—、—N═O 等“生色团”的 $\pi\rightarrow\pi^*$ 电子跃迁对光的吸收具有特征性，广泛用于含生色团和共轭体系有机物的鉴定。对腐植物质来说，尽管也含有大量生色团，但由于它们过于复杂，各种基团的吸收发生不同程度的叠合或位移，故其光谱没有特征性，其曲线只是一条随波长降低而上升的连续吸收带。尽管 UV/VIS 对 HS 结构分析有一定局限性，但仍有以下几个方面的应用。

（1）相对浓度定量分析　根据 Lambert-Beer 定律，在一定波长范围内，光密度 E 与溶质的浓度 c 呈正比，以此来估计溶液的浓度。一般选用波长 465nm 进行 HA 的定量测定。溶液 pH 值对光密度有一定影响，一般用 0.05mol/L $NaHCO_3$ 或 pH 为 10.2 的硼砂缓冲液作溶剂；HA 的测定浓度一般在 0.01%左右。此外，不同来源的 HA 在同一波长的 E 值并不相同，不可能作出一条测定各种腐植酸浓度的标准曲线，因此用该方法不适用于不同来源的 HA 样品浓度的分析，只限于用已知浓度的特定样品标定（画出 E 与 c 的关系曲线）后，对同一种样品作相对比较。

（2）结构定性分析　HA 的 UV/VIS 光密度随波长增加而降低，往往在 260～300nm 处有一最大吸收值，且曲线的斜率随腐植化程度提高和非共轭不饱和键的减少而增高。一般认为 254nm、285nm 处吸光度表征芳香度的高低，特别是 285nm 反映含取代基的多酚和苯环中 C═C 的 $\pi\rightarrow\pi^*$ 电子跃迁[20]。特殊的是，生化黄腐酸（BFA）在 210nm 处出现一个高峰，显然无法用共轭芳香结构来解释，可能与生物发酵体系的蛋白质和氨基酸中的含 N 共轭体系有关。在同一浓度、同一波长（一般用 465nm）情况下对腐植酸进行 UV/VIS 分析，可以对比不同来源 HA 结构中价电子及不饱和性。科诺诺娃（1963）研究表明，不同土壤 HA 的光密度按灰化土＜红壤＜腐殖质层灰壤＜深灰森林土＜普通黑钙土的顺序增加，认为森林土和黑钙土 HA 的芳构化和官能团共轭程度最高。不同来源的 HA 光密度则是褐煤＞泥炭＞土壤＞有机肥，而且最高吸收峰依次向短波方向移动（见图 5-3）。Tsutsuki 等（1979）用硼氢化钠（$NaBH_4$）和连二亚硫酸钠（$Na_2S_2O_4$）还原各种土壤 HA，发现 UV/VIS 吸收主要是醌基、醛基和非醌羰基的贡献。不同类型土壤腐植酸的共轭体系大小次序为 $P_{+\sim+++}$＞A＞B≫R_P，即腐植化程度依次降低。成绍鑫等[21]也用此还原方法研究了煤 HA 和 NHA 的光谱特征，发现 HA 特别是 NHA 用 $NaBH_4$还原后可见光区域吸收峰明显降低，在 410nm 处出现明显的吸收差值（$\Delta E=E_{原样}-E_{还原后}$），NHA 的光谱图形很像 Tsutsuki 等提出的 R_P型土壤 HA 的单环共轭醌结构。

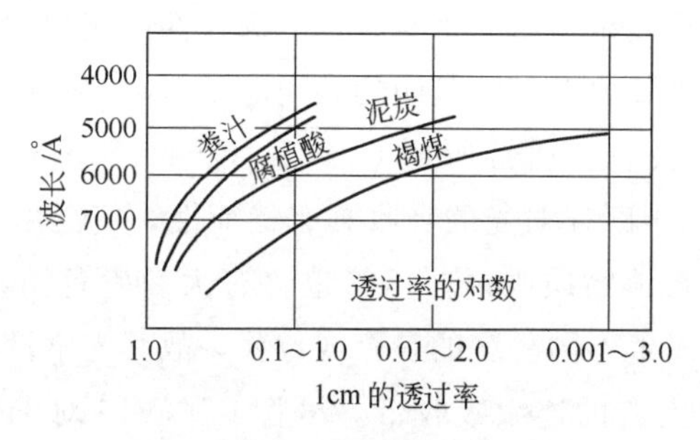

图 5-3　不同来源腐植酸的光密度曲线

（3）结构参数——E_4/E_6　Kononova 发现 465nm 和 665nm 处光密度的比值（E_4/E_6）基本上是定值，与测定溶液浓度无关，可用来作为 HA 的结构参数，E_4/E_6越高，HA 的芳香缩合度越低。Chen 等（1977）也证明 465～665nm 吸光度曲线的斜率与 E_4/E_6存在如下关系：

$$斜率=\frac{\mathrm{dln}OD}{\mathrm{dln}\lambda}=\frac{\ln E_4-\ln E_6}{\ln 465-\ln 665}=\frac{\ln(E_4/E_6)}{0.1554}=-6.435\ln(E_4/E_6) \tag{5-16}$$

Chen 等认为 E_4/E_6只与 HA 的分子量有关。但大量研究数据证明，不同类型 HA 的 E_4/E_6与分子结构参数有关。阳虹等[22]将同一个风化煤中提取的 HA 分为棕腐酸和黑腐酸两个级分，分别进行了结构表征（见表 5-4），证明 E_4/E_6与 H/C、O/C 和总酸性基团有非常明显的相关性，说明 E_4/E_6与芳香缩合度及不饱和键的共轭程度有关。

表 5-4　风化煤中棕腐酸和黑腐酸的结构参数（daf）

样品	C/%	H/%	O/%	H/C 原子比	O/C 原子比	$COOH+OH_{Ph}$ /(mmol/g)	E_4/E_6
棕腐酸	62.25	4.35	32.26	0.839	0.389	12.992	4.078
黑腐酸	64.42	3.83	30.06	0.713	0.350	10.569	1.254

研究还发现不少特殊情况，尤其是生物发酵生产的 BFA 更为反常。与此相应，

HA的E_4/E_6也与土壤种类和腐植化程度有关。如谢英荷等[23]对五台山区7个垂直带土壤HA的E_4/E_6进行了测定，发现随海拔750m到＞2700m（年均气温由7～10℃降到－45℃），土壤类型按石灰性褐土→山地褐土→棕壤→亚高山草甸土的次序转化，E_4/E_6有规律地由3增加到6.6，表明在海拔高、气温低的情况下，有利于有机质和腐植酸的留存，但其芳香度或不饱和键共轭程度较低，也就是腐植化程度较浅；气温增高有利于部分HA的芳构化或腐植化，但也使大量“年轻”HA分解流失。可见E_4/E_6为土壤学诊断及其HA的评价提供了重要指标和依据。E_4/E_6也是指导样品制备和机理研究的一个工具，如马雷加诺娃（2003）发现0.1mol/L NaOH和0.1mol/L $Na_2C_2O_4$提取的泥炭HA的E_4/E_6分别为5.3和8.8，推断其分子结构也有很大差别。

5.2.3　红外光谱（IR）

红外光谱（IR）所得信息比UV/VIS更多，几乎所有的有机化合物及许多无机物在IR中都有吸收，是鉴定物质分子结构的重要手段。早在20世纪50年代，IR技术已在腐植酸研究中广泛应用。

红外光波长范围为0.78～300μm，其中可测范围为2.5～25μm。IR谱图纵坐标为透射率（T），横坐标为波长（λ）。近期横坐标倾向于用波数（σ）表示，即$\sigma=1/\lambda$，$\lambda=2.5\sim25\mu m$相当于$\sigma=4000\sim400cm^{-1}$。

IR是由分子中的振动能级跃迁产生的。各种物质分子内的原子都在不停地振动，其正负电荷的中心距离r会不断改变，因此分子的偶极距也会改变。对称分子正负电荷中心重叠时，$r=0$，故原子振动不会引起偶极距变化。不对称分子则不同。当用一定频率的红外光照射该分子时，光能量就通过分子偶极距的变化而传递给分子。如果某个基团的振动频率正好与入射光一样，该基团就吸收一定频率的红外光能：$\Delta E=h\nu$，原子由原来的基态振动跃迁到较高的振动能级而产生红外光谱。按分子振动理论，含n个原子的不对称分子，估计有$3n-6$个基本振动，其中$2n-5$个发生键变形，$n-1$个键伸屈。由于IR谱是绝对特征性的，即特定的吸收带（峰）与特定的基团相对应，就是通常所说的“指纹”，可以用来对分子结构，特别是官能团进行定性定量鉴定。

由于HS的不纯净性、结构的复杂性以及各基团吸收的相互影响，使吸收峰发生位移或相互掩盖，给准确鉴定造成困难，但仍可大致确定吸收范围。表5-5是腐植物质的主要IR吸收带。典型HA的IR图谱见图5-4[24]。

合格分析样品的制备对腐植物质IR的鉴定至关重要。样品灰分要求＜1%，粒度＜0.08mm。一般仍采用KBr压片技术制样，也可用成糊技术。甲基化后的HA溶于有机溶剂（CCl_4和$CHCl_3$）进行液相IR分析，其图谱比固体压片法更清晰。

表 5-5 腐植物质的主要 IR 吸收带

波数/cm^{-1}	归属
3450～3300	O—H 伸展，N—H 伸展，氢键缔合—OH
3080～3030	芳环 C—H、C═C 伸展
2950～2840	脂肪 C—H 伸展、CH_2 变形
2800～2350	羧基氢键及—OH 伸展
1700～1840	羧酸 C═O 伸展，醛、酮中 C═O 伸展，羧酸酐对称和反对称振动
1680～1650	酰胺中 C═O 伸展(酰胺Ⅰ带)，醌和酮 C═O 伸展、肽键振动
1630～1620	芳环共轭和羰基共轭 C═C、C═O 伸展，COO^- 对称伸展
1600～1590	芳环骨架振动、脂肪 CH_3、CH_2、肽中 NH_2 振动
1580～1480	N—H 变形和 C—N 伸展(酰胺Ⅱ带)，芳环 C═C 伸展、杂环 N 振动
1530～1520	硝基—NO_2 振动
1465～1440	脂肪 C—H 变形、CH_2 弯曲、芳环 C═C 伸展、肽中 NH_2 振动
1440～1380	羟基 OH 变形，酚 OH、C—O 伸展，脂肪 C—H 变形，COO^- 反对称伸展
1350～1270	醇 OH、芳醚、酚—O—、芳 C═O 振动
1260～1200	硝基 NO_2，羟基、芳醚和酚的 C—O 伸展，OH 变形，C—O、羧基中 C═O 伸展
1190～1150	磺基、OCH_3、醇、醚、脂肪的 C—OH 伸展
1085～1030	醇、醚、硫醇、多糖的 C—O 拉伸，SO_3 振动、硅酸盐 Si—O
975～700	取代芳环 C—H 面外弯曲、COO^- 振动
700～510	硫醇基、磺基等振动

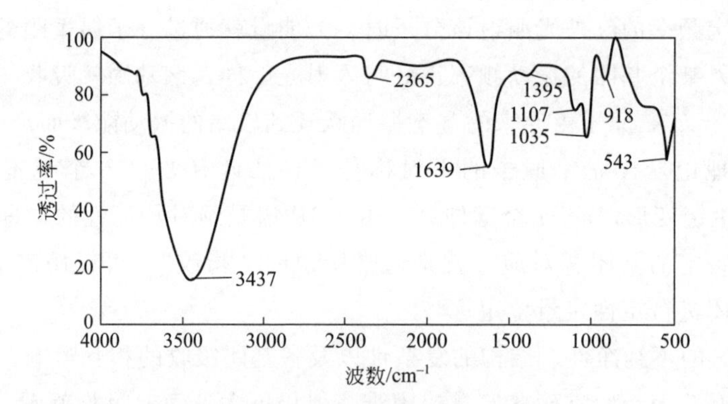

图 5-4 典型腐植酸的红外光谱图

近 20 年来，日益普及的高速、高灵敏度、高分辨率 IR 技术（如傅里叶变换红外光谱，FTIR）的迅速发展，更有力地支撑了 HA 的研究。FTIR 用来鉴定 HA 的含氧官能团和烃类基团是比较灵敏的，甚至可以进行定量分析。用某些波长的吸收强度的比值也可相对比较不同 HA 基团的差异，常用的参数有 D_{3400}/D_{1650}、

D_{2920}/D_{1650}、D_{1250}/D_{1650} 等。Retcofsky[25] 利用 975～775cm^{-1} 区间的 3 个峰分别反映单一的、两个相邻的及 4 个相邻的芳环 C—H 面外振动，用其相对强度可求出 HA 的芳香度。为了消除氢键缔合 OH 对 C—H 吸收的掩盖，最好事先对样品进行氘代化，即用氘取代 HA 中的 H，可将 OH 的 IR 吸收峰从 2700cm^{-1} 以上移至 2600cm^{-1} 以下，使脂肪 C—H 结构（2900cm^{-1}）的鉴定更加清晰。

5.2.4　电子自旋共振谱（ESR）

电子自旋共振谱（ESR）是用于检测物质顺磁性，即与不成对电子有关的磁矩的技术，故也称电子顺磁共振（EPR）。

物质分子中的电子是不断自旋的，故应有一定的磁矩。一般化合物中的电子是配对的，各自自旋方向相反，无净自旋和相应的磁矩，但也有一些物质体系包含有不成对电子，就出现了磁矩和顺磁性。这时，如果施加一个外加磁场，电子就吸收适当量子数的能量，从低能态跃迁到高能态，发生自旋反转（即共振），其能量为：

$$\Delta E = h\nu = g\beta H \tag{5-17}$$

式中，g 为常数，称作“光谱分裂因子”；β 为电子的磁矩，称作“波尔磁子”；H 为外加磁场。

ESR 被认为是测定 HS 细微结构变化的一种相当敏感的技术，常见的几个参数如下。

（1）g 因子　即共振裂变因素，是自旋轨道偶合产生的，它决定于未成对电子在化合物中的环境，可通过实验由式 5-17 求得。一般自由电子 $g=2.002319$，而土壤 HA 的 g 值大致在 2.003～2.004 范围，这一范围的 g 很像是半醌或取代半醌自由基产生的[10]。但某些泥炭和褐煤 g 值高达 2.00418，随着煤化程度的增加而降低，烟煤和无烟煤稳定在 2.00290，反映出很发达的缩合芳香结构。C 含量高达 95%以上的无烟煤 g 值达到 2.01 或更高。g 值的大小，决定了 ESR 图谱横坐标的位置。

（2）线宽（ΔH）　即 ESR 共振峰的宽度，它与跃迁电子在高能态停留的时间呈负相关。ΔH 由不成对电子种类、键合形态及所处环境所决定。一般 HA 的 ΔH 在 1.8～6.5G 之间。pH 值提高，HA 的 ΔH 变窄（1.8～2.2G），可能由于高 pH 下分子碰撞速率加快、旋转自由度提高所致。在低 pH 下，ΔH 可达 3.6G。当 470℃加热缩聚后，ΔH 增至 6G，说明 ΔH 也与芳香缩合度有相关性。

（3）超细分裂　分子中总包含着一些具有核磁矩的原子，它们通过复杂的偶极-偶极相互作用而使自旋磁矩进一步分裂，出现微小的分裂谱带，这对一般纯化合物是特征性的，可作为鉴别自由基类型的手段，遗憾的是，HA 很少出现超细分裂。但 Senesi（1989）发现经过化学处理可使 ESR 出现超精细分裂，产生了不对称的 3 条等间距谱带，这可能是未成对电子与几个不均等质子作用常数不同所致。

（4）不成对电子浓度　从 g 值低于 2.0051±0.0007 来判断，HA 不成对电子是属于半醌自由基类型的[26]。因此我们所测定的不成对电子浓度就是自由基浓度。上述 Senesi 氧化产生的是瞬时自由基，实际上，在腐植物质中还有大量稳定自由基，浓度大致在 10^{15}～10^{17} spin/g，其来源可能是多种因素引起的。

一般认为，自由基是一种同醌氢醌共生的半醌，腐植酸的自由基反应是分子间的电荷传递体系。从图 5-5 可以更好地理解半醌自由基形成历程。醌基起电子受体作用，而氨基、酚羟基、硫氢基（SH）则是电子给予体，通过 H 原子的电子传递完成自由基反应。用 ESR 测定的自由基数是半醌和半醌离子的总数。因此，半醌聚合物、羟基醌、芳香共轭结构、多核羟基体系等是自由基多发体系，也不排斥出现 N-缔合自由基的可能性，而吸附络合物、捕获物（金属离子、农药等）以及多核芳烃都有可能产生自由基，所以自由基还与 H/C、E_{465} 以及暗色有关。后者可能归因于 C—C 键断裂或芳香结构的缺陷。这些自由基在腐植化过程和煤化过程中保留下来，一直到地质沉积过程（约 1 亿年）中经受复杂化学改性都未遭破坏。此外，提高温度和 pH、化学还原、光诱导、酸解等都会产生瞬时自由基，其浓度甚至比稳定自由基高 55～108 倍[2]。

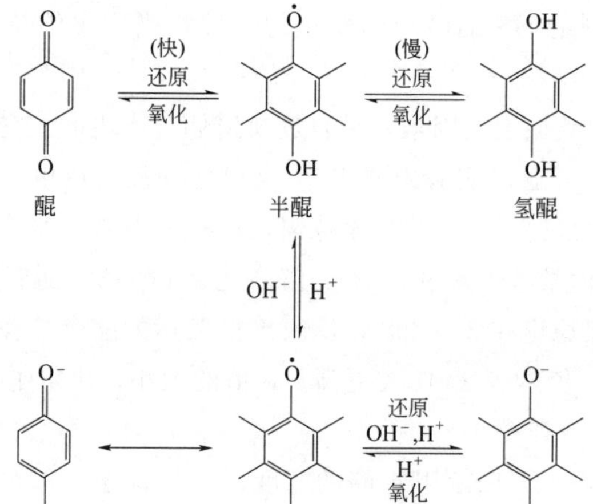

图 5-5　半醌自由基转换历程

用 ESR 测定的 HA 自由基浓度是一个很有用的指标，尽管目前还有许多基本问题没有搞清，但为我们提供了大量有意义的信息。仅举几项主要的研究结果。

（1）不同来源的天然高分子物质的自由基（自旋）浓度变化趋势大致与腐植化程度呈正相关[10]　一般自旋浓度高低次序为：天然木质素＜微生物降解木质素＜FA＜HA；HA 盐类＞HA，氧化 HA＞原生 HA，土壤 HA＞河水 HA＞土壤 FA＞水体 FA，腐黑物＞HA＞FA，甲基化 HA＞原 HA（但甲基化 HA 的 g 值和

ΔH 变小)，芳香度高的 HA＞低的，氧含量高的 HA＞低的；而线宽则是 FA＞腐黑物＞HA。张德和等[26]对吐鲁番风化煤 FA 甲基化后，自由基浓度增加了 6 倍；用溶剂分级后的段分，自由基浓度与分子量呈正相关（Mn＜1000 的段分几乎测不出自由基）。以上自旋浓度变化范围为 $10^{18}\sim10^{22}$数量级。

(2) 自由基浓度与 pH 值有关　据 Wilson 等（1977）研究表明，在 pH 为 2～7 时，自由基浓度一般为常数，但 pH＞9.9 时则迅速增加。引用 Henderson-Hasselbalsh 方程：

$$pH=\overline{pK}_{a}+\frac{1}{n}\log\frac{I-I_{A}}{I_{B}-I} \tag{5-18}$$

式中，n 为 FA 在氧化-还原反应中释放的 H^{+} 的物质的量（取 $n=5.5$）；I、I_{A}、I_{B}分别为中间、高、低 pH 时的自旋浓度。所得直线的截距正好是 pK_{a}值（10.1），斜率为 1.8。可见自旋浓度差的对数与 pH 值是线性关系。这可能是在碱介质中打开了内酯键、增加了 COO^{-} 的缘故。

(3) 光诱导可使自由基增加　土壤 HA 在光照下自由基含量是黑暗中的 3 倍。光关闭后自由基含量仍保持着较高水平，说明光诱导产生的自由基或多或少是不可逆的。

(4) 自由基寿命问题　Senesi 等（1977）对一系列 HA 样品的自由基寿命作了研究，认为永久性自由基寿命很长，可以几年为单位计算。而瞬时自由基则很短，其减少的次序为：化学还原＞光辐射＞提高 pH 值。无论哪种自由基，g 值都基本相同，表明属于同类型半醌自由基分子结构。

(5) 自由基与土壤活力及植物生理活性的关系　长期使用有机肥、化肥、轮作、还原性强的土壤以及水浸或排水不好的土壤中，特别在大量接受光和氧作用的地表腐植土中，自由基含量较多。比较肯定的是，HA 自由基对提高土壤活力有促进作用，但对植物生物活性影响却意见不一。Schnitzer（1970）认为自由基可引发豆茎生根活性，而李淑婕等[27]通过对水稻幼苗培育试验观察，未发现腐植酸自由基浓度与生物活性的相关性。因此，有必要继续深入研究 HA 的自由基与植物生理活性的关系。

5.2.5　核磁共振（NMR）

核磁共振波谱法（NMR）是基于对含磁矩核的原子的检测技术，是鉴定化合物结构的有力手段之一，特别是近年来 NMR 技术取得了巨大进展，检测的核从 ^{1}H 到几乎所有的磁性核，发射频率从 30MHz 发展到 600MHz 以上；仪器从连续波谱仪发展到脉冲傅里叶变换波谱仪以及各种二维和多量子跃迁测定技术和成像技术；测定样品除溶液外还出现了固体高分辨率核磁技术。20 世纪 90 年代大力发展起来的一维液体^{13}C-NMR，采用自旋-回波傅里叶转换（SEFT）、J 分辨多重分裂

(J-SEFT)、门控自旋回波（GASPE）以及无失真偏振转换波谱（DEPT），都明显增强了核磁信号，提供出多重信息。特别是交叉极化魔角自旋固体核磁（CP/MAS ^{13}C-NMR）[28,29]，大幅度提高了核磁信号分辨率并缩短了弛豫时间，为 NMR 在腐植酸类物质的结构分析中的应用提供了极大的便利。

物质的多种同位素原子核都有磁矩，这种核称为磁性核。它们的磁矩很小，比电子的磁矩小 2000 倍。磁性核也有自旋现象，其自旋角动量也是量子化的。若将磁性自旋核放在磁场中，磁矩与磁场相互作用，出现相同与相反两个自旋取向。其中一个磁矩与外加磁场（H_0）一致，磁量子数 $m=1/2$，核处于低能级状态（$E_1=-\mu H_0$）；另一个与 H_0 相反，$m=-1/2$，则处于高能级（$E_2=+\mu H_0$）。两种取向的能级差：

$$\Delta E=E_2-E_1=2\mu H_0=h\nu_0 \tag{5-19}$$

式中，μ 为原子核磁矩；ν_0 为射频频率。当照射到样品上的射频波频率 ν_0 正好满足式 5-19 的条件时，自旋核就从低能级跃迁到高能级，这就是所谓核磁共振现象。但是，自旋质子共振频率并不简单地决定于 H_0 和 μ，还与核外围电子的外加磁场产生的反方向次级磁场有关，式 5-19 应修正为：

$$\nu_0=\frac{2\mu H}{h}=\frac{2\mu H_0(1-\sigma)}{h} \tag{5-20}$$

式中，σ 为屏蔽常数，与核外围电子云密度及所处的化学环境有关，电子云密度越大，σ 值越大，导致理论上的磁场强度或频率发生位移，称作“化学位移”。σ 值不同的自旋核的共振吸收峰将分别出现在 NMR 波谱的不同频率区或磁场区，即具有不同的化学位移，据此可鉴定出不同物质的分子结构部位。

最简单的同位素质子是氢同位素（^{1}H），也常用 ^{13}C-NMR 测定。在鉴定时都要以适当的化合物作参比样品。对氢质子来说，一般是以四甲基硅烷（TMS）的质子共振峰作参比物，把它的位移定为零。通常用试样共振频率 $\nu_{样}$ 与标样共振频率 $\nu_{参}$ 之差与所用仪器频率 ν_0 的比值作鉴定依据，即：$\delta=[(\nu_{样}-\nu_{参})/\nu_0]\times10^6$。$\delta$ 称作位移常数，现规定单位为 1，也沿用传统的 ppm 表示，这就是 NMR 图谱横坐标上常看到的符号。

化学位移是鉴定物质化学结构，特别是确认各种基团的“指纹”。虽然 HS 的化学位移受多种因素（如电负性、各向异性、氢键等）的影响，但处于不同环境中的 ^{1}H 和 ^{13}C-NMR 的 δ 值仍常有一定范围，给 HS 的结构解析提供了极大方便。常用的 ^{1}H 和 CP/MAS ^{13}C-NMR 可参阅有关文献。

NMR 测定不仅可以作定性鉴定，还能通过共振信号的峰面积计算各基团元素的相对含量。HA 的 ^{1}H-NMR 测定首先要解决溶剂问题。HA 不溶于水，只部分溶于极性有机溶剂，但为避免溶剂本身质子自旋的影响，必须用氘（D）代溶剂

(如氘代 DMF、氘代 DMSO、$CDCl_3$)，或无氢溶剂 (如 CCl_4)；FA 可溶于水，但必须用重水 (D_2O)。固体^{13}C-NMR 不存在使用溶剂的麻烦，但在 HA 上的应用刚刚开始，在具体操作和图谱解析方面仍有许多问题值得研究。比如，CP/MAS ^{13}C-NMR测定样品的灰分必须尽可能低，以防止某些顺磁性金属 (如 Fe、Cu) 影响样品 C 的弛豫和交叉效率。有关知识读者可参阅文献。较典型的腐植酸 NMR 图谱见图 5-6[24]。

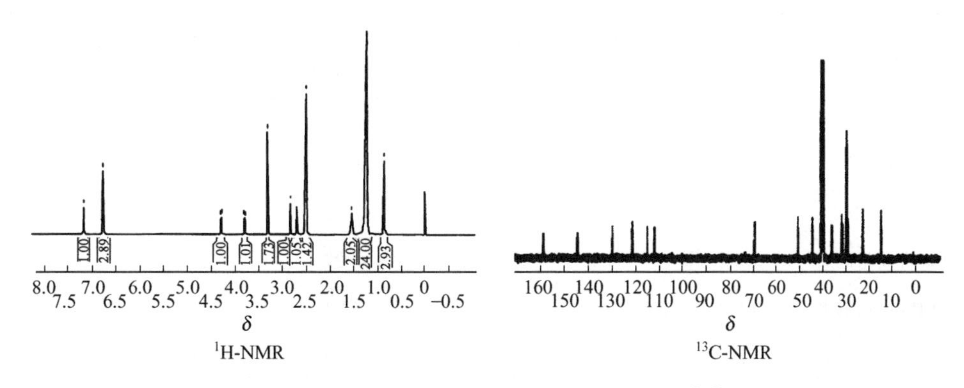

图 5-6　风化煤 HA 的^{1}H-NMR 和^{13}CNMR[24]

NMR 技术除通过化学位移直接计算芳香 C、H(%)，脂肪 C、H(%) 等比例外，还可结合分子量、官能团分析数据计算以下几个很有实用价值的结构参数[30]：

芳香度：
$$f_a=\left(\frac{C}{H}-X'H^{\cdot}_{ali}\right)\left(\frac{C}{H}\right)^{-1}-f_{COOH} \tag{5-21}$$

芳环数：
$$R_a=\frac{(C'_J+2)}{2}-\frac{H'_F}{2}+N'_{n-F}+O'_{n-F} \tag{5-22}$$

缩合度：
$$AD=\frac{C'_J}{C'_R-6} \tag{5-23}$$

缩合度指数：
$$CD=\frac{H'_R-6}{C'_R-6} \tag{5-24}$$

式中，X'为脂肪 C 与脂肪 H 的摩尔比；$H^{\cdot}_{ali}$为脂肪 H 百分含量；f_{COOH}为羧基 C 百分含量；C'_J为与环相连的 C 数 (指每个分子结构单元中的个数，下同)；H'_F为与芳环相连的亚甲基 H 数；N'_{n-F}为非官能团 N 数；O'_{n-F}为非官能团 O 数；H'_R为芳 H 及与环相连的 H 数；C'_R为芳 C 及与环相连的 C 数。

国内外不少学者利用 CP/MAS ^{13}C-NMR 手段对 HA 类物质进行了结构研究，如 Preston 等 (1984) 测定的土壤 HA 和 FA 的芳香 C 大约在 33%～45%。Hayes[17]测定结果表明，泥炭 HA 中大约 40%是芳香结构，其中每个芳环中有 3～5 个位置被 OH、OCH_3、含氧丙基等木质素类型的基团所取代；泥炭 FA 芳香结构约 25%，具有更高的极性和电荷密度。Knabner（1991）对不同剖面土壤 HA 研究发现，随腐植化程度的加深，芳香取代 C 结构增加，芳 O/芳 C 比例降低，侧链氧化度增加。陈荣峰等[31]用 ^{1}H-NMR 和 ^{13}C-NMR 对不同来源的 HA 和 FA 甲基化产物进行了结构解析，部分测定结果见表 5-6，可以看出芳香取代 C 结构所占比例顺序大致是：风化煤 HA＞土壤和泥炭 HA。

表 5-6　几种甲基化 HA 的各类 C 的相对含量

HA 及其来源	脂肪 C (10～48)/%	R-CH_3 (48～60)/%	脂肪连氧 C (60～90)/%	Ar-C (105～160)/%	Ar-COOR (160～174)/%	芳 C/脂 C
黑土土壤	33.59	7.81	10.16	21.68	5.86	0.42
黄棕壤	20.54	9.82	10.18	32.14	9.82	0.79
廉江泥炭	33.68	10.11	5.29	33.22	9.54	0.68
内蒙古风化褐煤	16.44	9.57	11.21	40.24	9.17	1.08
三门峡风化烟煤	12.29	9.02	4.18	50.99	9.86	2.00
吐鲁番风化烟煤	14.00	19.09	9.05	36.53	13.51	0.87

用 CP/MAS ^{13}C-NMR 对煤炭黄腐酸（CFA）和植物废弃物或糖蜜制备的生化黄腐酸（BFA）组成结构鉴定，发现差别很大（代表性的图谱见图 5-7）。BFA 主要是复杂的脂肪结构特征，如 55.8（甲氧基峰）、65～71（多羟基峰）特别突出，125～147 包含大量的脂肪族醇（醚）相连的 C 及杂环 C—N/C═N 及 $CONH_2$ 等中的 C；而 CFA 则是芳香 C 特征峰（128.4）占优势，其次是芳香族羧基 C（包括 155～167）非常明显，而杂环 C 很少。因此，这些所谓“BFA”类物质不具备腐植酸类特有的芳香羧酸的结构特征[6～8,32]。

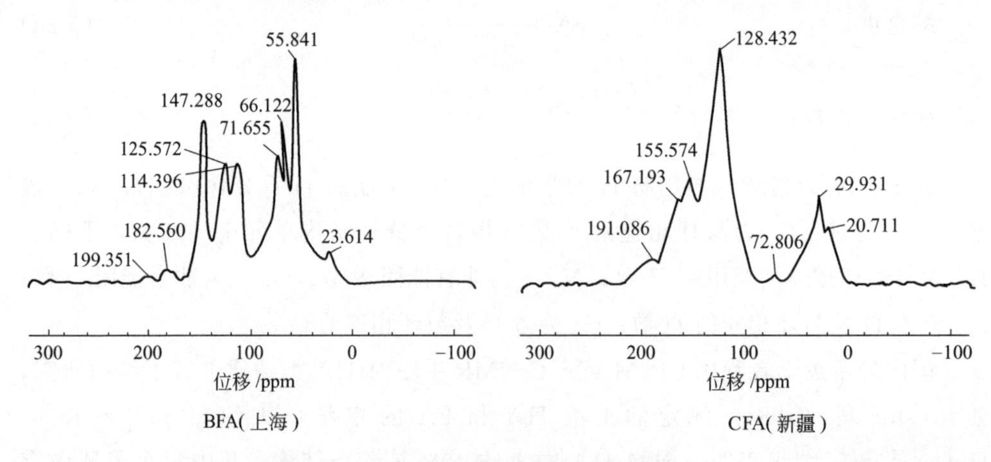

图 5-7　BFA 和 CFA 的 ^{13}C-NMR 波谱图[32]

此外，用^{15}N-NMR和^{31}P-NMR对腐植物质（固体或溶液）进行结构研究也时有报道。如 Yoshide 等（1987）用CP-MAS-^{15}N-NMR分析表明，土壤HA中的N有80%～86%以酰胺形式存在，9%～12%为氨基酸态N，4%～9%为杂环态N（主要是吡咯型N）。

5.2.6 荧光光谱

某些物质受到光照射后，除吸收某种波长的光外，会反射出比原来所吸收光的波长更长的光，称为“光致发光”（二级光，包括荧光和磷光），其中荧光光谱可用来根据其谱线的位置及强度来进行物质鉴定。荧光光谱分为激发光谱和发射光谱两部分，都与物质的刚性结构、取代基、大π键等因素密切相关。分子结构中若有较大的刚性平面结构和共轭体系，较多的吸电子基团，则在长波方向有较强的荧光发射。HS的大分子芳香环上连接着大量羧基、酚羟基、羰基、醌基等官能团，而且有不少共轭体系，其中具有低能量的π-π^*跃迁芳环结构和共轭生色基团是能发射荧光的基团。荧光激发和发射峰的位置与HA的芳构化程度、不饱和键的多少、共轭程度高低有关，其波长大小的一般规律是风化煤HA>褐煤HA>泥炭HA≥生物质HA。因此，通过HA荧光峰的位置，可以快捷地鉴别其原料的种类（见表5-7）。荧光指数FI一般以激发波长为370nm时，发射波长为450nm和500nm处的荧光强度比值。研究表明，FI可作为描述有机物质及HA结构成熟度的参数，还发现FI与HA-金属络合性能、溶液pH、离子强度等有关。如杨毅等[33]研究表明，在一定范围内，HA的FI与pH呈线性关系，pH=10时FI最小；天然HA的FI在1.55～1.87范围。

表5-7 不同来源腐植酸荧光峰的位置

腐植酸原料来源	最大激发波长 E_X/nm	最大发射波长 E_m/nm
秸秆	295～325	410～450
泥炭	312～325	428～433
褐煤	320～350	450～470
风化煤	420～470	500～530

注：本表引自T/CHAIA 0002—2018《腐植酸有机-无机复合肥料》附录C。

近期发展起来的三维荧光光谱技术对HS的鉴定可获得更多信息。如赵越等[34]发现，随腐植化程度提高，HA分子共轭度增大，特征荧光峰位置红移。鸡粪堆肥提取的水溶有机物的3个荧光参数：I_{330}/I_{280}（类腐殖质峰与类蛋白质峰荧光强度的比值）、$A_{470\sim640}$（465nm激发波长下发射光谱中470～640nm荧光积分面积）及$A_{435\sim480}/A_{300\sim345}$（240nm激发波长下发射光谱中后1/4波段与前1/4波段的荧光强度积分面积之比）能有效表征堆肥腐植化进程，即随腐植化程度提高而增大。还有许多研究者用三维激发-发射矩阵荧光光谱法（3DEEM）研究各种 HA 和 FA 的荧光特性。不同来源 FA 的 3DEEM 有很明显的差异（见图 5-8）[35]。

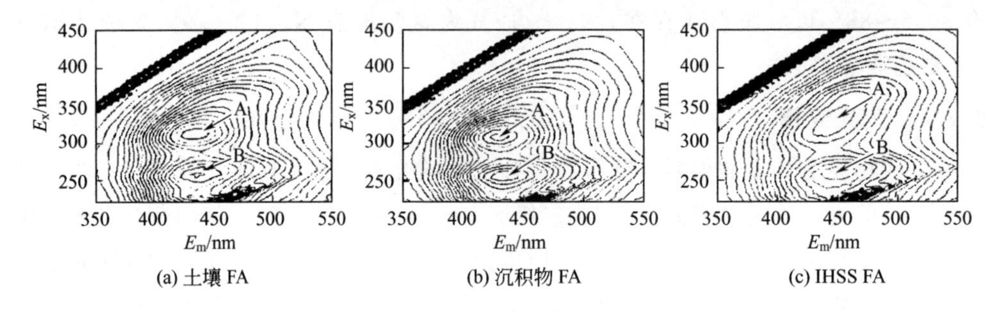

(a) 土壤 FA　(b) 沉积物 FA　(c) IHSS FA

图 5-8　不同来源黄腐酸的 3DEEM

5.2.7　拉曼光谱

拉曼光谱是基于印度科学家 Raman 发现的光散射效应的分析技术。当一束单色光照射到样品上后，由于物质分子的振动能级和转动能级的变化，导致一部分光产生非弹性散射，其散射光频率不同于入射光，即所谓“拉曼效应”。拉曼光谱就是从分子能级的变化来鉴定物质分子结构的技术。该技术可对样品进行快速、简单、无损伤测试，特别是随着表面增强拉曼光谱技术（SERS）成功应用，有效提高了拉曼光谱检测灵敏度。近年来用 SERS 研究 HA 的工作已取得重大进展。张文娟等[36]采用银溶胶作为活性基底对水体 HA 的 SERS 进行了研究，结果表明，当激光照射 20～30min 时 HA 的 SERS 信号较理想。1379cm^{-1}有一极其明显的拉曼谱峰，可能是 HA 羧基对称振动产生的。自来水中的 HA 含量一般比海水和湖水中的还要低，但用 SERS 检测非常灵敏，证明 SERS 是检测痕量水体 HA 的有效手段。典型的水体 HA 的 SERS 见图 5-9。吉芳英等[37]采用 SERS 研究了三峡库区消落带土壤和沉积物 HA 的结构特征，发现黄壤与红壤 HA 的结构差异最显著，其 SERS 中的 υ(C—C)、τ(CH)、δ(CH_2) 的增强峰有明显差别，同时发现蓄水后各

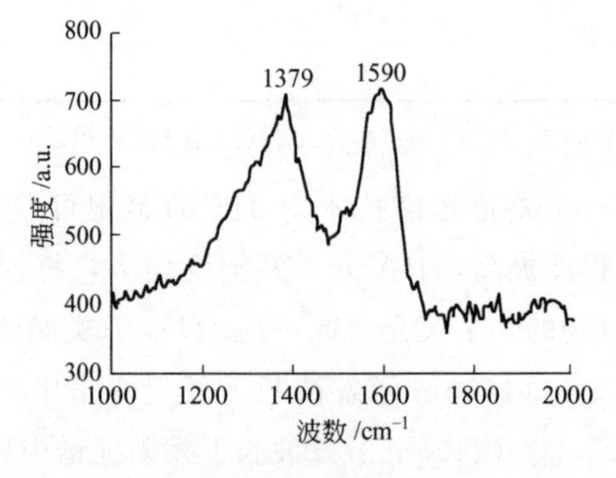

图 5-9　水体腐植酸的表面增强拉曼光谱图

沉积物的腐植化程度均有提高。距三峡大坝越近，HA中的N—C═O、X—O、C—N、—C—O等基团的振动越强。SERS研究表明，土壤类型与利用方式及库区水位消落对HA分子有较大影响。

5.2.8　热分析

热分析是在程序控制温度下鉴定物质的化学结构和性质的技术。常用的热分析法有热重法（TG）、差热法（DTA）和示差扫描量热法（DSC）。

TG分析是基于物质在加热过程中分解失重变化来推断组成结构一种分析方法。样品放在热天平中在一定气氛（通空气、N_2或O_2等）下加热，自动连续地计量样品质量变化，得到质量-温度或质量-时间关系曲线（TG曲线）。如对TG曲线进行一次微分，就得到微商热重曲线（DTG曲线），即质量随时间的变化率，它是时间（t）或温度（T）的函数：$dm/dt(dT)=f(t$ 或 $T)$。用T或t为横坐标，dm/dt或dm/dT为纵坐标作图，DTG曲线的峰高直接等于该温度下的反应速率，故可方便地用于热解反应动力学的计算。

DTA是在程序控温下测量试样与参比物之间温度差与温度（或时间）关系的一种技术。物质在加热或冷却过程中会发生物理或化学变化，往往还伴随着吸热或放热现象。对HS来说，伴随这些热效应的变化包括：氧化、还原、脱水、脱氢、脱羧、芳核裂解以及无机物质的熔融或晶型转变等。在差热仪器中，将试样与参比物（常用α-Al_2O_3）的温差作为温度T（或时间t）的函数$\Delta T=f(T$ 或 $t)$记录下来。

据Schnitzer等[10]研究认为，空气中控制HA热分解的主要反应为：①脱氢（200℃前）；②同时脱羧和脱水（200～250℃）；③继续脱水乃至脱酚、芳环开裂（500～600℃）。FA分解温度稍高。这里所谓的“脱水”，实际是脂肪结构分解-缩合的过程，比如：

$$R—OH+R'—OH \longrightarrow R—O—R'+H_2O \tag{5-25}$$

$$R—OH+R'—H \longrightarrow R—R'+H_2O \tag{5-26}$$

利用DTG和DTA及其扩展的技术还可进行不少相关研究，列举如下。

（1）分解温度及失重率的比较　不同来源HS的分解温度大致为：风化煤＞褐煤＞泥炭≈土壤，特别是脱水、脱羧峰的差异更大。FA的热稳定性比HA高些，而且FA的分解温度范围更宽（180℃到620℃）。据阳虹等[38]的TG/DTG分析，整个热解过程中黑腐酸的失重率为39.32％，而棕腐酸为51.21％，后者热解程度高于前者。随着温度的升高，活化能越高，反应速率对温度就越敏感，相应的转化率也越高（见图5-10）。

（2）对HA进行结构研究　利用DTG曲线可大致估算出各结构部位的重量比例，包括COOH、OH_{ph}的相对含量和芳香度，用于不同来源的HS的结构对比，

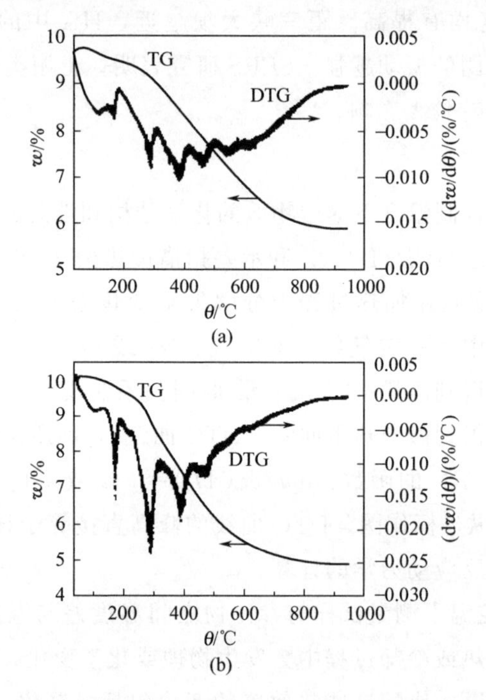

图 5-10 黑腐酸（a）和棕腐酸（b）的 TG/DTG 曲线

较有说服力。

（3）研究 HA 核分解动力学机理 Kodama 等（1967）曾发现土壤 FA 在 370～390℃的分解重量分数 α 和分解时间 t 的关系属于一级反应动力学模型，其曲线符合二维扩散控制方程式：

$$D_2(\alpha)=(1-\alpha)\ln(1-\alpha)+\alpha=(K/r^2) \tag{5-27}$$

式中，r 为 HA 粒子的半径；K 为分解反应速度常数。由 K 对 $1/T$ 的阿伦尼乌斯图求得活化能（E）为 172kJ/mol。余守志等[39]研究了不同来源 HA 的热解动力学并求得 E，结果见表 5-8。可见与 Kodama 等的 E 多数在同一数量级，且风化煤 HA 的脱羧 E 值最低，芳环热解 E 最高。

表 5-8 HA 的热解活化能 E 单位：kJ/mol

样品及来源	脱羧 E(＜400℃)	多环芳烃裂解 E(＞400℃)
土壤 HA(东北黑土)	156.33	162.03
泥炭 HA(延庆,德都)	84.8～112.24	175.72～178.67
褐煤 NHA(吉林舒兰)	86.46	124.94
风化煤 HA(灵石,萍乡,吐鲁番)	58.6～74.73	266.69～352.62

程亮等[24]通过 DTA-TGA 对风化煤 HA 动力学研究表明，HA 热分解反应发生在 284.65～417.16℃，热分解反应为二级反应，其表观活化能为 210.83kJ/mol，

焓变为67.99kJ/mol、熵变为－164.83J/(mol·K)、自由能变为176.36kJ/mol。在热分解过程中，氨基、羧基、烷氧基、烃基等基团逐一瓦解，直到HA分子全部分解。

(4) 研究HA的金属盐或络合物的特征和作用机理 许多研究者都发现，大多数HA盐及金属络合物的DTA放热峰都比相应的原HA偏低，用磷酸盐-焦磷酸盐缓冲溶液提取的腐植酸比NaOH提取的腐植酸放热峰温度也偏低，稳定性也降低[40]，其热稳定性与金属离子极化作用有关，从而解释HA-金属络合（螯合）现象。

5.2.9 X射线衍射

X射线衍射分析（XRD）本来是鉴定晶体物质的技术。由于煤炭、特别是年老煤炭的芳香核“层片”排列得比较整齐，可看作是介于晶体和非晶体之间的过渡型物质。早先也有人借用XRD技术来研究煤的芳香层片大小、层间平均距离和平均键距[41]，低变质煤的每一层片缩合芳环数为1～3个，而高变质煤则2～5个，层片直径约7～8Å，层片间距离，即（002）面间距由3.7Å降到3.43Å。之所以对不具晶体结构的HA采取XRD表征，主要是因为HA毕竟是煤炭的前身，它们向煤炭的转化过程中可能也会出现芳环逐渐有序排列的迹象，就是说，腐植化加深的过程可能关系到结晶初始阶段。基于这种假设，前人在HA研究中引入XRD手段是有道理的，并得到许多很有价值的数据。

对腐植酸之类的天然非结晶物质的XRD研究，Schnitzer[10]建议用径向分布函数（原子或电子密度与系统中任何基准原子或电子的径向距离的相对关系）来表示。Adhikari等（1978）在黑钙土HA的XRD图上清楚地看到002面有一条大约3.5Å宽的扩散带，表明大多数碳处于排列较整齐的缩合芳核中，而黄腐酸则只有4.1～4.7Å的光晕（r-带），表明FA的碳大部分在排列无序的侧链上，并认为HA分子是以脂肪族基团、氨基、羧基等为侧链的芳核高度缩合而成的平面骨架结构；而FA则是“由缩合得不充分的芳环体系所构成的不连贯的网组成，其周边围绕着相当数量的无序排列的脂肪链或脂环”。计算表明，一个分子的FA正剖面约172.3Å^2，结构类似炭黑。用XRD估计的芳香结构部分的比例，也是黑钙土HA＞灰化土HA，HA≫FA。Pollack等（1971）在HA的XRD衍射图上看到3个带（分别为3.5Å、2.1Å和1.21Å），类似于炭黑的（002）、（10）和（11）的结晶位置，认为HA主要是芳香结构或类石墨层。7.5Å的衍射带为非芳香结构。他们计算出芳香层片尺寸为L_a＝5～10Å（平面），L_c＝10～14Å（轴向），单元最小直径＜15Å。这样的结构相当于轴向排列着两个C_2链，带着3个芳环，表明HA核心单元是包含着分子间力构成的“结实”模型。

推测腐植物质的分子量或颗粒尺寸，也是XRD技术的一个功能。Visser等

（1971）观察到一种霉菌 HA“晶体”的六角形晶胞的 $L_a=13.5\text{Å}$，$L_c=10.9\text{Å}$。假定晶胞的重量等于最小分子量，则分子量 $M=\rho NV$，式中 ρ 为 HA 的密度（取 $1.35g/cm^3$），N 为阿伏伽德罗常数，V 是不对称单胞的体积，$V=L_a^2L_c\sin120°=1720\text{Å}^3$，求得 $M=1392$。Wershaw 等（1967）用小角度 X 射线散射法测定了腐植酸钠（HA-Na）在水溶液中的胶体颗粒尺寸，认为该物质是由椭球形大颗粒（$M=100\times10^4$）和球形小颗粒（$M=21\times10^4$）组成的非均一体系。

除 XRD 外，用于鉴定 HS 的 X 射线分析法还包括 X 射线光电子能谱、X 射线吸收、X 射线荧光分析等，不再赘述。

5.3 化学降解-色谱-质谱解析法

前面谈到的结构分析都是在不破坏原始物质分子构象的情况下进行的，其所得结果一般为统计或平均的概念。许多化学家不满足于这种不确切的结果，而是希望获得精确的结构信息，于是化学降解-仪器分析的联合解析方法应运而生。即先把 HS 大分子分解成容易鉴定的小分子单体或“碎片”，经过精细分离后进行鉴定，把这些单体、碎片的结构一一搞清楚，再按“原样”把它们拼凑起来，就可以推断出 HA 的大分子结构。这些结构单体或碎片好像是砖瓦，而 HA 大分子好像是宫殿。要用这些破碎的“砖瓦”去建造“宫殿”，谈何容易？即使拼凑起来，也未必能全面反映 HA 分子原来的面貌。一是因为降解的深度难以控制，很难得到真实的分子单体；二是分解产物中有相当数量的气体损失和不溶解的大分子，能进入鉴定程序的样品可能只是总样品的一小部分，所得结构模型有可能只是 HA 总体的冰山一角；三是在化学降解过程中 HA 分子仍有可能发生重排、缩聚、缔合，出现新的分子单元，再加上仪器测定和人为的解析误差，所得结果都可能偏离原来的结构构象。尽管如此，腐植酸化学界仍乐此不疲，因为化学降解-色谱-质谱以及计算机的应用，特别是近期在选择性化学降解方面已有新的进展，为获得较真实的 HA 结构单体提供了技术支撑。

5.3.1 常用化学降解方法

化学降解方法的选择非常重要，一般希望操作条件尽可能温和，以保持原样品的结构片段，至少应该是与原样有关的衍生物。但过于温和，则得不到所需的产物；过分剧烈又可能把原样都分解成草酸、醋酸、甲烷、二氧化碳和水。多年来，在选择性温和降解方法方面，国内外 HA 化学家已积累了不少经验和研究资料，本书作了归纳（见表 5-9）。

表 5-9 腐植酸的主要化学降解方法

类别	降解方法	参考操作条件	主要产物	可鉴定的特征结构
氧化	碱性 $KMnO_4$	4% $KMnO_4$，pH≈10，8h	长链脂肪酸、苯羧酸、草酸等	脂肪侧链、不带给电子取代基的芳环结构
	碱性 CuO	CuO+NaOH(或 KOH)	香草醛(酸)、对羟基苯酸、羰基衍生物等	酚类、芳酯(不破坏 C—C 键和芳环)
	HNO_3	2～7.5mol/L HNO_3，30～108h	硝基苯酸、硝基酚、脂肪二元酸、羟基苯酸、苦味酸等	多环芳结构、羟基苯酸
	碱性硝基苯	1mL 2mol/L NaOH +0.1mL 硝基苯，170℃，2.5h	酚醛、香草醛、丁醛等	丙苯基、愈创木酚、羟基联苯丁香基等
	H_2O_2/过氧乙酸/三氟乙酸	冰醋酸+H_2O_2，40～80℃，pH<6，4h～8d	丙二酸、草酸、苯甲酸、CO_2、H_2O 等	糖类、氨基酸、脂肪酸、木素结构
	O_3	NaOH 溶液，20℃	脂肪二元酸、酮酸等	脂肪侧链和桥键
	$Na_2Cr_2O_7$	0.4mol/L $Na_2Cr_2O_7$，250℃，36h	苯酸、酚酸、脂肪酸等	脂肪侧链和桥键，杂环
	NaClO	0.5mol/L NaClO，30～60℃，15h	脂肪一元～三元酸	脂肪侧链和桥键
还原	锌粉、Na_2S、液氨钠等	Zn + HA，400～550℃；或 NaCl+$ZnCl_2$，200～310℃	蒽、菲、芘、萘、芴及其甲基取代产物，保留酚结构	多环结构
	钠汞齐	钠汞齐 NaOH 溶液，100～110℃，N_2，3h	香草酸、丁香酸、酚类、羟基甲苯及其酸、原儿茶酸	芳香核、酚结构
	加氢/氢解	350℃，35MPa，催化剂(Cu-Cr-Fe-Ni)，二噁烷作溶剂	酚、羧酸、长链烃类	烷基链、桥键、酚、芳酸、4-吡喃酮
	BBr_3/$LiAlD_4$		醇、酮、羟基苯酸、二氢化香豆酸、丁香酸、阿魏酸等	醚键、木质素起源的结构
水解	酸解	6mol/L HCl，120～160℃，1.5h	糖类、氨基酸、酚酸羟基苯酸、香草酸、糖醛酸等	蛋白质、氨基酸、碳水化合物、羟基苯酸、香草醛、嘌呤等
	碱解	5mol/L NaOH，170℃；或 2%H_2SO_4/KOH 熔融	酚、酚酸、吲哚、原儿茶酸等	木质素起源结构、苯醌
	碱解-皂化	KOH-CH_3OH	醇、酚、萜、阿魏酸、香草酸、丁香酸、香兰酸等	酯类化合物
	相转移催化碱解 PTC	KOH+16-冠-6 的甲苯溶液	脂肪酸及酯、芳香羧酸	高度立体阻碍的酯类，异构和反异构 C_{15} 和 C_{17} 酯类

续表

类别	降解方法	参考操作条件	主要产物	可鉴定的特征结构
其他	酚解	HA＋苯酚，回流 24h；＋对甲苯磺酸＋BF_3	烷烃、芳烃等	烷基桥键
	酯交换	BF_3-CH_3OH	脂肪酯和芳香酯	酯类化合物
	HI 加成	HI-丙酸铯	醇、酯类	酯、醚键

注：表中内容引自文献［2～4，12］。

在所有降解方法中，选择性氧化降解是迄今应用较多且较成功的方法。比如，碱性 CuO 氧化比较温和，可有效地保留酚结构和脂肪结构；而碱性 $KMnO_4$ 氧化则选择性地裂解被氧直接取代的苯环，而保留被碳原子重复取代的苯环结构；硝酸氧化主要产生苯多羧酸，用来确定芳核母体、脂肪侧链和桥键的类型；$Na_2Cr_2O_7$ 选择氧化脂肪链和杂环，而次氯酸钠（NaClO）可将 HA 中的 SP^3-C 几乎都氧化成脂肪羧酸，用以鉴定脂肪/脂环化合物结构。此外，还原和加氢法处理使 HA 变成油性产物，主要用来鉴定木质素、类黄酮以及多环芳香物质。水解法最温和，只是对氧桥、多肽键、酯/醚键的分解比较敏感，主要鉴定糖类、氨基酸、蛋白质以及低分子酸、醇、酯类物质。有的研究者为了提高降解选择性和分析的真实性，还采取了一些特殊的措施。比如，为有效地保护酚羟基不受亲电子的 $KMnO_4$ 的攻击，张德和等、Spiteller（1981）尝试将样品甲基化，从而保护了酚结构不被破坏，鉴定出大量酚酸、苯羧酸和少量脂肪酸，但未甲基化的样品却未检出酚酸。

5.3.2 色谱分离和分析

色谱技术是基于不同物质在两相中做相对运动时具有不同的分配系数（或吸附系数、渗透性）而实现分离的现代分析手段。流动相为气体的称为气相色谱（GC），流动相为液体的称作液相色谱（LC）。固定相装在柱子（包括填充柱和毛细管柱）中的叫做柱色谱，固定相铺在玻璃和纸上的叫做薄层色谱和纸色谱。现代色谱技术不断发展和更新，出现了不少高效能色谱柱、高灵敏度检测器，并与质谱、计算机联用，使色谱技术成为一种分析速度快、灵敏度高和应用范围广的分析方法。

早在 20 世纪 50 年代初，色谱分离技术已成功引入腐植酸类物质的研究，至今已积累了不少经验，简单叙述如下。

5.3.2.1 固定相

色谱固定相是根据对被分离物质按分子大小、吸附性能、离子交换性能或者其他物理化学亲和力的差异进行分离的。气相色谱分析（GC）的固定相一般是在一种惰性固体（“担体”）表面涂一层高沸点有机物（“固定液”）构成的，毛细管色谱柱则可以把固定液直接涂在毛细管内壁上，根据不同物质与固定液之间的作用力（包括色散力、静电力、诱导力、氢键缔合力等）的差异而得到分离。HA分析常用的担体是Chromosorb（多孔高分子微球）、多孔硅胶、离子交换树脂Dowex、多孔吸附树脂Amberlite XAD和葡聚糖凝胶Sephadex G-120等；大多数固定液要求沸点在200℃以上，如Silicone GE（甲基硅酮或氰乙基甲基硅酮）、OV（苯基甲基硅酮）、W_{96}、W_{98}（甲基乙烯基聚硅氧烷）、DMCS（二氯二甲基硅烷）等。

5.3.2.2　流动相

大多数进入色谱柱的样品要求溶于有机溶剂。因此，作为色谱分析用的HS一般都应事先进行甲基化（方法见“7.1.1”），以降低沸点，提高在有机溶剂中的溶解度和分配系数。在HA的液体色谱和薄层色谱分析中，所用流动相为溶剂，可按极性递增顺序：己烷、苯、三氯甲烷、乙酸乙酯、甲醇等依次进行洗脱[29]；有人还用含四丁基溴化铵的磷酸盐缓冲液作洗脱液[42]。而GC的流动相（载气）一般用纯氮气或氦气。

5.3.2.3　高效液相色谱（HPLC）的尝试

HPLC不需对样品事先甲基化，操作简便，适合于大分子不挥发物质的分离。Balabanova（1980）首先将HPLC用于HA的分离，但效果不理想。Salth等（1989）用水、甲醇作溶剂，采用HPLC把水体HA分成亲水和疏水两部分，用紫外光和荧光分别检测出6个和12个峰。Loefppert等[43]在液相色谱分离土壤HA的研究中，用多孔硅胶（聚苯乙烯-二乙烯基苯）作固定相，用水、丙酮、甲醇、异丙醇作溶剂，发现静电和吸附现象可能妨碍按分子大小分离，用四氢呋喃（THF）和二甲基甲酰胺（DMF）有所改善。看来，液相色谱分离HS的精度和效率仍受到多种因素的限制，有待于继续研究。

5.3.3　质谱法（MS）和色谱-质谱联用（GC/MS）技术

质谱法（MS）是通过对样品的离子质量和强度的测定来鉴定物质组成结构的现代分析方法。分析所用样品极少，精度很高，即使用10^{-9}～10^{-6}g的纯样品也能推导出一个完整的分子结构，因此MS与GC联合检测-计算机解析，已成为现代有机结构分析的主要手段，在腐植酸研究中也得到广泛应用。

质谱法是一种“破坏性技术”。样品受到一定能量的电子流轰击或强电场作用，就丢失价电子而生成“分子离子”，用“$M^{+}\cdot$”表示。同时，化学键也发生有规律的裂解，生成各种“碎片离子”。利用离子在电场或磁场中的运动性质将离子按质量/电荷比（m/e）分开，用计算机记录并自动绘成图谱，即为质谱图。MS图中分子离子峰和化合物结构有关。一般规律是，分子链越长，峰越弱，其峰强度大致顺序为：芳环＞共轭烯＞烯＞环烷＞羰基化合物＞直链烃＞醚＞酯＞胺＞酸＞醇＞高分支的烃。因此，分子离子峰强度可大致指示化合物的类型。碎片离子的形成也与化学键位置和断裂难易有关，也特别适用于同分异构体和含杂原子结构的鉴别。与 HA 有关的部分碎片离子质量及可能的化学组成见表 5-10。此外，质谱图上还有少量同位素离子峰、重排离子峰、亚稳离子峰，操作时要仔细鉴别。

表 5-10 与腐植物质有关的部分碎片离子质量和可能化学组成[44,45]

质/荷比(m/e)	碎片基团	可能的组成	质/荷比(m/e)	碎片基团	可能的组成
18	H_2O	醇、醛、酮等	45	OC_2H_5	乙酯
26	CH≡CH	芳烃	55	C_4H_7	丁酯
28	CO	醌	56	C_4H_8	Ar-正(异)C_5H_{11}
30	NO	Ar-NO_2	57	C_4H_9	丁基酮
44	CO_2	酯(重排)、酐	60	CH_3COOH	乙酰化合物
45	CO_2H	羧酸			

如前所述，HS 复杂大分子不可能直接进行质谱分析，必须事先分离成分子量分布相对较窄、或组成相对较近似的段分（包括物理分离和化学降解后分离），然后进入柱色谱或薄层色谱精细分离，才能进入 MS 分析程序。目前，常把色谱精细分离与 MS 串联成一体，最成熟的是气相色谱-质谱联合分析（GC/MS），并通过计算机快速运算、打印出分析结果，极大地提高了分析鉴定效率。但 GC/MS 技术直接用于 HA 的分析仍有诸多缺陷，部分研究者提出多种新的相关方法，以下只简单介绍 3 种。

5.3.3.1 热解-气相色谱（Py-GC）和热解-色谱/质谱（Py-GC/MS）

把热分析与 GC 或 GC/MS 相结合，无疑是解决不适于直接进入色谱仪的难挥发性天然大分子鉴定的最有效的方法之一。样品先在一个高温裂解器中被裂解成低分子碎片，再由载气带入色谱仪。裂解器是关键设备，常用的是管式炉裂解器。近 30 年来开发的激光裂解器、居里点裂解器（高频感应加热裂解器）更为有效[46]。国外不少学者用 Py-GC 和 Py-GC/MS 技术在 800～1000℃下得到 HA 和 FA 的指纹图，鉴定出几十种裂解组分，包括烯烃、烷烃、芳烃、羧酸、单环和稠环芳烃、杂环和酚类等（见图 5-11，表 5-11）。

5.3.3.2 热解质谱（Py/MS）

近年来在提高 HA 裂解产物分辨率方面有许多进步，特别是省略了气相色谱，直接采用居里点热解质谱（Py/MS）进行分析。如热裂解-场致电离化/质谱（Py-FIMS），是在与软电离相结合的质谱离子源中将 HA 直接升温热解。该法的离子碎片很少，结构细节可根据分子离子质量峰直接鉴别。热解场能吸附质谱（Py-FDMS）、衍生化热解质谱、急骤热解居里点等新技术也在 HA 研究中开始应用[47]。它们具有实验速度快，结果重复性好，谱图信息量高等优点。蔡名方等[48]

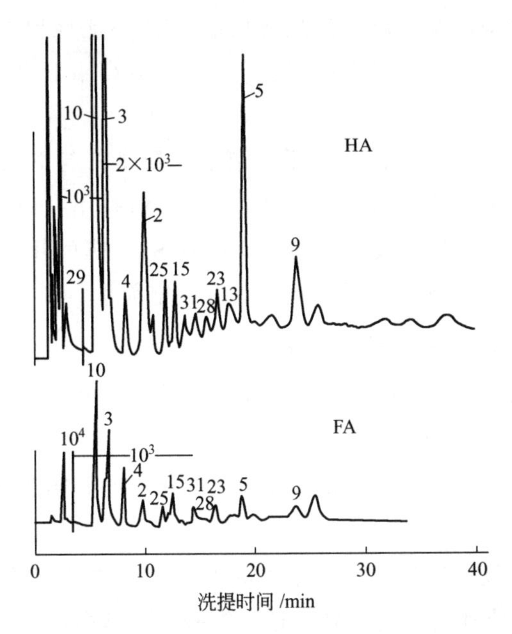

图 5-11　HA 和 FA 的 Py-GC 图[10]

表 5-11　Py-GC/MS 鉴别的 HA 基本结构及名称[46]

结构	名称	结构	名称
$CH_3-(CH_2)_n-CH_3$	烷烃($n=2\sim22$)	R_{1-2}	甲基取代茚
$CH_2=CH-(CH)_n-CH_3$	烯烃($n=1\sim28$)		
$Ar-(CH_2)_n-CH_3$	烷基苯($n=0\sim17$)	O, R_{1-2}	甲基取代吡咯
$CH_3-Ar-(CH_2)_n-CH_3$	甲基-烷基苯($n=1\sim11$)		
$CH_3-Ar-(CH_3)_2$	甲基取代苯		
$HO-Ar-R_{1\sim5}$	烷基取代苯酚	H, N, R_{1-2}	甲基取代嘧啶
$CH_3O-Ar-OH-R_{1\sim4}$	烷基取代甲氧基酚		

注：表中 Ar 表示芳环，R 表示烷基，下标表示烷基个数。

用程序升温 Py/MS 技术得到重构离子色谱（RIC），发现土壤 HA 在<300℃就停止分解，而风化煤 HA 脱 H_2O 则延续到 400℃以上；泥炭 HA 比较特殊，在<400℃的高质量的碎片离子图上发现泥炭 HA 中存在较多的单环和多环芳烃化合物碎片离子峰。

5.3.3.3　原位烷基化（Py-GC/MS）

Amblès[2]推荐，在 HA 的 Py-GC/MS 测定中采用原位烷基化-快速热解技术。所用的烷基化试剂是羟基化四甲基铵（TMAH）、羟基化四丁基铵（TBAH）、羟基化苯基三甲铵（PTAH）的甲醇溶液。反应机理主要是烷基转移（相当于对 HA 烷基化），还伴随着水解反应以及季铵盐的形成和分解。该技术可极大地提高裂解产物的产率和分析效果，鉴定出经典热解色谱-质谱不能检出的产物，还可避免脱羧基等副反应。但该方法的鉴定难点在于，必须区分高温下化学试剂诱导产生的键断裂和裂解。

此外，近期还出现了居里点热解-低伏离子化质谱法与 FTIR、NMR 相结合的新技术，并在 HA 分析中得到应用。液相色谱-质谱联用（LC/MS）、超临界萃取色-质联用（SF/MS）、快原子轰击质谱（FAB-MS）、傅里叶变换离子回旋共振质谱（FF/MS）等在腐植酸研究中的应用都具有一定前景。

5.3.4 腐植酸类物质的降解产物组成

到目前为止，用 GC/MS 辅以其他物理方法已鉴定出 HA 物质的化学降解产物有 200 多种[4,12]，可分为以下 4 大类。

（1）脂肪族　包括直链烷烃、正（异）构二元～四元脂肪酸（如丁二酸、柠檬酸、丁基四羧酸）等。

（2）取代苯类　包括邻苯二酚、香草醛（酸）、丁香醛（酸）、原儿茶酸、邻甲氧基苯基丙酸等木质素来源的化合物，还有酚酸、烷基多取代苯酸、羟基苯酸、羟基甲氧基苯甲醛、多羧基（一～六）取代苯酸、四羧基苄乙醇、羟基多取代苯羧酸、邻甲氧基和丁香基丙酸、邻苯二甲酸二丁酯及二辛酯、多羧基取代苯基乙酸、直链烷基苯，苯二～苯六羧酸等。

（3）稠环和杂环化合物　萘类、蒽类、崫蔻、菲类、苯并芴、芘、甲基芘、苯并芘、荧蒽、苯并蒽、萘并芘、咔唑、甲基呋喃二羧酸、脱水二藜芦酸等。

（4）类脂物质（蜡、树脂类）　萜类（无羁萜、三萜烯、三萜醇等）、甾系（β-谷甾醇、雌醇、雌酮、豆甾醇、羊毛甾醇、环阿屯醇、桦木醇等），此类化合物虽不属于 HA 范畴，但也夹带在泥炭、褐煤 HA 各段分中被检出。

5.4 腐植酸的化学结构模型及现代概念

5.4.1 结构模型及研究进展

研究者们均致力于提出一个理想的腐植酸类物质（HS）的分子结构模型德拉古诺夫（1948）可能是最早提出腐植酸结构模型的土壤化学家。他的模型基本反映了 HA 的环结构和官能团的配置和比例，并写出分子式：$C_{64}H_{84}O_{26}N_4$，计算出分子量约 1324。但不少人极力反对这种线型模式，认为它不符合 HA 的多种物化性质。后来卡萨托奇金（1951）以煤结构特征为依据提出一个六元环为骨架、脂肪链为外围侧链的结构模型，可以初步反映出 HA 的疏松网状结构和疏水性。但这个模型也遭到土壤学界的反对，被认为 HA 的缩合度没有那么大。奥尔洛夫（1974）对卡萨托奇金的模式做了较大改进，较容易解释分子非直线形的拉伸状特性和柔软性。20 世纪 70 年代以后，Schnitzer（1978）提出以苯羧酸和酚酸为单元，氢键、范德华力和 π-键相连接的 HA 和 FA“板块”结构模型，后来也受到 Hayes 等人的反对，认为这种模型分子间的弱结合力不能解释 HA 降解需要很大能量这一事实。80 年代末 Christman（1989）提出的以苯羧酸及脂肪链为基础的线形单元结构式，是被多数学者认可的基本模型，但也有人认为过于简单化。从 20 世纪 80 年代起，现代量子化学和计算技术对天然复杂分子结构模拟研究取得巨大进展，提出了多种腐植化历程和 HA 结构模型，将 HA 的结构研究推向新的阶段。

5.4.2　计算机分子模拟

现代分子模拟方法主要基于经典热力学或量子化学两种途径，根据能量最低原理，应用计算机程序将分子间的原子运动、电荷分布、键长、键角、作用力、活化能等数据进行结构最优化组合，尽可能将复杂化合物典型化，提出虚拟性的分子结构模式。与经典的分子结构模拟方法相比，该技术最大的优点在于，可以用立体构象更真实地反映复杂大分子的概貌。

近期最有代表性的是：①Langford[49] 的土壤 FA 结构模型［图 5-12(a)］；②Stevenson[3] 的土壤 HA 结构模型［图 5-12(b)］；③Schulten[46,50] 根据化学分析、^{13}C-NMR、氧化-还原降解、电镜、Py-GC 研究数据提出的土壤 HS 二维平面结构模型［图 5-13(a)］，以及运用计算机模拟得到几何学最优化及能量最小化的

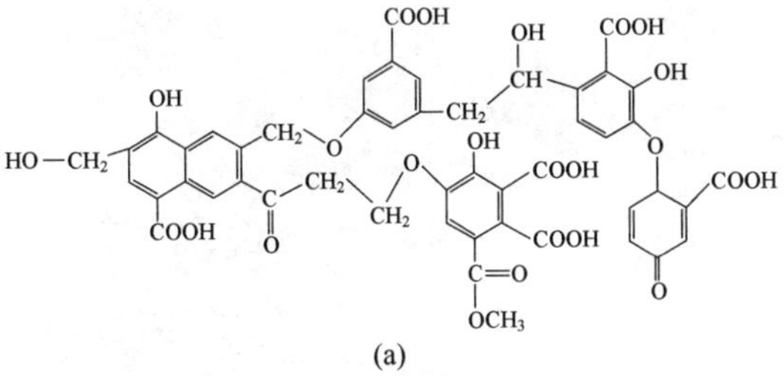

(a)

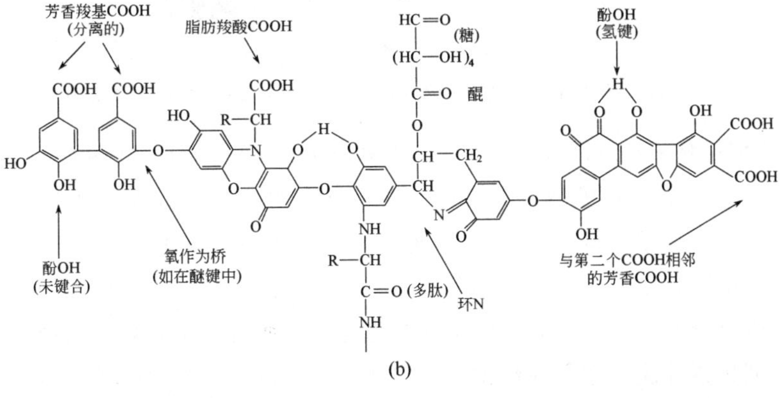

(b)

图 5-12　Langford 的土壤 FA（a）[49] 和 Stevenson 的土壤 HA（b）结构模型[3]

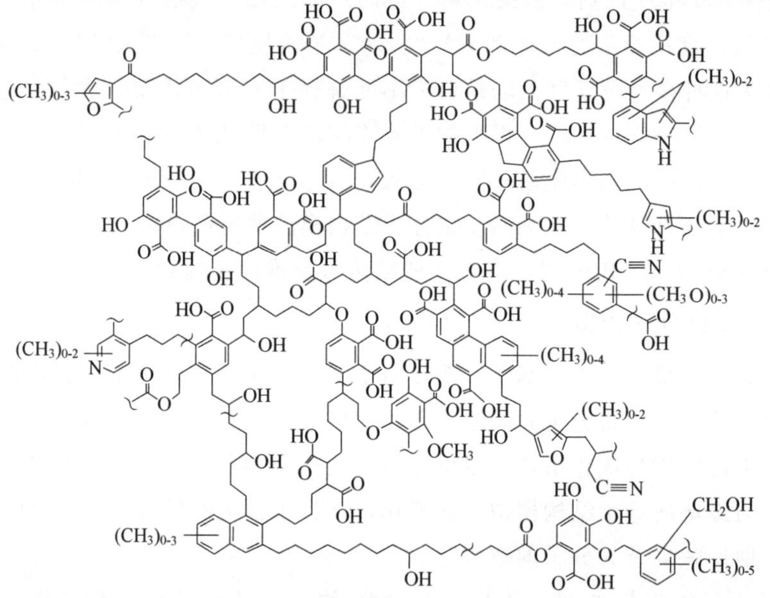

(a)

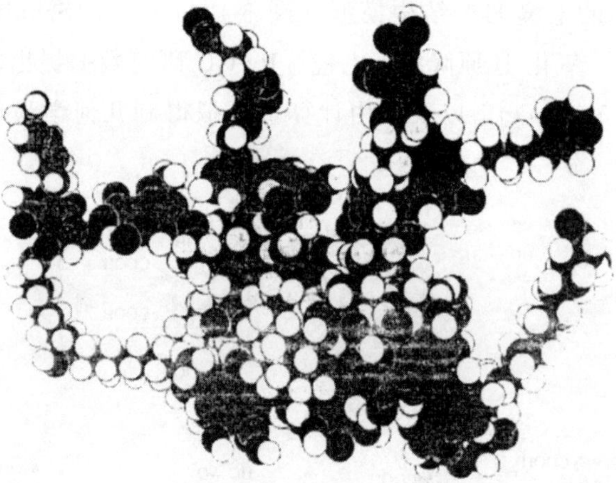

(b)

图 5-13　Schulten 的土壤 HS 二维平面结构模型（上）[46]和三维立体结构模型（下）[50]

HA 三维立体结构模型［图 5-13(b)］，并推算出 HA 的平均分子式为 $C_{308}H_{328}O_{90}N_5$，平均分子量为 5540。该模型是由具有挠性和空隙的长脂肪链连接在芳环上的海绵状骨架结构，其构型已被 Schnitzer 的电子显微镜观察所证明，从而有力地解释了 HS 的许多物理-化学、生物化学和环境行为。需注意的是，计算机分子模拟技术是以有机结构化学基础数据和大量实验数据为基础的，后者又来自不同种类腐植酸组成性质长期积累并建立起来的数据库。因此，计算机分子模拟确实比经典方法更科学化，但对如此复杂的 HS 来说，仍是极其理想化的构图。事实上，结构模型构想对了解 HS 的特征有一定理论意义，但对实际应用并没有更多的价值。可以假定，有 100 个不同来源或不同加工方法得到的样品，就可能用 100 个甚至更多的模型去表达，无论如何也不可能“制造”出一个统一的结构模型。近期有不少人刻意对 HS 的“超分子”概念大加炒作，认为这是一个“创新理论”。实际上，超分子学说是早先由 Hayes 等[17]提出来的，与 HS 的“大分子聚集体”概念同出一辙。

5.4.3　腐植酸结构的现代概念

尽管目前对 HA 的结构存在种种争论，但对以大量实验数据为证据的现代 HA 化学结构概念却是难以驳斥的。按这一现代概念，可以把 HA 的化学结构分为四个层次：核＋桥键＋官能团→基本结构单元；n 基本结构单元→分子；n 分子＋蛋白质＋氨基酸＋碳水化合物＋脂肪烃类＋金属离子＋其他→HA 大分子；n 大分子（＋其他物质）→大分子聚集体。

分别简单说明如下。

（1）基本结构单元和分子　基本结构单元是由核、桥键和官能团组成的。核包括芳香环、脂环、酚、醌和杂环，多数为单环，个别为缩合多环（煤中 HA 缩合度大，最多 6 个环）；桥键主要为亚甲基［$\leftarrow CH_2 \rightarrow_n$，$n$ 一般 1～3］，次甲基（$>$CH—），其次是—O—、—CO—、—CH_2CO—、$>$$CHCH_2$—、—N＝、—NH—、—S—、多肽、糖苷等；官能团主要有羧基（—COOH）、酚羟基（—OH_{ph}）、醌基（$>C{=}O_{qui}$），其次是—OH、—OCH_3、非醌羰基（$>C{=}O$）、氨基（—NH_2）、烯醇基（—CH＝CHOH）等。单元结构中—COOH 之间、—COOH 与—OH_{ph} 或 $>C{=}O_{qui}$之间，可能以邻位配置居多，构成有利于螯合的态势。若干结构单元之间主要通过桥键以配位键和共价键联结，构成一个分子。分子尺寸随腐植化程度加深而增加。

（2）大分子　分子之间由氢键、静电引力、电荷转移、范德华力、自由基可逆偶合以及金属离子桥等各种作用力相缔合，并且以物理或化学形式吸附着或多或少的单体蛋白质、氨基酸、碳水化合物、脂肪酸、脂肪烃类（链长一般 1～8 个 C，最高 24 个 C[2]）、金属及其水合离子以及环境化合物，构成腐植酸大分子结构。不同来源的腐植酸大分子构象基本相似，但随腐植化程度加深，大分子结构趋于简单化，被吸附的单体物质（脂肪组分、蛋白质、糖类等）逐渐减少。

（3）大分子聚集体　若干大分子相互结合（有时还夹杂其他物质）形成不同构象的大分子聚集体或胶态分散体。在固体状态下，HA 大分子既有按一定规律排列的缩合芳香层片（其平面直径和轴向距离大约 10～15Å），又有无序组合的脂肪族、官能团和其他组分，决定了它们的海绵状、多孔性、曲挠性结构，以及酸性和各种

吸附特性，甚至在空隙中可能（物理）填充约10%的碳水化合物和约10%的蛋白质[3]；HA大分子在水溶液中又呈线形或球形胶体特征，若干大分子又由表面化学或其他胶体化学作用形成大分子胶体悬浮体，表现出高度聚电解质性质和反应性。这种大分子聚集体不太稳定，很容易被弱有机酸破坏[51]。

（4）基本结论　腐植酸类物质毕竟是多种化合物的混合物和多分散体系，没有确定的分子结构和分子量，企图用一个确切的结构模式和分子量来表示HA的结构特征是不可能的。但可以近似地用二维或三维空间结构模型以及平均分子量对特定的HS样品进行表征。用VPO、冰点、沸点等方法测定的腐植酸平均分子量2000左右比较接近分子大小的实际情况，太高的值（10000以上）实际是大分子体系或其胶体聚合体的“分子量”。

参考文献

[1] 李善祥．腐植酸产品分析及标准［M］．北京：化学工业出版社，2007.

[2] Amblès A. 表征腐殖质结构的方法［M］. //生物高分子(第一卷). 北京：化学工业出版社，2004.

[3] Stevenson F J. Humus Chem，Genesis，Composition，Reaction［M］. 2nd ed. New York：John Wiley & Sons，1994：496.

[4] 徐友志．褐煤腐植物质的分离与结构表征及应用氧化法研究腐植物质的结构．北京：中国科学院化学所博士学位论文，1990.

[5] 刘康德，郑平．煤炭腐植酸的表征［J］. 燃料化学学报，1980，8（1）：1-10.

[6] 张常书，彭红梅，刘媛媛，等．煤炭黄腐酸和生化黄腐酸界定研究［J］. 腐植酸，2008，（2）：12-21；34.

[7] Baddi G A，Hafidi M，Cegarra，J，等．用元素和光谱（FTIR和^{13}C-NMR）分析研究橄榄渣与谷物秸秆废弃物堆肥生成的黄腐酸特征［J］. 黄琛，周霞萍，译．腐植酸，2006，（3）：38-44.

[8] 成绍鑫．生化黄腐酸与其他来源黄腐酸组成性质的初步比较［J］. 腐植酸，2009，（2）：1-8；20.

[9] 文启孝，等．土壤有机质研究法［M］．北京：农业出版社，1984.

[10] Schnitzer M. 环境中的腐植物质［M］. 吴奇虎，译．北京：科学出版社，1979.

[11] 吴奇虎，唐运千，孙淑和，等．煤中腐植酸的研究［J］. 燃料化学学报．1965，6（2）：122-132.

[12] Schnitzer M and Skinner S I M. In Isotopes and Radiation in Soil Organic Matter Studies［M］. Vienna：Inten Atomic Energy Agency，1968：41.

[13] Swift R S. In Humic Substances Ⅱ：in Search of Stracture［M］. Hayes M H B，MacCarthy P，Malcolm R L. New York：John Wiles & Sons，1989：449.

[14] 张德和，杨国仪．腐植酸平均分子量的测定［J］. 化学通报，1986，（7）：43-45.

[15] 成绍鑫，孙淑和，李善祥，等．腐植酸和硝基腐植酸的结构研究［J］. 燃料化学学报，1983，11（2）：26-39.

[16] Bowen T J. An Introduction to Ultracentrifugation［M］. London：Wiley- Interscience，John Wiley，1970.

[17] Hayes M H B. 腐植物质的结构［M］. 郑平，译．腐植酸，1993，（4）：48-57.

[18] 成绍鑫，孙淑和．晋城风化煤黄腐酸的凝胶分级［C］. 腐植酸化学学术讨论会论文集．郑州：中国化

学会，1979：60-72.
[19] 张德和，招禄基，戴慕仉．黄腐酸的凝胶过滤Ⅱ．在葡聚糖凝胶上与二甲基亚砜介质中的凝胶过滤[J]. 分析化学，1982，10（5）：281-285.
[20] Jarafshan J m，Sherry L H，Jnnifer L A，et al. Fluorescence characterization of IHSS humic substances：total luminescence spectra with absorbance correction [J]. Environ. Sci. Technol，1996，30（10）：3061-3065.
[21] 成绍鑫，孙淑和，吴奇虎．腐植酸中羰基醌基对紫外和可见光谱的影响 [J]. 江西腐植酸，1982，（2）：1-8.
[22] 阳虹，李永生，范云场，等．风化煤中腐植酸的提取及其光谱学研究 [J]. 煤炭转化，2013，36（2）：87-91.
[23] 谢英荷，洪坚平，王红茹．五台山区土壤腐殖质组成及性质的研究 [J]．腐植酸，1995，（2）：17-20.
[24] 程亮，张保林，徐丽，等．腐殖酸热分解动力学 [J]. 化工学报，2014，65（9）：3470-3478.
[25] Retcofsky H L. Applications of Spectrometry in Studies of Coal Structure [M]. In DOE Symposium Series 46，Scientific Publems of Coal Utilization，1978：79.
[26] 张德和，刘登良．吐鲁番风化煤黄腐酸的结构表征 [J]. 燃料化学学报，1982，10（2）：29-36.
[27] 李淑婕，郑平．腐植酸结构与植物刺激作用 [C]. 腐植酸化学学术讨论会论文集．郑州：中国化学会，1979：170-179.
[28] Hertkorn N，Günzl A，Wang C，et al. In the Role of Humic Substances in the Ecosystems and in Environmental Protection [M]. Drodz J，Gonet S S，Senesi N and Weber J. Wroclaw Polish Society of Humic Substances，1997：139.
[29] Bortiatynski J M，Hatcher P G and Knicker H. In Humic and Fulvic Substances. Isolation，Structure and Environmental Role [M]. Gaffney J S，Marley N A，Clark S B. Washington，D C：Am Chem Soc，1996：57.
[30] 成绍鑫，王仙凤，吴奇虎，等．褐煤的 EDA-DMF 萃取和加氢液化性能 [J]. 燃料化学学报，1993，21（1）：51-60.
[31] 陈荣峰，余守志，赵天增，等．腐植酸核磁共振波谱的研究Ⅲ．几种腐植酸的^{1}H-NMR 谱和^{13}C-NMR 谱 [J]. 燃料化学学报，1983，11（2）：80-87.
[32] 周霞萍．腐植酸应用中的化学基础 [M]. 北京：化学工业出版社，2007：47-58.
[33] 杨毅，兰亚琼，金鹏康，等．水环境中腐殖酸的荧光参数及其与重金属络合常数特征 [J]. 西安建筑科技大学学报：自然科学版，2017，49（3）：432-436；462.
[34] 赵越，何小松，席北斗，等．鸡粪堆肥有机质转化的荧光定量化表征 [J]. 光谱学与光谱分析，2010，30（6）：1555-1560.
[35] 林樱，吴丰昌，白英臣，等．我国土壤和沉积物中富里酸标准样品的提取与表征 [J]. 环境科学研究，2011，24（10）：247-252.
[36] 张文娟，李颖，郭金家，等．腐殖酸表面增强拉曼光谱实验研究 [J]. 光谱学与光谱分析，2013，33（5）：1249-1252.
[37] 吉芳英，黎司，虞丹尼，等．三峡库区消落带腐殖酸的表面增强拉曼光谱 [J]. 环境化学，2011，30（4）：778-785.
[38] 阳虹，麻志浩，张玉贵，等．风化煤腐植酸裂解特性及动力学分析 [J]. 煤炭转化，2014，37（4）：

74-80.

[39] 余守志，朱琰，陈荣峰．八种腐植酸热重分析及其热分解动力学的研究 [J]. 燃料化学学报，1990，18 (1)：8-15.

[40] Kucerik J，Kovár J，Pekar M. Thermoanalytical investigation of lignite humic acids fractions [J]. Journal of Thermal Analysis and Calorimetry，2004，76 (1)：55-65.

[41] Van Krevelen D W. Coal：Typology-Chemistry-Physics-Constitution [M]. In Coal Science Technology，3rd ed. Amsterdam：Elsevier Pub Co.，1993：90；99.

[42] Kucerik J，Kovár J，Pekar M. Thermoanalytical investigation of lignite humic acids fractions [J]. Journal of Thermal Analysis and Calorimetry，2004，76 (1)：55-65.

[43] Loefppert R H，Volk B G. Proc Symp Soil Organic Matter Studies [M]. Vienna：Intern Atomic Energy Ageney，1977.

[44] 伍越寰．有机结构分析 [M]. 合肥：中国科技大学出版社，1993：55.

[45] 田中诚之．有机化合物的测定方法 [M]．姚海文，译．北京：化学工业出版社，1986：91.

[46] Schulten H R. In Humic Substances in the Global Environment and Implications on Human Health [M]. Senesi N，Miano T M. Amsterdam：Elsevier，1994：43.

[47] Schulten H R，Leinweber P，Schnitzer M. In Environ Particles Structure and Surface Reactions of Soil Particles 4. Huang P M，Senesi N，Buffle J. New York：John Wiley & Sons，1998：281.

[48] 蔡名方，陈荣峰，余守志，等．八种腐植酸的程序升温裂解质谱表征 [J]. 燃料化学学报，1986，14 (2)：134-141.

[49] Langford C H，Gamble D S，Underdow A W，Lee S. In Aquatic and Terrestrial Humic Materials [M]. Christman R F，Gjessing E T. MI：Ann Arbor Science，1983：219.

[50] Schulten H R. Schnitzer M. A state of the art structure concept for humic substances [J]. Naturwissen Schaften，1993，80 (1)：29-30.

[51] Piccolo A，Nardi S，Concheri G. Macromolecular changes of humic substances induced by interaction with organic acids [J]. European Journal of Soil Science，1996，47 (3)：319-328.

06

第6章　物理-化学和生物化学性质

腐植酸类物质（HS）的物理-化学性质和生物化学性质与其组成结构应该有密切关系，但由于HS组成结构的复杂性和多样性，故其各种性质也有广泛的离散性和不确定因素，而且多数都是实验研究的积累，还存在许多无法从理论上解释的现象。

6.1　物理性质

HA为褐色到黑色松散粉状物，颜色深度一般随腐植化程度提高或按土壤HA≈泥炭HA＜褐煤HA＜风化煤HA的序列加深。同一来源的HS相比，FA比HA颜色略浅；HA加热不熔化，但高于150℃时发生热分解。HA真密度在1.14～1.69g/cm³，平均1.5g/cm³；FA真密度平均1.4g/cm³，也按上述次序逐渐增加。此外，HA及其一价盐的密度还与pH值有关，近中性时最高，但又随碱性提高而降低。HA在空气中有一定的吸水性，其一价盐更容易吸水潮解。

FA可溶于水和任何碱性、酸性水溶液，以及乙醇、丙酮、乙酰丙酮等有机溶剂。HA则易溶于强碱液中，主要是NaOH、KOH，其次是Na_2CO_3、氨水。常用的HA萃取剂主要是0.1～0.2mol/L NaOH溶液。在某些含氮极性有机溶剂[如乙二胺（EDA）、二甲基甲酰胺（DMF）、二甲基亚砜（DMSO）、吡啶、己二胺、己内酰胺等]中也有较强的溶解性，但都会与HA发生化学反应或不可逆吸附。HA在某些无机酸和有机酸的碱性盐中也有一定溶解性。但在任何溶剂中，过高的离子强度都会抑制HA的溶解。

6.2　胶体化学和表面化学性质

早在19世纪末，德国化学家van Bemmelen等就认为HA是一类有机胶体，它们在土壤胶体化学中发挥着重要作用。HA 还被认为就是一种聚电解质，比如，将 HA 溶在适当的缓冲溶液中，会向阳极泳动，形成“pH 梯度”。这也是有机电解质的典型行为。1919 年以 Odèn 为首的土壤化学家首先详细地从胶体化学角度研究了 HA 的性质，提出以下论点：①HA 的胶体颗粒是一种高分子聚合体。当以亲水胶体存在时，其稳定性是由双电层及其外表面的水化层界面决定的；②HA 分子可能是二维或三维交联的卷曲长链，其聚合态是可逆的，宏观上表现为具有一定膨胀度的疏松结构；③HA 胶体颗粒表面电荷是由分子中酸性基团（或部分碱性基团）离子化形成的，导致颗粒间相互排斥而使其解体或分散，又可能在无机盐或金属离子作用下相互凝结；④HA 胶体在两相平衡时成为溶胶，在固态时成为干胶。100 年前就能提出如此精辟的论断，实在是难能可贵的。直到今天，Odèn 的学说仍然为腐植酸胶体化学的理论基础。

6.2.1 胶体颗粒尺寸与形状

按胶体化学概念，分散粒子尺寸≥10μm 的为粗分散体系，100nm～10μm 为悬浮体，1～100nm 为胶体溶液（溶胶），<1nm 为真溶液。

不少学者采用电子显微镜、超离心机、小角度 X 射线衍射、高分辨超声仪、光散射和凝胶色谱等方法研究了 HA 的胶体粒子尺寸和形状。胶体粒子的大小和形状与溶液浓度、pH、离子强度有关。在极低浓度、较高 pH 下（FA 可在广泛 pH 下），表现为“大离子”真溶液；但在高浓度下，HA 和 FA 都成为带负电荷的亲水胶体，并表现出聚合电解质性质，形成一种非均一、多分散体系，其粒子大小和形状受介质 pH、中性无机电解质浓度的制约，差别很大。杨毅等[1]研究了 HA 溶液的 pH、浓度与粒径变化规律，发现在 pH 较低和浓度较高时，HA 的聚合度增加，粒径也增大（见图 6-1）。

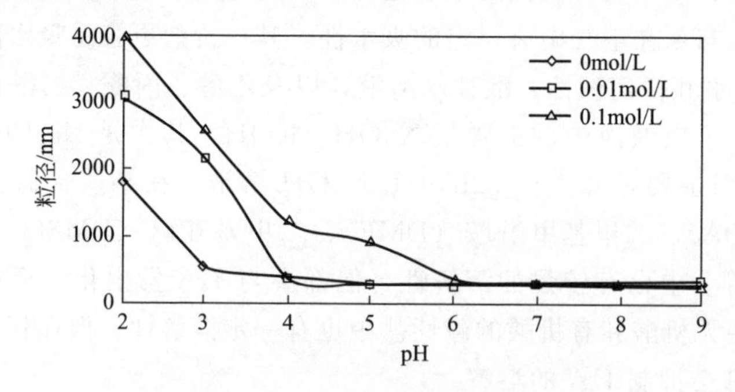

图 6-1 溶液 pH 与 HA 粒径的关系

Senesi 等[2]观察到不同 pH 下 FA 胶体颗粒的扫描电镜照片（见图 6-2）。pH 2～3 时主要是延长的纤维和纤维束，表现为敞开的结构；pH 4～7 时集结为网状或海绵状结构；pH>7 时颗粒排列出现定向性；pH≈8 时生成薄片，pH≈9 时薄

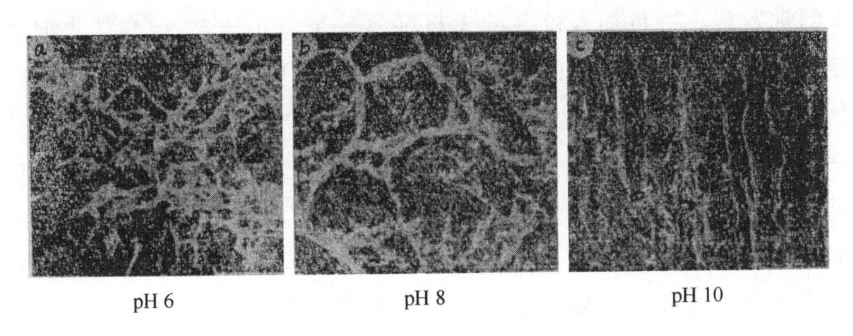

图 6-2 黄腐酸胶体颗粒扫描电镜照片

片变厚，到 pH≈10 时又变成细小的均匀粒子。这是因为随 pH 值的提高，COOH 和 OH_{ph}趋于解离，粒子间静电斥力增强，促使粒子分散并逐渐定向化。但 pH 值更高、或光照射后 HA 自由基浓度增加，会导致颗粒强烈分散或“反团聚”。HA 的电镜特征与 FA 相似，只是粒子薄片更厚些。在耕地土壤的通常 pH 值和中性盐浓度下，HA 和 FA 似乎表现为弯曲线形大分子。奥尔洛夫[3]电镜测定 HA 胶体颗粒在 3～10nm，认为基本上属于球形的。在 pH＝11～13 时分散为≤3nm，接近分子的尺寸，相当于分子量 12000。在自然状态下（pH≤7）HA 颗粒通过侧链联结成疏松网状结构的聚合体。Stevenson[4]、Ghosh 等（1982）的观察也发现同样的规律，但 HA 颗粒尺寸稍大些（9～28nm）。Schnitzer 等[5]观察到 FA 的最小颗粒为0.15～0.2nm，相当于实测的分子量 951，并随 pH 值增加，粒子被拉伸并显示出不规则结构，然后平展为带有不同大小孔洞的薄片状结构。Pivet 等（1960）观察到 HA 为椭圆形胶体颗粒，长短轴之比为 6.8，颗粒周围结合着水化层，HA 与水质量比为 1∶1。

超离心研究发现，HA 是扁平椭圆或高度溶剂化的、柔软的、膨胀的无规线团。小角度 X 射线衍射测定 HA 颗粒也在 3.6～13.7nm。溶液浓度也明显影响 HA 的胶体粒子特征。Klucáková 等[6]通过高分辨超声仪研究发现，HA 溶液浓度为 0.02～1g/dm^3时，观察到分子重排，水化膜中水的压缩率小于重力水，使结合水转移到重力水中，粒子弹性改变，增加了溶液的总压缩率，降低了超声波传递速度；溶液浓度高于 1g/dm^3时，HA 粒子聚合并形成刚性结构。

至此，联想到有人采用制备纳米材料的办法，企图研发所谓“纳米腐植酸”，似为商业炒作。从前述研究结果看，HA 的胶体颗粒一般都在 3～10nm，本身就是纳米级粒子，而 HA 一价盐和 FA 的稀水溶液属于真溶液，已是分子或离子级的水平（<0.2nm），而且是化学活性很强的有机电解质。

6.2.2 胶体絮凝作用

在胶体溶液状态下，HA 粒子是相当稳定的，这主要是较厚的扩散双电层的贡献。但人们常发现，一旦加入过多的无机酸（一般到 pH<5）或盐类时就会发生絮凝沉淀。原因是：①无机酸阴离子和电解质压缩 HA 溶胶的双电层，将 HA 阴离子的负电荷中和，ζ 电位降低，分子间斥力减弱，促使分子卷曲，“赶走”它们周围的一部分水化分子，于是 HA 由亲水胶体转化为憎水胶体。一般 ζ 电位小于 0.03V 时溶胶开始絮凝[7]；②多价阳离子对 HA 阴离子的凝结作用。多价阳离子不仅使 HA 阴离子得到中和，促使其分子本身团聚，而且通过金属螯合桥键导致分子间剧烈缔合，这种缔合和凝聚有时甚至是不可逆的。

HA 的絮凝程度与介质温度（T）、介电常数（ε）、阴阳离子性质（特别是阳离子价数 Z）、单位静电荷（e）有关。常用的参数“絮凝值”（或称“凝聚极限”）n，即每立方厘米溶胶凝聚所需的最少离子数：

$$n=\frac{C\varepsilon^{3}(KT)^{5}}{A^{2}e^{6}Z^{6}} \tag{6-1}$$

式中，A 为范德华引力常数；K 为波尔茨曼常数；C 为离子常数。在其他条件相同时，絮凝值与电解质价数的六次方成反比（$n \propto 1/Z^{6}$）。这就是 Chulze-Hardy 规则：与胶体粒子带相反电荷的离子的价数愈高，絮凝能力愈强（即凝聚极限 n 愈小）。从一价到三价离子絮凝值比例为 $1^{-6}:2^{-6}:3^{-6}=1:0.016:0.0014$。在价数相同时，凝聚极限与水合离子半径成反比。许多研究者所测定的 HA 的凝聚极限结果基本符合 Chulze-Hardy 规则，但也出现不少特殊情况，比如有的三价阳离子电荷密度很高，只有在溶液中以简单的阳离子质点出现，n 值大小才与离子半径关联，而这种现象很大程度上取决于 pH 值和络合常数。奥尔洛夫（1967）甚至发现 HA 的凝聚极限与金属氢氧化物的溶度积呈正相关。显然，HA 结构和性质的不确定性必然导致测定结果的偏移。Wright（1963）报道 FA 的 n 值大小的顺序为 $Al^{3+}>Fe^{3+}>Ca^{2+}=Mg^{2+}$；Khan（1969）报道 HA 的 n 值为 $Al^{3+}>Fe^{3+}>Cu^{2+}>Zn^{2+}>Ni^{2+}>Co^{2+}>Mn^{2+}$。我国腐植酸研究者利用 HA 和 FA 在强酸介质中或在电解质（特别是 Al^{3+}）中絮凝的性质，予以区分 HA 和非 HA。如刘波等[8]的研究表明，在溶液中添加 $Al_2(SO_4)_3$ 后，凡是具有芳香特性的黄腐酸均会与 Al^{3+} 结合后沉淀下来，而碳水化合物（淀粉、糖类）、蛋白质、氨基酸等与 Al^{3+} 作用则不会沉淀。据此，可以鉴别和测定 FA 和非 FA，并排除生化黄腐酸（BFA）中的非 FA 组分的干扰。

凝聚极限 n 是评价 HA 抗电解质絮凝能力的重要指标。目前测定 n 的方法基本沿用科诺诺娃的 $CaCl_2$ 测定法。不同研究者对 n 大小与结构之间的关系结论不一。如刘康德等[9]发现 n 与 HA 总酸性基和羧基含量呈负相关。不同来源的 HA，大体规律是：泥炭>褐煤>风化煤，FA>HA，R_P 型>B 型>A 型。n 似乎与土壤腐植化程度和芳香度呈负相关（见表 6-1）。

表 6-1　不同腐植化程度的腐植酸凝聚极限与组成结构的关系

HA类型	COOH /(mmol/g)	芳香度 f_a	凝聚极限 n	
			$n(Ca^{2+}$,mmol/g)	Ca饱和度①(%/mmol)
A	5.30	47.2	0.006	57.4
B	3.69	21.4	0.02	50.4
R_P	2.49	23.1	0.04	49.2

注：本表数据引自 Shiroya 等（1976）文章。

① Ca 饱和度表示 HA 中 COO^- 结合的 Ca^{2+} 与 COOH 的比例（%/mmol）。

库哈连科（1968）也发现 n 随 HA 原煤的煤化作用和变质程度增加而降低，即泥炭＞褐煤＞气煤＞肥煤＞焦煤＞贫煤。李善祥等（1989）用 HNO_3+HClO_4 对褐煤氧化降解制取的“煤基酸”明显提高了 n，而对风化煤氧化生成的“煤基酸”则降低了 n。拉姆巴尔（2002）的研究结果则相反。他对蒙古褐煤氧化-磺化处理后，发现 n 由原来的 10mmol/L 降到 1mmol/L，伴随着 O/C 和光密度的提高和侧链碳的减少，认为 n 大小主要取决于侧链烷基或环烷对官能团-电解质进行离子交换的空间障碍。也就是说，侧链越少，分子间形成 M^{2+} 桥的空间障碍越小，离子交换越容易，不溶性网状结构越发达，凝聚极限越低。因此，n 不是分散性和亲水性的量度，而是非芳香结构段分的分支性和参与离子交换反应的官能团屏蔽效应的指标，而 E_4/E_6、光密度和 C、H、O 含量等，对 n 的影响都是参考数值。因此，正如奥尔洛娃[10]所说，“腐植酸的凝聚性资料总是相矛盾的，源自目前还没有确切的理论依据。”因此 n 的含义有待后人继续探索。

6.2.3　胶溶作用

所谓胶溶作用，是指在一定 pH 下某些外来阴离子促使胶体溶液处于凝聚和分散的中间状态，这也是 HA 和其他高分子电解质的共性。某些阴离子使胶体溶液发生胶溶的“感胶离子序”大致为：$OH^- > CO_3^{2-} > CH_3COO^- > C_2O_4^{2-} > SO_4^{2-} > Cl^- > Br^- > NO_3^- > ClO_3^- > I^-$。对不同高分子物质来说，这一顺序不是绝对的。研究发现，与一般高分子物质相比，HA 出现的胶溶 pH 值稍高，推断 HA 的胶溶作用是氢键缔合，或者是双电层正好处于胶体粒子相互排斥和吸引的临界状态的表现。在制备 HA 时，HA 凝胶在水洗到接近中性时穿透滤纸的现象就属于胶溶作用。当继续洗涤或滴加少许 HCl，又恢复凝聚状态。胶溶现象还被应用于 HA 的提取工艺，如那坦松（1956）在用碱提取 HA 时，用少量 NaCl 代替部分 NaOH，促使 HA 提早出现胶溶，既容易洗涤过量 Cl^-，又节省了 NaOH。

6.2.4　凝胶和干凝胶性质

HA 溶胶在调到酸性或添加高价阳离子后就絮凝沉淀，经过滤或离心脱水就形成膏状水凝胶，或称凝胶。特列奇尼克（1976）详细研究了一系列二价和三价 HA

盐凝胶的结构、弹性、塑性和强度等性质，发现 HA-Fe 和 HA-Al 的弹性和强度最高，其次是 HA-Ca＞HA(不含金属离子的 HA 凝胶)＞HA-Mg。在制备煤炭腐植酸时采用的碱溶解-酸沉淀的工艺，就是生成纯 HA 凝胶的过程。这类凝胶的含水量 70%～80%，其体积是干腐植酸的 20 倍左右。

大多数 HA 在干燥后强烈收缩而变成干凝胶，简称干胶。干胶遇水或水蒸气时又膨胀，但不一定恢复到原来的胶体状态，而且收缩后再膨胀的胶粒不再是原来的形状和三维结构特征，可能形成链状聚合体而出现巨大的线形高分子颗粒。因此，HA 的干胶收缩后在很大程度上是不可逆的。比如，泥炭 HA 凝胶干燥后体积减小 80%，干胶再吸水膨胀后体积仅恢复 10%左右。van Dijk（1971）认为，HA 与水的结合情况取决于水分子自由能。HA 胶体不同于黏土矿物，它具有“冰冻效应”。如果在水饱和情况下 HA 胶体颗粒被冰冻，则形成“冰晶体”而膨胀，部分凝胶网络“孔眼”被胀破，此时再解冻干燥，保留下来的网络结构便有很大的刚性，且含水极少，可以再吸水膨胀。这样的干燥颗粒就能部分消除一般干燥方法造成的不可逆收缩性。这就是 HA 冷冻干燥的胶体理论基础。

6.2.5 黏度性质

黏度是高分子有机化合物的重要特性指标。胶体化学家也把 HS 看作一类高分子物质，用黏度法不仅可以测定 HS 粒子的大小，而且还能表征其形状等聚电解质性质。

一般用 0.1mol/L NaOH 溶解 HA 制成含量为 0.25%～1%的 HA-Na 溶液，用 Ostwald 毛细管黏度计在恒温（25℃）下测定黏度，绘制成比浓黏度（η_{SP}/C）-浓度（C）关系图。当粒子不带电荷时，上述图形为直线，即比浓黏度和浓度呈正比关系，而带电粒子却是非线性关系。将所得直线外推，在纵坐标上求得特性黏度［η］。Schnitzer 等[5]认为，通常［η］为 0.02～0.05 时，胶体颗粒为球形，［η］为 0.5～2 或更高时为线形。Mukherjii 等（1958）认为煤 HA 属于柔性线形的聚电解质。Orlov 等（1975）则认为土壤 HA 是椭球形的。熊田恭一等（1965）测定的［η］为 0.04～0.46，认为 HA 颗粒大部分是球形的，也有一些近似线形的，并用黏度指标结合光谱特征把土壤 HA 分为 4 类。但熊田恭一等（1968）后来又出现自相矛盾的报道，认为黏度特性不能阐明 HA 粒子是球形还是线形的，只能提供粒子是“十分柔软”的信息。这方面的研究还不少，但结果都不太一致。究其原因，除了样品来源、提取和分离工艺的差异外，可能主要是 pH 值和电解质的影响。

（1）pH 值的影响　王天立等[11]对巩义风化煤 FA 的黏度特征研究发现，溶液 pH 值对［η］影响极大，pH＝2 时［η］为 0.55，pH＝6 时［η］降到最低点 0.05，pH 为 9 时又上升到 0.15 左右。其原因可能是，pH 升高使得质点静电斥力增加，交联被破坏，胶束胶体变为分子胶体。Chen 和 Schnitze（1976）发现，HA 在 pH＝7、FA 在 pH＝1～1.5 时，电负性低，在较高 pH 值时 HA 和 FA 都显示出强的聚电解质性质，黏度方程的曲线形状都反映出线形、棒形或柔软性的颗粒特征。FA在pH＝3时η_{SP}最低，颗粒长短轴之比（a/b）为8.8，pH＝10时为10.2；HA（pH 7～10时）的a/b为15左右。Flaig等对上述结论基本持否定意见，认为黏度变化与H^+浓度，即官能团解离度有关，但官能团的解离又可能引起颗粒形状、重量、密度、表面电荷、凝聚程度的变化，所以黏度是受多种因素支配的，不能把黏度简单看成是颗粒形状的函数。

（2）电解质的影响 Boy等（1974）认为，加入电解质后，反离子氛围产生的电荷黏滞效应和分子间耦合电位都压缩了HA胶体溶液的双电层。比如，加入NaCl，高浓度的Na^+使粒子卷曲起来，从而使η_{SP}/C大幅度下降，并在黏度曲线中间出现一个峰。张其锦等（1987）对巩义风化煤FA的研究也发现同样情况，但无论是否加入电解质，[η]均为同一值，认为巩义风化煤FA大分子链并非柔性，而属于刚性结构。

Ghosh和Schnitzer（1980）总结说，只有当样品浓度较高、介质pH非常低，或者存在相当多的中性电解质的情况下，才能认为是球形的颗粒。而在样品低浓度、H^+和中性盐浓度不太高时，则呈柔性或线形胶体。他们的结论基本符合于多数土壤HA的实际情况，也为电子显微镜观察所证实。但迄今煤炭HA及其他来源的HA黏度研究资料很少，难以断定是否符合上述规律。

6.2.6 ζ电位

在胶体体系中，分散相粒子有较大的表面能，有自动吸附离子的倾向，结果使粒子带电。在电场作用下，粒子向相反的电极泳动，而介质的反离子向另一电极泳动，此现象称为动电现象，由动电形成的扩散双电层的滑动面上的电动电位称作ζ电位。ζ电位是反映胶体稳定性的一个重要参数，主要是根据Helmoholtz-Smaluchoushi公式为原理进行测定的（见式6-2）。

$$\zeta=\frac{4\pi\eta u}{\varepsilon E} \tag{6-2}$$

式中，η为介质黏度，Pa·s；ε为介质介电常数；u为胶粒电泳速度，cm/s；E为电位梯度，mV/cm。龚福忠等[12]测定了风化煤HA盐类的ζ电位，结果表明，介质pH 6～7时腐植酸铵的ζ电位最大（75mV），此时的交换容量（CEC）也最大。不同风化煤腐植酸盐类胶体的ζ电位见表6-2。可见，HA一价盐的ζ电位绝对值约为二、三价盐的两倍，与前述的絮凝值的大小相关。

表6-2 不同风化煤腐植酸盐类胶体的ζ电位

与HA的结合离子	NH_4^+	K^+	Zn^{2+}	Cu^{2+}	Mn^{2+}	Fe^{3+}	$Ca^{2+}+Mg^{2+}$
ζ电位/－mV	62.3	66.1	30.1	31.7	29.7	30.5	34.6

注：工作电压为100V，温度为30℃，pH约为7。

6.2.7 表面活性

HA中有亲水基团（—COO^-、—O^-等），也有疏水基基团和部位（芳核、脂肪链、酯基等），所以也可以把HA看作是一类表面活性物质。但只有当HA转化为一价碱金属盐、完全溶于水时才能显示出表面活性。

处于液体表层的分子总是受到液体内部分子的引力而最大限度地减少分子数量和缩小表面积。要想扩张液体表面，就必须对表面做功，以克服内部引力。所消耗的功被储藏为表面能。扩张表面积所需的功为$dG=\sigma dA$，则表面张力为：

$$\sigma=\left(\frac{\partial G}{\partial A}\right)_{P,T,n} \tag{6-3}$$

式中，G为表面功，N；A为面积，cm^2；σ为单位面积的表面自由能，即表面张力，可以用仪器直接测定，结果以N/cm表示。

25℃时水的σ是72.53×10^{-5}N/cm。如果在水中加入某种物质能使σ减小，也就是使表面自由能降低，这种物质就是表面活性剂。

根据Gibbs方程[13]，很容易利用测出的σ数据计算出形成单分子膜的最大吸附量γ_∞（mol/cm^2）和吸附分子在水-空气界面上所占的最小面积A_{min}（nm^2/mol），并计算出分子量（$M_{计算}$）：

$$\gamma_\infty=\frac{-1}{RT}\left(\frac{d\sigma}{dC}\right)_T=\frac{-1}{2.303RT}\left(\frac{d\sigma}{d\log C}\right)_T \tag{6-4}$$

$$A_{min}=\frac{1}{R\gamma_\infty N} \tag{6-5}$$

$$M_{计算}=2\sqrt{A_\infty}A_\infty\times1.4\times6\times10^{23} \tag{6-6}$$

式中，C为HA样品浓度，$mmol/cm^3$；R为气体常数；T为温度，K；N为阿伏伽德罗常数。通常将$(d\sigma/dC)_T$称为“表面活性”，若为负值，则γ_∞为正值，表明溶质具有降低表面能的作用。

Chen等（1978）测定的浓度为2%的HA（pH 12.7）和3%的FA（pH=12.0）σ分别为44.2×10^{-5}N/cm和43.2×10^{-5}N/cm，γ_∞分别为2.47mol/cm和1.04mol/cm^2。雷维文等[14]测定了不同煤种HA的表面张力，并计算出各Gibbs参数，结果见表6-3。Tschapek等（1976）测定的HA在水面上单分子膜厚度为7.9nm，A_{min}为0.62～0.68nm^2/mol，与雷维文等的测定结果非常接近。

根据许多研究资料统计，HS的表面活性参数大致有以下规律。

（1）降低水表面张力（σ）幅度的次序为：HA<FA，风化煤HA<褐煤HA<泥炭HA，原生HA<硝基腐植酸（NHA）<磺化腐植酸（SHA）<磺甲基化腐植酸（SMHA）。σ还随腐植化程度的加深、pH值的提高以及样品浓度的增加而降

表 6-3 不同煤种 HA 的 Gibbs 参数

项目	泥炭 HA	褐煤 NHA	褐煤 CHA	风化煤 HA
$\sigma/(10^{-5}\text{N/cm})$	48.6～52.9	48.4～49.9	56.2～56.5	59.9～65.2
$\gamma_\infty/(10^{10}\text{mol/cm}^2)$	1.64～1.93	1.89～2.14	1.30～1.35	0.99～1.45
$A_{\min}/(\text{nm}^2/\text{mol})$	0.860～1.01	0.78～0.88	1.23～1.28	1.14～1.67
$M_{计算}$	1340～1705	1148～1382	2291～2433	2045～3626

低。从相关性来看，σ 大小与 HA 的 COOH/(H∶C) 的比值密切相关。

(2) 不同来源 HA 一价盐在水中临界胶束浓度（c. m. c）一般在 0.5%～1.0% 之间[1,14]。Mukherjee 等（1958）测定的 c. m. c 的大小顺序为：泥炭 HA＜褐煤 HA；游离 HA＜HA 盐类；HA-Li＜HA-Na＜HA-K。但也有截然相反的观点，认为 HA 盐没有很明显的亲水和疏水结构部位，在两相界面上不能得到分子平衡，故不可能在溶液中形成典型的胶束。

(3) HA 盐在水中的发泡性也是风化煤＜褐煤＜泥炭，也就是说，泥炭 HA 溶液的表面张力最小，起泡能力最强，泡沫稳定性最好[14]。

(4) 水可湿性和毛细管上升高度（h）是受液体张力（σ）控制的，方程为：

$$\sigma=\frac{h\rho gD}{2\cos\theta} \tag{6-7}$$

式中，h 为毛细管上升高度，cm；ρ 为液体密度，g/cm^3；g 为重力常数；D 为有效孔半径，cm；θ 为液/固接触角，°。可见，表面张力与毛细管上升高度呈正比，与 $\cos\theta$ 呈反比，即与 θ 呈正比。这就是说，σ 越小，毛细管上升高度越低，接触角也越小。

从以上资料来看，一些参数可以较好地解释 HA 的物化性质，并对实际应用有很大的指导作用。比如，张荣明等[15]的研究表明，25℃时在水中添加腐植酸钾（HA-K，0.03g/L）后，使苯在水中的溶解度提高了 3 倍。在水中同时添加 0.03g/L 的 HA-K 和 1% 十二烷基苯磺酸钠（SDBS）后，则显示出协同增溶效应，苯的溶解度是单加 SDBS 的 1.252 倍，说明该混合溶液体系的 c. m. c 较单一 SDBS 的有所降低。此现象是 HA 具有表面活性的佐证，也是 HA 盐在工业上作为增溶剂的理论依据。Chen 和 Schnitzer（1978）认为，含氧官能团固然决定了 HA 的亲水性，而 HA 表面活性对土壤的湿润性影响更大。正是由于土壤吸附了 HA，就降低了气-液和固-液界面的张力，阻隔了土壤毛细管，减小了液/固接触角，从而提高了土壤持水能力。此外，HA 的氧化、磺化、磺甲基化等处理，对提高液体发泡性、湿润性，改善某些矿物浮选性、石油钻井液吸附性、液体肥料在叶面铺展性等方面都有重要意义。

6.3 化学性质

6.3.1 弱酸性及酸性官能团的表征

据酸碱质子理论，凡能给出［H^+］质子的物质就是酸。HS的酸性官能团（主要是COOH和OH_{ph}）能给出活泼H^+，但酸性强度不同，其中COOH酸性最强，其次是OH_{ph}，而OH_{alc}酸性极弱，一般忽略不计。酸性官能团的性质主要用电位滴定法来研究。

假定把HA看作简单的一元弱酸，则在水中的解离平衡方程为：

$$RCOOH + H_2O \rightleftharpoons RCOO^- + H_3O^+ \tag{6-8}$$

$$K_a = \frac{[H^+][RCOO^-]}{[RCOOH]} \tag{6-9}$$

式中，K_a为解离常数，也称质子化常数，是表示离子化程度的一个指数。K_a愈大，酸性愈强。因K_a数值很小（10^{-3}～10^{-8}数量级），故一般用pK_a表示（$pK_a = -\lg K_a$）。简单一元酸只有一个pK_a，但在多官能团的HA中的COOH、OH_{ph}所处的位置和化学环境不同，解离程度也不同，就显示出不同的酸性，出现两个以上pK_a值，则：

$$pK_a = pH + n\lg\frac{1-\alpha}{\alpha} \tag{6-10}$$

活性官能团的标准解离能ΔF用下式计算：

$$\Delta F = -RTnK \tag{6-11}$$

式中，α为官能团的解离度，%。Arp（1983）认为，影响HA官能团解离度的因素有：①分子所带电荷引起的静电引力和斥力；②分子间和分子内的氢键；③大分子疏水部分中酸性官能团之间的空间位阻。如果用标准NaOH溶液对HA溶液进行滴定，消耗NaOH的体积（V）对pH作图得到的是一条S形曲线，无确定的终点；如对曲线微分处理（$\Delta pH/\Delta V_{NaOH}$-$V_{NaOH}$），则得到若干个极大峰，分别相当于酸度不同的羧基（一般有几个）和酚羟基（一般为一个）的等当点，可用以计算出各酸性基团的摩尔量（mmol/g）；与各峰相对应的波谷即为各自的pK_a值，分别用pK_1、pK_2、pK_3…表示（见图6-3）。pK_a值愈小，酸性愈强。同时，还参照模型化合物的pK_a值推断HA酸性基团的相对位置。

Gamble（1970）用电位滴定发现，FA的COOH分为与酚羟基相邻的和不相邻的两种类型，分别为3.12mmol/g和4.1mmol/g。李善祥等[16]的电位滴定研究发现，不同来源的煤炭HA的pK_a数量不同，风化煤HA有4个，风化煤NHA有6个，而褐煤NHA只有3个。各个样品中强羧基只有一个（$pK_1 \approx 3.5$），其余

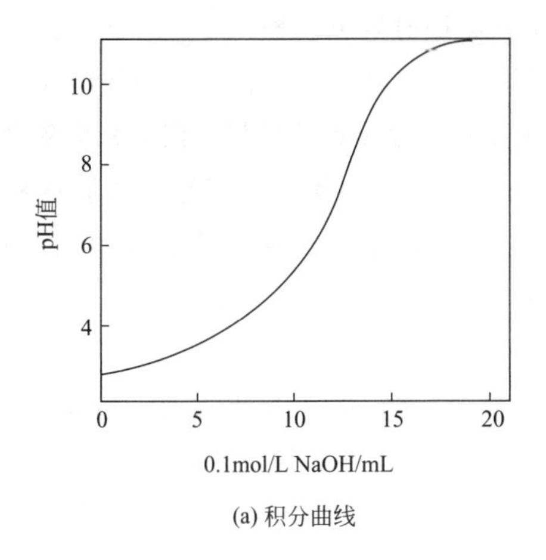

(a) 积分曲线

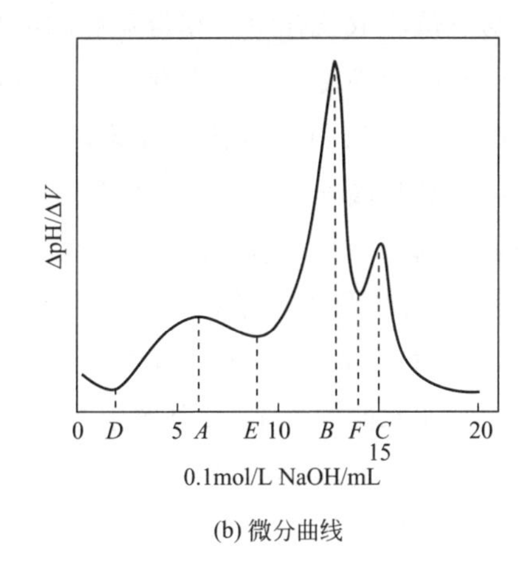

(b) 微分曲线

图 6-3　腐植酸的电位滴定曲线

是弱羧基（$pK_{2\sim5}\approx2\sim7$）和一个酚羟基（$pK_n\geqslant9$），判断褐煤 HA 和 NHA 以水杨酸结构为主，而风化煤 NHA 的弱羧基酸性都高于其他来源腐植酸的弱羧基。陆长青等（1981）的测定结果是，不同来源 HA 的等当点都在 pH 7.7～8.4，pK_1为5.2～5.89，而 FA 的 pK_1为 3.98～4.30，显然 FA 的酸性比 HA 的强得多。刘康德等（1981）也发现土壤 HA 和各种煤炭 HA 的强羧基（pK_1）和弱羧基（pK_2）分别都在 3.1～3.3 和 4.2～5.2 范围内，并认为大多数 HA 不是水杨酸构型的，而是邻位酚羟基和/或与醌基邻位的苯二甲酸及其酸酐结构。Mal′tseva 等[17]用电位滴定法研究了经不同处理的泥炭 HA 的 pK_a 的变化，见表 6-4。

表 6-4　经不同处理的泥炭 HA 羧基和酚羟基的表观解离常数

泥炭 HA 及处理方法	HA 表观解离常数		
	pK_{1d}(脂肪族 COOH)	pK_{2d}(芳香族 COOH)	pK_{3d}(OH_{Ph})
原始泥炭	3.5	8.3	11.4
普通机械活化泥炭	4.0	7.4	10.5
3%NaOH+机械活化泥炭	5.1	7.5	11.2

结果表明，与芳香族羧基和酚羟基相比，脂肪族羧基更容易在碱性介质中解离，而机械活化后的基团更倾向于在中性环境中解离。研究还发现，HA 的活性官能团的解离能（ΔF）大小顺序为：OH_{ph}>芳香族 COOH>脂肪族 COOH，而活化后的芳香族羧基和酚羟基的 ΔF 都有所降低，脂肪族—COOH 的 ΔF 反而有所提高。由此推断，活化改性后的芳香族羧基和酚羟基活性变得更强，也就是供-受电子的作用增强了。

与电位法取长补短、相得益彰的电化学方法还有以下几种。

（1）电导滴定　利用电导率与溶液正负离子浓度及其反应特性相关的原理同样可以测定 pK_a值和等当点。刘康德和李善祥等的电导测定结果与电位法完全吻合。

（2）高频滴定[18]　在≥420MHz 条件下进行的电位滴定，其好处是能在悬浮体中进行滴定，以排除 HA 胶体在电解质上的吸附干扰，提高滴定准确度。Sur（1972）推荐用异丙醇钠在二甲基甲酰胺（DMF）的 HA 溶液中进行滴定，可得到清晰的—COOH 和—OH_{ph}两个等当点。

（3）非水滴定　在水中滴定最大的缺点是酸性官能团互相重叠，较难分辨。Wright（1960）、van Dijk（1971）和 Anbrés（1988）等建议采用比水对质子亲和力更大的有机试剂（如 DMF、EDA、DMSO、吡啶、丙酮、乙腈等）作溶剂，用异丙醇钠、氨基乙醇、甲醇锂（CH_3OLi）等进行滴定，所用电极为锑-铂电极。

（4）量热滴定[18]　基于化学反应时发生热效应的原理，通过测定热力学参数来考察官能团性质、相对位置及其反应机理的一种新技术。Choppin（1978）、Perdure（1980）和李善祥等[16]分别对水体 HA、土壤 HA 和煤炭 HA 进行过量热滴定研究，得到比较清晰的信息，甚至还求出 HA 的中和热、电离热、电离熵等参数。Choppin 等测定出土壤 HA 有两个 pK_a值（4 和 9 左右），认为大多数 COOH 不是邻位的，而是单独发生作用的。Perdure 则认为水体 HA 有 1/3 不是水杨酸型的。由于 HS 结构的复杂性，量热滴定的难度较大，往往出现许多异常情况，故该项技术在 HA 分析中的广泛应用还为时尚早。

6.3.2　离子交换性

HA 的离子交换反应一般用一价碱金属与 HA 的 COOH 和 OH_{Ph}的反应来表示：

$$\text{HA-(COOH)}_m\text{(OH)}_n + (m+n)\text{NaOH} \longrightarrow \text{HA-(COONa)}_m\text{(ONa)}_n + (m+n)\text{H}_2\text{O} \quad (6\text{-}12)$$

上式只是一种理想状态，实际上不可能所有的羧基和酚羟基都参与离子交换。因此，HA 的 pK_a值只反映等当点附近的［COO^-］［H^+］解离平衡，不能说明有多少基团进行了离子交换。参与反应的能力和基团比例不仅取决于 pH 值、HA 解离常数 pK_a，还与阳离子的亲和力（结合自由能）、腐植酸盐的解离性等因素有关。理论和实验表明，碱金属和碱土金属与 HA 的亲和力，与其化合价、水化离子半径有关。一般与 HA 酸性基团进行离子交换能力的次序为 $Na^+ < K^+ < NH_4^+ < Mg^{2+} < Ca^{2+} < Ba^{2+}$（饱和度低时 Na^+ 和 NH_4^+ 互换，饱和度高时 Ca^{2+} 和 Ba^{2+} 互换）。Gamble（1973）用离子选择电极测定了 Na^+、K^+ 与 HA 的标准结合自由能分别为（11.7～20.5）$\times 10^3$J/mol 和（11.5～17.8）$\times 10^3$J/mol。陆长青等[19]根

据 HA-Na 溶液中的离子平衡原理，引入 HA-Na 表观解离度（α）和表观生成常数（K_{Na^+}）来说明 HA 离子交换反应的程度：

$$\alpha=\frac{M_{Na^+}}{M_{EW}} \tag{6-13}$$

$$K_{Na^+}=\frac{1-\alpha}{\alpha^2 M_{EW}} \tag{6-14}$$

式中，M_{Na^+} 为等当点时溶液中游离 Na^+ 的浓度（mol/L），用功能电极测定；M_{EW} 为 HA 的浓度（mol/L），从电位滴定曲线的等当点和中和当量求得。所得数据见表 6-5。

表 6-5 不同来源的 HA-Na 表观解离度和表观生成常数

HS 种类及样品来源	中和等当点 pH	pK_1	α	$\lg K_{Na}$	OH_{Ph}/未解离羧基
土壤 HA	7.7～8.4	5.2～6.82	0.49～0.83	1.39～2.33	1.05～7.29
堆肥 HA	8.04	5.89	0.63	1.97	3.97
泥炭 HA	8.30～8.38	4.71～5.28	0.48～0.71	1.76～2.35	2.94
风化煤 HA	7.82	5.30	0.71	1.79	1.93
土壤 FA	8～8.44	3.98～4.27	0.75～0.63	1.66	0.77～1.07
风化煤 FA	8.20	4.23	0.48	2.35	0.42

结果表明，HA 的解离度大约在 0.4～0.8 之间，也就是说，HA-Na 中大约有 20%～60%的羧基是未解离而形成真正的离子键，也可能有部分羧基与酚羟基构成螯合的配位基。HA 分子内形成的氢键，实质上就是质子的螯合，在等当点时并未消除分子内的螯合，故形成离子键的可能性不大，但质子被 Na^+ 取代后形成的螯合环也会影响 Na^+ 的解离。其次，从 OH_{Ph}/未解离羧基的比值大于 1 来看，参与形成离子键的主要是强羧基，而酚羟基基本未参与反应。

评价 HA 的阳离子交换能力的一个简单指标是阳离子交换容量（CEC），用电位滴定法测定，以“mmol/g”表示。

6.3.3 络合（螯合）性能

HS 的络合（螯合）性能对金属以及矿物的迁移、固定和积聚、化学反应性和生物利用度有直接影响[4]，当然也是 HS 在土壤组成、植物营养、生态环境等方面研究和应用的主要理论基础之一。

由配位场理论可知，当中心原子（或离子）得到配位体给予的电子后，核外电荷密度就增加，导致那些内壳充满轨道电子的反馈，从而形成配位络合物。金属离子为电子接受体，有机基团为电子给予体（即配位体，或称络合剂）。如果一个金属离子与含两个以上电子给予体基团的配位体（螯合剂）结合成一个或一个以上环状结构的络合物，就称作螯合物。

HA和FA的羧基、酚羟基以及某些其他含O、P、N、S的基团都是电子给予体，所以是一类天然络合剂或螯合剂，都容易与金属离子配位。因至今很难分清到底哪些是络合的，哪些是螯合的，故统称络合反应，其反应产物统称络合物。

6.3.3.1 腐植酸-金属络合物的形态

从理论上讲，水杨酸（邻羟基苯甲酸）、邻苯二甲酸类的结构无疑对形成稳定的金属螯合物是有利的，大量研究也证明HA中有此类结构。但实际上，HA大分子是复杂的三维空间聚合体，官能团的组成和结构各异，而且还随环境不同而变化，因此与金属的配位构型具有多样性。实验证实，至少有以下3种络合形式。

（1）形成简单络合物或络离子

$$4\text{HO—HA—COOH} + M^{2+} \longrightarrow \text{HO—HA—COO} \rightarrow \underset{\text{O—HA—COOH}}{\overset{\text{OOC—HA—OH}}{M}} \leftarrow \text{OOC—HA—OH} + 4H^{+} \qquad (6\text{-}15)$$

（2）形成水合络合物

$$\text{HA}\begin{matrix}\text{COO}^{-}\\ \text{OH}\end{matrix} + [Fe(OH)(H_2O)_{x-1}]^{2} \longrightarrow \left[\text{HA}\begin{matrix}\text{COO}\\ \text{O}\end{matrix}\text{Fe}\begin{matrix}\text{OH}\\ \text{OH}\end{matrix}\ (H_2O)_{x-2}\right] + H^{+} \qquad (6\text{-}16)$$

（二水化腐植酸铁盐）

（3）形成螯合物

$$2\text{HA}\begin{matrix}\text{OH}\\ \text{COOH}\end{matrix} + M^{2+} \longrightarrow \text{HA}\begin{matrix}\text{O}\\ \text{C(=O)—O}\end{matrix}\text{M}\begin{matrix}\text{O—C(=O)}\\ \text{O}\end{matrix}\text{HA} + 4H^{+} \qquad (6\text{-}17)$$

6.3.3.2 络合稳定性

HA与金属离子的络合稳定性首先取决于金属离子的种类。按Baffler[20]理论，阳离子分为3类：①“硬”阳离子，主要是碱金属和碱土金属，一般通过静电与“硬”氧配位体相互作用；②“软”阳离子，如Cd^{2+}、Pb^{2+}、Hg^{2+}等，倾向于与中间的和“软”配位体形成共价键；③边界阳离子，即介于“硬”、“软”之间的离子，包括大多数过渡金属，如Fe^{3+}、Cu^{2+}、Zn^{2+}、Mn^{2+}等，它们与“硬”“软”配体都有亲和力。HA大概是属于边界性的配位体，故与各种离子都有一定的络合能力，包括形成部分共价键。此外，HA配位体的相对位置、电子分布与空间环境、三维分子构型、解离度、介质物化性质（pH、离子强度、金属浓度等）都对络合稳定性有影响[20,21]。

表征络合稳定性的指数称作络合平衡常数或络合稳定常数。（水化）金属离子（M^{n+}）与多元酸（A^{m-}）之间的络合反应可写成：

$$M^{n+} + A^{m-} \rightleftharpoons MA^{n-m} \qquad (6\text{-}18)$$

$$K=\frac{[MA^{n-m}]}{[M^{n+}][A^{m-}]} \tag{6-19}$$

但是，HA 是一类结构不规范的多配位体，用上述规范的络合化学理论定义配位体浓度和稳定性常数显然是不太确切的。为此，MacCarthy[22] 提出了“平均条件浓度商”或“稳定性函数”的概念，用式 6-20 表达：

$$\overline{K_{\pi}^{*}}=\frac{\sum W_i K_{\pi,i}^{*}}{\sum W_i} \tag{6-20}$$

式中，$\overline{K_{\pi}^{*}}$ 为稳定性函数，描述腐植酸类多配位体混合物浓度商的总衡量，其数值随 pH 和离子强度而变化；W_i 为重量因子，表示第 i 个配位体平衡浓度与一个随机选择的参考配位体之比，即 $W_i=[L_i]/[L_L]$；$K_{\pi,i}^{*}$ 为第 i 个配位体生成络合物的浓度商。

K_{π}^{*} 可以通过测定离子浓度画出对数三维图计算。腐植酸学界认为，稳定性函数概念符合 HA 多配位体的特点，解决了过去只用单配位体系无法解决的难题，为研究金属-HA 反应提供了新思路。

关于 HA 与各种金属的络合稳定常数的大小，一般遵循 Irving-Williams 序列，但也出现了大量偏离该序列的复杂情况。因为测定稳定性常数的条件非常严格，其差异可能与形成水合金属络合物和官能团亲和力有关。Schnitzer 等（1970）测定的金属-FA 络合物稳定常数（以 lg$K$ 表示）见表 6-6。

表 6-6　金属-FA 络合物稳定常数

金属离子	lg$K$		金属离子	lg$K$	
	pH=3.0	pH=5.0		pH=3.0	pH=5.0
Cu^{2+}	3.3	4.0	Zn^{2+}	2.4	3.7
Ni^{2+}	3.1	4.2	Mn^{2+}	2.1	3.7
Co^{2+}	2.9	4.2	Mg^{2+}	1.9	2.2
Pb^{2+}	2.6	4.1	Fe^{3+}	6.1①	—
Ca^{2+}	2.6	3.4	Al^{3+}	3.7②	—

① 在 pH=1.7 时测定；

② 在 pH=2.35 时测定。

吴京平等[23]测定了风化煤 FA 和发酵 FA 与不同金属离子的络合常数，其大小次序其顺序是：$Mg^{2+}<Co^{2+}<Ni^{2+}<Zn^{2+}<Cu^{2+}<Al^{3+}<Fe^{3+}$，与 Schnitzer 的次序基本相同。一般来说，pH 值提高，K 也略有提高；介质的离子强度（I）对 K 也有影响，一般 I 越大，K 越小。van Dijk（1971）发现，HA 与多数二价金属的键合力差别并不大，与 Pb^{2+}、Cu^{2+} 和 Fe^{3+} 之间的键合力却很强；HA 与碱土金属和过渡金属的结合却有部分共价键的性质。有人还发现，与 Fe^{3+}、

Al^{3+}络合的 K 值大小为黄腐酸＞棕腐酸＞黑腐酸，与 Zn^{2+} 络合的 K 值为棕腐酸＞黄腐酸＞黑腐酸。有的学者还研究了 HS-稀土元素络合物的稳定性，发现 FA 与镧系元素 La^{3+}、Pr^{3+} 的结合能和稳定性与其他种类的金属离子络合物在同一数量级；但 HA 与三价的镧系元素（如 Eu^{3+}）锕系元素（如 Am^{3+}）的络合稳定性都比一般元素高。Reiller 等（2000）测定了 HA 与某些微量元素和稀土元素的络合稳定常数，大致为 Cu(Ⅱ)≈Zn(Ⅱ)＜Np(Ⅴ)＜U(Ⅵ)≈Eu(Ⅲ)、Am(Ⅲ)≈Dy(Ⅲ)＜Th(Ⅳ)。可见，土壤中 HA 与四价以上的锕系元素结合得更牢固，以致削弱了赤铁矿（被誉为土壤的滤毒器）对锕系元素的吸附。这些新的发现都引起了环境科学界的广泛关注。

6.3.3.3 络合物的构成和某些特性

（1）大多数情况下，HA 与金属络合物的配位数（物质的量比）是 1∶1 型的，即单核形态，但也与 pH 和离子强度（I）有关。比如，对二价金属来说，I＝0.1、pH＝3～5 时，或 Fe^{3+}、Al^{3+} 分别在 pH 1.7 和 2.35 时，都为单核络合物。但当 pH 提高、I 降低时，物质的量比则大于 1，表明有多核或混合型络合物形成。这可能是由于高离子强度和低 pH 值条件下促使 HA 分子卷曲或分子间缔合，干扰了多核 HA-金属络合物的生成。

（2）HA-金属络合物一般呈水合物形态，特别是 Fe^{3+}、Al^{3+} 在低 pH 下更容易形成水合络合物。在此情况下，企图用二价金属或碱土金属去交换 Fe^{3+}、Al^{3+} 是极其困难的。

（3）HA-金属络合物分为水溶的和水不溶的两类　有些二价金属盐在 HA 或 FA 溶液中的溶解度，比纯水中高 20～30 倍，这与形成水溶性络合物有密切关系。卡洛耶娃（1970）等的研究也发现，1g 腐植酸可与 7mmol 左右的 Fe^{3+}、Cu^{2+}、Ni^{2+}、Co^{2+}、Ca^{2+}、Zn^{2+}结合，在 pH＞8 的缓冲液中的溶解度达 60%～88%，远高于纯水中的溶解度。但水不溶性的 HA-金属络合物可能是多数。生成水溶的还是水不溶的络合物，取决于金属离子种类、HA/金属离子比例和环境条件，但至今还缺乏确定的规律，有待于继续探索。

6.3.3.4 络合物的研究方法

HA-金属络合物的研究方法很多，包括：①分离技术，如絮凝、质子释放滴定、离子交换平衡法、金属-阳离子竞争-平衡透析、液相色谱，超滤等；②非分离技术，如电位和电导滴定、极谱法、氢离子电极或离子选择电极电位法、阳极溶出伏安（ASV）、可见-荧光光谱法、ESR、电泳法、X 射线光电子能谱（XPS）、DTG、DTA、穆斯堡尔谱（MÖS）等。近期有人采用更先进的毛细管电泳-电感耦合等离子质谱研究 HA-金属络合物，获得了更多的信息[24]。现列举几种常用的方法。

（1）电位法 酸碱滴定时，若溶液中含有 HA 时就不出现通常的 S 形曲线，表明生成了络合物，而且溶液的 pH 比相应的无 HA 的溶液偏低，把 pH 降低的多少作为络合物生成程度的一个指标，用来测定络合物稳定常数。

（2）红外光谱法（IR） IR 是定性鉴定 HA-金属络合物的有力手段之一，其中羧基和酚羟基吸收峰的位移是识别 HA 络合键的主要标志。Senesi（1992）认为，当 HA 与二、三价金属反应而离子化后，$1720cm^{-1}$（羧基的 C═O 拉伸振动）、$1200cm^{-1}$（酚羟基的 C-O 伸缩和 OH 弯曲）处的吸收强度急剧减弱甚至消失，而 COO^- 的反对称振动在 $1600cm^{-1}$ 和 $1380cm^{-1}$ 处出现或加强。COO^-/COOH 的吸收比与金属的性质有关，一般按 Fe＞Cu＞Al＞Ca＞Mg 的顺序递减（即络合强度依次减小）。Banerjee 等（1972）发现，HA 与金属络合后，羟基拉伸吸收的 3500～$3400cm^{-1}$ 移到 3300～$3200cm^{-1}$，位移的幅度为 Mn＜Co＜Cu＜Fe。

（3）核磁共振（NMR）和顺磁共振（ESR） ESR 能提供大量的络合物结构信息。从理论上讲，有机化合物的基团一旦与金属离子发生作用，它们的化学环境就有所改变，导致 NMR 的化学位移，且 ESR 的 g 值、线宽和自旋浓度等也随之改变，据此可鉴别 HA 与金属的络合物结构和性能[25]。Gamble 等（1977）用 ESR 参数测定了重均平衡函数，计算了键合自由能，据此推断该络合物是 Mn^{2+} 同时被 6 个 H_2O 以氢键相连，而外层是被部分电离的 FA 以球形结合的不对称结构。Senesi 等[26]研究表明，Fe^{3+} 与 HA 的 COOH、OH_{ph} 至少在两个不相同的四面体和八面体部位发生球内络合，Fe^{3+} 被键合于内层配合物中而受到 HA 的保护；Cu^{2+} 则在正方平面（变形八面体）中。

（4）可见光谱和荧光光谱 在可见光范围（400～800nm）的光谱中，不同构型的 HA-金属络合物的吸收有明显差别，Schnitzer 等（1963）测定了不同比例的金属离子与 HA 配体溶液的光密度，发现在 pH＝3 时，Cu^{2+}、Fe^{3+}、Al^{3+} 与 FA 形成 1∶1 络合物，而 pH＝5 时 Cu^{2+}、Fe^{3+} 与 FA 为 2∶1 的，但 Al^{3+}-FA 仍为 1∶1 的。荧光光谱对鉴别自由配体和键合配体是非常灵敏的方法，可以通过滴定曲线来测定 HA 的络合能力及其与金属的络合稳定常数。HA 与顺磁性金属离子相互作用，可观察到荧光发射光谱最大值和/或激发峰的位移。这也可看作是 HA-金属络合的佐证。Weber[27]研究发现，顺磁性过渡金属离子（如 Fe^{3+}、Co^{2+}、Ni^{2+}、Cu^{2+}、Mn^{2+}、Cr^{3+}、VO^{2+} 等）可有效地激发 HA 的荧光，反磁性离子（如 Cd^{2+}、Pb^{2+}、Al^{3+}）激发能力则较弱，而碱金属和碱土金属则无荧光增强作用。

（5）X 光射线电子能谱（XPS） XPS 是研究电荷转移络合物的有力手段之一。处于不同环境中的电子结合能不同，X 射线激发的光电子能量也不同。通过测定光电子能量就可推断出络合物的组成和结构形态。王殿勋等[28]测定了 FA 与二价金属及稀土元素络合物的 XPS 谱，发现 FA-La 的 O_{1s} 结合能都比 FA-K 的高，且与水杨酸-La的结合能相当，证明FA-稀土络合物属于水杨酸型结合的；FA-二价金属一般为二价四配位络合物；Zn^{2+}、Cd^{2+}、Hg^{2+}的离子半径依次增大，O_{1s}结合能依次降低，所以FA-Hg结合得更稳定。

（6）热分析法（DTG、DTA） Schnitzer（1969）用DTG法对FA与Fe^{3+}的络合行为进行了研究，结果表明，纯的FA主要分解失重峰在420℃，当往FA中不断加入Fe^{3+}时，失重峰逐渐向低温方向移动。但FA-Al的情况不同，只在Al∶FA＝1∶3和1∶6时分别出现微弱的最大值（350℃、450℃），可借此区分FA-Fe和FA-Al的络合物。此外，FA-二价金属络合物的热稳定性与其络合稳定常数呈反比：随金属价数的增加，热分解峰向低温方向移动；对同价金属来说，主放热峰随离子直径减小而降低。对过渡金属来说，放热温峰与金属离子的电离势呈反比。因此，DTA可作为快速鉴定FA-金属络合物的一种“指纹”。

6.3.4 氧化还原性

腐植物质在某些情况下是电子接受体，表现为氧化剂，而在另一些情况下又是电子给予体，表现为还原剂。HA的这种氧化还原性对金属和地球化学环境起着重要作用。一般认为这种氧化还原性能主要是-酚的转换（见式6-21）。

$$\text{醌单元} + \text{氢醌} \rightleftharpoons 2\,\text{半醌自由基} \underset{H^+}{\overset{OH^-}{\rightleftharpoons}} 2\,\text{半醌自由基阴离子} + 2H_2O \qquad (6\text{-}21)$$

醌单元　氢醌　半醌自由基　半醌自由基阴离子

醌氧化还原电位是表征氧化还原性的主要指标。Szilagyi等（1970）测定的HA水悬浮液的标准氧化还原电位（E_0）为0.7V左右，$E_0>0.7$V时表现为还原性质，$E_0<0.7$V时表现为氧化性质。郑平（1981）测定的泥炭、褐煤、风化煤HA的E_0分别为0.60V、0.63V和0.69V，都在酚-醌转化范围内。显然，上述的HA标准电位实际是半醌自由基的电极电位。

实际上，E_0并不能简单地体现HS的有效氧化还原性。比如，体系的pH对氧化还原性就影响很大。在pH＝3时黄腐酸（FA）将Fe^{3+}还原为Fe^{2+}的数量可达500mmol Fe/100g FA，但在pH5时则很少还原。利施特万[29]认为，用有效氧化还原电位（E_h）可能更具实用性。E_h的含义是，氧化还原电位不仅与E_0有关，而且取决于体系的氧化-还原浓度比（α_{Ox}/α_{Red}）、参加反应的电子数（n）和温度（T）等条件，可用式6-22表示：

$$E_h = E_0 + \frac{RT}{nF}\ln\frac{\alpha_{Ox}}{\alpha_{Red}} \qquad (6\text{-}22)$$

式中，R和F分别为气体常数和法拉第常数。可见，E_h值是不稳定的。土壤和泥炭层体系的 pH 值大小、矿物和离子类型、进入空气的多少、微生物的活动强弱以及温度、湿度等都影响着 α_{Ox}/α_{Red} 比值和参与反应的电子数量 n，也就决定了 E_h 的大小。大量研究证明，有机质和 HS 的存在，在很大程度上能调节土壤和泥炭的氧化还原电位 E_h，可能主要与 HA 调节土壤环境中矿物质的 α_{Ox}/α_{Red} 比值和促进微生物活性有关。一般 E_h 在 0.2～0.7V 范围内对植物生长最为有利，而只有储存着相当数量的 HS 的土壤，才可能使 E_h 保持在这个范围。

Struyk 等（2001）对上述理论提出质疑，认为半醌自由基参与氧化还原反应的假说实际上并没有多少实验依据。他们用 I_2 作氧化剂滴定不同来源的 HA，发现氧化能力大小次序为河水 HA＞泥炭 HA＞土壤 HA，而且 HA 的稳定自由基浓度与氧化能力呈正相关，而电子传递的数量极少。据此，他们又提出一种“自生电子传递中间体”的假说。实际上，HA 中的非醌羰基、硝基、醇羟基、氨基都可能进行氧化-还原反应，比如硝基的还原：

$$C_6H_5NO_2 \underset{-2e}{\overset{+2e}{\rightleftharpoons}} C_6H_5NO \underset{-2e}{\overset{+2e}{\rightleftharpoons}} C_6H_5N(H)OH \underset{-2e}{\overset{+2e}{\rightleftharpoons}} C_6H_5NH_2 \qquad (6\text{-}23)$$

在一定条件下 HS 中脂肪碳结构也会成为还原基团，泥炭（主要是纤维素）作为处理含 Cr 废水的还原-吸附剂就是有力的证明。

氧化还原性还与 HA 类物质的种类、腐植化程度及微生物作用有关联。崔东宇等[30]用柠檬酸铁和硝酸铁作电子受体，对比测定了堆肥腐熟前后 HA、FA 的还原容量（RC），结果表明，腐熟后的肥料中 HA 的 RC 值比腐熟后的高，而对应的 FA 的 RC 却是减小的趋势。机理研究表明，还原能力与其中的类黄腐酸物质含量、醌基浓度呈正相关，与其芳香度和分子量呈负相关。

HA 的氧化-还原性质不仅是农作物生理活性和土壤活力原理的理论基础之一，也同其他物理化学性质有关。Coates 等（1965）的研究发现，HA 的氧化还原电位变化直接影响到分子形态和地质化学变化：在还原状态下，HA 一般呈低密度松散颗粒，表面张力较高，降低了与烃类的结合能力，但增强了与重金属的结合能力和迁移性，同时降低了 HA 的生物活性和重金属的毒性。比如，HA 促使土壤中的 Hg(Ⅱ) 还原为难溶性的 Hg(0)，使 Cd、Hg 形成稳定的硫化物沉淀，使毒性较高的 Cr^{6+} 还原为毒性较小的 Cr^{3+}。为了提高 HA 的还原性，甚至可以对 HA 进行化学改性。如俄罗斯 Shcherbina 等[31]将风化褐煤 HA 氢醌衍生化后，大大提高了还原高价态 Pu(Ⅴ)、Np(Ⅴ)、Cr(Ⅵ) 等的能力。一般在酸性条件下的还原速率远高于碱性条件。HA 对具有氧化活性的锕系金属离子也表现出明显的还原性。HA 的氧化还原性也在电化学转化方面得到应用，比如用于燃料电池等。

三维荧光光谱是研究 HA 氧化还原特征的重要手段之一。姜杰等[32]研究了提纯土壤 HA 的荧光特性，发现还原前后 HA 的三维荧光光谱图明显不同，但有相同的变化趋势：还原态的 HA 荧光强度明显低于还原前，表明 HA 在还原过程中有类似 π-π^* 化学键断裂的结构变化，结合对苯醌的还原前后三维荧光特征图谱，与 HA 的变化规律非常一致，证明 HA 中的对苯醌结构是其氧化还原结构变化的主要机理。这一发现为利用三维荧光特征分析来量化 HA 氧化还原官能团提供了理论依据。

6.3.5 化学稳定性

前面叙述的有关 HS 的存留时间、热解、水解、氧化还原变化等都反映了它们的稳定性。有不少学者企图用定量的方法来描述 HA 的化学稳定性，如熊田恭一[33]采用酸性（A）和碱性（B）0.1mol/L $KMnO_4$对 HA 氧化，以氧化剂的分解率作为 HA 对氧化剂的抗性指标（数值越小，化学稳定性越高）；同时，引入褪色率以反映 HA 抗自然氧化的能力。部分 HA 样品的测定结果见表 6-7。可见，煤炭 HA 的稳定性依煤化程度加深而提高，有机肥 HA 与褐煤 HA、灰化土 HA 的稳定性相当。

表 6-7　不同来源 HA 的化学稳定性　　单位：%

腐植酸来源	分解率	褪色率
人造 HA①	54.7～66.7	20.9～72.1
堆肥和厩肥 HA	48.6～50.8	28.5～38.0
灰化土 HA	52.0	25.4
黑泥 HA	38.3	10.5
褐煤 HA②	51.8	28.6
次烟煤 HA	47.5	24.2
烟煤 HA	40.2	19.0
无烟煤 HA	22.8	6.7

① 人造 HA 包括木质素、氢醌、稻草、葡萄糖制备的 HA；

② 所有煤炭 HA 都是通过 $KClO_3$-HNO_3氧化制备的。

佐伯秀章等（1959）也用类似方法测定 HA 稳定性，结果为：森林土 HA＞水田土 HA＞厩肥 HA＞木材腐朽 HA。还有许多文献报道过不同来源 HA 的化学稳定性，一般为黑钙土 HA＞灰化土 HA，A 型＞B 型＞R_p型，HA-Ca＞HA，HA＞FA 等。

6.3.6 光化学性质

HS 在光照射，特别是在紫外光照射下会发生降解及其他一系列反应。HA 是自然水体中具有光敏化作用的重要物质，它们吸光后由基态转变成激发单重态

($^1HA^*$)，然后经过内部转换、振动弛豫或系间窜越等作用转变成激发三重态($^3HA^*$)。$^3HA^*$可以通过能量转换或电子转移作用，直接与水中溶解性有机污染物发生作用，或者与 H_2O 作用生成羟基自由基（·OH)。在有氧条件下，$^3HA^*$将氧分子转变成单线态氧（$^1O_2$)。HA 的光敏化历程见图 6-4[34]。

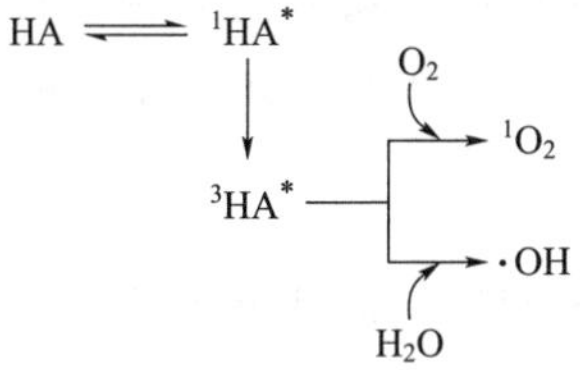

图 6-4 腐植酸的光敏化历程图

可见，HA 的光化学性质较为活泼，吸收光子后会引发一系列自由基反应，从而影响共存体系中有机污染物、重金属等物质的迁移、转化和分解。Slawinski 等(1978) 的模拟实验证实，长期接受光辐射后的腐植酸 E_4/E_6增加，ESR 共振振幅和荧光强吸收谱带（535nm、495nm）降低，表明光激发使 HA 的芳核发生裂解；光氧化伴随着化学发光，引入自由基引发剂和 O_2^-，可减少化学发光 20%～97%。Fukushima 等（2001）发现，紫外光照射后 HA 的酯基和环氧化基团明显增加，可能发生了配位反应或过氧化基团与不饱和基团之间的加成反应。奥尔洛夫(1976) 等认为，泥炭 HA 和 FA 对光照最为敏感，甚至太阳光下都能使 HS 溶液颜色变浅，分子量变小。吴敦虎等[35]研究了不同来源的 HA 和 FA 在紫外光下的降解情况，发现光降解速度的次序为：泥炭 FA＞风化煤 FA＞草甸土 FA＞暗棕壤 HA＞草甸土 HA＞褐煤 HA＞褐煤 NHA。对 pH 6.8、浓度 2～6mg/L 的风化煤 FA 溶液，用紫外光照射 30min 就可全部降解，加入 H_2O_2、抗坏血酸可加速降解。佐佐木满雄等（1968）的实验也证明，紫外光照射＋通氧气时 HA-Ca、HA-Al、HA-Fe 盐的脱色（降解）速度明显比 HA-Na 的慢，说明 HA-高价金属的光化学稳定性较好。

HA 的光化学行为对生态环境有重要影响。光化学激发生成的 HA 碎片离子或瞬时自由基会诱导产生各种二级反应性产物，对自然界（主要是水体）的某些反应能否发生或转化甚至起决定性作用，所以 Hoigne 等（1989）把 HA 称作“光反应引发剂”。许多环境中的化合物（如农药、油类、芳烃等）的迁移、分散和沉淀的正面和负面效应，早已引起环境化学家的关注。此外，HA 的光化学行为对植物生长也有一定影响。如 Grabikowski 等（1977）将 HA 的碱溶液在有氧条件下用紫外光照射，发现生成高反应性自由基和电子激发态化学发光物，该物质可加快小麦种子发芽和根的生长速度。综上所述，HS 的光化学研究对生态环境和实际应用都有重要意义。

6.4 生物活性

所谓生物活性，广义上讲是指生物体的某种生理反应，因此也称为生理活性。具体到腐植物质来说，就是其促使活的生物体在生理上起反应的能力。

6.4.1 生物活性的分类

麻生末雄（1972）将 HA 的生物活性分为两类。

（1）间接活性　指 HA 通过土壤介质导致的对植物生长的影响，包括改良土壤物理性质、增进肥效、对金属的络合、减少磷的固定、对土壤盐的缓冲、对土壤微生物和酶的影响等。

（2）直接活性　即 HA 本身对植物生长的影响，包括促进植物根系活力，增进植物体内有益元素吸收、积累与转化，促进呼吸作用和酶活性，提高抗逆能力等。我们通常所说的“生物活性”主要指的是直接活性。

6.4.2 生物活性的机理

腐植酸生物活性的来源，可以根据国内外多年来的大量研究结果归纳以下4点。

（1）HA 本身的氧化还原性　植物生理代谢和生长过程就是周而复始的氧化-还原过程。HA 在环境中的醌-半醌-酚相互转化就是一种氧化还原体系，作用于活的植物体后必然参与到植物生理和能量代谢过程中去。Flaig（1957）认为，HA 进入植物体主要作为 H 的受体影响植物的氧化还原过程，促进糖的积累。特别是在缺氧条件下，HA 能促进腺苷三磷酸（ATP）的合成，或作为多酚供应源，起呼吸催化剂的作用。HA 提高作物的抗逆性机理也与此有关。

（2）对植物酶和生长素的影响　腐植酸可使植物体内的合成酶（主要是醛缩酶和转化酶）得到活化，促进可溶性碳水化合物积累，使细胞渗透压提高，从而提高对干旱的抵抗力。Cozok[36] 认为 HA 会与植物酶结合，改变了酶的活性。HA 对某些破坏植物生长素（促进细胞伸长的植物内源激素）的氧化酶活性有抑制作用，这可能与提高植物抗旱能力和瓜果甜度有关。

（3）提高细胞膜透性，促进营养吸收　Brussaard（1958）首先发现 HA 有良好的细胞膜渗透性，可加速植物解剖学组织，特别是生长点上的分化。由于 HA 与营养元素络合、螯合或紧密吸附，从而加速其向细胞内的扩散渗透，提高营养元素的吸收和利用率。在一定环境条件下，HA 可能通过光化学诱导促进农药的分解。

(4) HA共生的某些物质本身就是激素或类激素　植物自身的体内源激素有23类（上百种），在泥炭和土壤有机质中就含有13类（几十种），几乎都是微生物代谢活动的产物。它们有的与腐植酸以不同强度的物理或化学键结合着，如甾醇、萜类、维生素、抗生素（金霉素、青霉素、球菌素等）、生长素（赤霉素）等；有的可能本身就是HA结构的一部分，不过是以低分子、弱结合形态存在的，如吲哚乙酸和吲哚丁酸、α-萘乙酸、琥珀酸、叶酸、肉桂酸、香豆酸、苯乙酸、阿魏酸、莽草酸、氨基酸、氨基嘌呤等。

充分发挥HS的上述生理作用的重要条件是进入植物组织内部。Prat等(1959)的植物组织显微镜照片（见图6-5）可清楚地看出细胞中有暗色HA存在，是HA渗入植物细胞的有力证据。Vaughan等（1976）和Chen等[37]通过^{14}C-标记和电镜观察发现渗入小麦根细胞的HA，其中约有40%与细胞壁结合，进入细胞质中的HA不超过60%。这些可溶性的HA对植物细胞内发生的生物化学过程（包括膜渗透和输送、呼吸的活化、光合成、核酸合成、叶绿素和ATP的增加等）都发挥着至关重要的作用。

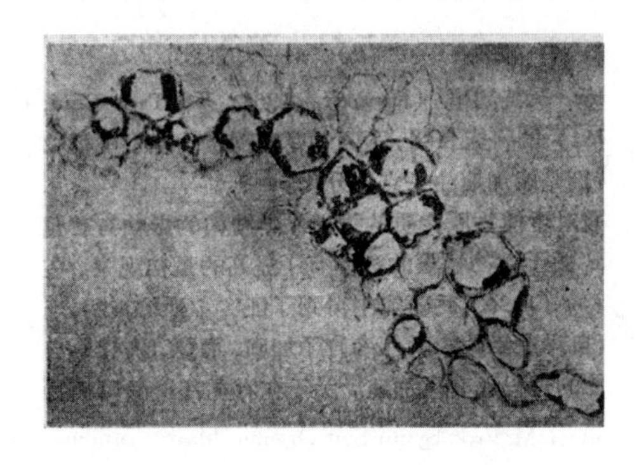

图6-5　植物组织显微镜照片（胞内的黑色物是腐植酸）

6.4.3　生物活性与腐植酸组成结构的关系

HA的生物活性与其化学组成结构的关系至今没有定论。早先的文献[13,38]中，几乎一致认为HA的生物活性主要与醌基和酚羟基和（或）它们形成的稳定自由基有关。后来有人认为只有羧基起主要生物活性作用，有的甚至说与所有的共轭芳香结构都有关系。更特殊的是，诺彼科巴（2001）等认为HA生物活性与分子量大于10000的组分、COOH、OH_{ph}和大分子电荷有关。李淑婕和郑平[39]对我国14个HA（FA）样品进行了植物生长刺激活性研究，结论是：①多数风化煤HA-Na刺激活性优于FA，但低浓度HA-Na和FA都有良好的活性；②活性集中在核心部位，与酸可降解的部分无关；③醌基、酚羟基、羧基都与刺激活性有关，而与自由基无关；④分子量（$\overline{M}_n$）在1200～1300范围内对活性影响不大，但过低或过高都使活性降低。布亚姆巴加尔（2003）等通过^{13}C-NMR解析与小麦种子发芽生物试验结果关联，表明HA的生物活性与亲水官能团（-COOH、-OH_{Ph}、醇、醚、酯）含量呈正相关，而与疏水官能团（芳香结构）呈负相关。白俄罗斯学者得到的较为一致的结论为氧化处理的HA生物活性高于原始HA，低分子量HA活性高于高分子量HA，微生物处理的泥炭HA活性高于普通泥炭HA活性高于风化褐煤HA，特别是用硝酸氧化制成的褐煤NHA的生物活性最突出。这主要是因为原生态的难溶HA并不活泼，只有最大限度地氧化活化，将大分子切割成水可溶的小分子，增加官能团含量，才能充分发挥HA的生物活性。那乌莫娃（1991）等的研究又得出相反的论据。她们用褐煤和泥炭HA及其改性制剂对黄瓜和酵母ADM的试验证明，刺激活性的顺序是：原始氧化褐煤HA＞原始褐煤HA≈催化氧化泥炭HA＞非催化氧化泥炭HA＞水解泥炭HA＞原始泥炭HA。结果表明芳香共轭体系、顺磁水平（自由基浓度）与生物活性呈正相关，所以自由基的浓度可以作为评价HA生物活性的指标。还有人甚至认为植物和泥炭中的水溶性多糖也具有明显的生物活性。因此，有关HA组成结构与其生物活性的关系，仍是值得深入研究的重要课题。近十多年来不少研究者将分子模拟技术与定量构效关系（QSAR）研究用于HA结构与生物活性关系及其他领域，可望取得突破性进展。

参考文献

[1] 杨毅，兰亚琼，金鹏康，等．水环境中腐殖酸的电荷特性与聚集特性［J］．环境工程学报，2014，8（4）：1539-1542.

[2] Senesi N，Chen Y，Schnitzer M. Proc Symp Soil Organic Matter Studies［M］. Vienna：Intern Atomic Energy Ageney，1977.

[3] Орлова Д С. Гумисовые Кислоты Почв［M］. M：Изв МГУ，1974：333.

[4] Stevenson F J. Humus Chem，Genesis，Composition，Reaction［M］. 2nd ed. New York：John Wiley & Sons，1994.

[5] Schnitzer M. 环境中的腐植物质［M］．吴奇虎，译．北京：科学出版社，1979.

[6] Klucáková M，Vězníková K. 浓度和溶剂特性对腐植酸分子结构的影响（摘要）［J］．孙苒获，译．腐植酸，2018，（1）：47.

[7] 胡英，陈学让，吴树森．物理化学：中册［M］．北京：人民教育出版社，1979：315.

[8] 刘波，张辉，肖玉梅，等．黄腐酸定量分析方法研究［J］．腐植酸，2000，（1）：38-40.

[9] 刘康德，郑平．煤炭腐植酸的表征［J］．燃料化学学报，1980，8（1）：1-10.

[10] Орлова Д С. Гуминовые Вещества в Биосфере［M］. M：Недра，1993：129.

[11] 王天立，祁辉．巩县风化煤中黄腐酸的黏度特征［C］．腐植酸化学学术讨论会论文集．郑州：中国化学会，1979：129-135.

[12] 龚福忠，丁瑄才．风化煤腐植酸胶体ζ-电位测定［J］．腐植酸，1988，(3)：11-14.

[13] Hiemenz P C. Principles of Colloid and Surface Chemistry［M］. Marcel Dekker，Inc，1977：274.

[14] 雷维文，朱之培，王曾辉，等．腐植酸碱金属盐表面活性的初步研究［J］．燃料化学学报，1986，14 (2)：177-181.

[15] 张荣明，刘爱庆．腐殖酸钾对十二烷基苯磺酸钠（SDBS）增溶作用［J］．广州化工，2009，37 (3)：125-127.

[16] 李善祥，孙淑和，吴奇虎．腐植酸酸性功能团的研究［M］，燃料化学学报，1983，11 (3)：32-41.

[17] Mal'tseva E F，Filatov D A，Yudina N V，et al. Role of modified humic acids from peat in the detoxification of tebuconazole［J］. Solid Fuel Chemistry，2011，45 (1)：62-67.

[18] Senesi N and Loffred E. In Soil Physical Chemistry［M］. 2nd ed. Sparks D C. Boca Raton FL：CRC Press，1999：239.

[19] 陆长青，朱燕婉．腐植酸钠的表观解离度［C］．全国第二次腐植酸化学学术讨论会论文集．太原：中国化学会，1981：100-104.

[20] Baffler J. Complex Action Reactions in Aquatic Systems：An Analytical Approach［M］. Chichester：Ellis Horwood，1988.

[21] 李云峰，王兴礼．腐殖质-金属金属离子的络合稳定性及土壤胡敏素的研究［M］．贵阳：贵州科技出版社，1999：1-37.

[22] MacCarthy P. 溶解态腐植物质的络合化学［J］．郑平，译．腐植酸，1995，(1)：36-43.

[23] 吴京平，何立千，李鸿玉，等．两种不同来源的FA与金属离子络合能力的初步研究［J］．北京联合大学学报：自然科学版，1997，11 (2)：46-50.

[24] Moeser C，kantenburger R，Beck H P. Complexation of europhum and uranium by humic acids analyzed by capillary electrophoresis-inductively coupled plasma mass spectrometry［J］. Electrophoresis，2012，33 (9-10)：1482-1487.

[25] Cheshire M V，Senesi N. in：Environ Particles，Structure and Surface Reactions of Soil Particles［M］. Vol 4. Huang P M，Senesi N and Buffle J. New York：John Wiley & Sons，1998：325.

[26] Senesi N In Methods of Soil Analysis：Chem Methods［M］. Sparks D L. Madison：ASA-CSSA-SSSA Publisher，1996：323.

[27] Weber J H. in：Humic Substances and their Role in the Environ［M］. Frimmel F H，Chrisstman R F. Chichester：John Wiley & Sons，1988：165.

[28] 王殿勋，招禄基，张德和，等．黄腐酸金属硫化物的X射线光电子能谱研究［J］．化学学报，1982，40 (12)：1172-1176.

[29] Лиштван И И，Трентьев А А，Базин Е Т. Физико -химические Основы Технологии Торфного Производства.［M］. МН：Наука и Техника，1983：109.

[30] 崔东宇，何小松，席北斗，等．堆肥腐熟前后胡敏酸与富里酸的还原容量比较［J］．中国环境科学，2015，35 (7)：2087-2094.

[31] Shcherbina N S，Kalmykov St N，Perminova I V，et al. Metal reduced by HA Reduction of actinides in higher oxidation states by hydroquinone-enriched humic derivatives.［J］. Journal of Alloys and Compounds，2007，444/445：518-521.

[32] 姜杰，李黎，孙国新．基于三维荧光光谱特征研究土壤腐殖质氧化还原特性［J］．环境化学，2012，

31（12）：2002-2007.

［33］ 熊田恭一．土壤有机质的化学［M］．李庆荣，孙铁男，解惠光，等译．北京：科学出版社，1984.

［34］ Bianco A，Minella M，Laurentiis E D，et al. Photochemical generation of photoactive compounds with fulvic-like and humic-like fluorescence in aqueous solution［J］. Chemosphere，2014，111：529-536.

［35］ 吴敦虎，任淑芬，盛晓梅．紫外光照射水中腐殖酸分解的研究［J］．环境化学，1985，4（3）：56-60.

［36］ Cozok J. In Humic Substances in Terrestrial Ecosystems［M］. Piccolo A Ed. Amsterdam：Elsevier Press，1996：378.

［37］ Chen Y and Adiad T. In：Humic Substances in Soil and Crop Sciences Selected Readings［M］. McCarthy Pet al Ed. Madison，WI：American Society of Agronomy，1990：161.

［38］ Flaig W. Study Week on Organic Matter and Soil Fertility［M］. Willey，1968：723.

［39］ 李淑婕，郑平．腐植酸结构与植物刺激作用［J］．江西腐植酸，1981，（4）：8-15.

07

第7章　化学改性及与其他物质的相互作用

HS的不少化学反应是人们为了某种研究或应用而设计的定向化学反应或结构修饰，这就是所谓化学改性。此外，HS与自然界各种物质之间的作用非常复杂和广泛，迄今大部分作用机理还未明确，只能模糊地表述为“相互作用”。本章把化学改性和与某些其他物质的作用放在一起来讨论。

7.1　化学改性

7.1.1　酯化和甲基化

用醇经基取代HA中COOH中H^+得到腐植酸酯，这一反应称作HA的酯化。一般是用高级醇类作HA的酯化剂，以制成不溶于水的大分子物质。宓尔扎葩亚卓娃（1981）曾将煤氧化生成的再生HA，在KM_2阳离子树脂存在下分别用丁醇、戊醇和异戊醇酯化，发现用异戊醇所得产物产率最高，质量最好，被用于润滑剂、乳化剂和增塑剂。HA与油酸甘油酯中的游离醇羟基反应，也可得到大分子的腐植酸油酸甘油酯（HA-E）。反应分两步进行：①在固体酸催化剂（如SO_4^{2-}/ZrO_2）存在下，甘油和油酸反应得单油酸甘油酯（GM）；②在浓硫酸催化下纯HA和GM反应，离心分离，将不溶物真空干燥，得腐植酸单油酸甘油酯（HA-E）。酯化反应式如下：

$$[HA]\text{-}COOH + HO—C_{21}H_{29}O_3 \longrightarrow [HA]\text{-}COO—C_{21}H_{29}O_3 + H_2O \quad (7\text{-}1)$$

甲酯化是最简单的酯化反应，即用甲基化试剂中的CH_3取代HA中的COOH与OH_{Ph}中的活泼H^+。此两种基团的H^+都被甲基取代的叫做全甲基化，其中一种被取代的叫做部分甲基化。通过甲基化将此两个基团全部或其中一个“封闭”起来，既消除了氢键，提高了在有机溶剂中的溶解性，又保护COOH和OH_{Ph}使其不被解离或降解，从而更有利于某些基础研究和实际应用。

常用的甲基化方法有：①硫酸二甲酯法，或甲醇＋浓硫酸法；②Ag_2O-CH_3I 或 BaO-CH_3I 法；③重氮甲烷法。这些方法的主要的反应过程如下。

$$[HA]\text{-}COOH + (CH_3)_2SO_4 + NaOH \longrightarrow [HA]\text{-}COOCH_3 + CH_3\text{-}O\text{-}SO_3Na + H_2O \quad \text{（硫酸二甲酯法）} \tag{7-2}$$

$$C_6H_4(COOH)(OH) + Ag_2O \longrightarrow C_6H_4(C(=O)\text{-}OAg)(OAg) \xrightarrow{CH_3I} C_6H_4(C(=O)\text{-}OCH_3)(OCH_3) \quad (Ag_2O\text{-}CH_3I\text{法}) \tag{7-3}$$

$$[HA]\text{-}COOH + CH_2N_2 \longrightarrow [HA]\text{-}COOCH_3 + N_2\uparrow \quad \text{（重氮甲烷法）} \tag{7-4}$$

这些经典方法各有优缺点。重氮甲烷法反应较剧烈，也较完全，但可能在 HA 的 C═C 和 C═O 处发生加成反应，且 CH_2N_2 毒性较强。张德和等[1]用 1-甲基-3-对甲苯基三氮烯（TMT）代替重氮甲烷进行 FA 的部分甲基化，证明是选择性封闭 COOH 的有效方法；硫酸二甲酯反应缓和，但有一定毒性。Ag_2O-CH_3I 是较好的甲基化试剂，但过程冗长，甲基化效率较低。郑平[2]认为主要是因为现成的 Ag_2O 活性太差，采用新鲜的 AgOH 沉淀代替 Ag_2O，证明可一次达到全甲基化的目的。此法甲基化程度几乎接近原始样品总酸性基的摩尔量，对 FA 的甲基化收率可达 70%～90%，而 HA 的收率只有 30%左右。Briggs（1970）将 HA 用无水甲醇＋浓 H_2SO_4（体积比 100∶2）回流 2d，再次重复，得到 95%收率的羧基甲基化 HA，看来是迄今甲基化产率最高的范例。

7.1.2 硝化

腐植酸芳环上的 H 被硝基离子（NO_2^+）取代的过程称作硝化。通常人们把制取硝基腐植酸（NHA）的过程误认为是“硝化”，实际上主要是氧化反应，硝化是次要的，引入硝基的比例很低。但少量硝基在提高 HA 活性和效果方面的作用非常重要。单就硝化反应的效率来说，应该考虑以下几个问题。

7.1.2.1 硝化反应的影响因素

HA 硝化反应的难易，主要取决于原始 HA 芳核外围取代基的组成、数量、相对位置，特别是定位效应。影响 HA 芳环硝基取代反应能力（定位效应）的顺序大致为：$NH_2 > OH_{ph} > OC_2H_5 > OCH_3 >$ -OCO-$CH_3 > CH_3 > Cl > CH_2COOH > H > NO_2 > CN > SO_3H > HC{=}O > COOH > CO$-$OCH_3 > NH_3$（H 前面的是邻、对位定位基，后面的是间位定位基）。大量实验也验证了上述规律，即泥炭、褐煤 HA 中给电子基团（-OH_{ph}、-OC_2H_5、-CH_3 等）较多，故容易硝化，风化煤 HA 的-COOH（间位定位基）较多，故难以硝化[3]。

7.1.2.2　反应历程

可用式7-5、式7-6描述硝化反应历程之一[4]：

$$HO-C_6H_5 \xrightarrow{HNO_3} HO-C_6H_4-NO_2 + HO-C_6H_4(NO_2) \quad (7\text{-}5)$$

$$HO-C_6H_4-NO_2 \rightleftharpoons O{=}C_6H_4{=}N(=O)OH \xrightarrow[-e]{H_2O} O{=}C_6H_4(OH)-N(=O)-OH \longrightarrow O{=}C_6H_4{=}O + H_2O + NO \quad (7\text{-}6)$$

综上所述若单纯为了硝化，要尽可能控制在式7-5阶段。若继续强化反应，将发生异构化，脱水和脱氮而形成醌。

7.1.2.3　操作条件

HA的硝化反应一般在高硝酸浓度（发烟硝酸）、低温度并加催化剂（一般用硫酸）的情况下进行。Mazumdar等（1967）用 HNO_3（$d=1.42$）∶H_2SO_4（$d=1.84$）=1∶1(体积比)，−14℃下硝化处理HA 2h，N含量达到6%～8%，并同时增加COOH、OH_{ph}和羰基含量，产物收率达到140%～150%。基洛扎索夫等[5]甚至用1∶2.5的浓 HNO_3＋浓 H_2SO_4进行硝化。

7.1.2.4　硝化腐植酸的特性

（1）引入硝基的同时，增加了活性官能团，特别是对-硝基酚结构发生互变异构现象，以至形成醌结构（见式7-6），极大地提高HA的化学活性和生物活性；

（2）在硝基邻位和对位的COOH和 OH_{ph}上的H被强烈活化，使酸性更强，更容易解离。比如，扎布拉姆内（1980）发现，苯酚原来的 pK_a值是10.01，邻位或对位引入一个硝基后，其 pK_a降到7.2，引入3个硝基后，pK_a值降到0.8。Green等（1979）认为在苯羧酸的任何位置引入硝基都可使 pK_a值低于3.5。他们通过极谱分析发现，HA被硝化后还原电位从pH7的位置跳跃到pH5或更低，显然是由于 OH_{ph}离子化而使硝基增加了电负性而难以还原。这时硝基本身也呈活化状态，近于羧酸盐的作用（式7-7）：

$$C_6H_4(O^-)-N(=O)O \rightleftharpoons C_6H_4(=O){=}N(O^-)O \quad (7\text{-}7)$$

（3）硝基诱导其邻位和对位的 CH_3、CH_2CH_3、OCH_3、Cl等基团变得更为活泼，尤其更容易将 CH_3氧化成COOH，或引发其他取代反应和聚合反应。

因此，硝基腐植酸（NHA）的活性远高于普通HA。

7.1.3　卤化

腐植物质可与卤素反应，使芳氢被卤原子取代而形成卤化腐植酸（ChA），其中主要是氯化反应，所用的氯化试剂有液氯和氯气（Cl_2）、三氯氧磷（$POCl_3$）、硫酰氯（SO_2Cl_2）等。因为氯化腐植酸也会使 HA 活性明显提高，也一直受到腐植酸界的关注。

7.1.3.1 反应历程

卤化范围比较广泛，包括取代反应（如酚羟基邻、对位芳氢，羧基相邻的α-位脂肪氢等）（式 7-8 与式 7-9）和不饱和烃的加成反应（式 7-10）：

$$\text{C}_6\text{H}_5\text{OH} \xrightarrow{Cl_2} o\text{-ClC}_6\text{H}_4\text{OH} + p\text{-ClC}_6\text{H}_4\text{OH} \tag{7-8}$$

$$[HA]\text{-}CH_2—COOH \xrightarrow{Cl_2} [HA]\text{-}CHCl—COOH \tag{7-9}$$

$$[HA]\text{-}CH═CH—CH_2—COOH \xrightarrow{Cl_2} [HA]\text{-}CHCl—CHCl—CH_2—COOH \tag{7-10}$$

7.1.3.2 反应条件及对 HA 氯化及产物组成的影响

介质种类及 pH 对卤化反应的程度影响较大。一般酸性溶液比碱性水溶液更有利于卤化反应进行，但有人主张用中性有机溶剂（如 CCl_4 和 $C_2H_2Cl_2$）作介质。Moschopedis 等（1963）将煤的水悬浮液 CCl_4 饱和后通 Cl_2 气 30s，发现既引入了含氧基团，还添加了 25%的 Cl。如果用水作介质，通 Cl_2 气进行氯化，则伴随大量氧化过程。这是因为氯与水反应生成强氧化剂次氯酸的缘故。孙淑和等（1980）对不同煤种进行水介质氯化试验，发现引入 Cl 的数量为烟煤＞褐煤＞风化烟煤＞泥炭，而且引起风化烟煤和泥炭 H/C 原子比提高，HA 含量降低，看来与氧化降解过于剧烈有关。王曾辉等[6]用类似方法进行氯化，发现引入煤中 Cl 在 10%～28%（褐煤最多），但泥炭 HA 略降低，而风化煤和褐煤 HA 都有所提高，所得 ChA 在石油钻井液稀释剂和降滤失剂中的应用效果较好。奥马洛娃（1972）建议采用电化学方法氯化，即电解食盐与 HA 的氯化工艺结合，这可能是简化氯化过程和降低成本的好办法。

7.1.3.3 氯化产物的特性

HS 的卤化对于提高其官能团的活性有重要作用。①根据电子诱导效应原理，与脂肪族 COOH 相邻的α-位上引入 Cl，可使电子云向 COOH 相反的方向偏移，令 COOH 解离度成倍增加，从而提高 HA 的活性；②HA 分子中引入的 Cl 本身很活泼，容易被其他官能团取代。如氯化腐植酸（ChA）与 NH_3 反应，NH_2 可能取代 Cl 而形成芳香族氨基酸；若 ChA 与 NaOH 反应，Cl 可能被 OH 取代转化成酚类；若对 ChA 磺化，Cl 也可能被 SO_3H 取代；若先将芳环上的甲基氯化，再用 $Ca(OH)_2$ 水解，就很容易将甲基转化成 COOH。因此，可以说氯化反应是 HA 各种活化过程的中间步骤。

7.1.4　磺化和磺甲基化

磺化和磺甲基化是在HA分子中引入磺基（SO_3H）和磺甲基（CH_2SO_3H）的过程，是提高HA亲水性和抗电解质絮凝性、作为石油钻井液处理剂及其他分散剂的重要改性反应。

7.1.4.1　反应历程

磺化和磺甲基化大致有以下3种情况：①取代反应：按定位效应，磺基或磺甲基很容易取代HA中与OH_{ph}、NH_2、CH_3等邻、对位的芳氢（式7-11）；②醌基的1,4加成反应（式7-12）；③连接芳环的亚甲基桥被水解，引入磺甲基（见式7-13）。

OH　$\xrightarrow[NaOH]{CH_3O+Na_2SO_3}$　OH, CH_2SO_3Na　(7-11)

O, O　$\xrightarrow[H_2O]{Na_2SO_3}$　OH, SO_3Na, H, O　⟶　OH, SO_3Na, OH　(7-12)

CH_2　$\xrightarrow[NaOH]{Na_2SO_3}$　CH_2SO_3Na　+　(7-13)

7.1.4.2　反应条件

所用的磺化试剂是浓H_2SO_4、Na_2SO_3、$NaHSO_3$、SO_3、氨基磺酸、氯磺酸、对-羟基苯磺酸钠等；磺甲基化试剂是$CH_3O\text{-}SO_3$（由等量的$HCHO+Na_2SO_3$或$HCHO+NaHSO_3$制备）。一般在碱性条件下对HA进行磺化或磺甲基化，NaOH用量为10%～30%，磺化或磺甲基化试剂为30%（均以纯HA重量为基础），100℃下反应1～3h。研究表明，泥炭和褐煤HA易磺化和磺甲基化，而风化煤无论磺化还是磺甲基化都难以进行[7]。也有些特殊的磺化或磺甲基化制剂和方法，如佐佐木满雄等（1969）用浓$H_2SO_4+BF_3$（物质的量比0.134∶1），制得阳离子交换树脂。黄金凤等[8]用对羟基苯磺酸钠对风化煤（质量比1∶1）在100℃下磺化1h，也取得较明显效果。陈良森等[9]认为，用SO_3作磺化剂具有条件温和、反应活性高、反应速度快、不产生废酸等优点，腐植酸∶SO_3=1∶1.28，室温下反应4h即完成磺化，所用溶剂以二氯甲烷为宜。红外光谱1040～1035cm^{-1}或1126cm^{-1}处的吸收峰是磺基伸缩振动引起的，可以检验HA分子上是否引入磺基；如果1440cm^{-1}处的吸收同时增强，证明有磺甲基引入，作为磺甲基化的证据。

7.1.4.3　产物性能

磺基特别是磺甲基的酸性比羧基强，在pH 2～3时就可以解离，这就决定了磺化和磺甲基化 HA 更具水化性能和离子交换性，凝聚限度也可显著提高。从表 7-1 的数据[7]可以看出，泥炭和褐煤 HA 磺化和磺甲基化产物的性能优于风化煤。

表 7-1　不同煤种 HA 磺化和磺甲基化性能比较（daf）

HA 来源	处理	水溶 HA/%	SO_3H/%	凝聚极限/(mmol Ca^{2+}/L)
风化煤	原煤	微	0	4
	磺化后	微	0.5～0.9	2～4(3～4)
褐煤	原煤	7～10	0	8
	磺化后	43～52	0.9～1.4	12(20)
泥炭	原煤	20～24	0	12～14
	磺化后	65～78	0.4～1.1	＞40(18～20)

注：凝聚极限下括号中数据为磺甲基化产物的数据，其余为磺化产物的数据。

7.1.5　硅烷化

腐植酸与烷基卤硅烷反应，可用硅烷基取代 HA 中羧基的活泼 H^+，可能还取代酚羟基中的 H^+，类似于酯化反应。生成的产物除具有羧酸酯类的结构特征外，还有共价键和以硅氧盐形式 d-$p\pi$ 配位键存在的可能。Winkler（1976）首次尝试过褐煤 HA 的硅烷化。李善祥等[10]的研究表明，煤炭 HA 的硅烷化反应活性与 HA 的 COOH 含量呈正相关，反应产物的 IR 谱图中 $1700cm^{-1}$（COOH 中 C═O）和 $1240cm^{-1}$（C═O，C—O）消失，而新出现了 $1100\sim1000cm^{-1}$吸收带(Si—O—C，Si—O—Si)，推断 HA-COOH 与卤硅烷发生了脱 HX 缩合反应。一般烷基卤硅烷的活性大于苯基卤硅烷。HA 被硅烷化后，其水溶液的表面张力明显降低，表明该产物具有两亲表面活性，是近年来开发的新型石油钻井液防塌处理剂。

7.1.6　氨化和酰胺化

HA 与氨反应形成腐植酸铵盐（HA-NH_4^+），被称为腐植酸的氨化过程。张德和等[11]的机理研究表明，在室温下 HA 与气态氨反应后增重可达 14%。该产物在室温下通 N_2 气后再真空 55℃处理，则只留下 4%的氮属于化学结合的，其余挥发掉的 NH_3几乎都是物理吸附的。化学结合的铵离子主要取代羧基和邻位的一个酚羟基的 H^+。这部分氮结合牢固在 100℃下不发生分解。值得注意的是，据 Thorn 等[12]和 Knicker 等[13]的^{15}N-NMR 和^{13}C-NMR 研究，HA 与 NH_3反应产物中还发现有吲哚、吡咯和酰胺-缩氨酸结构，有可能在一定条件下 HA 与 NH_3发生异构和杂环化反应。

腐植酸的铵盐在 100℃以上脱水就可得到 HA 酰胺，但 HA 酰胺水解后又返回成为铵盐，是可逆反应：

$$C_6H_5-\overset{O}{\overset{\|}{C}}-O-NH_4 \underset{+H_2O}{\overset{-H_2O}{\rightleftharpoons}} C_6H_5-\overset{O}{\overset{\|}{C}}-NH_2 \qquad (7\text{-}14)$$

冈宏等（1975）在 150～200℃以上加热同时通入氨气，直接得到 HA 酰胺，甚至用氨基取代 OH 得到腐植酸胺：

$$[HA]\text{-}COOH + NH_3 \longrightarrow [HA]\text{-}CONH_2 + H_2O \tag{7-15}$$

$$[HA]\text{-}OH + NH_3 \longrightarrow [HA]\text{-}NH_2 + H_2O \tag{7-16}$$

将 HA 用氨水氨化，再加热脱水，是制取 HA 酰胺的最简单的方法。郑平等[14]对巩义 FA 酰胺化的温度进行了考察，发现 120℃时转化率（即 $CONH_2$ 占总 COOH 的比例）只有 1/3，180℃时为 44%，到 200℃时也只有 65%，看来全部酰胺化可能要到 250℃以上。

HA 酰胺是个很重要的有机反应中间体。由于“封闭”了羧基，使 HA 和 FA 的水溶性降低，油溶性提高，不仅可直接制取油基石油钻井液处理剂，而且可继续发生多种反应。

（1）水解　在适当条件下 HA 酰胺可水解成 HA 铵盐；用碱水解还可生成 HA-COONa（或 K 盐），放出 NH_3。

（2）霍夫曼（Hofmann）重排　$HA\text{-}CONH_2$ 在次氯酸钠作用下失去 C═O，转变成腐植酸胺（$HA\text{-}NH_2$）：

$$HA\text{-}C(=O)\text{-}NH_2 + NaClO \longrightarrow HA\text{-}C(=O)\text{-}N(H)(Cl) + NaOH$$

$$\xrightarrow{-HCl} \left[HA\text{-}C(=O)\text{-}\ddot{N}\right] \longrightarrow \underset{\text{HA异氰酸酯}}{HA\text{-}N{=}C{=}O} \xrightarrow[\text{水解}]{+H_2O} \underset{\text{腐植酸胺}}{HA\text{-}NH_2} + CO_2 \tag{7-17}$$

（3）加成反应　$HA\text{-}CONH_2$ 与亚硝酸或 NO 可发生加成反应，转化成 HA-COOH，释放出 N_2，这有可能被用于治理 NO 污染。

（4）缩合反应　$HA\text{-}CONH_2$ 可与甲醛反应，用亚甲基桥将两个—$CONH_2$ 连接起来，缩合成更大的分子：

$$[HA]\text{-}CONH_2 + CH_2O \xrightarrow{-OH} [HA]\text{-}CONH\text{—}CH_2OH \tag{7-18}$$

$$[HA]\text{-}CONH\text{—}CH_2OH + [HA]\text{-}CONH_2 \xrightarrow{H^+} [HA]\text{-}CONH\text{—}CH_2\text{—}NHCO\text{-}[HA] \tag{7-19}$$

缩合产物的增比黏度（η_i）比 $FA\text{-}CONH_2$ 的高一倍[14]。因此，通过酰胺化再进行缩聚反应，是增大 HA 分子量和缩合度的一个有效途径。

（5）胺甲基化和季胺化反应　$HA\text{-}CONH_2$ 与甲醛、二甲胺之间容易发生胺甲基化反应，然后再与氯化苄反应，生成季胺化阳离子化合物[15]：

$$[HA]\text{-}CONH_2+CH_2O+NH(CH_3)_2 \xrightarrow{-OH} [HA]\text{-}CONH\text{-}CH_2N(CH_3)_2+H_2O \quad (7\text{-}20)$$

$$[HA]\text{-}CONH\text{-}CH_2N(CH_3)_2+Cl\text{-}CH_2\text{-}Ph \longrightarrow [HA\text{-}CONH\text{-}CH_2N(CH_3)_2\text{-}CH_2\text{-}Ph]^+Cl^- \quad (7\text{-}21)$$

此类反应及其产物对制备高性能石油钻井液处理剂或水处理剂有很重要的实用意义。

霍萃萌等[16]用三甲胺与环氧氯丙烷反应，合成环氧丙基三甲基氯化铵（中间体 B），再将 B 引入黄腐酸的 OH_{ph}，合成了一种水溶性的黄腐酸阳离子表面活性剂，反应方程式如下：

$$HO\text{-}[HA]\text{-}COOH + \left[\underset{O}{\triangle}\!\!\diagup N^+(CH_3)_3\right]Cl^- \longrightarrow [HA](COOH)\text{-}OCH_2CH(OH)CH_2N^+(CH_3)_3Cl^- \quad (7\text{-}22)$$

7.1.7 酰氯化及长链脂肪胺的合成

以二氯甲烷为助剂，三乙胺为溶液，使 HA 在常温下与氯化亚砜反应生成腐植酸酰氯，然后再与有机长链脂肪胺反应，最终使 HA 的 COOH 与脂肪胺的 NH_2 反应生成强亲油性的腐植酸长链脂肪胺，这是一种重要的油基石油钻井液处理剂[17]。反应式为：

$$HA\text{-}COOH+SOCl_2 \longrightarrow HA\text{-}COCl+SO_2+HCl \quad (7\text{-}23)$$

$$HA\text{-}COCl+R\text{-}NH_2 \longrightarrow HA\text{-}CONH\text{-}R+HCl \quad (7\text{-}24)$$

式中，R 为脂肪族十八胺等。

7.1.8 重氮化

腐植物质的重氮化反应，不仅是研究 HA 化学结构的一种手段，而且可能生成一些有价值的应用产品（如偶氮类染料、色素）。Moschopedis 等（1964）曾研究过 HA 重氮化机理，认为主要属于自由基反应历程，包括以下几种情况。

（1）酚类特别是醌类倾向于自由基取代并与重氮盐反应，生成核中含苯基的化合物，放出 N_2；

（2）在 HA 的芳环 OH_{ph} 邻、对位直接偶联：

$$HO\text{-}[HA]+\cdot XN_2\text{-}Ar \longrightarrow HO\text{-}[HA]\text{-}N{=}N\text{-}Ar \quad (7\text{-}25)$$

（3）磺基重氮盐可与活性亚甲基（或次甲基、羟甲基）反应，生成重氮化合物与甲醛，这也是证明 HA 中有活性亚甲基或次甲基的一种分析方法，可在 HA 重氮化的同时引入磺基，得到水溶性的缩聚物：

$$HO\text{-}Ar\text{-}CH_2\text{-}Ar\text{-}OH + 2HO_3S\text{-}Ar\text{-}N^+ \equiv N \longrightarrow 2HO\text{-}Ar\text{-}N{=}N\text{-}Ar\text{-}SO_3H + CH_2O \quad (7\text{-}26)$$

Moschopedis 等研究证明，褐煤 HA 的该重氮化反应效果最好，水溶性产物收率达到 72%。

7.1.9　聚酯化

聚酯化是用二元醇或多元醇为交联剂，将 HA 缩聚成为更大的聚合物。

能参与聚酯化反应的基团有：COOH、OH、COCl、HO-COOR、HO-NCO、$>C{=}C{=}O$ 等，其反应能力为酰氯＞羧酸酐＞羧基＞羧酸酯。HA 中本身就存在上述基团，或经过化学改性后都可能引入。以 HA 的醇-酸聚合为例来说明聚酯的形成过程：

$$x[HA]\text{-}(COOH)_n + x HO\text{-}(CH_2)_m\text{-}OH \longrightarrow \text{-}\!\!\left(CH_2)_m\text{-}OOC\text{-}[HA]\text{-}COO(CH_{2m}\right)\!\!\text{-}_x + x H_2O \quad (7\text{-}27)$$

式中，x 为聚合度，可以通过调整反应条件和添加阻聚剂来控制聚合度。国内外不少研究者曾使用的交联剂有乙二醇和乙二胺、丙三醇和季戊四醇、木糖醇环氧乙烷及各种氧化烯烃、碳酸乙二醇酯等。

为提高聚合反应性能，Schulz 等（1984）总结出几点经验：①HA 的分子尽可能小，最好以一个芳环的苯多羧酸型结构为主，因此用风化褐煤硝酸氧化的产物最合适；②反应条件为常压下 125℃ 25～30h 左右，或加压下 140～170℃ 2h；③产物可用 $SnCl_4$ 和白土精制脱色；④有的反应需添加催化剂，如对甲苯磺酸、锌酸锡等。

HA 的聚酯产物用途很广，如制成具有高强度、高介电常数的热固型绝缘树脂、涂料、乳化剂、化妆品、润滑脂、黏合剂、杀虫剂和药物原料、离子交换树脂等。20 世纪中叶，在石油芳烃非常紧缺的情况下，通过 HA 或煤人工氧化产物聚酯化生产高性能的芳香族聚酯曾经是热门课题。可以预料，不久的将来石油资源日趋枯竭的情况下，用煤炭和 HA 为原料制取聚酯显然是非常宝贵的技术储备。

7.1.10　缩聚与接枝共聚

腐植酸类物质的高芳香缩合度所决定的热化学稳定性，吸引着众多研究者朝着合成结构更稳定、分子更巨大的物质的方向努力。HA 的缩聚及接枝共聚是制取此类大分子的有益尝试。

7.1.10.1　磺甲基化腐植酸的缩聚

腐植酸或磺甲基化腐植酸可用某些交联剂桥接成腐植酸缩聚物。交联剂可用甲醛、环氧丙烷、尿素等化合物。张光华等[18]为制备水煤浆分散剂，以磺化 HA 为单体，用氨基苯磺酸钠水溶液为溶剂，甲醛和（或）尿素为交联剂，制备了磺甲基化腐植酸缩聚物（HBF）和磺甲基化腐植酸脲醛缩聚物（HBUF）。

HBF 和 HBUF 的分子结构见图 7-1。

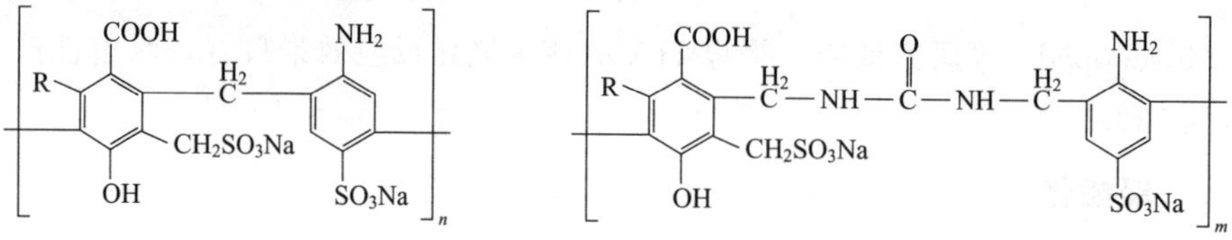

HBF　　HBUF

图 7-1　磺甲基化腐植酸缩聚物（HBF）和磺甲基化腐植酸脲醛缩聚物（HBUF）分子结构

7.1.10.2　HA 与丙烯基及苯乙烯单体接枝共聚

HA 与丙烯基单体接枝反应，主要目的是制备高效石油钻井液处理剂、土壤改良剂、重金属离子吸附剂等材料。所用的接枝单体有丙烯酸（AA）、丙烯腈（AN）、丙烯酰胺（AM）、甲基丙烯酸甲酯等。所用的引发-催化体系为 $K_2S_2O_8$-$NaHSO_3$、H_2O_2-$NaHSO_3$、H_2O_2-$FeSO_4$等。Nam 等（1971）认为，反应体系形成过氧化羟基自由基（·OOH）是基本的共聚机理。从 HA 与 AA、AM 共聚产物的 IR 谱图可见，$1280cm^{-1}$有一新吸收峰，为烷基苯芳基醚，表明 HA 与单体间通过醚键（C—O—C）连接；$1650\sim1680cm^{-1}$处出现 R-CO-NHR′吸收峰，表明 HA 通过酯键（Ar—CO—OR，R′O—CO—OR）和酰胺键 R—CO—NHR′接枝。Singh 等[19]进行了腐植酸钠（SH）与 AA/AM 的接枝共聚物分子模拟，基本反映出该反应的历程（见图 7-2）。陈义镛等[20]通过交联聚苯乙烯-HA 共聚、偶氮化、酯化和醚化等反应，合成一种偶氮型和酯醚型大孔离子交换树脂，可用于吸附水中的重金属离子。产物的 IR 鉴定表明，接枝反应除醚键（$1120cm^{-1}$）的贡献外，可能还有其他接枝方式。

7.1.10.3　HA 与酚-醛共聚

腐植酸类物质与活性较高的酚-甲醛接枝共聚也是制备抗高温材料的途径之一。先对褐煤硝酸氧化、磺化（或磺甲基化），再与苯酚-甲醛共处理，得到大分子水溶性聚合物，结构模型见图 7-3。

该共聚反应成为以后制备抗盐抗高温石油钻井液降滤失剂的基础反应。

7.1.10.4　HA（FA）与天然共聚物接枝共聚

张其锦等[21]以苯等为溶剂，过氧化苯甲酰为引发剂，*N*,*N*-二甲基苯胺为活化剂，对天然橡胶（NR）-风化煤 FA 进行非均相接枝共聚反应。从橡胶大分子不饱和键和 FA 的醌结构变化来分析，接枝共聚过程可能包含自由基反应。产物的 IR 谱图在 $1130cm^{-1}$处出现新吸收峰，说明 FA 可能是通过 C-O-C 键连接到 NR 大分子链上的。

齐藤喜二等（1984）曾用环氧氯丙烷作偶联剂，在碱作用下成功地将棉纤维（Cell-OH）接枝到 HA 分子上，制成一种离子交换树脂。陈琦等[22]用甲苯/环氧

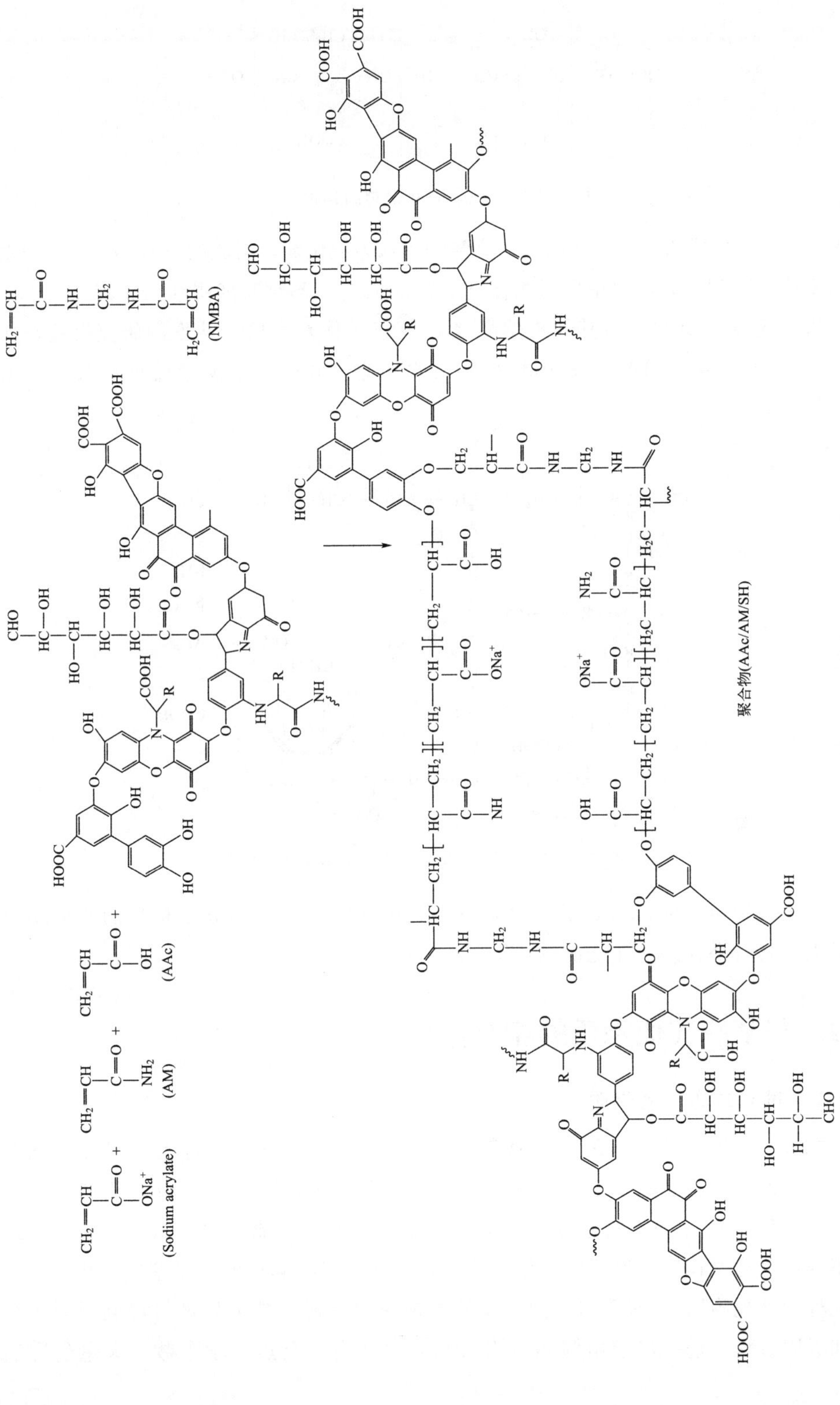

图 7-2　腐植酸钠-丙烯酰胺接枝共聚反应历程

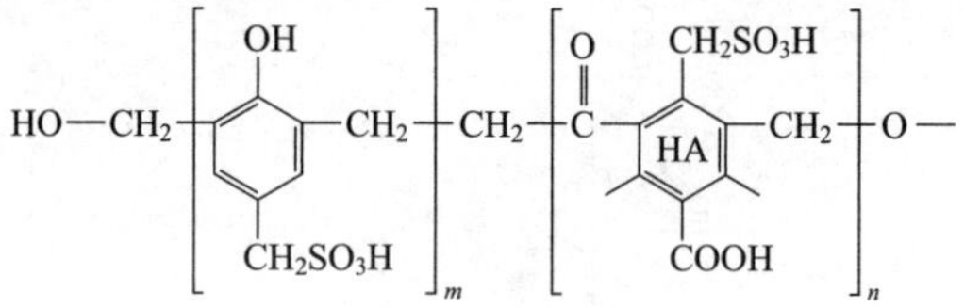

图 7-3　HA-酚-醛共聚物结构模型

氯丙烷（4∶1）或乙二胺为偶联剂，高氯酸和水为催化剂，制成的 HA-Cell-OH 缩聚物产率达 95%以上，产物中环氧基含量 1.77mmol/g，酸性官能团 0.9mmol/g。

近期还有不少 HA 与其他天然高聚物-有机单体复合接枝共聚的研究报道，如田玉川等[23]合成了 HA-淀粉-丙烯酸高吸水树脂，并研究了反应机理和分子模型（见图 7-4）。

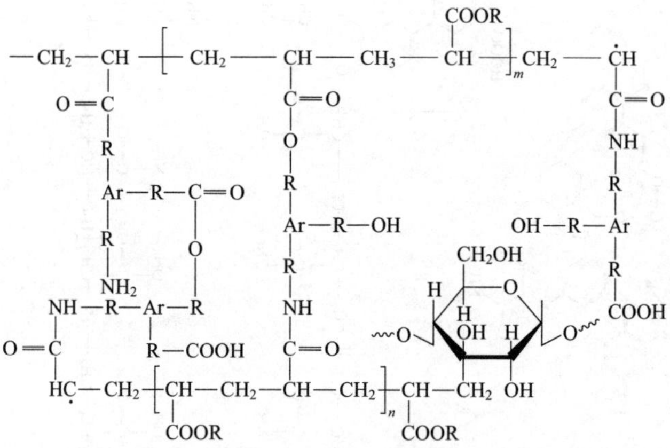

图 7-4　HA-淀粉-丙烯酸高吸水树脂结构

以上共聚研究尽管仍处于实验阶段，但在制取 HA 类高分子材料的研究中意义很大，具有潜在的产业化前景。

7.2　与某些其他物质的相互作用

7.2.1　对金属离子的吸附

“6.3.3”中阐述的 HA 与金属离子的成盐和络合反应，实际上只是二者相互作用的一部分。正如陈丕亚等（1981）研究发现，HA 官能团与 Ni 作用的量无线性关系，反而与 I_2 的吸附量有线性关系，证明 HA 与其他物质的结合还包含物理作用或物理化学作用。但不同的结合比例目前还没有很确切的定量鉴别方法，只笼统地称为“吸附”，其吸附量可以用实验方法求出，通过数据处理可得到吸附等温线和吸附方程，进一步求出饱和吸附量和有关动力学及热力学参数。大量研究表明，HA对金属离子的吸附通常符合Freundlich方程或Langmuir方程。该二模型都属于单分子层吸附。比如，某风化煤HA在pH 5时对Cd^{2+}的吸附量为137.37mg/g，相当于$pK_a=3$时COOH含量的71%参与了吸附，说明HA对金属离子的吸附是强羧基为主要吸附位点的化学吸附。

HS对金属离子的吸附规律及机理研究报道很多，仅归纳以下几点。

（1）对不同金属离子的吸附能力 从吸附规律来看，基本遵循Irving-Williams定则，即饱和吸附量与金属离子势（离子电荷数/离子半径）呈正相关。陈丕亚等[24]测定的大同风化煤HA树脂吸附重金属离子能力的顺序为：$Pb^{2+}>Hg^{2+}>Fe^{3+}>Cd^{2+}>Cu^{2+}>Zn^{2+}>Ca^{2+}>Ni^{2+}>Mg^{2+}>Cr^{3+}$。萨拉姆（1964）测定的包括稀有金属在内的吸附顺序为：$Cs^{+}>Rb^{+}>K^{+}>Na^{+}>Li^{+}$；$Ra^{2+}>Ba^{2+}>Sr^{2+}>Ga^{2+}$；$Zr^{4+}>Th^{4+}>Y^{3+}>Fe^{3+}>UO_2^{2+}>Cu^{2+}>Fe^{2+}$。饱和吸附量一般在0.2～1.5mmol/g，或20～110mg/g。Eskenazy（1972）专门研究了泥炭对稀有金属镓（Ga^{2+}）、钛（Ti^{4+}）、铍（Be^{2+}）的吸附，发现在pH 3～7时的吸附量高达2mmol/g。

（2）不同来源腐植酸的吸附能力 对多数金属离子吸附量大小的次序为风化煤HA≥黑土HA>褐煤NHA>泥炭HA，基本上与HA的羧基含量呈正相关。余贵芬等[25]对HS吸附Cd^{2+}和Hg^{2+}的研究显示，吸附量和解吸量都是FA>HA，但吸附强度是HA>FA。

（3）温度和pH的影响及热力学参数 一般温度升高有利于吸附，脱附反之；pH值一般在4～7吸附量较高。HA对Ni吸附热力学和反应动力学研究表明[26]，吸附反应热ΔH受反应活化能E控制，关系为$E\geq\Delta H>0$，为一级反应。温度升高，反应速度常数K和平衡常数K_p随之增大，符合阿伦尼乌斯反应速率方程。另外，从反应自由能变化$\Delta G\leq 0$、熵值$\Delta S\geq 0$，以及ΔG与温度T符合函数关系式$\Delta G=-RT\ln K_p$等情况来看，HA与金属Ni为一个自发不可逆反应，其反应向温度升高、自由能减小、熵值增大的方向进行。这都是化学吸附的特征表现。许端平等[27]对Hg(Ⅱ)和As(Ⅲ)在草炭HA上的研究发现，温度对Hg(Ⅱ)的吸附呈显著正相关，而温度对As(Ⅲ)的吸附影响较小；pH对Hg(Ⅱ)吸附量也呈正相关，而对As(Ⅲ)的吸附则是中性环境最好；Hg(Ⅱ)和As(Ⅲ)在HA上的吸附活化能分别为23.06kJ/mol和2.65kJ/mol，表明汞-HA是化学吸附为主，而砷-HA是物理吸附为主。Prado等[28]研究了褐煤HA与泥炭HA对二价金属离子的吸附热效应（$\Delta Q_{dil}<0$），计算出吸附焓变（$\Delta H<0$）、熵变（$\Delta S<0$）和吉布斯自由能（ΔG），证明两种HA与金属离子螯合反应过程都是熵驱动的吸热反应，但本质上都是自发进行的。从多数离子吸附熵变（绝对值）$\Delta S_{褐煤HA}>\Delta S_{泥炭HA}$来看，褐煤HA比泥炭HA的吸附能力更强。

（4）关于对金属离子选择性吸附　曹凯临等[29]对多种共存离子溶液的吸附研究发现，风化煤 HA 都是首先吸附 Fe^{3+}，其次是 Pb^{2+}、Cu^{2+} 和 Hg^{2+} 等，而褐煤和泥炭 HA 则是优先吸附 Hg^{2+}，其次是 Fe^{3+}、Pb^{2+} 和 Cu^{2+} 等，其中有的吸附数量差异很小。对这种现象还没有合理的解释，有关的研究深度也很不够。

7.2.2　与砷化合物的作用

HS 与砷的相互作用比较复杂，直接影响砷在环境中的迁移、转化和归宿。主要有以下两种情况[30]。

（1）As(Ⅲ)　pH＝9 时，As(Ⅲ) 形成稳定的中性氢氧化物 $As(OH)_3$。由于酚羟基（OH_{Ph}）与 COOH 相比是更合适的 π 电子供体，故 OH_{Ph} 可能首先会与 $As(OH)_3$ 中的 OH 发生交换反应：

$$R\text{-}C_6H_4\text{-}O^- + As(OH)_3 \rightleftharpoons R\text{-}C_6H_4\text{-}O\text{-}\ddot{As}(OH)(OH) + OH \tag{7-28}$$

有人认为 COOH 可能与 As(Ⅲ) 形成带负电荷的稳定络合物：

$$R\text{-}C(=O)O^- + As(OH)_3 \rightleftharpoons \left[R\text{-}C(O\cdots H\text{-}O)\text{-}O\text{-}\ddot{As}(OH)_2\right]^- \tag{7-29}$$

（2）As(Ⅴ)　与 As(Ⅲ) 相反，在 pH 4.6～8.4 范围内，As(Ⅴ) 以带正电荷的 $H_2AsO_4^-$ 和 $HAsO_4^{2-}$ 阴离子形态存在。研究发现，HA 对 As(Ⅴ) 的络合能力很强。这可能是由于 As(Ⅴ) 的中心有较高的正电荷以及其他形式的螯合和稳定作用。由于砷酸盐中心是正五价，在亲电中心引入 HA 的酚基会起质子化反应并生成水：

$$R\text{-}C_6H_4\text{-}O^- + HO\text{-}As(=O)(OH)O^- \xrightleftharpoons{+H^+} R\text{-}C_6H_4\text{-}O\text{-}As(=O)(OH)O^- + H_2O \tag{7-30}$$

此外，HA 上络合的金属阳离子有可能为 HA 络合 As(Ⅲ) 和 As(Ⅴ) 起到桥梁作用。

有研究认为，微生物的作用是控制砷存在形态及变化的重要因素之一。李泽姣等[31]研究证明，As(Ⅲ) 可同时被砷氧化菌 HN-2 和 HA 氧化成 As(Ⅴ)，pH＝7 时的效率最高，而且在一定条件下 HN-2 也可将络合态的 HA-As(Ⅲ) 释放为游离态的 As(Ⅲ) 并氧化为 As(Ⅴ)。

7.2.3　与黏土矿物的作用

土壤中总有机碳的 50%～98% 是以黏土-HS 有机复合形态存在的，其中砖红壤中有机复合碳最高（97.8%），其次是灰化土（89.6%）和黑钙土（85.2%）。黏土-HA复合物不仅数量巨大，而且HA与黏土矿物结合后修饰了土壤的无机表面，使得活性表面积和作用位点浓度超过原来的胶体HA，使其具有更大的吸附性和络合稳定性，更有利于对污染物的吸附[32]。HA与黏土的作用，对于土壤团聚体的形成、理化性能的保持、营养的贮备都起着重要作用。同时，HA与黏土的结合，有利于抑制HS生物降解，并对HS表面吸附的有机化合物反应起催化作用，这种催化作用对HS的合成、转化和降解比生物学作用更为重要。此外，HA在石油钻井液、陶瓷、选矿等方面的应用，几乎都与黏土-HA相互作用理论有关。因此，有必要了解这方面的基础知识。

7.2.3.1 黏土矿物概述

黏土是地壳中含长石类的岩石经长期风化及地质作用形成的一类含水铝硅酸盐的矿物。土壤无机组分中大部分是黏土矿物，主要有5种类型，其中分布最广的是高岭石和蒙脱石，其次是伊利石、水铝英石和叶蜡石。黏土的主要化学成分是SiO_2、Al_2O_3，还有或多或少的K_2O、Na_2O、Fe_2O_3、CaO、MgO、TiO_2等。高岭石的晶胞分子式是：$[Al_2(OH)_4(SiO_2O_3)]_2$，其晶体结构单位是：一层Si-O四面体和一层Al-(OH·O)八面体结合（常称作1∶1层状黏土）。一般情况下，晶体层面上的OH可解离而带负电，是高岭石主要的阳离子交换位置；在晶体层片边沿，则由于四面体和八面体键的断裂而出现“不饱和键”，对着Al^{3+}、Si^{4+}的位置带正电荷，而对着O^{2-}的位置带负电荷。高岭石晶片的层间距离（d_{001}）为0.714nm，多水高岭石为0.722nm左右。蒙脱石属于2∶1层状黏土，即两层Si-O四面体中间夹一层Al-(OH·O)八面体，典型的分子结构式为：$(Si_8)^{IV}(Al_{3:33}Mg_{0:67}M_{0:67})^{IV}O_{20}(OH)_4$，式中M为$Ca^{2+}$、$K^+$、$Na^+$、$Fe^{3+}$等离子。晶格内的Si可被Al置换，Al可被Ca、Mg、Fe等置换，产生剩余键，因此易吸附其他离子（通常为Na^+、Ca^{2+}）。蒙脱石层间距（d_{001}）一般为0.92nm，但由于层间富有—O—，键力很弱，而且容易在层间吸收大量水、交换性阳离子和其他有机分子，故容易膨胀增大。

7.2.3.2 作用机理

Stevenson[33]将HA与黏土之间作用归纳为以下4种。

（1）物理吸附（通过范德华力） 最弱的结合力，任何位置都可能发生。

（2）静电键（库仑力）和化学吸附 在黏土晶层断裂边沿暴露的Al^{3+}、Si^{4+}最容易与HA阴离子发生这种作用，也可能有阳离子交换反应，例如：

$$\boxed{黏土}\text{-}M^+ + R\text{—}NH_3^+ \longrightarrow \boxed{黏土}^+\text{-}NH_3R + M^+ \tag{7-31}$$

（3）氢键缔合 作用强度介于范德华力和共价键之间，作用位点为：[HA]-OH…O-[黏土]、[HA]-O…M^{2+}-[黏土]、[HA]-COO…HO-[黏土]。

（4）共价键（或络合） 这种作用可能是最复杂、最强烈的一种作用，主要发生在蒙脱石上。Greenland（1965）和 Schnitzer 等（1972）所说的离子-偶极和配位体交换或特性吸附，实际就属于这种络合作用。黏土晶体层面上 OH 解离后带负电，显然不是 HA 阴离子的吸附位置。但 HA 可以与其表面上的 $Al(OH)^{2+}$ 或 $Fe(OH)^{2+}$ 的羟基层合并，构成紧密的配位键。这种络合物可以表示为：[黏土-M^{n+}-HA] 或 [黏土-M^{n+}-H_2O-HA]，就是常说的以“阳离子桥”和“水桥”形式结合。吸附强度与 pH 值有关，在高 pH 下，一般只有表面吸附。当环境 pH≈5，也就是接近 HA 的 pK_a 时，这种配位键结合力最强，一般是不可逆的。Murphy 等[32]认为配位体交换分 3 步进行：①黏土表面羟基质子化：SOH＋H^+ ⟶ SOH_2^+。②形成外层表面络合物：SOH_2^+-⁻O-CO-[HA]。③形成内层络合物：SO-CO-[HA]（S 表示黏土晶体）。HA 与黏土结合键的强度，基本遵循 Irving-Williams 规律。HA 与高岭石和伊利石作用时一般不渗入晶层之间，但很容易渗入蒙脱石层间，把“共价”的水置换出来，于是，蒙脱石原有的层间原子排列被打乱。不少人认为，在短期内 HA 与黏土接触后仍是以物理吸附和氢键结合为主，这些作用在环境中更普遍，而且更重要。

关于 HA 化学结构与黏作用的关系问题，HA-COO^-、HA-O^- 以及少量 HA-NH_3^+ 断片容易被带电的黏土颗粒吸附，这是容易理解的，但 HA 的非极性部分同样也会参与吸附。据 Bradley（1945）学说推断，脂肪族 α-C 原子对负电性的黏土晶体表面也较敏感，容易以库仑力相互作用，即[HA]-C-H…O-[黏土]。至于对芳香结构，黏土矿物同样有弱的库仑引力（包括通过对芳环的极化力）。所以，黏土与 HS 和其他有机物的作用能量，比与水的作用还要大些。

7.2.3.3 有关研究结果

HS 与黏土相互作用的研究涉及物理化学、晶体化学和黏土胶体化学范畴，这方面的研究报道不少，现简单介绍如下。

（1）水悬浮体中吸附的特性 水悬浮体中黏土对 HA 的吸附特性研究对于水环境中 HA 及其有机-无机复合体的迁移转化有重要意义，也对实际应用有指导作用。一般得到的吸附等温线几乎都是 Langmuir 型或 Freundlich 型，也有特殊的情况，如 Scharpenseel（1968）测定的土壤 HA 在 Na、Ca、Mg、Al、Fe 五种型号的蒙脱石上的吸附都是直线型的。奥尔洛夫（1974）认为蒙脱石优先吸附小分子 HA，吸附方程为 $y=ax^b$，当 $a<1$、$b=1$ 时为 C 型，$a<1$、$b<1$ 时为 L 型曲线。薛含斌[34]测定了湘江底泥 HA 在黏土上的吸附特性，发现吸附量顺序为高岭土＞蒙脱土＞伊利土，在黏土浓度低于 10mmg/L 时吸附等温线近似以直线表达，属于单分子层吸附。成绍鑫等[35]研究了不同来源 HA 在高岭石上的吸附特性，发现泥炭 HA 的被吸附量普遍高于褐煤 NHA 和风化煤 HA；通过不同溶剂的洗脱率、温

度-吸附量关系以及吸附热焓 $\Delta H>0$ 等实验证明泥炭 HA 有一半是物理吸附，褐煤与风化煤 HA 约 1/5 是物理吸附，1/3 是较弱的化学吸附，其余（大约一半）形成不可逆的强结合键。根据高岭土的比表面积、HA 的分子直径和饱和吸附量估算，高岭土被 HA 覆盖的面积只有总面积的 1/10，因此 HA 可能主要结合在黏土晶层正电荷边沿。

HA 的吸附量与黏土种类、HA 来源、pH 值、电解质含量等因素有关。①土壤中水铝英石吸附量最高，是高岭石和蒙脱石的 4～11 倍（见表 7-2）[36]；②高岭土吸附泥炭 HA，在 pH 8 时最高（约 7mg/g），而褐煤和风化煤在 pH 时最高（约 3～4mg/g），但提高 pH 时各种 HA 的吸附量都降低。③蒙脱土中取代金属对 HA 的吸附量和吸附强度一般按以下顺序递减：$Fe^{3+}>Al^{3+}>Ca^{2+}>Na^{+}>H^{+}$，如 Na-型蒙脱土吸附褐煤 NHA 量为 14mg/g，而 Al-型的达到 42mg/g[35]，且随着 pH 值提高而减少。

表 7-2 不同种类黏土对 HA 物质的吸附量 单位：mg/g

腐植酸	黏土		
	水铝英石	高岭石	蒙脱石
褐煤 NHA	80.8	7.75	13.9
土壤 HA	53.4	10.0	14.0

（2）电子显微镜观察 据 Yonebayashi 等（1976）对黏土吸附 HA 的电镜分析表明，在高 pH 下吸附量少，在低 pH 时 HA 几乎覆盖了整个黏土晶体表面，还发现被黏土吸附的 HA 很难被碱解离。薛含斌[34]观察发现，HA 在伊利土边棱上以网状聚集体形式沉积，而在高岭土的长板状断裂端头吸附得最密集，从而解释了 HA 对伊利土的解胶作用、对高岭土的絮凝作用机理。Roy（1971）和成绍鑫等[37]用透射电镜观察到的景象与上述相反，发现在高岭土-水悬浮液中加入HA-Na 明显解离了黏土晶体的边-边、边-面相互缔合，拆散了黏土胶体的空间网状结构，添加 HA 前后的高岭土-水悬浮体见图 7-5 所示。对蒙脱土则没有这种作用。

（3）动电性质 Olphen 的理论[38]认为，ζ 电位决定着黏土粒子双电层厚度和体系的分散稳定性。在黏土胶体体系中加入有机质和 HA 后必然对其稳定性产生影响。

根据 Stern 双电层模型概念，黏土-水体系中的黏土质点周围可以分为两层：①吸附层，黏土表面由于晶格置换或吸附离子而带正电，紧密吸引周围的反离子而构成“吸附层”，厚度大约为一个离子直径；②扩散层，在吸附层以外的其余反离子以扩散方式分布，称为“扩散层”。黏土胶体粒子在电场中移动时，吸附层中的液体及其中的反离子作为一个整体而一起运动，它对于均匀液相内部之间的电位差

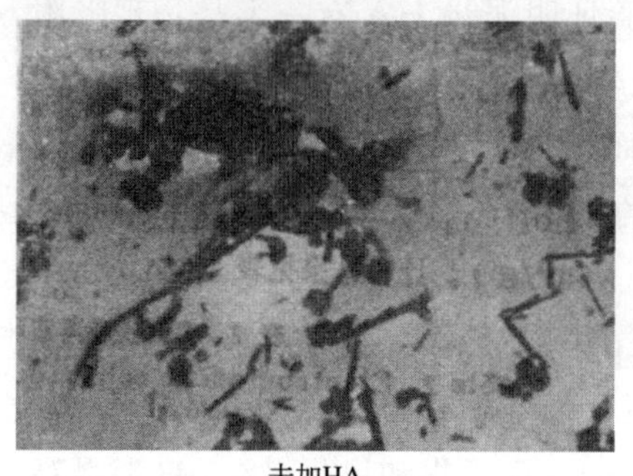

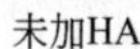

加入HA

图 7-5 添加 HA 前后的高岭土-水悬浮体

即ζ电位，可用微电泳仪直接测定（均以绝对值表示）。用 Olphen 方程[38]就可计算出扩散双电层厚度（d）和表面电荷密度（σ）：

$$d=\frac{\zeta D}{4\pi\sigma} \tag{7-32}$$

$$\sigma=\frac{CNe}{S} \tag{7-33}$$

式中，D 为溶液介电常数；C 为黏土表面阳离子交换容量（mmol/g）；N 为常数（$6.02\times10^{23}\,\mathrm{mol^{-1}}$）；$e$ 为电子电荷（4.80325×10^{-10} e. s. u）；S 为黏土比表面（实测）。

不同来源煤炭 HA 对高岭土-水悬浮体的ζ电位、d、σ 等的影响见表 7-3[37]。可见，加入 HA 后黏土胶体体系ζ电位（均指绝对值）双电层（d）厚度增加 5～8 倍，分散稳定性提高（<2.7μm 的黏土颗粒比例从 0 增加到 1/3 以上）。不同煤炭 HA 影响ζ电位和分散稳定性的次序为风化煤>褐煤>泥炭。HA 对蒙脱土ζ电位的影响与高岭土的情况基本相似，且ζ电位的最大值向低 pH 方向移动，但当体系 pH>9 时，加入 HA 后ζ电位反而下降[34]。但舒哈列夫等（1970）的实验结果很特殊，他们在 pH>10 的蒙脱土钻井液中加入褐煤改性 HA 后，ζ电位降低幅度为 HA>NHA>SNHA>PSNHA，（SNHA 和 PSNHA 分别表示磺化硝基腐植酸及其缩聚产物），而钻井液的稳定性和降滤失性却依次提高。这种现象显然不能用双

表 7-3 不同来源煤炭 HA 对高岭土-水悬浮体ζ电位和分散性的影响

HA 的来源		高岭土 CEC /(mmol/g)	σ /[e. s. u(×10²)]	ζ电位 /mV	d /mm	<2.7μm 的粒子 /%
对照	（不加 HA）	0.046	5.4	7.27	2.9	0
风化煤 HA	（吐鲁番）	0.056	6.6	65.93	21.2	54.11
褐煤 NHA	（吉林）	0.056	6.6	46.46	14.6	37.55
泥炭 HA	（延庆）	0.053	6.3	38.53	13.00	33.78

电层-分散稳定性理论来解释，可能属于“排空稳定”作用。土壤的 ζ 电位情况又很特殊。赵瑞英等[39]在红壤中添加不同来源的 HA，ζ 电位全部降低（降低幅度以风化煤 NHA 和 HA 最大，泥炭 HA 最小），这与国内外有关土壤 ζ 电位降低有利于形成土壤团聚体和提高土壤肥力的研究结论是一致的。

（4）X 射线晶层间距研究　采用 X 射线衍射定量分析黏土晶体的层面（d_{001}）间距，可以提供 HA 类物质是否具有层间吸附的证据。高岭石和绿泥石在吸附 HA 前后 d_{001} 一般没有变化，说明主要是表面吸附，HA 分子未进入黏土晶层之间。但蒙脱石却不同，据 Schnitzer 等（1966）研究发现，Na-型蒙脱石原来 d_{001} 为 0.987nm，吸附 FA 后 d_{001} 明显增加，其增加的宽度与 pH 有关（见图 7-6）。可以看出，d_{001} 在 pH 2.5 时达到最大值（1.76nm），然后随 pH 增加而减小，在 pH 4～5 之间（也就是 FA 的 COOH 离子化的突跃点，即 pK_a 值）出现一个陡坡。这种层间吸附量大约是总吸附量的一半多一点，而且是可逆的。随温度的提高，d_{001} 间距逐渐减小。

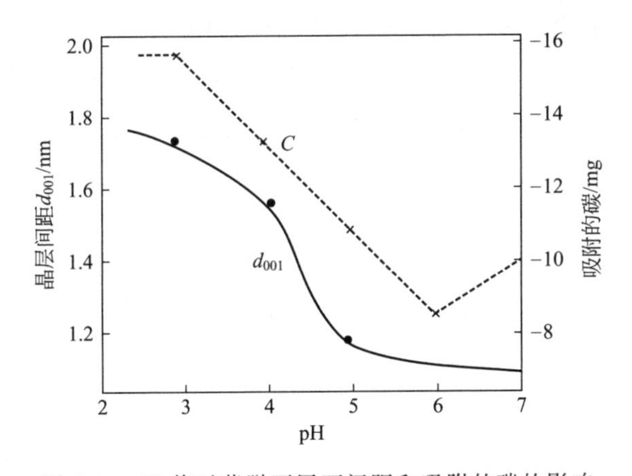

图 7-6　pH 值对蒙脱石层面间距和吸附的碳的影响

（5）红外光谱特征　IR 谱图能反映推断黏土-HA 作用机理的结构信息。Tann（1975）通过凝胶过滤与 IR 手段研究了灰化土中分离出来的黏土-HA 复合体，发现 Si-O 键选择吸附大分子 HA，而 O-Al-OH 键则吸附小分子 HA，还发现吸附 HA 后的黏土 Si-O 的光谱吸收峰减弱，推测是 Si-O-Si 结合键被吸附的 HA 破坏所致。Kohl 等（1961）观察到皂土吸附有机物质后 C＝O 吸收峰向长波方向移动（1724cm^{-1}移至 1709cm^{-1}），认为是 HA 的 C＝O 与黏土的 OH 形成氢键（C＝O…H^+-O）的“指纹”。陆长青等通过高岭土吸附 HA 前后的 E_{3696}/E_{3620}、E_{3966}/E_{1105}、E_{3620}/E_{1105} 吸收峰的比值均降低来说明黏土表面 OH 与 HA 是通过氢键或阳离子桥结合的，从而解释黏土粒子负电性提高、结构性水化层增强、促进胶体分散等现象。

（6）热分析　通过DTA和DTG峰的变化可以推测HA-黏土的结合机制。Kodama等（1969）发现原来FA的330℃肩峰（脱羧基）和450℃放热峰（芳核氧化）在被蒙脱土吸附后都变宽，说明FA的分解速度变慢了，而且在670℃和930℃出现了两个新峰，认为分别是黏土层间吸附的FA络合物和稳定结合的FA的燃烧所致。DTG曲线更清楚地看出蒙脱土吸附后的脱羧温度和芳环氧化分解温度分别推后了70℃和145℃。从TG和DTG曲线和热失重量还计算出黏土层间吸附约占总吸附量的一半。Adhikari等（1979）还利用TG和DTG曲线通过Flynn-Wall's方程可以计算出热解活化能E：

$$E=-4.35\frac{\log\beta_2-\log\beta_1}{T_2^{-1}-T_1^{-1}} \tag{7-34}$$

式中，β为加热速率，℃/min；T为温度，℃。实验证明，吸附HA后550℃的活化能提高了，断定是由于HA与黏土层间离子结合后键能提高引起的。

（7）流变学性质　流体在受力下变形和流动的特性属于流变学研究的范畴。HA与黏土-水悬浮体作用后的流变学性质不仅是阐明HA-黏土作用机理的手段之一，也能为石油钻井液、陶瓷泥料、水泥浆等的流动和泵送工艺提供数据。

黏土-水悬浮体一般为假塑性流体（宾汉流体）和塑性流体（均为非牛顿流体），表达式为[40]：

$$\eta=\eta_0+\tau\frac{dV}{dX} \tag{7-35}$$

式中，dV/dX为剪切速率；η为黏度，Ps·s；η_0为剪切速率为零时的黏度，Ps·s；τ为剪切应力，N/m^2。用τ对dV/dX作图，就得到流变学曲线。显然，这种非牛顿流体的流变学曲线是S形的，即$dV/dX\neq0$，只有给予一定的初切应力τ_0（即相当于屈服值）才能开始流动。当$\eta_0=0$时就成为直线，成为牛顿流体。

陆长青等[41]发现，HA对高岭土悬浮体的流变性影响较大：不加HA时是典型的宾汉流动特征，随HA浓度的增加，出现剪切稀释效应，HA浓度到0.162%时呈理想的塑性流动，到HA≥0.42%时，成为接近通过原点的直线（$\eta_0=0$），即牛顿流体特征。蒙脱土的初始屈服值比高岭土悬浮体高得多，未加HA时曲线呈向下弯曲的趋势，是剪切增稠的表现。随HA浓度的增加，逐渐转变成不通过原点的直线，到HA浓度为2.75%时呈典型的塑性流动，但未达到牛顿流体的程度。成绍鑫等[37]计算了几种黏土悬浮体的流变学参数（η_{app}、τ_0、稠度系数K等），发现HA对流变性影响的顺序为高岭土≫伊利土≥蒙脱土；对Na-高岭土流变性影响的顺序为风化煤HA≥褐煤NHA>泥炭HA。

（8）胶体排空理论　在钻井液处理剂研发中，人们发现一种特殊现象：在蒙脱土的淡水泥浆中加入NaCl后，HA的吸附量成倍增加，但随pH值提高，HA的吸附量反而减少。这种现象难以用经典DLVO（静电和空间）理论解释。Feigin和Napper（1980）提出一种“胶体排空稳定理论”。该理论的基本点是，在特定情况下，胶体颗粒之间具有相互排斥作用，使其熵值和体积增加，从而维持胶体体系的稳定性。Scheutjens等（1982）认为，HA在石油钻井液中的稳定作用基本上不是“护胶作用”，而是这种“排空稳定作用”。这一理论后来被Heath（1983）和王好平[42]的实验所证实。在高pH、高浓度和高电解质情况下，HA分子被强烈“线团化”，使其与蒙脱土的亲和力降低，HA在其表面只有少量的吸附，对体系的静电和空间稳定作用是微不足道的，而大量未被吸附的HA自由分子的“排空作用”有效地阻止了黏土粒子的聚结，保持了粒度的均匀分布，从而维持了黏土体系的稳定。这些HA自由分子对泥浆稳定性起着决定性作用，这一理论基本解释了HA对石油钻井液体系，特别是高温和含盐情况下仍保持稳定的原因。

7.2.4 对矿物的溶解或抑制分散作用

腐植酸类物质对矿物的增溶或抑制分散作用，对环境中矿物的保持、迁移、植物营养以至矿物分选等都是重要的应用理论基础。不少研究者发现HS能促进各种岩石或矿物中的无机组分逐渐溶解，其中效果比较明显的有：赤铁矿、针铁矿、软锰矿、水铝矿、长石、黑云母、顽辉石、绿帘石等，其中HA和FA对富铁矿石的攻击最敏感。据Schnitzer（1972）的观点，HA和FA对矿物侵蚀和降解后，可以生成水溶的或水不溶的金属-HA（FA）络合物。是否水溶，取决于金属/HA（FA）比值：比值低者为水溶的，高者可能是不溶的，但这仅仅是一个经验性的提法，没有足够的定量数据。Fokin等（1969）认为，土壤中的Fe、Mn、Zn等都可能与HA特别是FA形成水溶性的复合体或内络物，其水溶复合体的大小与FA分子量呈正相关，含Fe量最高可达到25mg/100mg FA。Senesi等（1977）的穆斯堡尔谱测定结果显示，HA与矿物中的Fe至少有两种结合形态：①以强键结合成四面体或八面体；②HA在矿物外表面吸附形成微弱的八面体。前者对其他掩蔽剂的络合和还原有很大的抗拒力，后者则没有。在铁、铅、锌、锰等矿物浮选时，HA一般是抑制矿物分散、促进某些脉石分散上浮，以达到分离、浓缩的目的。潘其经[43]的试验结果显示，泥炭HA-NH_4对赤铁矿的抑制作用最好，接近玉米淀粉的效果，有可能成为有前途的淀粉代用品，并认为HA-NH_4代替剧毒的氰化物和重铬酸盐，用于锌/硫分离、铅/锌分离、萤石/重晶石分离具有潜在的应用前景。由于HA用于矿物分选的机理研究仍显薄弱，而且有关技术经济性低，故此类应用试验无大进展。

7.2.5 与磷矿及磷酸盐的作用

HS与磷矿及磷酸盐的作用的研究，是140多年前HA农业应用研究的序幕，至今仍对指导 HA-磷肥基础研究、发展高效环保型有机复合磷肥起着重要意义，一直受到国内外农学界的关注。

7.2.5.1 对难溶磷的增溶作用

HS 与土壤和磷矿中的难溶磷的反应，大致有以下几种学说。

（1）分解和复分解反应

$$Ca_3(PO_4)_2+6[HA]\text{-}COONH_4 \longrightarrow 3([HA]\text{-}COO)_2Ca\downarrow+2(NH_4)_3PO_4 \qquad (7\text{-}36)$$

$$Ca_3(PO_4)_2+2[HA]\text{-}COOH \longrightarrow ([HA]\text{-}COO)_2Ca\downarrow+2CaHPO_4 \qquad (7\text{-}37)$$

$$2CaHPO_4+2[HA]\text{-}COOH \longrightarrow ([HA]\text{-}COO)_2Ca\downarrow+Ca(H_2PO_4)_2 \qquad (7\text{-}38)$$

$$2CaHPO_4+2[HA]\text{-}COONH_4+2H_2O \longrightarrow Ca(H_2PO_4)_2+([HA]\text{-}COO)_2Ca\downarrow+2NH_4OH \qquad (7\text{-}39)$$

从以上 4 个反应式可见，不溶性的 $Ca_3(PO_4)_2$ 在 HA 或 HA-NH_4 作用下都分解成枸溶性乃至水溶性的磷酸盐了。

（2）代换吸附　郭敦成[44]将 HA 与磷矿粉混合，发现分解出来的水溶磷很少，但将这种混合物施入土壤后解磷效果非常显著，推断其原因是在土壤条件下，部分 $Ca_3(PO_4)_2$ 中的 Ca^{2+} 代换出 HA-黏土复合物表面的 H^+，生成水溶性的 $Ca(H_2PO_4)_2$，其余部分形成了较稳定的 HA-黏土-Ca 复合物。这一机理解释了多年施用 HA 类物质的土壤有效磷含量逐渐提高的原因，但他没有考虑到土壤微生物对解磷作用的贡献。

（3）形成 HA-M-磷酸盐复合体　许多研究发现，无金属桥时 HA 实际很难与 P 络合，而 HA-Fe（或 Al）-P 在热力学上才是稳定的，才能保证土壤中磷的缓慢释放。Levesque（1970）在实验室首先合成了一种 FA-Fe-P 模型化合物（见图 7-7），证明该模型化合物与土壤中萃取出来的同类络合物的结构非常相似。

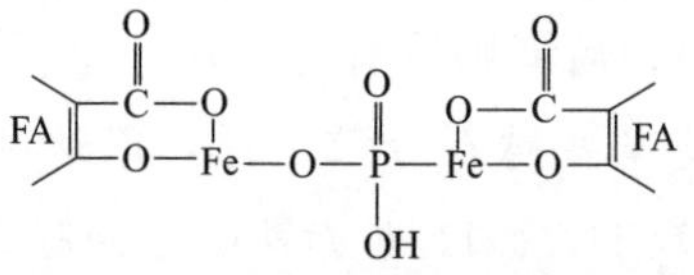

图 7-7　FA-Fe-P 络合物模型

电泳测定表明，HA-Fe-P（特别是 FA-Fe-P）的电泳移动速度都比不含磷的 HA-Fe 高得多。Urrutia 等[45]用碱式 $Fe(OH)_2^+$ 和（或）$Al(OH)_2^+$ 为桥键成功合成了一种 HA-Fe（Al）-P 络合物，预示有可能作为新型 HA 有机-无机复合肥料的模式（见图 7-8）。

沈玉君等[46]针对堆肥过程中氮损失严重的问题进行实验，以 $FeCl_3$ 和

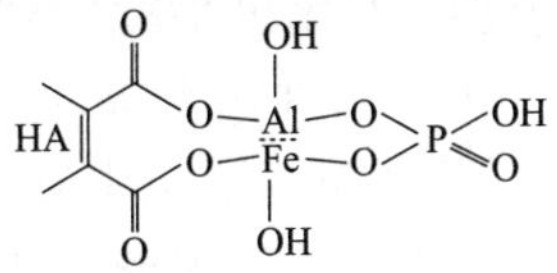

图 7-8 HA-Fe(Al)-P 络合物模式

$Ca_3(PO_4)_2$（质量比 1∶1）的混合物按 10%加入堆肥，发现外源 Fe、P 加速了有机质的分解，氮含量明显提高。与对照相比，HA 结合 Fe 提高 4.4 倍，Fe 结合的 P 提高 3.13 倍，由此预测形成了 HA-Fe-P 三元复合体。

7.2.5.2 对可溶磷的保护(抑制固定)作用

速效磷肥施入土壤后易向难溶的磷酸盐，如 $Al_2(PO_4)_3$、$Fe_2(PO_4)_3$或磷酸八钙[$Ca_8H_2(PO_4)_6 \cdot 5H_2O$]等方向转化，称为磷的“固定”，导致磷的利用率大幅度降低。试验证明，HS 能抑制速效磷肥[$Ca(H_2PO_4)_2$、$(NH_4)_2HPO_4$ 等]的固定，提高作物对磷的利用率。桥木雄司在 1962—1972 年发表了 9 篇文章，充分阐明了 HA 和 NHA 及其盐类对 KH_2PO_4都有不同程度的抑制固定作用，而且 FA 的作用比 HA 更强。但这方面也出现过不少特殊现象。如那比耶夫（1962）发现，HA-NH_4与过磷酸钙 1∶4 混合（pH 5）时，有效磷含量可保持不变，但比例增加到 1∶2 和 1∶1 时，有效磷则降低了。Caura（1965）发现，在过磷酸钙中加入 1%～2%的厩肥 HA(pH 4.8～5.6)，减少了磷的固定，但加入 0.2%和 0.5%的 HA(pH 6.2～6.6) 时，磷的固定率反而提高了。他用形成 HA-Fe(Al)-P 络合物来解释 P 被固定的原因，但仍不能自圆其说。后来的研究有了重要进展，如鲁宾奇克（1985）等发现，在 $Ca(H_2PO_4)_2$ 中加入 HA-NH_4会促使其向枸溶性（$CaHPO_4$）转化。李丽等[47]通过 IR、XRD、XPS 等综合手段研究了风化煤 HA 与过磷酸钙的作用，认为 HA 与 $Ca(H_2PO_4)_2$ 基本不发生反应，但可与 $CaHPO_4$ 反应，使其转化成水溶性的 $Ca(H_2PO_4)_2$。HA 的一价盐却与 $Ca(H_2PO_4)_2$ 反应形成 KH_2PO_4和缓效化的 HA·$CaHPO_4$复合物。后者不太稳定，在潮湿环境中易被水解成 HA-Ca 和 $Ca(H_2PO_4)_2$，从而解释了 HA 盐对速效磷肥的缓效机理。农化试验证明，这样的 HA-K-P 和 HA-Fe-P 复合物在土壤中的 P 固定率比原速效磷肥分别减少 16.6%和 19.9%。据农业化学家的观点[48]，水溶性 $Ca(H_2PO_4)_2$ 部分转化为枸溶性 $CaHPO_4$，更有利于抑制磷的退化和固定，提高磷肥的后效。HA 的一价盐正是通过这一途径对磷肥起到保护作用的。

7.2.6 与碳酸盐的作用

碳酸盐（$CaCO_3$、$MgCO_3$等）广泛分布于干旱、半干旱地区，是土壤无机碳的主要组分，它们通过溶解-再沉淀过程形成次生碳酸盐，在土壤矿物和 HS 间起胶结作用而形成团聚体。研究表明，HA 和 FA 在碳酸盐表面表现出不同的吸附特征。一般情况是，方解石（$CaCO_3$）选择性吸附分子量较高的 HA 组分，并抑制方解石的溶解[49]。但干旱地区的富钙碱性土壤中有机碳与无机碳含量负相关，说明土壤 HS 的增加促进碳酸盐的溶解，这可能与 HS 的组分构成有关。黄传琴等[50]的研究证明，$CaCO_3$ 对 HA 的吸附量大于 FA，但吸附密度比 FA 小一个数量级；HA 抑制 $CaCO_3$ 的分解，而 FA 则促进其溶解。$CaCO_3$ 的溶解随 pH 升高而降低，随 HA 和 FA 浓度的提高而增强。该研究结果有助于理解土壤中有机碳与无机碳的耦合关系，为提高干旱、半干旱地区土壤碳汇效应提供依据。

7.2.7 与水泥的作用

腐植酸类物质与水泥的作用可能类似于与黏土的作用，主要属于表面阳离子（Ca^{2+}）交换和阴离子缔合等作用。Moldoran（1963）最早发现 HA 可像表面活性剂那样用于混凝土，能减少水和水泥用量。大场正男等（1967）发现土壤 HA 特别是溶于乙醇的 HA 段分会延缓波特兰水泥凝结和降低灰浆抗压强度。

张明玉等[51]对磺化腐植酸（SHA）与水泥熟料的作用机理进行了研究。结果表明，加入 SHA 早期会产生大量水化铝酸钙和硅铝酸钙针棒状结晶，使硅酸三钙和 β-硅酸二钙的水化诱导期延长，水化速度早期（7d）延缓，后期（7～28d）加速，故可能成为早强性减水剂。一般在水泥料浆中加入 HA 盐稀释剂 0.1%～0.7%，不仅减水 13%～52%，而且增加了流动度和球磨速度，提高了产量。孙淑和等[52]对比了不同来源磺化硝基腐植酸（SNHA）与水泥的作用机制，发现添加 SNHA 后水泥浆的表观黏度和流动度顺序为：褐煤 SNHA＜泥炭 SNHA＜风化煤 SNHA。认为起关键作用的是低分子水溶性 HA，它们属于阴离子表面活性剂，可引起水泥浆表面张力降低，促使水泥颗粒间 ζ 电位提高，从而增强体系的分散稳定性。由于腐植酸类减水剂难以与其他合成外加剂竞争，故该项应用研究至今无大进展。

7.2.8 与含氮化合物的作用

各种含氮化合物与腐植物质的相互作用，与地球生物化学、生态学和农业化学及应用都有密切关系，分以下几方面来说明。

7.2.8.1 与氨的作用

在“7.1.6”中介绍了 HA 的氨化，即［HA］-COOH 与铵离子的离子交换反应。实际上 HA 和 FA 与 NH_3 之间的作用要复杂得多，除了离子交换外，还有大量非交换性吸附，甚至还由于吸附了氨而引起聚合，形成杂环。Valdmaa（1969）还发现，用氨处理 HA 后甲氧基减少并且 N 增加，可能是甲氧基被氨解后引入 N 的结果。HA 盐类对氨的吸附还与其结合的金属离子种类有关。帕尔霍闵科（1969）

等的实验表明，不同 HA 盐吸附氨能力的顺序为：$Al^{3+}>H^{+}>Mg^{2+}>K^{+}>Ca^{2+}>Na^{+}>Fe^{3+}$，其中还与 HA 盐的孔体积有关。不同 HA 原料相比，泥炭 HA 的吸附能力最大，被吸附的 N 仍有 60%是以游离 NH_3 的形式存在，但也发现部分 NH_3 转化为酰胺和难水解的含 N 结构。Mukherjiee 等（1965）在加压（3MPa）、提高温度（165℃）情况下进行氨化 4h，其产物中仍有 55%～60%的铵态 N，但出现 20%左右的酰胺 N 和部分难水解或不水解 N。若在 200℃以上同时氧化和氨化，低级别煤 HA 上可结合22%～24%的 N，其中 15%～30%是以伯酰胺形式存在，其余几乎都是非常稳定的异吲哚结构，其大致反应历程是：HA 氧化开环→形成 COOH 和酸酐→与氨反应生成伯酰胺→脒（部分腈）→N 与相邻 OH 结合、闭环→异吲哚结构。当时希望用此法制取“高氮腐肥”，因发现 N 很难被分解利用而中断了研究。

7.2.8.2　与胺和酰胺（尿素）的作用

腐植酸类物质能溶于胺、酰胺、吡啶、吡咯等含氮有机溶剂，实际上都发生了深刻的化学反应。此类溶剂的含 N 基上都具有不成对电子，有充分的电子给予能力，足以切断 HA 的氢键和弱的 O 键，甚至形成稳定的配位化合物（Mukherjiee，1991），例如：

$$[HA]\text{-CO-O-Ar}\cdot R \xrightarrow{EDA} [HA]\text{-CO-NH}(CH_2)_2NH_2 + Ar\cdot R\text{-NH}(CH_2)_2NH_2 + Ar\cdot R\text{-OH} \tag{7-40}$$

那扎洛娃（1996）等对 HS 与芳胺（苯胺、氨基酚等）、脂肪胺（乙胺、二乙胺）和酰胺（尿素、氨基脲、硫脲）的相互作用进行了一系列研究，结论是：结合到 HA 上的 N 数量取决于胺类的 pK_a 值和取代基立体化学结构，其反应平衡常数与质子取代常数呈正相关，认为醛（羰）基与氨基的亲核加成是主要的反应历程。反应产物对 0.1mol/L NaOH 的水解稳定性按以下次序下降：HA-芳胺>HA-脂胺>HA-尿素。二甲基甲酰胺（DMF）由于 C═O 氧的供电子性能和甲基 N 的原子屏蔽效应，是偶极矩和磁导率很高的溶剂，对 HA 的作用属于“偶极阳离子溶解”，实际也发生了深刻的化学反应。

对 HA 与尿素的相互作用的研究直接关系到农业应用，一直是农业化学家非常关注的课题。不少研究者对不同来源的 HA 与尿素的作用机理做了研究，都认为不能用一个简单的“吸附模式”来描述。Choudhry[53]总结了 HA 与尿素作用至少包括：范德华力作用、疏水键作用、氢键、电荷转移、离子交换、配位体交换等。近期学界更倾向于以下 3 种作用机理：

（1）自由基反应　Ghosh（1966）和梁宗存等[54]通过 ESR 分析发现 HA 与尿素作用后自由基有被“扑灭”的现象，推断存在自由基反应历程。

（2）络合反应　Banerjee 等（1976）通过电位和电导滴定研究了 HA-尿素作

用机理，认为 HA 的羧基与尿素的一个氨基作用形成络合物或加合物，另一个氨基仍可水解放出氨；加入硫酸铜后，Cu^{2+} 主要以游离态存在，表明 HA-尿素不太活泼，难与金属形成络合键（见式 7-41）：

$$\text{HOOC-[HA]-OH} \xrightarrow{(NH_2)_2CO} \text{HOOC-[HA]-OH} \cdot NH_2-CO-NH_2 \xrightarrow{Cu^{2+}} \text{HOOC-[HA]-OCu}^+ \cdot NH_2-CO-NH_2 + H^+ \quad (7\text{-}41)$$

这种 HA-尿素络合物水解稳定性很高，即使在高 pH 下也不分解。

（3）亲核加成反应　梁宗存等[54]通过 IR、ESR、XPS 等方法研究认为，HA 与尿素之间除离子交换、氢键、自由基反应等历程外，还可能发生羰基亲核加成反应（式 7-42）：

$$\text{>C=C-C(=O)-R(H)} + H_2N-C(=O)-NH_2 \longrightarrow \left[\text{>C=C-C(OH)(R(H))-NH-C(=O)-NH}_2\right] \longrightarrow \text{>C=C-C(R(H))=N-C(=O)-NH}_2 + H_2O \quad (7\text{-}42)$$

Ctenanov（1969）也得到类似的结论。他还发现这种加成产物由于含 N 基团的诱导，官能团更具负电性，与高价金属的反应能力更强，HA-尿素-Fe(Al) 络合物的电泳移动性更大。

不同来源的 HA 与尿素反应能力的次序为风化煤＞褐煤＞泥炭。风化煤 HA 与尿素之间是以离子交换和加成反应为主，泥炭 HA 则以氢键缔合为主[53]。

此外，HA 与羟基四甲胺［$(CH_3)_4NOH$］反应制取生长刺激素，与烷基铵盐［$Me_2(C_{18}H_{37})_2NCl$］反应得到腐植酸的烷基铵盐作为油基钻井液分散剂或矿物、颜料、墨水的助剂，与胍反应制取生化制剂等，都可能属于上述反应类型。

7.2.8.3 与氨基酸和蛋白质的作用

关于 HA 与氨基酸、蛋白质是否发生了反应目前没有定论。一种观点是以 Haworth 和 Schnitzer 为代表的，他们认为二者结合得并不紧密，多肽实际只是通过氢键连接上的，用沸水就可以将肽链除去；土壤 HA 中的 17 种氨基酸都容易被降解释放出 NH_3；当用 H^+ 型阳离子交换树脂处理 HA 时，氨基酸 N 显著降低，表明 HA 与氨基酸结合得很不紧密。第二种观点认为，在形成 HS 的初期，多肽或蛋白质就通过氨基与酚类以及微生物代谢产物紧密结合在一起了，而且对酸水解也很稳定。Mayaudon[55]认为负电性的 HA 与正电性的蛋白质是通过离子键结合的，其余是由氢键结合的，后者有更强的生物学稳定性；有的还认为是共价键结合的。波兰的 Michalowski 等（2001）的实验结果支持了后一种假说。他们在碱性溶液中使HA与氨基酸发生加成反应，其产物用*N*-溴代琥珀酰亚胺（NBS）氧化时发出强烈的荧光，这是HA的C═O与氨基酸发生加成反应的证据，而且不同种类的氨基酸发光特征不同，以此作为一种标定氨基酸的快速、灵敏的药物学方法。

7.2.9　与农药及其他有机污染物的作用

随着现代化学农业的迅速发展，农药（PS）和其他有机污染物（OP）对环境的污染和食品安全的威胁日益引起人们的担忧。寻找一条解决PS和OP公害的廉价有效的途径，是全球环境化学和农业生态学界关注的热点。HS特殊的物理、化学、生物化学以及光化学性质，决定了它们与PS和OP之间的吸附和分配、溶解、催化降解和光敏作用，极大地影响着环境中PS和OP的行为、土壤毒性、生物利用度和降解性能、积累、迁移以及残留等[56]。

7.2.9.1　增溶作用研究

HA盐和FA对某些PS或OP有一定的增溶效应，从而影响其土壤和水体中的迁移，起到转运作用。增溶作用的原因，一是HA有降低表面张力的功能，可对某些农药起乳化剂和分散剂的作用，二是HA对OP的吸附，特别是那些较高分子量、高芳香度和非极性的、低氧含量和低亲水性的HS，对水不溶性的非离子型OP（如DDT、多环芳烃、烷烃、钛酸酯、烷基邻苯二甲酸酯等）的增溶作用更显著[57]。Chiou等（1986）研究发现，水中HA含量对有机氯农药的增溶效果呈线性关系，提出一个方程式：$S_w^* = S_w(1+XK_{doc})$，其中S_w^*为农药在含HA水中的溶解度，S_w为农药在纯水中的溶解度，X为HA的浓度，K_{doc}为农药的分配系数。

7.2.9.2　吸附特性及热力学和动力学研究

Weber（1969）研究了HA对4种三氮杂苯的吸附，几乎都在pK_a附近（pH 4.05～5.2）达到最大值。李丽等[58]的研究发现，HA对菲的吸附能力与HA中碳含量、表观分子量及脂肪碳含量呈正相关，而与HA氧含量、芳香碳含量呈负相关。杨成建等[59]研究也证明，像甲基对硫磷、西维因和克百威之类的疏水性非离子型农药，是通过分配作用吸附于HA上的，与HA的极性呈负相关。肟化和氧化后的HA极性增强，对这些非极性农药的吸附量反而减少了。Hesheth等（1996）通过Langmuir吸附模型对泥炭HA和水体FA吸附农药进行热力学分析，求得HA（FA）与2,4-D、Atrazine、林丹的作用焓（ΔH）是吸热的，不利于相互结合，而与百草枯和氯基脒的ΔH是放热的，且伴随着熵（ΔS）的降低，更有利于结合。由此看来，环境中HA（FA）更容易与阳离子型农药相互作用。但他们又推测，水体流动和稀释时，FA又可能将农药释放出来。Piccolo等（1992）发现不同来源HA对Atrazine的吸附能力为：氧化HA（84%）＞风化褐煤HA（45.3%）＞土壤HA（31.7%），但这些HA水解后的产物的吸附能力则正好相反。他们还发现，草甘膦在浓度很低时很容易与HA-Fe反应形成膦基-HA-水合Fe体系的络合物，高浓度时则为氢键缔合。Khan（1973）根据 HA-除草剂的 Freudlich 方程计算了吸附速度常数、活化能、活化热和熵，认为都是物理吸附，初期限制因素是除草剂分子向 HA 粒子表面的扩散速度。张彩凤[60]对 FA 和煤基酸（低级别煤深度氧化降解的产物）与农药的复合物进行了热解动力学和 DTG 分析，表明二者作用后活化能降低，分解温度向高温方向偏移，证明该复合物比原农药稳定。Negre 等（2001）测定了土壤 HA 与 3 种除草剂的吸附焓，发现都低于－1kJ/mol，说明结合键能很低。他们又用分子模拟和几何最优化的方法解释了 HA 与除草剂的相互作用机理，发现酸性除草剂与 HA 的作用同 HA 的 OH_{ph}和芳香度有关，在除草剂 pK_a值以下（pH＝2.8）的作用最强，认为其作用机理属氢键或电荷传递络合特征。

7.2.9.3 催化水解和光化学作用研究

腐植酸类物质，特别是水体 HA 对一些农药（如氯硫三嗪和 2,4-D 等）具有类似胶束催化水解作用或抑制水解作用，其反应方向取决于环境条件[61]。

在“6.3.6”中曾谈到 HA 类物质在吸收阳光后能产生瞬时高度反应性的分子断片，对某些农药和 OP 具有很强的加速转化效应。研究证明[56,62～64]，HA 在光诱导下生成的单线态氧（$^1O_2$）和过氧化自由基（ROO·）是乙拌磷、灭虫威、氯代苯酚、硫醚等杀虫剂的光反应剂，HS 产生的自由基|HS|·又是烷基酚的光氧化剂，而溶剂化电子（e_{aq}^-）是强还原剂，能迅速还原带负电的二氧杂芑。意大利 Salvestrini 等[65]也发现，可溶性 HA 会促进苯基脲类杀虫剂的化学降解，认为 HA 的羰基对催化降解起重要作用。

7.2.9.4 作用机理研究

不少研究者通过 IR、DTA、ESR、XPS、NMR、热力学及计算机分子模拟等方法研究了 HS 与农药的作用机理，初步归纳其作用类型可以分为：物理吸附或非特异性吸附（通过范德华力、偶极-偶极力、疏水键）、氢键、离子交换、电荷转移、配位交换和共价键等，大致规律如下。

（1）非离子型和非极性农药一般都是通过范德华力被 HS 吸附的　那些水合性能很弱的非离子、非极性农药或 OP（如邻苯二甲酸酯、对溴磷、灭草定、毒莠定、对硫磷、麦草畏、DDT 及其他含氯农药等），一般倾向于在 HS 表面疏水吸附，或者被 HS 大分子微孔捕获，这都是所谓“非特异性吸附”。HS 的长链烷基、芳香结构都属于疏水部位，可把它们看作一种“非水性溶剂”，都对农药有强烈的“溶解”作用。

（2）通过质子交换形成离子键与农药作用　主要依赖于 HA 的 COOH 和 OH_{ph}的解离，适合于同阳离子型农药如敌草快、百草枯、杀虫脒，也适合于溶液中能质子化转为阳离子型的农药，如氨基三唑、甲氟磷等。交换容量和 COOH 含量越高的 HA，越容易与碱性高的农药形成离子键。HA 与阳离子染料，如亚甲蓝、蓝光碱性蕊香红、翠蓝等也能与 HA 形成离子键型的络合物。

(3) HA 中的含 O、N 基团与含相应基团的农药之间易形成氢键　与 HS 可能形成氢键的有：麦草畏、一些酸性农药（烷氧基氯苯酸及其酯等）、非极性农药（氨基苯甲酸酯、马拉息昂、草灭特、草甘膦、取代尿素、烷基邻苯二甲酸酯等）。

(4) HS 具有酚-醌互变异构体结构，决定了它们既有电子给体也有电子受体的性质，可以同具有类似结构的农药形成电荷转移络合物。此类农药和 OP 有：四氯苯醌、二氧杂芑、杀虫强、DDT、*S*-三嗪、取代尿素、某些偶氮染料等。

(5) 有许多氨基、硝基、氯代芳香族农药（如氨基甲酸苯酯、苯胺、硝基苯胺、氯代苯氧基链烷酸及其酯）、有机磷酸酯（对硫磷等）等非常活泼，可直接与 HA 作用，也可能在环境中化学、光化学、微生物及酶催化作用下降解为中间体，再与 HA 以共价键结合。

(6) 与高价金属离子和/或结合水络合的 HS 配位体被农药的活性官能团交换，形成内络物，称为配位体交换反应，如 HA 与毒莠定（阴离子型农药）的反应可能属于这种类型。

然而上述作用机理只能说是倾向性的。由于 HA 结构复杂性和农药中基团的多样性，再加上环境条件的差异，几乎所有物质之间都不可能是一种类型的作用，特别是那些疏水、非离子型的农药与 HA 的作用更是不能“一言以蔽之”。就 HA 与除草剂阿特拉津相互作用来说，就提出氢键缔合、电荷转移、自由基反应等多种假说[66]。

7.2.9.5　对农药的减毒和增效作用研究

HA 与农药作用研究的最终目标是期望既降低农药毒性又能提高药效，从而减少对环境的污染，保障食品安全和人类健康，但对 HA 的减毒增效机理的研究报道甚少。张彩凤等[60]通过物理化学解析、量子化学和计算机分子模拟以及生物测试等现代技术，较系统地研究了水溶性煤基酸（相当于 FA）与 11 种代表性农药的作用机理、产物化学结构与生物活性及毒性的关系，求得共毒系数并在大田试验中验证。结果表明，FA 对巨星、草甘膦、2,4-D、甲霜灵、代森锰锌、甲霜灵锰锌、久效磷和 Bt 杀虫剂均有显著增效作用，药效期延长 10d 左右；只对百草枯有减效作用。机理研究认为，对农药作用是否增效，主要取决于 FA 与农药分子间的化学作用是否有利于改善农药的活性结构。其次，即使化学作用很弱，FA 的生理生化作用、表面活性、吸附性和膜透性等，都促使农药具有缓释效果，也在一定程度上起到增效作用。以 FA-苯磺隆（一种磺酰脲除草剂）复合物为例，其量子化学方法模拟的优化分子结构模型（见图 7-9）进一步验证，苯磺隆中与 N 相连的 H(H-44) 与 FA 中 COOH 的羰基 O(O-199) 以氢键形式结合后，苯磺隆的分子变为U形结构，FA和苯磺隆的活性基团键长和能量都比原来增加了，说明分子处于激发态，更易于同靶标酶作用，从而促使农药药效提高。可见，计算机分子模拟技术不仅是解析HA与农药相互作用及其构效机理的有力手段，而且将在HA类高效低毒农药的最优化分子设计上发挥重要的作用。

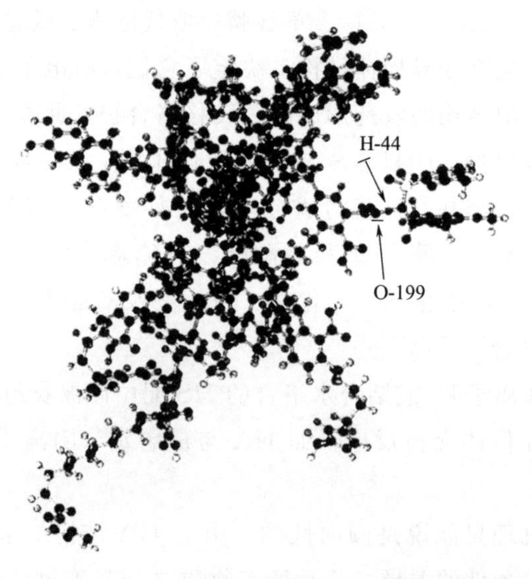

图7-9 FA-苯磺隆分子结构优化后的三维模型

参 考 文 献

[1] 张德和，刘登良．黄腐酸的选择性甲基化［J］．化学学报，1982，40（6）：515-522.

[2] 郑平．煤炭腐植酸的全甲基化［C］．全国腐植酸化学学术讨论会论文集．郑州：中国化学会，1979：105-106.

[3] 成绍鑫，孙淑和，李善祥，等．腐植酸和硝基腐植酸的结构研究［J］．燃料化学学报，1983，11（2）：26-39.

[4] 姜文勇，张辉，刘波．硝化反应对风化煤腐植酸反应性官能团的影响［J］．腐植酸，2000，（3）：10-12.

[5] Гирозасова Н И，Назарова Н И. Сб Материалы 1-й Конференции Молодых Ученых［M］. АН Кирг ССР，1965. Фрунзе Илим，1970：302.

[6] 王曾辉，夏波，高晋生．氯化腐植酸钻井泥浆处理剂的研究［J］．腐植酸，1991（1）：30-37.

[7] 张东川，郑平．不同来源腐殖酸的磺化和磺甲基化［C］．全国第三次腐植酸化学学术讨论会论文集．庐山：中国化学会，1984：456-460.

[8] 黄金凤，赵义龙，赵金香，等．新型磺化腐植酸钻井液添加剂的研究［J］．钻井液与完井液，2007，24（5）：4-8；88.

[9] 陈良森，张双艳，尹应武，等．SO_3法制备磺化腐植酸的工艺研究［J］．煤炭转化，2015，38（1）：86-90.

[10] 李善祥，李燕生．煤炭腐植酸的硅烷化［J］．燃料化学学报，1995，23（3）：260-265.

[11] 张德和，陈步时，李云阁，等．腐植酸氨化机理的研究［J］．化学学报，1978，36（3）：171-182.

[12] Thorn K，Mikita M A. Ammonia fixation by humic substances：a nitrogen-15 and carbon-13 NMR study [J]. Science of the Total Environment，1992，113（1）：67-87.
[13] Knicker H，Lüdemann H D，Haider K. Incorporation studies of NH_4^+ during incubation of organic residues by ^{15}N-CPMAS-NMR spectroscopy [J]. European Journal of Soil Science，1997，48（3）：431-441.
[14] 郑平，李波．巩县黄腐酸的酰胺化和有关反应 [C]. 全国第三次腐植酸化学学术讨论会论文集．庐山：中国化学会，1984：114-117.
[15] 赵鑫，李津，杜思钦．季铵化腐植酸的合成及其性能研究 [J]. 工业水处理，2000，20（9）：17-19.
[16] 霍萃萌，化林，赵永德，等．黄腐酸阳离子表面活性剂的合成及性能研究 [J]. 河南化工，2014，31（10）：30-32.
[17] 牟亚晨，黄文章，罗炽臻，等．改性腐植酸油基降滤失剂的两步法合成与性能评价 [J]. 石油与天然气化工，2016，45（1）：83-85.
[18] 张光华，张昕玮，李俊国，等，磺甲基化腐植酸缩聚物的合成及性能应用 [J]. 功能材料，2016，47（4）：4205-4209.
[19] Singh T，Singha R. Poly（acrylic acid/acrylamide/sodium humate）superabsorbent hydrogels for metal ion/dye adsorption：Effect of sodium humate concentration [J]. Journal Polymer Science，2012，125：1267-1283.
[20] 陈义镛，毛雪琴．大孔型腐植酸树脂的合成及其对重金属离子的螯合性 [J]. 高分子通讯，1985，（6）：408-415.
[21] 张其锦，张德和．天然橡胶-黄腐酸的非均相接枝聚合 [J]. 应用化学，1987，4（5）：88-90.
[22] 陈琦，张德和．腐植酸在棉纤维素上的接枝反应（Ⅰ）[J]. 化学通报，1987，（3）：35-36.
[23] 田玉川，李国玉，司马义·努尔拉．丙烯酸-淀粉-腐植酸吸水树脂的合成 [J]. 合成树脂及塑料，2013，30（2）：41-47.
[24] 陈丕亚，杭月珍，余鋆杨．大同风化煤净化含重金属离子废水研究 [J]. 华东化工学院学报，1982，（2）：189-200.
[25] 余贵芬，青长乐，牟树森，等．汞在腐殖酸上的吸附与解吸特性 [J]. 环境科学学报，2001，21（5）：601-606.
[26] 巴音，王兰．腐殖酸树脂吸 Ni 反应动力学和热力学特性 [C]. 全国第三次腐植酸化学学术讨论会论文集．庐山：中国化学会，1984：36-47.
[27] 许端平，车轶夫，吴瑶，等．汞（Ⅱ）和砷（Ⅲ）在草炭胡敏酸上的吸附 [J]. 环境工程学报，2017，11（9）：5275-5282.
[28] Prado A G S，Airoldi C. Humic acid-divalent cation interactions [J] . Thermochimica Acta，2003：287-292.
[29] 曹凯临，林素凤，陈荣峰．八种腐殖酸吸附金属离子能力的研究 [C]. 全国第三次腐植酸化学学术讨论会论文集．庐山：中国化学会，1984：447-453.
[30] Buschmann J，Kappeler A，Lindauer U，et al. Arsenite and arsenate binding to dissolved humic acids：Influence of pH，type of humic acid，and aluminum [J]. Environ. Sci. Technol，2006，40，6015-6020.
[31] 李泽姣，崔岩山，尹乃毅，等．砷氧化菌对胡敏酸络合 As（Ⅲ）的氧化作用 [J]. 环境科学，2018，39（10）：388-392.
[32] Murphy E M and Zachara J M. The role of sorbed humic substance on the distribution of organic and inor-

ganic contaminants in groundwater [J]. Geoderma，1995，67：103-104.

[33] Stevenson F J. Humus Chem，Genesis，Composition，Reaction [M]. 2nd ed. New York：John Wiley & Sons，1994：571.

[34] 薛含斌．底泥腐殖酸在黏土矿物上的吸附特性 [J]. 环境化学，1983，2（3）：42-46.

[35] 成绍鑫，赵冰清，吴奇虎．高岭土对腐植酸的吸附特性 [J]. 江西腐植酸，1989，(4)：19-27.

[36] 高萩二郎，露口亨夫，牧田三郎．腐植酸肥料 [J]. 两淮引进办日语组，译．腐植酸，1989（2）：43-61.

[37] 成绍鑫，赵冰清，吴奇虎．不同来源的腐植酸钠同高岭土及陶瓷泥料的相互作用 [J]. 硅酸盐学报，1986，14（4）：437-444.

[38] Olphen H. 黏土胶体化学导论 [M]. 许冀泉，译．北京：农业出版社，1982：31；57.

[39] 赵瑞英，廖彩恢，刘开树．不同来源腐植酸对红壤改土效果的研究 [J]. 江西农业大学学报，1986，8（3）：48-54.

[40] 费歇尔 E K. 胶态分散体 [M]. 徐日新，等译．北京：中国工业出版社．1965：156.

[41] 陆长青，朱燕婉，吴锡军，等．腐植酸-黏土矿物流变学特征及其与腐植酸性质关系的研究 [C]. 全国第三次腐植酸化学学术讨论会论文集．庐山：中国化学会，1984：376-392.

[42] 王好平．蒙脱石对腐植酸的吸附及稳定性讨论 [C]. 全国第三次腐植酸化学学术讨论会论文集．庐山：中国化学会，1984：138-142.

[43] 潘其经．腐植酸盐对某些矿物的抑制作用和分散作用 [J]. 矿冶工程，1984，4（4）：23-28.

[44] 郭敦成．腐殖酸解磷问题的商榷 [J]. 中国农业科学，1978（4）：55-61.

[45] Urrutia O，Erro J，Guardado I，et al. Physico-chemical characterization of humic-metal-phosphate complexes and their potential application to the manufacture of new types of phosphate-based fertilizers [J]. Journal of Plant Nutrition and Soil Science，2014，177（2）：128-136.

[46] 沈玉君，林小凤，李国学，等．外源铁、磷对堆肥腐熟的影响及“HA-Fe-P”复合体的形成初探 [J]. 生态环境学报，2010，19（5）：1232-1237.

[47] 李丽，武丽萍，成绍鑫．风化煤腐植酸与 $Ca(H_2PO_4)_2$ 相互作用机理的研究 [J]. 燃料化学学报．2000，28（4）：314-319.

[48] 别切尔布尔格斯基．综合肥料的农业化学 [M]．韩绍英，译．北京：农业出版社，1979：73.

[49] Jin J，Zimmerman A R. Abiotic interactions of natural dissolved organic matter and carbonate aquifer rock [J]. Applied Geochemistry，2010，25（3）：472-484.

[50] 黄传琴，熊娟，常明慧，等．土壤腐殖酸与碳酸盐相互作用过程研究 [J]. 华中农业大学学报，2018，37（6）：58-65.

[51] 张明玉，吴奇虎．泥炭磺酸盐减水剂与水泥熟料的相互作用 [J]. 江西腐植酸，1987（1）：11-14；1987（2）：8-11；1987（3）：10-13.

[52] 孙淑和，赵文中，马小南．腐植酸类减水剂的研制与减水机理的考察．江西腐植酸，1985，(6)：6-14.

[53] Choudhry G G. Humic Substances. Structure，Photophys Photochem and Free Radical Aspects and Interact with Environ Chemical [M]. New York：Gordon & Breach Science Publishers，1983.

[54] 梁宗存，成绍鑫，武丽萍．煤中腐植酸与尿素相互作用机理的研究 [J]. 燃料化学学报，1999，27（2）：176-181.

[55] Mayaudon J. In：Radioisotopes in Soil-Plant Nutri Studies [M]. IAEA，Vienna，1968：177.

[56] Senesi N. In：Soil and Water：Natural Constituents and their Influence on Contaminant Behavior [M]. Beck A J，Jones K C，Hayes M H B，et al. London：Royal Sci Chem，1993：73.

[57] Kile D E，Chiou C T. In：Aquatic Humic Substances Influence on Fate and Treatment of Pollutants [M]. Suffet I H，MacCarthy P. Washington D C：Am Chem，Adv Chem Ser，1989，219：131.

[58] 李丽，于志强，盛国英，等 . 分子结构在腐殖酸对非吸附行为中的影响 [J]. 环境化学，2004，23 (4)：381-386.

[59] 杨成建，曾清如，曹优明，等 . 腐殖酸极性与有机农药吸附行为的关系 [J]. 环境科学学报，2007，27 (8)：1320-1325.

[60] 张彩凤 . 煤基酸与农药相互作用的研究 [M]. 北京：中国科学技术出版社，2003.

[61] Perdue E M，Lytle C R. In：Aquatic and Terrestrial Humic Materials [M]. Christman R F，Gjessing E T. Ann Arbor MI：Ann Arbor Sci Press，1983：295.

[62] Senesi N，Miano T M. In：Natural and Anthropogenic Organics. Vol 1 [M]. Huang P M，et al. Boca Raton. FL. CRC.-Lewis，1995：311.

[63] Senesi N，Loffredo E，Dorazio V，et al. In：Humic Substances and Chemical Contaminants [M]. Clapp C E，Hayes M H B，Senesi N，et al. Madison，W1：ASA-SSSA Pub，2001.

[64] Loffredo E，Pezzuto M and Senesi N. In：Humic Substances：Versatile Components of Plants，soil and Water [M]. Ghabbour E A，Davies G. Cambridge UK：Royal Soc Chem，2000：191.

[65] Salvestrini S，Capasso S，Iovino P. Catalytic effect of dissolved humic acids on the chemical degradation of phenylurea herbicides [J]. Pest. Manag. Sci，2008，64：768-774.

[66] 常春英，吕贻忠 . 腐植酸对阿特拉津的吸附特性研究 [J]. 腐植酸，2011，(2)：11-15.

08

第 8 章　工业应用

HS 在工业领域的应用主要是以有机络合化学、胶体化学或表面化学原理为基础的，其中有很大一部分是属于 HA-硅（铝）酸盐胶体化学范畴。经过 40 多年的实践检验，HS 在某些工业领域中的应用经受了时间的考验，而且实现了产业化。也有一些研究成果通过了中间放大试验或者半工业性试验。但随着社会经济和现代技术的发展，有些早期的研究成果已经陈旧。本章主要介绍已实现工业化生产或暂时未投产但仍具有潜在开发前景的应用项目。

8.1　在钻井液中的应用

8.1.1　基本原理及发展概述

钻探和开采石油、天然气、煤炭及其他矿藏时，在旋转钻井中使用的循环流体称为钻井液（以前叫做“钻井泥浆”）。有人把钻井液比作钻井的血液，形象地说明钻井液在钻井工程中的重要作用，包括清洗井底、携带和悬浮岩屑、冷却和润滑钻头钻柱、形成泥饼和保护井壁、控制地层压力、为钻头传递水功率等，达到保护油气层、确保安全钻井、提高钻速、降低成本、增加产能的目的。目前钻井液分为 9 大体系、几百个品种，而最常用的仍是水基分散性钻井液、低固相钻井液和饱和盐水钻井液。此类钻井液的成分主要由 3 部分组成：①水（淡水、盐水或饱和盐水）；②膨润土（主要成分是蒙脱土）；③化学处理剂（无机物、有机物、表面活性剂、高聚物、生物聚合物等）。有的钻井液中还添加油品、加重剂、气体等，其中化学处理剂是保持钻井液性能稳定和顺利钻进的关键性组分。保证钻井质量有两个最主要的指标[1]。

（1）降黏　由于钻井液中的黏土晶体是带不同电荷的颗粒，颗粒间会发生边-

边或边-面缔合，形成多维网状结构，将自由水包在中间，使其不能自由流动，而晶粒表面的水化膜变薄，颗粒之间的摩擦力加大，导致钻井液黏度增加。添加降黏剂的目的是拆散这种网状结构，释放出自由水，提高水化膜厚度，减少固体颗粒间的摩擦力，从而降低钻井液黏度和切力，改善流变性。

（2）降滤失　在钻井过程中，井壁周围的岩层会疏松，甚至坍塌，钻井液渗漏到地层中还可能导致钻井工程失败。加入降滤失剂的目的是降低井壁渗透率，形成柔韧、薄而致密的滤饼，尽可能减少钻井液的损失量。当然不是任何物质都能充当降黏剂和降滤失剂的。它们除了能被牢固吸附在黏土颗粒上外，还必须能耐高温高压，能应付井下电解质的干扰。腐植酸类制剂属于天然有机处理剂类型。由于煤炭HA来源广，成本低，与黏土矿物作用性能好，证明在调整钻井液流变性、降滤失性和页岩分散抑制性、对抗高温分解等方面有明显优势，已成为钻井工程中常用的处理剂。

研究认为，HA在钻井液中的作用机理不能仅仅用传统的黏土胶体化学（表面吸附）理论解释。HA被黏土晶层端面的少量吸附只是提高了体系的静电和空间稳定化作用，而大量未被吸附的HA大分子的排空稳定化作用，才是有效地阻止黏土粒子的聚结、保持了粒度的均匀分布、维持体系稳定的决定性因素。这就是所谓的“胶体排空理论”。后来的许多钻井液实验研究也都证明，“吸附稳定”和“排空稳定”同时起作用，是保持钻井液，特别是高盐、高温下钻井工程正常运行的基本原因。

HS最早作为钻井液处理剂，是1947年美国用褐煤碱剂（即腐植酸钠，HA-Na）代替白雀树皮开始的。到20世纪50年代，日本开发的泥炭碱剂、褐煤硝基腐植酸（NHA）碱剂、苏联的“煤碱剂”等，实际上都没有超出HA-Na的范围。HA-Na在淡水和浅井钻采中比较有效，但在钻采中等深井（温度达120℃以上）和含盐地层时效果不明显了。60年代末日本、苏联等国家在HA-Na的基础上添加重铬酸盐，或再加铁铬木质素磺酸盐（FCLS）制成复合处理剂，70年代又开发出HA-Fe-Cr等制剂，抗温性能有所提高，成功地在钻探3000m以上深井中得到应用。此后，日本、苏联和法国等相继开发了NHA、氯化腐植酸（ChA）以及磺化腐植酸（SHA）、磷酸化腐植酸，以及它们与苯酚、磺化酚醛树脂的缩聚产物，将HA类处理剂的抗温抗盐降滤失性能提高到新的水平。HA在油基钻井液中的应用也是这一时期由日本率先开发的。直到80年代以后，发达国家对煤炭HA钻井液处理剂的应用已非常普遍，其中美国的使用数量和技术水平已名列前茅，褐煤HA类处理剂产量占处理剂总量的20%。美国一直以北达科他州的风化褐煤为原料集约化生产相关处理剂，其中“减稠剂”（牌号“Light Thin”）和“苛化褐煤”（IMCO THIN，DMI Lignite），都是Magcobar、Baroid、Drill add、IMCO等少数大公司生产的。

我国从 20 世纪 50 年代开始试用 HA-Na 作为钻井液处理剂。70 年代中期，我国 HA 类处理剂（分 6 类，13 种）进入规模化开发和应用阶段，1988 年达到峰值（26318 吨），90 年代初基本稳定在 12000 吨/年左右，以后有下降趋势。从所占的份额来看，20 世纪 90 年代中期 HA 用于降滤失剂、页岩分散抑制剂和降黏剂的比例分别占同类处理剂总用量的 13.1%、16.7%和 10%左右，约占到处理剂总用量的 1/3。近 20 年来，多数通用型的处理剂（如 HA-Na、HA-K）用量基本稳定，而带有污染的或效益不太明显的，如 HA-Cr(Fe、Al)、磺化褐煤铬（SMC）等用量不断减少，有的被淘汰出局。同时，一些科研单位和企业瞄准国外先进水平，又开发出一批有使用价值和应用前景的 HA 处理剂，有的已批量生产。可以说，HS 在钻井液中的应用，一直是所有 HA 工业应用中的“重头戏”，在使用数量与品种、投入研究力量和技术含量等方面都是首屈一指的，是很有发展潜力的一个领域。

8.1.2 处理剂品种与技术开发

HA 类制剂在钻井液中主要用作降滤失剂和降黏剂，其抗盐、抗钙污染、抗高温稳定性低，但 HA 经济性、多功能性和反应性对人们有巨大的吸引力。多年来，科技人员和企业界利用 HA 的优势的同时，也为提高它们的技术性能付出巨大的努力。下面主要介绍近年来研发的新型 HA 类处理剂。

8.1.2.1 无铬处理剂

普通 HA 盐类最大的缺点是抗盐、抗高温性能较差，曾效仿制取铁铬木质素磺酸盐（FCLS）的办法，通过添加铬（Cr）化合物来予以改进。磺甲基化褐煤铬（SMC）就是传统的改性产品，但 Cr 带来的地层和环境污染日益引起人们的关注。近 20 年来，寻求替代 Cr 的其他元素制取无铬降黏剂成为石油钻采工艺中的一项热点课题。无铬降黏剂（惯用代号 SMCT）的开发在这期间取得了很大进展。有关 HA 与 Zr、Ni、Hf、Y、Ti、Sn 等络合制取处理剂的报道很多，但几乎都属于贵金属，成本过高，而且所得产品未必能超过 FCLS。克鲁格里特斯基（1977）发现羟基铝结构形态的 HA-Al 络合物有 60%的羧基仍然是离子态的，而且 ζ 电位高，稳定性好，建议作为制取抗温降黏剂的基础材料，引导研发人员把重点转向廉价金属的应用上来。李善祥等[2]通过对风化煤 HA 催化磺化，与 Al^{3+}、Fe^{3+}、Mn^{2+} 等络合，N-P 多元增效剂复合制成的降黏剂 GHm，被认为成本低、配伍性好、抗温抗盐能力强，综合性能接近 FCLS。也有人用 $TiCl_4$ 废液与 HA 反应制成 HA-Ti，效果也较好。另外，对 HA 的事先活化改性也不能忽视。国外开发的 SMCT 多数是用 NHA、ChA 和磺化硝基腐植酸（SNHA）等作原料，认为这些改性 HA 的盐类的抗温抗盐效果比普通 HA 更好。王曾辉等[3]的试验也发现，用氯气处理风化煤制成的 ChA 制剂，性能优于市售的 HA-Cr 产品。

8.1.2.2　有机硅改性 HA 防塌剂

钻井过程中页岩水化分散导致井壁坍塌现象，是多年来困扰钻井工作的一大忧患。稳定井眼、防止井塌是油田钻井的重要工艺措施。国内外早期开发的 HA-K、HA-NH_4、NHA-K 等 HA 类防塌剂有一定的效果，但缺点是抗盐稳定性较差。有机硅改性 HA（简称腐植酸硅，HA-Si）是有效的抗盐防塌剂的之一，最早见于 20 世纪 60 年代末苏联的报道（SU 325342，1967），后来我国和英国也相继开展了 HA-Si 的研制工作，并进行了一些机理研究。有人用 Al 作催化剂，成功地将甲基硅醇单体引入 HA 分子，制成有机硅腐植酸。李善祥等[4]对 HA-Si 系处理剂的开发研究表明，采用改性的风化煤 HA 作原料比褐煤 HA 好，NHA 比普通 HA 更好；就所用的有机硅原料来说，一般芳基硅比烷基硅好，在烷基硅中以 $(CH_3)_2SiCl_2$ 最好。在辽河油田的现场试验表明，该 HA-Si 产品有明显的抑制页岩分散作用，且其降黏性能接近 FCLS，特别是与 $Na_2SiO_3 \cdot xH_2O$ 复配后抗温、抗盐和抗钙稳定性进一步提高，总体性能与美国的聚阴离子纤维素 Drispac 相当。后来的研究，倾向于 HA-Si 与其他高聚物复合或共聚，以便进一步提高钻井液性能。孙金声等[5]用磺甲基化腐植酸钾与有机硅聚合物反应后，再与阳离子化合物、苯酚、甲醛等反应，得到低荧光阳离子防塌剂 WFT-666。此外，以甲醛、烧碱、有机硅、HA-Na 为原料合成的硅化腐植酸钠 GFN-1[6]、硅化腐植酸钾 GKHm[7]；有机硅-高聚物与 HA 接枝共聚的降滤失剂 OCL-GLT[8]等，都具有良好的降黏、降滤失、抗盐及抑制页岩分散作用，且在 180℃下热稳定性较好。

8.1.2.3　HA-高聚物合成抗高温处理剂

随着石油天然气工业的发展，开采深度逐渐增加，高温和复杂地层引起的钻采难度也越来越大。一般情况下，4000m 的深井井底温度为 150～180℃，7000～8000m 超深井温度可达 200～250℃。于是，低温下本来不易发生的物理化学变化，在高温下被激发出来，同时也使地层污染（盐、钙、泥质、酸性气体等）加剧，必然损害以致完全破坏钻井液原有的性能。由于 HA 本身的结构和性能的缺陷（如 COOH 解离性能、抗电解质絮凝性能都较差），不符合深井和复杂地层钻井的要求。因此，近 30 多年来 HA 改性-接枝类抗高温处理剂成为开发的重点和热点。研究表明，HA 与高聚物结合的产物，在钻井液中起到分散黏土粒子、充填胶体空隙、增加滤饼密度的作用，故其钻井液降滤失性能、抗温抗盐浸的性能都大幅度提升。这方面的研究成果主要有以下几个方面。

（1）磺化腐植酸（SHA）与酚醛或尿醛缩聚物　在添加甲基（乙基）硅酸盐的情况下将磺化硝基腐植酸（SNHA）、苯酚、甲醛缩聚成水溶性聚合物，在≤300℃下性能仍很稳定。肖玉顺等[9]研发的改性腐植酸-磺甲基化酚醛树脂（HA-SMP）可抗 200℃高温，抗盐达 15%。HA-尿素-甲醛缩聚制取抗温处理剂的研制最早见于日本1963年的专利报道。鲍允纪[10]将褐煤HA与尿素、甲醛、苯酚和磺酸钠等反应制备了脲醛树脂改性抗高温抗盐降滤失剂，180℃下中压滤失量7mL，高温高压滤失量14mL，降黏率达85.3%，属于较高水平的产品。

（2）磺化腐植酸（SHA）与磺化酚醛树脂和/或水解聚丙烯腈等缩聚物　上述聚合物与HA类物质的共聚产物比单纯合成高聚物更胜一筹，无论在分散体系还是在低固相、不分散体系中都发挥更大的抗温稳定作用。30多年来，这方面的新技术、新产品层出不穷。最有代表性的是美国Magcobar公司的Resinex（风化褐煤SHA-SPAN-HPAN-SMP等的共聚物），被公认为当时最先进的抗高温抗盐降滤失剂。20世纪80～90年代是我国研究开发HA-聚合物类处理剂最活跃的时期。由中科院化学所、山西煤化所和石油开发研究院等相继开发的SPNH、SPC[11]、SHR、SCUR[12]、MHP[13]、SHK-AN等的性能都接近或超过美国的Resinex，可耐15%盐水，并在饱和盐水中能维持优良性能。这些产品大部分实现批量生产，投入大油田现场使用。

（3）HA与烯基单体及高聚物接枝共聚　用过氧化物作自由基引发剂，将HA、SHA、SNHA等与苯乙烯基、丙烯基单体或它们的高聚物接枝共聚（或共混），特别是同时再叠加酚醛、尿醛等制成高效处理剂，是进一步提高钻井液抗温、抗污染性能的有效措施。聚丙烯酸（PAA）、聚丙烯酰胺（PAM）、磺化聚丙烯酰胺（SPAM）、聚丙烯腈（PAN）、磺化聚丙烯腈（SPAN）、水解聚丙烯腈（HPAN）、磺化苯乙烯-丁烯二酸酐共聚物（SSMA）等都是国内外开发使用多年的高效聚合物类处理剂[1]。就抗温钻井液降滤失性来说，上述烯基单体与HA接枝反应或者共混，都比它们自身的聚合产物效果好。在此基础上，有人还另加乙二醇、环氧丙烯、三乙醇胺、尿素、三聚氰胺、水杨酸和苯酐、2-甲基丙磺酸（AMPS）、丙烯酰氧丁基磺酸（AOBS）、烯丙基聚乙烯醇（APEG）、顺丁烯二酸酐等，进一步提高了使用效果。如王中华[14]合成了一种含AOBS的HA-接枝高聚物，其HA用量占34%，抗高温达240℃，在淡水、盐水和饱和盐水钻井液中均有较好的降滤失作用。孟繁奇等[15]以HA和聚丙烯腈为原料，以乙酸锌和尿素为复合交联剂，接枝共聚制备了一种与FcLs性能相当的HA接枝共聚降黏剂，具有较好的性价比和市场竞争力。高进浩等[16]合成了一种含AMPS和APEG的多元共聚乳液，将其与HA共混所得乳液GJH-1在淡水基浆中只添加1%，静滤失量和高温高压滤失量分别只有4.5mL和6.7mL，防页岩膨胀率达87.7%，并可有效提高压裂液耐温耐盐性能。此外，近年来HA类处理剂向阳离子改性的方向扩展，其最简单的方法是，将褐煤腐植酸钾与阳离子醚化剂反应一段时间，烘干就得到“阳离子褐煤”，用作淡水和盐水钻井液处理剂，具有一定的降黏、降滤失作用[14]。HA-高聚物阳离子改性的应用效果显著，制备方法为在上述接枝反应基础上加入阳离子丙烯酰胺，或二乙基二烯基氯化铵、非离子乙烯基吡咯烷酮等进行阳离子化反应，制成的阳离子降滤失剂 HICD、CHSP-I[17]、CAP[18] 等可抗饱和盐水，抗钙能力达到 7000mg/L，抗温能力达 200℃，均已通过油田试用。此类高性能腐植酸聚合物类处理剂的开发，标志着我国 HA 类处理剂的应用向低固相、无固相等高等级钻井液体系渗透，一旦在钻井实践中推广应用，有可能将总体水平推向世界前沿。

(4) HA 与其他天然聚合物复合　其他天然聚合物包括纤维素类（如钠羧甲基纤维素 Na-CMC、羟乙基纤维素 HEC、钠纤维素硫酸酯 NaCS 等）、造纸废液或木质素类、沥青类（氧化沥青、磺化沥青等）。其中沥青类与 HA 的复配制剂最为普遍，包括在钻深井时起防卡解卡、润滑、堵漏和降滤失等多种作用。此类复合物制备的方法，一是简单复配法，如将 HA-K＋磺化沥青和磺化栲胶混合制成解卡堵漏剂[19]；二是复合反应法，可以在水介质中用 Na_2SO_4 加 NaOH 对褐煤＋硬沥青（＋白雀树皮）一起磺化，既简化了工艺，又提高了产物性能。

(5) HA 及其高聚物与含氮含磷化合物复合　有机含氮化合物、有机或无机磷化物一直是钻井液处理剂的重要“配角”，可能与 N 和 P 基团的高反应性（配位、接枝、氢键缔合等）及产物在黏土上的吸附性有关。用褐煤 HA 与磷酸盐简单复配[20]，或与二甲胺（DMA）复配就能起到互补增效作用。褐煤 HA＋HPAN＋腈基三甲基磷酸复盐，可构成一种性能优良的抗高温处理剂。据日本专利（JP 58120683A，1983）报道，NHA 与 Ti、Zr、Hf 的络合物＋木质素＋聚丙烯酸＋乙二胺四膦酸＋氨基三甲基膦酸＋磷酸的 K（Na）盐等的复合体系，是一种优良的抗温抗盐钻井液降滤失剂。20 世纪 90 年代美国有关专利 4938803，1990 又报道了磺甲基风化褐煤(占总量的 20％～44％)＋2-丙烯酰胺-2-甲基丙烷磺酸(AMPS)＋二甲基酰胺(DMAM)、*N*,*N*-二异丁烯酰胺（DMAA）等的接枝共聚物，分子量高达 10 万～70 万，钻井液中只需加 0.2％～2％，据称该产品的性能远远超过 Resinex。我国也开发了类似产品如 AM/AMPS/HA 等共聚物[21]。

(6) 磺化-酰氯化-酰胺化防黏附剂　在钻井过程中，钻头泥包或局部被钻屑黏附会限制钻头切削深度，使破岩效率降低。这种现象在高压深井条件下更为常见。据“固液沾湿理论”，此类黏附现象与钻头-钻屑间紧密连接的水分子层及钻屑水化变软有关。研发既能减弱钻头和岩屑表面亲水性，又能抑制岩屑水化变软，同时兼具润滑作用的钻井液防黏附剂，是石油钻井领域的重要课题。李之军等[22]合成了一种钻井液防黏附剂。其方法是用磺化腐植酸（SHA）与二氯亚砜反应生成腐植酸酰氯，再按腐植酸酰氯：脂肪胺＝25：4（质量比）在 0～10℃下反应 4h。在钻井液中加入 2％的防黏附剂，润滑系数由 0.43 降至 0.27，表明将钻头和岩屑表面由强亲水性转变为弱亲水性，并大幅度降低了钻井液表面张力，提高了润滑性和抑制性。

8.1.2.4 油基钻井液处理剂

油基钻井液热稳定性高，不损坏油层渗透性，在超深井钻进中更具防塌、防卡、保护油层、提高钻井质量等优点，具有更优良的调节流变性、降滤失、抗污染、抗高温的作用，是目前国内外大力发展的钻井液体系。油基钻井液分三类[1]：①普通油基钻井液，一般是由柴油或原油作分散介质、沥青作分散相、少量水和处理剂组成的一种钻井液体系；②油包水乳化钻井液，由油相、水相（占15%～60%）、乳化剂和亲油胶体组成；③低胶性油基钻井液（实际为②的改进形式，只是水相降到10%～15%）。后两种是目前最先进、使用量最多的油基钻井液，其性能的好坏主要取决于其中的“亲油胶体”。亲油胶体由氧化沥青、有机膨润土、亲油褐煤或腐植酸类物质、皂类等构成。可见，在此系统中，必须把HA从亲水的转化成亲油的。其办法是：①制成腐植酸酰胺（HA-AM）；②HA与长链脂肪酸或脂肪胺类共聚。前者曾在国内现场试用，有一定效果。目前国内外主要推崇后者。美、英、罗马尼亚等国家一般用HA-Na或HA-NH_4与C_{12}～C_{30}脂肪酸＋氨乙基乙醇胺，或与脂肪酸＋十八烷基苯胺、大豆油、妥尔油等在加压下共聚。目前更倾向于用季铵盐改性的HA（即季胺化腐植酸），再与长链烷基季铵盐发生离子交换反应，制成HA-长链脂肪胺共聚物。常用的季铵盐为十二烷基（或十八烷基、或十六烷基）三甲基氯化铵、二甲基双十八烷基氯化铵等。20世纪70～80年代国外油基HA钻井液处理剂发展较快。与HA进行接枝反应的脂肪酸和胺类有聚亚烷基聚胺脂肪酸酰胺[23]、羟乙基乙二胺、多乙烯多胺[24]。特殊的是，Scoggins等[25]还用金属醇化物与HA反应，制得一种长链脂肪酸有机金属化合物降滤失剂，其金属化合物通过共价键紧密连接到HA上，故有极高的耐温降滤失性。该产物的结构为：$[HA]_x M(OR)_y X_z$，其中M为金属钛、锆或钒，R为含有1～10个（最适合为3～4个）碳的烷基，X为长链脂肪酸剩余部分，x、z为1～4，$y=5-(x+z)$。我国近十多年也研发了一些新型HA油基钻井液处理剂，如SDFL[26]、Xntrol-220[27]、FRA-1[28]等，都具有较高的技术水平，所得产物在200～250℃下滤失量仅2～4mL，效果好于沥青类处理剂。如牟亚晨等[29]以HA为原料，采用酰氯化-酰胺化两步法（40℃/4h）合成了一种改性油基降滤失剂，中温中压滤失量仅2mL，高温高压滤失量8mL，在20% $CaCl_2$或10% NaCl污染条件下仍保持较低滤失量。由于油基钻井液总的成本仍比水基的高，目前使用仍不广泛。

8.1.3 不同来源的煤炭HA的性能对比

低级别煤的组成结构、性质和反应活性有较大差异，对钻井液处理剂的产品性能有一定影响。研究表明，不同煤种HA一价盐抗高温降滤失、降黏作用大小次序是风化煤＞褐煤＞泥炭，但风化煤的抗盐和磺化性能不如褐煤和泥炭。即使同样是风化煤HA，其各项性能也有较大差别，一般与E_4/E_6比值、氧含量、活性官能团数量、可磺化度呈正相关。如果将风化煤 HA 进行降解及活化改性，产品性能会有明显改善[12]。

8.1.4 发展趋势和开发方向

近 20 多年来，国内外对处理剂的原料研发大都集中于来源丰富、价格低廉的天然材料，如淀粉、褐煤、栲胶、花生壳等资源的深度改性利用。尽管我国 HA 类处理剂开发和应用有一定进展，但缺乏高水平高性能的且投入使用的产品。对绝大多数通用产品来说，与发达国家有较大差距[14]。目前我国通用的 HA-Na（K）和简单复配的处理剂普遍存在用量大、剂效低、pH 值高、分散性强、原料来源不稳定、磺化度和抗盐抗钙效果差等缺点，部分 HA 制品仍依赖有毒的 Cr^{6+} 提高抗温性，并存在荧光效应，这些都影响着 HA 类处理剂的高效使用。特别是当油井实施酸化压裂时，已渗入油层的 HA 可能堵塞油孔，影响产油率。尽管存在上述缺点，但由于煤炭 HA 的价格和原料优势，且 HA 的加工改性工艺和产品水平也有了一定的提升，故目前 HA 类为主要成分的处理剂在常规钻井中仍有一定的地位。

随着深井、超深井和复杂地层钻井的逐年增加，对钻井液及其处理剂的要求也越来越高，各种新型处理剂技术在不断进步，处理剂品牌层出，竞争也非常激烈。如无渗透钻井液技术、水基成膜钻井液技术的出现与应用，两性离子聚合物、阳离子聚合物、正电胶体等高技术产品已走上前台，其用量少（只有千分之几）、抗温性抗污染性好等优点都受到油田部门的青睐。这对 HA 类处理剂来说无疑是巨大的冲击和挑战。

据石油部门专家预测[14,30]，今后 30 年内石油、天然气钻井发展主要有以下特点。①注重环保，消除污染。无害化钻井液要求对周围及地下环境无污染，同时也不能损害油气层。②发展深井、超深井（＞6000m，井温＞180℃）。③注重更复杂地层、未知地层（如某些易坍塌页岩）的钻井。④发展海洋钻井。⑤重视理论和技术创新，如像国外那样，实现处理剂的高效化和多功能化。如某些无渗透钻井液，一种或 3～4 种处理剂就能配出适用于不同条件的钻井液体系。为此，在抗高温、抗盐、抗钙、高比重、强抑制性等方面，对钻井液体系及其都提出更高的要求，其中无侵害、无污染、低固相、不分散性的环保型钻井液将是主要的发展方向，而合成聚合物处理剂必然是关键组分，HA 类处理剂仍然会有较好的发展前景。

专家们认为[14,29]，褐煤及其 HA 代替木质素衍生物参与接枝共聚，有许多有利因素，是当前开发高性能处理剂的重要增长点。为进一步提高 HA 类聚合处理剂综合性能，建议采取以下措施：①对 HA 原料适当氧化降解、磺化、接枝共聚和其他改性措施，增加活性基团（特别是羟基、氨基），以进一步提高抗盐、抗高温性能；②将接枝产物分子量控制在 10^4～10^5；③与阳离子化合物“联姻”，即在大分子主链上引入阳离子基团，以削弱其与 Ca^{2+}、Mg^{2+} 之间的相互作用；④在主链及 COOH 附近引入具有一定长度和较大空间位阻的侧链基团，所用的反应物可以用环氧乙烷、环氧氯丙烷、DMAA、AMPS 等，并引入磺基，以便阻碍或减弱 Ca^{2+}、Mg^{2+} 与—COO^- 的结合；⑤采用现代分子模拟技术，将改性 HA 的分子结构的设计定向化。

近年来 HA 类钻井液处理剂的基础研究有一定进展，但成果转化的比例不高，进入钻井工程试验的新型处理剂为数很少。加大研发力度和成果转化速度仍是研究的重点，以适应国家石油工业发展的迫切需要。

8.2 在铅蓄电池和电极材料中的应用

8.2.1 蓄电池阴极板中应用的研发进展

铅-硫酸蓄电池是广泛使用的一种可逆电池。这种电池是通过反复充放电来实现其化学能-电能相互转化的。它的电极是由两组铅介质格板组成的：阳极和阴极板的隔板的孔穴中分别充填 PbO_2 和海绵状金属铅粒，用稀硫酸作电解质。当电池放电时，海绵状铅被氧化成铅离子（Pb^{2+}），极板带负电，Pb^{2+} 与 SO_4^{2-} 形成 $PbSO_4$，覆盖在极板上；充电时正好是放电的逆过程。阴极板在反复充放电的过程中，由于 $PbSO_4$ 的不断覆盖—积累，会导致 Pb 颗粒黏结、收缩和钝化，使蓄电池容量降低。在低温下这种情况更为严重。为抑制这种钝化现象，过去常在阴极板糊状物中添加 $BaSO_4$、炭黑、木炭、棉花等含碳物质，近 30 年来又增加了木质素磺酸盐、栲胶、合成鞣剂和腐植酸等作极板“膨胀剂”。

用 HA 作阴极板膨胀剂的报道最早见于苏联夏匹洛和库哈连科的专利报道(SU 141905905，1961)。苏联秋明蓄电池厂在 20 世纪 60 年代最先使用 HA 膨胀剂；日本在 80 年代公布了 HA 用于蓄电池的专利（JP 80133769，1980）。我国泉州腐植酸厂也从 60 年代开始生产蓄电池用 HA，70～90 年代，惠安、唐山、樟树等 HA 生产厂相继投入生产，全国曾有 200 多个蓄电池厂用 HA 代替了其他膨胀剂。实践证明，与其他含碳膨胀剂相比，HA 在提高蓄电池电容量和启动性能，提高阴极保温解冻工作能力，抑制活性物质在循环使用中的钝化、收缩和结块，节省铅粉，延长使用寿命等方面都有明显功效。

关于作用机理，拉扎列夫（1966）等认为 HA 表现为阳离子表面活性剂的行为，它们吸附在 Pb^{2+} 和 $PbSO_4$ 沉淀的表面上，减少了铅电极上 Pb^{2+} 过饱和状态。用 HA 做膨胀剂的电池存放 3 年仍不改变容量指数。洛基诺夫（1970）等认为 HA 提高了形成阴极过程的速度，降低了铅电极双电层容量，其中 HA 醌基的异构化及氧化-还原反应可能起很大作用，从而提高了电池过电压，抑制了 H^+ 分离，提高了电池的电容量。库哈连科等（1967）的实验证明，阴极糊中添加 HA 后，双电层势能降低了1.6～4.0倍，H^+过电压提高50～80mV；HA的有效性与其活性基团，特别是COOH有关。她们在－18℃下进行300次循环寿命试验结果表明，用风化烟煤、硬褐煤和风化褐煤HA作膨胀剂的效果最好，其电池使用寿命比用泥炭HA高30%～50%。据惠安腐植酸厂试验，在阴极糊中添加铅粉重量0.1%～0.2%的HA，－18℃下低温启动时放电时间从2～3min延长到4.5～5.05min，常温下则从5min延长到7min，循环寿命由原来的362次增加到478次。

8.2.2　蓄电池应用中的问题及发展方向

总结多年应用HA膨胀剂的理论和实践，应该考虑以下几个问题。

（1）原料煤的选择问题　从一些试验结果来看，COOH含量高、凝聚极限低的风化煤或风化褐煤作膨胀剂效果最好，但惠安HA厂的试验结果相反，发现添加泥炭HA的电池－18℃下低温启动性优于风化煤HA，前者为309s，后者只有201s。看来，这方面的应用基础研究还有文章可做。

（2）提高HA的纯度　按铅蓄电池用HA的国家行业标准（HG/T 3589—1999）要求，HA≥70%，灰分≤15%，碱不溶物≤7%，Fe≤0.1%，是HA质量的最低要求。部分蓄电池厂家反映该标准要求较低，希望提高HA含量、降低碱不溶物和Fe含量。试验表明，许多HA原料（特别是泥炭、木质素类物质）中，有较多半纤维素、果胶质、FA等水溶性物质与HA共存，都会使$PbSO_4$从表面析出，引起极板钝化，影响电池使用寿命，故应尽可能从HA中分离出去；至于Fe，则是变价金属，在电池使用时不断充-放电过程中，$Fe^{2+} \longleftrightarrow Fe^{3+}$也同时在自动氧化还原，构成额外电耗，影响蓄电池使用寿命。因此，HA中的Fe应越少越好。一般Fe盐可用无机酸除去，但煤炭HA中的Fe有相当一部分是以强有机螯合形态存在的，用一般酸洗方法很难除去。中科院山西煤化所[31]采用催化碱解和两步絮凝分离的方法，从高铁含量的风化煤中制得高纯度HA，Fe含量降到0.015%以下。李炳焕[32]采用EDTA作强螯合剂夺取HA中的Fe，使Fe含量降至0.1%以下。在制备工艺上，HA胶体的凝聚、过滤和洗涤一直是困扰HA产量和质量的主要因素。近年来开发上市的新型分离技术和机械，如十字流动态过滤、高梯度磁分离、附加电场或超声波、膜分离等先进的分离技术，为生产高纯HA提供了技术平台，有待于试验和应用。

（3）合理复配，提高膨胀剂性能　HA在蓄电池膨胀剂中的效果显著，但生产工艺过程较长，同时有废酸污染问题，成本也较高。此外，有人还发现在电池的强酸性和阴极还原环境中，HA的羧基可能被脱水转化成了羰基，影响着HA分子在铅颗粒表面的吸附行为，对膨胀剂的作用有一定影响[33]。许多试验表明，HA与其他含碳物质复配使用，既减少HA用量，且能扬长避短，优势互补，进一步提高使用效果。如有人将钝化作用很强的D-4鞣剂与-羟基萘的复合物与HA复合，证明可提高使用效果（1971）。此外，木质素类产品比高纯度 HA 便宜，试验也证明 HA 与木质素磺酸钠（钙）或其衍生物复配，也能提高使用效果。曲阜圣阳电源实业有限公司[34]研发的蓄电池阴极板用铅膏，提出最佳配比（与铅粉的比例）为：木素 0.09～0.11、腐植酸 0.25～0.35、橡木粉 0.25～0.35、乙炔黑 0.40～0.45。此配伍使电池充电接受能力提高 3%～5%，循环寿命提高了 10%～20%。Niklas 等（1972）曾用纯度较高的 HA-Na 在蓄电池上做过试验并达到了满意的效果，表面 HA-Na 有可能代替纯 HA 作膨胀剂，有待于继续在工业上验证。

（4）传统工艺的革新问题　高纯度 HA 的生产工艺，一直是采用碱溶-酸析的传统工艺。该工艺最大的弊端是大量废盐酸或硫酸溶液及酸性洗涤水的排放和处理问题。由于缺乏很有效的办法回收利用这些废酸液，制约了 HA 生产厂的效益。腐植酸的提纯技术的革新是解决 HA 老工艺弊端的重要方向。目前不少厂家都在积极进行技术攻关，力争尽早取得突破。

8.2.3　电极材料中的应用

近年来，HA 的应用向电极材料的方向发展。蒋晨光等[35]以印尼褐煤为原料制得一种工艺简单、成本低廉的腐植酸基层次孔炭电极材料，其过程为将腐植酸钠在高纯 N_2 保护下 800℃加热 1h（HA 完全炭化），用稀盐酸浸泡 24h，水洗到中性，干燥得腐植酸基层次孔炭电极材料。试验证明，该电极材料具有良好的电容性。周学酬等[36]以廉价的 Fe_2O_3 为铁源，用 HA 代替蔗糖、葡萄糖、聚丙烯等为还原剂和碳源，一步法合成了 $LiFePO_4/C$ 复合电极材料，在有机电解液中充放电，首次放电比容量 127.1mA·h/g，第 100 次循环放电比容量为 118.7mA·h/g，达到复合电极标准要求。司东永等[37]以 HA 为前驱体，通过高温热处理制备了锂离子电池负极材料，表明该 HA 材料呈现出较规整的石墨片层结构，石墨化温度 2800℃下所制备的材料首次放电比容量为 356.7mA·h/g，充电比容量为 277.6mA·h/g，首次充放电的库伦效率为 77.81%，50 次充放电循环后的容量保持率分别达到 99.4%和 95.9%，证明是一种理想的锂离子电池负极材料。朱玉婷等[38]以 HA-K 为碳源，乙酸钾为活化剂，在 800℃氮气氛下炭化活化制备了活性炭材料，其比表面约 1100m^2/g，孔径集中在 0.4～0.6nm，经 3000 次充放电循环后比电容仍超过 87%，证明是性能较理想的超级电容器用电极材料。以上电极材料目前仍处于小规模试验阶段，可望在新型高效电池产业中得到应用。

8.3　水质处理中的应用

工业和民用锅炉以及水冷却循环系统运行过程中的防垢和缓蚀技术措施，是提高能源利用率、延长设备寿命和保障运行安全的重要环节。选用高效廉价的水处理剂，一直是国内外十分重视的课题，HA 在这方面也有一席之地。实践证明，HA-Na及其复合制剂做水处理剂具有原料来源广、防垢率高、费用低、操作简便、水渣流动性好等优点，受到用户的欢迎。

作用机理研究认为：①$CaCO_3$ 晶体表面吸附 HA 后，其 ζ 电位（绝对值）提高，气泡接触角减小，晶体活性降低，其原因是 HA 阴离子的空间位阻导致大部分 Ca^{2+} 的电价未得到饱和，使絮凝颗粒带正电荷，从而抑制了晶体生长，并分散成细小的相互排斥的水渣；②X 射线和电镜观察表明，HA 与水中 Ca^{2+} 形成水不溶的 HA-Ca，被水加热过程中形成的 $CaCO_3$ 吸附，干扰了 $CaCO_3$ 晶体的有序排列和生长，使絮状细小水垢易于排除；③HA 阴离子与炉壁 Fe 结合形成 HA-水合 Fe 络合物，故使炉壁 Fe 膜“电极”钝化，在炉壁上形成保护膜，起到缓蚀作用。一般 HA-Fe 也带正电荷，与 HA-Ca 相互排斥，故絮状 $CaCO_3$ 结晶不黏附炉壁，阻止了二次水垢的生成。在锅炉水处理时，HA-Na 一般都要与 Na_2CO_3 配合使用。Na_2CO_3 对软化水质起决定作用，而 HA-Na 起协同作用。

8.3.1　锅炉的阻垢缓蚀

早在 20 世纪 50 年代日本和苏联就有人发现 HA-Na 对水中 $CaSO_4$ 和 $CaCO_3$ 的析出有抑制作用，低温下这种作用更为显著。苏联首先用泥炭制成 HA-Na 软水剂，并通过半工业试验，证明其防垢作用比六偏磷酸钠还强。我国 70 年代中期开始试用 HA-Na-纯碱复合锅炉水处理剂，在实际应用中效果显著并形成较完整的技术规范和质量标准[39]。据初步统计，与磷酸盐类处理剂相比，用 HA-Na-纯碱可提高防垢率 34%～59%，降低处理费用 30%以上，低压锅炉每使用 1 吨 HA-Na 节煤 300 吨，年结垢 0.03～0.09mm（用栲胶系列处理剂达 4～10mm），基本上可在几年内无垢运行。虽然近年来蒸汽机车退出历史舞台，民用锅炉日益被集中供热系统代替，而且近期膜分离、离子交换、绿色化学药剂及各种配套的高端自动化水处理设备发展迅速，单纯用 HA-Na 和纯碱进行炉内处理的方法基本已被淘汰，但 HA-Na 的阻垢缓释作用功不可没，继续深化这方面的理论研究和技术创新，仍是有意义的课题。

8.3.2　循环冷却水处理

控制工业循环冷却水系统的结垢和腐蚀，同样是节省水资源、提高换热效率、延长设备寿命的重要技术措施。目前通用的循环水处理剂仍是磷系产品（也有铬、钼、硅系等），但存在使用 pH 范围窄（7.8～8.3）、浓缩倍数低（$K \approx 2.3$）、处理费用较高等弊端。此外，磷易使水质富营养化，导致菌藻丛生，还要另加杀菌剂（季铵盐等）。磷系在使用前需用酸对装置清洗和预膜，酸洗涤水又会造成设备腐蚀和环境污染。HA 类循环水处理剂的作用原理与锅炉水处理基本相同，特别是能在金属表面形成稳定致密的化学保护膜——电中性绝缘层，减缓金属表面的腐蚀速度，延长设备使用寿命。张常书等[40]首次开发出 $HA\text{-}Na^{+}$ 纯碱系水质稳定剂 HAS，此后洛阳市伊川平等化学材料所研发了 LHE[41]、唐山腐植酸协会推出了 THAW 水处理剂。这些处理剂曾在几十家化工厂、电厂、冷冻厂推广。试验表明，用 $HA\text{-}Na^{+}$ 纯碱作循环水处理剂，无需预先清洗预膜，基本可实现无垢、缓蚀、无菌藻运行，而且不受氨碱干扰，pH 范围宽（8～9.5），浓缩倍数高（一般 $K=3\sim5$，最高达 9），排放物对环境无污染；使用 HAS，一般水垢增长率 0.16mm/年，防垢率 91.7%，腐蚀速度 0.083～0.126mm/年，防腐效率 69.3%；与磷系处理剂相比，药剂费用一般减少 1/2～2/3。氮肥厂使用效益最为可观。如益阳氮肥厂硫化系统和吸氨冷排水循环系统使用 HAS，费用相当于磷系的 1/4，年节水 265 万吨，节电 23×10^{4} kW·h，并解决了废水中 CDN 和 $NH_4\text{-}N$ 污染问题。LHE 系列处理剂在陕西几十家化肥企业使用，实现了闭路循环，使吨氨水耗水量由 300 吨降到 30 吨以下，总计使渭河流域小化肥厂废水排放量减少 5000 万吨以上[41]。可见，HA 类循环冷却水处理剂效果显著。

8.3.3 存在问题和发展方向

目前某些 HA 类水处理剂仍存在以下问题。

（1）HA 的质量不稳定　用户普遍反映 HA-Na 产品抗絮凝性差，不溶杂质多，使水中悬浮物增加，不仅影响使用效果，还存在堵塞管道的隐患。

（2）使用范围有局限性　由于 HA-Na 只溶于碱性水，使其在偏酸性、高硬度水中使用受到限制。即使是在多数氮肥厂，目前实际已不存在废氨水，靠氨水提升 pH 值已是落后的思路。

（3）气温升高时菌、藻类有滋生趋势　这种现象也主要发生在某些氮肥厂，高 $NH_4\text{-}N$ 含量的水实际给微生物提供了丰富的氮源，是菌藻滋生的主要原因，仍另需加杀菌药剂进行控制。

（4）腐蚀　高碱性水质（仍主要是 $NH_4\text{-}N$ 引起），对某些冷却设备特别是铜阀门仍有腐蚀现象。

研究证明，通过化学改性反应制取新型制剂，或者将 HA 与其他物质进行物理复配，有可能进一步提升水处理效果。比如，太钢设计院等单位开发的 MAZ 水处理剂，是由 HA-Na(50%)＋Na_2CO_3(40%)＋高聚物(8%)＋缓蚀剂(2%)复配而成，明显比单一 HA-Na 的效果好。又如，单一 HA-Na 在 50mg/L 时对碳钢最高缓释率只有 58.27%，而 HA-Na 30mg/L＋Zn^{2+} 6mg/L＋葡萄糖酸钠 20mg/L 三者复配后，缓释率达到 89.62%[42]。近期膦基、丙烯基以及阳离子改性 HA 等衍生物作水质处理剂的研究有一定进展，其中 HA 通过酰胺化-胺甲基化-季胺化后的产品，水中浓度只有 30～40mg/L，其防垢缓蚀和杀菌灭藻性能上明显比原 HA-Na 好得多[43]。HA-Na 与丙烯酰胺-烯丙基磺酸钠共聚物的共混物［HA/P(AM-SAS)］

使用浓度只有20mg/L，其阻垢和缓蚀率分别达到98.9%和95%以上[44]。一种HA与丙烯酸接枝改性的聚合物阻垢剂，对$CaCO_3$水垢的阻垢率达到95%[45]。这些创新性研究成果为推动新一轮高效HA水处理剂的产业化展现出一片光明前景。

8.4 陶瓷工业中的应用

8.4.1 概况

我国人民很早就认识和掌握了添加红黏土、紫木节、煤层黏土等提高产品质量的重要技术措施，开创了利用腐植酸类物质的历史。近百年来西方国家才将有机酸类（木质素衍生物、鞣酸、五倍子酸、草酸等）作为陶瓷稀释剂和增塑剂。真正利用煤炭HA作添加剂，是从20世纪50年代中期开始的。1957年德国Augustyn首先进行了HA-NH_4作陶瓷泥料稀释剂的试验，后来法、印、日等国家相继进行了这方面的研究。日本曾在台尔纳特公司进行放大试验，发现用NHA-Na的效果比HA-Na好，而NHA-Na与水玻璃复配后泥料的耐久稳定性比单用水玻璃强得多，但Na^+太多会影响特种瓷的品质，故后来改用NHA-NH_4，效果更好。

关于HA与陶瓷原料（高岭土、绢云母、石英、长石四大关键组分）的作用，实际上主要是与高岭土和绢云母等黏土矿物的作用，而与其他组分作用很小。影响陶瓷性能的关键作用，乃是HA在黏土晶层边沿上的化学吸附，以致拆散了黏土晶体之间的网状缔合，释放出自由水，提高了ζ电位，从而改变了流变学特性和塑性。

我国20世纪70年代开始大力推广HA在陶瓷中的应用，一直坚持至今。据估计，目前全国20多个省（市）500多家陶瓷企业在使用HA-Na，仅江西用量就2000吨/年，其中建筑瓷用量相对较多，其次是日用瓷、电瓷、工艺瓷，在耐酸砖、匣体、石膏模具、釉料中也使用HA-Na。实践证明[46]，HA-Na比传统的陶瓷添加剂有许多独特的优势，显示出稀释、增塑、增强和吸附四大作用。具体表现在：调整浆料流动性和稳定性，提高塑性指标和干燥抗折强度及成品强度，减少坯体水分，缩短干燥时间，克服成品和半成品缺陷，减少破损率，减少釉的剥落、针孔、断线、欠釉和缩釉现象，提高白度，节省球磨时间和电耗，提高工效和烧成品合格率等，总体上降低了生产成本，改善了瓷器质量，提高了经济效益。据景德镇几家瓷厂总结，与传统添加剂相比，在泥料中添加0.2%～0.5%的HA-Na，泥坯强度提高了80%左右，塑性指标提高40%以上，泥料或釉料流动度提高50%左右，传统配套瓷一级品产率由4%～5%提高到20%～40%，石膏模具使用寿命延长了30%～50%。在电瓷生产中使用HA-Na，历史上首次突破500kV超高压电瓷、200kg大型坯体的技术难关。被誉为“瓷国明珠”的景德镇青花瓷、出口餐具

“米卡沙”与荷口鱼盘等特级品种质量倍增。其中薄胎瓷（俗称“蛋壳瓷”）具有较高价值，但制作技术性极强，使用 HA-Na 后成品合格率由原来的 40%提到 80%，优级品率由 0.3%～0.4%跃到 11.4%～16%，创出巨大的效益。唐山的骨瓷是世界驰名的骨瓷生产基地之一，将腐植酸钠添加于骨瓷基料中，解决了球磨时间长、泥料塑性差的缺陷，使成品率和质量明显提高，外观更加豪华。因此，HA-Na 确实是陶瓷工业中不可缺少的高效能添加剂。

8.4.2 有关技术及改进方向

（1）经验证明，用风化煤 HA-Na 效果最好　风化煤 HA-Na 加量较少（泥料的 0.1%～0.3%），用风化煤 NHA-Na 的作用较好；褐煤和泥炭制的 HA-Na 也有一定效果，但加量高达 0.4%～0.5%。泥炭 HA-Na 在黏土-水体系中易发泡，也是应该注意的问题。

（2）至今没有发布瓷用 HA-Na 的标准，对应用效果有很大影响　陶瓷企业反映，目前市场上的腐植酸钠产品良莠不齐，质量难以控制。如有的不溶物过高，水溶性很差，特别是有的 Fe 含量过高。Fe 是影响瓷器品质的重要因素之一。原行业标准（HG/T 3278—87《腐植酸钠》）还规定瓷用 HA-Na 中 Fe≤0.5%。新发布的 HG/T 3278—2018 无相关规定。即使 Fe≤0.5%，仅基本适用于常规陶瓷，但对高档瓷和釉用添加剂来说，Fe 含量还必须更低，否则会因烧成品中过多的 Fe_2O_3 而降低瓷器白度。由此可见，制定专门的瓷用 HA-Na 行业标准非常必要。

（3）进一步提高 HA-Na 的使用效果，仍有很大潜力　试验显示，HA-Na 与其他物质复配使用或合成共聚物，是较好的互补增效措施。例如德国的专利报道了一种腐植酸钠与聚乙烯多胺反应物作加速坯体脱水剂，效果较好。曹文华等[47]将 HA-Na、水玻璃、某种偶联剂复配作为陶瓷添加剂，明显提高了产品质量。孙晓然等[48]研究了 HA-Na/AM/AA-Na（比例为 1∶0.6∶0.6）共聚物对建筑卫生陶瓷料浆的解凝作用和坯体增强作用，并采用微波辐射合成了 HA-马来酸酐（MA）共聚物陶瓷添加剂（HA-Na∶MA＝1.2∶1.0）。与添加 HA-Na 相比，此类高聚物对瓷器坯体强度和塑性指标等综合性能都有较大提高。这些研究对传统 HA-Na 及其配方的更新换代、发掘 HA 的功能潜力是有益的，应继续深入研究作用机制，以提高技术的可靠性和创新性。

8.5 煤炭加工中的应用

在煤炭加工利用领域中，HS 主要作为粉煤、粉焦及其他炭材料成型黏结剂和水煤浆稳定剂。型煤、型焦、水煤浆都是现代煤炭加工技术和煤炭洁净利用的重要领域，HS 的介入，无论从资源合理利用还是生态环境保护角度，都有实际意义。

8.5.1　作粉煤、粉焦和炭材料黏结剂

目前化肥、冶金和机械行业的煤气发生炉所用的煤炭几乎都要求用块煤或块焦作气化原料。随着采煤机械化程度的提高，煤矿产出煤破碎率越来越高，<6mm的粉煤产率达45%以上。在块煤运输和破碎加工过程中还会产生30%～40%的粉煤。焦炭加工产生的粉焦数量也非常可观。大量粉煤、粉焦长期堆积无法充分利用导致风化，造成极大浪费。制造型煤、型焦是缓解块煤供需紧张、解决粉煤（焦）积压浪费的主要途径，也是减少高硫煤燃烧废气中SO_2污染的有效措施之一。制造型煤的关键技术是黏结剂的选择和复配。近期常用的型煤（型焦）黏结剂有沥青、淀粉、合成树脂和塑料、无机盐（石灰、硅酸盐类）等，不仅成本过高，并且造成环境污染，添加无机物同时增加了灰分。用HS作型煤黏结剂始于20世纪50年代末。苏联最初用HA-Na，发现强度和耐水性差。古马洛夫（1964）用10% HA-NH_4水溶液与<0.13mm的粉煤混合，在20MPa压力下成型，100～220℃下干燥，所得型煤强度和耐水性最高，并发现褐煤HA-NH_4、特别是棕腐酸的铵盐效果最好。机理研究认为，HA-NH_4的黏结性主要是非极性力（分散作用和诱导力）起作用，加热脱水后HA中亲水的$COONH_4$转化为疏水的$CONH_2$，故提高了型煤的耐水性。此类型煤用于炼焦，在1400℃下强度不减，其强度与石油沥青黏结剂制的型煤相当，适合于作铸造焦。美国也公布了用褐煤HA-Na制型煤的专利（US 4615712，1986）。苏联发明者为了提高型煤耐水性，用Al、Fe、Ca或Mg的盐溶液将型煤浸透，再用HA-Na浸透，随后干燥，使型煤表面形成了一层疏水金属盐薄膜，耐水性大幅度提高。HA-Na最早用于型焦黏结剂也见于别列兹基娜（1970）的报道，但需要在HA-Na中复配皂土、半焦化树脂或石油沥青等，制成油-水乳浊液。

我国20世纪70年代有十几个单位开展了HA类型煤研制和试验。一般工艺条件为粉煤粒度<3mm，糊状黏结剂中HA-NH_4（Na）浓度约4%，添加量约占粉煤的6%～12%（有的还另加5%左右的黏土），混合物料水分约5%，加压成型后在200～220℃下干燥（用HA-NH_4时最好隔绝空气干燥），成品水分<1%。所得扁椭圆形型煤强度一般达到5.9～9.8MPa，吸水率<10%；水中浸泡2h，耐压强度保持2.9～4MPa。HA类型煤已在锅炉燃烧、合成氨造气中试用。从工业试验的技术经济指标来看，与碳酸化煤球相比，HA类型煤成本低，不增加煤的灰分，对热值、灰熔点和挥发分都无明显影响，强度和活性都较高；在气化炉中Na^+和NH_4^+对气化还具有一定的催化作用。孙晓然等[49]对比了风化煤腐植酸钠、腐植酸铵、腐植酸作配煤黏结剂的效果，发现腐植酸钠最佳。配入5%的腐植酸钠，可使焦炭强度提高10%。在基础煤中增配12%的瘦煤，减少10%的肥煤、1%的焦煤和6%的1/3焦煤，从而降低配煤炼焦成本，扩大炼焦煤的来源。近期东北师范大学用泥炭HA-Na作黏结剂（加量7%～10%）制成的型煤，冷、热强度分别达到

55～88kg/个和5～70kg/个，常温耐水性也较好。HA-Na用于型焦的制造技术也时有报道。唐山市丰润化肥厂用80%的焦粉＋20%的煤粉＋10%～20%的水＋2%～3%的HA-Na，在25～30MPa的压力下成型，850～900℃下焦化，所得型焦抗压强度30～40kg/个，达到造气要求，而且半水煤气中的H_2S含量减少至原来的10%[50]。崔国星等[51]对比了HA-Na为黏结剂的福建无烟煤型煤与福建无烟块煤的气化动力学和气化特性。结果表明，型煤的气化反应活化能（102.0kJ/mol）低于福建无烟煤（122.5kJ/mol），950℃下型煤的化学反应性（80.0%）优于福建无烟煤（33.0%）。可见，HA-Na型煤较同样来源的无烟块煤表现出更好的化学反应性，可代替优质块煤用于工业固定床煤气化。

目前国内型煤的一般技术水平是：抗压强度≥490N/个，落下强度≥75%，耐磨强度≥70%，热稳定性≥70%（百分率表示非破碎比例）。HA类型煤还很难稳定在这个水平上，究其原因，一是HA含量高的原料煤来源日益减少，有人就粗糙加工或用低品位原料制造劣质HA-Na，影响了黏结性和型煤的质量；二是单用HA类黏结剂一般很难保证型煤、型焦质量，特别是要达到一定的疏水性和热稳定性指标，应该复配其他疏水有机物质或引入相关技术。

此外，在其他炭材料中添加复合HA类物质，也有一些研究报道。Obama等（1999）在碳纤维-水泥复合材料中添加HA，明显提高了材料的韧性和极限抗弯曲强度。王建程[52]用甲醛交联腐植酸钠作活性炭胶黏剂，制得活性炭的碘吸附值、强度等指标均符合标准要求。

8.5.2 作水煤浆分散剂

水煤浆（CWS）是20世纪70年代中期开发的以煤代油的流体燃料。发展CWS的目的，一是实现煤的管道输送，缓解铁路运煤的压力；二是直接用于粉煤加压气化进料，简化工艺环节；三是热电厂等大型锅炉以煤代油，直接喷入高浓度CWS，顶替供应紧张的石油原油。CWS要求浓度高，黏度低，流动性好，沉降稳定性高。目前CWS的大约比例是70%的煤，29%的水，1%的添加剂。添加剂包括分散剂、稳定剂、消泡剂和缓蚀剂等，其中分散剂和稳定剂是维持CWS流动性和稳定性的关键组分。早期一般用萘磺酸盐、聚烯烃磺酸盐、聚羧酸盐等作分散剂，但成本高，或存在环境安全问题。寻求廉价环保的水煤浆分散和稳定剂一直是煤化工领域的重要课题。研究表明，HA盐类在这方面可以作为分散剂和部分稳定剂的。因为HA可作为一种两亲表面活性物质和阴离子型大分子分散剂被煤吸附，提高煤粒的亲水性，形成水化膜，提高其表面ζ电位和静电斥力，促使CWS分散和稳定。20世纪60年代美国专利报道，添加≥0.05%的HA-Na或$HA\text{-}NH_4$能改善管道输送煤浆的性能，后来发现用磺化腐植酸铵（$SHA\text{-}NH_4$）作CWS分散剂效果更显著。80年代苏联有人研究发现，HA-Na对CWS兼具稀释和防止管道腐蚀的作用，有 Fe^{2+} 和 Ca^{2+} 存在时作用更为显著。HA-Na＋木质素磺酸钠＋甲醛-萘磺酸的复合制剂更有利于降低 CWS 黏度和切力。日本专利报道，在 CWS 中添加 0.05％～2％的 HA 盐与环氧乙烷（或环氧丙烷）的共聚物，或加入水解环氧丙基甲基纤维素，可使浓度高达 82％的 CWS 稳定 2 个星期以上，或添加 1％的磺化腐植酸钠（SHA-Na）可使 CWS 稳定 2 个月。乌克兰、西班牙、加拿大等国家都相继公布了有关的研究和开发信息，一致认为 HA 类物质是较理想的 CWS 添加剂。我国 80 年代也有不少单位开展了 HA 类 CWS 的开发。中国矿业大学[53]对长焰煤到无烟煤 30 多个煤样与不同种类的 HA 作用规律进行了详细研究，发现分散性与 HA 的分子量、OH_{ph} 含量呈正相关，而与 E_4/E_6、COOH、灰分含量呈负相关。分散性大小顺序为：黑腐酸＞棕腐酸＞FA，而稳定性的次序为泥炭 HA＞褐煤 HA＞风化煤 HA，同时开发出碱性造纸黑液提取泥炭或褐煤 HA-磺化改性制取复合分散剂的工艺路线，比同类产品成本降低 25％，并建成 1000 吨/年添加剂生产线。近期的 HA 分散剂研究大都集中于 HA 与高聚物单体的共聚。陕西科技大学张光华等[54,55]研发了 HA 系列水煤浆分散剂，包括磺甲基化 HA 缩聚物（HBF）、磺甲基化 HA 脲醛缩聚物（HBUF），还有磺化 HA 分别与丙烯酸、甲醛、烯丙基磺酸钠接枝共聚、与二甲基二烯丙基氯化铵（DMDAAC）合成两性离子型接枝共聚物等，均比单一的 SHA 和阴离子型产品的分散效果好。隋明炜等[56]在 HA 分子上引入大分子亲水长链，合成了 HA-烯丙基磺酸钠-衣康酸聚乙二醇酯（HSI）和 HA-烯丙基磺酸钠-马来酸聚乙二醇酯（HSMa），应用表明其亲水性和降黏性良好，其效果 HSMa＞HSI。郭巍峰[57]将马来酸酐与聚乙二醇 600 合成酯化单体（MAPEG），再与 HA、甲基丙烯酰氧乙基三甲基氯化铵进行自由基接枝共聚，合成了两性离子型 CWS 分散剂 HDM，比木质素磺酸钠的稳定性更好。

型煤、型焦和水煤浆的开发应用，是关系到我国能源和环境可持续发展的重要项目近年来在应用技术研究和产品开发上已有重大进展。在此形势下，HA 类添加剂，特别是 HA 共聚体系的研究有一定进展，但大多处于实验室研究阶段，至今未见产业化的报道，主要是在一些技术和经济上未能过关，期待取得重大突破。

8.6 冶炼和机械工业中的应用

8.6.1 作球团矿黏结剂

美国用风化褐煤作球团矿黏结剂已有 50 多年的历史（US 3266887，1966）。一般在赤铁矿与焦炭混合时添加 0.2％～0.7％的腐植酸胺（$HA-NH_2$）或HA-Na，能提高内聚能、抗热性和耐磨性，减少团球在高温下产生的烟尘和烧爆现象，总体性能优于膨润土。所用的 $HA-NH_2$ 是用风化褐煤（100 份）＋三乙基胺（20 份）＋

水（50份）反应制成的。苏联（1972）也有人将2%～7%的HA-Na加入磁铁矿精砂中，提高了球的透气性和强度。我国也有这方面的研发报道。山东创新腐植酸科技公司[58]将腐植酸作为助熔黏结剂用于“无焦化冶炼”，即粉状含碳物质取代部分焦炭，免去烧结过程，直接将“团矿”用于钢铁冶炼，实现了冶炼过程中的“原位还原”反应，取得明显的节能减排环保和经济效益。中南大学的专利[59]表明，将腐植酸钠和有机季铵盐混合液均匀喷洒在天然钙基膨润土粉末中，挤压成型，依次经过陈化、干燥、破碎和研磨，制得一种铁矿球团用腐植酸改性膨润土。与传统膨润土黏结剂相比，成品球团矿全铁品位有所提高。

8.6.2 作型砂黏结剂和溃散剂

在机械铸造工艺中，都要事先用石英砂和黏土制成型砂模具，所用的黏结剂主要是水玻璃，但这类模具强度低，溃散性差，出砂和旧砂回用均有困难。添加某些有机物质，如糖浆、淀粉、木粉、木渣油、桐油、有机溶剂和聚合物等，可以改善型砂性能，但均发生黑烟和臭味，造成环境污染。美国Nevins（1969）用风化褐煤制成的$HA-Na^+$膨润土，明显提高了铸模性能。Jack（1965）用HA-长链烷基铵盐＋有机制剂（如辛醇、燃料油，聚乙二醇等）＋黏土作黏结剂，提高了模具强度和光洁度。用HA盐配合其他物质（如氮化硅、木质素磺酸盐、乙二醇等）作铸造涂敷剂和润滑剂，比传统的石墨效果好。我国最早于20世纪70年代由江西宜春风动工具厂用HA-Na和$HA-NH_4$代替桐油、糖浆和淀粉糊精进行了铸模试验，表明各种铸模在可塑性、溃散性、化学稳定性、发气性、表面光滑度以及环境清洁性等方面都优于对照。太原理工大学与太原矿山机器厂[60]合作，曾对HA-水玻璃复合型砂黏结剂进行了半工业化试验，结果显示，新砂中水玻璃用量由原来的80kg/t减少到60kg/t，另加HA 10kg/t；旧砂回收率由原来的10%提高到60%以上，而且型砂模具强度、浇铸性、保存性、溃散性都明显改善。

8.6.3 作Al_2O_3碳分母液稳定剂

在烧结法生产Al_2O_3的工艺过程中，母液中Al_2O_3和Na_2O的溶出率和蒸发能耗一直是影响经济效益的瓶颈。山东铝厂研究院[61]根据HA对矿物晶体的吸附和分散作用原理，在碳分母液中添加0.1～0.2kg $HA-Na/m^3$，提高了蒸发母液（$NaAlO_2$）的流动性和稳定性，减缓结疤14%～17%，降低油耗10.81kg/t，碱量减少0.82kg/t，并减少了溶液中SiO_2含量和硅渣循环量，提高了Al_2O_3和Na_2O溶出率，使设备性能、能源消耗、Al_2O_3产量等经济指标都显著改善。

8.7 化工、轻工和日化工业中的应用

8.7.1 染料及其助剂

HS中有不少助色团和生色团，有研究者利用HA分子多种基团的优势进行创

新，或进行化学改性，适当选择添加一些基团制成染料。与化学合成染料相比，用HA制取染料不仅成功率高，且没有毒性和污染问题，这对染料行业显然有很大的优势。

早在20世纪50年代，日本率先用NHA与2-氨基-5-萘酚-7-磺酸反应，再通过偶氮化制成酸性紫色直接染料，性能良好，耐晒牢固度达到4级，但NHA与苯胺或氨基蒽醌等反应所得棕、红、紫色染料效果较差。Han Kyoungsuk（1972）用NHA与重氮盐或苯胺、氨基蒽醌作用，成功地制成各种颜色的染料。我国上海染料涂料研究所等单位也进行过类似研究与试制，评价认为，这种染料在日晒、皂洗、汗渍、水浸、耐酸碱、耐磨等指标等方面都达到常规偶氮染料标准。

硫化染料的中间体特点是分子内有较大的π-共轭体系和氨基，再通过硫化反应将S键或HS基引入芳环的氨基或酚羟基的邻、对位，多硫键再分解-缩合成更大的分子体系。假定利用HA本身所含的OH和醌基缩合大分子的基本构型，经硝化引入硝基，再用多硫化钠还原成氨基，并继续缩合成含S、N苯环或茂环的更大的稠环体系。20世纪70年代朝鲜曾发表布过用HA生产黄色到深棕色的硫化染料的报道。我国用HA生产硫化染料曾取得很大进展。早在1971年浙江上虞化工厂就建成18吨/年的HA硫化黑棕生产线，原料为附近的白马湖泥炭；此后丹阳、宜兴也建立了HA硫化染料生产线。郑州大学[62]采用风化煤HA研制出GLN硫化黑棕染料，建成30吨/年生产车间。以上产品经纯棉、维/棉等织物染色评价，其色泽、牢度等指标均达到同类产品的标准。近年来国内外对环保型天然染料的研发再次引起重视。意大利Montoneri等[63]发表了一系列文章，报道他们从食物和绿色废物中分离到的一种“类腐植酸”聚合物，在水中表现出优良的表面活性剂特征，临界胶束浓度（cmc）403mg/L，表面张力为36.1mN/m，可明显提高高级丝织品的染色效果，比十二烷基硫酸钠（SDS）等常用的商业助剂效果还好，且成本低、用量小，实用价值很高。魏玉君等[64]的研究表明，腐植酸和黄腐酸代替合成染料对羊毛纤维染色，且有良好的皂洗牢度。适宜的染色条件是，用HA染色的温度95～98℃，时间60～65min，pH 4左右；而用FA为98℃，70～75min，pH 2～4。曹机良等[65]研究表明，HA-Na在棉纤维上的吸附以氢键和范德华力结合为主，在中性或弱碱性、NaCl浓度10g/L，80℃以上染色效果最好。另外，柞蚕丝一般用双氧水漂白，但需加入一定量的稳定剂，以控制双氧水分解率，防止织物避免剧烈损伤。选用HA做双氧水漂白柞蚕丝的稳定剂，HA最佳用量0.01g/L，表明丝质柔软光滑，无锅垢产生，增白处理后，“白度比”提高近1倍，效果明显优于水玻璃稳定剂，具有明显的实用价值[66]。

8.7.2 纸张、皮革和木材染色剂

纸张和木材染色剂质量标准不是很高，但同样在环保上的要求日益严格。HA-Na

本身就是棕色的，而且还有一定抗菌杀菌能力，可直接作纸浆着色剂和木材媒染剂。如白俄罗斯（1980）就是直接用泥炭 HA-Na 或 $HA\text{-}NH_4$作木材染色剂的。保加利亚夏尔科夫（1965）报道，把 0.4%～2%的褐煤 HA-Na 加到纸浆中，不仅作为纸浆或木材的棕色染色剂，而且使纸浆打浆时间缩短 20%，纸张强度提高 10%～20%；HA-Na 与松香一起加入，还能使纸张上胶程度提高 10%。俄罗斯阿列克塞德洛夫（1995）用 1%～2%的羟基乙胺水溶液萃取褐煤 HA，制得 $HA\text{-}NH_2$类着色剂，代替有毒、致癌的苯胺染料用于木材染色。研究表明，该产物是以［$^{+}NH_3\text{-}(CH_2)_2\text{-}OH$］单羟乙基氨基阳离子和 $HA\text{-}COO^-$构成的脂肪-芳香族化合物，色度系数达 6.3，有极好的染色性质。德国（1963）、美国（1964）和日本（1984）等也发布过专利，分别用 HA、NHA、SNHA 或 ChA 与苯酚、甲基苯酚、间苯二酚、氨基萘磺酸钠、水杨酸、硝基苯胺、三乙醇胺、树脂等复合或反应，作为皮革、木材染色剂和鞣剂。

8.7.3 防腐涂料

早在 20 世纪 50 年代，德国、日本曾用 NHA-Pb、NHA-Hg、NHA-Cr 等作为木材、船舶的防腐、抑菌涂料，虽然效果甚佳，一度大量推广应用，但由于存在重金属污染的忧患，没有继续推广应用。我国浙江黄岩火炬化工厂也将泥炭氯化后与 Cu^{2+}络合制成船舶防污涂料，在南海和黄海船舶使用效果显示，大部分海洋生物难以在船底寄生，该涂料与沥青复配成溶解性涂料，防污期达一年半，比常规 Cu_2O 涂料效果好，但用量只有 Cu_2O 涂料的 30%，被誉为高效低毒低耗的防污涂料。国外还有许多 HA 类防腐涂料的报道，大部分是复合型的，如日本专利（1975）报道，在制造抗菌卫生纸时，在纸浆中添加少许 NHA 和明矾，或在牛皮纸外面涂一层 NHA-Na，都可起到抑菌防腐作用。据捷克专利报道（1987），HA-Na与硅铝酸盐、表面活性剂、糊精、环氧化脂肪酸等制成底漆；或把 $HA\text{-}NH_4$作为胶溶剂加入到硅酸盐和 TiO_2 悬浮液中制成等离子喷涂材料，都具有很强的附着力和防腐性能。

8.7.4 作磷肥生产助剂

湿法普通过磷酸钙粉磨工段水分的控制，一直是影响生产效益的难题。严进等[67]在磷矿浆中添加 0.3%左右的 HA-Na，使含水量减少 20%左右，矿浆黏度降低 30%～40%，明显改善了工艺条件，降低了能耗，提高了磷肥产量。添加 HA-Na 还减少了氨的挥发损失，降低了生产成本。中和料浆浓缩法磷铵工艺生产过程中，随着磷铵料浆中和度上升，浓缩和干燥工序的氨逸出急剧增加，使料浆法工艺生产磷酸二铵十分困难。彭川（2005）根据 HA 的表面吸附原理，在料浆法生产磷酸二铵的中和浆液中加入 HA-Na，提高了磷铵料浆固氮性能，从而减少磷酸二铵加工过程的氨损失。最佳加入量为料浆中 P_2O_5 含量的 2%。

8.7.5 合成高聚物（高吸水树脂）

苏联（1979）有人瞄准 HA 类物质的大分子、多官能团和聚合反应特性，试制出多种优良性能的高分子材料。如有人将 NHA 与环氧树脂、胺类、石英、硬脂酸钙复合，制成适用于电气和建筑业的工程材料；或者在 HA 存在下，促进 ε-氨基己酸、ε-己内酰胺和乙醇作用，生成具有较好耐光性、耐压性和热稳定性的有色尼龙-6。20 世纪 80 年代美国 Schulz 发明了一系列 HA 类合成树脂技术，基本工艺路线是：褐煤硝酸氧化制 NHA →用丙酮或异丙醇萃取出芳香多元羧酸→用乙二胺（或乙二醇、环氧乙烷、环氧丙烷等）作交联剂（Ni 作催化剂）共聚→与其他材料复合，制成热塑性或热固性聚酯（聚氨酯）类塑料，用于机械、电器、汽车部件与泡沫塑料等，产品有足够的强度和良好的耐酸碱性和绝缘性能。我国陈鹏等（1999）用褐煤 NHA 代替苯酚与甲醛缩合制成酚醛树脂类材料，在热稳定性、绝缘性和力学性能上优于常规酚醛树脂。如前所述，HA（NHA、SHA 等）与许多高分子聚合物接枝共聚制取抗高温钻井液处理剂、水质净化剂，特别是近期在合成农用 HA 复合高吸水树脂（保水剂）上有较大进展。

保水剂（SAP）是 21 世纪初迅速发展起来的一类化学节水材料，具有优异的吸水、保水和释水性能，已在农业上广泛使用。但目前保水剂多以合成单体聚合而成，成本较高，难以降解，采用天然资源合成可降解的农用保水剂已成为当今研发方向。将 HA 作为合成保水剂的原料，既能发挥 HA 的化学和生物活性，又能提高保水保肥能力，弥补单用石油基化学中间体合成产品的不足[68]。

HA 保水剂的制备备方法主要有 3 种：一是直接接枝共聚，即将腐植酸或其盐与丙烯酸等单体混合后，在交联剂和引发剂存在下直接进行自由基溶液聚合；二是先将合成化学单体进行自由基聚合制成保水剂，再通过表面交联反应将 HA 与保水剂复合，制成表面交联型 HA 保水剂；三是将现成的高聚物与 HA 接枝或共混。目前接枝共聚型 HA 保水剂主要有：①HA-聚丙烯酸类；②HA-聚丙烯酰胺-聚丙烯酸类；③HA-黏土-聚丙烯酸类；④HA-天然高分子（淀粉、纤维素、海藻酸、壳聚糖、葡聚糖、瓜尔胶、CMC 等)-聚丙烯酸类；⑤HA-天然高分子-黏土-聚丙烯酸类等。所用的 HA 最好事先经过磺化、磺甲基化，或阳离子改性；所用的合成单体除了丙烯酸（AA）外，还有丙烯酰胺（AM）、*N*-异丙基丙烯酰胺（NIPA)、2-丙烯酰胺基-2-甲基苯磺酸（AMPS)、丙烯酰氧丁基磺酸（AOBS)、马来酸酐（MA)、苯乙烯、酚-甲醛等；所用的交联剂有丙三醇、*N*,*N*′-亚甲基双丙烯酰胺（MBA)、环氧氯丙烷等。常用聚合方法是水溶液聚合，其次是分散聚合、反相悬浮聚合、反相乳液聚合等。水溶液聚合一般能得到胶状产物，而反相悬浮聚合可得到颗粒状产物。此类反应一般在 60～70℃下反应 5～6h，引发剂加量一般为合成单体的0.9%～2.5%，HA加量一般为单体的5%～10%。在引发方法上，除了常用的过氧化物法外，还引入热引发、微波引发、紫外光引发和辉光放电等离子体引发等新技术。

研究认为，因为HA分子参与SAP交联后，水分子以纳米液滴形式在分子间架桥，而且HA刚性骨架使外界水分子进入凝胶网络的分子弛豫时间分布更加均一，有利于水分子进入网络结构中，从而提高了吸水保水能力。

一般来说，与单一合成单体制成的SAP相比，含HA的SAP吸水性和耐盐性更强。在此基础上继续添加黏土等天然附加物，其综合性能会更好。如初茉等[69]试验证明，单纯的PSA吸水倍率分别为720g/g（去离子水）和180g/g（自来水），而PSA-HA（含10% HA）的复合树脂吸水倍率分别达到750g/g和260g/g，说明加入HA后使保水剂的吸水和耐盐性能得到明显改善。Hua等[70]制备了海藻酸钠-*g*-聚丙烯酸/腐植酸钠（SA-*g*-PAA/HA-Na）SAP，其中加入10%的HA-Na时SAP的吸水率从840g/g提高到1384g/g。添加了黏土矿物后，不仅降低SAP的成本，而且仍能保持其良好的性能。如Zhang等[71]添加凹凸棒土（ATP）的吸水树脂P(AA-*co*-AM)/HA-Na/ATP，与不加ATP相比，在pH 4.5～10范围内吸水倍率基本保持不变。更可喜的是，添加了这些天然物质后，反复吸水性能有所提高。如郑易安等[72]的研究表明，HA保水剂随着使用次数的增加，吸水倍率有下降趋势，但5次反复吸水后，仍可达到初始吸水倍数的68%以上，不亚于普通SAP的水平。陈红等[73]合成了羧甲基纤维素（CMC)-AA-凹凸棒土（APT)-HA复合吸水树脂，pH适用范围4～11，最优吸水倍数582g/g。5次反复溶胀率仍达到424g/g的吸水倍数，较不含APT和HA的树脂提高了近44%。任杰等[74]采用辉光放电法合成了PAA/HA SAP，所得树脂对蒸馏水和0.9%NaCl吸水率分别为1152g/g。Gao等[75]研发了［P(AA/AM)-HA］SAP水凝胶，去离子水和0.9%盐水的吸附量分别达到1180g/g和110g/g，其保水效果和对化肥的吸附性能比不含HA的SAP更好。扫描电镜观察发现，引入HA的水凝胶网络结构更致密，吸水膨胀后网络结构也很均一（见图8-1）。

近年来，SAP应用领域不断扩展，除了作保水剂外，还作为重金属吸附剂、肥料缓释剂、土壤改良剂等，已成为当前重要的研究方向。专家提出：①今后应进一步发展复合型HA保水剂，包括添加黏土类和洁净的农林废弃物，以提高保水剂综合性能，降低成本，减轻环境压力。②加紧降解型HA保水剂的研发，其中添加天然高分子材料，可能是解决可降解性的主要途径。可降解地膜的研发也属于该领域的一个特例，可望有所突破。③研发“可控型保水剂”，引入“智能基团”，使HA保水剂随外界环境变化实现可控释放。④加快产业化进程，力争在某一项成熟的HA-SAP上首先实现科研成果转化，取得样板，为尽快建设万吨乃至几十

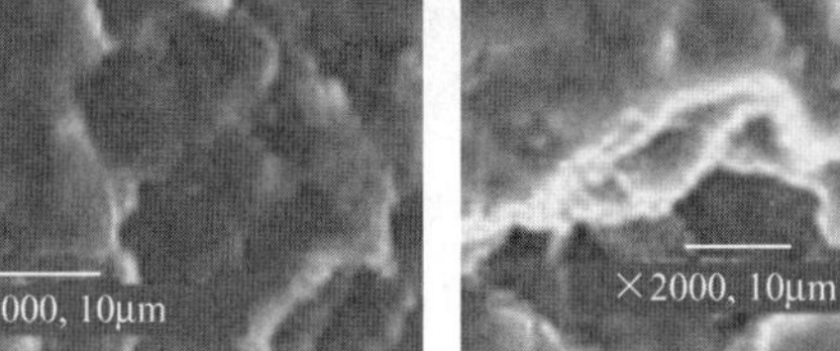

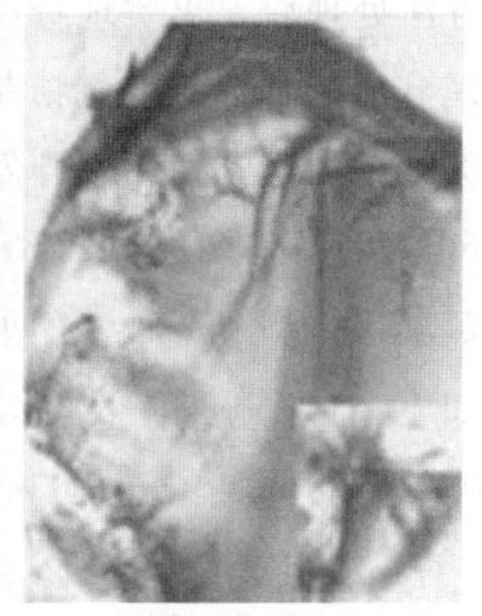

(a) 含腐植酸　　(b) 不含腐植酸　　(c) 含腐植酸水凝胶吸水后

图 8-1　不同 SAP 水凝胶扫描电镜微观形貌

万吨级的 HA-SAP 工业化生产线奠定基础。

8.7.6　作催化剂及载体

1,4-二氢吡啶类化合物是一种钙离子通道阻滞剂类药物，广泛用于治疗高血压、心血管疾病、阿尔茨海默病等。该传统工艺的 Hantzsch 法存在反应时间长、催化剂制造工艺复杂、污染大、产物后处理繁琐等弊端，急需找到一种高效、简单、易于回收利用的催化剂。魏振中等[76]以芳醛、乙酰乙酸乙酯（甲酯）和乙酸铵为原料，用 HA 催化-锅法合成了 1,4-二氢吡啶类化合物。该法产率高，操作简单，环境友好，催化剂易于回收利用。Heck 反应是 20 世纪 70 年代发展起来的一类制备 C-C 单键的重要有机合成方法，在农业化学和化学反应中间体等领域中得到广泛应用。由于 Heck 反应所需的天然高分子负载型催化剂具有环境友好和催化活性高的优点，受到业界广泛关注。研究发现，HA 负载金属 Pd 催化剂具有较好的催化性能，但会部分溶于某些溶剂，影响了催化活性。徐启杰等[77]以 HA 为原料，直接负载 $PdCl_2$ 和/或 $NiCl_2$；或用环氧氯丙烷为交联剂，制得交联腐植酸（CL-HA），将 $PdCl_2$ 和/或 $NiCl_2$ 负载于 CL-HA 上，得到 CL-HA-Pd/Ni 催化剂，用 $NaBH_4$ 还原，分别得到其还原产物。研究表，与一般的 HA 相比，交联腐植酸负载 Pd/Ni 催化剂具有更快的反应速率和催化活性，可成功地催化取代芳基卤与丙烯酸的 Heck 反应，产率达 80%以上。在催化溴基苯与苯乙烯的反应中，催化剂重复使用 7 次后仍得到 26.7%的产率。此外，利用 *N*,*N*-二异丙基碳二亚胺（DIC）中的氨基与 HA 中的羧基反应，制得 HA 缩合产物负载钯催化剂，在 Heck 反应中有更高的催化活性。

8.7.7　废润滑油的再生

随着国民经济的快速发展，润滑油的消耗量逐年增加。润滑油使用过程中其自身的部分烃类变质生成胶质、沥青质、有机酸、过氧化物等，通过适当的物理化学方法处理后，可实现资源化利用。目前润滑油的再生技术主要有白土吸附、短程蒸馏、溶剂萃取、加氢精制等，但由于在处理成本和安全性方面存在问题，限制了此类技术的广泛使用。开发和应用成本低、效果好、操作简单、便于后续处理的废润滑油吸附剂，是当今研究的重要课题。吴云等[78]将土壤黄腐酸负载到脱除 HA 的黄壤上，制成一种专门处理废润滑油的复合吸附剂。结果表明，在 25g 润滑油中添加 1.2g 吸附剂，80℃、150min 时脱色率 57.5%，沥青质含量从 0.784%降到 0.295%，酸值、运动黏度、灰分、Ca^{2+}、Zn^{2+} 均有所下降，油品质得到提升。

8.7.8 用于护肤保健品

HA、FA 的表面化学活性以及某些抗菌消炎药理作用，为在日化、保健领域应用提供了基本依据。日本专利报道（1987），用 HA 或 NHA 的磷酸酯与甘油、乙二醇、油醇、肉桂酸酯等复合，或者把 HA-Na 以及表面活性剂、柔和剂加到石蜡中，制成的化妆品具有润湿性和抗紫外线侵害的功能。德国以抑制疱疹病毒为目的，还将 HA 引入口红配方中。北京海淀医院与佛山石化技术开发公司联合开发的含 FA 的“雅尔康”冷霜系列化妆品（包括浴液、护肤、防晒、防斑、抑制粉刺五类），目前仍由佛山市天宝日化保健品厂生产，取得良好的应用效果和市场信誉。近期朱辉等[79]研发了以 HA-Na 为主要皂基添加物的香皂，对其理化性能和抑菌评价表明，总游离碱、氯化物含量、水分及挥发物、pH 值均满足香皂标准要求，对大肠杆菌、金黄色葡萄球菌都具有明显的抑菌效果。

8.7.9 用于洁齿剂

日本重化公司曾公布一项洁齿牙膏专利（1974）：在牙膏中添加 0.5%细度过 300 目的高纯度 NHA 或 NHA-Ca、NHA-Al。试验证明，此牙膏具有消除口臭、防止牙垢、清洁口腔和发泡的功能，还有除掉造成牙垢的金属离子的作用，并有清凉感，对人体无害。中科院化学研究所也曾把经过 O_3 氧化制成的 FA 按 0.1%加入牙膏，临床试验证明有显著的消炎、止血和除口臭的作用。

8.7.10 用于显影剂和油墨

随着电子照相、传真、打字技术的发展，各种高效显影剂、油墨也应运而生，HA 作为一类表面活性物质和色素也向这一领域渗透。据英、日、德等报道（1985—1986），含 HA 或 NHA 的电子显影剂具有良好的着色性和扩散速度，显影、定影效果明显提高。日本和美国（1981—1988）有人将 HA 或 NHA 与炭黑、黏结剂、低分子聚乙烯醇-丙烯酸酯-苯乙烯共聚物混合，制成计算机或传真打印油墨；在圆珠笔油墨中添加 1%的 HA-K 以提高书写润滑性；HA 高价金属盐与二辛基丁二酸反应，可制成快速印刷用的防渗油墨。

8.8　有色金属工业中的应用

波兰专利曾报道（1962），用泥炭、褐煤或烟煤组成的吸收层可浓缩稀溶液中的V、U、Ge、Ga，吸附饱和后灼烧，用乙醚或CCl_4提取金属。研究表明，金（Au）及其晶体电极表面对HA具有极大的亲和力和吸附量，并与海水的盐浓度呈正相关，其电动电位达到－0.6V，为HA提取贵金属提供了理论依据。前苏扎伊彻娃（1973）和米涅耶夫（1984）等多年致力于用HA-Na代替剧毒的氰化物和金属汞提取Au的研究。他们使用王水溶解矿石中的金属，再用HA-Na沉淀Au，24h达到平衡，沉淀率达93%～95%。他们还发现在pH≥10的条件下用$HA\text{-}NH_4$对Au溶解率最高，3%的$HA\text{-}NH_4$溶液中含Au达10mg/L。米涅耶夫还发现，硝化、磺化的HA及采用空气搅拌法，可提高Au的浸取率。王兰等[80]进行了腐植酸盐浸取和富集Au的研究，结果表明，用HA-Na、$HA\text{-}NH_4$对Au的浸出率达93%～97%，浓度1.5%的褐煤$NHA\text{-}NH_4$浸出率最高，加氧化剂可进一步提高浸出率，可望代替有毒的NaCN、硫脲等浸取剂，而且HA不必再生，可直接送冶炼厂深度提金。云南锡矿用HA-Na作絮凝剂，用苯乙烯膦酸作锡捕收剂，对锡石-石英-赤铁矿进行分离，使Sn由5.4%浓缩到49.5%（回收率82.7%）。此外，Alberts等（1974）在HA存在下通过还原法获取Hg；Wesolowski等（1965）在还原气氛中、270～350℃下活化泥炭、褐煤和风化煤（消除COOH、OH和OCH_3，增加C═O），用来吸附工业废气中的Ge。该吸附剂中富集的金属Ge可达到28%。HA盐用于有色金属分选的试验还有：刘丽芳等（1982）和邱廷省（1999）分别用HA从钨渣中沉淀回收钪（Sc）、用HA作浮选Ni抑制剂。冯孔芳等[81]发现褐煤能选择性吸附溶液中的贵金属钯。当溶液中钯的平衡浓度10mg/L、pH为5时，褐煤的平衡吸附量达到7mg/g，经过三级吸附可使钯的吸附率达到94%，解吸率为94.8%。总之，这些方法都具有原料来源丰富、成本低廉、安全无毒、适应性较广等优点，有一定开发前景。但大都存在浸出速度慢、HA用量大、回收率低或过滤、浓缩等后处理较难等技术问题，目前仍处于实验室探索阶段。

8.9　发酵工业中的应用

8.9.1　用于酒精生产

早在20世纪70年代，国内外就发表过HA-Na刺激某些细菌、霉菌、酵母菌生长繁殖，提高酒精产量和质量的报道。广东、云南、江西一些酿酒、食品研究单位和企业进行了大量有益的探索，并取得一定成果。

（1）提高酒度和出酒率　如云南微生物所在酿酒酵母培养基中添加 0.001%～0.03%的 HA-Na，出酒率增加 3.6%～11.5%；酒精度增加 7.04%～10.67%。

（2）提高细菌数和酶活性　上述单位在基质中添加 HA-Na，24h 后酵母出芽率由 16.5%（对照）提高到 27.9%；北京酿造三厂的试验表明，添加 BFA 后酵母出芽率提高 1.3%～5%，酵母个体由 6.1μm×6.9μm 增加到 6.4μm×7.2μm。萍乡酒厂添加 HA-Na 后糖化力提高 28%，细胞数提高 30%～139%，α-淀粉酶活力提高 6.8%，总糖化酶活力提高 21.1%，麦芽糖酶活力提高 70.8%。

（3）提高了酒的质量　据江西吉安腐植酸应用所、赣县食品厂、广东廉江食品厂等试验统计，添加 HA-Na 的酒酸度下降 1.4 度左右，pH 值由 6 降到 5，杂醇油降低 80%左右，苦度降低 1～2 度，氢氰酸减少 3～4 倍，总醛减少 70%左右，酒的外观、气味、口感都有较大改善。BFA 不仅促进菌体生长繁殖，而且还表现出提高菌体内酶含量和活力、提高原料利用率、缩短发酵时间、降低生产成本等优点。

8.9.2　用于制取饲料酵母和发酵饲料

低级别煤氧化或水解生产饲料酵母，也是 HA 在微生物发酵工业中应用的范例。泥炭加酸水解的产物是生产蛋白饲料酵母的优良原料。白俄罗斯、立陶宛和拉脱维亚进行过大量泥炭水解制取饲料酵母的研究，并进行过半工业试验[82]。所用酵母菌种为 *Candida tpopicalis* u-2k、*Sporobolomyces*、*Rhodotorula* 等。所得干酵母中含 HA 7.5%～10%，粗蛋白 43%～59%，真蛋白 39%～51%（其中包括核酸 7%，氨基酸 24%左右），糖类 25%～30%，类胡萝卜素约 250μg/g，维生素 B_1 5～20μg/g，维生素 B_2 40～130μg/g，维生素 B_6 8～20μg/g，维生素 D_2 2～5mg/g，泛酸 80～100μg/g，烟酸 264～600μg/g，肌醇 1.5～46mg/g，胆碱 2.5～6mg/g，灰分 6%～8%，其中还含相当数量的 Ca、P、K 和微量元素。从总体质量来看，泥炭饲料酵母优于其他原料制取的同类产品。此外，德国专利（Ger 1933968，1970）报道，用 KOH 溶液提取微生物降解褐煤生成的 HA，残留物用 O_3 或 H_2O_2 氧化作为培养微生物的基质，用以生产营养蛋白。美国（US 4302539，1981）用褐煤 NHA 的丙酮提取物作为培养单细胞蛋白的微生物碳源。我国廖锦材等（1986）用风化煤 HA 为部分碳源，接种自行培养的解脂假丝酵母菌（*Candida Lipolytca* 47）制成 HA-微生物蛋白饲料。该饲料含改性 HA 20%～30%，粗蛋白 40%～55%以及各种氨基酸和微量元素。该项目已完成半工业化试验。近期有关 HA 在发酵饲料中的应用也时有报道。史俊祥等[83]在稻壳粉、精料、豆粕、统糠 4 种发酵种子液中添加 2%的 HA-Na，发现对酵母菌的生长有明显的促进作用，并降低某些发酵液的可溶性糖和可溶性蛋白，增加真蛋白的含量，说明 HA 可显著提高发酵效果，改善发酵饲料的品质。发酵豆粕能增强畜禽和水产动物的生长速度，提高饲料利用率，缩短饲养周期和改善动物肉类品质。刘娜等[84]在枯草芽孢杆菌发酵豆粕底物中添加2%～8%的HA-Na，发现粗蛋白提高了24.68%，多肽提高了20.16%，蛋白酶提高了54.63%，胰蛋白酶抑制因子活性降低了54.17%，多肽、活菌数提前12～24h达到最高水平，从而缩短了发酵周期，降低了成本。

我国发酵工业中应用HA仍处于探索阶段，但为HA在微生物领域中的应用提供了范例。现代微生物科学发展迅速，微生物和酶工程已成为高技术产业中的重要领域，特别是绝大多数发酵工艺和产品属于绿色环保产业，更具有发展动力和前景。至今人们还没有完全认识HA与众多微生物群落之间的作用规律，更不能说已经充分掌握了HA在微生物领域合理利用的技术。40多年来的试验积累了丰富的科学经验，为今后的研究提供了理论基础。

参考文献

[1] 张克勤，陈乐亮．钻井技术手册（二）钻井液［M］．北京：石油工业出版社，1988.

[2] 李善祥，李燕生，于建生，等．无铬降粘剂GHm的研究与应用［J］. 石油与天然气化工，1995，24（4）：257-261.

[3] 王曾辉，夏波，高晋生．氯化腐植酸钻井泥浆处理剂的研究［J］. 腐植酸，1991，（1）：30-37.

[4] 李善祥，李燕生，赵冰清．HA-Si系防塌剂的合成及性能评价［J］. 精细石油化工，1995，（5）：13-18.

[5] 孙金声，刘雨晴，王书琪，等．低荧光阳离子防塌剂WFT-666的合成与性能［J］. 油田化学，1995，12（4）：304-307；311.

[6] 史俊，李谦定，王涛．硅化腐植酸钠GFN-I的研制［J］. 石油钻采工艺［J］，2007，29（3）：75-77.

[7] 刘子龙，万正喜．聚合物-有机硅腐植酸钻井液应用研究［J］. 油田化学，1990，7（3）：211-215.

[8] 赵俊峰，张克勤，孔德强，等．有机硅抗高温钻井液体系的室内研究［J］. 钻井液与完井液，2005，22（增刊）：5-7.

[9] 肖玉顺，赵雄虎．改性磺化酚醛树脂性能的室内评价［J］. 钻井液与完井液，1997，14（4）：17-19.

[10] 鲍允纪．钻井液用抗高温抗盐降滤失剂的合成与性能研究［D］. 济南：山东轻工业学院硕士论文，2012.

[11] 杨正宇，杨国仪，孙爱民．SPC高温抗盐钻井液降滤失剂［J］. 腐植酸，1993，（1）：10-13.

[12] 李善祥，晁兵，安慎瑞，等．高温降滤失剂SCUR的研制与应用［J］. 油田化学，1995，12（4）：298-303.

[13] 李建鹰，纪春茂．MHP无荧光防塌剂的研制及应用［J］. 钻井液与完井液，1991，8（4）：47-52.

[14] 王中华．钻井液化学品设计与新产品开发［M］. 西安：西北大学出版社，2006：299-300.

[15] 孟繁奇，薛伟，张志磊，等．水基钻井液用无铬降粘剂腐植酸接枝聚丙烯腈的制备及其降粘特性［J］. 工业技术创新，2015，2（3）：359-365.

[16] 高进浩，沈丁一，王磊，等．乳液降滤失剂的制备及其在压裂液体系中的应用［J］. 石油化工，2015，44（8）：980-984.

[17] 刘雨晴，孙金声，王书琪，等．抗高温抗盐阳离子降滤失剂CHSP-I的合成及其应用［J］. 油田化学，1996，13（1）：21-24.

[18] 刘盈，刘雨晴．新型阳离子抗高温降滤失剂 CAP 的研制与室内评价［J］．油田化学，1996，13（4）：294-298.

[19] 丁飞，何林喜，黄学刚．腐植酸钾-磺化沥青低固相泥浆在北衙金矿的应用［J］．昆明冶金高等专科学校学报，2012，28（1）：7-9；16.

[20] Gray G R，Darley H C H and Rogers W F. Composition and Properties of Oil Well Drilling Fluids. 4th ed，Gulf Publ Co.，1980：251；561.

[21] 王中华．中国石油化工：科技信息指南 2003（上卷）［M］．北京：中国石化出版社，2003：19.

[22] 李之军，蒲晓林，吴文兵，等．钻井液防黏附剂的合成与性能评价［J］．油田化学，2014，31（1）：12-16.

[23] Aandrews R S，William Jr，Daniels Mc C. Lignite products and compositions［P］. US 3994865，1970.

[24] House R F，Granquist V M. Polyphenolic acid adducts［P］. US 4597878，1986.

[25] Scoggins W C，Herold C P，Mueller H. Fluid loss additive for well drilling fluids［P］. US 481142，1989.

[26] 冯萍，邱正松，曹杰．交联型油基钻井液降滤失剂的合成及性能评价［J］．钻井液与完井液，2012，29（1）：9-11；14.

[27] 高海洋，黄进军，崔茂荣，等．新型抗高温油基钻井液降滤失剂的研制［J］．西南石油学院学报，2000，22（4）：61-64.

[28] 韩子轩，蒋官澄，李青洋，等．新型合成基钻井液降滤失剂合成及性能评价［J］．东北石油大学学报，2014，38（5）：86-92.

[29] 牟亚晨，黄文章，罗炽臻，等．改性腐植酸油基降滤失剂的两步法合成与性能评价［J］．石油与天然气化工，2016，45（1）：83-85.

[30] 王中华．国内钻井液处理剂研发现状及发展趋势［J］．石油钻探技术，2016，44（3）：1-8.

[31] 成绍鑫，武丽萍，柳玉琴，等．风化煤高纯腐植酸新工艺的开发［J］．腐植酸，1995（1）：22-31.

[32] 李炳焕，曹文华．高铁含量风化煤生产铅蓄电池用腐植酸盐［J］．化工学报，2000，（2），41-45.

[33] 陈小川．铅蓄电池中腐植酸的稳定性研究［J］．电池工业，2008，（2）：82-85.

[34] 曲阜圣阳电源实业有限公司．铅酸蓄电池负极铅膏［P］. CN 03111880.1，2003.

[35] 蒋晨光，征德胜，黎瑞，等．腐植酸基电极材料及其电化学性能研究［J］．化工中间体，2015，（5）：95.

[36] 周学酬，刘永梅，杨同欢，等．以腐殖酸为还原剂合成 $LiFePO_4/C$ 的性能［J］．电池，2009，39（2）：85-87.

[37] 司永东，黄光许，张传祥，等．腐殖酸基石墨化材料的制备及其电化学性能［J］．材料导报，2018，32（2）：368-372.

[38] 朱玉婷，赵晓琳，解玲丽，等．腐植酸钾一步炭化活化制备孔径可调的活性炭材料及其电化学性能［J］．人工晶体学报，2018，47（5）：934-941.

[39] 吴家姗，潘允珍，等．中小型锅炉除垢防垢技术［M］．北京：能源出版社，1984.

[40] 张常书．HAS 型水质稳定剂在工业循环冷却水处理中的应用［J］．工业水处理，1987，7（6）：18-20；30.

[41] 翟智高．腐植酸水处理技术的研究和进展［J］．腐植酸，1998，（3）：42-44.

[42] 王建平，樊明明，凌开成．环保型水处理剂腐植酸钠的缓释协同效应［J］．腐蚀与防护，2005，26（5）：185-186；195.

[43] 赵鑫，李津，杜思钦，等．季铵化腐植酸的合成及其性能的研究［J］．工业水处理，2000，20（9）：

17-19.

[44] 邱广明，邱广亮．改性腐植酸新型阻垢缓释剂的制备及应用 [J]. 水处理技术，2002，28 (2)：112-114.

[45] 武世新，张洪利．腐殖酸接枝丙烯酸改性制备天然产物基阻垢剂研究 [J]. 应用化工，2011，40 (6)：1026-1028.

[46] 成绍鑫．关于腐植酸钠在陶瓷工业中应用的几个问题 [J]. 腐植酸，1985，(4)：1-7.

[47] 曹文华，琚行松，李炳焕，等．复合陶瓷泥浆减水剂的研制 [J]. 中国陶瓷，2003，39 (1)：42-43.

[48] 孙晓然，张书珍．微波辐射合成多功能腐植酸-马来酸酐共聚物陶瓷添加剂 [J]. 腐植酸，2010，(5)：11-17.

[49] 孙晓然，李国江，谢全安．腐植酸粘结剂对炼焦配煤的影响研究 [J]，腐植酸，2018，(1)：30-34.

[50] 刘国维．腐植酸煤球的推广应用 [J]. 腐植酸，1991，(4)：45-47.

[51] 崔国星，林明穗．腐植酸型煤气化特性及动力学研究 [J]. 燃料化学学报，2012，40 (11)：1289-1294.

[52] 王建程．成型活性炭胶粘剂的选择与开发 [J]. 石油化工应用，2014，33 (2)：82-85；92.

[53] 潘相卿，曾凡，傅晓燕，等．腐植酸类水煤浆添加剂性能与其级分的关系研究 [M]. 煤炭转化，1999，22 (1)：38-45.

[54] 张光华，卫颖非，李俊国，等．新型腐植酸基水煤浆分散剂的合成与性能 [J]. 煤炭转化，2013，36 (4)：68-71.

[55] 张光华，葛磊，李俊国，等．两性离子型腐殖酸接枝共聚物水煤浆分散剂的合成及性能 [J]. 陕西科技大学学报：自然科学版，2014，32 (6)：72-77.

[56] 隋明炜，沈一丁，赖小娟，等．大分子改性腐殖酸水煤浆分散剂生物合成 [J]. 煤炭技术，2018，37 (5)：303-305.

[57] 郭巍峰．一种新型的腐植酸系水煤浆分散剂的制备及性质研究 [J]. 云南化工，2017，44 (6)：39-42.

[58] 孙明广．探索腐植酸无焦化冶炼产业发展之路 [J]. 腐植酸，2010，(1)：28.

[59] 中南大学．一种铁矿球团用腐植酸改性膨润土的制备方法及其应用 [P]. ZL 201510546757.5，2015.

[60] 房振华，刘春恒．腐植酸水玻璃铸造型砂研究 [J]. 江西腐植酸，1984，(4)：35-41.

[61] 刘金斗．腐植酸在碳分母液蒸发中应用的可能性 [J]. 腐植酸，1991，(2)：7-13，22.

[62] 张洪云，车得基．用腐植酸制取染料 [J]. 江西腐植酸，1987，(4)：35-37.

[63] Montoneri E，Boffa V，Quagliotto P，et al. Humic acid-like matter isolated from green urban wastes. Part Ⅰ：structure and surfactant properties [J]. Bioresources，2008，3 (1)：123-141.

[64] 魏玉君，董颀，单巨川，等．腐殖酸羊毛染色工艺研究 [J]. 针织工业，2008，(4)：52-54.

[65] 曹机良，孟春丽．腐植酸钠对棉织物的吸附性能 [J]. 纺织学报，2013，34 (7)：74-78.

[66] 白迎娟．腐植酸作柞蚕丝漂白稳定剂的效果观察 [J]. 腐植酸，2009，(3)：24-26.

[67] 严进，吴银枝．腐植酸钠在普通过磷酸钙生产中的应用 [J]. 腐植酸，1997，(4)：25-27.

[68] 黄占斌，张博伦，田原宇，等．腐植酸在土壤改良中的研究与应用 [J]. 腐植酸，2017，(5)：1-4.

[69] 初茉，朱书全，李华民，等．腐植酸-聚丙烯酸盐表面交联吸水性树脂的研究 [J]. 中国矿业大学学报，2005，34 (3)：369-373.

[70] Hua S，Wang A，Synthesis，characterization and swelling behaviors of sodium alginate-g-poly (acrylic acid)/sodium humate superabsorbent [J]. Carbohydrate Polymers，2009，75 (1)：79-84.

[71] Zhang J P，Li A，Wang A Q. Study on superabsorbent composite. V. Synthesis，swelling behaviors and

application of poly（acrylic acid-co-acrylamide）/sodium humate/attapulgite superabsorbent composite [J]. Polymers for Advanced Technologies，2005，16：813-820.

[72] 郑易安，张俊平，王爱勤. 腐植酸保水剂的研发现状与发展趋势 [J]. 腐植酸，2012，(2)：1-5.

[73] 陈红，王文波，王爱勤. CMC-g-PAA/APT/HA 复合高吸水性树脂的制备与溶胀性能 [J]. 腐植酸，2010，(5)：5-10；32.

[74] 任杰，陶丽红，高锦章，等. 辉光放电电解等离子体引发合成聚丙烯酸钠/腐植酸复合高吸水性树脂 [J]. 应用化学，2012，29 (4)：376-382.

[75] Gao L J，Wang S Q，Zhao X F. Synthesis and characterization of agricultural controllable humic acid superabsorbent [J]. Journal of Environmental Sciences，2013，25（Suppl.）：569-576.

[76] 魏振中，李江飞，王泽云，等. 腐殖酸催化-锅法合成 1,4-二氢吡啶类化合物 [J]. 有机化学，2017，37 (7)：1835-1838.

[77] 徐启杰，刘聚胜，刘飞，等. 交联腐植酸负载金属配合物对 HecK 反应的催化性能 [J]. 应用化学，2008，25 (8)：926-930.

[78] 吴云，邓祥敏，张贤明. 土壤负载富里酸复合吸附剂处理废润滑油的研究 [J]. 应用化工，2015，44 (12)：2260-2267.

[79] 朱辉，彭林彩，周绿山，等. 腐植酸钠香皂制备工艺研究及品质评价 [J]. 四川文理学院学报，2017，27 (2)：25-28.

[80] 王兰，沈瑞珍，陈超子，等. 腐植酸提金因素分析 [J]. 腐植酸，1991，(1)：42-48.

[81] 冯孔芳，胡汉，朱云. 褐煤吸附钯的研究 [J]. 稀有金属，2009，33 (3)：415-418.

[82] 拉可夫斯基 В И. 泥炭制饲料酵母 [J]. 赵起赴，胡益之，译. 江西腐植酸，1985，(2)：52-62.

[83] 史俊祥，齐景伟，安晓萍，等. 腐植酸钠对酵母菌发酵特征的影响 [J]. 饲料工业，2016，37 (4)：44-47.

[84] 刘娜，安晓萍，齐景伟，等. 腐植酸钠对枯草芽孢杆菌发酵豆粕的影响 [J]. 饲料研究，2013，(12)：1-4；14.

09

第9章　农业应用

土壤肥料学和农学界都一致把HA看作是土壤肥力的基础，植物营养的储库，植物生长的活力剂。Chen等（1986）认为，HA是通过直接作用和间接作用两种途径对植物发挥作用的。所谓直接作用是指HA被植物吸收到体内，刺激酶活性，促进根系发育和吸收性能，并对维生素、淀粉、氨基酸、核酸、蛋白质等的合成及代谢发挥作用，从而提高植物健康水平和抗逆能力；所谓间接作用就是提高土壤肥力，通过改善土壤性质来改善水肥条件，或通过络合增溶性来提高养分有效性，促进植物生长发育。我国农学家在多年生物试验和大田示范基础上总结出HA在农业生产中具有“改良土壤、增进肥效、刺激生长、促进抗逆、改善品质”五大作用，与国外的论断基本一致。近年来，绿色农业革命和关注食品安全的呼声极大地推动了HA的应用，并对HA功能的认识提高到构筑食品源头安全的高度。国际肥料协会（IFA）认为，从生态系统讲，HA介生于食物链，能够“让土壤更肥沃，让人们生活更美好（enriching soil，enriching lives)”。这就把HA的应用与人类的健康紧密联系在一起。事实证明，HA完全可以在构筑食品生产源头（包括土、水、肥、药、种等）安全体系中发挥积极作用。近年来，在全球气候变化给农业带来不利影响的情况下，发展气候智慧型农业已被提到议事日程上。气候智慧型农业，就是要求能够持续提高农业生产力、增强农业对自然灾害及气候变化抵抗能力，减缓农业温室气体排放，增强粮食安全。HA在农业上低碳、增效、减排、抗逆等方面的功效，完全可以在发展气候智慧型农业中发挥积极作用。

9.1　历史追溯

人类自发利用腐殖质作“肥料”的历史至少有3000多年，但在农业中真正自觉利用HS，应该是从发现HA与磷酸盐增效的作用伊始。1877年，俄国的艾格尔奇发现煤炭HA具有分解磷酸盐的能力，罗扎诺夫和费彻尔首先用泥炭与磷矿粉混合得到部分可溶磷，此后的四五十年，苏联不少人致力于HA分解磷矿以求制取HA磷肥，终因解磷率太低而宣告无生产价值，但也为HA释放土壤难溶磷提供了依据和技术开发思路。20世纪50年代以后，各国把研究重点转向HA对速效磷肥的保护、提高磷肥利用率上来，取得较大进展，还建立了腐植酸磷肥生产厂。直到今天，美国农学家Day等（2000）仍把HA促进磷肥利用率看作是HS用于农业最有大成就之一。

HA-NH_4肥料的发现起源于20世纪初。1902年德国率先利用泥炭回收氨作为氮肥使用，为后来的人工生产HA-NH_4开创了先河。1913年英国的Bonomoley等用氨水氨化HA制成HA-NH_4肥料。苏联在20世纪30年代用HA-NH_4＋H_3PO_4制成HA-氮磷复合肥，拉开了制取HA复混肥的序幕。此后波兰、日本、德国、波兰等国家也相继用泥炭和褐煤为原料建立了HA-NH_4和HA-N-P试验生产线，并进行了大量肥效试验。到60年代以后，不少国家的HA肥料工业产品已形成一定规模。苏联首先建成万吨级氨化风化褐煤＋过磷酸钙的HA-N-P肥料生产线，并大力发展其他泥炭、褐煤HA农用产品，并在乌克兰、阿塞拜疆、吉尔吉斯斯坦以及西伯利亚的一些集体农庄进行规模性试验，为后来的推广应用奠定了基础；近期俄罗斯及周边国家用于农业的泥炭一直保持年产1亿多吨，仅生产泥炭HA-NH_4就使用泥炭500万吨/年。赫尔松农业研究所等单位编辑的《腐植酸肥料，理论和应用实践》丛书（Гуминовые Удобрения，Теория и Практика их Пименения）Ⅰ～Ⅳ卷，详细记载了苏联当时HA农业应用的巨大成就。日本用生产硝化纤维的大量副产废硝酸氧化年轻褐煤制取NHA及其NH_4、Mg、K、Ca盐（共3～5万吨/年），并相继列入国家肥料品种，还引入《日本地力增进法》作为培植地力的法规。印度为解决土壤贫瘠、有机肥缺乏、粮食产量日下的难题，建立了泥炭和空气氧化褐煤制取HA-NH_4和“高氮腐肥”试生产车间。法国Auby肥料公司用泥炭生产的HA-NPK复混肥（15万吨/年）；奥地利Linz化工厂也生产了同类肥料（2万吨/年）。匈、捷、南、波等都利用本国低级别煤资源生产HA肥料。然而，美国农业化学家Abbott（1964）认为：“那些热衷于土壤科学的人们对于添加煤中腐植酸以提高土壤肥力的设想，表现得不仅冷淡而且极力反对，可能认为这是徒劳无益的，用不了很长时间，人们会承认这种设想并不荒唐……”到70年代初，美国HA肥料及农业应用就崭露头角，完全兑现了Abbott的预言。由Leonard博士发现并被后人以他的名字命名的北达科他州优质风化褐煤（Leonardite），以及用它生产的HA类肥料制品，特别是浓缩HA-K为主要成分生产的液体肥料“阿夸胡敏斯”“K67”等不仅风靡美国，而且在东南亚和西欧也成为“香饽饽”。直到

21世纪初，美国HUMATECH公司自主创新的4类18种褐煤HA农用产品仍在世界上处于领先地位。近年来，在全球绿色环保和生态可持续发展战略互动下，美国、西欧、澳大利亚、日本、韩国、俄罗斯等国家和地区已把HA类产品作为长效环保肥料的重要成员，并且在数量、品种、功效方面有所扩大和创新。

我国是最早认识和使用有机肥料的国家。公元前1500年的商代就有使用粪肥的记载。北魏杰出的农学家贾思勰在《齐民要术》中已提出“麦秆泥泥之”“稻麦糠粪之”“粪宜熟”“深掘，以熟粪对半和土覆其上”等沤肥要点，表明很久以前我国古代人民已掌握了有机肥料知识和技能。用泥炭作垫圈材料和沤制肥料在我国东北农村早有体现；而用风化煤改土肥田，山西一些农村也早就自发进行。在苏联的影响下，1958年曾一度掀起氨化泥炭和褐煤及其他HA制剂的试验和推广热潮，取得了不少改土、增产数据。我国首次开展较高层次的HA农业应用研究的，当属原华东化工学院、原北京石油学院、北京农大、中科院南京土壤所等的NHA研制和农田试验。1974年再次掀起的HA农业应用浪潮，由于大批科研单位、大专院校、农业推广试验单位的介入，积累了许多宝贵的数据和经验，同时发现了一些问题，总结出一些失败的教训。1980—1985年农业部组织32个单位，联合进行的“HA农业应用试验和示范推广”工作取得巨大成绩，得出HA物质在农业中的“五大作用”的结论[1]。此后的30多年，为应对全球土壤、肥料、粮食、环境等安全问题，我国农业走上绿色、低碳、环保的可持续发展的轨道，HA的农业应用研究、技术和产品开发也基本适应农业和肥料绿色发展的方向。2013—2015年，中国腐植酸工业协会（中腐协）协助全国农业技术推广中心组织HA肥料生产企业在12个省市对10种作物再次进行了100多批（次）田间示范试验，就HA的作用和效益继续总结出“两高三少”（肥料利用率高、作物产量高、施肥量少、施肥次数少、有害气体排放少）、“三剂化”（肥料增效剂、土壤调节剂、作物根际刺激剂）、“三化效应”（低碳化、生态化、优质化）等结论。在全球发展气候智慧型农业的浪潮下，我国大力进行肥料供给侧改革，并实施化肥用量负增长的重大措施，极大地加快了HA类肥料的推广应用的步伐。近3年来我国HA肥料及其他生物活性制剂数量、品种不断增加，技术含量和效能也不断提高，规模不断扩大，如含HA尿素及复合肥料已从十几年前的作坊式生产发展到几十万吨至百万吨级的大型国有企业生产。从几组统计数字可以说明HA在农业上应用的进展速度。1958—2018年我国HA肥料文献共9097篇，仅2011—2018累计就达6147篇，是前52年的2倍多。至2019年，61年来我国HA肥料有效专利累计11277项，其中2015年以后就达10066项，占专利总量的89.3%，充分显示出我国开展化肥负增长行动以来激发HA肥料的科技创新水平和产业技术进步的速度[2]。目前，腐植酸产业已成为我国农业生态建设和整个绿色环保产业的一支生力军，日益受到国家的重视。HA 在改善农业生态环境、促进农作物增产增收、构筑食品安全屏障方面发挥着重要作用。中腐协大力倡导“腐植酸有机增效-无机营养复合化”“腐植酸＋集成大中微量元素和有益元素”等思想，为构建新型“土肥和谐”关系、迎接“肥料工业 4.0 智慧型时代”做贡献。

9.2 改良土壤功能

土壤是地球表层生态系统物质交换和能量转换的主要枢纽，是人类赖以生存和发展的物质基础。土壤质量是土壤提供植物养分和生产生物物质的肥力质量，是容纳、吸收、净化污染物质，保护水与空气洁净的环境质量，维护和保障人类与动植物健康的综合量度。土壤质量包括肥力质量、环境质量和健康质量，都关系到农业产品的质量与安全。早已证明，腐植酸类物质（HS）是构建土壤肥力、稳定土壤质量和维护土壤安全的重要保障。

土壤肥力是指供应作物生长发育所需的一切要素（水、肥、气、热等），也是土壤的根本特征。占土壤有机质 60%以上的 HS，特别是其中的 HA，是土壤有机质的核心物质，对土壤肥力起着决定性作用。通常把土壤有机质或 HS 含量的高低作为衡量土壤肥力水平的主要指标之一。Senesi 等[3]认为，HS 通过改变土壤物理、化学、营养和生物方面的性质而使土壤肥沃，产生土地生产力。Haan[4]说得更为明确：“在决定一种土壤生产力的自然因素中，它的腐殖质含量是最重要的。”

在自然条件下，完全是靠植物自然消亡的方式来补充土壤有机质的。在此情况下，土壤 HS 是按几何级数积累的[4]，即：

$$Y=aX(1-\gamma^{n})/(1-\gamma)$$

式中，Y 为 HS 的累计数；X 为未分解的有机质比例，%/年；a 为当年施用的有机质形成的 HS；γ 为上一年度形成的 HS 中剩余下来的部分，%；n 为年数。

由此可得每年即使施用大量的原生有机质（即使有机堆肥也是以未分解的植物残体为主），但转化形成 HS(a) 的比例也毕竟是少数，而且此类年轻的 HS 分解和消耗的速度较快，故土壤中积累 HS 是一个相当漫长的过程。因此，为增加和保持土壤 HS，世界各国在增施工业堆肥和厩肥的同时，都在极力寻求新的而且更稳定的 HS 来源，其中含大量 HA 的低级别煤是最理想的选择。

长期以来，我国重用地轻养地、重化肥轻有机肥，使耕地养分失调，肥力不断下降，再加上其他生态破坏因素，土壤四化（退化、硬化、沙化、盐渍化）的问题日益突出。据全国第二次土壤普查数据显示，我国土壤平均含有机质 1.863%，个别省份不足 1%，并有继续下降的趋势。其次，在我国总耕地中干旱、半干旱面积比重较大，盐碱地和盐渍化土壤占 1/4，荒漠化土地以及占有相当的比重受污染土壤面积。这些不利因素都制约着我国农业的发展。21世纪初我国实施的“沃土工程”“退耕还林”，近期实施的“化肥用量负增长”“污染和劣质土壤修复”等，都是土壤生态建设的重大战略措施，其中一项重要内容就是普遍提高土壤肥力，改良中低产田，修复盐碱地、酸性土和荒漠化土地。增施HA类物质及其他有机肥料，是改良土壤的重要途径，而且已看出明显成效。HS的改土肥田作用主要有以下4点。

9.2.1 物理作用

（1）增加土壤有机质和有机碳含量　土壤有机质及碳含量对土壤物理/化学及生物学性质有重要影响，是评价土壤质量的重要指标之一。优质耕地的有机质和碳含量，应该分别保持4%～6%和2%～3%的水平，使土壤显示出特有的深棕色和黑褐色，从而提高对太阳光辐射的吸收，提高土壤温度。一般含HS多的旱地土壤比贫瘠土壤温度高2～3℃；HS还会降低土壤热传导性能，对温度的突然波动起到缓冲作用，以保护土壤生物免受侵害。

（2）HS是土壤团聚体的桥梁和黏结剂　土壤团聚体，即所谓“团粒”，是形成土壤颗粒内部多级结构和多级孔性的基础，也是构成微生物生存的环境的要素，并影响着土壤有机碳的分解、转化和稳定性，其中粒径＞0.25mm的水稳性团聚体含量与土壤有机碳含量呈显著正相关。这种土壤团粒结构决定了它对水、肥、气、热的协调，可为植物提供良好的生长发育环境。Piccolo等[5]认为，HA施入土壤后，形成黏土-HA复合物，HA的酸性官能团存在于内部结构中，与土壤中的钙、镁离子发生凝聚反应形成团粒结构，而HA疏水性部分“包被”在外面，故阻止了水分的渗透和土壤团聚体的分解。从江西农科院耕作所的数据可见，施用三年腐肥后＞0.25mm的团聚体含量提高了34.6%，其颗粒配比也更加合理。中科院新疆生物土壤沙漠所对白浆土的研究也表明，加入不同来源的煤炭HA使＞0.25mm的团聚体增加了30%到90%，使增值复合度由0增加到20%～48%。特别明显的是，在苏打盐化水稻土中施用HA-NH_4三年，团聚体增加了4倍。

（3）降低土壤容重，提高孔隙度和持水量　改良后的土壤可维持一种疏松、多孔隙和小颗粒状态，从而提高土壤透气性、渗透性、持水性，更有利于根的伸长和种子的发芽。据测定，在白浆土中添加泥炭、红壤中添加腐肥后，容重分别降低0.23g/cm^3和0.06g/cm^3，总孔隙度分别增加8.7和2个百分点，其中添加泥炭使毛细管孔隙度由原来的31.7%提高到51.5%，持水量提高将近1倍。高萩二郎等[6]发现施用NHA肥料和堆肥的土壤气相比例增加非常明显，远高于施用堆肥的效果（见表9-1）。张继舟等[7]对施用1年HA肥料后的设施土壤进行了测定，发现容重、孔隙率和田间持水量等就发生了明显变化（见表9-2）。孟宪民（2005）研究认为，泥炭有机质更有利于提高土壤有效水，使毛细管水高于重力水。一般在砂质土中加入5%的风干泥炭，就能提高持水量20%～30%。这些数据足以证明HS在改善土壤物理性能上的巨大作用。

表9-1　施用NHA肥料和堆肥对土壤中气相比例的影响

处理	气相比例(体积分数)/%	
	第一层(0～20cm)	第二层(20cm以下)
CK(不施肥)	34.9	13.9
施堆肥	36.1	18.6
施NHA肥料	44.8	26.0

表9-2　HA肥料对土壤部分理化性质的影响（试验一年数据）

处理	有机质/(g/kg)	pH值	容重/(g/cm^3)	孔隙率/%	田间持水量/%
CK(不施肥)	53.0	7.0	1.31	41.5	23.1
施化肥(15-10-12)	56.5	6.9	1.23	45.1	29.2
施HA肥料(15-10-12+HA-K)	57.1	6.8	1.17	45.5	31.6

9.2.2　化学作用

(1) 对pH的调节和缓冲能力　土壤对酸碱度骤变时具有缓和其体系突变的能力称为土壤的缓冲性。这种缓冲性对于保持作物生长发育环境的稳定非常重要。HA的结构是弱酸-碱体系，包括羧酸-羧酸盐、酚酸-酚酸盐缓冲体系，所以在很宽的pH范围内具有很高的缓冲能力。比如，我国东北、华北地区土壤pH较高，用NHA作为调酸剂，使土壤pH值稳定在5.5～6，克服了用硫酸调节易使pH急剧回升的弊端，明显减少了水稻早春低温烂秧现象。在我国南方酸性土壤（包括红壤、黄壤、砖红壤，一般pH 4～6）中吸附积累了大量Al^{3+}和Fe^{3+}，加剧了水电离生成H^+的过程。使用HA或其一价盐可以同Al^{3+}、Fe^{3+}形成稳定络合物，减少了H^+，起到提高并缓冲pH的效果。而在盐碱土施用含HA高的原煤粉或HA-NH_4效果十分明显，如在pH>9的苏打盐化土上施用两年HA-NH_4，使pH值降到8.6。河北唐海等地用NHA改造碱性稻田将近40年，pH由8～9降到6左右，有机质提高将近一倍，而且一直保持稳定。

(2) 提高土壤阳离子交换能力（CEC），降低盐含量　CEC标志着土壤吸附盐基和可置换阳离子的能力，在决定土壤肥沃程度方面是一个极其重要的功能性指标。HA的盐基交换容量是土壤中黏土矿物的10～20倍，对整个土壤体系的CEC的贡献占20%～70%，可见其作用之巨大。因此，HA在保留可被生物利用的阳离子养分（如NH_4^+、K^+、Mg^{2+}、Ca^{2+}等)、防止阳离子流失方面起着重要作用。从表9-3数据[6]可见，含HS高的黑土CEC最高，沙土最低，添加NHA对各种类型的土壤CEC都有明显的影响。新疆生物土壤沙漠所按2%的比例在荒漠化土地中加入泥炭，两年后CEC由原来的5～6mmol/100g增加到68.3～107mmol/100g，有机质提高132%，同时使土壤物理化学性质全面改善。张继舟等[7]的试验表明，单施复混化肥导致土壤盐分增加，而用等养分的HA肥料后盐分比单施化肥降低了13.6%，相应降低了电导率，说明HA抑制了由于化肥的复分解导致的土壤盐渍化。盐碱地的改良也主要与提高CEC有关。

表9-3 硝基腐植酸对土壤CEC的影响 单位：mmol/100g

土壤种类	NHA添加量			
	0	0.1%	0.5%	0.7%
沙土	11.4	11.6	12.2	13.4
红土	23.8	24.8	25.3	26.8
黑土	95.8	98.5	104.0	106.2

由于土壤吸附HA后增强了对Ca^{2+}、Mg^{2+}的置换和结合能力，再加上土壤结构得到改善，使其中Na^{+}、CO_3^{2-}、HCO_3^{-}、Cl^{-}等盐基被脱附和淋洗，起到“隔盐、压碱”的作用。阿列克塞德洛夫（1988）用褐煤＋磷二铵作为碱土改良剂，CEC提高1倍，可溶性盐从2.7%降到1.3%，pH由8.45降至7.20。我国新疆米泉、河北张北曾用HA-NH_4做过大规模盐碱地改良试验，Na^{+}碱化度降低50%，总盐含量降低1/3，出苗率提高20%左右，取得显著成效。

（3）调节氧化还原电位，提高土壤电子转移潜能　HA是土壤中主要的电子给体（还原剂），也是决定和控制土壤氧化还原电位潜能的主要因素，因此对土壤中许多光化学、化学和酶的单电子过程有很大影响。试验表明，盐碱土中施用3年HA-NH_4后，氧化还原电位从原来的－13mV提高到＋23mV；施用褐煤＋磷二铵后，氧化还原电位净提高25mV。

（4）对土壤污染物的缓冲和减毒作用　HS对土壤重金属污染的效果仍有不少争议，但研究结果倾向于难溶和不溶性的HA-金属络合物可以起到减少甚至消除有害重金属对土壤的污染的作用。高萩二郎等[6]报道，日本曾多次发生矿山和工厂排放含重金属废水造成农田“矿害”污染事件，其中即使微量元素过量也会引起矿害。他们在土壤中施用NHA后，NHA与多数Cu^{2+}、Mn^{2+}、Zn^{2+}等形成不溶性螯合物，遏制了土壤污染，植物茎、叶吸收的重金属减少，并提高了小麦、大麦产量。Halim和Pandey等（2003）也发现，HA和NHA可固定某些重金属，使土壤中的Ni^{2+}、Zn^{2+}、Mn^{2+}、Fe^{2+}含量显著降低。其次，HS以吸附、光敏和催化作用等方式与农药和其他污染物（OP）发生作用，对有机物的积累、保持、流动、输送、降解及其生物活性和植物毒性都有很大影响。HS对土壤污染的修复技术，还将在第11章详细介绍。

9.2.3 营养的活化和贮存作用

植物所需的养分是通过土壤HS的固定和矿化过程来不断积累和提供的。Senesi等[3]认为，N、P、S可存在于土壤复杂有机高分子和HS结构中，无机阳离子Ca^{2+}、Mg^{2+}、K^{+}等碱性营养物质则存在于土壤有机质的表面上，微量元素Mn^{2+}、Cu^{2+}、Fe^{2+}、Zn^{2+}等是以有机络合物形式存在；营养物质的贮藏和释放一般是通过两类基本过程进行的：N、P、S主要是生物过程，微量元素阳离子主要是物理化学过程。实践证明，施用多年HA的土壤，即使不同时施用化肥和微肥，土壤中同样能释放相当多的P、S和其他阳离子型元素，原因就在于HS对被固定元素的活化。大量研究数据表明，HA对土壤养分的储存、活化和有效性与HA的添加量呈正相关，也与环境pH、HA的来源和组成有关。

9.2.4 生物作用

土壤生物和微生物活力对土壤肥力有重大影响，而HS可为土壤生物和微生物体提供主要的能量来源，帮助建立种群，促进有益活动，包括促进土壤微生物及其代谢产物吸附和转化有毒金属或有机元素，降低其毒性。生活在土壤中的细菌、放线菌、真菌、藻类、原生动物、线虫甚至一些大的生物体（如蚯蚓）都与有机质或HS的含量和转化有关。国内外大量试验表明，施用HA可明显促进微生物群落活动，提高酶的活性。据测定，施用HA后菌类和酶类增加的数量为：好气菌约100%、放线菌30%、硅酸盐细菌90%、纤维分解菌500%、纤维素酶6%～50%、磷酸酶8.4%～46%、蛋白酶14%～43%；氨化菌、固氮菌平均增加40%左右，微生物总活性（用CO_2释放法测定）由对照的5.58%提高到10%～20%，其中泥炭HA效果最好。Bhardwaj等（1970）的研究证明，HA和FA均能明显促进固氮菌的生长，提高固氮菌的固氮能力，且FA的作用更大。马斌等[8]对旱作土壤连续4年施用褐煤HA，表明逐年增加土壤微生物碳、氮、磷含量，增强土壤蔗糖酶、脲酶、过氧化氢酶活性，并发现土壤酶活性与土壤微生物量有很好的相关性。陆欣等（1989）研究发现，施用HS对碱性磷酸酶活性促进作用的次序为风化煤NHA>风化煤HA≫风化煤FA（前两种HS提高活性1倍左右）。贺婧等（2008）对比研究了不同来源的HA对土壤生化反应强度的差异，发现HA对促进土壤氨化作用的影响差异较小，以褐煤HA略为突出；对土壤硝化作用的强度来说，风化煤HA>褐煤HA>泥炭HA；对土壤有机磷转化强度的顺序同硝化作用；对无机磷的转化强度影响差异不显著。高萩二郎等[6]报道了土壤中添加NHA对微生物活性和酶的影响，发现培育21d比对照增加量为：细菌1.4倍、F_1型假单胞菌58倍、放线菌11.3倍、绿藻2.3倍、过氧化氢酶1～9倍、过氧化物酶1～6倍、脲酶2～5倍；添加HA对固氮菌、芽孢杆菌、黑曲霉菌、灰绿青霉等的生长都有促进作用。Langley（1999）研究还发现，某些假单胞杆菌和硫-铁杆菌能将Cu、Mn、As、Fe等氧化，某些芽孢杆菌、青霉菌、硫还原菌等能将有毒的Cr^{6+}、Hg^{2+}还原、将水溶的Cd盐沉淀，这些都有利于降低有毒物质的毒性，对农业生态建设具有重大意义。

9.2.5 HA土壤改良剂的使用效果

9.2.5.1 对盐碱地的改良

土壤盐碱化是世界性难题。全球约有9.55亿公顷盐碱地，我国约有0.99亿公顷，占世界的10.3%，其中具有农业发展利用潜力的盐碱地约0.13亿公顷，占我国耕地面积的10%以上。国内外大量研究表明，盐碱胁迫条件下，HA可降低土壤介质的电导率，增加团聚体含量，提高土壤持水性和阳离子交换能力，从而保护植物的生长[9]。40多年来，我国用HA改良盐碱地已取得大量研究成果和实践经验。HA对无机阴离子作用较小，但HA与沸石、磷石膏、脱硫石膏等钙基物料复配，形成钙胶体和有机-无机复合体，改变土壤结构，提高土壤通透性，更有利于降低土壤中阴离子含量。可根据土壤盐分和其他组分情况，分别用含HA高的原煤粉、HA-Ca、HA(NHA)＋磷酸盐、HA＋S或硫酸盐等。如德国（1986）的$HA\text{-}Ca\text{-}Si\text{-}NH_4$改土剂和$HA\text{-}NH_4$-氨基乙酸复合保水剂，是多年行之有效的盐碱土改良制剂。德州盐碱土绿化研究所[10]的$HA\text{-}FeSO_4$-S-P-促根剂-微肥复合改土剂在盐碱地上施用，脱盐率达18.76%～29.7%，园林植物成活率由原来的16%左右提高到84.5%～96.5%。黑龙江农科院自然资源所[11]制成用于盐碱化中低产田改良的复合改土剂，其中含HA≥35%、大量营养元素≥25%，试验结果见表9-4，可见复合制剂总体效果比单用泥炭和风化煤好。

表9-4 不同HA原料和复合制剂改良盐碱地的效果对比

处理	pH	容重/(g/cm³)	总空隙度/%	田间持水量/%	饱和持水量/%	CEC/(cmol/kg)	碱化度/%	全盐量/(g/kg)	玉米增产量/%
CK	8.16	1.26	52.4	33.6	41.0	42.85	21.87	2.13	—
复合制剂	7.68	0.81	60.5	38.2	50.3	49.36	13.46	1.21	50.41
泥炭	7.93	0.89	58.3	36.7	47.8	47.65	15.33	1.65	32.98
风化煤	8.02	1.01	55.8	35.8	45.4	43.97	17.11	1.76	30.67

张继舟等（2012）施用HA＋沸石（各$1500kg/hm^2$），可有效降低土壤中NO_3^-、SO_4^{2-}、Cl^-和HCO_3^-含量。辽宁省北部的康平、法库和彰武三县苏打盐碱土面积达110多万亩。辽宁水利勘查设计院采用有机肥、石膏、草炭等措施改良盐碱土，两年后耕层土壤$Na^+/(Ca^{2+}+Mg^{2+})$比值由原来的2.45降到0.52，含盐

量由0.382%降到0.0895%，净降76.6%，总碱量降低38%，碱化度降低49.1%，试验3年植物平均增产28.92%。孙在金等[12]的试验表明，在低度至中高度盐碱化土壤中添加腐植酸＋脱硫石膏处理后，土壤钠含量降低了78.6%～92.6%，钠吸附比（SAR）降低了94.7%～98.5%，pH值和电导率（CE值）也相应降低，对滨海盐碱化土壤起到很好的改良作用。朱福军等[13]用NHA＋磷石膏（3∶1）按375kg/亩淋洗盐碱土，电导率、水溶Cl^-、HCO_3^-降低效果更为显著。李杰等（2016）对大庆盐碱土改良试验表明，每公顷施用1050kg腐植酸、1050kg石膏、22.5kg硫酸铝、30000kg食用菌渣，使土壤全盐量由原来的1.665g/kg降低到0.851g/kg，下降了51.1%，pH值由9.32降到8.35，改良效果极其明显。用HA生物菌肥改良次生盐渍化土壤是近期创造性研发的一大亮点。高亮等[14]将解淀粉芽孢杆菌和粉状毕赤酵母菌接种到褐煤腐植酸中，经好气性发酵生产出生物菌肥，将其应用于保护地次生盐渍化土壤的改良。结果表明，与CK相比，土壤电导率从1.46mS/kg降到0.63mS/kg，总盐量从2.781g/kg降到0.988g/kg，其他理化指标也有明显改善；土壤微生物数量明显增多，生物量碳、土壤的呼吸作用和酶活性也有一定增加，南方根结线虫数量明显减少，有益的小杆线虫增多，黄瓜亩产增加22.61%，未出现盐渍化危害症状。该技术在滨海盐渍化土壤中的应用试验也得到类似的结果。

9.2.5.2 对酸化土壤的改良

20世纪80年代以来，我国土壤酸化日益严重，几乎所有土壤pH都下降了0.13～0.80，且酸化还有扩大的趋势。目前我国酸性土壤大都集中在南方红壤地区。此类土壤结构不良、水分过多，土粒吸水分散成糊状，干旱时又变得密实坚硬，土中积聚了大量不易流动的Fe、Al等酸性物质，而且Fe^{3+}、Al^{3+}等很容易将磷固定，使磷的有效性降低。研究表明，在酸性土壤中施用腐植酸钙（镁、硅）类物质效果就很明显，也可以将含HA高的低级别煤粉与石灰、钙镁磷肥、电厂粉煤灰等碱性物质复配施用。昆明绿色中迅生物有限公司[15]研发了一种HA与硅钙营养元素有机结合的土壤调理剂，旨在利用强碱性物质提高土壤pH、利用硅肥和HA修复稻田镉污染，其产品主要指标为：$CaO \geqslant 18\%$，$SiO_2 \geqslant 20\%$，$HA \geqslant 6\%$，$pH \geqslant 11$，在佳木斯桦南县和鹤岗市萝北县试验两年，常规施肥＋亩施调理剂50kg和100kg（两个处理）。结果表明，应用该调理剂后pH平均升高0.63，玉米分别增产8.0%和13.4%，水稻分别增产8.2%和15.0%，糙米及根茎中镉含量大幅度降低。

9.2.5.3 对沙化土壤的改良

我国是世界上受沙化影响最严重的国家之一，沙化土的保水保肥能力差，因此改善沙化土的保水保肥能力、促进沙化土上植物生长是近期劣质土壤修复的重大课题。20世纪末中科院新疆生物土壤沙漠研究所课题组在荒漠化土中施用不同来源的腐植酸类物质，发现>0.25mm水稳性微团聚体含量明显增加。他们用泥炭改良碱化沙壤土后，微生物总量比对照增加143.67%，表明HA改良后的土壤结构有利于微生物生长繁殖。中国农科院（2008）研发的风化煤多功能肥料在荒漠化土壤中应用取得明显效果，保水期长达65d，连续20d干旱情况下，玉米产量仍是对照的2～2.5倍。柳夏艳等[16]对内蒙古科左后旗的风沙土进行了定位试验，向沙土中施用褐煤、黏土和有机肥三种改良剂，研究土壤有机-无机复合体的形成和结构发育。结果表明，土壤有机质、HA和土壤有机-无机复合量与褐煤的施用量呈正相关，说明褐煤对土壤肥力和土壤结构有明显的改良作用。宗莉等（2015）针对内蒙古阿拉善地区沙化土改良进行的室外试验表明，采用腐植酸、凹凸棒石黏土、保水剂和其他有机质制成的复合材料可有效提高沙土理化性能。当施用量为600kg/hm^{2}时，沙土中脲酶和过氧化氢酶活性分别高于对照70.2%和18.4%，沙枣树成活率提高34.7%，梭梭胸径和株高分别提高23%和88%，葡萄叶片数提高了104%。中国矿业大学（2008）研发的腐植酸基农林生态治理剂亩施量3～6kg，在干旱风沙地区试验证明保水保肥、防风蚀和水土流失效果明显，各种作物增产达极显著水平。近年来不少单位研发了HA可降解地膜，也在沙化土壤中进行了试验并取得一定成绩，但未见规模化生产和推广的报道。

实践证明，施用HA类土壤改良剂，一是应该因地制宜，不搞固定的模式，其中对“活化”也需要酌情考虑。作为一般的改良剂来说，施用含游离腐植酸较高的原料煤的效果就较好，不需“活化”。在改良中、重度盐碱地时，甚至采用钙镁含量较高的风化煤都有一定效果；对荒漠化土壤的改良，则用泥炭效果更好。二是要长期坚持，不可能一蹴而就。对深度退化的土壤，往往在改良3年后才会初见成效。三是HA尽可能与其他物质复合，取得综合改良效果。比如，日本的土壤属于严重缺乏Mg和Ca的火山灰化土，又长期使用化肥，所以几十年来首选NHA-Mg和NHA-Ca类改良剂，并配合草木灰、泥炭、沸石、树皮堆肥、高分子物质等，既改善土壤性能，又同时补充所缺乏的元素。

9.3 化肥增效功能

我国化肥生产和使用量逐年增加，1949年产量只有1.3万吨（折纯，下同），2004年增加到4636.8万吨，2015年达到7627.36万吨，此后出现下降趋势，但产量和使用量仍在5400万吨以上，一直居世界首位。不可否认，化肥在农业生产中起着至关重要的作用，但过量和不合理施肥造成的资源浪费、效率降低以及对环境的影响也是有目共睹的事实。据统计，1996—2009年化肥使用量增长41.2%，而粮食总产量只增长了5.1%。就化肥利用率来说，据2014年农业部统计，我国氮、磷、钾肥的当季利用率分别只有33%、22%、42%，总利用率为33%，远低于发达国家45%～60%的水平。化肥分解流失，磷积累导致水体富营养化，特别造成土壤、水体硝酸盐和亚硝酸盐污染，而且对大气生态也有重大影响。据专家测算，我国每年种植业的氨态氮排放量约420万～580万吨，这些氨对雾霾的贡献率达20%以上[3]。氨态氮的硝化-反硝化导致大气中氮氧化物浓度提高，其中反硝化生成的N_2O，促使本来就很脆弱的大气臭氧层恶化，成为加剧太阳紫外线辐射、危害地球生物的一个因素。凡此种种，都已引起各国政府和环境学界的忧虑和关注。寻求提高化肥肥效和利用率的途径，不仅是经济问题，更是关系到全球环境保护和人类生存安全的大事。HA在这方面非常关键。

9.3.1 对氮肥的增效

（1）碳酸氢铵（NH_4HCO_3）是常用的氮肥，性质不稳定，在常温下就容易逐渐分解为CO_2和NH_3而挥发流失。NH_4HCO_3与HA复合制成HA-NH_4后，N的流失大大降低。试验表明，在温度24～25℃、湿度72%～82%环境下暴露7d，NH_4HCO_3损失96%，而等N量的HA-NH_4只损失40.9%。NH_4HCO_3在农田中释放N并被植物利用的时间是20d左右，而HA-NH_4可达到60d以上，而且还有后效。红壤性水田施肥15d，NH_4HCO_3的N损失达77.8%，而HA-NH_4的N仅损失29.3%，旱田损失更小[8]。HA-NH_4的N利用率也显著增加，如水稻孕穗期N利用率从NH_4HCO_3的16.43%提高到HA-NH_4的66%，分蘖期N利用率从14.05%提高到35.58%。

（2）尿素［$(NH_2)_2CO$］是氮含量最高、使用最广泛的氮肥，但利用率也只有30%～35%。尿素的酰胺氮经过土壤脲酶作用转化为铵态N才能被植物吸收，但大部分土壤脲酶过分活跃，对尿素分解速度过快，在30℃、2d就可全部转化为$(NH_4)_2CO_3$、继而分解为CO_2和NH_3。此外，活跃在土壤中的硝化菌和反消化菌又会把NH_3依次转化为NO_3^-（易随水流失）、N_2、NO、N_2O等（逸入大气）。后者又成为破坏大气臭氧层的一大元凶。按一般规律，大多数土壤HS、氨基酸具有促进脲酶活性的作用，但陆欣等[17]的研究证明，HA和NHA的Fe盐或Na盐有较明显的脲酶抑制作用，168h抑制率达到50%以上。Francioso等（2000）发现，只有高分子量的HA在pH6时对脲酶活性才有一定抑制作用，而且所有HA在与重金属（如Cu^{2+}、Hg^{2+}）结合后脲酶抑制性才能增强。高树清等（2004）发现内蒙古风化煤HA和河南FA的硝化菌活性抑制率分别为27.3%和24.2%（35d）。NHA、ChA或其他氧化处理后的HA制剂的金属络合物的脲酶和硝化抑制性更强，有希望代替昂贵的化学合成脲酶抑制剂和硝化抑制剂（如双氰胺、氢醌等）。隽英华等[18]的研究表明，HA对尿素氮形态转化的影响受施用量的制约：低浓度（<15gHA/kg），尿素水解及以后的氮转化过程抑制作用较小，甚至促进分解；高浓度（>15g/kg）则能抑制分解、延长氮在土壤中停留时间，增加NH_4-N，减少NO_3-N生成及N损失，大大提高N利用率。可见，HA是一种脲酶抑制剂和硝化抑制剂。孙小燕等（2005）的研究也发现，风化煤与硼复合对尿素氨化和硝化有明显抑制作用，脲酶活性抑制率为5.7%～14%。袁亮等[19]的研究发现，在尿素熔融液中分别添加5%的风化煤粉（FU）和HA-K，25℃下培养4周，与普通尿素相比，FU和HA-K的氨挥发率分别降低了39.78%和38.41%，脲酶活性分别降低了22.9%和30.5%，延缓了土壤微生物量碳峰值出现时间，其中添加HA-K的尿素微生物碳量高出80.47%，说明腐植酸尿素提高了微生物活性，延长了微生物活性周期。闫双堆等[20]先按一定比例将HA与尿素在80℃下反应制成腐植酸-尿素络合物（UHA），然后再将UHA加入尿素中，发现UHA加量为10%时对脲酶抑制性最强，用量超过20%反而对脲酶活性有促进作用；当UHA加量15%时对NH_4^+-N的硝化抑制率最高，将其培养112d时土壤无机氮含量明显高于其他处理。袁天佑等（2017）的试验表明，在常规施肥减氮15%+腐植酸处理的情况下，冬小麦仍增产4.96%，氮肥利用率提高23.42%，纯收益增加2.18%。据统计，近期广泛使用的腐植酸涂层缓释肥、腐植酸复合尿素的利用率一般比普通尿素高10个百分点，增产6%～30%（其中蔬菜和经济作物增产幅度更高）。

9.3.2 对磷肥的增效

速效磷肥施入土壤后在短期内就被固定的原因大致如下。

（1）化学沉淀　在酸性土壤（pH≈4）中PO_4^{3-}与Fe^{3+}、Al^{3+}形成不溶性的磷酸盐；在碱性土壤中则与Ca^{2+}形成磷酸二钙乃至磷酸八钙，或羟基磷灰石。

（2）胶体作用　酸性土壤中通过铁、铝水合离子对PO_4^{3-}固定，而碱性土壤中通过Ca^{2+}发生表面吸附。

（3）同晶代换　在pH 5～6时黏土中Fe^{3+}、Al^{3+}、Ca^{2+}较少，这时PO_4^{3-}易被土壤矿物中较活泼的OH^-、SiO_3^{2-}等负离子所取代而被固定下来。

我国60%的土壤缺磷，但磷肥施入土壤后82%左右被固定，另有3%被雨水冲积流失。抑制速效磷肥的固定、提高磷肥利用率，已成为我国乃至世界性的重大课题。寻求廉价有效的磷肥增效剂是当前磷肥研究的热点。HA对P的增效作用早已引起各国农业化学家的广泛关注。

研究表明，HA主要通过5种方式对速效磷肥起保护作用[21]：①HA优先与Fe^{3+}、Al^{3+}等高价离子络合（螯合），使高价金属离子减少同PO_4^{3-}结合的机会；②HA的一价盐与过磷酸钙发生复分解反应，形成水溶性磷酸盐和枸溶性的HA·$CaHPO_4$的复合物；③HA与磷酸盐作用形成可溶的或缓溶的HA-M-P络合物，这类络合物多数可被植物吸收利用，防止被土壤固定；④HA阴离子在土壤黏土上发生极性吸附，减少 PO_4^{3-} 被吸附的概率；⑤胶体保护：HA 在 $M(OH)_3$ 表面形成一层保护膜，减少它们对 PO_4^{3-} 的吸附。

HA 对磷肥的增效作用有以下几个方面的研究结果。

（1）抑制土壤对磷的固定　薛泉宏等（1994）采用连续液流法研究了 FA 对黄土性土壤吸附-解吸 P 的动力学，表明 FA 使土壤对 P 的吸附速度降低 16.7%～66.7%，吸附量减少 15.3%～65.4%，这是减少 P 固定量的佐证。杨志福等[1]的试验表明，添加 $HA-NH_4$ 使磷铵中 P 的固定率减少 6.6～44.9%，尤以硝基腐铵（$NHA-NH_4$）或氯化腐铵（$ChA-NH_4$）的效果最好。

（2）提高 P 在土壤中的移动距离　在磷铵中添加 $HA-NH_4$ 等，使 P 在土壤中垂直移动距离由原来的 3～4cm 增加到 6～8cm，也是 $NHA-NH_4$ 和 $ChA-NH_4$ 的效果优于 $HA-NH_4$。杜振宇等[22]的研究则得出不同的结论：与单施磷酸二氢钙相比，共施 HA-Na 却缩短了磷在褐土中的迁移距离和迁移量，降低了水溶磷和酸溶磷含量；而共施 HA 则增加了迁移距离和迁移量，提高了不同形态磷的含量，故认为 HA 适宜与磷肥配施，而 HA-Na 则不适合与磷肥配施。此结论还有待于多方面实验证实。

（3）延缓速效 P 向迟效、无效 P 转化的速度　沈阳农业大学（1984）的试验显示，施入不同来源腐植酸类产品 10d 后，土壤中磷酸一钙比对照多保留 10%～20%，磷酸二钙多 2.7%～25%，磷酸三钙减少了 0.9%～7%，Fe-P 化合物增加了 19%～173%，Al-P 变化不大。同样是泥炭或褐煤制成的 NHA 和 ChA 作用比 HA 明显。

（4）提高磷肥利用率和肥效　沈阳农业大学在大豆生长中考察了 NHA 对过磷酸钙 P 利用率的影响，发现 P_2O_5∶NHA 为 1∶(5～10) 时 P 利用率提高 18.7%，但比例增加到 1∶15 时 P 利用率反而下降，可能过多的 NHA 抑制了大豆生长，或形成难溶的 NHA-Ca-P 复合体所致。据几个试点统计，与施用等 P 量的普通磷肥相比，补施 HS 的处理，粮食作物一般增产 10%左右，个别的达到 29%，也是 NHA 和 ChA 的效果更好。

（5）提高作物吸磷量　中国农业大学在小麦培育中施用磷铵＋$HA-NH_4$ 类产品，发现地上部分的吸 P 量增加了 39.8%～50.8%，其中添加 $NHA-NH_4$ 和 $ChA-NH_4$ 的吸 P 量最高。河北农业大学用含 HA 的 NPK 复混肥同等养分的磷铵、无机专用肥对比，前者棉株中含磷量比后二者高一倍还多。李志坚等[23]的研究表明，在低磷水平下，与普通磷酸一铵相比，含 HA 增效磷肥处理的小麦产量提高 26.28%，小麦吸磷总量提高 42.59%，磷肥表观利用率提高 26.21 个百分点。

（6）提高土壤有效磷含量　施用 HA 后可加速无效 P 的转化。山西农业大学[24]的研究也发现，HA 不仅使磷肥（过磷酸钙）有效性提高，而且使土壤中原有的Ca_2-P、Ca_8-P、O-P增加，Ca_{10}-P减少，表明土壤无效P得到活化（见表9-5）。李志坚等（2013）在潮土上施用含HA增值磷肥后，提高了土壤Ca_2-P、Ca_8-P和Al-P含量，减缓了Al-P向Fe-P的转化，固定率比普通磷肥降低了7.32%。

表9-5 施用含HA增值磷肥后对土壤P形态的影响 单位：mg/kg

处理	磷酸二钙	磷酸八钙	磷酸十钙	磷酸铝	磷酸钾	闭蓄态磷
CK	67.23	254.4	441.2	68.10	40.13	111.7
风化煤	89.93	281.1	386.5	83.43	38.27	118.9
泥炭	88.56	275.3	391.2	84.17	37.93	136.1
过磷酸钙	90.9	285.1	453.1	86.73	67.10	139.8
风化煤＋过磷酸钙	99.2	289.6	441.2	90.37	52.33	134.6
泥炭＋过磷酸钙	97.6	274.8	452.8	87.67	58.60	155.4

（7）关于HA-Me-P络合物的有效性 在施用HA＋速效磷肥后，仍然生成或多或少的HA-Ca(Fe/Al)，以及HA-Ca(Fe/Al)-络合物（在表9-5中也可反映出来）。国内外对这些络合物的有效性一直存在诸多争议，Sinha（1971）和Levesque（1970）就持完全相反的观点。但大多数学者倾向于HA-Ca(Fe/Al)-络合物中P可被植物直接或间接利用。Gerke等（1992）认为，以Fe(Al)-P形式固定的磷有可能与HA形成三元复合物，认为“它们保持着较高的生物有效性，对土壤P转化和植物吸收过程起决定性作用。”苏纯德等（1999）认为此类三元复合物对双子叶植物有较高的生物有效性，对提高大多数双子叶植物P、Fe利用率有重要意义。章永松等（1998）也发现有机肥分解出来的HA对Fe-P有活化作用。

鉴于HA对可溶性磷酸盐的保护作用，国内外已有多种HA复合磷肥的报道。一般主张将HA原料事先氨化后再与磷肥混合，用NHA或ChA做氨化原料效果更好。鲁宾奇克（1987）等提出用氯化HA和氯化木质素、磺化煤废料的硝酸氧化产物作磷肥增效剂。日本（1993）利用硝基黄腐酸（NFA）与过磷酸钙混合造粒，认为NFA更有利于提高磷肥品质和肥效。

9.3.3 对钾肥的增效

钾（K）在土壤中同样会被固定，特别是在土壤干、湿反复交替，使黏土晶格间距反复伸缩过程中，Si-O四面体外侧以六角形排列的O中间的“空半径”在0.14nm左右波动，K^+的半径（0.133nm）恰好与此空半径相当，很容易被紧密地固定在黏土晶层之间。我国钾肥利用率约50%，平均被固定约45%，雨水流失约5%。HA与K^+事先结合后就可有效地减少土壤黏土对K^+的固定。HA对K增效作用研究有以下几个方面。

（1）减少土壤对 K 的固定，提高 K 的有效性　据江西农业科学院土肥室（1984）试验结论，就水溶性 K_2O 的回收率作为一个指数，施用 HA-K 比 HA＋KCl 的混合物提高 14.3 个百分点，比单施 KCl 提高 26.2 个百分点，表明与 HA 化学结合的 K 更有利于抵御土壤的固定。

（2）提高植物的吸 K 量　据华中农业大学刘金等（2014）研究表明，与 KCl 相比，腐植酸缓释钾肥处理提高了烤烟叶钾含量 13%～39%，提高产量 6%～32%。王振振等[25]的研究表明，与施等量钾相比，施用腐植酸钾肥提高了钾吸收利用率（REK）20.09%，农学利用率（AEK）42.69%，提高甘薯块根产量 22.83%。

（3）活化土壤潜在 K　研究证明，HA、特别是 FA 对含 K 的硅酸盐、钾长石有明显的溶蚀作用，可促使其缓慢释放 K，提高土壤中速效 K 和缓效 K 含量。如在红黏土中添加风化煤、褐煤和泥炭 HA，速效 K_2O 分别为 33.3%、22.2% 和 11.1%，风化煤 HA 的效果最好。如果将风化煤 HA 制成 HA-NH_4 再施入土壤，K 的释放量更多，持续 60d 后效果更好，试验数据见表 9-6[26]。结果表明，施用水溶性 HA 盐比不溶的 HA 的农化效应明显。

表 9-6　施用 HA 和 HA-NH_4 对土壤 K 形态的影响　　单位：mg/kg

处理	15d 后测定		60d 后测定	
	速效 K_2O	缓效 K_2O	速效 K_2O	缓效 K_2O
CK(土壤)	36.46	887.3	31.5	945.4
土壤＋HA	40.87	917.3	31.9	964.9
土壤＋HA-NH_4	41.82	987.5	36.7	1097.8

9.3.4　对中、微量元素和稀土元素的增效

中量、微量元素是植物体内多种酶、维生素、激素的组成成分或生理调节元素，对植物生长发育、抗逆和品质都用重大影响。在植物体内，所有的中、微量元素都应有足够的数量，缺乏其中任何一种都会影响其正常生长，严重缺乏时就会导致减产甚至发生某种病症。土壤中有相当多的中、微量元素储备，但绝大部分呈不溶状态，不易被植物吸收利用。且中、微量元素在植物体内移动性差、利用率低、敏感性高，有时丰、缺症状可能表现得特别明显。人工施用中、微量元素化学肥料就是为补充植物所需，但施用后也往往大部分被土壤固定。HA 对中、微量元素同样具有增效和保护作用，对土壤中的那些被固定的“无效”元素有激活作用。柳洪鹃等[27]综合研究表明，施用 HA 后，甘薯对各种矿质营养元素（N、K、Ca、S、B 和 Cu 等）的积累吸收量增幅达 12.87%～29.84%。日本麻生末雄等的研究证明，施用 NHA 盐后，植物叶部吸收的微量元素（包括 Fe、Mg、Sr、Mn、Zn、

Cu、Mo、B等）增加量特别明显，与施用EDTA的效果相当。

锌（Zn）是多种酶的组分或活化剂，对植物碳水化合物和蛋白质的合成和代谢有重要作用。HA与锌化合物复合或制成HA-Zn产品用于作物追肥，已有多年的实践经验。与单施$ZnSO_4$相比，往土壤中施用HA＋$ZnSO_4$或HA-NH_4＋$ZnSO_4$，锌的利用率可提高34%，有效锌转化率提高了1倍以上（见表9-7）[28]。张昭会等[29]的试验表明，对拔节期夏玉米喷施不同浓度的黄腐酸锌，发现200mg/L增产率最高，达8.6%，而浓度500mg/L却对生长有抑制作用，表明作物对FA的浓度十分敏感，必须严格控制。

表9-7　HA对Zn有效性的影响/%

处理	肥料中各种形态的Zn				施入土壤后Zn	
	有效Zn			非有效Zn	有效Zn	非有效Zn
	水溶态	酸溶态	螯合态			
$ZnSO_4 \cdot H_2O$	100	0	0	0	19.21	80.79
HA＋$ZnSO_4 \cdot H_2O$	2.61	18.99	36.5	41.9	42.96	57.04
HA-NH_4＋$ZnSO_4 \cdot H_2O$	7.17	4.04	16.17	72.6	41.03	58.97

钙（Ca）是酶和辅酶的活化剂，如三磷酸腺苷、α-淀粉酶、ATP酶磷酸酯的代谢等都需要Ca，并直接影响作物的品质。钙泵（Ca^{2+}-ATPase）活性是表示植物系统Ca水平以及调节酶活性能力的指标。樊成等[30]在苹果树上喷施FA-Ca，Ca^{2+}-ATPase活性提高587.37%，高于氨基酸-Ca（提高419.82%），更远远高于无机钙$Ca(NO_3)_2$；相应地，苹果中维生素C、可溶固形物含量也是喷施FA-Ca的最高。因此，可认为FA-Ca是优良的植物补钙剂。

硅（Si）对于增加作物抗逆性和光合作用起重要作用，缺Si会直接影响作物生长和产量。许景刚等[31]的研究表明，与单施硅酸钠相比，HA与Na_2SiO_3配施，水稻增产了34.10%，说明HA明显提高硅肥的利用率。戚新革等（2012）的研究也表明，HA与硅肥配施可明显提高硅肥的有效性，同时提高土壤养分中的有机硅、水溶性钙、有机质、碱解氮和速效磷含量。HA与硅肥施肥量均为0.8g/kg时，土壤中各种有效养分最高。可见，HA-Si体系对土壤养分的增效有协同效应。

对HA-Fe或FA-Fe的应用报道得最多。陆欣等（1994）喷施FA-Fe后明显提高了果树的光合作用和呼吸强度，遏制了果树黄化病，其效果相当于EDTA-Fe，远优于$FeSO_4$。杨琇等（1988）通过^{59}Fe标记发现，在大豆中施用FA-Fe与施用$FeSO_4$相比，叶片吸收的Fe多23%；用硝基黄腐酸铁（NFA-Fe）比普通HA-Fe效果更好；孙志梅等（2003）对北方石灰性土壤施用风化煤HA的效果进行了研究，发现HA使土壤中有效Fe提高1.17%～3.13%，土壤呼吸量增加了2.42%～15.4%。这些都是HA对Fe的活化和促进植物生理功能的结果。王宝申等[32]对苹果树喷施腐植酸铁（最佳稀释8000倍），果树叶片中叶绿素含量明显提高，缺铁黄化病叶片复绿度基本近于正常叶片水平，与对照相比，苹果产量提高16.6%，同时维生素C和糖分含量分别提高11.42%和11.89%，果酸含量降低0.41%。

硒（Se）是动物和人体必需的生命元素，是动物和人体红细胞谷胱甘肽过氧化物酶的组成部分，具有抗氧化、预防癌症、提高免疫力、延缓衰老和拮抗重金属等功能。人类缺Se元素与多种疾病（特别是癌症）有关，已引起国内外的广泛关注。据报道，HA-Se作为一种肥料产品，对提高植物含Se量、改善农产品品质有较大影响，豆科作物最为敏感。商丘市质检中心与商丘市润发肥业公司[33]合作进行了富硒小麦栽培及腐植酸有机富硒肥的研发。试验表明，施用HA富硒肥小麦亩增产15%，硒含量达0.552mg/kg。西北农林科技大学（2010）通过FA与硒粉反应FA螯合单质硒制备了一种浓度为1.3%～1.5%的黄腐酸硒溶液，使用时稀释800～1000倍进行叶面喷施。试验证明，植物对该有机硒的吸收率明显高于无机硒。

稀土元素在农业中的应用是近年来农业化学和植物生理学领域的新课题。顾雪元等[34]的一项研究认为，小麦的叶绿素含量与体内稀土元素（La、Ce、Pr、Nd）有相关性。HA的COO^-与稀土离子之间很容易发生配合，HA对稀土元素在土壤-植物体系中的迁移、富集和生物可利用性都有重要影响。红壤中的稀土主要富集在小麦根部，施入低浓度（0.02%～0.03%）的HA后，明显促进了小麦对稀土的吸收，但高浓度的HA（>0.1%）不仅抑制对稀土的吸收，而且对小麦生长产生毒害作用。

值得注意的是，在试验中也发现一些负面效果。如有机质含量高的土壤往往会使植物缺Mn，可能是因为HA与Mn结合形成不溶性的HA-Mn螯合物所致。Vanghan等（1976）发现施用HA的甜菜使Na、Ba的吸收量增加，但对Ca、Zn的吸收却减少了，同样可能HA与后者形成了难溶络合物。这就给我们提出一系列问题，包括HA或与中、微量元素的复合物在哪些情况下是有效的，哪些情况下是无效甚至是有害的，能否对其中的元素选择性地吸收或排斥，络合物能否水溶是不是唯一的条件等，现在都不明确，有待进一步研究。

9.3.5 腐植酸类肥料的综合效果

根据多年应用实践总结，合理施用HA能够实现增产增收。2014年全国农业技术推广中心在12省市对10种作物大面积田间示范试验结果显示，与等量普通复合肥相比，含HA复合肥料提高肥料利用率30.4%～38.7%，粮食作物增产4.3%～32.3%，经济效益提高5.1%～9.5%。2014年山东农大肥业含腐植酸复合肥料5省10个示范点的试验总结表明，与普通复合肥相比，含腐植酸复合肥的总养分利用率平均达51%；中国农科院农业资源与区划研究所2014年在20省市进行的腐植酸增值肥试验成果卓著，其中在德州“粮王”大赛中创下了小麦亩产

701kg 的历史记录[35]。据杨德俊等（2009）报道，在培养基中添加 4%的 HA 缓释肥，使萍菇和杏鲍菇分别增产 32.5%和 42.3%，有机质利用率分别提高 7.7%和 11.1%。餐厨废弃物发酵制备的生物腐植酸（BHA）也有明显增效作用。如李晓亮等[36]的油菜盆栽试验证明，BFA 明显提高 N、P、K 的利用率，减量施肥（施 60%的化肥）+BHA，比单施 60%化肥增产 60%，比单施 100%的化肥还略有增产。

HA 与化肥复合使用应该注意的问题，一是要选择腐植酸含量较高、化学活性和生物活性较好的低级别煤或其他有机质作原料，并且应事先进行化学检测和农化评价；二是对 HA 活化与否，发现不同的试验结论。如河北农业大学王艳群等（2010）在茼蒿培育中向化肥中直接添加不同比例的总 HA 含量 45.3%风化煤，产量仍提高 6.28%～45.33%，植株维生素 C、总糖、糖酸比显著增加，硝酸盐含量却显著下降，说明原始煤炭 HA 本身就具有较高的生物活性。但多数试验表明，HA 适当进行活化处理更好。据李晓亮等[37]大田玉米肥效试验证明，在施用等量等养分肥料（24-10-15）的情况下，分别添加 10%的活化 HA 与 10%未活化 HA 的玉米相比，前者比后者增产 14.4%；丁方军等[38]对两种腐植酸缓释肥料，即不活化（普通腐植酸原料）和活化（通过与尿素和硫酸反应制成“腐植酸尿素”），与等养分的普通复合肥（14-17-9）（平均亩施 50kg）进行对比，试验结果见表 9-8。显而易见，与施普通复合肥相比，两种腐植酸肥料对花生的化肥利用率、产量及蛋白质、脂肪含量都有所提高，而含活化腐植酸（腐植酸尿素）的肥料比不活化的使产量提高将近 10 个百分点，其他的农化指标也显著提高。这主要得益于活化后产物中游离 HA 和水溶性 HA 增加，使得 HA 与无机养分之间的物理化学作用更加强化。三是使用的 HA 数量不应过高（一般为肥料总量的 4%～8%）；四是最好制成有机-无机复混肥，避免盲目将粗制原料机械混合。HA 至少应与一种营养元素发生反应，使其基本以化学键形式结合，并保证营养元素总量，注意合理搭配各种元素的比例，以便更有效地发挥 HA 的作用。

表 9-8　不同施肥处理对花生产量、化肥利用率和部分养分含量的对比

处理及施肥量/(kg/亩)		肥料中 HA 比例/%		花生增产（与 CK_2 比）/%	化肥养分利用率/%			营养成分含量/%	
		总 HA	游离 HA		N	P_2O_5	K_2O	蛋白质	脂肪
不施肥(CK_1)	(0)	—	—	—	—	—	—	23.05	46.02
普通复合肥(CK_2)	(50)	—	—	—	36.12	17.22	52.31	23.29	46.59
未活化 HA 缓释肥	(50)	4.2	1.2	10.7	48.55	19.07	61.43	24.25	49.27
活化 HA 缓释肥	(50)	5.2	2.1	20.4	57.14	20.76	65.81	26.07	52.25

9.4　刺激作物生长功能

刺激植物生长是 HS 生理活性的主要表现形式，其机理比较复杂，其中较明确的是，酚-醌的氧化-还原体系决定了 HA 既是氧的活化剂，又是氢的载体，故影响着植物的呼吸强度、细胞膜透性和渗透压，以及多种酶的生物活性[39,40]。

9.4.1 影响刺激作用的因素

赫利斯切娃（1957）曾经总结了影响 HA 刺激作用的几个因素，今天看来仍不失为经典之作，简单列举如下。

（1）直接影响因素

① 植物种类　对 HA 最敏感的植物是蔬菜、马铃薯、甜菜；中等敏感的是谷类；不敏感的是豆科植物；几乎“无动于衷”的是油料作物。

② 植物发育时期　发育初期及生化过程进行得最强的时期（繁殖器官形成阶段等）较敏感。

③ 腐植酸的形态　应是水溶性的并有少量是解离状态的 HA 作用最显著。

④ 浓度和 pH　十万分之一以下（$<0.001\%$）作用才显著，浓度过大反而抑制生长；pH 值 7 左右为宜。

（2）外界环境因素

① 矿物质营养水平　尽可能满足植物初期发育期对营养的需求。HA 可促使植物忍受和利用较多的矿物肥料，但也不应过量。N 是限制因素，但多加一些 P 可增强 HA 的作用。

② 温度　低温下 HA 的刺激作用较弱，只有在环境温度不抑制光合作用的条件下 HA 才会起作用。

③ 湿度　干旱时 HA 刺激效果最好；分蘖以后进行灌溉使湿度达到最大持水量的 30%时，水溶 HA 效果较好。湿度再大，则效果降低。

④ 氧气供应　在环境缺氧时 HA 的刺激作用最强。

Flaig[41] 提出一个解读上述原则的图示（见图 9-1），基本含义是，各种生育因子（光、水、空气、养分等）都处于最适宜状态并辅以一定数量的生物活性物质时，才能获得最高产量。如果其中有一个因子不足或过剩，产量就降低。在此情况下，HA 等生物活性物质才能有效地起到弥补生育因子的作用。生育因子不足或过

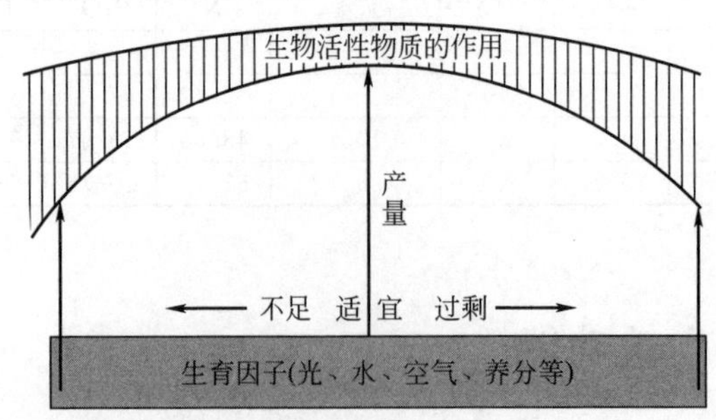

图 9-1　生物活性物质与生育因子的关系

剩得越多，HA的生理作用越大。这就解释了为什么在环境胁迫（干旱、水涝、病虫害、缺营养等）时，HA的抗逆促长作用就更加明显。此图还表明，生物活性不能完全替代生育因子，只能起互补或增效的作用。

9.4.2 主要研究结果

（1）促进根部生长，提高发芽率 HA的生理作用通过加强根部呼吸、刺激根细胞的分裂、促进根的生长来实现。一般认为，HA刺激多糖酶的活化，使幼年细胞壁中的果胶质分解，使细胞壁软化，加快细胞的各向生长进度，其中对根细胞的生长影响最大。日本麻生末雄（1972）通过^3H标志研究表明，桑树苗吸收NHA的数量，在根部最多，达30.6mg/g，其次是叶部（10.4mg/g）和叶柄（9.2mg/g），而木质部和皮部很少（只有1%～2%），可见HA物质在根部的作用比重最大，包括对刺激根毛生长的作用最为突出，特别是根毛中核糖核酸和合成细胞激动素都明显增加。张瑜等[42]研究表明，经HA处理后，番茄侧根数量增加2～3倍，长度增加4～23倍，认为其主要原因是由于HA含有细胞激肽酶类生物激素，具有类似外源生长素的刺激反应，故引起细胞膜透性的改变，促进植物蛋白的合成。郭永兵等（2007）用120mg/L的HA溶液处理盾叶薯蓣种子，发芽率提高22.61%～31.67%，用360mg/L的HA溶液浇灌幼苗时，对根系促进作用最明显，叶绿素和类胡萝卜素含量显著提高。将HA或FA作为种子包衣剂（种衣剂）是刺激种子发芽和保障作物健康的重要措施。常晓春等[43]在悬浮种衣剂中加1%壳聚糖和3%的黄腐酸，制成一种复配成膜剂，其成膜性、发芽率、脱落率均优于单一成膜剂的包衣效果。

（2）增强呼吸强度和光合作用强度 HA类肥料所以被誉为“呼吸肥料”，是由于其作为多酚的附加来源，在植物生长早期进入细胞内部起到呼吸催化剂的作用。磷氧比（P/O）表示植物呼吸链每消耗1个氧原子所产生的腺苷三磷酸（ATP）分子数的比例，是反映呼吸效率的一个指标。武长宏通过对水稻根系线粒体P/O的观察发现，施用土壤HA、褐煤NHA的P/O分别为2.37和2.25，明显高于对照（1.95），突显出HA和NHA的促进呼吸功能。云南腐肥协作组（1981）的研究表明，施用HA-Na后作物的叶面呼吸强度由对照的43.2mg O_2/(100g·h)提高到61.3mg O_2/(100g·h)，光合产量由0.079g/(m^2·h)增加到0.114g/(m^2·h)。赵庆春等（1997）试验表明，施用生化黄腐酸（BFA）制剂也使桃树的光合强度提高132%。

（3）提高生理代谢能力和酶活性 Flaig（1975）和Vaughan[40]认为，HA主要由于以氢受体的角色影响着植物的氧化还原过程，促进氧的吸收，刺激酶的活性，提高渗透压和抗脱水性能，从而增加叶绿素含量，加快氨基酸、蛋白质、核酸和碳水化合物的合成。Dobbss等[44]的研究发现，HA对植物根系刺激作用也与蔗糖代谢、ATP 酶、苹果酸酶和细胞骨架蛋白合成等基因表达有关，其中 H^+-ATP 酶基因的差异性表达对根系生长的影响最大。HA 还对硝酸还原酶、天冬酰胺合成酶、柠檬酸合成酶、异柠檬酸脱氢酶和苹果酸脱氢酶等叶片中的重要酶类有刺激作用。Varanini 等（1993）则认为，HA 螯合金属离子影响着植物细胞膜透性和膜上载体的性质，增强 ATP 酶的活性，从而促进植物对微量元素特别是 Fe^{3+}、Zn^{2+} 的吸收和运转。正是由于 HA 的综合刺激活性，才促进了各种植物酶（包括蛋白分解酶、α-淀粉酶、多酚氧化酶 FOD、过氧化氢酶 CAD、过氧化物酶 POD、超氧化歧化酶 SOD 等）的合成及其生理活性。如朱京涛等（2003）对马铃薯喷施含 HA 的叶面肥后 FOD 和 CAD 分别增加 137.8%和 109%。陈玉玲等（1997）在田间喷施 FA 制剂，也发现 SOD 和 CAD 分别提高 126%～236%和 27.4%～30.7%。说明 HA 和 FA 有激活细胞保护酶活性、延缓植物衰老的作用。杨德俊等（2008）的研究发现，HA-Na 对杏鲍菇菌丝的生长有明显促进作用，特别是对杏鲍菇的胞外淀粉酶和胞外蛋白酶活力有显著的促进作用，分别比对照组提高了 287%和 555%。但植物生理学家认为，HA 的生理活性和酶活性具有双向调节作用：在一定浓度下对叶蛋白分解酶有抑制性，使叶绿素分解减缓，这有利于光合作用的进行；但浓度过高又会抑制细胞的增长和分裂。HA 可抑制生长素酶（如吲哚乙酸氧化酶等）的活性[42]，使植物体内生长素破坏，有利于生长发育，但浓度过高也会促进生长素酶的活动，导致生长缓慢。栾白等[45]用微生物降解的褐煤 FA 对大豆种子进行试验，也发现 FA 浓度 100mg/kg 时，CAD、SOD 的活性分别提高 32.15%和 24.5%；FA 浓度 200mg/kg 时，大豆种子萌发率提高 34.6%，POD 活性增加 19.92%。但高浓度的 FA 对种子萌发和抗氧化酶活性产生抑制作用。看来，HA 对生长的激活还是抑制，可能主要与 HA 对某些酶的作用有关。

（4）HA 可被植物体直接吸收，构成植物内源激素组分　李京淑等（1982）曾用氚标记示踪原子法获得 NHA 分子进入植物体内的证据。这方面的实验证据还很多[46]，特别是小分子 HA 很容易抵达高等植物细胞质膜，且部分被植物吸收，成为促进植物吸收养分的媒介，或构成植物内源生长刺激素组分；大分子量（＞3500Da）的 HA 则只能与细胞壁接触，不能被吸收。但也有报道认为，大分子 HA 并非完全不能被植物吸收，只是进入根系的数量低于小分子 HA。

（5）HA 组成结构与刺激活性的关系　HS 活性高低的一般规律是：FA＞HA。氧化降解的 HA＞普通 HA，低分子量 HA＞高分子量 HA。白俄罗斯科学院泥炭研究所（1991）通过黄瓜、玉米和饲料酵母培育评价了不同 HA 的作用，也发现活性次序为氧化 HA＞水解 HA＞原泥炭 HA，认为前两者能最大限度地打开了 HA 的“活性中心”，提高了生物活性。活性越高的 HA，使用浓度越要低。比如 FA 最适宜使用浓度为 0.0001%～0.001%，而 HA-Na 则在 0.01%时仍有较高活性。关于HA活性与其分子量和化学结构的关系，研究者很多，结论也各有不同。麻生末雄（1972）通过α-萘胺氧化法测定发现，分子量＜700的NHA在浓度0.1ppm增加到2ppm时，水稻根系刺激活性就逐渐降低，即出现抑制活性现象；但对大分子量段分来说，刺激活性始终与HA浓度呈正相关。即HA分子量越大，其浓度对生物活性的影响越不敏感。造成此现象的原因可能是刺激机理不同：低分子HA组分可能是以呼吸系统为中心的糖代谢途径和蛋白质合成-分解途径产生变化引起的，而高分子组分可能是基于细胞壁的可塑性增大，同时水分吸收及原生质膨胀压增加而促进根系伸长的。当然这只是一种推测，实验证据还不充分。Nardi[46]、Piccolo（1992）等的观点也不同，前者认为生物活性的高低似乎与芳香/脂肪族结构比例及聚合程度关系不大，而后者则认为低分子量的HA之所以活性较高，与其较高含量的芳香族、羧基和酚基结构有密切关系。他们的实验可能都忽略了醌基及其酚-醌转化对生物活性的贡献。更值得推敲的是，某些生化黄腐酸（BFA）也有很明显的生长刺激作用。据张常书等[47]毛细管电色谱研究发现，在某些BFA产品中有高含量的吲哚类物质，而煤炭FA则完全没有，说明BFA中富集了较多的植物内源激素，这可能是某些生物发酵制取的HA类物质有较高生物活性的基本原因。

9.4.3 使用要点

HA主要是通过进入植物体、穿透细胞膜后才能起到呼吸催化剂的作用，从而达到的生长刺激效果。一般用在育种、育苗时期，采用浸种、蘸根、浸根的方法以提高发芽率和出苗率，也常用于成年的作物和果树。要想充分发挥HA类物质的生长刺激功能，专家们建议：①对特定作物和环境来说，应通过试验来确定最合适的HA品种和使用浓度，使其确实起到刺激生长的作用；②尽可能用较低分子量的FA或HA，分子量最好不大于1000～1500[41]；③尽可能用适当深度氧化降解方法取得高活性、高抗絮凝性的HA或FA；④与适当数量的营养元素和金属离子配合，才能更好地发挥HA的刺激活性；⑤适当增加养分和水分供给，以满足新陈代谢更加旺盛的植物需求。

9.5 增强作物抗逆功能

腐植酸类物质（HS）的抗逆性能是其生物活性的一个重要表现形式。作物在逆境胁迫（如旱、涝、病虫害、重金属、盐碱、养分不足或过剩、温度/湿度过高或过低等）增长到一定程度时，HS就发挥缓冲作用，这种作用被称作“腐殖质效应”。这种效应在农业耕作中是司空见惯的，而且在许多土壤腐殖质的经典著作中早有定论[48,49]，但就HA的抗逆应用基础研究和大规模农业实践来说，还是最近

40多年的事。

9.5.1 提高抗旱能力

干旱和半干旱面积占世界耕地面积的43%左右，再加上“温室效应”加剧和环境的日益恶化，已成为当今全球农业面临的重大难题，对作物抗旱机理的研究及抗蒸腾剂的开发已成为世界性的热点课题。HA提高作物抗旱能力的研究和应用已有很大进展。

（1）研究成果及推广示范　许旭旦等[50]在小麦叶面喷施FA后，发现叶片气孔开张度缩小，水分蒸腾量减少，叶片含水率提高。相应地，叶绿素含量、根系活力、营养状况等全面提高，保证了穗的分化和作物的生长，有效地抵御了干热风的侵袭。这一研究成果受到国外植物生理学界的广泛关注和好评。在此基础上，河南科学院化学所和生物所合作，开发了“FA抗旱剂1号”，1989年由农业部、中国科学院、中国农业科学院等部门组织了“全国FA推广协作网”，到1992年已在全国20多个省（市）推广应用93万多公顷，取得明显的抗旱保收效果。此项研究成果先后在澳大利亚出版的《农业研究》、法国出版的《植物气孔抗蒸腾剂的研究与应用》、美国出版的《土壤和作物科学中的腐植酸类物质》等书刊中发表，引起国外农学界的广泛重视。此后新疆哈密也开发了同类产品（“FA旱地龙”），在推广示范中也取得瞩目的成绩。据统计，与喷施同等数量的清水相比，喷0.01%浓度的FA，可使粮食作物增产6.3%～10%，经济作物（花生、蔬菜、水果）增产10%～25%，并同时发挥抗菌、抗病、缓释增效农药、络合微量元素等综合功能。近期新疆汇通旱地龙公司[51]推出两种FA抗旱剂：FZ-多功能生物抗蒸腾剂和FA-新型植物抗蒸腾剂。试验表明，与对照相比，小麦叶片气孔导度减少了24.4%～57.5%，叶绿素含量增加了8%～25%，作物平均增产13.41%～15.98%。

（2）机理研究　从宏观上看，FA的抗旱能力是缩小叶面气孔开张度、减少水分蒸腾引起的，但还有更深层的原理。这方面的学说大致如下：

① 认为FA类似于常规化学抗旱剂脱落酸（ABA），能抑制K^+在保卫细胞中的积累，从而减小了气孔开张度[39]。

② 认为FA的抗旱作用与刺激植物合成脯氨酸及刺激某些酶活性有关[48]　从而清除活性自由基，调节细胞内溶物质浓度和水分生理代谢过程，维持渗透压，减少水损失，激化作物生命活动，这是增强抗旱能力的基本原因。李绪行（1992）、王天立（1997）都发现，干旱时喷施FA使叶片中脯氨酸的增加量比喷清水高一倍多，同时提高了SOD、CAD、POD、FOD等酶的活性。刘伟等[52]在重度和中度干旱胁迫下对燕麦喷施HA水溶肥，与CK相比，SOD活性增加了13.41%～26.53%，CAT活性增加了13.9%～41.18%，可溶性蛋白增加11.43%～16.58%，游离脯氨酸增加了4.19%～39.41%，燕麦产量提高3.79%～6.23%，

而且干旱越严重，HA 的作用越明显。

③ HA 可激活硝酸还原酶（N-Rase）活性[53] 因为 N-Rase 是植物氮素还原的第一个关键性酶，对缺水极为敏感。在干旱胁迫条件下，施用 FA 可使 N-Rase 活性提高 42.1%～52.6%，相应地提高叶绿素和叶中 N 含量，促进光合作用，从而提高抗旱能力，对植物起保护作用。

④ 与抑制某些细胞膜透性的破坏因素有关 如抑制丙二醛（MDA）含量和吲哚乙酸氧化酶活性，从而对植物其保护作用。杨晓玲（1996）的实验发现，用 BFA 浸种后小麦中脂质过氧化物的 MDA 含量降低了。MDA 是植物逆境条件下膜结构被伤害的指标之一，MDA 的降低说明 BFA 减轻了细胞膜受害程度。郭玉兰等（1995）也发现，在干旱条件下用 BFA 浸根处理的小麦中吲哚乙酸氧化酶活性降低，而叶片水势、蒸腾强度也同时降低。充分说明 FA 通过抑制吲哚乙酸氧化酶活性而保护原生质膜，使膜透性保持在近乎自然的水平，从而提高其抗逆功能。

⑤ 与修饰蛋白基因有关 Garcia 等[54]认为，HA 增强水稻抵抗水分胁迫能力，主要是通过修饰根系中液泡膜水通道内的蛋白基因 OsTIP 的表达来实现的。他们发现，添加 HA 后可使植物根系表皮和新生根毛中形成 HA 凝聚体，降低根系的渗透系数，从而增强了抗旱能力。

（3）HA 种类及 pH 值的影响 多年的研究表明，不同来源的 FA 都有一定抗旱作用。许旭旦等（1984）对比评价了 8 个不同来源的 HA 和 FA 样品的抗旱能力，结果表明，各样品的性能没有明显差异，其中风化煤 HA-Na（pH 7.5～8.0）与 FA（pH 4.3）的蒸腾抑制率几乎相同。与高效抗蒸腾剂脱落酸（ABA）相比，HA 制剂虽然降低水分蒸腾的幅度较小，但持续时间较长，还能提高叶绿素含量及具有多种刺激活性，且无毒副作用，价格也低得多，故 HA 制剂更有独特的功能和竞争优势。此外 HS 在偏酸情况下作用更明显。这因此 FA 显然占有优势。若使用 HA，必须将其一价盐控制在中性状态下，而且 HA 在硬水中的抗絮凝问题，仍是进一步提高抗蒸腾效果需要考虑的问题。

9.5.2 提高抗寒能力

HA 增强抗寒能力的机理可能与抗旱一样，都与脯氨酸及各种保护酶对水和养分调渗作用密切相关。甘吉生等[53]研究发现，在寒冷条件下给小麦喷施 FA 后，营养器官中的游离脯氨酸比对照提高了 17.5%，蛋白质和可溶性糖含量也明显提高，而叶片细胞膜透性由对照的 20.7%降到 12.4%，表明在逆境下 FA 对小麦透性功能有保护作用，从而提高其耐寒性。

我国南方早稻低温烂秧和死苗现象，历来是困扰水稻增产的一个难题。广东农科院（1983）在育秧床中添加不同来源的 HA，均使成秧率提高，其中泥炭 HA 和褐煤 NHA 的效果比风化煤 HA 的更好，一般提高成秧率 8%～15%。尹道明等

(1991) 用河南巩义的FA-1和山西的风化煤HA-Na浸种，对提高早稻的育秧效果几乎完全相同。对其他作物同样有抗寒效果。如河南用FA防治“倒春寒”引起小麦根腐病的效果尤为明显。中科院长沙农业现代化所（1991）用FA浸种和喷施，越冬油菜出苗率提高，叶片受害率降低，产量提高了20.7%～33.3%。此外，在早春或深秋给果树、大棚蔬菜喷施BFA，也可预防或减轻冻害，提高了产量和品质。将HA的抗寒作用用于蔬菜冷藏，也是一种有益的尝试。如魏宝东等[55]研究了喷施外源维生素A和腐植酸钙混剂对番茄冷藏效果的影响，结果表明，用20g/L的维生素A和5g/L的腐植酸钙混剂处理后，番茄硬度比对照高出49.5%，过氧化物酶活性随冷藏时间延长而升高，丙二醛含量降低，脂氧化酶活性、过氧化氢酶活性均呈先高后低趋势，转红指数呈上升趋势。冷藏结束时番茄单果质量最高，证明维生素A与腐植酸钙混剂处理可维持番茄品质，延缓衰老。

9.5.3 提高抗病虫害能力

实践表明，施用HA类制剂或含HA的复混肥后作物，病虫害发病率普遍降低，这也是HA生理活性的一种反映。首先，HA中的水杨酸结构和酚结构本身就是一种抗菌性药剂。其次，施用HA改善了植物的新陈代谢功能，提高了某些细胞保护酶（如POD、IAA）的活性和肌体免疫力，也就相应提高了抗病虫侵害的能力。40多年来，HA在防治小麦赤霉病、棉花枯黄萎病、花生叶斑病、果树腐烂病、黄瓜霜霉病等方面效果显著，仅列举几例说明。

(1) 防治蔬菜病害　山西农大（1980）在霜霉病发病区内喷施0.02%～0.05%的风化煤HA-Na，不仅有效控制了病情，而且提高了黄瓜坐果率，比对照区增产28%左右，且安全无毒，综合效益远远超过专用农药乙磷铝。黄云祥等（1996）施用生化多元复合肥，使黄瓜霜霉病的病情指数降低68.9%，同时多酚氧化酶（抗性指数）增加18.65%。此外，HA对红薯根腐病、辣椒炭疽病、马铃薯的晚疫病、黄芽白的霜霉病以及西红柿、西瓜等的病害都有一定防治效果。张忠良等[56]将腐植酸钾与放线菌剂配施，可明显降低魔芋发病率。与不施HA-K相比，病害相对防效、增产率分别提高9.8%～41.6%和17.1%～76.3%。

(2) 防治果树疾病　苹果树腐烂病是我国北方产区非常普遍的果树病，发病率高达30%以上，是影响苹果产量和质量，甚至导致整株果树坏死的高危病症。通用的药物如福美砷、硫菌灵（托布津）等，成本高毒性大，使用不当会毁坏树体。HA-Na防治果树腐烂病的试验始于1979年，由北京市土肥站和北京农林科学院林果所等单位协作进行了3年试验，结果显示，涂抹HA-Na对树皮病疤周围愈伤组织的生长有明显促进作用，基本没有烧坏树体的现象，各项试验指标都优于福美砷等化学药剂。王维义等（1997）用HA-Na制成的“化腐灵”对苹果树腐烂病治愈率达97%，愈合率达45.6%。樊淑文等（1987）的试验表明，用浓度1%～2%的

HA-Na 治疗病树，其抑菌和促进病疤愈合效果明显优于砷平液，而成本只有后者的 1/10。高树青等（2004）用风化煤或泥炭 HA 制备的“克旱寒”对治疗苹果落叶病都非常有效，使落叶率降低 46.8%，病叶率降低 46.6%，优于专用药剂“波多尔”和“多菌灵”。此外，FA 制剂对降低猕猴桃黄化病发病率也有较好效果。

(3) 防治棉花病虫害　陆欣等（1980）的试验表明，0.025%HA-Na+0.25%洗衣粉+0.25%煤油对大田棉花蚜虫的减退率达 97%，优于乐果的防效；对棉花炭疽病也有一定防治效果。柴存才等（1998）用风化煤 FA 喷施或灌根，对棉花黄萎病抑制率达 100%，防效 54%～82%。

然而 HA 增强抗病虫害能力是一种生物活性作用，不具备治疗疾病的特效性，要在适宜范围内利用 HA 防治某些病虫害。因此，最好的做法是：①在植物生长早期和未发病前间歇喷施 HA 盐或 FA，更能极大地提高作物免疫力，减少甚至完全防止病害的发生；②HA 不能代替农药。一旦发病后，应将 HA 作为缓释增效剂同农药配合使用；③早期国外将 HA 与多种重金属的盐类作为杀虫、杀菌剂。目前治疗果树腐烂病的 HA-Cu 等仍在使用。这些产物对土壤和作物的污染和残留程度应该通过检测，确定控制指标。

9.5.4 提高抗盐碱能力

HA 对提高植物耐受盐碱恶劣环境的直接作用也是不容置疑的。比如，中国林业科学院林业所杨光滢等（1996）在同样重度的盐碱地（pH 9.35，全盐含量 12.6g/kg）上种植枸杞，喷施 FA 的处理比对照成活率提高 11%～14%，这显然是 FA 直接提高枸杞苗木耐受盐碱能力的结果。又如新疆石河子碱化沙壤是盐碱化程度很高的劣质土壤，即使短期内采取改良措施，高盐状况也不会有根本改变，但当地仅用泥炭改良一年后就种植玉米和花生，产量就成倍增长。此外，大庆苏打盐化草甸碱土在初步用煤炭 HA 改良后仍为不宜耕种的劣质土（pH 8 左右，碱化度 30%以上，全盐 0.2%左右），但种植星星草产量比对照提高了 33.9%～42.0%。土耳其乌卢达大学农学院 Asik 等[57]的研究也发现，在不宜耕作的盐渍土壤中施用 HA，可明显增加小麦对 N 的吸收，在叶面上施用 HA 可增加其对 P、K、Mg、Na、Cu 和 Zn 的吸收。认为有效的施用方式为：土壤中施用 HA 量不超过 1g/kg。据吕品等[11]的试验发现，在盐碱土中施用腐植酸明显改善了玉米发育状况，抗倒伏、抗逆性提高，抽雄吐丝比对照提早 3～5d，产量也明显提高。熊静等[58]采用基质栽培模拟法研究了高盐低温胁迫条件下施用腐植酸钾对番茄苗期生长及根系活力的影响，结果表明，盐害低温明显抑制番茄的生长发育。与适温普通基质（SP）处理相比，低温高盐基质（LG）环境下番茄干物重降低了 38.0%。添加腐植酸钾的同样 LG 环境下却比 SP 提高了 4.2%。除了 HA 改土作用外，植物抗盐碱能力的提高也是一个关键因素。

关于HS抗盐碱性能与其种类和浓度的关系，也有这方面的研究报道。Gholami等[59]对比了不同的HS抑制盐分对车前草的伤害作用强弱，发现HA＞FA。高同国等[60]的研究表明，在盐胁迫下，低浓度的FA（100mg/L）明显提高大豆种子萌发过程中根部CAT及POD活性，降低丙二醛（MDA）含量，提高种子对盐胁迫的适应性，而高浓度FA（1000mg/L）下则恰恰相反。由于试验者的环境条件、供试样品和植物不同，所得结论也没有可比性，只能作为后续研究的参考。

9.6 改善农产品品质功能

农产品品质包括营养水平和污染物含量。所谓改善农产品品质，一是提高营养物质（如蛋白质、氨基酸、单糖、维生素、有益元素等）的含量，二是降低有害物质（如某些重金属、硝酸盐、亚硝酸盐、残留农药等）的含量。

9.6.1 机理推断

HA类物质改善农产品品质的原理大致有个3方面[61]。

（1）调节营养平衡，促进养分吸收。各种必需元素的吸收和利用对植物营养和生理有很大影响，直接关系着作物的品质。一般来说，大量元素（N、P、K）被植物吸收后在体内容易移动，而中、微量元素不易移动。HA之所以能提高中、微量元素的移动速度和吸收率，主要是由于HA与这些元素络合（螯合）后，增加了这些元素从根部或叶部向其他部位输送的速度和数量，一定程度上调节其比例和平衡状况。其中一些微量元素是多种酶的组成成分，或者对酶活性有重要影响。HA促进了微量元素的吸收，也就加强了酶对糖分、淀粉、蛋白质、脂肪及各种维生素的合成，改善了作物品质。

（2）刺激植物体内酶活性强度的提高，使其新陈代谢更旺盛，更有利于各种物质的转化和积累。比如糖转化酶活力增强，就促使难溶的多糖转化为易溶单糖，或促进还原性磷酸酮酰腺嘌呤二核苷酸（NADPH）和腺苷三磷酸（ATP）的形成，提高糖合成的速度，从而提高了果实的糖度；增强了淀粉磷酸酶的活性，就加速了淀粉的合成和积累；体内转移酶活性提高，就能加速各种代谢初级产物从根、茎、叶向果实运转，也就提高了果实和种子的营养。

（3）HA对土壤中硝化菌和反硝化菌活性有抑制作用，从而减少了铵态N向硝态N以至亚硝态N的转化，也就减少了植物体内硝酸盐和亚硝酸盐的积累。在适当条件下，如果HA与土壤中少量重金属（Pb、Cd、Cr、Hg、Cu等）形成难溶的大分子螯合物，也就使植物减少了重金属吸收率，降低了重金属对植物的污染。HA与农药的各种减毒增效作用也是众所周知的事实。当然，这方面的研究数据仍不够充分，也有不少矛盾的结论，有待于继续深入探索。

9.6.2 应用研究结果

30多年来，不少地区在粮食、瓜果、蔬菜作物上考察了各种HA对作物品质的影响，研究报道不胜枚举，只列举其中一小部分予以说明[62~64]。

（1）提高营养含量 一般来说，在等养分情况下作对比，施用HA或FA在增加产量的同时，瓜果和蔬菜含糖量增加3%～30%，酸度一般有所降低，维生素C含量提高17%～49%；甜菜产糖量增加40%左右；马铃薯淀粉增加18%～25%，抗坏血酸增加69%；桃子的可溶性蛋白增加9.19%，氨基酸增加16.6%；水稻蛋白质提高6.6%，淀粉提高10.5%；棉花纤维强度平均提高5.6%；中、上等烟草产量提高2%～9%。所用的HA产品形式有：不同来源的FA和HA-Na、固体基肥、腐植酸生物有机肥料、BFA及其液体肥料、泥炭一体化育苗营养基质等，统计值几乎都达到显著水平。

（2）减少有害物质 据初步统计，施用HA、FA后使农产品硝酸盐含量降低6%～42%。如与常规营养土相比，用泥炭CIS育苗基质培育的番茄硝酸盐含量减少了35.5%（由4.56mg/kg降到2.94mg/kg）。喷施BFA水溶肥使番茄中硝酸盐减少了23.4%（由47mg/kg降到36mg/kg）。这方面的例子很多，于志民等（2003）对水稻和大豆质量与安全性评价表明，喷施武川风化煤HA制取的叶面肥后，水稻精米率、脂肪和蛋白质含量提高的同时，病害减少50%，特别是有害物质明显减少（见表9-9）。

表9-9 粳稻的稻米卫生品质检测结果

项 目	喷施HA叶面肥	对 照
砷(As)/(mg/kg)	0.3	0.4
磷化物/(mg/kg)	0.01	0.03
氰化物(CN^-)/(mg/kg)	0.2	1.6
二硫化碳(CS_2)/(mg/kg)	0.2	0.5
黄曲霉素B_1/(μg/kg)	5	8
六六六/(mg/kg)	0.001	0.009
DDT/(mg/kg)	0.002	0.01

孙明强等[62]对施用含腐植酸尿素（UHA）的NPK复混肥与等养分普通复混肥的夏阳菜吸收重金属和As的情况做了对比，发现除Cr比对照略高外，其余金属含量都低于对照，说明HA对植物吸收重金属有一定的抑制作用。湖南土壤肥料研究所汤海涛等[65]在轻度重金属污染的稻田中喷施含HA叶面肥，发现比对照处理的稻谷中Pb、Cd、Hg、Cr含量分别降低了10.49%、22.00%、38.20%、

4.30%。任学军等（2011）的实验表明，施用 HA-Na 能明显抑制小麦幼苗对镉的吸收，而促进幼苗对 Cu、Zn、Fe、Mn 的吸收和积累。但随着 Cd 胁迫程度的增加，HA-Na 抑制 Cd 吸收能力减弱。何雨帆等[66]的研究发现，施用 HA 可明显减少小白菜对 Cd 的吸收，但 FA 则促进 Cd 的吸收。

（3）保持贮运秧苗质量　沈阳农大鲍桐等（2006）的试验发现，番茄秧苗运贮前喷施 0.04%的 FA 溶液，秧苗的内源激素 IAA、ZR 和 GA3 明显高于对照，而 ABA 含量低于对照，说明 FA 处理可在一定程度上延缓秧苗运贮中的“胁迫性衰变”，起到保持运贮番茄秧苗质量的作用。

9.7　对农药减毒增效功能

我国每年因病、虫、草、鼠害造成的农业经济损失巨大，施用大量农药能在一定程度上挽回损失，但农药的毒性和残留对环境和人类健康具有一定危害性，开发高效、低毒、安全、经济的绿色环保农药是当前化工和植保界迫切的任务。目前腐植酸类物质成为研究重点。

大量研究资料证实，HS 确实对农药有缓释增效、降低毒性、吸附稳定、减少用量等功能，在调控生物种群、保护生态平衡、维护自然净化力方面具有独特的优越性，具有广阔的应用前景[67]。早在 1928 年法国就率先发布了 HA 作为农药载体和腐植酸对种子消毒的专利。20 世纪 50～60 年代日、德、美国和奥地利等国家就有不少 HA 作农药增效剂或载体的报道。如将有机磷农药与褐煤混合，防止农药降解；硝基腐植酸与杀虫剂混合以提高药效。

9.7.1　机理研究

HA 与农药的作用机制大致有以下类型。

（1）增溶作用　由于 HA 的表面活性，使一些难溶于水的农药转化为易溶性的。如 Wershaw 等（1969）发现许多水不溶性的杀虫剂在 HA-Na 溶液中增加了溶解性，如 5%的 HA-Na 对 DDT 的溶解度至少比清水大 20 倍，从而大大提高了农药的迁移性和使用效果。为有针对性地提高农药的溶解性，高觅等（2010）研发了一种聚乙醚改性三硅烷与 HA 按不同比例复配的表面活性剂，用于不同农药和肥料增溶，以提高其使用效果。

（2）增效作用　农药与 HA 制成复合体后，可提高某些农药的活性和药效。如王天立等（1997）的田间试验表明，添加 FA 后不仅药效提高，残效期延长了 5～7d，而杀虫剂和杀菌剂用量却分别减少了 30%和 50%左右，且毒性有所降低。何秀院等[68]将 $HA\text{-}NH_4$ 与除草剂烟嘧磺隆、2,4-D 复配，提高药效 20%。王任明等（2001）将杀虫脒与 FA 复配，每亩使用 7.5mL 与单施 15mL 杀虫脒相比，防效提高了20%～30%，作物还增产17.5%。许恩光等[67]的研究还发现，HA与甲霜灵锰锌复配后提高药效10%～20%；将高毒杀虫剂甲拌磷、呋喃丹、辛硫磷等与含HA的泥炭混合，其杀虫效果比常规用法持效期更长，甚至可阻止新一代蛴螬等地下虫的发生。

(3) 缓解作用　HA可与农药通过物理-化学作用形成HA-农药复合体，从而抑制农药分解速率，并使农药释放速度得到有效控制，提高农药的稳定性和药效期。据戴树桂等[69]研究表明，水中加入一定量的HA或FA后涕灭威及其氧化产物的水解速度降低了22%～83%。袁瑞江等（2009）的研究发现，BFA与甲基对硫磷以10∶3复配，使甲基对硫磷分解率降低了80%，从而减少了农药使用次数。

(4) 解毒作用　HA对农药的毒性有缓解或解毒作用，也能使进入植物组织内的农药减量。此外，由于HA能促进微生物繁殖，提高酶活性和氧化还原性，对残留农药有降解作用，所以HA农药明显提高了农药使用的安全性。例如，Kukkonen（1989）和Kristin（1991）都发现，将氰戊菊酯、氯氰菊酯和溴氰菊酯加在水溶性HA中，农药在生物体内的蓄积减少，急性毒性也相应减小。白燕等（1988）的试验证明，FA对氧化乐果、退菌特、杀虫脒和杀灭菊酯都有降低急性毒性的效果。赫利斯切娃（1972）等研究发现，无论是土壤HA还是泥炭、褐煤、氧化煤的HA，都能促使进入植物组织的农药减少一半左右，并能加快农药在土壤和植物体中的分解速度。俄罗斯科学院西伯利亚分院Mal′tseva等[70]的研究发现，经机械活化的高位泥炭HA对有机杀菌剂戊唑醇有很高的反应活性。这是由于活化后HA的供-受电子的作用增强，从而使戊唑醇的毒性降低了50%以上。

9.7.2 应用研究结果

近30多年来，国内外在HA复合增效农药的开发方面有较大进展。据美国Graham等（1997）报道，将泥炭、褐煤和氧化煤HA作为农药的稳定剂或载体，都明显提高了农药的使用效果，减少了用量。有人还将HA＋膨润土＋褐藻酸＋阿特拉津＋敌草隆制成缓释除草剂。腐植酸铜（HA-Cu）防治果树腐烂病的效果早有报道。田忠科等[71]的试验表明，对核桃树刮治病斑后涂抹浓度2.12%的HA-Cu水剂，翌年春季调查发现防效分别93.74%（原液）、87.5%（2倍液）和81.24%（5倍液），与对照（福美砷可湿粉50倍液）相当（87.5%）。黄妍妍等（2014）也用不同杀菌剂对库尔勒香梨树腐烂病的防效作了对比试验，表明效果最好的是2.12%HA-Cu，其次是43%戊唑醇悬浮剂。王宝申等（2012）采用浓度8g/kg的HA-Fe防治苹果缺铁黄化病，使病树叶色恢复正常，叶绿素含量提高，产量提高16.6%，维生素C和糖分含量也增加。汤明强等[72]的研究证明，与对照相比，每亩喷施20～30mL的HA叶面肥“喷施宝”（稀释500～2000倍）可使芥蓝叶片毒死蜱残留量减少47.5%～65.8%，并显著提高高效氯氰菊酯胁迫下叶片SOD和

CTA 活性和吡虫啉胁迫下叶片 POD 活性。他们还发现，“喷施宝”对降解吡虫啉、草甘膦、乙草胺、三唑磷等农药残留也有类似的作用。张彩凤、李善祥等（2002）的系统研究表明，风化煤人工氧化降解制取的水溶性煤基酸（WHA）增效作用优于晋城风化煤直接提取的 FA。无论是化学农药还是生物农药，与 WHA 复配后药效都提高了 12.5 倍左右，持效期至少延长 10d。此外，河北保定农校（2002）用 1/3FA＋2/3 多菌灵防治花生叶斑病的防效比对照提高 21.7%；江西农业科学院（1994）的 HA＋杀虫脒（1∶1）（112.5mL/hm^2）防治螟虫比单用杀虫脒（225mL/hm^2）的防效提高了 20%～30%，水稻产量提高了 17.6%。王春良等[73]将 18%HA-Na 分别与 40%毒死蜱、0.9%阿维菌素、3%啶虫脒、4.5%高效氯氰菊酯按不同比例混合，测定其对苹果黄蚜的毒力效果。结果表明，混用后的共毒系数均大于 100，表现出不同程度的增效作用，而且 4 种混剂中随 HA-Na 比例的增加，增效作用逐渐加强。

据报道，目前已有复方宁南霉素（黄宁素 2 号）、腐植酸铜水剂、福胂腐植可湿粉、腐植甲硫粉剂等腐植酸类新农药获得农药登记证。

HA 对农药的增效、减毒作用为绿色农业开发带来希望，但至今仍有大量问题待解决。第一，HA 与农药作用特性与药效、毒性的关系仍不完全清楚。如果相互作用属于对活性结构加强性的，就对增效有利，但有的作用属于“破坏性”的（如 WHA 与百草枯[74]），复合后反而降低了药效；有的结合得过分稳定，如 HA＋五氯酚除草剂（JP40-6897，1965），HA-Ca＋有机磷农药（JP49-6897，1974），都延缓了农药的分解，有增加植物残毒的风险；有的在光敏作用或催化作用下可能导致农药分解过快，缩短持效期（Allison，1973），但这方面的规律至今未被人认识。第二，互溶性对药效的关系极大。首先，水溶性的 FA 与油溶性的农药就很难互溶，需要采取措施解决，否则效果适得其反；其次，不少有机农药是酸性的，如果与碱性的 HA 盐复配就会降低药效。第三，不同来源、不同加工改性的 HA 的效果也有差别，一般应选择分子量较小、官能团数量较多和活性较高的 HA 类产品作为农药增效剂。以上问题均需要从实验室和小区试验入手，逐步推广，切实使 HA 增效农药在市场上立足。

参考文献

[1] 杨志福．腐植酸类物质在农业生产中应用的试验研究、应用推广的阶段性总结［J］．江西腐植酸，1986，(3)：7-58.

[2] 曾宪成，李双．构筑“土肥和谐”：墨色腐植酸的中国画卷［J］．腐植酸，2018，(4)：1-14.

[3] Senesi N，Loffredo E．土壤腐殖质［M］．沈圆圆，等译．//霍夫里特，等．生物高分子．北京：化学工业出版社，2004.

[4] Haan S D．In：Proc Symp Soil Organic Matter Studies Intern Atomic Energy Ageney［C］．Vienna，1977.

[5] Piccolo A，Mbagwu J S C. Humic substances and surfactants effects on the stability of two tropical soils [J]. Soil sci. Soc. Am. J.，1994，58：950-955.

[6] 高萩二郎，露口亨夫，牧田三郎．腐植酸肥料 [J]. 两淮引进办日语组，译．腐植酸，1989，(2)：43-61.

[7] 张继舟，袁磊，马献发．腐植酸对设施土壤的养分、盐分及番茄产量和品质的影响研究 [J]. 腐植酸，2008，(3)：19-22.

[8] 马斌，刘景辉，张兴隆．褐煤腐植酸对旱作燕麦土壤生物量碳、氮、磷含量及土壤酶活性的影响 [J]. 作物杂志，2015，168 (5)：134-140.

[9] Muscolo A，Sidari M，Attinà E，et al. Biological activity of humic substances is related to their chemical structure [J]. Soil Science of America Journal，2007，71 (1)：75-85.

[10] 魏坤峰．腐植酸碱地宝与园林应用 [J]. 腐植酸，2006 (6)：22-24.

[11] 吕品，于志民，马献发．腐植酸物质对盐碱化中低产田土壤理化性质及玉米影响的研究 [J]. 腐植酸，2005 (6)：19-22.

[12] 孙在金，黄占斌，陆兆华．不同环境材料对黄河三角洲滨海盐碱化土壤的改良效应 [J]. 水土保持学报，2013，27 (4)：186-190.

[13] 朱福军，丁方军，吴钦泉，等．含腐植酸土壤调理剂对盐碱土的淋洗效应 [J]. 腐植酸，2017，(6)：17-27.

[14] 高亮，谭德星．腐植酸生物菌肥对保护地次生盐渍化土壤改良效果研究 [J]. 腐植酸，2014，(1)：14-18.

[15] 熊思健，陈绍荣．新型腐殖酸土壤调理剂的作用机理和应用研究 [J]. 化肥工业，2014，41 (3)：53-57.

[16] 柳夏艳，郝思铭，吕贻忠．褐煤、粘土和有机肥对内蒙古风沙土腐殖质有机无机复合体的影响 [J]. 腐植酸，2018，(6)：28-34；46.

[17] 陆欣，王申贵，王海洪，等．新型脲酶抑制剂的试验研究 [J]. 土壤学报，1997，34 (4)：461-466.

[18] 隽英华，陈利君，武志杰，等．尿素氮形态转化对腐植酸的响应 [J]. 土壤通报，2011，42 (1)：112-116.

[19] 袁亮，赵秉强，林治安，等．增值尿素对小麦产量、氮肥利用率及肥料氮在土壤剖面中分布的影响 [J]. 植物营养与肥料学报，2014，20 (3)：620-628.

[20] 闫双堆，刘利军，洪坚平．腐植酸-尿素络合物对尿素转化及氮素释放的影响 [J]. 中国生态农业学报，2008，16 (1)：109-112.

[21] 李丽，武丽萍，成绍鑫．腐植酸磷肥的开发及其作用机理研究进展 [J]. 磷肥与复肥，1999，(3)：60-63；80.

[22] 杜振宇，王清华，刘方春，等．腐殖酸物质对磷在褐土中迁移的影响 [J]. 中国土壤与肥料，2012，(2)：14-17；50.

[23] 李志坚，林治安，赵秉强，等．增效磷肥对冬小麦产量和磷素利用率的影响 [J]. 植物营养与肥料学报，2013，19 (6)：1329-1336.

[24] 王曰鑫，侯宪文．腐植酸对土壤中无机磷活化效应的研究 [J]. 腐植酸，2005，(2)：7-14.

[25] 王振振，张超，史春余，等．腐植酸缓释钾肥对土壤钾素含量和甘薯吸收利用的影响 [J]. 植物营养与肥料学报，2012，18 (1)：253-259.

[26] 罗奇祥，涂枕梅，吁金诚．腐植酸和钾的相互关系研究初报 [J]. 江西腐植酸，1981，(2)：19-24.

[27] 柳洪鹃、张立明，史春余，等．腐植酸对甘薯吸收利用矿质元素的影响［J］．中国农学通报，2011，27（9）：171-175.

[28] 何立千．生物技术黄腐酸的研究和应用［M］．北京：化学工业出版社，1999.

[29] 张昭会，韩桂莲，付茂宁，等．黄腐酸锌对夏玉米产量的影响［J］．化肥工业，2018，45（4）：83-85.

[30] 樊成，刘运良．不同钙肥对苹果品质的影响及其作用机理［J］．腐植酸，2005，（5）：31-34，38.

[31] 许景刚，钱建民，李淑琴，等．不同硅肥及添加剂水水田可溶性硅的影响［J］．作物杂志，2014，（1）：137-139.

[32] 王宝申，高树青，姜海忱，等．腐植酸铁在苹果树上的应用研究［J］．腐植酸，2012，（3）：22-24.

[33] 曹大领，谢润生，聂强，等．富硒腐植酸肥料在小麦上的应用效果［J］．腐植酸，2012，（1）：17-22.

[34] 顾雪元，顾志忙，王晓蓉．土壤中腐殖酸对外源农用稀土生物可利用性的影响［J］．环境化学，2001，20（3）：229-231.

[35] 曾宪成，李双．大兴腐植酸肥料的历史使命［J］．腐植酸，2015，（6）：1-10；40.

[36] 李晓亮，张珊珊，张玉华，等．生物腐植酸对化学肥料的辅助作用及机理研究［J］．东北农业大学学报，2015，46（6）：47-55.

[37] 李晓亮，张珊珊，张玉华，等．生物腐植酸对化学肥料的辅助作用及机理研究［J］．东北农业大学学报，2015，46（6）：47-55.

[38] 丁方军，王洪凤，吴钦泉，等．腐植酸缓释肥料对花生农艺性状、品质及产量的影响［J］．腐植酸，2013，（3）：13-16.

[39] 梅慧生，杨玉明，张淑远，等．腐植酸钠对植物生长的刺激作用［J］．植物生理学报，1980，6（2）：133-140.

[40] Vaughan D，Malcolm R E. Soil Organic Matter and Biolgical Activity［M］. The Netherlands：Martinus Nijhoff Dordrecht，1985：37.

[41] Flaig W. Organic Matter and Soil Fertility［M］. New York：John Wiley & Sons Inc.，1968：723.

[42] 张瑜，王若楠，邱小倩，等．腐植酸对植物生长的促进作用［J］．腐植酸，2018（2）：5-9.

[43] 常晓春，段俊杰．悬浮种衣剂中壳聚糖黄腐酸复配成膜剂应用效果研究［J］．农学学报，2015，5（10）：60-63.

[44] Dobbss L B，Medici L O，Peres L E P，et al. Changes in root development of *Arabidopsis* promoted by organic matter from oxisols［J］. Annals of Applied Biology，2007，151（2）：199-211.

[45] 栾白，高同国，姜峰，等．微生物降解褐煤产生的黄腐酸对大豆种子萌发及主要抗氧化酶活性的影响［J］．大豆科学，2010，（4）：65-68.

[46] Nardi S，Pizzeghello D，Reniero F，et al. Chemical and biochemical properties of humic substances isolated from forest soils and plant growth［J］. Soil Science Society of America Journal，2000，64（2）：639-645.

[47] 张常书，彭红梅，刘媛媛，等．煤炭黄腐酸和生化黄腐酸界定研究［J］．腐植酸，2008，（2）：12-21；34.

[48] Garcia A C，Luiz R，Berbara L，et al. Humic acids of vermicompost as an ecological pathway to increase resistance of rice seedlings to water stress［J］. African Journal of Biotechnology，2012，11（13）：3125-3134.

[49] Chen Y and Stevenson F J. In：The Role of Organic Matter in Modern Agriculture［M］. Chen Y and Avnimelech. The Netherlands：Martinus Nijhoff Dordrecht，1986：73.

[50] 许旭旦，诸涵素，杨德兴，等．叶面喷施腐殖酸对小麦临界期干旱的生理调节作用的初步研究 [J]. 植物生理学报，1983，9 (4)：367-374.

[51] 刘广成，罗勇，李强，等．两种新型抗蒸腾剂对小麦抗旱增产效果的影响 [J]. 腐植酸，2014，(6)：13-19.

[52] 刘伟，刘景辉，萨如拉，等．腐植酸水溶肥料对燕麦叶片保护酶活性和渗透物质的影响 [J]. 灌溉排水学报，2014，33 (1)：107-109.

[53] 甘吉生，朱遐龄．抑制蒸腾剂的节水机理及应用技术研究验收评价报告 [J]. 腐植酸，1996 (4)：18-30，8.

[54] Garcia A C，Santos L A，Izquierdo F G，et al. Vermicompost humic acids as an ecological pathway to protect rice plant against oxidative stress [J]. Ecological Engineering，2012，47 (5)：203-208.

[55] 魏宝东，马明，李晓明，等．叶面喷施 VA 和钙混剂对番茄冷藏效果的影响 [J]. 食品科学，2013，34 (4)：275-279.

[56] 张忠良，刘列平，何菲．放线菌剂与腐植酸钾对魔芋抗病促生效果研究 [J]. 腐植酸，2014，(4)：45-49.

[57] Asik B B，Turan M A，Celik H，et al. Effect of humic substances on plant growth and mineral nutrients uptake of wheat under conditions of salinity [J]. Asian Journal of Crop Science，2009，1 (2)：87-95.

[58] 熊静，高杰云，刘伟，等．腐植酸钾对设施番茄苗期高盐和低温胁迫的缓解作用 [J]. 腐植酸，2015，(4)：9-14.

[59] Gholami H，Samavat S，Ardebili Z O. The alleviating effect of humic substances on the photosynthesis and yield of *plantago ovate* in salinity conditions [J]. International Research Journal of Applied & Basic Sciences，2013，4：1683-1686.

[60] 高同国，袁红莉，荣小焕，等．盐胁迫下黄腐酸对大豆种子萌发及抗氧化酶活性的影响 [J]. 腐植酸，2016，(6)：22-25.

[61] Flaig W. In：Hmimic Substances，Their Structure and Faction in Biolsphere [M]. Povoledo D. Wageningen，1975.

[62] 孙明强，王为民，成绍鑫．腐植酸尿素的分解释放机理与应用研究报告 [J]. 腐植酸，2003，(3)：12-18；26.

[63] 刘继培，刘唯一，周婕，等．施用腐植酸和生物肥对草莓品质、产量及土壤农化性状的影响 [J]. 农业资源与环境学报，2015，32 (01)：54-59.

[64] 柳洪鹃，李作梅，史春余，等．腐植酸提高食用型甘薯块根可溶性糖含量的生理基础 [J]. 作物学报，2011，37 (4)：711-716.

[65] 汤海涛，李卫东，孙玉桃，等．不同叶面肥对轻度重金属污染稻田水稻重金属积累调控效果研究 [J]. 湖南农业科学，2013 (1)：40-44.

[66] 何雨帆，刘宝庆，吴明文，等．腐植酸对小白菜吸收 Cd 的影响 [J]. 农业环境科学学报，2006，25 (增刊)：84-86.

[67] 许恩光．腐植酸类绿色环保农药 [M]. 北京：化学工业出版社，2007.

[68] 何秀院，许恩光，周永全．腐植酸铵对除草剂的增效试验研究 [J]. 农业科技通讯，2011，(3)：90-94.

[69] 戴树桂，承雪琨，刘广良，等．SDBS 及腐殖酸对涕灭威及其氧化产物水解的影响 [J]. 中国环境科

学，2002，22（3）：193-197.

[70] Mal'tseva E F，Filatov D A，Yudina N V，et al. Role of modified humic acids from peat in the detoxification of tebuconazole [J]. Solid Fuel Chemistry，2011，45（1）：62-67.

[71] 田忠科，张海军，郑森槟．腐植酸铜防止核桃树腐烂病病斑重发效果评价 [J]. 中国植保导刊，2017，37（2）：64-65.

[72] 汤明强，黄伙水，姚源琼，等．叶面肥喷施宝对芥蓝菜农药残留及抗氧化酶活性的效应 [J]. 中国农学通报，2014，30（31）：308-315.

[73] 王春良，李锋，刘晓丽，等．腐殖酸钠与四种农药混用对苹果黄蚜的增毒效果 [J]. 北方园艺，2011，（9）：163-164.

[74] 张彩凤，李善祥，李保庆．水溶性煤基酸对除草剂生物活性的影响 [J]. 腐植酸，2002，（2）：26-30.

10

第 10 章　畜牧养殖业中的应用

HS 在畜牧养殖业中的应用是它们生理活性的具体体现。波兰生理学家 Stanistaw（1972）通过大量研究得出结论认为，HA 不仅可作为廉价、无害的饲料添加剂，在促进动物生长发育，提高肉、蛋、奶产量和品质方面有明显效果，而且可当作一种消炎、免疫、抗菌药物使用。苏联 Kruglov[1] 概括了 HA 的动物作用机理，认为 HS 影响着动物的胚胎发育、呼吸速率和生长速度，并能提高幼畜的器官功能及对不利环境的耐受力。日本生物学家（1979）也认为 HA 可作为动物的激素类物质，能直接进入体内，促进细胞中酶的活性，增强新陈代谢功能，提高产量、品质和饲料效率。我国多年来的实践应用也证明了上述论断。

10.1　研究概况

20 世纪 60 年代初，日本就发布了煤炭 HA 作鸡鸭饲料添加剂的专利。到 70 年代，波、德、美、法和苏联相继报道 HA 作各种动物饲料添加剂以及有关机理研究的信息。Tolpa 等（1972）从低位泥炭中分离出的 HA 作为饲料添加剂，并作了组成分析，证明其中有较高生物活性的生物刺激素或抑制素，并认为它们在动物繁殖和医疗中具有重大意义，且没有毒副作用。Visser（1973）通过白鼠生理研究发现，HA 部分被体内吸收，可刺激机体代谢过程。HA 对于细胞膜的作用是降低各种有机成分的吸收率，增加 Mn、Fe、Cu、Zn 等无机元素的吸收。HA 作为兽药的信息主要来自原东德。他们用当地褐煤提取出的 HA 制成复合兽药（商品名“Kalumin”）治疗动物肠道病和皮肤病。Kühnert[2] 等试验发现，给患肠胃病的动物口服 0.5～1g HA/kg 体重，3～5d 后明显见效；用 0.1%浓度的 HA 能显著降低 Pb、Cd 在鼠体内的结合，降低其中毒的危险。

HA在我国畜牧养殖业中的应用始于1975年广东信宜县。当时大多数试验是在正规畜牧科研院所和兽医单位进行的，故可信度较高，这也是多年来HA在饲养业中应用能延续至今的重要基础。40多年来，HA在养殖方面的应用取得了不少数据，动物种类涉及猪、牛、羊、鹿、鸡、鸭、鹅、鸽、兔、貂、蚕等，以下介绍几种主要饲养动物的应用情况。

10.2 养猪中的应用

日本曾在《日本工业新闻》(1979) 中报道了畜牧界对天然HA作猪饲料添加剂的6大优点：①调整体内盐、碱平衡；②促进生长；③增强体质和免疫力；④仔猪断奶后迅速增重；⑤死亡率降低；⑥消除粪便臭味。我国的应用试验结果也基本相同。

10.2.1 提高体重、增重速度和繁殖性能

据广东、新疆、内蒙古、江西、山西等试验点统计，在猪日粮中添加0.02%～0.03%的HA-Na，或按每天每千克体重添加0.04g HA-Na，1～3个月后比对照组平均增重12%～37.8%，与化学刺激素喹乙醇的作用相当，特别对那些生长迟缓的猪的增重尤为明显。苏联的Kruglov[1]用泥炭NHA和氧化褐煤HA（均为商品制剂）按0.1g/kg喂猪，体重比对照增加10%～15%。申志宏等[3]在妊娠、哺乳期母猪饲料中添加0.4%～0.5%的HA-Na，产仔数、仔猪的初生重、断奶重和仔猪成活率都显著提高，且母猪食欲旺盛，精神状态良好。河北农业大学邢荷岩等(2018) 在种公猪饲料中添加HA，试验组猪的精子密度和活率增加，精子畸形率降低，说明HA对种公猪的繁殖性能有显著影响。

10.2.2 肉质和安全性

据有关部门的动物组织学鉴定[4]表明，饲喂HA-Na第一、第二代的猪的肉中重金属和甲胎蛋白（AFP）水平均属正常。血象、肝肾功能等病理学检测也未发现任何异常。肉质及安全系统鉴定证明，放射性剂量、内脏As含量、猪骨中F含量、油脂的含水率和微量元素、瘦肉率及总蛋白含量也都在正常范围，有的瘦肉率还有所提高。Chang等[5]研究还发现，在育肥猪日粮中添加FA能显著降低背膘厚度，这种变化可能与激素敏感脂肪酶活性增加及脂蛋白脂肪酶活性降低有关。常启发等[6]的检测也表明，HA对生长猪的血液生化指标无显著影响。Kruglov[1]的检测也发现NHA是非致癌性的，不产生蓄积性的毒性。这都说明用HA饲喂的猪肉是安全可靠的。

10.2.3 防治疾病

(1) 治疗仔猪腹泻（黄白痢） 据新疆阿克苏地区畜牧兽医站等 (1990) 报道，

当地仔猪黄白痢发病率高达50%以上，他们按0.1g HA-Na/kg喂仔猪，少数体弱者配合抗生素治疗，结果无一死亡，治愈率100%。试验还发现，HA-Na对仔猪黄白痢无预防作用，但给怀孕母猪喂HA-Na对产仔却有一定防效。天津实验动物中心[7]用“腐植酸基微生态制剂”（HA≥30%，乳酸菌、酵母、真菌等益生菌≥10^8CFU）对83例顽固性腹泻仔猪进行治疗，6日后治愈率达90%，而用传统药物（土霉素）治愈率仅26%。雅安农业局和四川农业大学动物营养所[8]的试验证明，在基础日粮中添加4g/kg的覆膜颗粒型腐植酸钠，日增重提高14.5%，腹泻率降低50.7%，与对照组差异达到极显著水平，与添加0.5g/kg硫酸新霉素预混剂的效果相当。

（2）防治胃肠道疾病　邢树基等（1989）用FA-Na治疗200例患卡他性或机能性胃肠道病猪的试验显示，有效率为94.7%，平均疗程为2.3d，其效果优于氯霉素和人工盐。类似情况还很普遍，特别是在胃肠道疾病多发季节，饲喂HA类添加剂的猪发病率明显减少。

（3）治疗口蹄疫　猪口蹄疫是一种烈性传染病，极不易控制。德国Schultz（1965）曾提出HA治疗口蹄疫的潜在用途。后来Neyts等（1992）发现HA像邻苯酚类化合物那样，对DNA病毒、单纯性疱疹病毒、细胞巨化病毒以及牛痘疔病毒等都能促使失活，为防治牲畜口蹄疫提供了科学依据。我国新疆莎东县两个猪场曾发生严重的猪口蹄疫，当地兽医站[9]用HA-Na涂敷、饲喂或冲洗，配合其他治疗，使病情较快地得到控制，显示出HA对口蹄疫病毒的抑制能力。

（4）提高免疫力　塔里木大学动物科技学院赵金香等（2008）对生长猪连续灌注浓度为100mg/kg的HA-Na（10mL/kg体重），10d后测定猪的Ea花环形成率和EAC花环形成率明显高于对照（分别高10和15个百分点），表明灌喂HA-Na的生长猪机体T淋巴细胞和B淋巴细胞介导的细胞免疫水平明显升高，Kunavue等[10]的研究发现，FA和益生菌都能提高仔猪的养分消化率和免疫力，效果优于抗生素。

10.3 养鸡鸭中的应用

10.3.1 提高产蛋率和孵化率

据日本的试验（1979）报道，HA用作鸡饲料添加剂，使产蛋率提高8%～15%，而且还能预防鸡的啄羽、啄尾和软脚病等。据我国应用试验统计，按日粮的0.1%～0.2%给蛋鸡饲喂HA-Na，或每只0.04～0.06g HA-Na/d，试验20～190d，产蛋率比对照增加5%～25%。河南黄河良种鸡场试验（1996）发现，试验组的鸡蛋出雏率比对照提高21.7%；此外，用0.5% HA-Na溶液浸泡过的鸡蛋出雏率也提高了17.2%。山上胜行等[11]研究了饲料中添加腐植酸对产蛋后期到末期蛋鸡生产性的影响，发现产蛋率随着饲养时间的推移而增加，且有抑制高龄蛋鸡产蛋率下降的作用。在控制鸡粪臭气的试验中，发现腐植酸添加比例越高，24h后氨气浓度越低，同时，对硫化氢和甲硫醇的生成也有抑制作用。任智慧等[12]发现在蛋鸡饲料中添加0.5%的HA-Na时，没有发生显著影响；添加1%时，显著提高产蛋率、降低料蛋比，并显著改善种蛋的受精率和孵化率；添加2%时，反而降低了生产水平。因此HA的饲用量对动物个体差异很大，都应通过具体试验，取得直接数据。生化黄腐酸（BFA）也有一定的效果。江龙海等[13]在蛋鸡日粮基础上添加0.05%的BFA。产蛋率提高3.86%，料蛋比降低4.53%，软/破蛋率降低41.3%，并降低死亡率，提高免疫力。黄玉亭等（1996）对蛋鸡饲用BFA后提高产蛋率5%～8%，还明显提高饲料报酬：每产1kg蛋降低饲料消耗0.55kg，蛋鸡死亡率也降低了60%。

10.3.2 提高体重和健康水平

饲喂HA类制剂后，鸡鸭普遍免疫力增强，生长状况良好。一般饲喂HA-Na 2～3个月内，肉鸡比对照增重7%～20%。此外，凡饲喂HA-Na的育雏鸡血红蛋白（Hb）含量和红细胞数都高于对照，证明HA有利于提高肌体的健康水平[14]。廖锦材等（1993）用风化煤HA作微生物碳源制取的蛋白饲料取代50%鱼粉饲喂仔鸡，成活率提高了20个百分点，日增重提高26.7%，饲料报酬提高将近1/3。侯少岩等[15]在肉鸡日粮中添加0.1%～0.2%的FA和0.5%～1%的黄连解毒散，明显促进肉鸡生长，提高肠道中有益菌数量和平衡菌群比例，其综合效果优于抗生素。乔利敏等[16]的在饲料中添加0.2%FA，0.02%微生态制剂、0.1%中草药提取物，与0.015%土霉素（抗生素）对比，发现前3组的产蛋率、鸡蛋蛋白质含量均高于抗生素组，脂肪和胆固醇均低于抗生素组。BFA也有类似的作用。陈会良等[17]在日粮中添加0.025%的BFA，肉鸭平均增重7.16%，降低料重3.45%，血清葡萄糖、血清总蛋白显著高于对照组，血清总胆固醇和无机磷浓度均显著低于对照组，说明添加BFA使肉鸭合成代谢加强，增加了蛋白质在体内的沉积，提高了机体免疫机能。

10.3.3 质量和安全性

苏秉文等（1984）的毒理研究表明，给鸡胚尿囊注射2% HA-Na（50mg/kg）或0.2% FA-Na（25mg/kg），未引起胚囊生长发育的不良影响，外部形态与解剖内脏未见畸变和毒性反应。另据北京海淀畜牧局（1983）检测，试验组鸡蛋的蛋清、蛋黄重量、蛋白质浓度、蛋壳的钙磷含量都比对照显著增加，鸡血糖无明显差异，血浆蛋白质和血脂明显提高。可见，HA类添加剂对鸡和蛋的质量安全性无影响。黑龙江八一农垦大学仇雪梅等（1997）在肉仔鸡日粮中添加 0.6%的 HA，发现明显提高了屠体品质，表现在屠宰率、胸肌率、腿肌率明显提高，腹脂率明显降低。

10.3.4　防治疾病

据报道[18]，欧洲法规已禁止在畜禽养殖中使用抗生素作为生长促进剂及以预防为目的添加剂，避免交叉耐药性的发展。于是，使用绿色饲料添加剂（益生菌、腐植酸、植物提取物）受到广泛关注。西班牙 Taragona 一家私人养殖试验场按体重 2g HA/kg 和 5g HA/kg 饲喂肉鸡，明显减少消化系统疾病和死亡率，提高了饲料转化率。我国的许多试验证明，HA-Na 对鸡瘟、呼吸道感染和鸡白痢有一定疗效[4]。黄继冶[19]用 HA 配合土霉素治疗伊萨公鸡苗的白痢病，证明复合治疗的效果极为明显，除提高了增长速度外，因白痢死亡率显著降低。

据蒋安文等[4]报道，用日粮的 0.2%HA-Na 对 500 只肉鸡进行试验显示，除使鸡平均增重 11.4%外，呼吸道感染发病率减少 75%，沙门菌感染减少 45%，还节省了饲料 9.6%。程郁昕等[20]在 AA 肉鸡日粮中添加 HA-Na，考察其免疫器官指数，发现 HA-Na 可极显著增加了法氏囊指数，显著增加脾脏指数，并有增加胸腺指数的趋势，证明 HA 可明显增强肉鸡免疫力，推荐添加 HA-Na 剂量为 1.5g/kg 日粮。

10.4　饲养牛、羊、鹿中的应用

牛、羊和鹿属于反刍动物，除用通常的 HA 物质作饲料添加剂外，用 HA+尿素混合物或 HA-尿素复合物（UHA）具有特殊的功能。反刍动物有 4 个胃囊，其一大特点是具有把氨和尿素之类的非蛋白 N 消化转化为蛋白 N 的功能。尿素 N 含量高达 46%，1kg 尿素相当于 2.6～2.8kg 粗蛋白或 7kg 豆饼。为节省粮食，提高产奶、产肉率，国内外多年来已公认用尿素作为反刍动物的氮素补充来源。但单纯食用尿素或饲用不当，可能使尿素分解太快，有导致氨中毒的危险。试验证明，HA 能增强瘤胃中消化酶以及 N 转化微生物的活性，提高尿素酰胺 N 转化为蛋白 N 的速度和数量，防止动物中毒。因此，用 HA+尿素或 UHA 饲喂动物，既能保证安全，又提高了 N 的营养利用率。

10.4.1　提高消化功能和肉产量

据苏联泥炭工业科学研究所（VNITP）（1988）报道，在日粮中添加 4%的氧化泥炭 HA 盐+尿素复合物饲喂小牛，比对照增重 15.4%；如果另加 4%的石灰，增重率达 18.2%。日本田邊等（1968）在牛饲料中添加 4%的 UHA，4 个月体重比对照多 20%。喂羊也取得同样效果。王忠信等（1991）报道，内蒙古某地用每头 4g HA/d 喂羊，体重比添加喹乙醇（0.025g/d）高 11.55%，比空白对照高 2.2 倍。新疆农业大学王彩霞等[21]的试验表明，饲喂 HA-Na 可使绵羊瘤胃 pH 和铵态氮浓度降低，显著提高干物质、有机物在胃内的消化，提高瘤胃微生物合成作用。宁夏农林科学院畜牧兽医所梅宁安等[22]在育肥肉羊日粮中添加 1%的 HA-Na，试验 60d，与等养分的对照组相比，平均增重 8.72%，料重比下降 5.08%，每只毛利增加 20.7 元，经济效益提高 10.8%。屠宰测定也表明肉质有所改善，大、小肠长度分别增加 26%和 19.6%，这与 HA 促进消化吸收功能有关。

10.4.2 提高奶、毛产量和质量

据新疆、内蒙古、山西等地的试验统计，按每天每头牛饲喂 30g HA-Na，试验期 2～3 个月，一般增产牛奶 16.5%～29.4%，或平均每头多产奶 790g/d，乳脂率由 3.97%提高到 4.26%，并且每产 1kg 奶节省精料 0.14kg。山西泽州畜牧局王内贵[23]在添加 HA-Na 的同时，又在饲料中每头牛添加 80g 尿素/d，未见中毒现象，且奶产量每头牛增加 2.9kg/d，但不加 HA-Na 时，每头牛 60g/d 就出现中毒症状。王忠信等（1992）的试验表明，给奶牛饲喂 UHA 60d，试验结果与王内贵的基本相同。东北农业大学和黑龙江科学院[24]将 HA(0.2kg/头)+EM 原露（5 种有益菌群的复合物）配合饲用，每头牛产奶量增加 15.79%，纯增收 1719 元，相较单用 HA 和 EM 原露效果显著，证明二者有互补增效作用。同时，牛舍恶臭明显降低，硫化氢减少 65.12%，苍蝇密度减少 65.63%，养殖环境有明显改善。姚华等[25]在基础日粮中添加 40g/kg 的风化煤黄腐酸，每头奶牛日产奶量提高 31.2kg，试验后期炎热季节（27～35d）效果更为明显，证明添加 FA 能维持炎热季节奶牛产奶性能的稳定，提高奶牛抗应激能力。于长青等[26]在奶牛饲料中添加风化煤 FA，发现试验组产奶量、奶中乳蛋白、乳脂肪、乳糖和干物质均有所提高，而试验病组体细胞数（衡量是否患有乳房炎的重要指标）则显著下降，由 163×10^4 个/mL 降至 47×10^4 个/mL，达到国家标准一级奶体细胞含量要求，说明 FA 可有效提高奶牛健康水平，改善奶产品质量。此外，新疆哈密市畜牧兽医站[9]试验表明，饲喂 HA-Na（按饲料重量的 2%）使羊毛产量提高 5.85%～6.8%。

10.4.3 提高鹿茸产量和质量

北京市东风农场（1983）在 3 个月内按每头 4～16g/d（逐月递增）给鹿喂 HA-Na 后生长状况改善，鲜、干鹿茸分别比对照增加 6.7%和 5.6%。鹿茸质量检测表明，饲喂 HA-Na 后氨基酸含量提高 2.01%。血液分析表明，鹿的血小板红小球、血红蛋白、中性多核白细胞、血清蛋白均有不同程度提高，这都是体质增强的标志。魏法存等（1994）的同类试验也获得干鹿茸产量每头提高 50～150g 的良好效果。此外，将 HA-Na 用于锯茸止血，效果与常用止血粉相同，而且有防止创面

感染、促进愈合的功能。

10.4.4　防治疾病

（1）防治隐性乳房炎　隐性乳房炎是奶牛常见病和多发病。据国际奶牛联合会统计，此病发病率高达50%以上，是制约奶牛健康和奶产量的主要因素。内蒙古一些单位[27]用HA-Na（每头25g/d）治疗隐性乳房炎，从第8天到第58天的治愈率分别为15.71%～52.38%，有效率依次为55.71%～84.76%。停止添加HA-Na 30d和60d，巩固率分别为93.60%和73.25%。试验还发现，饲喂HA-Na的牛血中淋巴细胞转化率由47.5%提高到57.1%，乳清球蛋白也有所增加，表明免疫功能的增强。刘福才等[28]在精料中按每头饲喂40g/d拌入HA-Na，连续30d，产奶量与对照差异不大，但CMT法检测发现，试验组在添加HA-Na后隐形乳房炎比前下降了60.8%，比对照组（不饲用HA-Na）下降了59.1%。杨晓松等[29]对泌乳奶牛饲喂BFA，证明对奶牛乳房炎、隐性乳房炎有效预防率100%，治愈率80%，同时产奶量提高14.94%。

（2）防治山羊和羔羊疾病　山羊流产是影响山羊繁殖的主要问题之一。普遍认为，我国内蒙古地区该情况是由大风寒流、草场退化、饮水不足以及寄生虫侵袭等恶劣自然条件造成的营养不良、抗病能力低下、某些病原菌感染而引起的。内蒙古鄂托克旗某畜牧站（1997）用HA-Na为主要原料配制的“保胎粉”治疗山羊流产3年，流产率由原来的19.4%～28.05%下降到1.62%～7.69%，且产后发病率也明显降低。羔羊肠道疾病的发病率也较高。内蒙古部分地区坚持3年用HA制剂治疗羔羊痢，治愈率达83.3%～98.1%。新疆一些畜牧站[30]用HA-Na治疗羔羊下痢，其中单纯性消化不良100%痊愈，中毒性消化不良92.8%痊愈，痢疾75%痊愈。羔羊口腔炎是传染性很强的疾病，在新疆的发病率几乎100%，严重影响病羔哺乳，导致羔羊营养不良，并常因继发性感染而死亡。用0.5g HA粉剂涂抹或4% HA-Na溶液冲洗，治愈率达97.7%以上[9]。

10.4.5　肉质和安全性

日本高桥等（1975）用添加HA（0.3%）和NHA（0.5%）的饲料喂肉牛，对牛的部位肉、血清和内脏一般成分和矿物质检测结果均与对照无重大差别，认为添加HA和NHA不存在安全问题。北京农场局饲料公司（1982）用UHA喂肉牛，血氨测定数据在正常范围，表明远离中毒极限，使用安全；肉牛Ames试验显阴性，证明不会引起基因突变。

10.5　水产养殖中的应用

水产界提出“综合治理，健康养殖”的管理方针，即摒弃单纯“以药对病”的模式，实施生态良性循环的措施，对养殖环境实行全过程清洁控制，生产出符合绿色食品标准的水产品。这种情况下，再次唤起人们对腐植酸类制剂用于水产养殖的兴趣。有关应用情况归纳如下。

10.5.1 提高产量，减少疾病和污染

实践证明饲用HA-Na后鱼的摄食量增加，仔鱼抗病能力和成活率明显提高。据报道，河北柏各庄垦区鱼种场将饲料玉米面用4%浓度的HA-Na浸泡，制成饲料喂鱼，40d后白鲢鱼和草鱼的成活率分别比对照高298.4%和24.5%，增重比对照多190.8%和34.5%。瞿林川等（1999）用改性腐植酸制剂FA-1喂养河蟹6个月，亩产增加20kg，产/投比55∶1；用FA溶液浸泡幼蟹，成活率提高10%；给甲鱼饲喂FA，平均增重提高5.7%，成活率提高12.14%。HA对防治某些常见病也有一定效果，如北京海淀区畜牧水产局（1983）用浓度为0.02%的HA-Na处理感染白皮病和水霉病的鱼，7～10d后痊愈，成活率100%，而对照组死亡率7.5%。南京水产科研所朱银安等[31]在青虾饲料中添加0.03%的HA-Na，增重率比对照快50.2%，明显优于L-肉毒碱、甜菜碱和喹乙醇。中科院应用生态所薛德林等[32]对腐植酸、豆粕和玉米浆粉通过微生物发酵制成腐植酸发酵肽，与芽孢杆菌、嗜酸乳杆菌在海刺参和基围虾混合大面积养殖试验表明，海刺参增重45.02%，净收益增加1040元/亩；基围虾增重30.28%，净收益增加250元/亩。他们还将HA-Na（5～10g/m^3）与枯草芽孢杆菌（10～15mL/m^3）生物制剂用于海参养殖，使成参增产11.32%～17.82%，并可净化水质，有效减少由于弧菌引起的海参周身腐烂病、肠道病等病害。他们在大连海参养殖基地的试验表明，应用BFA等复合制剂使海参幼体烂边病、烂胃病发病率降低了一半。乌兰等[33]在基础饲料中添加0.3%的FA，30d后测定鲫鱼肌肉营养成分，发现肌肉中花生四烯酸（AA）、α-亚油酸、二十二碳六烯酸（DHA）、二十碳五烯酸（EPA）等多不饱和脂肪酸含量显著提高，而且鱼血清溶菌酶（LSZ）、超氧化歧化酶（SOD）、碱性磷酸酶（AKP）活力也均有所提高，说明FA对增强鲫鱼免疫机能及相关酶活性、提高肌肉品质有积极作用。浙江海洋学院李志伟等（2016）在台湾泥鳅饲料中添加1%的褐煤FA，发现溶菌酶、磷酸酶、免疫球蛋白M活性都明显提高，表明FA可提高泥鳅肠道免疫功能。

10.5.2 调节养殖池水质

保持养殖池水质的良好生物化学环境是保证水生动物健康和优质高产的基本条件。养鱼池中不断积累的排泄物经嫌气分解会生成NH_3，随着水中溶解NH_3的增加，pH逐渐提高。当pH值超过9.5时鱼类生命活动就显迟钝。特别是当水中N含量和pH都很高时，氧含量明显下降，未分解的有机污染物增加，植物性浮游生

物减少，水质就急剧恶化，鱼虾就进入濒死状态。鱼池最适宜的 pH 范围是 7.7～9.0，在此条件下最适于供养源——蓝藻类浮游生物的生存。首先，在鱼池中加入 HA 有利于调整 H^+ 浓度，调节水的酸碱度，促使其维持在正常范围。其次，HA 能吸附水中 NH_3 和 H_2S，起到净化水体的作用。第三，HA 与多种重金属离子作用形成不溶性螯合物，减少过量水溶有害重金属对鱼虾的毒害。同时，蓝藻对必需的金属离子组成的平衡极其敏感，HA 可能对此平衡过程起缓冲作用。第四，HA 对有益藻类的生长和生化代谢有促进作用。日本台尔纳特公司（1974）用褐煤、泥炭、树皮发酵产物经硝酸氧化制成 NHA 或硝基黄腐酸（NFA）的 K、Ca、Fe 等盐类，放入鳗鱼池（9kg 干粉/100m^3 水），使水质明显改善，鳗鱼产量显著增加。徐尚平等[34]通过阳离子半透膜试验表明，鱼鳃对络合态的 Cu 的吸收量比游离态 Cu^{2+} 低一半左右。显然，HA 处理过的水有可能减少或防止重金属对鱼的污染，为提高鱼类食品安全提供了新思路。中科院青岛海洋所的试验表明[35]，按 5mg/L 在养殖池中添加改性 HA 制成的对虾育苗增效剂，有效地解除了重金属（Cu^{2+}、Zn^{2+} 等）毒性，净化了水质，使对虾受精卵孵化率从原来的 40%提高到 90%以上，无节幼体出池时间提早 1～2d，出池成活率高达 89%（用 2mg/L 的 EDTA 成活率仅 74%），对饵料单胞藻生长也有促进作用，其总体效果优于 EDTA。佛山植宝化工公司（2003）将 HA 与一定比例的 K^+、Fe^{2+}、Mg^{2+}、Mn^{2+} 和 B 族维生素配合制成营养液，再混入黏土、细砂和聚乙烯醇黏结剂，制成用于水族箱底部的颗粒基质，可保持水质清澈，使水草繁茂，提高鱼类观赏性。李瑞波等[36]经过 20 多年的探索与实践，形成独特的技术路线：用生物发酵腐植酸（BHA）为基础制成水质、底质改良剂系列产品，在清洁水质、减少毒物、抑制病害、增加有益菌群、提高鱼虾免疫力等方面有明显效果，平均增产率 28.8%，产/投比为 52∶1，已在南方养殖池中广泛应用。此外，在养殖水池中投入 10mg/L 的 HA-Na 和 1.2×10^3cfu/mL 的枯草芽孢杆菌混合剂对水体中氨氮和亚硝酸盐处理效果较好[37]。陈金和等[38]的研究表明，在鱼塘中施用浓度为 10mg/kg 的含硒 HA-Na 溶液，明显降低鱼塘 BOD、总氮、总磷含量，并提高鱼成活率 13.5%，提高鱼产量 14.78%；在海水中用 10mg/kg 的含硒 HA-Na 处理，鱼虾受精卵孵化率从对照的 62%提高到 95%。含硒 HA-Na 还可替代 EDTA 用于虾蟹育苗时的海水处理，降低重金属离子对鱼虾幼苗的毒性，证明其是一种理想的底质和水质改良剂。

10.6　生理和药理作用研究

国内外有关 HA 对动物的生理、药理作用研究报道很多，大致可以归纳如下几例。

（1）促进营养物质消化吸收　Vucskits 等[39]认为，一方面 HA 可刺激胃肠壁黏膜，促进胃液分泌，使动物食欲增加，并刺激副交感神经兴奋，提高腺体分泌，并促进机体对营养的消化，提高己糖激酶和消化酶活性，进而提高饲料转化率。另一方面，HA 进入肠道后，能抑制病菌繁殖，促进益生菌生长，维持肠道菌群平衡，并促进肠道黏膜绒毛的生长，增大肠道吸收面积，进而提高机体对营养物质的消化吸收。

（2）抗炎抑菌和解毒　HA 可通过黏附到炎症区域附近的血管，阻止有毒物质和炎症细胞的释放和迁移，还可抑制补体激活、吞噬细胞脱粒和炎症相关因子的释放[40]。HA 的含氧活性基团可激活氧化酶活性，醌-酚结构及芳香共轭体系对自由基有清除作用；当机体内存在毒性物质时，HA 可形成不溶性或不可吸收的络合物形态，达到解毒作用[41]。另外，HA 可使核糖核苷酸单链与病毒细胞中的碱基合成多种蛋白质，从而使病毒失去原有的侵害作用。HA-Na 对大肠杆菌还有明显的抑制效果[42]。吕景刚等[43]的研究表明，延边兽药厂生产的 FA-Na 复方注射液对小白鼠炎症抑制率达 66.3％～67.6％。

（3）增强免疫力　HA 增强动物机体免疫力与其在体内形成复合糖的能力有关。它们作为细胞间相互作用的调节剂，可保持免疫系统活性的平衡，激活身体抵抗力，提高吞噬活性，达到防病的目的[44]。动物食用 HA 后，脾脏 T 细胞活性和 B 细胞活性显著提高，淋巴细胞计数增加，表明细胞和体液免疫力增强[45]；注射 FA-Na 复方注射液后，对迟发性变态反应有较强的抑制作用，从肾上腺、胸腺、脾腺都增重可说明 FA-Na 有较强的免疫功能[43]。

（4）环境氨气减少　研究表明，当空气中氨气的浓度大于 50mg/kg 时，猪的生长速度降低。因此，降低空气中氨的浓度有利于动物生长与健康。Parker 等[46]发现，饲用 HA 可使动物排泄物中挥发性氨减少 64％，并提高其 N/P 比例。同时，HA 可与食物分解产生的氨发生反应，能高效利用非蛋白氮，降低肠道内容物，增强代谢过程，减少氨气产生，降低臭味。

（5）抗氧化作用　HA 中的醌基结构可参与生物体中单电子氧化还原过程，促进体外黄嘌呤氧化酶-黄嘌呤体系产生超氧自由基（$\cdot O_2^-$），对动物体组织细胞脂质过氧化作用有一定抑制作用。饲喂含 HA 饲料的动物，其肝脏、肌肉组织中的丙二醛含量降低，过氧化物酶、过氧化歧化酶以及谷胱甘肽过氧化氢转移酶活性提高。

（6）抗基因突变　Zsindely 等（1971）通过口服 HA 治疗小鼠细胞水肿的机理发现，HA 不仅减少了浮肿液体量和水肿细胞数，而且还减少了肿瘤组织中 DNA 数量，并改变了氨基酸组成，提示 HA 可能具有抗基因突变的功能。

此外，在 BFA 中除了 HA 外，还含有相当数量的氨基酸、核酸、维生素、肌醇、多糖、活性菌株和酶类等，直接参与新陈代谢，修复生物膜，提高细胞活力以及抑制交感神经兴奋，增强消化系统及各器官功能，降低体温、延长睡眠时间，从而减少消耗，提高饲料利用效率。

10.7　腐植酸类饲料添加剂

腐植酸类饲料添加剂大致可分为以下几种。

（1）FA、HA、NHA、BFA 及其盐类（包括 NH_4^+、Na^+、K^+、Ca^{2+} 盐）　如白俄罗斯（1988）用 HNO_3 氧化泥炭后再用氨中和、离心去渣、液体干燥成粉末，作为幼猪“催壮素”。日本专利（JP 7220101，1972）报道，制取 NHA-Ca 的简单方法是：100 份 NHA＋100 份左右的水＋2～5 份 Ca（用石灰）混合、干燥。

（2）HA 或 NHA 与尿素的复合物　据日本专利（昭 43-30454，1968）报道，此类复合物的简单制法是将 HA 与尿素（约 1∶4）混合，在 100～150℃熔融而成。采用 $HA\text{-}Na^+$ 尿素机械混合产物也有一定效果。

（3）低级别煤水解或发酵制糖化饲料以及蛋白酵母　苏联、日本、德国和我国均有这方面的报道。

（4）复合添加剂　不少研究单位和生产企业将 HA 或 FA 与微量元素、多种维生素、常用药物、微生物菌群等（其中一种或多种）混合制成复合添加剂。此类复合制剂一般有针对性，用于特定的动物饲料或治疗某种疾病。如广州博善生物科技公司与中科院沈阳应用生态所合作研发的枯草芽孢杆菌（BS18）＋HA-Na 复合制剂，用作牲畜饲料添加剂的效果比分别添加 BS18 和 HA-Na 更好。

10.8　存在问题及建议

腐植酸类物质作为一类廉价、有效、无毒、无害的饲料添加剂以及某些辅助药物，应用效果显著，在国内外已得到广泛认可。20 世纪 80～90 年代，我国河南巩义、吉林延边、山西太原、大同等某些药厂曾取得生产许可证，生产的 HA 类药物进入兽药市场。近年来 HA 在饲养业中的推广应用进展不大。究其原因，一是饲料、兽药管理体制与 HA 的研究开发脱节，导致这方面工作缺少人才，研究开发濒于停顿。二是应用中出现一些问题，但没有认真总结和深入探讨，其中少数因成分混杂、工艺粗糙、试验不严谨造成的使用效果不稳定或存在某些安全隐患，是阻碍 HA 通过饲料添加剂和药物审批、影响进一步推广应用的主要因素。如有人发现牛羊饲喂腐植酸尿素（UHA）效果不明显，甚至出现轻度氨中毒现象。有人还发现饲用 HA 导致矿物质养分流失的现象。如 Zraly 等[47]发现，在断奶仔猪日粮中添加 HA-Na，检测血液中葡萄糖、甘油三酯、钙和铁含量都显著增加，促进了仔猪生长速度，但血液中和组织器官中锰和硒等微量元素含量却下降了。周占琴等[48]在每只山羊饲料中添加 4gHA-Na/d，试验 30d 后发现羊奶中 Cu、Zn 含量仅分别为对照组的 53.57%和 38.07%，而粪便中 Ca、P、Fe、Cu 和 Zn 含量是对照组的 1.23～1.68 倍，熊忙利等（2014）同样发现饲喂 HA-Na 的奶牛奶样中这 5 种矿物元素含量均低于对照组，而粪便中的这些元素却比对照组的高。这些结果表明，补饲 HA-Na 可能导致矿物元素过量流失，利用率下降。

此类研究报道虽然不多，但足以引起 HA 界的高度重视。有关专家建议：①继续注重原料的选择和应用基础研究。不同来源的 HA 的生物活性和医药作用差异较大，应在国内选择评价一两个已知活性较高的 HA 样品，从实验室到饲养场，从药理到临床，从营养、生理、药理、病理、毒理学等方面继续进行全面深入细致的研究，确实找到 HA 组成结构与生物活性或药理作用之间的联系。②提高样品纯度，控制杂质成分，制定相关法规和标准，尽快实现 HA 饲料和药剂的标准化。③HA 和 FA 的饲喂量，一直是经验性的，至今无严格的试验资料。应针对具体情况，通过严格的试验和统计分析，确定不同动物的饲喂量。白会新等[49]通过育肥猪对 FA 的耐受性试验发现，饲料中添加 6%的煤炭 FA 样品（实际 FA 样品中的 FA 含量为 12%）后血液生化指标无不利影响，而肝脏有轻微病变但不影响猪正常生长，就确认其对 FA 的耐受剂量是 6%，不合理。任何饲料添加剂的试验方案都应根据动物种类、品种、体重、营养状况、地理环境、HA 类型等进行科学设计，现场试验都应严格规范，随时调整，更要循序渐进。再如 UHA 的饲用，也不能随意盲目添加。往往由于饲用不当而出现效果不佳甚至不良反应，导致试验失败，故首先应控制原日粮中的蛋白质含量保持 8%～12%时，再逐步添加 UHA，其加量以蛋白质总量（理论值）达到 16%～18%为准。④与农作物一样，动物饲用 HA 的刺激活性的提高应与适当增加营养相配合，以便起到相得益彰的效果。正如 Kruglov[1]所说，NHA 是真正的生长刺激剂，只有在给动物以足够的高蛋白口粮时才最有效。又如 S 和 Co 是反刍动物瘤胃细菌合成氨基酸所需的重要元素，只有适当补充 S 和 Co 才更有利于 UHA 中 N 的吸收、转化和利用。

参 考 文 献

[1] Kruglov V P. 发展一种基于泥炭的硝基腐植酸盐动植物生长刺激剂的生产工艺 [J]. 郑平，译．腐植酸，1993 (1)：38-41.

[2] Kühnert M. In：Lehrbuch der Pharmakologie und Toxikologie für die Veterinärmedizin [M]. Frey H H, Löscher W. Stuttgart：Ferddinand Enke，1996：675.

[3] 申志宏，王内贵．妊娠、哺乳期母猪饲料中添加腐植酸钠的效果 [J]. 养殖技术顾问，2004，(11)：17.

[4]　蒋安文，刘维华，张金斌，等．腐植酸钠兽医药理学研究进展 [J]. 腐植酸，2000，(2)：8-11.

[5]　Chang Q，Lu Z，He M，et al. Effects of dietary supplementation of fulvic acid on lipid metabolism of finishing pigs [J]. Journal of Animal Science，2014，92 (11)：4921-4926.

[6]　常启发，白会新，石宝明，等．黄腐酸对生长猪生长性能、血清生化指标、血常规参数和免疫功能的影响 [J]. 动物营养学报，2013，25 (8)：1842-1863.

[7]　王东卫，葛慎锋，王明弟．腐植酸基微生态制剂治疗仔猪腹泻效果初步观察 [J]. 腐植酸，2013，(3)：19-21.

[8]　赵必迁，周安国．覆膜颗粒型腐植酸钠对断奶仔猪生产性能的影响 [J]. 广东饲料，2013，22 (2)：36-38.

[9]　李涛．腐植酸在新疆畜牧兽医方面的应用 [M]. 江西腐植酸．1986，(1)：59-65.

[10]　Kunavue N，Lien T F. Effects of fulvic acid and probiotic on growth performance，nutrient digestibility，blood parameters and immunity of pigs [J]. Journal of Animal Science Advances，2012，2 (8)：711-721.

[11]　山上胜行，吉田きゃか，内村正幸，等．腐植酸对蛋鸡的生产性及质量的影响 [J]. 房慧，译．腐植酸，2014，(5)：28-36.

[12]　任智慧，魏忠伟，罗明利．腐植酸钠对尼克红父母代蛋种鸡生产性能的影响 [J]. 畜牧兽医杂志，2009，28 (6)：5-6.

[13]　江龙海，谢社利．生化黄腐酸对蛋鸡生产性能的影响 [J]. 当代畜牧，2002，(1)：26-27.

[14]　李中兴．腐植酸复合饲料添加剂试产和应用 [J]. 江西腐植酸，1986，(4)：38-41.

[15]　侯少岩，袁亚莉，杜朋飞，等．黄腐酸联合黄连解毒散对肉鸡肠道功能影响的研究 [J]. 饲料工业，2017，38 (6)：41-46.

[16]　乔利敏，乔富强，姚华．几种添加剂替代抗生素在蛋鸡生产中的应用研究 [J]. 黑龙江畜牧兽医，2015，(4)：113-116.

[17]　陈会良，鲍广刚，王艳．生化黄腐酸对肉鸭增重和血清生化指标的影响 [J]. 黑龙江畜牧兽医，2005，(6)：34-35.

[18]　Tazzoli M. 腐植酸对肉鸡的影响 [J]. 朱丽萍，译．国外畜牧学——猪与禽，2016，36 (9)：33-34.

[19]　黄继治．多元素饲料添加剂防治鸡病效果观察 [J]. 腐植酸，1993 (2)：43-44.

[20]　程郁昕，陈连花．腐植酸钠对 AA 肉鸡免疫器官生长发育的影响 [J]. 当代畜牧，2010，(7)：30-31.

[21]　王彩霞，杨开伦，刘娜娜，等．腐植酸钠对绵羊瘤胃消化代谢的影响 [J]. 中国食草动物，2008，28 (4)：20-23.

[22]　梅宁安，丁建宁，陈桂芬．日粮中添加腐植酸钠生长素对育肥肉羊生长性能的影响 [J]. 当代畜牧，2014，(1 月下旬刊)：36-37.

[23]　王内贵．腐植酸钠在畜禽业的应用初探 [J]. 腐植酸，1990，(4)：41-45.

[24]　彭亚会，马献发，修立春．腐植酸与 EM 原露配合使用在奶牛饲养中的应用效果研究 [J]. 腐植酸，2005，(3)：33-36.

[25]　姚华，王蕾，王慧明，等．黄腐酸对炎热季节奶牛生产性能的影响 [J]. 中国奶牛，2012，(7)：13-16.

[26]　于长青，陈大勇，魏传玉，等．黄腐酸对奶牛 DHI 部分指标的影响 [J]. 饲料广角，2011，(9)：48-49.

[27]　王忠信，董志成，张秀珍，等．腐植酸饲料添加剂用于防治奶牛隐性乳房炎的试验研究 [J]. 腐植酸，

1990，(2)：25-29.

[28] 刘福才，吐日根白乙拉，刘俊杰，等．腐植酸钠对奶牛产奶量和隐性乳房炎的影响 [J]. 当代畜禽养殖业，2008，(4)：10-12.

[29] 杨晓松，李良臣，高丽娟，等．生化黄腐酸对奶牛乳房炎和生产性能的影响 [J]. 畜牧与饲料科学，2010，31 (6-7)：230-232.

[30] 新疆拜城县畜牧兽医站，阿克苏地区畜牧兽医站．腐植酸钠对 76 例羔羊拉稀病的疗效观察及临床分析 [J]. 腐植酸，1990，(2)：39-41.

[31] 朱银安，王庆，单红．腐植酸钠添加剂在青虾饲料应用中的促生长效果试验 [J]. 水产养殖，2009，30 (10)：63-64.

[32] 薛德林，柳学成，程贵良，等．腐植酸发酵肽、枯草芽孢杆菌、嗜酸乳杆菌在海刺参与基围虾混养中的应用 [J]. 腐植酸，2018，(3)：56-63.

[33] 乌兰，罗旭光，高艳．黄腐酸对鲫鱼肌肉营养成分的影响 [J]. 饲料工业，2015，36 (22)：29-31.

[34] 徐尚平，陶澍．腐殖酸络合态铜对鱼的生物有效性 [J]. 环境化学，1999，18 (6)：547-551.

[35] 韩丽君，曹文达．对虾育苗增效剂络合重金属离子的研究 [J]. 海洋科学，1990，(5)：49-52.

[36] 李瑞波．生物腐植酸与水产健康养殖 [J]. 腐植酸，2011 (6)：7-10.

[37] 赵铭武，刘青．枯草芽孢杆菌与腐植酸钠合剂净水效果研究 [J]. 水产养殖，2016，37 (4)：23-26.

[38] 陈金和，黄雪根．硒腐植酸钠对水产养殖的影响 [J]. 腐植酸，2012，(1)：23-25.

[39] Vucskits A V，Hullár I，Bersényi A，et al. Effect of fulvic and humic acids on performance，immune response and thyroid function in rats [J]. Journal of animal physiology and animal nutrition，2010，94 (6)：721-728.

[40] Van Rensburg C E J，Naude P J W，Potassium humate inhibits the production of inflammatory cytokines and complement activation in vitro [J]. Inflammation，2009，32 (4)：270-276.

[41] Aeschbacher M，Graf C，Schwarzenbach R P，et al. Antioxidant properties of humic substances [J]. Environmental Science & Technology，2012，46 (9)：4916-4925.

[42] 娜仁高娃，安晓萍，齐景伟，等．腐植酸钠对大肠杆菌的抑制作用研究 [J]. 中国畜牧兽医，2014，41 (8)：228-231.

[43] 吕景刚，池龙郁，林忠德，等．复方黄腐酸钠注射液的研究和应用 [J]. 腐植酸，1999，(3)：33-34.

[44] Riede U N，Zeck-Kapp G，Freudenberg N，et al. Humate-induced activation of human granulocytes [J]. Virchows Archiv B Cell Pathology Zell-Pathologie，1991，60 (1)：27-34.

[45] 薄芯，李京霞，赵文睿．BFA 对小鼠脾脏 T 淋巴细胞增殖活性影响的初步研究 [J]. 北京联合大学学报，2002，16 (4)：69-71.

[46] Parker D，Auvermann B，Greene W. Effect of chemical treatments，ration composition and feeding strategies on gaseous emmissions and odor potential of cattle feedyards [J]. Pre-publication Texas A&M Extension Service，2001.

[47] Zraly Y Z，Psaĭkov Á B. Effect of sodium humate on the content of trace elements in organs of weaned piglets [J]. Acta Veterinary Brno，2010，79：73-79.

[48] 周占琴，孟桂东．山羊饲料中添加腐植酸钠对矿物元素利用的影响 [J]. 中国畜牧兽医，2007，34 (3)：21-23.

[49] 白会新，王靓靓，翟宝库，等．猪对功能性饲料黄腐酸的耐受性评价研究 [J]. 猪业科学，2018，35 (7)，96-98.

11

第 11 章　环境保护中的应用

20 世纪末，绿色浪潮的兴起和生态可持续发展战略的实施，成为人类从忧患走向觉醒的标志，但在某些具体环境保护措施上，人们仍显得束手无策，其中一个重要原因是技术经济问题，在化工环保方面尤为突出。昂贵的处理药剂往往使企业望而却步，有的“三废”处理费用可能超过产品本身的成本。探寻廉价易得、效果显著的环保材料和相关技术，是不少化工环保行业的强烈愿望。把腐植酸类物质（HS）作为廉价环保材料，无疑是一种明智的选择。科学家提出 4 类 14 项环保和生态恢复方面的技术措施，其中直接涉及 HA 的就有 8 项，包括土壤、水体、大气、生物群落、生态、景观等[1]。多年来，基础研究和应用试验已取得了可喜进展，本章作了综合整理，与读者共同探讨。

11.1　含重金属废水的处理

11.1.1　概况

化工、电镀、冶炼等工厂排放出的含 Cr^{6+}、Hg^{2+}、Cd^{2+}、Pb^{2+} 等废水，是造成江河湖海重金属污染的主要原因之一。目前处理的方法有化学沉淀和絮凝法、膜分离法、离子交换和吸附法、溶剂萃取法、电渗析法、微生物法等技术。早在 20 世纪 50 年代，苏联的格里高洛夫（1955）用低阶煤作为重金属吸附剂进行研究，发现将泥炭和褐煤磺化制成的吸附树脂交换容量（CEC）达到 5.6mmol/g，不亚于许多合成树脂的离子交换能力；苏联生产的泥炭产品“拖尔菲尼特”曾作为专用处理剂进入市场。60～70 年代，日本、德国、乌兹别克斯坦、芬兰等相继报道过煤炭 HA 处理重金属废水的情况，其中日本用年轻褐煤制备的硝基腐植酸（NHA）粒状吸附剂最引人注目。如日本第一制药公司研制（1974）的名为“萨伊发”的树脂，其交换能力、溶解性、抗压性和溶胀性等方面与合成树脂相近，并成功用于电镀废水处理。台尔纳特公司用 NHA＋CMC 制成的吸附树脂，商品“莫尔开来脱”和“腐植酸”也实现了产业化生产，广泛用于化工废水处理。近年来，国外对 HA 在环保领域中的应用仍以含重金属废水处理的研究为主，但未见更多产业化的报道。

20 世纪 70 年代末，我国开始研制 HA 类重金属吸附剂。中国科学院地理研究所开发的 FH-1，曾在青岛海洋化工厂生产，在青岛纱管电镀厂进行工业试验[2]；华东化工学院（今华东理工大学）研制的粒状风化煤 HA 净化剂，在上海云岭化工厂进行了含锌含镍废水处理工业试验[3]。近 20 多年来，国内外对 HA 及其复合材料处理重金属离子废水的试验从未间断，而且吸附剂的实验室研发也有所创新，但并没有工业试验和规模化应用的报道。

11.1.2 粗加工吸附剂

制造 HA 类离子交换树脂，成本较高。无论是过去还是现在，国内外许多研究者一直致力于采用粗加工处理的粉粒状或纤维状 HA 原料作重金属吸附剂。研究证明是可行的。

（1）泥炭纤维吸附层　别里科维奇等[4]认为泥炭本身就是一种活泼的离子交换剂，通常包括阳离子的中性交换和 H 交换。他提出的泥炭纤维层过滤处理含重金属废水的技术，提高了分离速度，取消了凝聚、离心或缓慢澄清过程。用厚度 20～70mm、面积 $1m^2$ 的滤层，1h 可净化 800L 含重金属废水；在 pH＝2 时，含 Hg 50mg/L 的废水通过泥炭层，可吸附 90％的 Hg；在氨水溶液中可吸附 100％的 Cu^{2+}。20 世纪，苏联和欧洲成功将天然泥炭纤维直接处理废水，并建立试验厂。美国有 25 处用泥炭处理的酸性矿山废水[5]。匈牙利将碱改性的泥炭成功用于工业废水中重金属离子和城市污水，取得明显效果。我国益阳、唐山等地化肥厂曾用泥炭直接处理工业废水。齐兆涛等[6]将泥炭作为吸附剂，发现对 Cu^{2+} 和 Pb^{2+} 的吸附率可分别达到 85.7％和 96.2％。唐志华（2004）用陕西勉县泥炭吸附废水中 Pb^{2+} 的试验表明，提高温度有利于 Pb^{2+} 的吸附，总除铅率大于 90％。姚冬梅等[7]考察了泥炭对多种重金属共存废水的吸附，当泥炭吸附剂浓度为 2g/L，对 Pb^{2+}、Cu^{2+} 和 Ni^{2+} 的吸附率分别达到 97.78％、65.76％和 83.02％。提高溶液 pH，有利于吸附这 3 种金属离子。安莹等[8]对 Cu^{2+} 和 Pb^{2+} 吸附研究表明，二者浓度均为 30mg/L、泥炭投加量分别为 7mg/L 和 5mg/L 时，表观吸附量可分别为 4.24mg/g 和 6.00mg/g，除 Cu^{2+} 和 Pb^{2+} 率分别达到 98.8％和 99.9％。袁钧卢等（1981）利用我国 12 个不同产地的泥炭脱除 Pb^{2+}、Cd^{2+}、Zn^{2+} 和 Ni^{2+}，脱除率大多在 50％～95％之间，以兴安岭泥炭藓净化效果最好，脱除率可达 96.4％～99.3％。有趣的是，对金属离子的吸附性与 HA 含量和交换容量（CEC）相关性并不显著，而与泥炭中可交换阳离子（Ca^{2+}、Mg^{2+}）显著相关，与吸碘率也有一定相关性。以上研究表明，泥炭对重金属的作用，主要是与高价阳离子的交换，可能伴有共价键的形成和物理吸附。因此，某些灰分较高而阳离子交换能力也较高的泥炭土有明显的吸附效果。由此推测，我国某些苔藓泥炭和低位泥炭可制成层状吸附塔用来处理含重金属废水。由于天然泥炭机械强度较低，对水的亲和力强，化学稳定性低，易收缩和膨胀，对吸附效果会有一定影响，故需要进行预处理，制成“改性泥炭”。常用的改性方法有加热、酸或碱处理、氧化和磺化等。为提高纤维状或粉状吸附剂的性能，别里科维奇等[4]通过对比不同种类的低级别煤磺化前后的吸附容量，发现磺化后吸附容量可提高 2.8～4.78 倍，其中高位泥炭提高幅度最大。MacCarthy（1993）提出一种较简便的处理方法，即用浓 H_2SO_4 或 H_3PO_4 在 100～200℃下处理泥炭，经水洗、干燥、筛分，得到的吸附剂是部分焦化的活性材料，在 pH＝8～10 的溶液中不浸溶，所含官能团比活性炭多，其性能比活性炭好，价格却非常便宜，可用于含重金属以及农药、油脂等废水的处理。Kertman 等[9]采用浓硫酸改性后，泥炭的磺酸基等活性基团数量增加，吸附容量也明显增加，对 Pb^{2+}、Zn^{2+}、Cu^{2+}、Cr^{2+} 和 Ni^{2+} 的吸附容量分别达到 76～230mg/g。周建伟等[10]采用巯基乙酸、乙酸酐和硫酸的混合液对河南辉县泥炭进行改性，吸附效果也较好。

（2）粒状褐煤吸附剂　褐煤的孔隙率很高，并含有各种含氧活性官能团，具有一定的吸附、离子交换和络合作用，将褐煤破碎到一定粒度或经过简单改性处理后，可制成廉价吸附剂。顾健民等（1996）研究发现粒状褐煤对 Zn^{2+}、Cu^{2+}、Pb^{2+} 的吸附能力比泥炭略高，废水中的去除率分别为 98％和 96％。范建凤等（2011）研究表明，在溶液 pH 1.8 左右、吸附时间 150min 时，用磺化腐植酸处理模拟电镀废水中的 Cr(Ⅵ)，吸附率可达 99％以上。张怀成等[11]将含 HA 11.7％的褐煤用浓硫酸磺化，或用 3％ NaOH“碱化”，洗去水溶物后所得“碱化”褐煤和磺化褐煤，吸附容量比原褐煤吸附容量分别高 6.6 倍和 3.6 倍，前者对 Pb^{2+}、Cu^{2+} 和 Ni^{2+} 的脱除率达到 80％～99％（pH 6 时最高），明显高于磺化褐煤。“碱化”褐煤较好的吸附性能，有可能是碱性氧化水解后在非水溶残留褐煤中增加了—COOH的结果。马明广等（2006）将 HA 在 330℃进行高温处理，并在 2mol/L 的 $CaCl_2$ 溶液中浸泡 2h 使其转变成不溶性钙型腐植酸盐，该 HA 盐在中性范围内对 Pb^{2+}、Cd^{2+} 和 Cu^{2+} 的吸附率达到 97％以上。陈荣平等[12]于 400℃处理 HA，按相同方法制备 HA-Ca，并用 1mol/L $NaNO_3$ 浸泡，再用水洗净，所得吸附剂的比表面和孔结构均明显改善，吸附能力增强，对 Cd^{2+} 的最大吸附率达 20mg/g，并可以再生、循环使用。

（3）风化煤及其复合吸附剂　风化煤的含氧官能团更丰富，直接做吸附剂具有更大优势。范福海等（2008）用景泰风化煤作吸附剂，发现对 Pb^{2+}、Cu^{2+}、Zn^{2+} 的吸附率接近 90%。丁毅（2012）通过试验证明，平朔风化煤对 Cu^{2+} 的饱和吸附量达 10.31mg/g，在 pH 较大范围都有良好的吸附作用。尚宇等[13]将风化煤和硅酸钠（重量比 1∶1.5）溶于水，滴加 HCl 至 pH 7，加入 $CaCl_2$（Ca^{2+}/HA 质量比 1∶1）使其凝聚，过滤-水洗，干燥，粉碎至 80 目，得到 HA 树脂/SiO_2 复合材料，证明在 HA 中引入 SiO_2 无机物后，比表面积显著提高，在水溶液中的稳定性也明显改善，对 Pb^{2+}、Cd^{2+}、Ni^{2+}、Cu^{2+} 的饱和吸附量分别为 23.58～262.5mg/g，在同类吸附剂中属于领先水平。

11.1.3 成型吸附树脂

原料煤简单处理存在机械强度低、用量大、不能再生的缺点，故许多人倾向于将粉状含 HA 的煤制成粒状吸附树脂。该类树脂能反复再生，循环使用，以提高吸附效率，降低处理成本。

11.1.3.1 常规成型树脂

常规 HA 吸附树脂主要有化学凝胶法和物理黏合法两种。凝胶法实际是先用碱从原料煤中提取 HA 制成 HA-Na，然后用钙盐转型为 HA-Ca。这种方法要经过萃取-固液分离-洗涤-浓缩-成型-转型-干燥等过程，流程长、能耗大、成本高，故很难投入工业应用。物理黏合法是用 HA 含量高的粉状原料与其他助剂混合，挤压成型。已通过工业试验的 HA 吸附树脂大部分采用黏合法成型工艺。该工艺的几个技术要点如下。

（1）腐植酸原料最好选用游离 HA 含量≥60%、CEC≥3mmol/g 的风化煤和褐煤，事先通过物理筛选和粉碎。若条件允许，可用稀硝酸轻度处理，以提高其化学活性。

（2）混合与成型　目前成型的工艺主要是挤压法。所用的黏结剂最好是带有活性基团的有机高聚物，如羧甲基纤维素（CMC）或乙基纤维素（EMC）、木质素磺酸盐或造纸废液、聚丙烯酰胺（PAM）、褐藻酸、聚乙烯醇，也有人用废淀粉、废蛋白和动物胶等廉价材料作黏结剂。此外，有不少人加入桥联剂，希望 HA 与某些有机单体或高聚物产生一些缩聚反应，以提高分子量、耐压强度和耐水性。所用的桥联剂有：碳酸乙二醇酯、丙二胺和癸二胺、甲醛和酚醛树脂、二氯代烷、环氧丙烷、甲乙酮（环己酮）+甲醛、苯乙烯和交联聚苯乙烯等。

（3）干燥和转型　成型后的树脂颗粒应该在固定温度（一般 150～180℃）下干燥，干燥后的树脂为氢型的（官能团以 COOH 为主）。这种一次性干燥树脂的官能团被束缚，其活性一般不高。为提高活性，应该将干燥过的树脂在稀盐酸中浸泡，然后水洗[14]；如需转为 Ca 型，还要继续用钙盐浸泡，再水洗、干燥。任何干燥操作，最好通 N_2 或水蒸气，以增加比表面积，扩大孔径，防止过度氧化。有不少人还根据使用目的，将 HA 或树脂进行碱水解、酯（醚）化、硝化、磺化及偶氮化等处理，以引入相应基团，提高吸附性能。

从 20 世纪 80 年代的试验结果来看，这类吸附树脂的干强度为 4～6kg/粒，使用 pH 值范围一般在 3～8，工作 CEC 值在 1.5～3mmol/g，饱和吸附 CEC 可达 4.4mmol/g 甚至更高，几乎达到强酸性阳离子交换树脂（CEC≈4.5mmol/g）的吸附容量；对重金属的饱和吸附容量一般在 60～100mg/g，最高可达 420mg/g。一般可将 Zn^{2+}、Cd^{2+}、Ni^{2+} 等的浓度从 2.4mg/g 降到 0.1～5mg/g，脱除率都在 95%以上。吸附后的树脂用稀 HCl 洗脱再生，可循环使用多次，甚至可连续使用 3～5 年。

但是，常规黏合法制备的 HA 树脂存在如下缺点：①pH 适用范围较窄（一般 pH 3～8），远不如通用的 001×7 型树脂（pH 1～14），明显影响了湿强度、再生周期和使用寿命。据报道，国外开发的某些 HA 树脂也可在 pH>11 的碱性水质中稳定地使用，可以借鉴。②工作性能仍不理想。我国 HA 树脂一般只能在 60℃以下工作[2]，而 001×7 型树脂工作温度可达到 110℃，日本的松田芳人（1973）研制的 NHA 吸附树脂甚至在 100～200℃下吸附能力仍不降低。此外，乌兹别克斯坦的塔德日耶夫（1968）制备的 H 型 HA 树脂的 CEC 达到 5～6mmol/L，而我国的 HA 树脂仍有较大差距。③成型技术落后。目前几乎都是挤压成型的柱状 HA 树脂，不仅很难实现大规模生产，而且与球形相比，柱状树脂在流体力学性能、耐磨强度、使用寿命、扩散性能等方面都相形见绌。

11.1.3.2　改性树脂和特种树脂

为了弥补上述常规成型树脂的缺陷，不少研究者采用各种创新手段加以改进。改性技术大致有如下几种类型。

（1）接枝共聚法三维网络树脂　接枝共聚法制取 HA 吸附树脂是近年来用于环保的吸附树脂的一大亮点。像 HA-高聚物型抗高温钻井液处理剂、合成水煤浆分散剂及高吸水树脂那样，作为吸附水中污染物的树脂也采用 AA、AM、苯乙烯、酚-醛等单体与 HA 接枝共聚。此类树脂一般都是在原有共聚基础上附加 HA 类物质，其吸附性能皆有所改善。另外，在共聚产物中附加壳聚糖、淀粉、黏土等，可进一步提高吸附性能，并降低成本。例如，Zhang 等[15]在合成壳聚糖-*g*-丙烯酸过程中引入 27.73%的 HA-Na 后，对 Pb(Ⅱ）的吸附量比不加 HA-Na 显著提高。谢晓威等[16]以 HA 为主要原料，AA 为单体，*N*,*N*′-亚甲基丙烯酰胺为交联剂，过硫酸钾为引发剂，Span-65 为分散稳定剂，采用反相悬浮聚合法制得 HA-*N*-异丙基丙烯酰胺交联树脂，对 Ni(Ⅱ）的吸附率达到 99.8%以上。Chen 等[17]用反相悬浮交联法制备了淀粉-HA 复合凝胶小球（ST-HA），其中 HA 含量达到 40%，对 Pb(Ⅱ）的吸附量仍达到 58mg/g。刘静欣等[18]通过环氧氯丙烷及多胺改性的方法制备了难溶于水的交联腐植酸，对水中 Pb^{2+} 的平衡吸附容量达到 219.3mg/g，其吸附性能随温度、pH 的升高而增强。徐斗均等[19]研发的改性脲醛-磺化 HA 树脂对 Cd(Ⅱ) 吸附量由不加 HA 的 65%提高到 76%，最高达 99.1%。孙晓然等[20]以环己烷为介质，将 Span-65 作为乳化剂，用反向乳液聚合法合成了 HA-AA/N-异丙基丙烯酰胺（NIPA）吸附树脂，对 Mn^{2+}、Ni^{2+}、Cr^{2+}、Pb^{2+} 均有较好的吸附性能。Santosa 等[21]使 HA 与壳聚糖反应合成一种接枝共聚双层膜，对 Ni(Ⅱ) 的吸附能力比单用 HA 提高两倍以上，对 Cr(Ⅲ) 的吸附率也比单用 HA 的高。骆晓琳等[22]制备了磺化 HA-酚醛交联吸附树脂后，又在乙酸钙中浸泡 24h，过滤、干燥。该树脂对 Cu^{2+} 有较好的吸附性能。张书圣等（1998）研发出一种一步法合成 HA 树脂的方法：将 HA-Na 和褐藻酸钠分别溶解、加热，再混合滴入凝聚剂［1mol/L $CaCl_2$-$Ca(OH)_2$］溶液中，立即发生凝聚反应，得到形状规整、大小均匀的粒状树脂，使缩合、转型、造粒一次性完成，大大简化了工序。该树脂吸附性能与 001×7 树脂相近；用稀 HCl 的洗脱率 95%。再生后树脂的交换容量与原来的相近。此外，国外还有人将 NHA 与胍类、烷基胺、丙烯二胺或癸二胺、苯二胺＋甲醛等进行缩聚反应，再经过后处理使其转化成阴离子树脂或两性交换树脂，以扩大 HA 类树脂的使用范围。

(2) 负载型或包裹型改性树脂　将 HA 负载或包裹于其他固体活性材料上，制成复合改性吸附剂，也是近期的创新点。如将 NHA-Fe 载于活性炭中，专门用于吸附饮用水中的 As，去除率达到 73.1%～97.2%。Liu 等[23]通过共沉淀法制备了 Fe_3O_4 磁性纳米颗粒外包腐植酸（Fe_3O_4/HA），能去除天然水和自来水中 99% 的 Hg(Ⅱ) 和 Pb(Ⅱ) 及超过 95%的 Cu(Ⅱ) 和 Cd(Ⅱ)，其稳定性以及对重金属的去除率明显高于普通纳米 Fe_3O_4，且水处理成本低，对环境无不利影响。王萌等[24]用 3-巯丙基三乙氧基硅烷（MPTES）和 HA 对纳米 Fe_3O_4 进行了巯基修饰包裹，显著提高了其对 Pb^{2+}、Cu^{2+} 和 Cd^{2+} 的吸附性能。Coa 等[25]将 HA 和炭纳米管混合制成 HA 包覆炭纳米管（HA-MWCNT），使炭纳米管表面的氧含量增加了 20%。据测定，该复合材料对 Cu^{2+} 的吸附量是氧化碳纳米管的 2.5 倍。Ponagiota（2010）和 Olga 等[26]将泥炭 HA 固定在 SiO_2 或聚亚甲基胍改性的 SiO_2 上，制得 HA 硅胶吸附剂。Gao 等（2008）开发了一种 HA 原位改性活性炭（AC）吸附材料（AC-HA），对水中 Pb^{2+} 的去除能力（250.0mg/g）比 AC（166.7mg/g）有显著提高，这是由于 HA 中的大量官能团和 π-π 键更有利于 AC 和金属离子相结合。日本专利 JP 58189100（1983）披露，在水铝英石中添加 HA，可使硬度高达 400mg/L 的水降到≤1mg/L；JP 6000828（1985）报道了一种 HA(NHA)-碳纤维更有独到之处：将酸处理过的丙烯腈碳纤维浸在 HA（或 NHA）碱金属盐溶液中，干燥后制成纤维状吸附剂（含 HA 11.2%），用于脱除废水中的 Hg^{2+}、Cd^{2+} 等，脱除率在 90%～95%。以上研究为今后的改进和创新提供了新的思路。

（3）HA 水凝胶　李光跃等[27]用反相悬浮聚合法制备了腐植酸/丙烯酸/*N*-异丙基丙烯酰胺水凝胶 p（HA/AA/IPA），水中投加量 0.5g/L 时，对 Ni^{2+} 的吸附量达到 49.8mg/g，较传统吸附剂的吸附能力有显著提高。Chen 等[28]研发了一种以淀粉固定腐植酸的完全可生物降解的水凝胶（ST-HA）以去除水中 Pb^{2+} 和亚甲基蓝（MB），认为该 ST-HA 具有高效和高选择性，易于再生和循环利用。

（4）FA 基离子印迹聚合物　离子印迹技术是以阴、阳离子为模板，通过静电、配位等作用与功能单体相互作用，交联聚合后去除模板离子便可获得具有特定基团排列、固定空穴大小和形状的刚性聚合物，形成的三维孔穴对目标离子具有特异选择性，已越来越多地被用于痕量、超痕量金属离子的分离、富集和检测。近期，华北理工大学尚宏周等[29]以环氧化黄腐酸（MFA）为功能单体，Cd^{2+} 为模板离子，用反相悬浮法制备了 FA 基离子印迹聚合物，其工艺条件为，MFA 用量 0.5g，Cd^{2+} 和乙二胺用量分别为 30mL 和 20mL，60℃、12h 最佳吸附量 1.17mg/g，去除率 93.93%。

11.1.4　对某些特殊元素的吸附

11.1.4.1　有机汞专用吸附剂

吉田等（1975）将 NHA 与卤化剂作用后通过下列反应，再与 H_2S 或 CaS_2 反应，制成含 SH 酰胺的树脂 NHA-COSH，如式(11-1)：

$$\text{NHA} \xrightarrow{\text{SOCl}} \text{NHA-COCl} \xrightarrow{\text{H}_2\text{S}} \text{NHA-COSH} \tag{11-1}$$

SH 基与有机汞有极强的结合能力，故专门利用 NHA-COSH 处理含有机 Hg 的废水。在 100mL 水中加 0.1g 吸附剂，可将氯化甲基汞浓度从 1mg/L 降到 10^{-3} mg/L 以下，优于活性炭的处理效果。梁玉芝等（1987）在粉碎泥炭中加一氯乙酸和 NaOH 进行羧甲基化反应，再酸化、水洗、干燥，制成较高强度的泥炭颗粒，专门用于含 Hg 废水的处理，对 Hg 的吸附量比普通水洗泥炭高 2 倍。

11.1.4.2　对 Cr^{6+} 的还原与吸附

一般 HA 的标准氧化还原电位（E_0）为 0.7V 左右，而 $Cr_2O_7^{2-}+14H^++6e \rightleftharpoons 2Cr^{3+}+7H_2O$ 的氧化还原体系中 $E_0=1.33V$，故 HA 对 Cr^{6+} 有较强的还原作用。因此，处理水中 Cr^{6+} 时应首先考虑到 HA 的还原因素。陈丕亚等（1984）用粉状扎赉诺尔褐煤对含 Cr^{6+} 溶液的还原试验，结果表明，在酸性条件下大部分 Cr^{6+} 被还原，并且还原后的吸附量仍非常可观。该褐煤的 HA 只有 30%左右，OH_{ph} 也只有 2.09mmol/g，但对 Cr^{6+} 还原能力却很强，说明 HA 的脂肪结构也起了很大作用。王如阳等（1999）的研究表明，云南寻甸褐煤棕黑腐酸对 Cr^{6+} 的还原-吸附率达到 58.2%。硝酸氧化后的龙口褐煤对 Cr^{6+} 的吸附效果更为明显[30]。泥炭对

Cr^{6+}的还原和吸附能力也不逊色。德国（1974）曾有人在$FeCl_3$存在下先用Na_2S沉淀含Cr^{6+}废液，再用泥炭过滤，可使水中Cr^{6+}含量降至<0.01mg/L，将泥炭滤渣燃烧后可以回收Cr。阎书春（1988）用不同类型的HA物质处理电镀含Cr^{6+}废水，发现吸附效果次序是：泥炭>纯HA>HA-Ca，唐立功等（1987）的试验也发现，泥炭对Cr^{3+}的吸附容量为10mg/g，而对Cr^{6+}为40mg/g，泥炭组分对Cr的总吸附能力次序为：难水解物(纤维素)>易水解物(主要是半纤维素)>黄腐酸>棕+黑腐酸>不水解物(木质素)>原泥炭。由此可见，泥炭对Cr^{6+}的吸附，并不是与HA官能团的离子交换和络合机制，而是主要发生在纤维素或半纤维素的脂肪碳链结构部位和OH基团上（配位键或表面吸附），并兼顾还原和吸附。他们将吸附饱和的含Cr泥炭作为煤炼焦催化剂，发现煤气化活性提高了1.6倍，焦炭中检不出Cr^{6+}，防止了二次污染。丁文川等[31]以污泥生物炭作为吸附剂处理水中Cr(Ⅵ)，加HA（20mg/L）后，饱和吸附量达10.10mg/g，与未加HA相比，提高了1倍以上。杨帆等[32]以HA胶体粒子稳定的Pickering乳液液滴为模板，通过化学氧化聚合制备了磁性聚苯胺/HA复合材料（PANI/HA/Fe_3O_4），对于吸附水中Cr(Ⅵ）表现出优异的性能，最大吸附量达210.75mg/g。

11.1.4.3 对As的吸附

砷一般是以砷酸盐或亚砷酸盐阴离子形态存在，因此，对水中As的去除是个复杂的问题。从瑞士学者Buschmann等[33]对溶解性天然有机质（DOC）对As存在形态的研究得到几点启示：①在所有pH范围内As(Ⅴ）和As(Ⅲ）都能很好地络合到HA上，且pH 7左右的络合能力最强；②在相同条件下，陆生的HA与As的络合能力比水生HA高1.5～3倍；③水中Al^{3+}等竞争离子存在下，As(Ⅴ）络合在HA上的量会减少；④在含氧的地下水中，As主要以As(Ⅴ）形态存在。在正常环境条件下，约10%的As(Ⅴ）可以与天然有机质络合，而只有在As/DOC比值较低（即DOC浓度较高）时才会有>10% As(Ⅲ）络合到HA上。因此，在研究As与天然有机质作用时，应考虑自然环境的影响。Paul等[34]将Fe_3O_4纳米粒子通过共沉淀过程被结合在氧化石墨烯（GO）层片上，同时将HA涂层在上面，制成HA涂层GO-Fe_3O_4复合物，与不涂层的相比，对As(Ⅲ）和As(Ⅴ）的去除率提高两倍。李静萍等[35]制备了负载Ti/Fe的HA吸附剂，使HA表面负载了大量球状颗粒，使其内部孔道面积和表面积聚、增加，活性位点数量加大。与HA相比，对As(Ⅲ）的吸附能力显著提高。

11.1.4.4 对F^-的吸附

F^-在环保领域也被视为重要的有害元素。在焦炭、玻璃、电镀、化肥、电子、太阳能电池生产等行业中，会产生大量高浓度含氟废水，影响动物和人类健康。我国废水排放标准中规定F^-的排放浓度不得超过10mg/L。含氟工业废水一般采用吸附法深度处理。刘咏等[36]以 HA-Na 为原料，用铝盐和钙盐通过凝胶聚合法对其改性，制备了金属离子改性 HA-Na 吸附剂（MMNaA）。该产品对 F^- 的饱和吸附容量为 208.77mg/g，在 pH 5～9 时对水中氟有较高去除率。与 γ-Al_2O_3 相比，MMNaA 的适用 pH 范围更广，投加量更小，吸附时间更短。方敦等[37]用共沉淀法制备了用于吸附 F^- 的黄腐酸-膨润土（FA/BENT）复合体。机理研究表明，FA/BENT 对 F^- 的吸附属于配位体交换、表面络合作用；该吸附过程为熵驱动的自发吸热过程。刘娅等[38]以 HA-Na 为原料，用凝胶聚合法制备了 La-HA/Al_2O_3 凝胶复合物（LHAGC），对 F^- 的最大吸附容量达 219.30mg/g，且抗干扰能力强，当水中 Cl^-、NO_3^-、SO_4^{2-}、HCO_3^-、PO_4^{3-} 以 F^- 质量浓度 15 倍存在时，F^- 的吸附率仍达到 94%以上，再生率达 96.08%，吸附剂可循环使用。可见，LHAGC 具有潜在的应用前景。

11.2　放射性和稀土污染的处理

处理放射性污染物质是非常棘手的事情，至今没有理想的处理办法。1979 年美国三英里岛核动力厂和 1986 年苏联切尔诺贝利厂的核泄漏重大事故，引起人们对核污染的恐慌，故更加重视核污染处理技术的研究。当时美、苏主要用沸石和活性炭处理超铀元素污染。匈牙利 Szalay 在 20 世纪 60 年代最早进行 HA 吸附放射性元素的研究。他发现在 pH 5～6 时 HA 吸附裂变产物的数量最大，其中泥炭的吸附常数达到 10^3～10^4 数量级，大部分铀裂变产物均可被吸附，故认为 HS 可作为原子能工业废水极廉价的吸附剂。苏联格列什科（1962）用分解度 50%的低位泥炭吸附水中的 ^{60}Co，10min 去除率达 90%。Sandor（1964）的试验结果显示，泥炭可消除中等浓度和低浓度放射性污染的废水，吸附最佳 pH 值为 4～6。MacCarthy[39]报道，用浓 H_2SO_4 或 H_3PO_4 处理过的细颗粒泥炭（0.5～1mm）处理超铀元素（含 ^{239}Pu、^{243}Am 等）污染的废水，处理效果可与沸石和活性炭相媲美。日本松村隆等（1964—1968）对 HA 吸附各种含低浓度放射性元素废水进行了一系列吸附试验，去除率大部分在 97%以上，其中 ^{90}Sr 和 ^{137}Ce 达 99%以上。蒙脱土与泥炭的复合物对 ^{90}Sr 和 ^{137}Cs 的吸附能力很强，但对 ^{102}Ru 却较差。日本专利 JP 6000828（1985）报道的 NHA-碳纤维处理海水中的 UO_2^{2+} 效果也很好。西班牙（2000）采用硼酸＋H_2O_2 氧化过的褐煤净化核电站排出的含放射性冷却水，可有效地清除放射性污染。德国（2001）制成一种十六烷基吡啶鎓（$HDPY^+$）改性 HA 盐，主要表现为非线型阴离子交换吸附特征，可有效吸附放射性 $^{125}I^-$ 离子。近来我国西安石油学院等单位也开展了改性泥炭吸附 UO_2^{2+}、^{137}Cs、^{169}Yb 等的基础研究。岳廷盛等（1998）用浓硫酸改性的泥炭对 ^{137}Cs、UO_2^{2+}、^{169}Yb 进行吸附研究，证明在适宜条件下的去除率分别达到 88%、55%和 89.2%。张亚萍等[40]的研究表明，HA 吸附水中 U(Ⅵ)，在 pH 5 左右，60min 达到平衡，最大吸附率高达 99%；HCO_3^-、$H_2PO_4^-$ 的存在对 U(Ⅵ) 吸附有促进作用。谢水波等[41]将戊二醛、海藻酸钠和腐植酸进行交联，得到的“多孔薄膜”在 pH 6 时对水中铀（200mg/L）进行吸附，吸附量达到 312.5mg/g。此外，还合成了一种 HA 改性针铁矿（HA-α-FeOOH），对 5mg/L 的含铀废水去除率达 100%。夏良树等[42]先制备铝-柱膨润土，然后浸泡于 HA 溶液中进行化学插层，制备了腐植酸类铝-柱膨润土功能吸附剂，对水中铀（50mg/L）去除率达到 96.9%（无 HA 插层的铝-柱膨润土为 91.63%）。蒋海燕等（2015）用 HA 修饰的凹凸棒对 U(Ⅵ) 进行吸附试验，研究发现吸附剂投加量越大吸附量越大，5 次吸附-解吸后 U(Ⅵ) 的去除率仍达 96%。

我国是稀土大国，某些地方落后的开采冶炼技术导致稀土生产过程中产生许多废弃物，其中稀土废水污染水体，导致水体富营养化，甚至引起地方病。用吸附法脱除水中稀土也是较简便且经济的方法。胡忠立等（2014）将 HA 分别与 7 种黏土矿物组合成相对独立的复合吸附体系，对镧（La^{3+}）和钕（Nd^{3+}）进行吸附研究，发现 HA 对 La^{3+} 和 Nd^{3+} 的吸附量分别是黏土矿物的 3 倍和 3.5 倍，占复合体系总吸附量的 26%～30%，从而为 HA 吸附稀土离子提供了理论依据。杨睿琳等[43]用改性腐植酸（HAE）吸附材料对稀土离子 La^{3+} 和铈（Ce^{3+}）进行吸附试验，饱和吸附容量分别为 124.75mg/g 和 583.82mg/g，使稀土废水浓度降到 ≤30mg/g，达到国家稀土废水排放标准。

11.3 有机污染废水的处理

11.3.1 处理含油废水

由于船舶泄漏或海洋灾难造成石油污染的事故时有发生。据报道[4]，20 世纪 50～70 年代的 30 年间，人类已向海洋中倾泻了 1500 万吨原油及其产品。受污染的海洋表面的油膜阻止氧气进入水中，减少水的蒸发量，影响自然界的水循环，并严重危及水生生物的生命。一些发达国家采用管道吸收，再用贵重吸油材料甚至合成吸附剂（如聚苯乙烯树脂 XAD-2）处理油污染，均因成本太高而舍弃。30 多年前人们发现泥炭有很强的吸油能力，如加拿大“箭号”油船遇难时曾用泥炭进行吸油试验，证明泥炭可吸附它本身的 8～12 倍重量的石油，从而激发许多国家用泥炭作海洋除油剂的兴趣，并继续探索提高泥炭吸油性能的途径。美国进行了泥炭吸附水中油污的现场试验，发现吸附能力为 1.73～9.82kg/kg 干泥炭，处理 1lb（1lb≈0.45kg）油的费用只有 0.009～0.011 美元。油船舱底用酸处理泥炭作油滴凝聚剂，其处理效果与聚苯乙烯树脂 XAD-2 差异不显著，材料却相当廉价[39]。芬兰（1976）设计了固定泥炭层或连续反向过滤器净化含油废水的装置，工业试验表明，常温下 1kg 泥炭吸油 1～2kg，经过 150～300℃热处理的泥炭吸油能力可提高 2 倍。芬兰 Vapo 公司生产的专用吸油疏水泥炭作为商品出售，1 包 170dm^3，可吸附 150～200L 石油，或 20～40m^{2}的表面油膜。白俄罗斯[4]还开发了一种阳离子脂肪族化合物改性泥炭，即泥炭与 0.005%～5%的烷基氯化铵 $C_nH_{2n+1}NH_4Cl$（n=2，7,8,12,14,18）反应制成吸附剂（其烷基 C 链越长，吸附能力越强），明显提高了泥炭纤维强度和化学稳定性，比普通高位泥炭的吸油量高 6 倍以上，1g 改性泥炭可吸附 10～20g 石油。日本（1975）有人先后对泥炭酸处理-碱中和，或褐煤 NHA 直接处理炼油厂废水，吸油率达到 98%以上。日本还用粒状和纤维状泥炭回收海上采油泄漏的原油，将吸油的泥炭作为燃料，认为这种处理办法比活性炭便宜得多。我国抚顺和东北师范大学也用改性泥炭纤维处理油污染废水，吸油量达本身重量的 5.4～9.1 倍。含油乳液废水的分离处理一直是冶金机械行业的一个难点，而 HA 类物质在这个难题上发挥着重要的作用。通过适当热加工处理，脱除泥炭中的 COOH 等亲水基团，使其由亲水性转化为亲油性，也是经济可行的办法。例如，在 120～150℃下将泥炭处理 1～2h，所得泥炭在静态下可吸附其 5～10 倍重量的油，动态下可达到 10 倍以上，其吸附能力以苔藓泥炭为最高，其次是草本泥炭和木本泥炭，而分解度高的泥炭吸油性较差[44]。

11.3.2　处理乳化液废水

在有机废水处理中，有不少乳化液废水。所谓乳化液，一般就是在金属加工行业中，往往需要大量乳化液来提高生产效率，排出的废乳化液就是典型的有机废水。常用的处理方法有：化学破乳、药剂电解、活性炭吸附、超滤或反渗透等。由于乳化剂分子在油-水界面上定向吸附并形成坚固的界面膜，并增大了扩散双电层厚度，使得油类高度地分散在水中，乳化液稳定性强，因此，化学破乳的目的就是设法破坏油-水界面上的吸附膜，实现油/水分离。赵霞等（2010）采用活性炭吸附-化学混凝（腐植酸钠＋$CaCl_2$＋$FeCl_3$)-自然沉降的方法对兰州石化公司的乳化废水进行处理，COD 去除率 84.32%，达到国家污水排放综合标准。据倪健儿报道（1988），武钢冷轧厂每小时排放 15～30m^3 的高浓度冷却轧机乳化液，含油达 (1～3)×10^4 mg/L，用 HA 制剂并配合酸处理，废水经二次处理后达到排放标准，并且回收了废油。

11.3.3　处理含酚废水

含酚废水来自焦化厂、煤气厂和石油裂解工艺，是水体的主要有机污染源之一。高浓度含酚废水一般用汽提法回收、再用吸附法或生化法净化。捷克（1957）

曾开发了一种商品名为“Kapucin”的制剂（含游离 HA 77.2%）。半工业试验表明，该制剂以 HA 盐的形式吸附废水中 60%的酚，被酚饱和了的 HA 盐以沉淀的方式从污水中分离出来。在生化脱酚过程中，HA 也可作为活性污泥的有效絮凝剂。王曾辉等（1987）曾用不同种类的低级别煤进行吸附试验，发现脱酚效果次序为：褐煤＞风化煤＞泥炭。为提高吸附效率，他们对褐煤进行了改性处理，其改性措施的效果次序是：水蒸气活化＞四氢呋喃抽提＞炭化＞吡啶抽提＞H_2SO_4处理＞HCl 处理。用水蒸气活化过的依兰褐煤处理含酚 47.7mg/L 的废水，脱除率达 100%，吸附容量达 4.74mg/g。宋晓旻等[45]的试验表明，在浓度为 150mg/L 的含酚废水中添加硝基腐植酸 3g/100mL、pH＝1.0 时，对酚的吸附率达 95%以上。Chen 等[46]将可溶性 HA 在 330℃下加热 1h 将其改性为不溶性 HA，与未改性相比，对硝基苯酚的吸附能力有显著提升，吸附量可达 35mg/g。

11.3.4 处理染料废水

染色废水的排放量大，成分复杂，生物毒性物含量高，其中偶氮染料废水约占 2/3，是严重的水体污染源之一，也是处理难度较大的一类废水。一般用生化氧化法、电解上浮法、电解氧化法、催化氧化法、活性炭吸附法等，但效果都不理想，且成本都较高。人们早就对 HA 和泥炭吸附染料废水寄予希望。Dufort（1972）初步试验证明，苔藓泥炭对某些酸性和碱性染料有较好的吸附效果。日本在 1975 年的《科学技术文献速报》报道了用泥炭直接处理工业染色废水的信息：在水∶泥炭＝100∶1 的情况下，各项去除率分别达到：色度 99.6%，浊度 100%，COD 98.7%，BOD 95%，TOD 87.8%，重金属 99%以上。将吸附饱和的泥炭经水选后分别利用。日本专利（1983）报道，用褐煤 HA-NH_4处理 F_3B 直接红印染废水，然后用 $Al_2(SO_4)_3$ 处理，过滤，使 COD 由原来的 1000mg/L 降到＜8mg/L。我国 20 世纪 70～80 年代抚顺市对印染废水处理组织了规模性工业试验。重庆大学王楠等（2000）用粒状风化煤 HA 净化剂对活性染料、分散染料、直接硫化染料等的废水进行处理，脱色率一般都在 80%以上。近期的研究一般倾向于 HA 改性，或与其他物质复合处理各种印染废水。如易菊珍等（2007）制备的 HA/丙烯酰胺/黏土杂化水凝胶，发现 HA 含量越高（5%～10%），对亚甲基蓝（MB）吸附量越大；HA-Na/聚 *N*-异丙基丙烯酰胺系列水凝胶对 MB 最大吸附量可达 10.8mg/g。Alexander 等[47]将 HA 与氨基有机硅烷水相反应，再将硅烷化 HA 衍生物固定在硅胶表面上，对偶氮染料吸附容量达 3.5～8.8mg/g。李生英等（2008）将 HA 在 330℃下处理 1h，在 2mol/L 的 $CaCl_2$ 溶液中浸泡 2h，用 1mol/L HNO_3 和水清洗，干燥，得到改性 HA-Ca，对水中甲基紫的去除率可达到 98.34%。郭雅妮等[48]以风化煤 HA 为原料，采用浸渍法合成了负载 Fe/Cu 腐植酸吸附剂，对结晶紫和 MB 的最大吸附量分别达 96.9%和 98.2%。刘志雄等[49]以 HA、氨水、乙酸铜为原料，用水热法合成了CuO-HA纳米复合材料。测试表明，该纳米材料平均粒径约135.0nm，比表面为188.15m^2/g，对MB的饱和吸附量达172.01mg/g，有良好的循环再生性能，被评价为高效吸附材料。张小叶等[50]合成了一种Fe_3O_4/HA磁性纳米复合物用于吸附水中染料结晶紫（CV），最大吸附量145.56mg/g，Fe_3O_4/HA复合物有磁性，易于快速分离，可重复使用。靳延甲等[51]采用化学共沉淀法合成了一种HA包覆铁锰酸磁性复合材料（$MnFe_2O_4$/HA），其饱和磁化强度34.01A·m^2/kg。与$MnFe_2O_4$相比，对MB的吸附能力显著增强，最大吸附量可达29.94mg/g。有人研发了一种固定有HA的海藻酸钠/羟乙基纤维素聚丙烯复合膜，用于去除水体中MB和罗丹明B，去除率高于98%，该膜在酸处理后可循环利用。Singh等[52]以AA、AM和HA-Na为原料合成了三维网络凝胶吸附剂。由于HA羧基和酚羟基的络合和离子交换作用，HA-Na的添加明显提高了吸附性能，对结晶紫（CV）和MB吸附量分别达到231mg/g和270mg/g，5次吸附再生后吸附量仍未明显下降。

11.3.5 处理含农药废水

农药废水也是一种广泛存在的有毒废水。MacCarthy[39]用H_2SO_4处理过的泥炭（0.35～0.5mm）吸附阳离子农药百草枯、双快和盐基性农药杀草强，pH 5.5～6.15时的脱除效率都在99%以上。所吸附的农药可用NaCl或NH_4Cl溶液洗脱。也有研究者用HS处理造纸废水的试验。HA与苯乙烯接枝共聚制得共聚树脂[53]，对有机农药甲基对硫磷、呋喃丹、甲萘威等吸附分别为64.1%、95.2%、90.4%。HA与单油酸甘油酯接枝得到超疏水性吸附剂（HA-M）对水中氯苯（CBs）的脱除率达90%以上[54]。肖天等[55]的研究发现，在厌氧发酵体系中添加HA能快速有效促进六氯苯的还原脱氯，HA的最佳添加量为160mg/L。任健等（2013）的研究表明，Mn^{2+}催化O_3氧化过程中添加少量HA对五氯苯酚（PCP）的去除有明显协同效应。在n(HA)∶n(PCP)＝3.18条件下，PCP去除率达98.63%。李兰生等（2005）的研究证明，HA对六六六的降解有明显的促进作用，其原理是，HA促进了水中激发态氧和·OH生成，并将农药氧化，其降解产物主要是醇和酚。王新颖等（2012）的研究表明，在阳光单独辐照下水中阿特拉津基本不降解，在加入5mg/L的HA时，阿特拉津降解率达40.74%。当HA和Fe^{3+}共存时，用于HA-Fe络合物的形成及其光化学作用，使阿特拉津的降解率进一步提高。研究亦表明，少量的HA可促进噻虫嗪的降解，但过量的HA反而抑制噻虫嗪的光降解[56]。

11.3.6 处理其他有机废水

双酚A是具有生物毒性和内分泌干扰性的中间体。Calza等[57]的研究发现，在海水中加入HA后，双酚A的降解速度加快。展漫军等（2005）的研究同样发现，双酚A在纯水体系中光降解速度很慢，但在HA溶液中则光解迅速，推测双酚A的光降解途径主要是能量转移导致的直接光解和羟基氧化、烷基断裂及烷基氧化等过程。硝基苯是难以生物降解的剧毒化工中间体。尤宏等（2005）的研究发现，腐殖质对硝基苯的光降解有促进作用。李亚峰等[58]对微波强化HA-Fenton体系降解硝基苯废水进行了试验，表明HA的加入促进了反应的进行。在微波功率125W、HA浓度20mg/L、pH 3～6的最优条件下，硝基苯降解率达到96.1%，出水质量达到国家一级排放标准。田中（1976）用NHA-NH_4、NHA-$AlCl_3$、NHA-三甲胺-$FeCl_3$处理有机碳（TOC）高达450～530mg/L的亚硫酸盐纸浆洗涤废水，去除率达92%～94%。金京万等（1996）用NHA＋$AlCl_3$处理COD为2000mg/L的亚硫酸盐造纸生化水，去除率为70%～80%。在生活污水处理中，亦有不少使用泥炭生物过滤器的报道。日本的这种滤器可将COD值降低2个数量级，并可有效去除硝酸盐、亚硝酸盐和病菌。用HA盐＋Fe盐或Al盐（在偏酸条件下）混合絮凝处理污水，都比单一无机盐处理效果好。周建伟等（2004）用三甲基氯硅烷对泥炭进行硅烷化处理，疏水性明显增强，可专门用于脱除水中芳烃。Sun等（2012）研究了4种HA碳素复合材料对水环境中1-萘胺和1-萘酚等可电离芳香化合物（LACs）的吸附，证明吸附去除效果顺序为：HA-石墨烯片＞HA-碳纳米管＞HA-活性炭＞HA-石墨。李燕捷等[59]将HA负载到纳米二氧化钛表面，对菲的吸附能力显著提高，其中芳香碳含量高的HA的吸附容量增量明显高于脂肪碳高的HA。

11.4 城市污水的处理

伴随着城市规模的不断扩大，城市污水数量大幅度增长，组分日益复杂，处理的难度也随之增加。国家对污水处理厂污染物排放提出更高的要求。强化混凝是城市污水的主要处理技术，传统的混凝剂为聚合氯化铝（PAC）（使用浓度20g/L）。汉京超等[60]研制了一种新型混凝剂BMT，内含组分有HA-Na、HA-Fe、聚丙烯酰胺（PAM）等，与PAC的效果进行了对比。当原水COD＜300mg/L时，新型混凝剂BMT出水COD能满足国家标准规定的二级排放标准（≤100mg/L），PAC则不能达到要求；BMT对胶体态有机物的去除能力不如PAC；BMT对总磷（TP）和悬浮固体（SS）去除效果良好，均达到标准要求。综合各指标，认为该BMT混凝剂与PAC的效果相当，具备替代PAC的能力。华东理工大学方一丰等（2006）在活性污泥系统处理废水装置中添加2～6mg/L的生化黄腐酸（BFA），表明能降低悬浮固体物浓度，提高污泥活性，加快废水中COD、氨氮和总磷的去除，促进微生物对难降解有机物的降解。

11.5 污染土壤的修复

由于污水灌溉、污泥和磷肥的施用、采矿、冶炼、金属加工、农药的使用和化工三废的排放，导致土壤污染日益严重。据 2014 年环保部和国土资源部公布的数据显示，全国有 2000 万公顷耕地被污染，超标率高达 19.4%，主要污染物为镉、镍、铜、砷、汞、铅、滴滴涕和多环芳烃。《土壤污染防治法》的颁布，为我国污染土壤的修复指明了方向，制定了具体目标和措施。目前修复和治理行动已在全国展开。

11.5.1 土壤重金属的钝化与解毒

我国重金属污染土壤占耕地的 10%左右，镉和砷污染比例最大。土壤重金属污染具有隐蔽性、难降解性和生物积累性等特点，治理难度大、成本高，危害严重。土壤重金属的治理方法主要有物理修复、化学修复、生物修复和生态修复等。利用 HS 修复重金属污染土壤是化学修复的主要措施之一。HA 防治重金属污染主要机理是：①HA 能够螯合和钝化重金属离子，降低其生物有效性；②形成土壤有机-无机复合体，将土壤中重金属吸附、固定，防止其进入生物循环；③稳定土壤结构，为微生物提供基质，间接地抑制重金属的活性；④用低分子腐植酸和黄腐酸活化重金属，有目的地提高其生物有效性，用某种植物富集重金属，从而降低土壤重金属含量。

众所周知，金属复合物的溶解性和生物有效性依次降低的次序遵循 Tessier 定律[61]：水溶态(WS)≈可交换态(EXC)＞碳酸盐结合态(Carb)＞铁锰氧化物结合态＞有机结合态(OM)＞残渣态(RES)。显然，治理的目标就是设法使有害金属形成牢固的 OM 或 RES 态，沉淀于水底或被土壤固定，使其难被植物吸收利用，从而排除其毒性和污染。研究表明，土壤中 HA 的增加，有利于重金属离子的固定(钝化)，而 FA 的增加则会提高重金属离子的迁移性和有效性（活化)[62]。煤炭 HA 和 FA 的使用，则更加强化了这种钝化和活化过程。这方面的研究已有很多成果。据报道，日本曾多次发生矿山和工厂排放含重金属废水造成农田“矿害”事件，在土壤中施用 NHA 后，使 Cu^{2+}、Mn^{2+}、Zn^{2+} 等形成不溶性螯合物，减少或消除了土壤污染，减少植物茎、叶吸收的重金属，提高小麦、大麦产量。华珞等（2001）通过同位素示踪法和离子交换平衡法测定了 Cd 和 Zn 与 HA 和 FA 的络合稳定常数和配位数，表明 HA 与 Cd/Zn 的络合稳定常数和配位数均大于 FA 的相应数据，说明在重金属污染土壤中施用大分子的 HA 比小分子的 FA 更能有效地降低重金属对生物的有效性。王学锋等[63]的研究表明，土壤中的 Cd 和 Cr 的可交换态和碳酸盐结合态随 HA 投加量增加而迅速下降，降低其生物活性和土壤中的迁移能力，当 HA 添加量≥10.5g/kg 时，可交换态 Cd 已不存在，碳酸盐结合态 Cd 也近于零。刘苗等[64]在铅污染土壤中添加 1%～10%的 HA-K，可显著降低弱酸可提取 Pb 和还原态 Pb 含量，增加氧化态和残渣态 Pb 含量，生物可给性 Pb 随 HA-K 的增加而降低。闫双堆等（2007）的研究证明，添加不同的 HS 均可提高土壤中有机结合态 Hg 的含量，使土壤中 Hg 的挥发量有效降低，从而有效降低土壤中 Hg 的生物有效性。经提纯和活化过的 HA 类物质效果优于 HA 原料，风化煤的效果优于褐煤和泥炭，煤基 HA 效果优于土壤 HA；添加提纯煤基 HA、HA-Na 的处理的油菜植株 Hg 吸收量比 CK 分别降低 73.62%和 71.11%。由山东创新腐植酸科技公司研发的“生物液体腐植酸修复铬污染土壤技术”是将腐植酸修复剂与被重金属污染的土壤成分接触，经还原、固化等工序，使土壤中 Cr(Ⅵ) 转化为无害的 Cr(Ⅲ)，转化率 99.92%。修复后的土壤种植农作物，经检验符合国家食品安全标准。专家鉴定认为，该技术在铬污染土壤高效修复方面达到国际领先水平。何晶晶等[65]通过对比腐植酸、石灰、硫化钠、亚硒酸钠 4 种物质对抑制 Hg、Cd 进入蔬菜的研究，发现 HA 使 Hg、Cd 向有机结合态转化，使蔬菜中 Hg、Cd 含量分别降低 32.35%和 18.65%，且增产了 8.29%；其他几种无机物质也促使 Hg、Cd 向残渣态或碳酸盐结合态转化。李通等[66]对比未活化的和活化（用 KOH＋尿素处理）的风化煤 HA 对重金属镉污染土壤修复的效果，表明土壤中添加 4g/kg 活化 HA 对 Cd 的钝化效果最好，小白菜的生物产量增幅最高；二者均明显降低小白菜对 Cd 的吸收，且活化的 HA 与未活化的 HA 效果相比差异不显著。朱永娟等[67]通过施加不同浓度的 FA 溶液，发现 FA 促进玉米对重金属离子的吸收。随 FA 浓度的增加，玉米中 As、Ni、Cd 和 Pb4 种重金属含量均呈增加的趋势，重金属在不同部位分布的顺序是：根＞茎＞叶＞籽。这些实验证据都与华珞等的理论研究结果相吻合。

对 HS 修复重金属污染土壤的某些研究结果归纳如下。

（1）HS 与其他物质复配，效果更好　中科院亚热带农业生态研究所（2001）按一定比例将腐植酸原料煤粉、钙镁磷肥和生石灰粉混合制成复合钝化剂，对土壤中 Cd 的钝化效果更显著。徐存英等（2014）的试验表明，HA＋膨润土，或 HA＋过磷酸钙，可使土壤中有效态 Pb^{2+} 浓度降低，且随膨润土或过磷酸钙添加量的增加，修复效果增强。李莉（2003）在 20mL 的 HA 中添加 0.05g 活性炭，发现对 Zn^{2+} 的吸附率明显增加，最佳条件下可达到 99.65%。赵庆圆等[68]的研究表明，配合施用过磷酸钙、腐植酸和粉煤灰更有利于促进 Pb 和 Cd 由弱酸提取态向稳定的残渣态（磷酸铅沉淀或混合重金属矿物［$PbFe_3(SO_4)(PO_4)(OH)_6$］）转化。HA 也可以同其他有机-无机淋洗剂、人工螯合剂、表面活性剂、天然有机酸结合，对污染土壤进行淋洗。

(2) 对土壤中砷化物的处理　Tessema 等（2001）发现，随土壤中有机酸特别是 HA 含量的增加，As 的释放量也随之增强。但特殊情况也不少。如 Suiling 等[69]的实验发现，砷的迁移在某种程度上随共存金属的迁移而增强，尤其与铁的迁移呈正相关。在碱性条件下，HA 可原位或非原位将大量砷和重金属同时从土壤或尾矿中移除，从而降低环境污染风险；这一发现可能对控制、降低和规避砷和重金属污染有所帮助。刘利军等[70]的研究也证明，在碱性条件下 HA 可显著降低土壤中可溶性砷含量，使其从水溶态和可交换态 As 向相对稳定的有机态和残渣态 As 转化。当 HA 用量为 10g/kg 土时，可有效降低砷对植物的毒害。王俊等[71]研究了不同比例的 HA 和 FA 对土壤砷生物可给性的影响，结果表明，添加 FA 和少量 HA 均可提高交换态砷（EX-As）的含量；而添加≥3%C 的 HA 却降低了 EX-As。FA 和 HA 均可显著降低土壤铝型 As(Al-As) 和铁型 Fe 型 As(Fe-As)，增加残渣态 As(Res-As) 含量，且 FA 比 HA 的作用更强。这显然与一般重金属的转化规律相反。王向琴等[72]研制了零价铁与 HA（质量比 12.5∶87.5）复合调理剂，施加量 2.25kg/hm^2时，对稻田中镉、砷具有同步钝化效果。

(3) 处理条件的影响　首先，pH 的影响最大，一般来说，酸性条件下用 HA 钝化重金属效果较好。卢静等（2006）的研究表明，在 pH 4～7 时 HA 容易钝化土壤中 Ni^{2+}。张翼峰等（2007）的研究同样发现，随 pH 的升高，HA 对 Cr^{6+} 的钝化能力降低，pH 3 时钝化效果最好。HA 的适宜投加量也因土壤、重金属种类而异，多数研究结果表明 HA 加量与钝化效果呈正相关，但也有特殊情况。例如，有些随 HA 增加，铁锰氧化物结合态不断增加，但 HA 加到一定程度后，由于 HA 的强吸附，又夺回氧化态结合重金属[73]。关于吸附时间，一般为 1～2h 达到平衡。无论如何，HA 修复重金属土壤的优化条件需针对性地进行现场试验，没有固定模式。

(4) 重视土壤溶液中甲基汞的迁移　彭倩等[74]对汞污染稻田土壤改良研究中发现，HA 可降低汞的甲基化，添加 HA 可使土壤甲基汞浓度降低 41.7%，然而土壤间隙水中甲基汞浓度却增加了 277.0%，这显然是由于甲基汞随水溶性 HA 溶于土壤溶液所致。同时，由于甲基汞的“运转效应”，水稻地上部组织富集的甲基汞总量增加了 25.6%，糙米中的甲基汞总量也增加了 26.4%。尽管 HA 提高了水稻产量，但是汞的污染加重了。这一研究结果提示，在考察 HA 修复重金属污染土壤时，不仅要注重土壤中金属形态的变化，还要考察其“间隙水”等外界因素的变化，更要同时观察植物吸收重金属数量的变化。

(5) 采用腐黑物钝化重金属　李丽明等[75]采用脱除 HA 和 FA 后的泥炭腐黑物（胡敏素）钝化土壤中 Cu^{2+} 和 Pb^{2+}，在土壤中投加 2%的腐黑物 5d 后 Cu^{2+} 和

Pb^{2+}的浸出浓度分别下降了45.16%和56.97%，同时施入尿素、硫铵和磷酸二氢钾更能显著提高腐黑物的钝化效果。钝化30d后交换态Cu^{2+}和Pb^{2+}分别由原来的15.68%和15.79%下降到0.48%和1.22%，有机态则分别从原来的5.35%和10.93%上升到13.24%和27.32%。中性腐黑物的这一性能值得关注。

（6）施用有机肥料对重金属的作用　单施有机肥一般是提高重金属移动性和生物可利用性。如Fischer（1998）研究表明，随着有机肥施用量的增加，水溶性有机物（DOM）含量与土壤中可溶性Cu^{2+}和Cr^{6+}同时增加。因此，单施传统的有机肥，很难解决重金属污染问题，必须增施煤炭HA。生化黄腐酸（BFA）也有一定作用。如在木薯渣、干鸡粪为原料制取堆肥过程中添加2%的生化黄腐酸，可明显降低堆肥中6种重金属可交换态含量及氰化物含量[76]。

11.5.2　土壤中有机污染物的解毒

现代石油化工、能源工业和交通工具的高速发展，以及工业三废排放、污水灌溉、垃圾农用等，是有机毒物，是多环芳烃（PAHs）在土壤中不断富集的根源，对植物、食物链和地下水的污染日益引起人们的关注。土壤HS本身对此类有机物有很强的自净作用，但对严重污染的解毒却无能为力。人工施用HS乃是消解土壤有机污染的有效方法之一。对有关的研究结果归纳如下。

（1）综合吸附与解毒作用研究　意大利那不勒斯大学Conte等（2005）报道，用HA作为表面活性剂淋洗修复前ACNA化工厂（萨沃纳）附近的高污染场，发现淋洗PAHs和噻吩的效率高达90%，与合成表面活性剂（SDS、TS100）的效果相同。但合成表面活性剂有毒性和污染，会使淋洗过的土壤出现进一步的自然衰减，而HA则安全环保，残留在土壤中的HA还对土壤和植物生长有利，还能促进土壤微生物活性，故主张将HA用于污染土壤的非原位修复。Perminova等（2001）研究发现，在土壤中施用HA对芘、荧蒽、蒽等芳烃具有明显的解毒作用。占新华等（2004）将猪粪、绿肥、污泥中提取出的水溶有机酸施于土壤，证明可明显降低土壤中菲的生态毒性，并发现其降毒性能与有机酸的疏水组分及表面活性有关。

（2）光敏化作用研究　大量研究表明，HA的存在可加速PAHs的生物利用度和矿化降解速率。但HA实际是一种天然的光敏化催化剂，在一定条件下能提高有机化合物的光降解速率，但有时可能产生负面效应，甚至抑制光解反应。张利红等[77]研究了HA对太阳光降解PAHs动力学影响，表明在含有PAHs的土壤中添加5mg/kg的HA后明显提高了对芘、苯并［*a*］芘的光降解速率，5d后残留率分别为42.56%和26.29%；当添加0～20mg/kg的HA时，菲的光降解速率加快，但HA增加到40mg/kg后光解速率反而减缓。

（3）吸附和解毒机理的研究　HA对土壤中有机污染物的吸附，与其疏水性和亲水性有关，而极性的强弱是控制疏水性有机物吸附的一个重要参数[78]。HA的分子量、芳香性的大小对有机物质的吸附有复杂的关系。一般来说，随HA分子量的增加，或脂肪结构的增加，其对疏水性有机物的吸附性能会增强；随HA芳香结构的增加，可以促进其对亲水性物质的吸附。此外，HA对土壤中有机物质的分解和解毒，也与其氧化还原作用有关。HA接受有机污染物提供的电子，将其氧化。该方式能够支持菌类的生长，形成一种细菌厌氧呼吸方式。发挥HA呼吸作用的组分主要是醌类成分，它们在氧化降解污染物的过程中起到最终电子受体的作用。Perminova等（2001）的研究则认为，土壤HA、泥炭HA和水体HA都对芘、荧蒽、蒽等有吸附和解毒作用，其解毒常数随HA的含量和芳香度的增加而提高。多溴联苯醚（PBDES）是电子、建材、自控、纺织品等领域常用的阻燃剂，是具有持久性、强固着力的有机污染物。单慧媚等[79]研究认为，HA主要通过氢键或OH基团发生作用，使得PBDES分子构型改变，栅格表面积、体积、极性均有所增加，从而使其疏水性降低，促进PBDES在水环境中的迁移，有利于降低其在土壤中的残留。

（4）HA对微生物降解有机物的增效作用　HA在改良土壤理化性质的同时，为微生物提供了良好的生存环境，使其大量繁殖，从而也促进了微生物对土壤中有机污染物的降解。HA还提高了氧化酶的活性，同样也加快了有机物的分解。乔俊等[80]在对含石油量8.45%的污染土壤生物修复过程中添加HA-NPK复合肥和诺沃肥（一种生物发酵残渣），60d后测定，发现石油烃含量降解率达31.3%～39.5%，比单独加NPK的降解率高8%，说明生物肥料和腐植酸可有效提高土著微生物的活性，更有利于促进石油降解。张秀霞等[81]的研究表明，在被石油污染的较干旱的土壤中添加10%的HA，就能有效促进降解石油烃微生物的生长繁殖，30d石油烃的分解率最高（达27.7%），且HA有助于多酚氧化酶的生成、脱氢酶的产生和脱氢反应的进行，增强微生物呼吸作用，促进过氧化氢酶的分泌，减少修复过程中有毒物质的积累。多氯联苯（PCBs）在土壤中的含量一般比在上部空气中的含量高10倍以上，因其疏水性高，大大降低了生物可利用度和降解能力，半衰期高达10年。在土壤中添加1.5%的HA后，特效菌的持续性明显提高，PCBs的生物降解和脱氯产量分别提高150%和100%，说明HA的存在增加了PCBs的溶解性和微生物的可利用性[82]。于红艳等[83]在污染土壤中接种2%的驯化活性污泥，使菲、萘、芘污染土壤的总修复率分别为73.4%、80.5%和68.2%，Cu^{2+}、Zn^{2+}和Pb^{2+}的污染总修复率达64.2%～75.5%，表明化学修复与生物降解同时作用于复合污染土壤具有较好的协同效果。

（5）腐黑物对有机污染物的吸附作用更强　王威等[84]对比研究了土壤腐殖质的两个主要级份（HA和腐黑物）对有机污染物的吸附特征，发现腐黑物对污染物的吸附贡献率较 HA 更大，前者的平衡吸附量是后者的 7～8 倍。

（6）HA 对有机污染物的增溶作用　由于 PAHs 的疏水特性，并与土壤紧密结合，难于溶解，大大降低了生物修复效率，故将 PAHs 从土壤中解吸是污染土壤生物修复的第一步。一般用表面活性剂提高 PAHs 的溶解度，将其从固相转移到水相，以便被分解。研究认为，在 pH＝11.8 时 HA 本身就具有明显的表面活性剂效果，可直接将土壤中 PAHs 分离并将其降解。Chiou 等（1983）发现，腐殖质、FA、HA 都对有机污染物有显著的增溶作用。当 HA-Na 加入浓度 1g/L 时，柴油解吸率比不加 HA-Na 增加 2.1 倍。吴应琴等[85]的研究发现，200mg/L 的 HA 溶液对蒽的增溶效率比三种非离子型表面活性剂（Tween20、Tween80、TX100）高 13.97%～87.35%，而且亲水性较强的共存有机物可促进 HA 对蒽的增溶作用。于红艳等（2010）的研究也证明，用 HA 作表面活性剂淋洗固废拆解地多环芳烃起到较好的增溶和截留分解作用。在污染红壤和水稻土中加入最大 10mg/g 的 HA 时，总多环芳烃（含菲、萘、荧蒽、芘）淋出率分别 42.8% 和 35.5%，截留分解率也较高，总修复率分别达到 56.3% 和 49.8%。王海涛等（2004）的研究证明，HA-Na 与三种阴离子表面活性剂复合处理，均提高了土壤中柴油的增溶作用，使柴油解吸量显著增加，最高达到 63%。

（7）将 HA 引入有机-无机复合污染土壤的电动修复　20 世纪 80 年代末兴起的电动修复法由于其独特的优势而备受关注。此方法可处理低渗透性土壤，适用于多相非均一土壤介质，总费用较低，可用来除去土壤中重金属、石油烃、酚类、多氯联苯、胺类及有机农药。李丽等[86]的电动修复污染土壤室内模拟研究结果表明，当添加的 HA 浓度大于临界胶束浓度（10mg/L）时，可有效促进土壤中苯胺解吸和迁移，使其向阳极附近富集，或使苯酚迁移幅度增大，达到未加 HA 的 1.26 倍，或明显改变镍离子的迁移方向，使其在阳极 8cm 处富集，其浓度达到 120%。郑雪玲等（2009）用 HA 强化电动修复铜污染土壤试验，也发现 HA 可起到表面活性剂的作用，有效地提高 Cu^{2+} 在土壤中的迁移能力，其效果优于 EDTA。张宇等[87]进行了强化电动修复铅锌矿区复合重金属污染农田实验。在 HA 溶液浓度≥临界胶束浓度、修复电压 17.6V/cm 条件下表现出表面活性特性，明显提高了重金属离子的富集和迁移性，7d 后 Pb^{2+}、Cd^{2+}、Cu^{2+}、Zn^{2+} 的去除率达到65%～91%。

11.6　废气的处理

11.6.1　对二氧化硫（SO_2）和氮氧化物（NO_x）的吸收

燃煤排放的烟道气中 SO_2 和 NO_x，硝酸厂、硫酸厂、氮肥厂生产尾气及汽车尾气中的 NO_x，都是大气环境的重要污染源，其处理方法有数十种之多，但大部分处于实验室试验阶段，且都存在难以克服的技术经济问题。因此不少国家也瞄准了廉价的 HS 作为 SO_2 和 NO_x 的净化剂。日本专利（1975）报道了泥炭的干、湿两种处理方法：干法是用含水 50% 的粉状泥炭，在 60℃下以 1L/min 的速度将烟道气通过装有泥炭的管道，可脱除 90% 以上的 SO_2，使用过的泥炭再处理污水或用作肥料；湿法是将含 10% 泥炭的水悬浮液从塔顶喷淋而下，烟道气则逆流而上，这样处理使 SO_2 脱除率达到 99.8%，将废泥炭滤出做其他用途。以上两种方法对 50mg/L 以下的 NO_x 几乎可全部脱除。美国 Green 等[88]用 HA 与热电厂飞灰的浆态混合物处理烟道气中 SO_2，在 HA/飞灰比例较高，pH 较低的情况下，形成 SO_2-HA 络合物，SO_2 吸收率达到 99% 以上。苏联加涅兹（1965）在泥炭中添加一定量的氨水作为吸收剂，在沸腾床半工业化装置中处理 NO_x，接触时间 1～2s，几乎可将 NO_x 全部脱除。吸附过的泥炭可作为氮肥使用。孙志国等[89]的研究表明，氧化铝纤维负载 HA-Na 后，提高了 Al_2O_3 的脱硫能力。在 HA-Na/氧化铝浸渍氨水后，可长时间保持较高的 SO_2 转化率，并能提高氨的利用率。脱硫后的产物可从氧化铝中洗脱，制成硫酸铵、HA-NH_4、HA-Na 为主要成分的复合肥，氧化铝纤维也可实现循环利用。他们还利用 HA-Na 和 TiO_2 的系统增强光催化效应，在玻璃球上负载 HA-Na/TiO_2 复合吸附剂，在光催化条件下脱除烟气中的 NO，脱除率达到 80%。催化氧化后生成的 HNO_3 被吸附剂微孔吸收、富集，再将 HA 氧化，提高 HA 的活性，可用来制取肥料，达到资源利用最大化。Hao 等[90]还用 HA-Na 与次氯酸钠复合吸收剂同时吸收 SO_2 和 NO，脱硫和脱硝率均达到 98%。孙文涛（2001）利用 HA-Na 作为添加剂来强化石灰石湿法脱硫，提高了 SO_2 的吸收效率。同时，生成的大量羧酸又电离出 H^+，促进了石灰石的溶解。胡国新（2008）研发了 HA-Na 溶液吸收烟气中的 SO_2 和 NO_x，同时脱硫脱硝并副产腐植酸复合肥的技术，SO_2 和 NO_x 吸收率分别达到 98% 和 95% 以上，整体运行成本低于现行的石灰石-石膏法。碳酸钙是一种活性较好的廉价高温烟气脱硫剂，但必须将碳酸钙转化为细化粒子，或提高其比表面，否则会严重影响 SO_2 的吸收和脱硫效率。刘海弟等[91]将 HA 添加到氢氧化钙碳化制备碳酸钙体系中，成功合成了表面积大于 $50m^2/g$ 的碳酸钙，发现随着 HA 用量的加大，碳酸钙平均孔径减小，微晶粒子由类球状变为棒状，而后变为立方形。这种作用可用 HA 对 Ca^{2+} 的螯合作用来解释。该工艺为烟气脱硫提供廉价、高比表面的碳酸钙提供了科学依据。

11.6.2　对硫化氢（H_2S）和硫醇（RSH）的吸收

H_2S 是焦炉煤气中的毒性腐蚀性气体。日本 Toyama 等（1971）用 NHA 的 Na、K 或 NH_4 盐溶液（pH 8～10）从塔顶喷淋，逆流吸收焦炉气中的 H_2S，并在吸收液中通空气氧化，就可使其转化为元素 S 而沉淀、回收，其产率达 86%～97%。别里科维奇[4]认为天然泥炭可以直接吸收 NO_x，但对吸收 H_2S 和某些含硫气体并不适用。因为吸附这些含硫化合物的基本原理是最终形成不溶水的金属硫化物，因此泥炭必须先转化成阳离子型的，如用金属盐溶液浸泡，制成含Cu、Zn、Co、Ca、Fe等的改性泥炭。试验表明，1g含Zn 28%的Zn型泥炭在60min内可吸附101mg的H_2S，Cu型和Co型泥炭可分别吸附103mg和138mg H_2S。苏联专利报道（1982），向载有消化细菌和活化淤渣的泥炭床中通入含S、N气体，可使H_2S从200mg/L降到1mg/L，RSH从3mg/L降到0.3mg/L，NH_3从200mg/L降到1mg/L；浸有Fe^{3+}的氧化泥炭对H_2S的吸收能力最强，可以达到高效脱臭剂COM的水平。美国（1971）有人在进行石油产品加工时添加0.0005%～0.05%的HA-Co或其他HA-金属络合物脱除石脑油中的RSH，效果颇佳。俞其鼎等（1986）也用几种HA金属络合物脱RSH，发现HA-Cd效果最好，脱除率达97%以上，接近酞菁钴的脱除水平。

11.6.3 对CH_4和N_2O的还原

研究表明，CH_4比CO_2的温室效应大很多。Bradley等（1998）研究发现，用HS作为微生物矿化氯乙烯和二氯乙烯的末端电子受体后，抑制了CH_4的生成，明显减少了CH_4的产率。Aranda-Tamaura等[92]研究表明，HS作为反硝化细菌唯一的电子供体能促进细菌对亚硝酸盐和N_2O的还原，并在保护土壤生态中进行了应用试验。这些研究都为HS对缓解温室效应做出一定的贡献。

11.6.4 作除臭剂

环境中的臭味一般是氨、胺类、吡啶、H_2S等碱性物质所为，HA和NHA的COOH和OH_{ph}等酸性基团可与这些物质作用从而消除臭味。日本（1964—1974）在HA类除臭剂研制方面取得不少进展。他们所用的原料大多数是硝基腐植酸（NHA），也有氯化腐植酸（ChA）。但一般是NHA与铁或锰的氧化物、黏土、其他脱硫组分复合制成。比如NHA中添加$Fe(OH)_3$、NHA＋黄土＋褐铁矿粉，或者NHA＋锰铁矿，NHA＋FeO＋MnO_2，分别加热混合制成除臭剂。这种产品吸收NH_3和H_2S的效果较好，用于粪便、牲畜圈和冰箱除臭。日本把HA作为饲料添加剂兼除臭剂用于养猪，在猪饲料中添加0.3%～1%的HA，不仅促进猪体重增加，而且排出的粪便COD减少33%，浮游物减少39%，氨态N＋蛋白N减少68%，相应在空气中的臭味也明显减弱。日本（1988）还有人将HA与果汁酶、乳酸菌混合，在40℃下发酵72h，制成专门吸收鱼肉类腐败气体的吸附剂。彭亚会等[93]用HA作牛舍除臭剂，使饲养环境得到明显改善，H_2S浓度降低50%，苍蝇密度减少62.5%；若使用HA与EM原露复合除臭剂，则分别减少65.12%和65.63%，明显起到净化增效作用。

11.7　环境监测中的应用

巴西 Crespilho 等[94]利用逐层自组装技术将 HA 嵌在纳米聚合物（聚烯丙胺酸盐）薄膜上，相互交替最高达 15 层膜，作为检测杀虫剂的高灵敏度的传感器，可以检测出溶液中浓度低到 10^{-9} mol/L 的五氯苯酚，为监测水中农药提供了技术支撑。加拿大 Alvarez-Puebla 等[95]发现 HA 将金属离子还原后形成纳米金粒子体系（HA-AuNPs），明显增强了拉曼散射效应，从而提高拉曼光谱对污染有机物检测的灵敏度。

11.8　存在问题和发展前景

本章收录的文献内容，可能只是国内外 HA 环保应用研究的冰山一角，但足以看出，HA 在水体、土壤和空气净化中的显著效果和应用前景，当然，也暴露出以下一些缺陷及问题。

（1）对 HA 与某些特定金属或有机物作用机理尚未研究透彻，从而影响进一步研发和应用。

（2）存在一些相互矛盾非理想的研究结论。如 HA 吸附有害重金属的同时也吸附了对植物有益的微量元素，可能导致植物营养缺乏。如何解决水质净化和土壤修复时的选择性吸附和特性吸附问题，仍然是 HA 环境应用的重大课题。

（3）HA 类工业环保产品，目前仍是凤毛麟角，其中的原因之一，仍然是技术经济问题。比如，在吸附剂的种类方面，尽管粗加工散状低级别煤的成本低，某些方面的净化效果也好，但存在交换容量较低、使用量大、吸附速度慢以及难以循环使用等问题；而加工成粒状的 HA 树脂，则存在适用 pH 范围较窄、使用寿命较短、成本较高的缺点。

因此，近年来 HA 吸附剂的研发向着活化改性、交联复合、可再生利用的方向发展。广大研究者已认识到，HA 环保产品应遵循资源化或原位循环化的原则，副产用于肥料等用途进行循环利用，并防止二次污染。实践证明，在某些环保产品中 HA 并不是主角，只是作为添加剂来改善其他产品的性能，同样可以起到“1+1>2”的效果。无论如何，腐植酸类物质是迄今已知的原料最广泛、价格最便宜的天然净化剂，只要在已有的试验基础上不懈努力，一定能在技术和经济上取得突破性进展，为我国绿色生态建设增砖加瓦。

参　考　文　献

[1]　李洪远，鞠美庭．生态恢复的原理与实践［M］．北京：化学工业出版社，2005.

［2］ 王兰，巴音．废水处理的新材料新方法［M］．北京：中国环境科学出版社，1995.

［3］ 陈丕亚，杭月珍，余鋆扬．大同风化煤净化含重金属离子废水的研究［J］. 华东化工学院学报，1982，(2)：189-200.

［4］ Белькевич П И，Чистова Л Р. Торф и Проблема Защиты Окружающей Среды.［M］. МН：Наука и Техника，1979：60.

［5］ Bailey S E，Olin T J，Bricka R M，et al. A review of potentially low-cost sorbents for heavy metals［J］. Wat. Res，1999，33 (1)：2469-2479.

［6］ 齐兆涛，孙立平，员建．天然泥炭对 Cu^{2+}、Pb^{2+} 吸附性能的研究［J］. 天津城市建设学院学报，2008，14 (3)：204-207.

［7］ 姚冬梅，付春香，李萍．泥炭对重金属离子的吸附性能［J］. 黑龙江科技学院学报，2006，16 (1)：38-40.

［8］ 安莹，孙力平．泥炭对重金属废水中 Cu^{2+}、Pb^{2+} 最佳吸附条件的研究［J］. 腐植酸，2008，(5)：29-33.

［9］ Kertman S V，Kertman G M，Chibrikova Z S. Peat as a heavy metal sorbent［J］. J. App. Chem. USSR，1993，66 (2)：465-466.

［10］ 周建伟，黄艳芹．巯基泥炭对重金属离子吸附性能研究［J］. 精细化工，2000，17 (12)：741-743.

［11］ 张怀成，王在峰，李建义，等．褐煤经磺化及碱化处理对重金属离子吸附性能研究［J］. 环境化学，1999，18 (5)：482-487.

［12］ 陈荣平，张银龙，马爱军，等．腐殖酸改性及其对镉的吸附特性［J］. 南京林业大学学报：自然科学版，2014，38 (4)：102-106.

［13］ 尚宇，刘海弟，陈运法．腐植酸树脂/二氧化硅复合材料制备及其对重金属离子的吸附性能［J］. 过程工程学报，2008，8 (3)：576-582.

［14］ 罗道成，刘俊峰．腐殖酸树脂处理含 Pb、Cu、Ni 废水的研究［J］. 环境污染治理技术与设备，2005，6 (10)：73-76.

［15］ Zhang J P，Wang A Q. Adsorption of Pb (Ⅱ) from aqueous solution by chitosan-*g*-poly (acrylic acid)/attapulgite/sodium humate composite hydrogels［J］. Journal of Chemical & Engineering Data，2010，44：2379-2384.

［16］ 谢晓威，霍淑敏，孙晓然．腐植酸交联树脂合成及对 Ni (Ⅱ) 吸附性能研究［J］. 广州化工，2015，43 (13)：62-64.

［17］ Chen R P，Zhang Y L，Shen L F，et al. Lead (Ⅱ) and methylene blue removal using a fully biodegradable hydrogel based on starch immobilized humic acid［J］. chemical Engineering Journal，2015，268：348-355.

［18］ 刘静欣，张文娟，李俊强，等．交联腐殖酸 CHA 对水体中铅的吸附性能［J］. 环境工程学报，2012，6 (3)：725-728.

［19］ 徐斗均，郭雅妮，骆晓琳．脲醛-磺化腐植酸树脂对 Cd (Ⅱ) 的吸附性［J］. 西安工程大学学报，2017，31 (4)：462-466.

［20］ 孙晓然，边思梦，尚宏周．温敏腐植酸-丙烯酸-N-异丙基丙烯酰胺水凝胶合成及吸附性能研究［J］. 腐植酸，2018，(6)：41-46.

［21］ Santosa S J，Siswanta D，Kurniawan A，et al. Hybrid of chitin and humic acid as high performance sorbent for Ni (Ⅱ)［J］. Surface Science，2007，601 (22)：5155-5161.

[22]　骆晓琳，郭雅妮，徐斗均．酚醛腐植酸树脂的制备及其对 Cu 的吸附效应 [J]. 西安工程大学学报，2017，31 (6)：764-768.

[23]　Liu Jingfu，Zhao Zhongshan，Jiang Guibin. Coating Fe_3O_4 magnetic nanoparticles with humic acid for high efficient removal of heavy metals in water [J]. Environ. Sci. Tech.，2008，42 (18)：6949-6954.

[24]　王萌，雷丽萍，方敦煌，等．巯基修饰的胡敏酸包裹纳米 Fe_3O_4 颗粒的制备及其对溶液中 Pb^{2+}、Cd^{2+}、Cu^{2+} 的吸附效果研究 [J]. 农业环境科学学报，2011，30 (8)：1669-1674.

[25]　Coa F，Strauss M，Clemente Z，et al. Coating Carbon nanotubes with humic acid using an eco-friendly mechanochemical method：application for Cu(Ⅱ) ions removal from water and aquatic ecotoxicity [J]. Sciences of the Total Environment，2017，607-608：1479-1486.

[26]　Olga V V，Konstantin B K，Mikhail A，Application of humic sorbents for Pb^{2+}、Cu^{2+} and Hg^{2+} ions preconcentration from aqueous solutions [J]. Procedia Chemistry，2014，(10)：120-126.

[27]　李光跃，尚宏周，张秀凤，等．腐植酸型水凝胶 p(HA/AA/IPA) 的合成及对镍离子的吸附作用研究 [J]. 腐植酸，2014，(2)：13-17.

[28]　Chen Rongping，Zhang Yinlong，Shen Lianfeng，等．利用一种以淀粉固定腐植酸为基础的、完全可生物降解的水凝胶去除铅（Ⅱ）和亚甲基蓝（摘要）[J]. 韩立新，译．腐植酸，2017，(5)：48.

[29]　尚宏周，赵敬东，何俊男，等．黄腐酸基印迹聚合物的制备及吸附性能研究 [J]. 应用化工，2017，46 (6)：1113-1117.

[30]　王鲁敏，邓昌亮，殷军港，等．硝化褐煤对铬离子溶液的吸附研究 [J]. 环境化学，2001，20 (1)：54-58.

[31]　丁文川，田秀美，王定勇，等．腐殖酸对生物炭去除水中 Cr(Ⅵ) 的影响机制研究 [J]. 环境科学，2012，(11)：165-171.

[32]　杨帆，陈均，吴思，等．磁性聚苯胺/腐殖酸复合微胶囊的制备及其对水中 Cr(Ⅵ) 吸附性能研究 [J]. 化工新型材料，2018，46 (11)：234-237.

[33]　Buschmann J，Kappeler A，Lindauer U，et al. Arsenite and Arsenate binding to dissolved humic acids：influence of pH，type of humic acid，and aluminum [J]. Eviron. Sci. Technol，2006，40：6015-6020.

[34]　Paul B，Parashar V，Mishra A，等．石墨烯-FeO 纳米复合物将腐植酸涂层的负面影响转换为去除水中砷的增强效果（摘要）[J]. 韩立新，译．腐植酸，2017，(3)：65.

[35]　李静萍，仝云霄，管振杰，等．腐植酸吸附剂的制备表征及对 As(Ⅲ) 吸附性能研究 [J]. 应用化工，2015，44 (9)：1631-1634；1638.

[36]　刘咏，刘娅，任越琳，等．金属离子改性腐植酸钠吸附剂的制备及其除氟性能 [J]. 中国环境科学，2014，34 (4)：942-950.

[37]　方敦，田华婧，叶欣，等．富里酸-膨润土复合体对氟的吸附特性 [J]. 环境科学，2016，37 (3)：1023-1031.

[38]　刘娅，汪诗翔，刘若娟，等．La-腐殖酸/Al_2O_3 凝胶复合物的制备及其氟吸附性能 [J]. 环境科学学报，2015，35 (3)：756-763.

[39]　MacCarthy. 化学改性泥炭用于水处理 [J]. 郑平，译．腐植酸，1993，(2)：45-52.

[40]　张亚萍，谢水波，杨金辉，等．腐殖酸吸附水中铀的特性与机理 [J]. 安全与环境学报，2012，12 (4)：66-68.

[41]　谢水波，段毅，刘迎九，等．交联海藻酸钠固定化的腐植酸多孔薄膜对铀的吸附性能及机理 [J]. 化工学报，2013，64 (7)：2488-2496.

［42］ 夏良树，周鹏飞，蒋海燕，等．腐植酸-柱撑膨润土的制备及其对铀的吸附性能［J］．南华大学学报，2013，27（3）：20-24.

［43］ 杨睿琳，刘亚淳，朱科，等．改性腐植酸对稀土离子 La^{3+}、Ce^{3+} 吸附性能研究［J］．中国稀土学报，2016，34（5）：585-591.

［44］ 白燕，赵霞，赵红艳．泥炭净化含油污水的研究［J］．环境科学与技术，1996，（3）：36-38.

［45］ 宋晓旻，崔平，杨敏，等．腐植酸在含酚废水处理中的实验研究［J］，燃料与化工，2007，38（2）：42-44.

［46］ Chen H，Berndtsson R，Ma M，et al. Characterization of insolubilized humic acid and its sorption behaviors［J］. Environ. Geol.，2009，57：1847-1853.

［47］ Alexander B，Volikov，Sergey A，et al. Nature-like solution for removal of direct brown lazo dye from aqueous phase using humics-modified silica gel［J］. Chemosphere，2016，145：83-88.

［48］ 郭雅妮，胡陈真，骆晓琳，等．负载 Fe/Cu 腐植酸吸附剂的制备及其性能［J］．陕西科技大学学报，2018，36（3）：29-34.

［49］ 刘志雄，张佳丽，洪许言，等．CuO/腐植酸复合材料的制备及其吸附性能［J］．化工进展，2018，37（10）：4060-4067.

［50］ 张小叶，张颖，张洁，等．腐植酸修饰的 FeO 磁性纳米复合物去除水中结晶紫［J］．西南大学学报：自然科学版，2016，38（5）：146-149.

［51］ 靳延甲，章祥林，徐建．铁酸锰/腐植酸复合材料制备及其对亚甲基蓝吸附性能［J］．应用化学，2016，33（3）：336-342.

［52］ Singh T，Singhal R. Methyl Orange adsorption by reuse of a waste adsorbent poly(AAc/AM/SH)-MB superabsorbent hydrogel：matrix effects，adsorption thermodynamic and kinetics studies［J］. Desalination and Water Treatment，2015，53：1942-1956.

［53］ Yang C J，Zeng Q R，Yang Y，et al. The synthesis humic acids graft co-polymer and its adsorption for organic Pesticides［J］. Journal of Industrial and Engineering Chemistry，2014，（20）：1133-1139.

［54］ Shen Y Y，Zhao S L，Li Y，et al. A feasible approach to dispose of soil washing wastes：adsorptive removal of chlorobenzene compounds in aqueous solutions using humic acid modified with monoolein（HA-M）［J］. The Royal Society of Chemistry，2017，（7）：9662-9668.

［55］ 肖天，席北斗，杨天学，等．腐殖酸强化六氯苯还原脱氯的作用规律［J］．环境科学研究，2017，30（5）：792-798.

［56］ 郑立庆．噻虫嗪的水解与光解作用及对土壤呼吸作用的影响研究［D］．哈尔滨：哈尔滨工业大学，2006.

［57］ Calza P，Vione D，MInero C. The role of humic and fulvic acids in the phototransformation of pheonlic compounds in seawater［J］. Science of the Total Environment，2014，493：411-418.

［58］ 李亚峰，王景新，刘莎．微波强化腐殖酸-Fenton 体系降解硝基苯废水试验［J］．沈阳建筑大学学报：自然科学版，2013，29（1）：138-143.

［59］ 李燕捷，马天行，郭学涛，等．纳米二氧化钛负载腐植酸对菲的吸附行为［J］．农业环境科学学报，2014，33（11）：2247-2253.

［60］ 汉京超，张云，史丹，等．含腐殖酸的新型混凝剂强化混凝处理城市污水［J］．中国环保产业，2009，（3）：44-49.

［61］ Tessier A，Campbell P C，Bisson M. Sequential extraction procedure for the speciation of particulate trace metals. Anal. Chemistry，1979，51（7）：844-851.

[62]　葛骁，魏思雨，郭海宁，等．堆肥过程中腐殖质含量变化及其对重金属分配的影响［J］. 生态与农村环境学报，2014，30（3）：369-373.

[63]　王学锋，尚菲，马鑫，等．pH 和腐植酸对 Cd、Cr 在土壤中形态分布的影响［J］. 河南师范大学学报：自然科学版，2013，41（5）：101-105.

[64]　刘苗，朱宇恩，李海龙，等．腐植酸钾对土壤铅化学形态、生物可给性及健康风险的影响［J］. 农业资源与环境学报，2016，33（1）：17-22.

[65]　何晶晶，杨志敏，王莉玮，等．几种化学物质抑制土壤汞、镉进入蔬菜的研究［J］. 西南师范大学学报：自然科学版，2014，39（1）：1-5.

[66]　李通，陈士更，魏玉莲，等．含腐植酸风化煤对土壤-蔬菜系统重金属镉污染修复效果研究［J］. 腐植酸，2016，（6）：16-22.

[67]　朱永娟，张凤君，吴磊，等．富里酸对 As、Ni、Cd、Pb 在土壤-玉米体内迁移的影响［J］. 安徽农业科学，2012，40（2）：817-818；824.

[68]　赵庆圆，李小明，杨麒，等．磷酸盐、腐殖酸与粉煤灰联合钝化处理模拟铅镉污染土壤［J］. 环境科学，2018，39（1）：389-398.

[69]　Suiling W，Mulligan C N. Enhanced mobilization of arsenic and heavy metals from mine tailings by humic acid［J］. Chemosphere，2009，74：274-279.

[70]　刘利军，洪坚平，闫双堆，等．不同 pH 条件下腐植酸对土壤中砷形态转化的影响［J］. 植物营养与肥料学报，2013，19（1）：134-141.

[71]　王俊，王青清，蒋珍茂，等．腐殖酸对外源砷在土壤中形态转化和有效性的影响［J］. 土壤，2018，50（3）：522-529.

[72]　王向琴，刘传平，杜衍红，等．零价铁与腐殖质复合调理剂对稻田镉砷污染钝化的效果研究［J］. 生态环境学报，2018，27（12）：2329-2336.

[73]　蒋煜峰，袁建梅，卢子扬，等．腐植酸对污灌土壤中 Cu、Cd、Pb、Zn 形态的影响［J］. 西北师范大学学报（自然科学版），2005，41（6）：42-46.

[74]　彭倩，朱慧可，钟寰，等．腐植酸对汞污染稻田中甲基汞行为的影响［J］. 生态与农村环境学报，2015，（5）：748-752.

[75]　李丽明，丁玲，姚琨，等．胡敏素钝化修复重金属 Cu（Ⅱ）、Pb（Ⅱ）污染土壤［J］. 环境工程学报，2016，10（6）：3275-3280.

[76]　郭靖，王英辉，陈建新，等．生化黄腐酸对堆肥中氰化物及重金属的影响［J］. 环境科学与技术，2016，39（9）：1-7；13.

[77]　张利红，陈忠林，徐成斌，等．太阳光照射土壤中多环芳烃化合物（PAHs）光催化降解动力学［J］. 环境化学，2010，29（3）：486-490.

[78]　Xing B. Phenanthrene sorption to sequentially extracted soil humic acids and humin［J］. Environ. Sci. Tech.，2005，39（1）：134-140.

[79]　单慧媚，马腾，刘崇炫，等．胡敏酸作用下多溴联苯醚三维分子结构变化特征［J］. 环境科学技术，2016，39（9）：8-13.

[80]　乔俊，陈威，张承东．添加不同营养助剂对石油污染土壤生物修复的影响［J］. 环境化学，2010，29（1）：6-11.

[81]　张秀霞，韩雨彤，张涵，等．腐植酸对石油污染土壤特性和生物修复效果的影响．石油学报（石油加

工），2016（1）：164-169.

[82] 卢静，朱琨，赵艳峰，等．腐殖酸在去除水体和土壤中有机污染物的作用［J］．环境科学与管理，2006，31（8）：151-154.

[83] 于红艳，张昕欣．腐殖酸与活性污泥对污染土壤联合修复研究［J］．水土保持通报，2012，32（5）：248-252.

[84] 王威，张玉玲，刘明遥，等．土壤腐殖质对有机污染物吸附行为的研究［J］．安全与环境学报，2014，14（3）：259-262.

[85] 吴应琴，陈慧，王永莉，等．腐殖酸对蒽的增溶作用及其影响因素［J］．环境化学，2009，28（4）：515-518.

[86] 李丽，朱琨，张兴．腐植酸对电动法修复污染土壤的影响［J］．腐植酸，2009，（4）：6-10.

[87] 张宇，王宜莹，宋明芮，等．腐植酸强化电动修复铅锌矿区复合重金属污染农田的实验研究［J］．广东化工，2016，43（9）：19-21.

[88] Green J B and Manahan S E. Sulphur dioxide sorpion by humic acid-fly mixtures［J］；Adsorption of sulphur dioxide by sodium humates［J］. Fuel，1981，60（4）：330-334；488-494.

[89] 孙志国，贾世超，黄浩，等．腐植酸净化烟气多污染物的研究进展［J］．腐植酸，2018.（6）：20-27.

[90] Hao R L，Zhang Y Y，Wang Z Y，et al. An advanced wet method for simultaneous removal of SO_2 and NO from coal-fired flue gas by utilizing a complex adsorbent［J］. Chemical Engineering Journal，2017，307：562-571.

[91] 刘海弟，赵融芳，陈运法．利用腐植酸调控碳酸钙微晶形貌及比表面积［J］．过程工程学报，2006，6（2）：219-222.

[92] Aranda-Tamaura C，Estrada-Alvaradoi M I，et al. Effect of different quinoid redox mediators on the removal of sulphide and nitrate via denitrification［J］. Chemosphere，2007，69（11）：1722-1727.

[93] 彭亚会，马献发，修立春．腐植酸与EM原露配合使用在奶牛饲养中的应用效果研究［J］．腐植酸，2005，（3）：33-36.

[94] Crespilho F N，Zucolotto V，Siqueira J R，et al. Immobilization of humic acid in nanostructured layer by layer films for sensing applications［J］. Environ. Sci. Technol.，2005，39：5385-5389.

[95] Alvarez-Puebla R A，dos Santos D S，Aroca R F. SERS detection of environmental pollutants in humic acid-gold nanoparticle composite materials［J］. Analyst，2007，132：1210-1214.

12

第 12 章　医药应用

腐植酸类物质（HS）在医药中的应用，是目前和今后一个时期研究的最大难点和最高增长点。尽管在过去的几十年漫长的研究和试验中取得了进展，有的研究发现非常令人振奋，但要想真正在临床上广泛应用，目前仍不敢“轻举妄动”。毕竟 HA 是一类非常复杂的大分子天然有机物，无论如何精细分离，仍然无法改变它“复杂混合物”的基本特征，永远不可能与化学合成的纯药物相提并论，这也是当今药物规范化审批难以通过的主要原因。但是，关于 HS 对部分疾病防治效果早已得到国内外医学界的认可，许多药理研究成果也是不容置疑的，因而也促使更多的研究者勇往直前，继续在这条艰难的道路上探索。

12.1　历史追溯

国外 HS 用于医疗领域，最先是从自发利用腐泥或泥炭开始的。早在古巴比伦时代（公元前 19～公元前 16 世纪），欧洲就有利用沼泽腐泥治疗皮肤疾病的记载[1]。居住在罗马泰基尔奥湖畔的人早有洗“黑泥浴”的习惯，就是把湖中的黑泥挖出来涂遍全身，躺在阳光下曝晒，以治疗某些疾病。后来才发现，这种黑泥的治疗作用主要来自高度降解的贫氧酸（实际是含 I、K、Na、Ca 等元素的低分子 HA 和萜烯酸类物质）。19 世纪欧洲就出现了泥炭浴，欧洲至今一直有泥炭浴疗养的传统。匈牙利的 HEVIZ 泥炭地是国际性矿泉疗养地，至今已有 270 多年的历史，每年有 210 万人次洗澡浴疗。泥炭治疗方式从起初的一般洗浴发展到使用泥炭糊、泥炭药液。治疗的疾病包括慢性皮肤病、风湿性和类风湿性关节炎、妇科疾病等。20 世纪 50 年代欧洲一些国家开始进行泥炭药理研究，发现泥炭中的关键药理活性组分是 HA，并发现它们在抗炎、抗菌、抗病毒、解毒、抑制肿瘤、提高免疫能力等方面都有效果，从而进一步推动了泥炭及HA的医药应用。为提高HA浓度和药效，各种浓缩和精制的外用药膏、口服液、眼药、胶凝剂，甚至针剂都应运而生。德国Kallus（1964）对当时的康复疗养所的泥炭浴疗临床试验情况作了全面报道，包括口服HA治疗肠、胃、肝病，外用药剂治疗肌肉和骨骼疾病（关节退化变形、痛风、脊椎病、关节炎、肌风湿等）、妇科病（慢性炎症、荷尔蒙失调、腰痛、粘连、不孕、更年期综合征）和皮肤病（湿症、神经性皮炎、牛皮癣、疱疹）以及神经痛、静脉炎、眼病、外伤、重金属解毒等。国际泥炭学会（IPS）1972年在芬兰召开的第四次国际会议上，波兰医学家Tolpa和Górnick等研究了波兰在泥炭医药研究方面的进展，认为泥炭及其HA中含有某种生物刺激素和抑制剂，具有一定的抗菌功能，但对生物无任何毒副作用，预言HA类制剂有可能控制人类和动物某些迄今还无法对付的重大危险病症（包括癌症）。波兰的研究成果引起医学界的极大反响和关注，推动了不少国家（如德国、苏联、日本等）对HA的药理研究和临床应用。因此，70年代是世界HA医药应用研究最活跃的时期之一。近30多年来，每届国际泥炭会议几乎都有HA医药应用方面的研究论文；IPC还多次举行医药专业学术会议，专门讨论泥炭及HA的医药研究和应用问题。如1989年在美国召开的第三届国际泥炭会议上，苏联和波兰分别介绍了从泥炭HA中提取抗氧化剂和抗癌药物的情况。以Klöcking为代表的德国医学家，近20多年来一直致力于HA医药应用研究和临床试验，不仅对以前发现的某些疾病临床效果作了进一步验证，而且在利用雌激素活性、调节脂质代谢、抗DNA病毒、骨质疏松、抗流感病毒、抗电离辐射、抑制癌症等方面有新的发现，药理、病理和毒性研究也更加深入[2,3]。

我国早在唐代柳宗元《答崔黯书》中就有“土炭”治病的记载，北宋末年称作“乌金石”，直到明代末年“乌金石”已成为一味成熟的传统中药。明代李时珍在《本草纲目》中详细记叙了“石炭”“乌金散”“井底泥”“城东腐木”治疗“妇女气血痛”“月经积聚”“小儿癫痫”“泻便”“鼻洪吐血”“心腹痛”等的方法和疗效。实际上“土炭”“乌金石”“井底泥”“腐木”之类的天然物质就是含HA的风化煤或腐植化了的有机沉积物。这说明我国人民早在1000多年前已自发使用HS治病，引入中药经典也至少有800年的历史。我国某些地方民间也有泥疗的习惯，辽宁兴城在20世纪50年代建立了第一个泥炭浴疗养所。HA在医药上的大规模应用也经历了民间自发利用、医院临床试验、药理病理研究3个阶段。1975年广东信宜县在群众使用HA-Na治疗某些疾病的基础上，县人民医院首先在HA-Na治疗烧伤、创伤感染、溃疡以及癣、湿症、玫瑰糠症等皮肤病上进行临床应用，取得较明显疗效，激发了国内HA医药应用的热情和信心，全国十几个省市的医学院校、医疗和科研单位纷纷投入力量进行研究和试验，在生理、药理活性和毒性等基础研究及临床试验方面做了大量工作，积累和发表了大量文献资料，总结出HA在消炎、抗菌、抗溃疡、凝血止血、提高免疫力、促进微循环、抑制肿瘤等方面的药理作用。不少医院还试制了 HA 药剂，在内部临床使用；有的外用和口服药剂还经过国家药检部门批准进入市场，仅上市的口服药剂就有 12 种。我国 HA 医药应用在国际上具有显著影响。20 世纪 70～80 年代，在国际会议上交流了十多篇 HA 医药相关的论文。袁申元[4]关于 HA 调节血液微循环的学术论文引起国外学者的极大反响。新加坡出版的《中药研究近代进展》和德国的有关 HA 专著中都借鉴了我国 HA 医药应用的成果[4]。20 世纪 90 年代以后，我国 HA 的医药研究与应用进入低潮，过去已获准上市的 HA 药物都面临重新审批的考验，但仍有些医院、院校和研究单位在进行零散的研究和试验，还有一些对皮肤病有一定疗效的 HA 类保健化妆品占领了市场，并得到用户的认可。

12.2　腐植酸类药剂产品及新药研发进展

历年来国内外已公布的部分 HA 药剂有如下 4 类。

（1）泥炭浴疗剂　欧洲最早的通用型 HA 类制剂，可分为浴疗液、膏糊剂和热敷剂 3 种剂型。如波兰市场上较畅销的 Moorpuste 就是一种专治风湿病的泥炭糊膏。

（2）黄腐酸和腐植酸一价盐　主要有 FA、HA-Na（K、NH_4）溶液或与其他药剂的复合制剂，如东欧的牌号为“Salhumin”就是 HA-Na 与水杨酸的复合物。我国 20 世纪 80～90 年代广泛使用或销售的 FA 和 HA-Na 制剂有：河南化学所研制、巩义制药厂生产的“乌金口服液”“腹泻宁”“风湿宁”“肝康胶囊”，山西大同的“富新钠”、山东薛城的“妇治灵”、云南昆明的“化痔灵”等药剂。黑龙江中医学院、北京海淀医院和海军总医院也分别生产过各种内部临床应用的制剂。北京市肛肠医院[5]用 4%～6%的 HA-Na 溶液作为处方明确的灌肠液，用于临床治疗慢性结肠溃疡、直肠溃疡以及急/慢性出血性直肠结肠炎。

（3）特种药剂和复方药剂　此类药剂是更高层次的 HA 药物。如德国的腐植酸铋（HA-Bi，专治肠胃病）、Solhumin（风湿性关节炎镇痛药）、日本的 Gratron-uma（HA-Ca 复合制剂）；白俄罗斯的 Fibs、Torfot（专治眼科病的泥炭制剂）、Torfenal（专治皮肤病）和 Humisol（专治关节炎和类风湿性关节炎）；波兰的 Gastrohuma 与 Huminit（胃药）、TK_2（治疗支气管哮喘和抑制肿瘤）、Gynasan（专治妇科病）。据美国《健康生活双周刊》（2008.10.18）报道，美国研制了一种腐植酸和黄腐酸二者搭配的“抗病毒片”，据称可促进血液中的矿物质输送到骨头和细胞中，有包围病毒、清除病毒、防止病毒复制的功能。延边兽药厂用泥炭黄腐酸研制的复方 FA-Na 注射液，20 世纪 80～90 年代在全国 300 多个兽医院（站）进行 7 年多的推广应用，证明在动物止血、镇痛、抗炎和治疗风湿、类风湿方面药效显著，临床有效率 99.62%，获吉林省科技进步奖和国家专利。佛山产的“雅尔康”也属于防治某些皮肤病的 HA 类保健品，防治皮肤病效果显著。此外，实验室研发的药剂还有陶燃等（1994）研发的一种治疗多种妇科疾病的含 FA 和小檗碱的药物，经 1000 多例临床应用，总有效率达 96%，且无毒副作用。陈瑨等[6]用内蒙古风化煤黄腐酸和有机锡化物合成了 8 种 FA 羧酸酯，试验证明，其中三苯基锡黄腐酸酯、三环己基锡黄腐酸酯能较好地抑制人急性骨髓白血病细胞（KG-1a）、大鼠肾上腺髓质嗜铬瘤分化细胞（PC12）和人慢性髓原白血病细胞（K562），IC_{50} 值 10.79～39.22mg/L。王怀亮等（2001）用 HA-Na 与硫酸锌合成了腐植酸锌，研究表明，该制剂具有显著的抗病毒和消炎作用，抗菌率达到 93.6%。张辉等（1998）用液相法制备了腐植酸铈（HA-Ce）（1.0mol/L，pH6.45），分别在大肠杆菌、绿脓杆菌、金黄色葡萄球菌、白色念珠菌和粪链球菌上进行抑菌实验，表明均有很强的抑制作用，与常用的化学抗菌药物效果相近或略强。新疆大学王文涛等[7]采用硝酸氧解风化煤制取黄腐酸，并进行季铵化，合成了一种聚乳酸/黄腐酸季铵盐插层皂石（QFA），然后以辛酸亚锡为催化剂，QFA 与丙交酯反应制成纳米复合材料。抗菌实验表明，该复合材料对大肠杆菌、枯草杆菌、黑曲霉菌和青霉有较强的抑菌效果和抗菌性能。董昕等（2002）研发的一种含亚油酸锌和 HA-Na 的软膏，对抑制真菌和细菌感染、防治皮肤癌变等有一定功效。西安交通大学[8]研制的腐植酸钠凝胶剂、膜剂、涂膜剂和软膏（HA-Na 含量 0.1%～20%），用于抗炎、抗渗出、促进毛细管再生和伤口愈合的外用药，都一直在临床使用。

（4）泥炭生物激素　用特殊手段从泥炭中提取的类脂醇、β-谷甾醇、豆甾醇、胆汁酸、维生素 D、菲、抗皮炎素、儿茶酸等（据 Luomala，Lishtvan 等，1984）。

目前国内有两个 HA（FA）制剂获得国家医药批号，并作为国家中药保护品种上市，一个是腐植酸钠颗粒（片），由云南万裕药业公司独家生产（国药准字 Z3020099），另一个是“乌金口服液”（FA 药液），由河南太龙药业公司（国药准字 Z41010564）和江苏平光信谊（焦作）中药公司（国药准字 Z41020418）生产。

12.3 临床应用及其效果

翻开我国 40 多年来大量 HA 医药应用的历史资料，确实使人大开眼界。仅媒体公开报道的就有 42 家医院、大专院校和医学科研单位投入了 HA 医药应用试验，涉及 10 个科室、30 多种疾病，受试患者 10699 人。部分临床试验结果见表 12-1。从总的规律来看，HA 类制剂在治疗皮肤病、妇科病、消化道疾病等的效果是较明显的。许多医疗单位为得到可靠的临床试验结果，都一丝不苟地坚持观察多年。如 16 年间接待的风湿、类风湿浴疗患者达 24 万余人次，用 FA-Na 临床治疗溃疡性结肠炎 68 例作为范例；海军总医院对各种癌症 227 例的疗效观察了整整 15 年，并分别用 0.25%FA-Na 治疗 289 例胃、十二指肠球部溃疡患者、用对照药雷尼替丁治疗 50 例，治愈率分别为 66.1%和 72%，二者无显著性差异，但返院治疗的复发率却低于对照组[9]。山西省中医研究所用十年时间坚持用大同风化煤

FA-Na治疗观察了2984例宫颈炎患者，获得明确的治疗结论，海城市中心医院1992—2001年用10年时间采用FA-Na灌肠治疗慢性非特异性结肠炎180例，总有效率96.1%。这种严格的科学态度和奉献精神确实是难能可贵。其次，几乎所有试验都设置了对照组，使HA类药剂的疗效有参照体系。如在验证HA的抗炎作用时一般与常用抗菌素对比，在HA用于治疗烧伤时与云南白药对比，对出血热治疗时与环膦酰胺对比等。

表12-1 部分HA类药物临床试验结果统计

科别	疾病种类	治疗效果/%			试验医院(备注)
		有效(好转)	显效	治愈	
皮肤科	皮疹、银屑病、鱼鳞癣	45～100	19	12	湛江医学院、北京海淀医院、中山医大附属三院、佛山第一人民医院、等(沐浴)
	麻风性溃疡	48.8	26.7	24.5	遂川康复医院(浸泡，外敷)
	疱疹	16.2	74.8		德国Weibkopf
外科	风湿、类风湿、关节痛	10～88	33～80		黑龙江中医药大学、北京海淀医院、中国煤矿工人临潼疗养院、北京化工医院等
	痔疮		20	80	贵阳中医学院附属二院
	烧伤	100			泰安人民医院、瑞昌人民医院(同比感染率减少50%)
消化科	胃肠溃疡	14～90	10～73	24～69	海淀医院、萍乡市人民医院、信宜市人民医院、海军总医院等
	慢性结肠炎	17～96	34.5	44～93	北京同仁医院、山西省人民医院、黑龙江农垦中心医院、烟台山医院、海城市中心医院、嘉峪关人民医院等
	乙肝(HBSAg携带者)	25～52			解放军316医院(对照：人工干扰素有效率5%) 北京天坛医院
	腹泻，幼儿腹泻	13～18	12	71	黑龙江中医药大学附属一院、云南一平浪煤矿医院等(与泻痢宁相近，优于复方新诺明)
呼吸科	肺炎		20.3	65.6	全南县人民医院
	急性支气管炎	73.2	22		北京中关村医院(FA-Na雾化吸入肺部)
内分泌科	甲状腺亢进	90.9			北京同仁医院
	地方神经 性克汀病 糖尿病足 前列腺炎	33			北京同仁医院、北京昌平防疫站、西安交大第二附属医院、巩义市人民医院
心血管科	高血压	26.1～57.6	24.2～48.4		北京同仁医院、河南医学院附属一院

续表

科别	疾病种类	治疗效果/%			试验医院(备注)
		有效(好转)	显效	治愈	
肿瘤科	甲状腺瘤		10	80	瑞昌市人民医院
	食管癌前病变	37(好转)	16(稳定)		中科院生物物理所(对照好转 26.6%)
	宫颈癌前病变	64(好转)	29(稳定)		中科院生物物理所、安阳地区医院等(对照好转 17.2%)
	肝癌 S_{180}、U_{14}	35			中国医学科学院肿瘤所
	各种癌	71.6			海军总医院(观察 15 年)227 例
五官科	角膜炎(溃疡)	77～94.2	16.9		浙江医科大学绍兴医院
	口腔炎(溃疡)	13.3	37.1	44.8	海军总医院、解放军 316 医院(FA M_n<700)北京医科大学、北京冶金医院
	口腔黏膜病	24		70	昆明医学院第一附属医院
	流行性腮腺炎			100	新疆哈密人民医院
妇科	各种阴道炎	17.2～33.3		66～79	山西省中医研究所、江西吉安地区医院、上海二轻局职工医院
	宫颈炎	41～100		51.4	山西省中医研究所、哈尔滨医科大学
	外阴营养不良	96～98			北京同仁医院、哈尔滨医科大学
止血	上消化道出血	95.6			北京同仁医院
	黏膜出血	26.7	73.3		浙江医科大学分校
	流行性出血热	99			巩义市人民医院(对照:与环膦酰胺效果相近)
运动康复	运动员疲劳	50	44		北京海淀医院、天津体育科学研究院(沐浴)

注：本表由 50 多篇公开报道资料统计。选入该表的原则：①县级以上医疗单位的试验数据；②30 例以上受试病例者；③不选择复合药剂的试验结果；④未考虑不同来源和不同种类 HA 之间的差异及可比性。

值得一提的是，有些病症用常规药物长期治疗无效的情况下，单用 HA 或 FA 与其他药物协同治疗却取得意想不到的效果。如山西省人民医院（1984）有 58 例慢性非特异性肠炎患者，在用抗生素和中药屡治无效的情况下，口服、灌注和肌注 FA 制剂后，显效 20 例，有效 29 例。又如薛宏基等（1981）在 2 年时间内用 FA 治疗食管癌前病变 27 例，无一例发生癌变，同比情况下 99 例中有 18 例（占 18.2%）自然恶变转为癌瘤。在治疗某些外伤方面，用 HA 能明显减少渗液，控制创面感染，促进肉芽组织生长，其疗效优于抗生素和磺胺药物。某些妇科病（如外阴白斑、老年性阴道炎）属于疑难病症，一直无特效药物，用 HA 类药剂有明显止痒、消肿、抑制黏连和溃疡、促进创面愈合的作用，与乙烯雌酚等传统外用药的效果无显著差异，证明 HA 可以代替某些抗菌药物，而且无任何毒副作用（孟瑜梅等，1982）。王力等[10]用复方腐植酸钠药膜治疗中度宫颈糜烂 80 名，有效率 100%，对照（传统中药）有效率仅 45%。北京天坛医院[11]用 FA 与抗乙肝免疫核糖核酸联合治疗 70 例慢性乙肝患者，可显著提高患者细胞生物活性和免疫功能，近期疗效优于单用抗乙肝药物。正如波兰医学家 Tolpa 等（1972）所作的结论：HA 类药物能控制多种疾病，改善人和动物的健康状况，其性能可与抗菌素相比，并无副作用。这些临床应用资料，成为我们继续深入研究和应用 HA 类药物的动力。

12.4　药理作用研究

12.4.1　抗炎作用

HA 的抗炎药理作用一是通过抑制大鼠甲醛性足跖肿胀，二是甲苯对小鼠耳致炎和移植棉球引起的肉芽组织增生来证明的。德国 Klöcking（1980）研究表明，$HA\text{-}NH_4$的抗炎作用比 HA-Na 还强，分别是乙酰水杨酸和氨基安替比林作用的 2 倍。我国医学界的大量研究发现，不同原料来源的 HA 抗炎作用有明显差异。林志彬等（1981）的实验显示，抗炎作用大小的顺序是：北京风化煤 HA 和昭通褐煤 HA＞巩义风化煤 FA、吐鲁番风化煤 FA 和泉州泥炭 HA＞萍乡风化煤 HA，而敦化泥炭 HA 和昆明泥炭 HA 无抗炎作用。而郭澄泓等（1979，1984）的结论是：北京 HA 和吐鲁番风化煤 FA＞昭通褐煤 HA＞廉江泥炭 HA，而罕台川褐煤 NHA、萍乡风化煤 HA、湛江泥炭 FA、泉州泥炭 HA 无抗炎活性。可见不同研究者的测定结果略有差别，但一致发现北京风化煤 HA 抗炎作用最强、最持久，一次给药，抗炎作用可维持 24h 以上。大多数 HA 对炎症的渗出期和增殖期都有抑制作用，但北京 HA 只对炎症渗出有效，对棉球肉芽肿无抑制性。进一步对北京 HA 分离后发现，无论是 FA 还是棕腐酸和黑腐酸，都有抗炎作用，其中 FA 的作用与水杨酸相近。更有趣的是，上述廉江泥炭 HA 抗炎作用很小，但经化学精制得到的“02 组分”的抗炎性甚好，渗出抑制率达 63.26%，与氢化可的松（70.24%）相近，比安乃近（20%～30%）高得多[12]。生化黄腐酸（BFA）同样有较强的抗炎作用。如高金岗等[13]通过口服 BFA 对小鼠急性、慢性炎症模型试验中，发现有较明显抗炎镇痛作用。有的试验竟发现 BFA 可与消炎痛和速克痛 600 相比。由此看来，抗炎作用的强弱，关键不在于原料的种类，而应从分子结构的差异和特定生理活性基团中寻求答案，这又给今后有关的基础研究提出了一项很有意义的课题。

关于抗炎作用原理，大致有如下几种观点。

（1）与抑制透明质酸酶（hyaluronidanse）有关　透明质酸是动物细胞间质的

主要成分，起“黏合剂”的作用，而透明质酸酶能水解透明质酸，引起细胞质温度降低，通透性提高，使细菌和病毒容易在体内扩散。Taugner（1963）通过染料皮丘法对大鼠进行渗出试验发现，HA-Na 对外源性和内源性透明质酸酶以及黏蛋白酶都有抑制作用，这说明抗炎症渗出与抑制透明质酸酶活性有关。

（2）与肾上腺皮质活性有关　王宗悦等（1982）发现廉江 HA 的抗炎作用较弱，且降低了肾上腺维生素 C 的含量，故认为 HA 的抗炎作用与刺激肾上腺皮质兴奋有关，但不是唯一的因素，可能还有其他抗炎机制。孙超等（1988）给未切除肾上腺的家兔腹腔注射 HA-Na 后，发现肾上腺重量增加，组织学形态改变，肾上腺皮质功能增强，这是 HA 通过促进肾上腺皮质活性而提高抗炎作用的佐证。

（3）与抑制炎症介质有关　各种炎症，特别是变态反应引起的炎症与组胺的释放有密切关系，这是医学界公认的观点。HA 的作用是否也与抑制组织胺有关？这方面研究结论并不一致。如孙曼琴等（1982）发现北京 FA 对组织胺引起的微血管通透性增加有明显抑制作用；但孟昭光等（1986）则认为在炎症前期北京 HA 和 FA 对组胺和 5-羟基色胺（5-HT）没有抑制作用；王宗悦等（1982，1985）的试验则表明，薛城风化煤 HA 对大鼠炎症介质组胺和 5-HT 引起微血管通透性增加有抑制作用，但廉江 HA 则无此作用，故认为抗炎不完全是通过阻断介质的效应来降低微血管通透性的。

（4）与保护细胞膜、促进嗜中性白细胞增多有关　早先 Sarembe（1964）就发现 HA 能促使手术后患者白蛋白增加，这就可能与提高抗炎抗菌能力有密切关系。Dunkelberg、Klöcking 等[14]研究发现，HA-Na 可抑制人前单核细胞的 U937 细胞热诱导的 AA 释放，并保护细胞膜免受损坏。因此推断 HA 具有“膜保护活性”。他们特别指出，分子量低于 1500 的 HA 更有活化人体嗜中性粒细胞的作用。姚发业等[15]给家兔注射吐鲁番 FA-Na 后，发现具有吞噬微生物和异物功能的嗜中性粒细胞增多，而淋巴细胞减少，提示 FA 的抗炎作用可能是通过促进嗜中性粒细胞吞噬功能来实现的。

（5）与清除过氧化离子自由基有关　Liang 等（1998）发现 HA 的乙酸乙酯萃取组分对兔关节软骨细胞的生存有抑制作用，并认为与清除 $\cdot O_2^-$ 自由基有关。

（6）与 HA 络合的金属离子有关　理论上看，过氧化离子自由基可被特定的酶——过氧化歧化酶消除，而 Cu^{2+} 和 Zn^{2+} 等能使过氧化歧化酶活性加强。据此，王发（1982）认为 HA 的抗炎活性与 HA 络合的 Cu^{2+} 和 Zn^{2+} 有关。我国有些灰分很低的 HA 抗炎性能反而很差，可能与缺乏微量元素有关。这一观点有待于进一步考证。

（7）与抑制前列腺素 E 等的合成有关　非甾体抗炎药物（NSAID）抑制前列腺素 E 的合成，是其抗炎作用的主要机制。NSAID 一般是芳香族有机弱酸（如水杨酸），HA实际上是大分子的NSAID，故医学界推断HA有可能也是此类作用机制。德国Breng的研究证实，HA-Fe或FA-Fe络合物确实能抑制前列腺素E的合成，其抑制能力强于乙酰水杨酸。但Klöcking[1]则报道，HA只抑制花生四烯酸（PFS）调控的脂氧化酶途径，对前列腺素E的合成没有影响。

（8）与电子给-受体的缓冲作用有关 有研究者认为，作为电子给-受体的HA，对人体的氧化-还原系统起着缓冲作用，故对于键合和活化氧物质、调节体系对伤口愈合、杀死病菌甚至癌细胞等的能力都有重要作用。

12.4.2 抗消化道溃疡作用

北京医科大学、北京同仁医院、湛江医学院、海淀医院等单位通过动物实验一致肯定HA具有明显抗溃疡形成和促进溃疡愈合的作用，其药理大致有以下几点。

（1）直接抑制胃黏膜β细胞，减少胃液、胃酸分泌，促进溃疡愈合，但不同来源的HS作用有差异。王德民等（1982）认为HA的作用比FA更强，而朱新生（1990）却认为分子量小的FA抑制效果更好。王德民等发现HA对组织胺、五肽胃泌素、毛果芸香碱引起的胃酸分泌都有抑制作用。叶松柏等（1984）却发现四川泥炭HA对上述3种刺激素的作用无明显影响。高桂英等（1989）的试验也出现不同的结果：内蒙古武川FA对迷走神经和乙酰胆碱都没有拮抗作用，但加入酚妥拉明却使FA作用减弱，提示FA的抑酸作用可能与其他因素有关。上述研究尽管在引起胃液胃酸分泌减少的机理上存在分歧，但HA的作用部位可能在壁细胞上，却是一致的看法。

（2）保护胃肠黏膜，拮抗药物损伤 许多研究者都从HA的酸碱缓冲性能、胶体化学和表面化学角度解释其对胃肠的保护作用。苏秉文[16]认为，使用消炎痛等化学合成药物对胃黏膜会造成损伤，而HA的吸附和络合作用则会促使肠道细菌、毒素和腐败气体得到清除，从而保护黏膜。她们在用HA或FA治疗结肠炎和溃疡病过程中，用光纤镜观察到创面上确实形成了一层胶状保护膜，使分泌物渗出减少。王德民等（1981）的试验表明，HA和FA具有拮抗化学药物对胃黏膜PGE合成的作用，遏制其对胃黏膜的伤害。HA还有刺激结肠膜内IgA的合成，起到保护肠黏膜的作用。按医学常识，前列腺素也有保护胃黏膜的功能。有人还发现HA刺激胃黏膜前列腺素E的合成，间接起着对胃的保护作用。李月梅等[17]用黄腐酸钠对小鼠胃肠运动及胃溃疡的实验研究也发现，高剂量的FA-Na与阳性对照雷尼替丁的溃疡指数和溃疡抑制率无显著性差异，证明FA-Na具有止泻、抗胃溃疡、保护胃黏膜的作用。

（3）促进黏膜组织和肌层组织再生 苏秉文等（1985）用HA给大鼠灌胃后在镜下观察发现，黏膜肌层和肌层再生肌长度都明显比对照增加。此外，FA还促使血清IgA含量提高，也是保护黏膜、促进溃疡愈合的一个重要因素。Zn参与蛋白质的合成，并对溃疡有促进愈合作用，这也是一般药理学常识。郭建等（1982）用^{65}Zn示踪测量发现，用HA治疗后的溃疡底部组织表面及深处（包括坏死层和肉芽组织层）有较多的^{65}Zn分布，认为HA络合的Zn可能对组织细胞有直接保护作用，并参与组织恢复，促进溃疡愈合。

（4）对胃肠运动的影响　消化道溃疡常与胃肠运动功能失调有关。胃肠运动与胃酸分泌一样，受控于神经和体液系统的种种变化。王宗悦等（1982）对清醒的兔、鸽和小鼠的肠管自律活动进行观察表明，低浓度的FA无明显影响，但高浓度FA对胃肠推进有明显抑制作用。郭澄泓等（1979）的类似动物试验却未发现廉江泥炭HA对肠管运动有明显影响；同时，对于由乙酰胆碱或$BaCl_2$引起的平滑肌张力提高和痉挛均无明显抑制作用。于吉人等（1982）用测量胃肠推进炭末胶粒距离的方法观察了北京泥炭HA对小鼠胃肠推进运动的影响，证明HA（0.520mg/L）对IP有明显的抑制性，但腹腔注射酚妥拉明却使HA的抑制作用明显减弱，提示HA可能是通过抑制α-受体来减缓小肠平滑肌的运动，达到抗溃疡的目的。

（5）对结肠微生物的影响　Swidsinski等[18]为验证HA对结肠有无微生物的影响，让14名健康志愿者口服HA制剂Activomin®，发现结肠微生物总浓度从口服HA第10天的20%增加到第45天的32%，且一直保持基本稳定，微生物多样性也保持稳定。预示HA可能是开发控制先天结肠微生物药物的潜在物质。

12.4.3　对免疫功能的影响

国内外不少医学研究者的动物实验证明HA具有明显的免疫功能，在药理上也发表了不同观点，分述如下。

（1）提高巨噬细胞的吞噬功能　曾述之等（1983，1987）的小鼠试验证明，北京和大同FA、延庆泥炭HA、廉江泥炭HA和巩义风化煤FA都有提高细胞吞噬率和吞噬指数的作用，但北京风化煤HA中的棕腐酸却有抑制作用，黑腐酸则没有任何影响；对肝、脾巨噬细胞的功能，均无明显影响；对胸腺的作用却都是减少甚至促进萎缩的作用。可见不同来源的HA及其不同的段分对巨噬细胞的作用差异很大。北京联合大学对比了等剂量（25mg/kg）的煤炭黄腐酸（MFA）和生化黄腐酸（BFA）对小鼠腹腔巨噬细胞功能的影响，发现前者有降低作用，后者无影响，但给以免疫抑制剂环膦酰胺（Cy）后，二者对巨噬细胞功能都有恢复作用，且无显著差异。吴铁等（1984）发现，当廉江HA“02组分”与肾上腺素（吞噬抑制剂）合用时，可对抗后者的抑制作用，使吞噬功能恢复正常。这一结论对临床应用意义很大，可使部分患者长期大量服用肾上腺皮质激素而抑制巨噬细胞功能的作用减弱，有利于提高机体抵抗力。

（2）激发溶血素形成及对体液免疫功能的影响　溶血素是反映机体特异性体液免疫功能的指数。张覃林、郭澄泓等（1983）的研究表明，巩义FA、北京HA和廉江 HA 对溶血素的形成有激发作用，并能部分对抗 Cy 和 5-氟尿嘧啶抑制溶血素形成。何立千（1999）对小鼠溶血素的试验发现，在 MFA 和 BFA 相同剂量（25mg/kg）情况下，后者溶血素量明显高于前者，预示 BFA 免疫性可能更强。

（3）对淋巴转化和免疫器官的影响　研究表明，HA 对 T 淋巴细胞和 B 淋巴细胞转化率有一定调节作用，但对不同病因引起的疾病来说，调节方向也不同，如使类风湿和结肠炎的 T 淋巴细胞、B 淋巴细胞转化率都提高，而使湿疹患者的 B 淋巴细胞上升，糖尿病患者则使 T 淋巴细胞上升，哮喘病则 T 淋巴细胞、B 淋巴细胞都下降。蔡访勤等[19]在用巩义 FA 治疗 52 例肺心病患者时观察到细胞免疫反应性明显增强，表现在淋巴转化率和 PHA 增加。杨美林等（1982）、丁桂兰等（1988）、苏秉文等[20]的解剖学研究发现，大同和内蒙古的 HA、FA 和北京风化煤 FA 可使大鼠、小鼠和兔的淋巴细胞增多，淋巴组织发达，脾脏和胸腺重量增加，细胞核染色加深，但未见器官和腺体水肿、充血、变性等异常现象。但吴铁等（1984）却发现注射北京泥炭 HA-Na 使胸腺萎缩，还引起肝、肾肿大，抑制肝功能，说明毒性较明显。曾述之等（1983，1987）也发现注射 HA 减轻了胸腺重量，认为是 HA 兴奋肾上腺皮质功能的继发效应。

（4）抗药物反应　许多研究者认为，HA 对外周血 T 淋巴细胞的形成有抑制作用，并对 PHA 引起淋巴细胞转化反应及抗肿瘤药物引起的免疫功能下降也有拮抗作用。研究还发现，FA 对某些药物过敏有一定预防作用，对皮肤被动过敏（PCA）反应也有明显抑制作用，推测 HA 可能是通过阻止过敏介质的释放而发挥抗过敏作用的。

（5）免疫球蛋白和补体的观察　免疫球蛋白（Ig）是检测免疫系统强弱的一个重要指标。苏秉文等（1996）用北京风化煤 FA-Na 及对照药物治疗类风湿性关节炎、慢性非特异性结肠炎、支气管哮喘、慢性湿疹和糖尿病等共 140 例，十几年积累的数据表明，FA 可提高血清球蛋白 IgA 总量，但对 IgG 和 IgM 影响不大，使补体 C_3 总量提高，说明都有明显免疫作用，并对淋巴细胞转化率有调节作用。

（6）综合作用　许多学者认为，免疫学本身是一个综合概念，不能用一两个孤立的实验结论来解释免疫作用的个别机理。正如 Vucskits 等[21]认为，HA 的交互性质和复杂官能团（“药效团”），构成对免疫系统细胞的共同影响而发挥疗效。Solovjeva（1978）也认为，HA 是一种非特异性药物，它影响着人体全身的抵抗力，并由多种机理所决定，如组织中的 HS 基团与二硫化物的平衡、肝脏的解毒、白细胞的吞噬等作用都与免疫有关。

12.4.4　活血、止血、凝血、促进愈合功能

何立千（1999）认为，HA 类制剂与其他止血和溶血药不同的是，它们具有双向调节作用：外伤出血时能迅速止血，而在体内循环中又可促进血液流动，防止血

栓形成。吕式琪等（1980）的研究表明，HA可使大鼠和家兔等的心脏血流量提高，证明HA具有活血功能，有可能降低或溶解因血液黏度过大造成的血栓。北京同仁医院（1980）、解放军169医院（1983）的动物试验显示，HA对小血管破裂的出血和渗血有显著止血作用，其效果与中外驰名的云南白药相同。他们采用血栓弹力圈（TEG）自动记录表明，给受伤的狗注射巩义FA后，血管内血流畅通，凝血酶生长加快，说明FA在动物体内凝血因子迅速发挥作用。巩义FA、吐鲁番FA都具有缩短凝血时间、增加外周血小板计数、促进肠膜血管收缩等功能，而且能抑制腺苷酸环化酶（AC）和激活磷酸二酯酶（PDE），从而降低CAMP含量，认为FA主要是通过抑制纤维蛋白原和抗肝素因子促进凝血的。但大同FA对动物体外血栓形成有显著抑制作用，即通过抑制血小板凝聚而抗血凝。谢爱国（1982）认为，FA与常规止血药的机理不同，从FA-Na对大鼠离体子宫无收缩作用这一点来判断，其止血原理至少有一部分不是平滑肌收缩而压迫血管所致。Klöcking等[22]认为，HA-Na对术后粘连和阻塞有抑制效应，可能是由于HA-Na诱导组织型纤维酶原激活剂（t-PA）的释放而促使纤维蛋白降解，而且HA-Na又有抑制凝血酶的作用。可见，对HA的活血、凝血机理有不同的研究结果和解释，有待于进一步验证。蒋安文等（2000）认为HA的氧化还原体系，客观上就存在分离初生态氧、增加细胞内呼吸、促进肉芽组织生长的功能。薄芯等[23]对两种生物质发酵BFA类外用药的药效进行了实验，证明此两种FA在治疗烧伤和外伤方面具有镇痛、抗炎、消肿、促进愈合、减少瘢痕、缩短止血时间及体外抗菌等作用，并与某些中药间有协同效应。研究还表明，泥炭HA有加速组织再生，促进大鼠实验性胃溃疡愈合的作用。在创口上涂HA-Na后1～2min就可形成一层保护膜。西安交大医学院张爱军等[24]的研究证明，用0.5%～2%的HA-Na溶液作用于大鼠伤口，明显促进皮肤创伤修复，平均愈合时间13.7d，明显快于对照组（15.95d），而且炎症细胞明显减少，新生肉芽组织较厚。

12.4.5 对内分泌功能的影响

（1）对肾上腺皮质功能的作用　蒋安文等（2000）发现服用HA后使动物肾上腺重量增加、抗坏血酸含量降低、胸腺萎缩，推断HA对肾上腺皮质有激活作用。

（2）对甲状腺功能的影响　北京同仁医院（1981）给致病大鼠腹腔注射巩义FA后，使“甲亢”和“甲减”的两组动物症状都得到改善，并使血浆中CAMP也调节到正常水平，提示FA具有调节甲状腺功能和CAMP水平的作用，推测是通过对细胞水平的环核苷酸的调节来实现的。王景贵等（1983）的同样实验发现服用HA的大鼠甲状腺吸碘量仅是对照组的1/8，且碘化甲状腺球蛋白含量减少，甲状腺过氧化物酶提高，推测是由于HA的醌基和酚羟基与I发生加成或取代反应，从而使甲状腺吸 I 功能受到抑制，而且这种抑制过程不是依靠神经支配，而是通过体液途径实现的。但邢连影等（1979）用廉江 HA 所做的同样实验却未证明大鼠甲状腺吸 I 率有明显抑制现象。凌光鑫（1984）、孟昭光等（1986）的试验发现 HA 和 FA 对人和动物红细胞液中的腺苷三磷酸酶（ATPase）以及 K^+ 和 Na^+-ATPase 有明显抑制作用，并引起高脂血症和肝脏脂肪积聚，可能与 HA（FA）抑制甲状腺功能、延缓脂肪氧化有关。

（3）对胰岛素功能的影响　北京医学院于吉人等（1983）给家兔腹腔注射泥炭 HA 后，发现血糖浓度升高达 42%～106%，2h 达到高峰，可维持 4～5h，其高糖效应与 HA 剂量有依赖关系。分析其原因，可能是 HA 促进肾上腺糖类皮质激素或胰高血糖素分泌，从而抑制胰岛素分泌，导致血糖升高。朱文玉等（1985）事先用链脲霉素破坏胰岛 β 细胞，造成小鼠实验性糖尿病模型，注射北京 FA，可使血糖降低 50%以上，认为 FA 可能通过刺激 α-受体来抑制胰高血糖素分泌。因此推断 HA 类物质可能有保护胰岛素β-细胞的作用。昆明理工大学何静（2011）通过对小鼠试验发现 FA 及其钠盐可明显降低小鼠血糖、总胆固醇（TC）、血清甘油三酯（TG）含量，增加其口服糖耐量。降糖机制可能是通过激活己糖激酶等酶的活性促进糖转化，或通过清除氧自由基减轻对胰岛 β 细胞的破坏。宋美丽（2009）通过临床疗效观察，发现胰岛素与 HA-Na 联合用药可缩短糖尿病的治疗时间，提高疗效。北京同仁医院[25～28]的几项研究发现，①FA-Na 对血糖含量没有影响，但对视网膜组织超微结构变化有明显改善，提示 FA-Na 对糖尿病视网膜病变的进展有一定抑制作用；②FA-Na 也可使神经山梨醇明显降低，骨髓神经纤维密度明显升高，神经纤维超细结构的改变程度明显减轻，提示 FA-Na 一定程度上可抑制糖尿病周围神经病变的进程；③FA-Na 对抑制高血糖诱导的 ICAM-1 过量表达，对糖尿病大血管病变都可能具有积极干预作用；④FA-Na 使血浆 t-PA 活性明显降低，而 PAI-1 活性升高，尿白蛋白降低，肾小球肥大受到抑制，肾小球基底膜增厚及足突融合得到延缓，但对血糖控制无明显影响。因此，FA-Na 对糖尿病肾小球病变有一定保护作用，但未能完全阻止糖尿病肾病的发生。

（4）对雌激素活性和肾上腺活性的影响　据 Klöcking[1,3]报道，一般天然泥炭 HA-Na 和合成 HA 的雌激素活性水平大约为雌三醇标准品的 1/3000，是迄今测定过的沼泽泥炭及其“贫氧酸”的雌激素活性的 500 倍。可见，与泥炭原始物质相比，HA 富集了更多的雌激素类活性物质。孟瑜梅等（1993）对切除卵巢的小鼠腹腔注射 FA-Na，阴道涂片显示性周期由用药前的静止期转为动情期，表明 FA 有明显的雌激素样作用，而且 FA-Na 还促使子宫质量增加，子宫黏膜、平滑肌、腺体、血管等都有形态学改变，都说明在 HA 的雌激素样作用下引起子宫发育增生。国内外动物实验以及泥炭浴疗和 HA 治疗妇科疾病的大量实践，都发现 HA 使体内雌激素分泌量增加，尿中17-酮类固醇含量提高。HA类物质的雌激素活性，为HA浴疗和药物治疗多种妇科疾病（特别是老年性阴道炎、卵巢功能不全等）提供了科学依据。河北医科大学宋士军等（1996）研究表明，1～100g/L的FA-Na可明显刺激大鼠卵巢细胞分泌雌二醇，对肾上腺皮质细胞分泌皮质酮的影响则较复杂：在4g/L时刺激分泌，但低剂量（1g/L）和高剂量（10～100g/L）时则无作用。

12.4.6 对心脑血管和血液循环功能的影响

不少研究者通过动物试验和对心脏病患者或正常人使用HA类药剂后，观察其血压、血流量、血液黏度和流变性、心率、心力、心肌供血等指标的变化，大致有以下结果。

（1）对心肌收缩和心脏供血的影响　韩启德等（1984）给早期结扎冠脉的大鼠注射北京FA，使心肌收缩性改善，左心室主动脉压和室内压增高；在心肌收缩性下降时，FA又有强心作用。罗岚（1982）发现用大同FA-Na灌流离体兔心有减慢心率、增强收缩力、增加冠状血管灌流量的作用。吕式琪等（1980）也证明HA可增加小鼠心肌营养性血流量和改善心肌细胞血氧供给能力。但郭澄泓（1986）用廉江HA对家兔的试验却未能证明HA有改善心肌供血的作用。袁申元（1981）的研究证明，HA可使高血压患者降压，同时改善组织缺血、缺氧症状。白建平等的试验表明，FA可明显缩短由$BaCl_2$诱发大鼠心律失常持续时间，使三氯甲烷诱发小鼠室颤发生率降低，能对抗肾上腺诱发的心律失常作用。

（2）改善血液流变学特性　袁申元等（1982）给兔注射巩义FA和吐鲁番FA后，都使全血和血浆比黏度下降，红细胞电泳时间缩短，纤维蛋白原也相应下降，表明FA有改善血液流变性的作用。

（3）消除微循环障碍　袁申元等（1983，1985）通过对酒石酸去甲肾上腺素（NA）造成颊囊微循环障碍的地鼠滴加巩义FA-Na，发现使痉挛的微动脉口径迅速扩张，血流速加快、流量增加。给药后10s作用最明显，其后上述作用仍持续存在，但对照组（生理盐水）30s就自然恢复。FA-Na对微静脉的作用较小。上述对微血管的作用特点提示，HA-Na具有α-受体阻断剂的功能，故给人体注射FA-Na使甲皱微循环显著加快。苏秉文[16]等给慢性非特异性结肠炎患者使用FA-Na后也发现有改善甲皱微循环的效果。

（4）促进血管新生　杨静[29]研究发现，云南峨山和寻甸褐煤FA-Na在低浓度下均能促进血管新生，而浓度增高则受到抑制。但云南昭通褐煤FA-Na低浓度下对血管新生无作用，高浓度下也表现出抑制作用。

（5）对脑/肝缺血再灌注的保护作用　刘驰等[30]的研究表明，100mg的FA-Na可明显改善大鼠血脑屏障通透性，缩小脑梗死体积，减轻脑水肿，减轻脑缺血再灌注损伤的炎症反应。北京同仁医院洪宇明等（2001）的研究也证明，FA-Na可提高正常肝脏微循环，同样是预防肝缺血/再灌注损伤的较好药物。

12.4.7　对肿瘤的作用

HS 是否有抑制或治疗肿瘤的作用，一直是医学界和广大患者关注的问题。这方面的研究也持续了 40 多年，现列举一些实验结果。

20 世纪 70 年代，匈牙利 Zsindely 和德国 Hoffman 等[31]合作研究发现，HA-NH_4能使腹水淋巴瘤患者的癌细胞和腹水量减少，组织中 RNA 和 DNA 量也减少，并使 DNA 中胸腺嘧啶碱基比例 Pu/Py 发生改变。Bellomett 等（1997）还发现HA 对骨质恶性肿瘤的 α 因子有一定影响。白俄罗斯的 Belkevichi（1976）的动物试验同样证明了 HA 对艾氏癌瘤（EAC），肉瘤 S_{37}、S_{45}、S_{180}及肺癌有抑制效果。波兰 Adamek（1976）给结肠瘤、胃壁平滑肌肉瘤、脑神经纤维瘤、贲门癌、乳癌等患者使用泥炭 HA，患者全身感觉明显改善，表现为疼痛减轻，有的患者肿瘤缩小、消退，阻遏或完全抑制了恶性过程，手术后无复发现象；对一些不能切除全部淋巴结转移病灶的病例，使用 HA 后原发组织的肿瘤不再生成。日本也发现泥炭HA 对 S_{180}的抑制率达到 80%～90%。Jayasooriya 等[32]的研究发现，FA 可提高单核巨噬细胞（RAW264，7）活力和 NO 的分泌，促使合成诱导型一氧化氮合酶（iNOS）的蛋白质和信使核糖核酸（mRNA）表达上调。因此，FA 最有可能刺激免疫调节分子（如 NO）和诱导肿瘤细胞凋亡。傅乃武等[33]发现吐鲁番 HA 和廉江 HA 对 S_{180}、肝癌和 U_{14}宫颈癌的抑制率为 35%左右，但巩义、昆明和吐鲁番的FA 却无效。张覃林等[34]在给小鼠接种肿瘤后 24h 使用巩义 FA，发现对网织细胞肉瘤、S_{37}、L_{615}、B_{16}无抑制作用，但接种前 3h 给药，则对 S_{37}、B_{16}、L_{615}有一定抑制或延长存活期的作用。体外培养试验也发现对 EAC 没有细胞毒性作用。因此，他们认为 FA 是一种通过提高机体免疫能力来实现抗瘤作用的药物。还有不少研究者用不同来源的 HA（FA）对不同癌瘤进行试验，抗瘤效果大相径庭。比如，邹超等（1979）研究发现，江西 FA 对 EAC 有抑制作用，但对 S_{180}、U_{14}无作用，而江西棕腐酸和黑腐酸对 EAC 和 L_{180}反而有促长作用。

Yang 等[35]采用原儿茶酸（酚类化合物单体）合成了 HA，研究了 HA 对人早幼粒白血病 HL-60 细胞的体外效应，发现 HA 可诱导 HL-60 细胞大量死亡，认为主要与线粒体内细胞色素 c 的释放有关，并伴随着天冬氨酸特异性半胱氨酸蛋白酶的激活。这些作用都具有抗癌性质，有望指导新药的开发。Ting 等[36]将 HA 与三氧化二砷联用，研究对人宫颈腺癌细胞生长的影响，同样发现在高浓度时对癌细胞的生长抑制作用明显，而在较低浓度是却轻微增强癌细胞的活力，推测其作用途径可能是激活了 ROS 介导的细胞损伤和细胞凋亡。Huang 等[37]的研究发现，血清抵抗素对直肠癌的发生和发展起积极推动作用，FA 则能显著抑制抵抗素的活性，从而表现出抗直肠癌的作用。Yang 等发现 HA 可抑制白血病细胞的增殖与生长，可能与诱导白血病 HL-60 细胞凋亡与线粒体内细胞色素 c 的释放有关。斯洛伐克的 Vašková 等[38]采用当地特定来源的 HA 进行了体外抗氧化作用研究，并对 6 种不同肿瘤细胞株的存活率进行了测试，表明只有急性 T 淋巴细胞白血病细胞株对 HA 敏感（相比对照表现出 42%的有效性），其余未观察到细胞毒性作用，认为该特定来源的 HA 参与了氧化还原调控，重置了抗氧化防御体系，有可能成为很有前途的免疫增强（包括抗癌症）药物。对 BFA 的抑瘤作用也有相反的研究结论。高金岗等[39]用 BFA 对 3 种肿瘤细胞（人胃癌细胞株 SGC、人肝癌细胞株 SPCA 和人肺癌细胞株 BEL）在体外增殖的影响。结果表明，在各个浓度下，BFA 对 3 种肿瘤细胞的抑制率均低于 50%，属于非敏感性药物。在某种浓度下 BFA 可能对肿瘤细胞有促进生长的作用。

由此看来，HS 对动物移植肿瘤的个别瘤株有一定抑制作用，但不显示普遍规律。有的医学专家认为，HA 不是一种细胞毒物，对 DNA、RNA 合成没有明显影响，对癌细胞的葡糖代谢仅有促进作用，因此表现出 3 种情况：①有较明显的抑制生长作用，主要是抑制食道癌前病变、宫颈癌前病变和一些甲状腺瘤方面有较多实验证据，但仍显不足；②多数情况属于止痛、改善睡眠和食欲、减轻因放疗引起的症状等，无抑制生长的证据；③个别 HA 甚至对个别癌瘤还有促长作用。因此，在目前的临床研究水平上，只能说 HA 类物质有可能作为治疗某些癌症的辅助药剂。另外在抑瘤机理研究上，显得更为缺失。Okada（1978）曾推测醌类化合物或可抑制肿瘤，并可能使 DNA 分子断裂，中国医学科学院肿瘤研究所[33]的实验也证实了这一点。

12.4.8 对肝功能及脂质代谢的影响

山西医学院杨丁铭等（1982）对实验性肝损伤的大鼠注射大同 FA-Na 后，发现减轻了肝细胞变性和坏死，并降低了谷丙转氨酶（SGPT）和甘油三酯含量，防止脂肪肝形成，说明 FA 对肝有保护作用；还发现肝内胶原蛋白也有所减少，预示 FA 减轻了肝纤维化的趋势。孙曼琴等（1982）的试验表明，延庆 HA 可促使^{3}H-亮氨酸渗入血清蛋白质的量增加 20.3%，且对肝细胞色素 P_{450} 有抑制作用，这对减少致癌物质的产生有一定意义；HA 还抑制肝对硫贲妥钠的代谢，使其麻醉时间延长 8 倍多。孟昭光等（1986）的研究结果相反，他们给大鼠灌注北京风化煤 HA 和 FA 20d，发现大鼠血脂和肝脂明显提高，表明有诱导动物高脂血症及血脂在肝内积聚的作用，因此长期服用 HA 或 FA 是否也会诱导人高脂血症需进一步研究证实。丁亚芳[40]研究发现，云南年轻褐煤 FA 可明显提高肝组织中超氧化物歧化酶活性，并降低丙二醛含量，同时降低血清中谷丙转氨酶和谷草转氨酶活性，表明 FA 对酒精性肝损伤有保护作用。余江洪等[41]在术前对肝硬化大鼠灌注 FA-Na，术后血清 ET-1、TNF-2 和 IL-6 均比对照有所降低，表明出肝细胞病理损伤程度较轻，证明 FA 对肝缺血再灌注损伤有明显的保护作用；并发现 FA-Na 对大鼠肝脏纤维化病变具有明显的抑制作用，表明 FA-Na 是很有前景的临床药剂。毕艳艳等[42]对小鼠实验发现，FA 可明显缩小醉酒时间和降低血浆中乙醇浓度，其作用效果强于“海上金樽”，推测其机理可能是多种含氧官能团参与氧化还原反应，激活乙醇脱氢酶和乙醛脱氢酶。同时还发现 FA 可明显提高肝组织中超氧化物歧化酶活性并降低丙二醛含量、降低血清中谷丙转氨酶和谷草转氨酶活性，且 FA 使肝组织损伤程度减轻。但张法浩等（1994）的研究发现，FA 与大鼠肝细胞微粒体结合，会引发超氧自由基（$\cdot O_2^-$），并导致生物体氧化性损伤。

12.4.9　抗菌和抗病毒作用

20 世纪 60～70 年代，德国、苏联、匈牙利等发现天然土壤 HA 以及对（或邻）苯二酚氧化合成的 HA 对某些微生物（浓度≤2500μg/mL）有抗生作用，这些微生物包括、革兰阴性杆菌、枯草杆菌、化脓性棒状杆菌、铜绿假单胞菌、金黄色和白色酿脓葡萄球菌、表皮葡萄球菌、鼠伤寒沙门菌、普通变形杆菌等，但对大肠杆菌和粪链球菌无抑制作用。蔡访勤等[19]研究发现，高浓度的 FA 对金黄色葡萄球菌、肺炎双球菌和流感杆菌有抑制作用，但对大肠杆菌等 8 种细菌均无抑制作用。高金岗等[43]对比研究了 BFA 和 4 种常见药品（苯酚、高锰酸钾、乙酰螺旋霉素片及头孢拉定胶囊）对金黄色葡萄球菌、大肠杆菌、枯草杆菌的抑制作用，发现浓度≥40mg/L 的 BFA 对此 4 种菌类都有明显的抑制作用，但抑菌效果比 4 种药品弱。张辉等[44]认为，HA 的抑菌作用是通过其螯合的金属离子来起作用的。他们的实验表明，腐植酸铈（HA-Ce）对大肠杆菌、绿脓杆菌、金黄色葡萄球菌、白色念珠菌和粪链球菌 5 种菌株有强烈的抑制作用，其抑菌性能接近或略强于一般抗菌药物柠檬酸铈和硝酸铈。2002 年美国健康研究所（NIH）用 HA 对抗病毒性肠胃炎、带状疱疹、流感、感染性单核血球病及出血热等的疗效进行研究，证明 HA 具有广泛的抗病毒功能，且有很强的预防功效，对细胞的生长繁殖完全没有不良影响。

国外对 HA 抗病毒的研究报道颇多。德国 Schultz（1965）和 Thiel 等（1977）就分别发现 HA 对口蹄疫病毒和封套或裸露的 DNA 病毒有明显对抗作用。Górnick（1964）、Klöcking 等（1976）发现德国北部海岸沼泽泥炭制取的 HA-NH_4对 Coxsackie Virus A9 病毒以及疱疹Ⅰ型、Ⅱ型病毒都有抗毒活性，一些病毒酶（一种 DNA 多聚酶）对 HA 极为敏感，并有抑制鼠疫发生的可能性。Gilbert（1993）发现酚类合成的人造 HA 对 A、B 型流感病毒、Ⅰ型副流感病毒和呼吸道并发病毒有一定抑制作用，至少可使其失活。天然 HA 对人体免疫缺陷病毒、单纯性疱疹病毒、细胞巨化病毒、牛痘疗病毒等有一定特异性抑制作用，不过这种作用主要发生在病毒复制早期阶段。国外也有 HA 防治非典病毒、艾滋病毒[45]、乙肝病毒的报道。但又有诸多研究认为 HA 对森林病、副流感、呼吸道、肠道、腺体、ECHO、Sindbis、流行性脊髓灰质炎等病毒无效或者作用甚微。Witthaver 等（1976）通过邻苯二酚酶氧化法合成的 HA 用于抗病毒，证明 HA 的酚结构是抗病毒的主要活性部位。van Rensburg 等[46]采用湿法氧化烟煤制备了氧化腐植酸盐，发现它能够通过干扰 CD4 黏附和 V3 环介导防治病毒侵入，阻止 HIV-1 对 MT-2 细胞的感染。通过 12 周的体外实验，并未发现病毒对氧化腐植酸盐的抵抗，表明该药剂对病毒的抑制反应是不可逆的，确保短期内口服具有极好的安全性。Karamov 等[47]用几种细胞株评估 HA 的抗 HIV 活性，结果显示，在某些细胞株上体现出较好的抗 HIV-1 活性。Khaitov 等（2009）对一种合成 HA 衍生物（称为 Olipifat）进行了体外抑制 HIV 复制能力试验，发现对叠氮胸苷敏感或耐药型 HIV 分离株均有显著的抑制作用。Zhermov 等[48,49]分别对 HA、FA 和棕腐酸的抗 HIV 能力进行了评估，发现 3 种物质都有不同程度的抗 HIV 病毒活性，其中黄腐酸活性最弱。他们证明了一种 HA 阴离子聚合物对实验性 HIV-1 病毒株的抑制作用，揭示了特征结构与抗病毒活性之间的关系，证明该 HA 聚合物是开发具有多模式抗 HIV 活性和低细胞毒性的药物的基础制剂。Maurizio[50]和 Johannes[51]等公布了发明专利，报道用风化煤 HA 和氧化烟煤 HA 治疗多种病毒，特别是 HIV 病毒感染，认为此类病毒“对风化烟煤和氧化烟煤无耐药性，资源广泛廉价，是有希望用于治疗 HIV 病毒感染的新药。”上述国外研究结果，也为我们继续探索 HA 抗病毒（特别是 HIV 病毒）方面的应用提供了新思路。

12.4.10 解毒和抗辐射作用

（1）抗粉尘致病　莫斯科职业病研究所的加尔基娜（1976）对小鼠进行了 9 个月的实验，发现口服 HA 能增强小鼠吞噬细胞吞噬粉尘的能力，防止肺纤维化、硬化及胶原沉积，证明 HA 可防止粉尘致病，对肺组织起保护作用。

（2）抗放射性辐射　Oris（1990）、Nikkila 等（1999）的实验证明，水中含 1～7μg/mL 的 HA 就能降低鱼和水蚤的急性辐射光诱导毒性。HA 还可降低 ^{60}Co-γ 射线对动物的辐射伤害，或者防止多环芳烃（如芘）在紫外光活化下产生的诱导毒性，从而对动物起保护作用。Pukhova 等（1987）的试验表明，给雌鼠注射致死剂量的 ^{60}Co-γ 射线辐射 60d 后，HA-Na 实验组存活率为 43%，对照组却全部死亡，证明 HA 具有明显抗辐射作用。

（3）对重金属解毒　宋士军等[52]用内蒙古武川 FA-Na 进行的人离体子宫肌自发收缩试验表明，FA 明显反转了 $NiCl_2$ 对子宫收缩反应的抑制作用，可能是由于 FA 对 Ni 的强络合作用所致，故认为 FA-Na 可能成为防止 Ni 中毒的一种有效制剂。德国 Kühnert 等给患肠胃病的动物口服 HA（0.5～1g/kg 体重），能显著降低

Pb、Cd在鼠体内的结合，降低其中毒的危险。口服HA-Pb螯合物的毒性远远低于乙酸铅，但非肠道给药的结果恰恰相反，认为给药途径影响很大，HA只能作为肠道重金属解毒剂（Klöcking，1980）。美国Milanovich在大肠杆菌培养液中添加$CuSO_4$及不同螯合剂，发现对Cu的解毒能力次序为：EDTA＞FA＞柠檬酸钠，预示FA可作为微生物培育时的重金属解毒调节剂。何立千（1999）报道，对灌饲乙酸铅的动物口服FA制剂或EDTA，发现BFA和EDTA均对铅中毒引起的血红蛋白合成障碍有明显的缓解作用，但某些煤炭FA的缓解作用不大。这一发现对揭开FA特别是BFA的重金属解毒基础研究和应用有重要意义，值得重视。

（4）防止铵中毒　曾述之等（1985）用NH_4Cl致使小鼠铵中毒，在腹腔注射和口服FA-Na后使死亡率分别降到20％和50％，而对照组（生理盐水）死亡率达93％以上。用FA-Na后铵致死量（LD_{50}）提高了2.897mmol/kg，表明FA有较强的解铵毒的能力。这一发现，可能作为控制肝、肾功能衰竭时血液中NH_4^+浓度升高而导致铵中毒的举措之一。

（5）对药物的解毒　苏联文献报道，泥炭HA或某些其他成分对羊角拗质和马钱子等药物毒性有缓解作用。河南医学院（1982）的研究发现，巩义FA-Na对BPD-蛋白（青霉素过敏的主要抗原）致敏引起的豚鼠休克有一定预防作用，提示FA有可能预防青霉素抗原致敏及其对人体的过敏反应。此外，FA对肿瘤化疗常用药物环膦酰胺造成的微核率上升、白细胞下降也有较高的拮抗作用。

12.5　腐植酸在体内的代谢过程

在医学临床应用前，都要进行药物动力学实验，考察药物在体内的吸收分布、残留和排泄过程，以取得合理用药的科学依据。

加拿大Visser（1980）使大鼠口服^{14}C标记的生物合成HA，结果表明，口服3d后从粪便中排出62％，尿排出14％，以CO_2气体呼出11％，其余残留为：肝6％，肺5％，心脏1％，胃1％；腹腔注射15min后，测得血液中有50％的HA，4h后65％的HA被氧化为CO_2排放，20.2％通过胆管从肠道排出，4.6％从尿中排出，即总排出90％以上。总之，肝是HA的主要代谢器官，最终通过肠和肝从体内排出。于晶洁等（1982）在小鼠静脉注射用氚标记的大同FA，测定的血浆α相、β相生物半衰期分别为2min和72min；^3H-FA体内分布为：0.5h各组织达最高峰，其中肾、肝放射性最高，骨骼和血液次之，48h各脏器放射性降到原来水平的1/5以下；24h排出FA总量的81％左右，其中从尿液排出59.71％，从粪便排出21.32％。迄今国内外对HA的体内过程研究得很不充分，仅从这两项试验数据来看，基本符合药物吸收、排出规律，但24h排出量仍显较低，即在体内仍有较多残留。这些FA残留物对人体有何影响仍需要进一步研究。

12.6 毒性及毒理学研究

12.6.1 急性毒性与致敏性

一般认为HA的急性毒性很低，国外对小鼠静脉注射LD_{50}（最低致死量）约在100mg/kg左右，腹腔注射可达200mg/kg，口服高达1000mg/kg以上。据北京医大、湛江医学院、山西医学院、黑龙江中医药大学等单位研究结果，小鼠试验的LD_{50}，静脉注射为130～500mg/kg，腹腔注射一般为130～400mg/kg，口服达12～15g/kg。毒性大小的一般规律是：HA＞FA，MFA＞BFA，静脉注射＞腹腔注射＞口服。关于急性毒理学研究，也有很多有创意的发现：如河南医学院[19]给动物大剂量注射5种不同产地的HA或FA，引起动物疼痛、消瘦、组织坏死以至死亡，但同样剂量的巩义HA分离精制出来的FA则未出现上述问题；据白廼彬（1987）对量子化学与急性毒性关系的研究发现，HA的毒性与它们同亲电或亲核试剂共价结合的能力有关，其中醌、α-不饱和羧酸和多元酚毒性较大，这一构效理论可能有助于解释不同来源或不同段分的HA（FA）的毒性差异。

关于HA的致敏作用，多数试验属正面结果。最近张爱军等[53]通过对家兔、豚鼠和大鼠局部用药验证了HA-Na凝胶剂没有明显的刺激性、致敏性和急性毒性，具有较好的安全性。Snyman等[54]用氧化黄腐酸对23名对草或灰尘过敏的志愿者进行手掌涂敷，然后检测其肝脏和肾脏功能，结果显示氧化黄腐酸对其身体各项安全参数无明显影响，也无致敏作用。朱治林等（1987）给豚鼠、小鼠和兔注射FA后引起嗜酸细胞计数增加，24h达到高峰，持续3～4d，表明FA有致敏作用。而马统勋等（1986）用巩义FA进行的类似试验却未发现任何致敏反应。

12.6.2 慢性毒性

曾述之等（1981）和袁盛榕等（1986）曾分别给大鼠（130d）和兔（56d）连续注射北京FA，观察其毒性反应，结果表明，在低剂量时，除兔体重增加、雌性鼠体重降低外，脏器未见异常；在中、高剂量[大鼠≥50mg/(kg·d)，兔≥40mg/(kg·d)]时，发现大鼠肝、脾、肾、卵巢增大，肾上腺增重，肝脏枯氏细胞及肾近曲小管上皮细胞内有棕色素沉积，胸腺萎缩，个别兔肝细胞出现点状坏死，伴有淋巴细胞浸润，但对鼠、兔的血红蛋白、白细胞计数、血清胆固醇、血浆肌酐、血浆尿素氮、肝功能和肝细胞、肾功能等都无明显影响。杨美林等（1982）用大同棕腐酸（BA-Na）给小鼠耳涂（150d）和饮用（100d），证明BA-Na对动物肝、肺、卵巢、睾丸、消化道、结缔组织等均未见不良反应。不同来源的HA毒性也有差异。例如，北京泥炭BA对小鼠腹腔渗出巨噬细胞吞噬功能有抑制作用，且引起胸腺萎缩，证明有明显毒性，但北京风化煤 FA-Na 却毒性甚小，且免疫刺激活性也较强（曾述之等，1987）。Ribas 等（1997）研究了 HA 对人工培养的人类淋巴细胞的遗传毒性的影响，发现 HA 会明显加强姐妹染色单体互换频率，显示有轻微的遗传毒性。BFA 与 MFA 的慢性毒性无明显差异[30]。总的来看，HA 类物质慢性毒性不大，但在体内有一定蓄积，医学家建议临床使用应掌握低剂量、短疗程的原则。

12.6.3　致畸、致癌和致突变

HA 是否有致畸、致癌和致突变性，这也是人们一直非常担心的问题。刘爱华等（1985）的研究发现一平浪 HA 在试管内表现出一定诱变活力，但在动物体内则没有。河南医学院（1986）、山西医学院（1982）、海淀医院（1984）、北京大学（1983）等通过微核试验或解剖观察，都证明 HA（FA）对动物骨髓染色体、纺锤纤细胞器、各主要脏器不具毒性和致畸反应，对胚囊发育和遗传也无不良影响。于长青等[55]为大、小鼠灌服 FA（≥5000mg/kg 体重）进行 Ames 实验、小鼠骨髓细胞微核实验和精子畸形实验结果均为阴性，表明煤炭 FA 无毒、无致突变作用。德国 Kronberg 等[56,57]一致认为，由氯化物或 O_3 引发的 HA 中间体有很高的细菌基因诱变活性，其中 20%是由呋喃酮类产物引起的，但呋喃酮又是一种抗氧化剂，可减少细菌诱变引起对动物的 DNA 损伤，甚至对苯并芘和氧化偶氮甲烷之类的致癌物具有抗诱导活性。HA 及其中间体既扮演致癌物的角色，又发挥抗癌药的作用，取决于 HA 的种类、组成结构和所处的环境。河南医学院（1979）用 Ames 法对廉江泥炭、昭通褐煤、北京风化煤提取的 HA 和吐鲁番风化煤 FA 检测结果都属阴性，唯独用稀硝酸提取的巩义 FA 出现阳性反应，怀疑硝酸氧化过的 FA 有致突变的可能性，与 Kronberg 等的实验结果不谋而合，说明在通常情况下，多数 HA 是不具致癌性的，只有存在特殊应激因素（如光、氯化、氧化、硝化）导致形成特殊的活性自由基才有致畸变的可能，这在很大程度上可以解除人们对 HA 致癌的忧虑，也提醒人们对药用 HA 的改性应慎重。

12.6.4　对重金属和 As 的排出与滞留

HA 是一种络合（螯合）性能很强的物质，人们担心是否会引起有毒重金属和 As 在体内蓄积和滞留。德国 Rochus 让小鼠服用 $^{110}Pb^{2+}$ 和 $^{115}Cd^{2+}$ 的 HA 络合物，发现大部分重金属很快从粪便排出，小部分从尿中排出，说明肠道给药导致重金属滞留的危险性不大。北医三院的王又兰等（1985）给大鼠注射 Pb^{2+}、Zn^{2+}、Cd^{2+}、Be^{2+}、Sr^{2+}、Cr^{3+} 和 As 的 FA（EDTA、DTPA）等络合物，结果表明，EDTA、DTPA 对多数金属离子有促排作用，但 FA 对所有金属和 As 都无促排作用，对 Pb^{2+} 甚至有一定滞留作用。这两项实验至少可以说明，对结合着毒性物质

的 HA 来说，血液注射比口服的危险性大得多。因此，作为针剂使用的 HA 药剂，必须严格纯化和精制，以脱除重金属和其他有害元素。

12.7 腐植酸的药理活性原理假说

多年来，国内外化学界和医药界对 HA 药理活性的来源进行了研究，但多数是推断性的。大致有以下 5 种假说。

（1）HA 本身的多酚-醌结构，或者芳香共轭体系对病原体的相互作用　比如，HA 中的水杨酸结构就与非甾体抗炎药物（NSAID）结构相似。邻（或对）苯二酚又是抗病毒的有效结构，而黄酮、阿魏酸等都是众所周知的抗毒、免疫药物，这些成分和结构在 HA 中或多或少都存在。如前所述，中科院生态环境中心（1987）用量子化学模拟和毒性对比的方法得到的数据显示，不同化合物的毒性按多酚＞酚酸＞黄酮＞酸类的次序递减，实际上毒性可能与它们的药物活性相对应。

（2）HA 中的或者与 HA 共生的某些类固醇物质具有生理活性和抗生功能　这些物质包括三萜醇（有抗炎和抗癌作用）、无羁萜、雌醇（酮）、β-谷甾醇（有防治血管硬化、降低血液胆固醇和制造雄性激素的作用）、抗皮炎素、含氮化合物、各种维生素以及苄星青霉素等。一般认为此类物质更多地富集在泥炭蜡和褐煤蜡中，但也有人认为与 HA 结合的类固醇更多，作用更大[3]。

（3）未知的特殊抗病物质或活性结构　为搞清 HA 与疾病疗效的关系，不少学者用煤炭 HA 与相关天然有机物质进行组成结构对照。比如，罗贤安等（1989）发现从中药蚕砂（主要为家蚕粪便）中提取的 HA 的结构与煤炭 HA 的非常相似，而抗炎效果更好，LD_{50}比煤炭 HA 高 1～3 倍，表明其毒性更低。朱新生等[58]研究发现，从阿胶中提取出的“生物酸 A”与精制的煤炭 FA（“单峰 FA”）的化学结构有惊人的相似之处，而且它们在抗炎、活血、免疫、扩张血管等功能方面都如出一辙。此类研究用相关的天然药物做参照物，来揭开 HA 药理作用奥秘，无疑是很有创意的研究方法。

（4）激素和酶理论[1,3]　有不少人认为 HA 的药理作用实际就是激素作用：①认为 HA 本身就是类雌激素，并有刺激雄性激素的作用，这是治疗妇科和皮肤疾病的药理基础[59]；②活化肾上腺皮质激素功能，这与抗炎作用有关；③调节甲状腺功能，与肌体生长发育有关。

另一部分人认为 HA 是酶的激活或抑制剂，大致包括：①抑制透明质酸酶，与抗炎和减少炎症渗出有关；②抑制红细胞中腺苷三磷酸酶、腺苷酸环化酶，激活磷酸二酯酶，以调节基础代谢；③抑制胆碱酯酶，与减轻疼痛有关；④激活已糖激酶，促进糖氧化磷酸化和糖代谢；⑤激活凝血酶，或诱导纤维蛋白溶解酶原激活剂

(t-PA) 释放，这与活血、止血、凝血有直接关系。此外，HA 还对过氧化歧化酶、过氧化氢酶、脂合酶等都有刺激或抑制作用，以致客观上达到防治疾病的目的。

(5) 自由基清除理论　自由基病理学说是现代生物分子学的前沿，按这一理论，氧自由基是导致人体脂质过氧化和组织细胞损伤的元凶，其中各种炎症、肢体缺血损伤、肝损害、心脑血管疾病、衰老、癌等 60 多种疾病的机制与氧自由基有关。羟基自由基（HO·）对不饱和脂肪酸最敏感，由 HO·诱导红细胞脂质过氧化产生的 MDA 同蛋白质结合，使红细胞膜结构破坏，以致继发溶血和 AchE 失活。HA 能产生具有高度反应性的瞬时自由基或前体敏感剂，包括溶剂化电子（e_{aq}^-）、单线态氧（$^1O_2$）、过氧化阳离子（$\cdot O_2^-$）、激发态腐植酸自由基（|HA|·）等。它们不仅能有效地清除环境中的 HO·，而且也能够有效的清除动物和人体内HO·。丁亚芳[40]用 H_2O_2 氧化和分离出的云南三地年轻褐煤 FA 的 15 个分子量不同的级分均对 DPPH 自由基有不同程度的清除作用，对人体两种重要含氧自由基（超氧阴离子自由基和羟基自由基）同样有清除作用，其作用大小与产地和分子量有关。曾述之等[60]的研究证明，北京风化煤 FA 对体内不饱和脂肪酸氧化抑制率达 92.7%，对受激红血细胞过氧化（生成 MDA）抑制率 92.4%，对 HO·诱导溶血 A_{540} 抑制率 73.2%，对 Hb 释放抑制率和 AchE 的灭活抑制率都增加了 1 倍左右。泥炭 HA 对清除氧自由基也有效，HA-Cu 的清除作用更强。因此，HA 的自由基清除理论在保护生物细胞膜成分、防治临床缺血性疾病和组织损伤的临床应用中得到初步证实。

上述假说都从不同角度解释了 HA 的医药应用机理，但不能看作孤立的东西，更不能认为哪个说法是绝对真理，只能在今后的长期实践中判别、检验、提炼和不断矫正。

12.8　存在问题及研究方向

40 多年来，国内外对 HA 的生理、药理及毒理学研究均取得了重要进展，在临床应用上也积累了大量宝贵的资料，基本肯定了 HA 在防治某些疾病中的效果，给人们指出了一条开发天然、有效、低毒、廉价药物的途径。目前，一方面不能把 HA 看作包医百病的灵丹妙药，到处冠以“多功能”或“特效”的标签，以至盲目滥用；另一方面，也不应把 HA 看作“毒药”，以致必要的试用也谨小慎微，如履薄冰。我们至少可以放心的是，一般情况下 HA 的毒性很小，FA 毒性更低，正常剂量下临床应用对体内器官和造血系统没有负面影响，也未发现确切的致畸、致癌和致突变作用。当然，任何真正的药物，包括中药，都不可能违背“是药三分毒”的客观规律。HA 同样是“双刃剑”，它的治疗作用和毒、副作用是共存的，究竟朝哪个方向偏移，完全取决于药物组成性质、使用剂量、使用方式、治疗对象等。当前的主要问题在于，一些药理、毒理研究还不够深入仔细，而且还有不少相互矛盾之处；HA 类物质的组成结构与生理、药理之间的关系更是“一头雾水”，有些临床试验数据也缺乏规范和可信度，这就反映出我国 HA 医疗领域的应用仍没有建立起严格的科学基础。由于 HA 原料来源、种类和产地的不确定性所引起的疗效异常，更成为继续深入研究和应用的瓶颈，这就为今后的研究提出了明确的课题，也为 HA 产业继续进军医药领域提出了严峻的挑战[61]。针对当前 HA 医药应用的主要问题，仅提出几点建议。

(1) 组织多学科合作攻关，是推动 HA 医药研究和应用的唯一出路。40 多年的基础研究和临床实践已经积累了丰富的经验，但近 10 多年来 HA 的医学研究并无重大进展，固然与医疗“市场化”、学术浮躁和论文至上的风气盛行有关，而关于研究、各自为战、低水平重复劳动更是导致研究停滞的主要原因。查阅大量 HA 研究论文和成果，绝大部分是 20 世纪 80 年代发表的，这与当时卫生部门的有力组织和各单位通力合作是分不开的。德国 Erfart 医学院 R. Klöcking 教授和他的同事们多次强调[1,3,22]，HA 的医药研究涉及细胞生物学、分子遗传学、药理学、毒理学、物理化学、环境和食品化学等多个学科，呼吁各个专业的科学家合作研究和开发天然的和合成的 HA 药剂，这也是我国医学界和患者的愿望，关键在于国家有关部门的高瞻远瞩和有力的组织措施。

(2) 药剂的研制，应循序渐进，分步实施，稳妥地加快 HA 药物的开发进程。HA 的许多外用药物，如治疗皮肤病、妇科疾病、外伤等的涂敷剂、浴疗剂，以及有一定抗辐射、抗感染功能的护肤化妆品，多数药理作用基本明确，制作技术和临床应用基本成熟。但作为内服特别是针剂的 HA 药物的临床应用和推广，既要加快研发进程，又要持谨慎态度，原则上必须明确提出化学组成、药理活性、毒副作用和安全标准等。

(3) 药理基础工作的难点和重点，仍然是搞清 HA 类物质组成和分子结构与生理、药物活性的关系。随着基础医学、医药化学和计算机技术的发展，定量构效关系的研究及分子模拟技术已成为重要的现代研究方法之一，在 HA 医药研发领域也引起重视，包括考察 HA 化学结构与某些特定疾病疗效的关系，HA 安全性的评价，药剂型式、给药方式及给药时间的考察，毒副作用的考察等。大量研究数据表明，不同来源、不同产地，甚至同一产地的不同 HA 级分的生理效应和疾病疗效大相径庭，特别还发现多数样品致突变实验是阴性反应的情况下，唯独硝酸处理过的 FA 出现阳性，显然都与 HA 的某些特殊结构有密切关系。能否搞清这种关系，是 HA 医药应用取得突破的关键。为打破僵局，我们不妨按 Klöcking[3] 的意见：“近期先阐明相对简单的合成的（人造）HA 的化学结构及其与医疗效果的关系，随后再刺激和推进天然HA的更艰难的探索”。

（4）应重视标准化问题，作为医用HA的来源、加工精制方法以及质量指标的制定，始终是保证研究结果的准确性和保障患者安全性的重要环节。首先是实验制剂所用HA物质来源、分离提取工艺、制剂组成都应标准化，使实验样品成分一致，从而降低实验结果和分析处理的复杂度，提高实验数据的可比性。据报道，20世纪70年代末某单位用于临床试验的FA制剂灰分就超过10%，灰分中的5种重金属分别超过100mg/kg，其中Pb就高达1750mg/kg，对患者的安全都不能保障，更谈何试验的科学性。专家们早就建议[31]，作为医药试验或临床应用的HA制剂，一定要认真选择，最后收缩集中到一两种，固定原料产地，固定生产厂家，固定制备工艺，严格质量鉴定。多学科、多部门联合攻关研究HA样品，应由专门单位制备，统一提供，保证所得研究数据的可比性和权威性。在此基础上，建立生物活性评价、质量控制、检测标准体系，构建新药研发、推广服务体系，推动HA、FA作为中药、天然药物或生化药物进入药典。

（5）促成国际合作，加快我国和世界HA医药应用研究的步伐。应该承认，德国医学和生理学家在这方面的研究水平属世界一流，而我国在HA资源优势和化学基础研究方面也独具特色。我国与德国或其他欧洲国家在HA医药研究领域争取实现优势互补、携手合作，定会取得瞩目的成果，谱写HA医药应用的新篇章。

参考文献

[1] Klöcking R. In：Humic Substances in the Global Environment and Implication on Human Health [M]. Senesi N，Miano T M. Amsterdam：Elsevier，1994：1245.

[2] Baatz H. In：Moortherapie-Grundlagen und Anwendungen [M]. Flag W，Goecke C，Kauffels W. Wien，Berlin，Ueberreuter，1988：161.

[3] Klöcking R，Helbing B. 腐殖质的医疗作用和应用 [M]. Hofrichter M，Teinbuchel A. //生物高分子. 北京：化学工业出版社，2004：419.

[4] 袁申元. 我国腐植酸在医药方面的研究进展 [J]. 腐植酸，1988，(4)：6-8.

[5] 白蕊，卢克捷，王维平，等. 一种治疗肠道出血的灌肠液 [P]. CN 201210044898，2012.

[6] 陈瑨，霍萃萌，代本才，等. 黄腐酸有机锡羧酸酯的合成及抗肿瘤活性 [J]. 河南科学，2017，36(6)：874-877.

[7] 王文涛，甑卫军，卞生珍，等. 原位聚合法制备聚乳酸/黄腐酸季铵盐插层皂石纳米复合材料及其结构表征 [J]. 高分子学报，2015，(7)：769-777.

[8] 张爱军，车晓侠，闫志勇，等. 一种用于促伤口愈合的腐植酸钠外用制剂 [P]. CN 201110160113，2011.

[9] 朱新生，刘志发，郭秀芳. 腐植酸钠289例与雷尼替丁50例疗效观察比较 [J]. 腐植酸，1991，(1)：49-51.

[10] 王力，丁永清，周春兰. 复方腐植酸钠药膜治疗中度宫颈糜烂的临床研究 [J]. 当代医学，2005，11

(1)：54-55.

[11] 田筱玲，单若明．黄腐酸钠与抗-HBI RNA联合治疗慢性乙型肝炎疗效观察［J］．中西医结合肝病杂志，1997，7（2）：65-67.

[12] 郭澄泓，吴铁．廉江腐植酸“02”组分免疫活性探讨［J］．上海免疫学杂志，1984（6）：368-369.

[13] 高金岗，石习霞，周连宁，等．口服生化黄腐酸抗炎镇痛作用初步研究［J］．动物医学进展，2012，33（11）：62-65.

[14] Klöcking H P，Dunkelberg H，Klöcking R. In：Modern Aspects in Monitoring of Environmental Pollution in the Sea［M］．Wüller W E G. Erfurt：Akademie Gemein Wissenschaften，1997：136.

[15] 姚发业，贺苏红，米克热木，等．新疆黄腐酸钠抗炎作用的研究［J］．腐植酸，1988，(2)：26-30.

[16] 苏秉文．黄腐酸钠治疗溃疡性结肠炎疗效及对免疫功能的影响［J］．腐植酸，1994，(3)：14-19.

[17] 李月梅，李宝才，李鹏，等．黄腐酸钠对小鼠胃肠运动及胃溃疡的实验研究［J］．中药材，2011，34(10)：1565-1569.

[18] Swidsinski A，Dorffel Y，Loening-Baucke V，等．腐植酸对健康志愿者结肠微生物的影响［J］．王振武，译．腐植酸，2018，(2)：47.

[19] 蔡访勤，赵曼瑞，荆宇红．黄腐酸和腐植酸的抑菌试验及其对细胞免疫应答的影响［J］．河南医学院学报，1984，19（4）：12-15.

[20] 苏秉文，邢翠芬，梁元珍．黄腐酸钠对大鼠胸腺、脾脏和淋巴结形态和重量影响研究［J］．腐植酸，1995（2)：28-29.

[21] Vucskits A V，Hullar I，Bersenyi A，et al. Effect of fulvic and humic acids on performance. immune response and thyroid function in rats［J］. Journal of Animal Physiology and Animal Nutrition，2010，94：721-728.

[22] Klöcking R，Helbing B. Report on the Workshop of DGMT［C］．Bad Elster Germany. Telma，1999，29：239.

[23] 薄芯，何立千．两种发酵黄腐酸外用药药效学实验研究［J］．中国中医药科技，2002，9(6)：351-353.

[24] 张爱军，闫志勇，车晓侠，等．腐植酸钠促进大鼠伤口愈合的实验研究［J］．中国皮肤性病学杂志，2012，26（9）：793-796.

[25] 杨光燃，袁申元，朱良湘，等．糖尿病大鼠神经形态和山梨醇含量的变化及黄腐酸钠的作用［J］．基础医学与临床，2000，20（6）：33-35.

[26] 袁明霞，袁申元，杨光燃，等．黄腐酸钠对糖尿病大鼠视网膜病变的作用［J］．微循环学杂志，2001，11（1）：11-13.

[27] 袁明霞，袁申元，杨金奎，等．黄腐酸钠对高血糖诱导人脐静脉内皮细胞黏附分子表达的抑制作用［J］．中华医学杂志（增刊），2006，86：96.

[28] 刘元涛，袁明霞，袁申元，等．黄腐酸钠对实验性糖尿病大鼠肾脏的保护作用［J］．中华肾脏病杂志，1999，15（2）：96-98.

[29] 杨静．云南不同地区年青褐煤黄腐酸钠对血管新生及癌细胞增殖的影响［D］．昆明：昆明理工大学硕士学位论文，2014.

[30] 刘驰．黄腐酸钠对大鼠脑缺血再灌注损伤炎症反应的影响［J］．中南医学，2016，14（2）：145-149.

[31] Zsindely A，Hoffman R，Klöcking R. Uber den Einfluss Uralapplijierter Huminsauren auf den Nakleinsaure-Stoffwechsel uon Ascites-Tmorzel'en bei mausen［J］. Acta Biol Debrecina，1971（9）：71-77.

[32] Jayasooriya RGPT，Dilshara M G，Kang C H，等．黄腐酸增强 RAW264.7 细胞体外抗肿瘤介质诱导

肿瘤细胞体外死亡的研究 [J]. 袁晓娜，译. 腐植酸，2018，(2)：47.

[33] 傅乃武，张立生，金兰平，等. 腐植酸的抗肿瘤作用及其药理学研究 [J]. 江西腐植酸，1982，(1)：18-20.

[34] 张覃林，陈正玉，林晨，等. 黄腐酸抗肿瘤作用的药理研究 [J]. 河南医学院学报，1983，18 (1)：11-14.

[35] Yang H L，Hseu Y C，Hseu Y T，et al，Humic acid induced apoptosis in human premyelocytic leukemia HL-60 cells [J]. Life Sciences，2004，75：1817-1831.

[36] Ting H C，Yen Cheng-Chich，Chen Wen-Kang，et al. Humic acid enhances the cytotoxic effect of arsenic trioxide on human cervical cancer cells [J]. Environmental Toxicology and Pharmacology，2010，29：117-125.

[37] Huang W S，Yang J T，Lu C C，et al. Fulvic acid attenuates resistin-induced adhesion of HTC-116 colorectal cancer cells to endothelial cells [J]. International Journal of Molecular Sciences，2015，16 (12)：29370-29382.

[38] Vašková J，Velik B，Pilátová M，et al. Effect of humic acids in vitro [J]. In Vitro Cellular & Developmental Biology-Animal，2011，47 (5-6)：376-382.

[39] 高金岗，陈沫，何斌. 生化黄腐酸对 3 种肿瘤细胞体外增殖影响的初步研究 [J]. 腐植酸，2014，(3)：22-27.

[40] 丁亚芳. 云南年青褐煤黄腐酸对自由基的影响及其酒精性肝损伤保护作用研究 [D]. 昆明理工大学硕士学位论文，2014.

[41] 余江洪，毛羽. 黄腐酸钠在大鼠肝纤维化演化中的作用及机制探讨 [J]. 实用医学杂志，2008，24 (23)：4018-4020.

[42] 毕艳艳，李宝才，何静，等. 黄腐酸的提取与其醒酒作用的研究 [J]. 天然产物研究与开发. 2010，22 (1)：144-148.

[43] 高金岗，王锐平，郝清玉，等. 生化黄腐酸与常见抑菌药品的抑菌效果比较 [J]. 腐植酸，2009，(5)：18-23.

[44] 张辉. 腐植酸铈的抑菌作用 [J]. 中国稀土学报，1998，16 (3)：288.

[45] Kotwal G J. Genetic diversity-independent neutralization of pandemic viruses，potentially pandemic，and carcinogenic，viruese and possible agents of bioterrorism by enveloped virus neutralizing compounds [J]. Vaccine，2008，26：3055-3058.

[46] van Rensburg C E J，Dekker J，Weis R，et al. Investigation of the anti-HIV properties of oxihumate [J]. EXP Chemotherapy，2002，48 (3)，138-143.

[47] Karamov E，Kornilaeva G，Alexandre K，et al. humic acid (HA) strongly potentiate anti-HIV effects of AZT，griffithsin，and cyanovirin [J]. Aids Research and human Retroviruses，2014，30 (S1)：A204.

[48] Zhernov Y. Nature humic substances interfere with multiple stages of the replication cycle of human immunodeficiency virus [J]. Journal of Allergy and Clinical Immunology，2018，141 (2)：AB233.

[49] Zhernov Y V，Kremb S，Helfer M et al. Supramolecular combinations of humic polyanions as potent microbicides with polymodal anti-HIV-activaties [J]. New Journal of Chemistry，2017，41 (1)：212-224.

[50] Maurizio Z. Treatment of HIV infection with humic acid [P]. WO9508335.

[51] Johannes D. Medlen Constance Elizabeth. Fulvic acid and its the treatment of inflammation [P]. EP1700600.

[52] 宋士军，李芳芳，余晓星，等．黄腐酸钠对人离体子宫收缩反应的影响［J］. 腐植酸，1995，(1)：16-18.

[53] 张爱军，陈晓斌，李西宽，等．腐植酸钠凝胶剂局部用药的安全性评价［J］. 腐植酸，2019，(1)：22-26.

[54] Snyman J R，Dekker J，Malfeld S C K，et al. Pilot study to evaluate the safety and therapeutic efficacy of topical oxifulvic acid in atopic volunteer [J]. Drug Development Research，2002，55：40-43.

[55] 于长青，唐树生，魏传玉，等．矿源黄腐酸的急性毒性试验和遗传毒性试验研究［J］. 中国畜牧杂志，2013，49 (3)：77-80.

[56] Kronberg L，Christman R F，Singh R，et al. Identification of oxidized and reduced forms of the strong bacterial mutagen (Z)-2-chloro-3-(dichloromethyl)-4-oxobutenoic acid (MX) in extracts of chlorine-treated water [J]. Environ Sci Technol，1991，25：99-104.

[57] De Simone C，Piccolo A，De Marco A. Effects of humic acids on the genotoxic activity of maleic hydrazide [J]. Fresenius Environ Bull，1993，2 (3)：157-161.

[58] 朱新生，唐慧慧，王勤芝，等．中药阿胶有效成分的实验研究［J］. 腐植酸，1996，(3)：7；16-17.

[59] 孟瑜梅，徐润英，李奉惠，等．腐植酸钠似雌激素作用的探讨［J］. 腐植酸，1993，(3)：19-23.

[60] 曾述之，张穗芳，相阳，等．不同来源黄腐酸对大鼠组织细胞脂质过氧化的影响［J］. 腐植酸，1990，(2)：9-14.

[61] 秦谊，张敉，向诚，等．中华腐植酸医药研究现状与展望［J］. 腐植酸，2018，(3)：30-41.

13

第 13 章　主要产品与技术

腐植酸类物质（HS）作为一类工业产品，日、法、德、苏联以及东欧一些国家早在 20 世纪 60 年代已初具规模，到 70 年代，美国后来居上。目前，世界上年产 10 万吨以上大规模的专业化 HA 类生产企业不在少数，例如美国的麦克考巴、IMCO 和托沃，日本的重化工和东京日产化，法国的奥比，奥地利的林兹等，都是具有几十年历史的大、中型企业，所生产的 HA 类品种，特别是 HA 类肥料和石油钻井液处理剂品牌经久不衰，还有部分驰名产品进入我国和东南亚市场。

我国 20 世纪 70 年代中期开始大规模的 HA 研究和应用，到 80 年代末，相继开发出 30 多个品种，建立了各种中小型规模的生产装置 100 多套，其中 5 条生产线由原化工部进行了技术定型鉴定。在世纪之交，随着绿色环保产业的崛起，腐植酸技术和产品面临新的机遇和挑战，有部分产品被淘汰，但大部分传统的 HA 产品系列被保留下来，其中有的实现了更新换代，建成了几十万吨规模的大型生产线，有少数还创出品牌，畅销国内外，取得明显的社会经济效益。还有部分正在研发的 HA 产品，尽管还未大规模生产和推广，但很有前瞻性和发展前景。本章主要介绍了几个有代表性工业产品的概况。

13.1　主要产品概况

表 13-1 中列出了我国已实现产业化的主要 HA 类产品（不包括已淘汰的产品）。

表 13-1　我国已实现产业化的主要的腐植酸类产品

类别	名称	用途	执行或参照标准
酸类	纯腐植酸	铅蓄电池阴极板膨胀剂、有机合成原料等	HG/T 3589—1999
	农用腐植酸	改良土壤、育苗基质、肥料基质等(粉末或颗粒)	
	黄腐酸	植物生长剂或抗逆剂、液肥基质、医药制剂等	
	生物腐植酸和生物黄腐酸	同上	
	硝基腐植酸	肥料及钻井液处理剂生产中间体等	

续表

类别	名称	用途	执行或参照标准
盐类	腐植酸钠	动植物生长剂、水处理、陶瓷、石油钻井液、黏结剂等	HG/T 3278—2018
	腐植酸钾	植物生长剂、有机钾肥、液肥基质、石油钻井液等	GB/T 33804—2017 T/CHAIA 4—2018
	黄腐酸钾	植物生长剂、有机钾肥、液肥基质、石油钻井液等	HG/T 5334—2018
	腐植酸铵和硝基腐植酸铵	肥料基质、石油钻井液、医药制剂等	HG/T 3276—2012
	(硝基)腐植酸镁	土壤改良剂、肥料基质(主要出口)	
	腐植酸硼镁	土壤改良剂、肥料基质(主要出口)	
复合物	腐植酸尿素	缓效或缓释氮肥、复混肥基质、反刍动物饲料等	HG/T 5045—2016
	含HA复合(复混)肥料	有机-无机肥料、包括普通型和专用型	HG/T 5046—2016 T/CHAIA 3—2018 T/CHAIA 2—2018
	含HA有机肥料	腐植酸有机肥、生物腐植酸肥料、菌肥	T/CHAIA 5—2018
	含HA水溶肥料	包括叶面肥、冲施肥、滴灌肥等	NY 1106—2010
	含HA磷酸一铵和二铵	由于基肥的HA-氮-磷大量元素肥料	HG/T 5514—2019
	HA-农药复合物	兼有杀虫(杀菌)或除草、刺激生长、营养功能	
	腐植酸树脂	抗盐、抗高温钻井液降滤失剂,工程材料等	
	护肤化妆品	防晒、抗辐射,并有一定治疗皮肤病作用	
泥炭制品	营养一体化基质	育苗、育种、花卉培育等	
	泥炭纤维或颗粒	营养基质、改良土壤、保水剂、育苗等	

13.2 腐植酸的钠（钾）盐

腐植酸钠（钾）［HA-Na(K)］统称腐植酸一价金属盐，其产量最大，用处最广，在动、植物生长调节剂和肥料、水质净化剂、石油钻井液处理剂、陶瓷添加剂、矿物黏结剂及医药等领域都涉及 HA 的一价盐，是目前 HA 的主导产品。HA-Na（K）的工艺原理实际上就是离子交换反应或复分解反应过程。如果原料中的 HA 是游离态的，即 COOH 和 OH_{ph} 未与多价金属离子结合（可简单表示为 HA-COOH），可用 NaOH、KOH 直接提取，其溶液中溶解的物质就是相应的 HA-Na 和 HA-K。如果原料中 HA 是钙、镁结合态的，则可用 Na_2CO_3、K_2CO_3 作提取剂，通过复分解反应，将碳酸钙（镁）沉淀出去，得到水溶性的 HA-Na 和 HA-K。

13.2.1　工艺过程和设备

腐植酸的钠盐或钾盐的生产工艺流程见图 13-1。

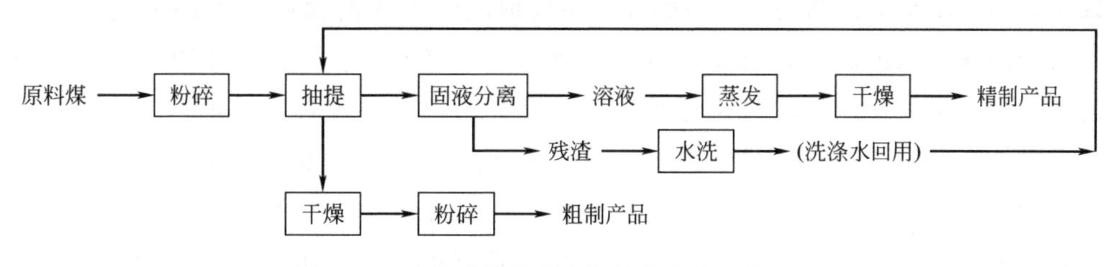

图 13-1　腐植酸的钠盐或钾盐的生产工艺流程

在反应器中依次放入软水、粉碎过 20 目筛的原料煤、NaOH（或 KOH），在 85～90℃下抽提 40min 左右。将反应物料放入沉降池进行初沉淀，将粗清液泵入沉降离心机或斜板（或斜管）沉降器进行固液分离。澄清液在蒸发器中浓缩到 10 波美度左右，送至干燥机干燥后即成精制产品。沉淀分离出来的残渣最好放入洗涤槽，用软水洗涤几次，将洗涤水回收作为下次抽提的用水。HA 含量大于 60%（干基）的原料煤也可采用干法或半干法生产粗制产品，即不经固液分离和浓缩，直接进行干燥。

生产腐植酸钠（钾）的工艺设备主要是反应器、离心机或斜板沉降器、蒸发器、干燥机等。

13.2.2　工艺要点

(1) 原料煤　生产腐植酸盐的原料，最好是游离 HA 大于 50%的风化煤和褐煤。泥炭的 HA 含量一般小于 30%，而且碱可溶、易水解的半纤维素类物质较多，一般不用泥炭做腐植酸盐的原料。风化煤比较疏松，孔隙率较高，故生产时粉碎粒度不一定越细越好，一般过 20 目筛即可，褐煤粒度可再细些，但也不必小于 60 目，以利于加快残渣沉降速度，节省能耗。因低级别原煤水分较高，直接粉碎会发生粘磨或堵塞现象，故首先要对块煤干燥。用湿法球磨代替干法粉碎，是一种既经济又环保的办法，既节省了高水分原料先干燥的工序，又避免了干法粉碎造成的粉尘污染，改善了劳动条件。但湿法球磨工艺对物料输送和计量设备机械化要求较高，大型生产线的设计很容易解决。

(2) 工艺水　用于抽提和洗涤的工艺水必须是工业软水，其硬度越低越好，至少应在 5mmol/L 以下，否则生产出来的产品会包含大量不溶于水的 HA-Ca(Mg)，影响产品质量。

(3) 物料配比　由于原料质量差异较大、产品指标要求不一，不可能确定一个统一的反应物料配比。对多数含有游离腐植酸的低级煤来说，生产精制 HA-Na 的大致配比为：HA(折纯，干基)：NaOH：水＝1：(0.14～0.17)：15(重量比)，而生产精制 HA-K 的配比与产品要求的 K_2O 含量有关，一般为：HA：KOH：水＝1：(0.18～0.25)：15(重量比)。如干法或半干法生产，水的加量可大幅度缩减。碱用量的控制是工艺的关键。碱的加量主要取决于 HA 的含量、HA 的交换容量、无机盐的含量和组成等，因此，不同来源的煤即使 HA 含量完全相同，抽提所用的碱量也不尽一样，一般风化煤较高，褐煤次之，泥炭最低。对高钙、镁 HA 原料来说，必须用 Na_2CO_3 代替 NaOH，相应加量要多些。因此，在生产之前必须了解原料煤 HA 类型，并对工艺物料配比进行实际计量，碱的加量以反应结束时物料 pH＝9～10 为宜。有人建议根据 HA 的 COOH 含量从理论上计算碱加量，也大可不必。一是 COOH 测定方法一般厂家不易掌握，二是理论计算也不一定代表复杂的实际工艺状况，故还是以实测为宜。

(4) 产品干燥　为防止 HA 脱羧和分解，直接接触干燥（如滚筒干燥）温度不应超过 150℃，但喷雾干燥为气流快速干燥（停留时间只有 3～10s），在进口空气＜400℃、出口＜100℃情况下是很安全的。

(5) 设备选型　以生产农用 HA 盐为目的的工艺设备，不一定选用很高档的设备。反应器用搪瓷甚至碳钢材质即可，但要有适当的搅拌（最好是叶片式或涡轮式）和加热、保温措施。物料的固液分离至今仍是研究的难题，常规过滤绝对是不可能的，最好选择合适的沉降离心机。不溶物含量要求更严的产品，可以通过沉降离心机后再通过碟式离心机进行分离；新型的动态过滤、附加磁场或超声波过滤、加压渗滤设备适用于稀液的精细分离，可以选择、试用。近期干燥设备发展较快，除传统的滚筒式外，还有旋转闪蒸式（适于糊膏状物料）、空心桨叶式（适用于浆态）、真空耙式、离心喷雾干燥（适用于稀液）、喷雾造粒、流化床造粒（处于试用期，不太成熟）等。但有的新型设备，首先要进行针对具体物料的模拟试验。喷雾干燥、闪蒸干燥需要热风炉产生的烟道气。燃煤烟道气不纯净，对质量要求较高的产品来说，不能用直接烟道气，而应采用间接加热的空气。

(6) 工艺条件的选择要根据产品质量要求来确定　比如，普通农用、普通钻井液处理剂、粉煤粉焦黏结剂所用的腐钠，就不必非要制成一级品，用半干法（适当减少水的加量，省略固液分离和蒸发程序）或干法（不加水）生产粗制品即可。李善祥等[1]开发的干法快速反应制取 HA-Na 新工艺，节省了能耗和生产成本，简化了操作，其产品质量和钻井液使用性能与湿法产品完全相同。但干法生产工艺设备要求较高，包括加热介质、高速搅拌、碱液喷淋与分散等，都需要专门技术和设备。

(7) HA-Na 也是生产 HA 的 Ca、Mg、Fe、Cu 等多价金属盐的中间步骤，制取 HA 多价金属盐原则上必须先制成 HA-Na 溶液，再加入相应的无机盐，将 HA 的多价盐沉淀出来。

13.2.3 质量指标

新颁布的国家行业标准 HG/T 3278—2018《腐植酸钠》和 GB/T 33804—2017《农业用腐植酸钾》规定的技术标准分别见表 13-2、表 13-3。

表 13-2 腐植酸钠质量指标（HG/T 3278—2018）

项目	指标			
	优级品	一级品	二级品	三级品
可溶性腐植酸含量/%	≥60	≥50	≥40	≥30
水不溶物含量/%	≤5	≤10	≤20	≤25
水分/%	≤15		≤20	
pH 值(1∶100 倍稀释)	8～10		9～11	
1.00mm 筛的筛余物/%	≤5			
粒度(1.00～4.75mm 或 3.35～5.60mm)/%	≥70			

表 13-3 腐植酸钾质量指标（据 GB/T 33804—2017）

项目	指标		
	优等品	一等品	合格品
可溶性腐植酸含量/%	≥60	≥50	≥40
氧化钾(K_2O)含量/%	≥12	≥10	≥8
水不溶物含量/%	≤5	≤10	≤20
钠(Na^+)含量/%	≤2.0		
pH 值(1∶100 倍稀释)	7～12		
水分/%	≤15		

13.3 硝基腐植酸

硝基腐植酸（NHA）是腐植酸硝酸氧解的产物。20 世纪 60 年代，日本和苏联大力开展 NHA 研发，就是由于它具有高活性官能团，农业应用效果好。关于 NHA 的工艺原理，在“4.3.4.2”中已做了阐述。我国曾于 80 年代在云南寻甸[2]和山西太原[3]分别建立 1000 吨/年的干法和湿法 NHA 生产线，正常生产十几年，获得许多宝贵的技术资料和经验。由于硝酸氧化产生的尾气（NO_x）存在环境污染问题，各国 NHA 的生产一度处于停滞状态。近期随着生态农业对高效 HA 的需求增长及 NO_x 处理技术不断进步，NHA 的研发和生产再次引起人们的关注。

13.3.1 工艺过程和设备

NHA 的工艺分为干法和湿法两种。

（1）干法工艺流程（图 13-2）

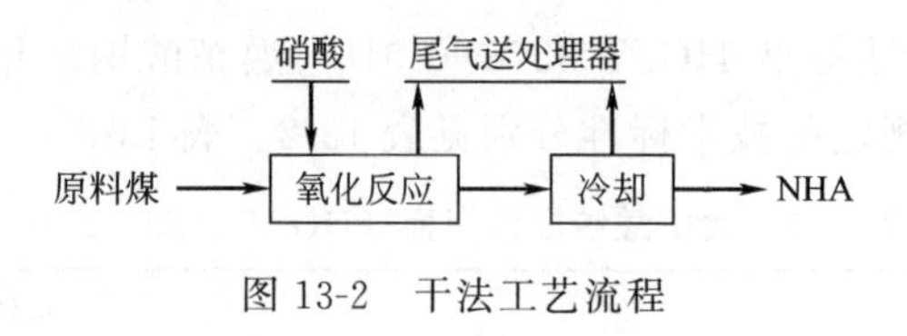

图 13-2　干法工艺流程

（2）湿法工艺流程（图 13-3）

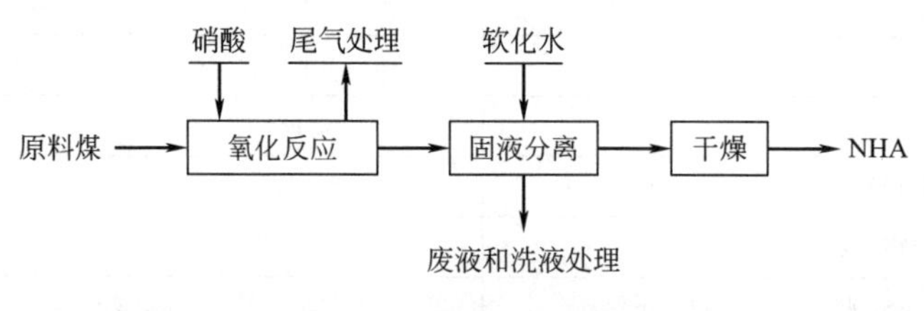

图 13-3　湿法工艺流程

干法工艺过程较简单。褐煤原料首先经破碎机破碎至<20mm，通过气流干燥，再粉碎到 60 目以下，由计量给料机送入螺旋搅拌反应器，同时硝酸从高位槽通过喷头喷入反应器。煤和硝酸边反应边向前推进。物料在反应器中自动升温到 90～100℃，停留时间 5～6min。然后，物料被推入冷却器继续搅拌、逐渐冷却，再送入熟化器储存，包装。反应生成的 NO_x 尾气经处理，达到排放标准。干法 NHA 所用的主要设备是氧化反应器，实际是不锈钢连续双轴螺旋混合机。

湿法工艺则需增加固液分离、洗涤和干燥过程，而且反应器需要加热。将破碎过 20 目的风化煤粉和硝酸加入带蒸汽加热夹套的搅拌反应器，加热到一定温度后则较剧烈反应，并放出 NO_x 尾气。反应后的物料经过滤、用水洗涤到残留 HNO_3 降到规定的含量，将含水 50%左右的滤饼送入干燥机进行干燥。过滤得到的硝酸母液（含 HNO_3 约 15%），按固液比 1∶0.3 加入风化煤粉，在 85℃左右搅拌反应 1h，得到副产 NHA，用作配制 NHA 肥料的原料或水稻育秧调酸剂。湿法 NHA 所用的工艺设备主要是不锈钢夹套反应釜、真空带式过滤机、耙式干燥机、不锈钢双轴螺旋混合机等。

13.3.2　工艺要点

（1）原料煤　干法 NHA 所用的原料必须是第三纪年轻褐煤，要求水分≤15%，灰分（干基）≤20%，HA（干基）≥50%，粒度过 60 目筛，以保证硝酸氧化反应能自发、充分，获得高质量的 NHA。某些低灰、高分解度、高 HA 含量的草本泥炭和木本泥炭，也可以用于干法 NHA 的生产。湿法 NHA 主要用风化煤为原料，煤的质量与干法的要求基本相同，但煤粒度 20 目即可。

（2）反应条件　干法氧化的固液比一般 2∶1，煤酸比约 1∶（0.25～0.35）（折合 100%硝酸计），其酸的更合适的比例取决于原料煤的水分、灰分、空气温度等。自发放热反应温度 85～95℃，最高可达 100℃，反应时间 3～5min。一般搅拌反应器（混合机）长 6m，物料推进速度 1m/min，反应基本完全。湿法氧化的固液比一般为 1∶1.25，硝酸浓度 22%左右，反应温度 80～85℃，反应时间 30min。

（3）硝酸氧化尾气的处理　一定要在工艺和设备选型上进行处理。目前，市场上有沸石吸附、分子筛吸附、催化还原、高温 C 还原、碱液吸收等方法，应首先进行模拟试验，反复验证，通过对比，选择更经济和安全的工艺和设备，务必使尾气达到国家规定的排放标准。

（4）湿法硝酸氧化后，洗涤滤饼的酸性废水数量较大，可循环利用，即用来配制稀硝酸。

13.3.3　质量指标

仅引用原太原化学工业公司化肥厂的湿法 NHA 质量指标（表 13-4），供参考。

表 13-4　湿法硝基腐植酸质量指标（原太原化学工业公司化肥厂企业标准）

项目	指标		
	优级品	一级品	二级品
水分/%	≤15	≤15	≤20
灰分/%	≤10	≤15	≤20
硝基腐植酸/%	≥80	≥75	≥60
总氮/%	≥2.5	≥2.0	≥1.5
交换容量/(mmol/g)	≥3.5	≥3.5	≥3.0

13.4　腐植酸铵和硝基腐植酸铵

低级别煤与氨作用后，氨即被煤物质吸附，包括物理吸附和化学吸附，形成 HA 的铵盐，简称“腐铵”，主要用作缓效氮肥和复混肥料中的有机组分。与 HA-Na 的生产相似，游离 HA 用氨水直接氨化，而高钙镁 HA 宜用碳化氨水或碳酸氢铵（NH_4HCO_3）通过复分解反应制取 $HA\text{-}NH_4$。硝基腐植酸（NHA）与氨反应则形成硝基腐植酸铵（$NHA\text{-}NH_4$）。

13.4.1　常温法（直接氨化法）

13.4.1.1　工艺过程及操作步骤

直接氨化法的大致步骤为：原料煤→干燥→粉碎→氨化→熟化→产品

将粒度≤20mm、水分≥30%的原料煤通过振动流化床干燥机或其他类似的设备干燥到水分≤15%，再粉碎，过60目筛，在犁刀式搅拌机中喷洒浓度为15%的氨水，一般控制氨水∶煤=1∶2（重量比），混合均匀，装袋密封或在熟化仓中，常温下熟化3～5d即得产品。

硝基腐植酸铵的生产，是从13.3.1干法反应后的冷却器出来的NHA，紧接着进入氨化反应器，其余过程同普通HA-NH_4工艺。

13.4.1.2 工艺要点

（1）氨的加入量是影响产品质量的关键　为避免盲目性，最好首先测定原料煤的吸氨量（详见有关分析专著），实际生产时一般应按吸氨量的80%喷入氨水，搅拌反应结束后，物料pH值应在7.5左右为宜。

（2）氨化过程是弱碱对弱酸的反应，而且还有相当部分的物理吸附氨，因此氨化时不需加热，反应后也不可干燥，以防止氨损失。至少3d的熟化过程是必要的，目的是使氨尽可能向煤的微孔内部扩散，提高其吸附稳定性。即使这样，打开密封袋后仍会有部分氨挥发。因此，打开包装后应尽快使用。

（3）反应物料水分应控制在35%左右，水分太高即成糊状，水分太少则影响反应性，也影响水溶性HA生成量和氨的吸收量。

（4）氨化器最好是双绞龙犁刀式搅拌机，上部装有氨水喷头。如大量生产，应连续螺旋推进、串联两个氨化器，后一个在不喷氨水的情况下继续混合，使液-固分配更为均匀。尾部应装收尘器和氨吸收器。全部过程都应密闭操作。

13.4.2 加温法（复分解法）

对高钙镁风化煤来说，不能用氨水直接氨化，而且用碳化氨水或碳酸氢铵（碳铵）很容易发生复分解反应。碳化氨水是碳铵生产厂的中间产品（在氨水中通入CO_2制成），适合在碳铵厂生产，而商品碳铵是一般厂家生产HA-NH_4的理想原料。

用高钙镁风化煤与碳化氨水生产HA-NH_4的工艺流程基本同“13.4.1.1”，只是氨化反应需在80～95℃下进行2～3h[4]。该法除需要足够的NH_4^+外，还要随时调整碳化度（向氨水中通CO_2，碳化度以80%为宜），以保证有足够的CO_3^{2-}与煤中的Ca^{2+}、Mg^{2+}结合生成沉淀。该反应也要在密闭情况下进行。

如用NH_4HCO_3氨化，需将煤粉与碳铵加水均匀混合，保持水分在35%左右，加氨量按“13.4.1.2”的方法计算；将物料装袋密封，在50℃下熟化5～7d，或在室温下熟化10d以上，即得产品。

20世纪80年代，有人用硝酸铵（NH_4NO_3）作为“离子交换剂”对高钙镁HA进行氨化，但该过程不产生沉淀，属于中性可逆交换反应，HA氨化也不会彻底。若要脱除钙、镁离子，还需另加“沉淀剂”，而且工艺过程较复杂，已不采用。

13.4.3　质量指标

目前还没有 $HA-NH_4$ 和 $NHA-NH_4$ 的国家标准和行业标准。有关企业标准有一定代表性（见表 13-5，表 13-6），可供参考。

表 13-5　腐植酸铵质量指标（原宜春腐植酸肥料厂企业标准）

项目	粉状		粒状	
	一级品	二级品	一级品	二级品
水溶性腐植酸/%	≥35	≥25	≥35	≥25
速效氮/%	≥4	≥3	≥4	≥3
水分/%	≤35	≤35	≤35	≤35
粒度率/%			≥90	≥80

表 13-6　硝基腐植酸铵质量指标（原吉林解放军化肥厂企业标准）

项目		指标			
		55#	70#	75#	80#
硝基腐植酸/%	≥	55	70	75	80
铵态氮/%	≥	3.5	4	4.5	4.5
速效氮/%	≥	4.5	5.0	6.0	6.0
总氮/%	≥	6.5	7.0	8.0	8.0
水分/%	≤	35			
pH 值		7～8			

13.4.4　存在问题及改进的可能性

腐植酸铵是最古老的 HA 肥料品种，早在 20 世纪 50 年代已正式投入生产和应用。当时开发的初衷是希望它能成为有机氮肥的主导产品，代替无机氮肥，但实际推广应用效果并不理想。一是生产过程中存在氨损失，显然单位 N 成本就比无机氮肥高；二是水溶性 HA 低，一般只能达到总 HA 含量的 1/3 左右；三是 $HA-NH_4$ 的 N 含量低，最高只能达到 4%左右，相当于尿素 N 的 8.7%，碳铵 N 的 23.5%，直接作氮肥须加大施肥量，增加农业成本。腐铵作为复混肥的配料使用，也存在水分过大、运输费用高、N 不稳定的弊端。因此，尽管 $HA-NH_4$ 比等氮量的其他氮肥的 N 利用率高，但经济效益并不明显。如何进一步降低 $HA-NH_4$ 生产成本，提高其 N 含量和稳定性，一直是国内外化学和肥料界追求的目标和研究课题。已有人进行了一些改进 $HA-NH_4$ 工艺技术的尝试。

（1）高氮腐植酸铵的工艺改进　20 世纪 60 年代日本、苏联、加拿大、印度等国都进行过高温、高压氨氧化制取高氮腐铵的研究开发，有的已进入半工业化规模，产品总 N 含量最高可达到 24%。后来发现产物总 N 中约有一半为杂环 N，1/3是酰胺 N，均是植物难以利用的 N 形态，再加上苛刻的操作条件和较高的生产成本，使人们望而却步。印度 Mukherjee 等（1965）对氨氧化工艺做了改进，大幅度降低了反应条件的苛刻程度和生产成本。他们将稀氨水与褐煤粉混合，在 165℃、3MPa 条件下通氧气 4h，产品中总 N 可达到 15%～20%，其中 55%～60%为有效态 N，产物的水溶性也很好。近期钟哲科等[5]在 0.12MP、90℃/3h 条件下对涞源褐煤进行了氨氧化尝试，产物中总 N≈5.8%，在造林试验中施用，成活率达 77.6%，明显高于尿素作对照的成活率（55.6%）。

（2）HA 原料与磷肥复合后再氨化　乌兹别克斯坦的那比耶夫等（1962）首先将风化煤和过磷酸钙混合，再在常温下加氨水或通入氨气，既可将 HA 氨化，生成部分水溶性 HA，同时又使部分氨化过磷酸钙生成磷酸铵或磷酸氢铵以及枸溶性的磷酸氢钙。该方法无疑可减少 N 损失，提高有效 N 含量，产物本身就成为 HA-NP 复合肥。

（3）硝酸氧化后再氨化　即生产 $NHA\text{-}NH_4$。首先用硝酸将褐煤或风化煤氧化，既可使煤中的不溶性 Ca、Mg、Fe 盐转化成可溶性的硝酸盐，又可使煤适当降解，提高 HA 含量，氨化时也能提高 N 的含量和吸附稳定性。此类产品适合于硝酸的化工厂生产。20 世纪 80 年代匈牙利[6]和我国吉林解放军化肥厂建立的工业生产线，可作为此类项目的示范。

（4）堆肥混合氨化及生物降解　Kowalczyk（1968）将泥炭＋粪肥（1∶1）混合，加氨水进行生化处理 3 个月，发现该方法明显提高了微生物的降解性能和氨的固定量。此法适合于泥炭的氨化处理，产品作为营养基质或肥料配合物，都具有较好的经济性和环保效益。

13.5　提纯腐植酸

作为铅酸蓄电池阴极板膨胀剂的提纯腐植酸的生产，实际上是腐植酸盐的逆过程，即在腐植酸一价盐中加酸，将棕腐酸和黑腐酸沉淀出来，再经水洗、干燥而成。

13.5.1　工艺过程及操作步骤

工艺流程大致如图 13-4 所示。

用 NaOH 提取 HA 及固液分离步骤基本同 13.2.1，得到的 HA-Na 溶液加 H_2SO_4或 HCl，酸化至 pH＝2～3，将得到的 HA 悬浮液加热到 80～90℃，泵入压滤机或真空过滤机过滤，用热软水洗涤残渣至无 SO_4^{2-} 和 Cl^-，将滤饼转入旋转闪蒸或桨叶式干燥机中，在（130±5）℃下干燥得提纯 HA 产品。

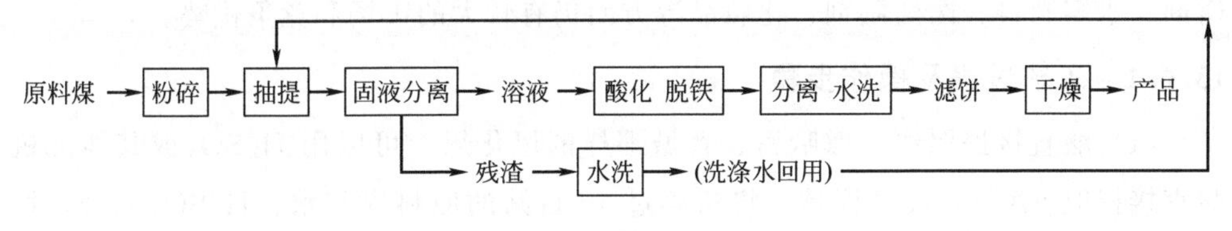

图 13-4 腐植酸提纯工艺流程

13.5.2 工艺要点

(1) HA-Na 浆液的固液分离是能否获得高纯度 HA 的第一道关口，关键是尽量减少溶液中的不溶物（煤粉、矿物质）。为加速残渣的沉降速度，提高 HA-Na 的纯净度，一是要有足够高的液固比例，降低溶液黏度；二是可适当添加凝聚剂，使不溶物颗粒凝聚增大。

(2) 酸化后的 HA 悬浮液是极其黏稠的亲水胶体，很难过滤和水洗。为提高过滤速度，不少研究者提出种种措施，如将悬浮液加热（80～90℃或更高）、添加有机絮凝剂（如聚硫脲、聚丙烯酰胺、聚氨基三氮茂等）、冷冻处理、渗析和电渗析等。但这些办法中，除悬浮液加热外，都未见工业化试验的报道。

(3) 用于铅蓄电池的纯 HA 对 Fe 含量的要求很严，越低越好 据报道，煤中除 FeS_2、$FeSO_4$ 等无机铁容易脱除外，相当数量的 Fe 是以水合 Fe-HA 络合物的形态存在的，很难分解和脱除。成绍鑫等[7]采用催化分解的技术脱除 HA 中的络合 Fe，使 Fe 含量由原来的 0.4%降到 0.015%以下（最低达 0.005%），又采用两步絮凝沉淀法促使过滤、洗涤速度提高 10 倍。李炳焕等[8]用强螯合剂 EDTA 脱除 HA 中的 Fe，使 Fe 含量降到 0.005%。

(4) 水洗 HA 滤饼产生的大量含酸废水不能直接排放，也是该工艺的一个棘手问题。为节约用水，防止污染，一定要采取逐级洗涤，最初的浓酸水（还含有 FA）用于磷肥或复混肥料生产，变废为宝，后续的洗涤水应全部回用。

(5) 有人建议用柠檬酸、草酸等有机酸代替无机酸[9]，据说能够提高 HA 纯度和品质，并可避免硫酸和盐酸对环境的污染，但此方法成本较高，未见工业生产的报道。

13.5.3 质量指标

国家行业标准 HG/T 3589—1999《铅酸蓄电池用腐植酸》，主要质量指标为 $HA_d \geqslant 70\%$，碱不溶物$_d \leqslant 7\%$，$Fe \leqslant 0.1\%$，$Cl \leqslant 0.1\%$，水分$\leqslant 10\%$，NO_3^- 含量试验合格。用户反映该标准要求过低，至少应规定 $HA_d \geqslant 85\%$，$Fe \leqslant 0.05\%$。

13.6 黄腐酸

FA 是使用范围较广、经济效益较高的腐植酸类产品，至今在植物生长剂、抗逆剂、水溶肥料、医药制剂、化妆品等方面仍有较大的市场和竞争优势。

13.6.1 工艺过程及操作步骤

（1）酸直接提取法　像哈密、晋城那样的风化煤，可以用 H_2SO_4 或其他无机酸直接提取 FA。大致过程是：将粉碎过 40 目筛的原料煤与水、H_2SO_4 混合，控制 pH≈2，在室温下搅拌几小时，沉降分离，其清液即为粗制 FA，适当中和（约 pH≈5）后作农用 FA 制剂。

（2）离子交换树脂法　该方法的基本原理是，以 H^+ 型强酸性阳离子交换树脂吸附（交换）黄腐酸盐中的金属阳离子。河南化学所（1985）的工艺是将树脂、煤粉、水混合，搅拌 2h，然后通过筛分将煤粉与树脂分开，再离心分离，得到 FA 溶液，60～80℃干燥得 FA。还有一些改进的离子交换法提取 FA 的报道。如薛惠玲等[10]用 NH_4 型树脂纯化餐厨废弃物发酵生产的 FA，Na^+ 去除率达 95.9%，FA 纯度达 82.1%，认为比 H^+ 型树脂效果好。尹淑芝[11]用碱溶液提取泥炭腐植酸，离心去渣后，用强酸性阳离子树脂将溶液酸化至 pH＝2～2.5，100℃下搅拌，趁热离心分离，水洗滤渣，滤液与 2 次洗液合并，通过动态阳离子树脂柱，将流出液低温蒸发、干燥得 FA。为节省树脂，静态交换可分两步，第一步先用上次用过的树脂交换至中性，再用新树脂交换至酸性，这样套用后，100g 泥炭只用 110mL 树脂。

（3）硫酸-丙酮法或硫酸-乙醇法　郑州大学（1982）的方法是，将原料煤水选，脱除黏土类杂质。取 40～60 目的煤作原料，添加适量丙酮和硫酸，使 pH＝1.5；所用丙酮含水量为 10%，30℃下反应 2.5h，然后离心或自然沉降。丙酮蒸发回收，循环使用。葛红光等[12]的方法是，首先制成丙酮∶水∶H_2SO_4＝50∶10∶0.5 混合液，10g 泥炭粉末加 65.5mL 混合液，在室温下充分搅拌，静置 5h，过滤溶液，75～85℃下蒸发，回收溶剂，将浓缩后的产物在 45℃下干燥，得 FA，产率 8.44%。焦元刚[13]等用含水 10%的丙酮，液固比 7.5∶1，酸煤比 0.05∶1，反应 30min，FA 提取率 41%。不少研究者认为丙酮易挥发、毒性较大，故主张用乙醇代替丙酮。文鹏丽[14]用硫酸-乙醇法提取内蒙古某地风化煤 FA，液固比 4∶1，酸煤比 0.1∶1，乙醇含水量 15%，60min，FA 提取率 32.28%（同比硫酸-丙酮法提取率只有 17.04%）。

13.6.2 有关问题的探讨

（1）对 FA 的提取方法应进行技术经济评价　河南曾用 H_2SO_4＋丙酮和阳离子交换树脂法生产农用 FA，发现前一种提取率低（只有实际含量的 25%～30%），丙酮单耗高，导致生产成本较高；后一方法提取率较高，但适合用阳离子交换树脂提取的原料少，过程较复杂，再生树脂所用的酸耗和能耗也高，故没有普遍意义。

此外，作为农用产品来说，这两种工艺都存在经济和环境问题。碱溶酸析法必须与生产提纯 HA 结合，而且必须首先用相应的分析方法测定原料中的 FA≥10%才比较可行，否则在经济上是不合算的。相比之下，农用 FA 只有酸直接提取法比较经济可行，但原料煤中 FA 应≥20%。

(2) 华东理工大学[15,16]对哈密大南湖煤的酸提取工艺进行了详细研究，确定了分步加煤、循环抽提的工艺路线，提出适宜的工艺条件为：酸煤比 0.2∶1，加分散剂磷酸盐 7.5g/100g 煤，在 60℃下抽提 1h，取得满意的分离效果，提取率达到 56%。

(3) 我国 FA 含量高的原料煤来源非常有限，这是制约农用 FA 成本的主要因素。不少研究者曾千方百计地采取措施，提高原料中 FA 含量，例如在碱提取阶段同时进行氧化降解，或者对原料煤预先深度氧化降解，也不排斥采用生物化学（特种发酵）方法从秸秆、糠麸、食品加工有机废物等原料中制取 FA[17]。这些都不失为有前景的开发路线。

13.6.3　质量要求

有关各种 FA 的质量和技术标准至今未见。河南科学院化学所通过树脂法生产的固体 FA 的主要质量指标是 FA_d>80%，灰分$_d$≤15%，pH（1%溶液）≈2.5，水分≤10%。作为医用的 FA 灰分至少降到<1%，但必须对有害元素规定限量。

近年发布的 HG/T 5334—2018《黄腐酸钾》，对矿源（煤炭）FA-K 和生物源 FA-K 的质量指标作了具体规定。

13.7　腐植酸尿素

腐植酸尿素（UHA）是腐植酸与尿素的反应产物。20 世纪 60 年代，日本率先开发溶剂法和熔融法生产 UHA 的工艺，并建成工业试验装置。苏联也有相关的报道。中科院山西煤炭化学所[18]开发出低温法 UHA 生产技术并与企业合作开发了包裹型 UHA。2000 年江苏通州率先建成 2 万吨/年包裹型 UHA 工业生产装置。此后，国内 UHA 技术不断创新[19,20]。据工业和信息化部网站公布，2018 年尿素产量 5207 万吨（实物量），其中含腐植酸尿素 68 万吨，同比增长 15.3%。UHA 产量占高效尿素 31.3%，占尿素总产量的 1.3%，且有逐年增长的趋势。这充分显示出 UHA 在同类产品中的竞争优势，反映了含腐植酸尿素在氮肥供给侧结构性改革中的重要地位和作用。

13.7.1　工艺路线

国内外生产 UHA 的工艺大致有 3 种方法。

（1）溶剂法　日本早先开发的 UHA 是用液氨、甲醇、乙醇或丙酮等作溶剂，显然成本很高。近期我国和波兰开发的技术都是用水作溶剂。为减少氮损失或防止形成缩二脲，一般要控制温度不超过 80℃，并尽量缩短反应时间，还要添加一定量的助剂。

（2）热融法　将尿素<110℃下熔融后加入 HA 或 NHA，混合后得到 UHA。还有的在热融物中加入甲醛，形成难溶、缓释的 HA-尿素-甲醛缩合物。热融法适合于大尿素工业装置生产。技术难度主要是控制反应温度和时间，以尽量减少氮损失和形成缩二脲。

（3）包裹法　在具有一定黏性的基质作用下将 HA 包裹在尿素颗粒上，干燥后形成一层较稳定的半透性包裹膜。所得颗粒产品可直接作为缓效尿素使用，也可作掺混肥（BB 肥）的氮肥原料。当前，在大力发展绿色环保肥料的新形势下，作为长效缓释氮肥的包裹型 UHA 是很有发展前途的一个 HA 肥料品种。

13.7.2　包裹型 UHA 工艺过程及要点

包裹型 UHA 的工艺过程如图 13-5 所示。

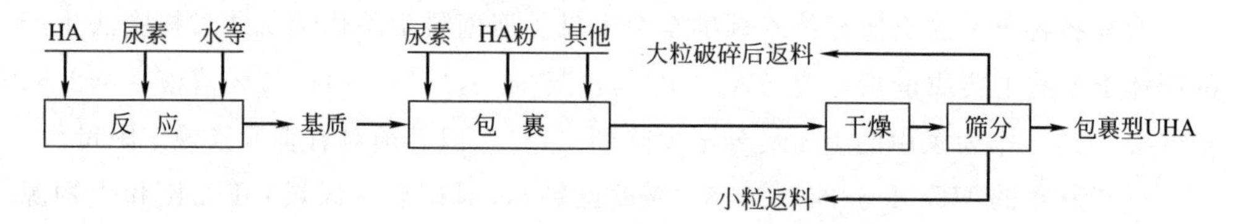

图 13-5　包裹型 UHA 的工艺过程

将精制的 HA 粉末、尿素、水、助剂、黏结剂、微量元素等混合，加热反应制成浆状物作为基质。在转动的包裹机内加入尿素、粉状 HA，喷洒适量基质，使 HA 均匀地包裹在尿素颗粒周围，然后在<110℃下快速干燥，筛分，制得包裹型 UHA。将黏结的大粒和筛下的小粒经再加工后返回包裹机。

包裹型 UHA 的工艺要点如下。

（1）HA 与尿素反应的关键是要严格抑制尿素的过度水解和聚合。反应温度过高、时间过长、水的比例过大以及碱性介质都会导致尿素水解或缩二脲的生成。因此，在水介质下生产 UHA 或包裹基质时应控制温度≤50℃，反应时间≤20min，pH 在 7 左右为宜。

（2）包裹层的厚度、密实度和微孔隙率，对肥料肥效和缓释性影响极大。HA 的性质、粒度、添加量、基质的黏结性、包裹机的转速、各种原料的水分等，都对包裹层的性能产生影响。从尿素缓释增效角度考虑，生产者和用户都希望包裹层厚度增加，但随之技术难度也更大。因此该工艺条件应在小试基础上确定。

（3）包裹层中 HA-尿素络合物的含量，也是缓释性的影响因素之一，在一定程度上也反映该产品的技术含量。这就是说，在喷洒的黏结基质中，以及包裹层与尿素交界处应有相当数量的HA-尿素络合反应产物，否则该产品就变成机械包裹物，缓释增效作用也会降低。

（4）所用的粉状HA原料，最好是经过适当活化处理的风化煤或褐煤，不必提纯，但HA含量应≥60%（干基）。根据实际需要，在包裹层中添加适量的微量元素肥料，会起到更大的互补增效作用。

13.7.3 熔融型UHA工艺

目前熔融型UHA的制备方法较多，最有前景的是两步法生产UHA[20]，具体过程为：①将浓度为78%～98%的尿素溶液从尿素蒸发系统引出，与含HA的原料煤粉按比例混合（控制HA含量1%～15%）。该过程实际也就是生成HA-尿素络合物的过程。②将混合熔融液泵回尿素蒸发-造粒系统，经蒸发、干燥制成UHA。该工艺不需对原料煤事先精制和活化，不需增加特殊设备，适合于直接在大型尿素蒸发造粒系统中实现工业化生产，而且生产成本很低。难点在于，因原料煤的来源、湿度、粒度变化较大，使其第一步的尿素与固体混合物料的温度、黏度、水分控制较难掌握，控制不好可能会影响最后造粒系统物料性能的稳定性。该工艺引入大型尿素装置前应做细致的工艺试验，并对原有蒸发造粒装置进行适当改造。

13.7.4 干法混合型UHA工艺

林海涛等[21]将粉碎过100目的尿素和过200目的风化煤按1∶1充分混合后，在一定温度和时间内加热反应后卸出，出料温度为80～85℃。自然冷却后粉碎至60目，挤压造粒，再用整形机制成球形颗粒。该产品N含量达20%～30%，其中络合态N达20%。该工艺过程简单，适合于中小型肥料企业生产。

13.7.5 硫化尿素+超声处理

刘艳丽等[22]将尿素与硫酸铵按10∶1混合，加热至110～120℃熔融，加入尿素量65%的HA，搅匀，在90～100℃下超声波处理20min，降温固化，即得到HA-尿素硫化加超声波活化处理的UHA。该产物游离HA 18.8%，较未超声处理UHA中的HA高30.6%。农化试验表明，与对照处理相比，超声处理的硫化UHA能够提高土壤有机碳积累量、土壤速效氮、有效磷、速效钾等含量，增加玉米和小麦产量。

13.7.6 质量指标

HG/T 5045—2016《含腐植酸尿素》的质量指标见表13-7。

江苏通州区专用肥料厂的包裹型 UHA 企业标准的质量指标见表 13-8。

表 13-7　含腐植酸尿素质量指标（HG/T 5045—2016）

项目	指标
总氮(N)的质量分数/%	≥45.0
腐植酸的质量分数/%	≥0.12
氨挥发抑制率/%	≥5
缩二脲的质量分数/%	≤1.5
水分/%	≤1.0
亚甲基二脲(以 HCHO 计)的质量分数/%	≤0.6

表 13-8　包裹型 UHA 质量指标（Q/320683NCN01—1999）

指标名称	产品型号		
	Ⅰ	Ⅱ	Ⅲ
腐植酸-尿素络合物(UHA_d)/%	≥15.0	≥20.0	≥25.0
总氮(N_d)/%	≥38.0	≥35.0	≥32.0
络合态 N 占总 N/%	≥4.0	≥5.0	≥6.0
水分/%	≤5.0	≤6.0	≤7.0
粒度(0.5～2.8mm)/%	≥80	≥75	≥70

13.8　腐植酸磷肥

腐植酸磷肥（HA-P）是传统的腐植酸主导产品。早在 1979 年日本就将硝基腐植酸磷（NHA-P）作为国家肥料法定品种；苏联于 20 世纪 50 年代已将 HA-Na 溶液喷淋在过磷酸钙或重过磷酸钙上进行造粒，作为定型的 HA-N-P 肥料。乌兹别克斯坦也曾用过磷酸钙或重钙与 HA-NH_4 混合制造颗粒腐植酸磷肥（我国主要也是此工艺）。我国 40 年来 HA-P 已有成熟的生产经验和成果，工艺基本成熟。HA-P的生产工艺过程[23]为：原料煤粉→氨化（制成 HA-NH_4）→与磷肥复合→造粒→干燥→HA-P 产品。

有条件的地方，最好先对原料煤进行硝酸氧化，氨化后制成硝基腐植酸铵，再进行后续步骤。

所用原料煤最好是 HA≥50%风化煤或褐煤。磷肥最好是过磷酸钙或重过磷酸钙，因为此类酸性磷肥与碱性的 HA-NH_4 发生中和反应，更有利于游离氨氮的稳定。

申守营等[24]采用特殊的方法制备的 HA-P（称作“增效过磷酸钙”），其制备过程为，将猪毛用混合酸［$m(20\%HCl)+n(20\%H_2SO_4)$］水解 8h（为含氨基酸水解液），然后在水解液中加入风化煤和 HA-Na，调节 pH 为 4，继续水解 2h，得增效剂（S）。将过磷酸钙＋S＋适量水混合（过磷酸钙与 S 的比例以 8∶2 为宜），干燥，粉碎，得增效过磷酸钙。该产品可缓解水溶磷的释放。与普通过磷酸钙相比，玉米生物量增加 41.9%，吸磷量和吸钙量分别增加 61.7%和 27.8%，根系活力提高 24.3%，值得推荐。

13.9 腐植酸有机-无机复混肥及有机肥料

HA 有机-无机复混肥和有机肥料（通称腐植酸肥料）是 40 多年来 HA 的主导产品，已有相当充分的理论依据和实践经验。随着化肥用量负增长及农业生态可持续发展战略的深入实施，HA 类肥料更加显示出巨大的生命力和发展前景。

13.9.1 工艺过程及要点

13.9.1.1 传统粉体造粒工艺

腐植酸肥料的工艺过程如图 13-6 所示。

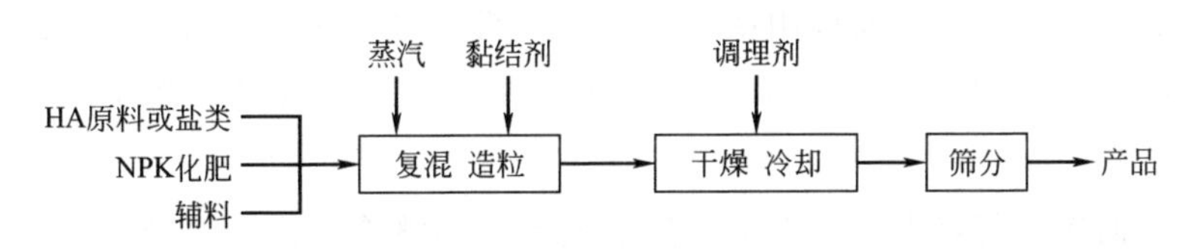

图 13-6 腐植酸肥料的工艺过程

将破碎至一定粒度的腐植酸盐、化肥及其他辅助物料（微肥、黏土、亚麻籽油、桐油、石蜡等）混合，在旋转的盘式（或鼓式）造粒机中喷水（或适当的黏结剂、蒸汽）造粒，在转筒或振动干燥机中烘干，经冷却、筛分后得到产品。

粉体造粒的工艺要点如下。

(1) 所用的 HA 原料煤不必精制，但游离 HA 含量应≥50%，最好经过氨化制成 $HA\text{-}NH_4$，或制成 HA-K、腐植酸尿素，有条件时可先硝酸氧化，再制成 $NHA\text{-}NH_4$ 或 NHA-K，使水溶性 HA 达到 20%以上。山东农大肥业[25]采用水、磷酸一铵、腐植酸、浓硫酸（100∶75∶75∶30，质量比），搅拌反应，可脱除风化煤 HA 中的钙镁，将生成的浆液喷入造粒机内的氮、磷、钾化肥原料上，同时喷入氨水或气氨，氨化造粒，制成 15-8-18 的复混肥料。

(2) 化肥最好用高浓度的，如尿素、磷一铵、磷二铵、氯化钾（忌氯作物用肥要用硫酸钾代替）等。为提高颗粒强度，可以适当喷入蒸汽、添加黏结剂。用熔融尿素为黏结剂是近年来推广的新方法，肥料球体的强度可大幅度提高，但技术上要求较高。有关设备厂家均提供熔融尿素造粒法相关的技术服务。

（3）如果使用过磷酸钙，要特别注意它与尿素直接接触后发生潮解和结块现象，原因是过磷酸钙中的游离磷酸、磷酸一钙与尿素作用形成复盐，并且磷酸一钙中一分子的结晶水被释放出来。这种复盐的溶解度极大，反应后的液相比反应前可增加3～4倍，导致物料黏结，生产无法进行。因此，过磷酸钙必须首先用碳铵氨化或用钙镁磷肥处理，干燥后才能使用。过磷酸钙与HA原料同时氨化是一举两得的好办法，但要掌握碳铵添加量和控制总物料pH值＜7，防止氨损失和水溶磷的过度退化。

（4）复混肥料的造粒是一个重要的工序，所用的造粒机主要有两种，一是辊动或挤压造粒机，适合于小规模生产，产品一般不需干燥；二是圆盘（圆筒）造粒机，效率较高，机械磨损小，适合于连续化大规模生产。目前多数复合肥厂采用圆盘造粒机。转速应控制在使盘内的物料处于滚动而不是滑动状态；圆盘的倾角一般为48°～51°，但也要根据转速调整，倾角增大，转速就应相应加快，制成的肥料球结实圆滑，但粒度较小。若要求加大粒度，则应适当增加盘边高度。造粒物料的水分是成球率的关键，应将水分控制在14%～17%。

（5）复混肥的干燥一般选用回转圆筒干燥机，对HA＜5%的颗粒肥的干燥来说，用400～500℃的热空气（天然气热风炉加热）或烟道气（燃煤热风炉加热）是安全的。

（6）根据作物营养需求和土壤养分丰缺情况调整养分比例，制成专用型肥料，是提高HA复混肥综合水平和使用效果的关键技术措施。一般来说，南方酸性土壤缺钙镁，可适当添加消石灰、氧化镁、钙镁磷肥等，这些物料也可作为造粒后的调理剂使用；而北方碱性土壤用肥可添加磷石膏、糠醛渣等工业废料；盐碱地中则尽量用含硫多的肥料。微量元素要有针对性地加入（总量以2%左右为宜）。为降低成本，尽可能使用有一定量营养元素的工业废料作微肥原料，如硼泥、钼渣、锰渣、硫铁矿渣（含铜）、白云石等。无论大量元素还是中、微量元素，加什么、加多少，都应该根据测土施肥数据和种植作物种类来确定。生产厂和用户应在当地农业推广部门和科研单位指导下复配。同时，还必须严格控制工业废渣中的重金属含量，不得超标。

13.9.1.2 高塔熔体造粒工艺

高塔熔体造粒技术生产HA复合肥是近年发展的先进工艺，为实现HA的大规模产业化提供了技术支撑。目前史丹利、拉多美、鲁西和心连心等大型化肥企业建设的年产几十万到百万吨级的HA复合肥料生产装置，标志着我国HA肥料工业走进现代化产业的新时代。史丹利化肥有限公司[26]的 HA 复合肥高塔熔体造粒工艺流程见图 13-7。

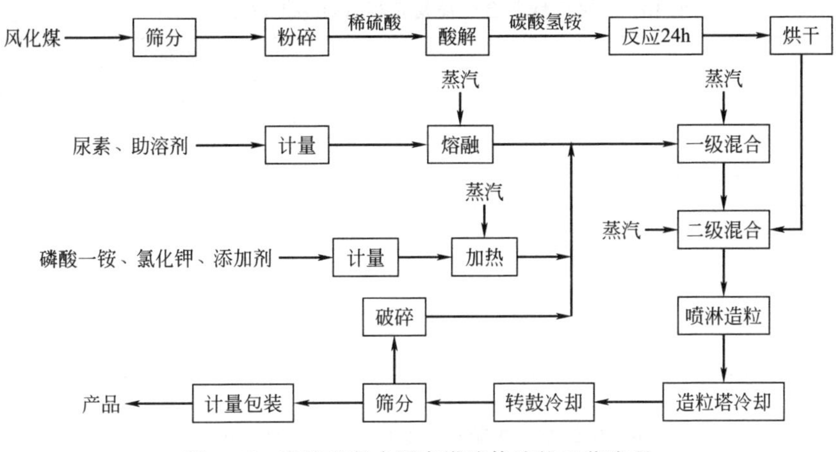

图 13-7　腐植酸复合肥高塔熔体造粒工艺流程

该流程要点是：①用 30%～40%稀硫酸对 120～200 目的风化煤粉进行酸解→与碳酸氢铵混合→在≤55℃下熟化 24h→≤120℃烘干，得活化腐植酸（RHA）；②按比例将熔融尿素（135～138℃）和氯化钾、磷一铵等混合，形成低共熔点化合物，再添加适量 RHA 和中/微量元素，温度控制在 90～95℃，经过 2～3 级复混槽充分混合，形成流动性良好的 HA-NPK 浆料；③通过专用的加热喷头喷入造粒塔，在空气中冷却（45～65℃）固化成养分分布均匀、外观圆润的颗粒复合肥。

该技术的关键点是缩二脲含量的控制。因熔融尿素在高温下会缓慢分解出 NH_3 而缩合成缩二脲，导致肥料品质下降，会对作物种子发芽和幼根生长带来危害。在复混（复合）肥产品标准中一般规定缩二脲含量控制在≤1.4%。因此，控制缩二脲生成的关键是反应温度和停留时间。研究认为[27]，高塔 HA 复合肥的反应温度控制在 129～133℃，反应停留时间在 2min 最为理想。HA 含量最好选择 5%～10%，过高的 HA 含量会使络合反应比较剧烈，导致温度升高、时间延长，可能使缩二脲生成量超标。

13.9.2　质量指标

目前已发布的标准有化工行业标准 HG/T 5046—2016《腐植酸复合肥料》、协会团体标准 T/CHAIA 2—2018《腐植酸有机-无机复合肥料》、T/CHAIA 3—2018《腐植酸复合肥料》、T/CHAIA 5—2018《腐植酸有机肥料》、HG/T 5514—2019《含腐植酸磷酸一铵、磷酸二铵》。HG/T 5046—2016 规定制取 HA 复混肥料的原料只限定低级别煤（风化煤、褐煤和泥炭），而团体标准则除了低级别煤外，原料扩大到洁净的含 HA 生物质。这些标准都严格规定了重金属及其他有害物质限量。

现仅列举 HG/T 5046—2016（表 13-9）和 T/CHAIA 5—2018（表 13-10）中的主要质量要求。

表 13-9 腐植酸复合肥质量指标（HG/T 5046—2016）

项目	指标		
	高浓度	中浓度	低浓度
总养分($N+P_2O_5+K_2O$)/%	≥40.0	≥30.0	≥25.0
水溶性磷占有效磷百分率/%	≥60.0	≥50.0	≥40.0
活化腐植酸含量/%	≥1.0	≥2.0	≥3.0
总腐植酸含量/%	≥2.0	≥4.0	≥6.0
水分(H_2O)/%	≤2.0	≤2.5	≤5.0
粒度(1.00～4.75mm 或 3.35～5.60mm)/%	≥90.0		

表 13-10 腐植酸有机肥料质量指标（T/CHAIA 5—2018）

项目	指标		
	Ⅰ型	Ⅱ型	Ⅲ型
有机质$_d$/%	≥45		
总腐植酸/%	≥35	≥30	≥25
水溶性腐植酸含量/%	≥8	≥5	≥3
总养分($N+P_2O_5+K_2O$)/%	≥5		
水分(鲜样)/%	≤30		
酸碱度(pH 值)	5.5～8.5		

13.10 腐植酸水溶肥料

HA 类水溶肥料（包括叶面肥、冲施肥、滴灌肥等）是用 FA 或 HA 的一价盐为水溶有机基质，同 N、P、K 及微量元素配制而成的。此类产品不仅能提供速效养分，而且能同时发挥 HA 类物质的生物活性，再加上使用成本低、肥料利用率高、附加值高、施用方便、见效快等优点，很受用户欢迎。近十余年，在大力发展生态农业、气候智慧型农业的背景下，水肥一体化技术受到国家政策的支持，促使 HA 水溶肥产业迅猛发展，同时成为近年来国际市场上激烈角逐的主要 HA 品种。例如美国托沃国际公司等用北达科他州风化褐煤生产的 K67 等系列浓缩液肥畅销全球，美国 OEIS 公司的驰名品牌“高美施”（KOMIX）、日本用褐煤 NHA 生产的“叶面活力散布剂”也名噪一时。我国 20 世纪末开发的“喷施宝”，已在 20 多个国家对 50 多种作物进行了试验和推广，并取得非常显著的效果，推动了中国叶面肥市场的飞速发展。2016 年农业农村部发布的《推进水肥一体化实施方案（2016—2020）》对水溶肥料的应用提出一系列优惠政策，并实施了一系列推进水溶肥发展的相关举措，而 HA 水溶肥则成为“植株立体高效施肥”与“环境友好”不可缺少的黄金产品[28,29]。据统计，截至 2019 年 6 月底，在农业农村部登记的含 HA 水溶肥产品数量达 3445 个，涉及企业 1964 家，生产能力总计约 100 万吨/年，已占据我国新型肥料的主导地位，在发展绿色生态农业中起着重要的作用。

13.10.1　基本原理及有关要求

含 HA 水溶肥料的出厂产品型式主要有固体和溶液两类。无论哪一类，最终都要用水溶解或稀释才能使用。因此，含 HA 水溶肥溶液是复杂的胶体体系，其制备工艺技术性很强，在此有必要适当多重复叙述一些基本知识。

正如第 6、7 章所述，HS 对各种无机物质的增溶、胶溶、络合、吸附等作用，决定着它们在胶体体系中的溶解性和稳定性。不少人在制备 HA 水溶肥料时通常会遇到物料增稠、凝聚、沉淀析出等问题，主要原因是没有掌握好这一胶体体系的规律。先从水溶肥料的 HA-水-无机盐体系中的分散相类型谈起。体系中的粒子大致分为以下几种情况。

（1）分子或离子化状态的粒子　在稀溶液中，HA 和各种元素基本上是分子、离子或水合离子状态的，如 $CO(NH_2)_2$（尿素分子）、$C_6H_{12}O_6$（单糖分子）、$C_nH_{2n+1}OH$（醇类分子）、K^+、Na^+、NH_4^+、Ca^{2+}、Mg^{2+}、Fe^{3+}、Zn^{2+}、$[Fe(OH)_2]^+$、$[Al(OH)]^{2+}$、HA-COO^-、PO_4^{3-}、NO_3^-、SO_4^{2-} 等。这种情况属于真溶液。

（2）络合（螯合）离子　有部分多价金属可能与 HA-COO^- 或其他阴离子形成络离子，如 HA 与金属离子络合形成的 $[M:(HA)_m]^{n+}$、多磷酸与金属离子形成的 $[M:(H_2PO_3)_m]^{n-}$ 等。这些络离子或溶于水，或不太溶于水，但微粒极细，体系近乎真溶液。

（3）微团聚体　HA 与各种无机物质可能通过配位键、静电力、氢键、范德华力等作用团聚成微小粒子，肉眼很难观察到，溶液基本透明或略有光散射现象，属于胶体溶液状态。这种体系的稳定性部分与 Chulze-Hardy 规则有关。

（4）胶态分散粒子　HA 或无机盐实际上没有溶解，而是呈肉眼能看到的悬浮体分散在水中。在粒子很浓的情况下可能成为糊状。这种体系可能比较稳定，甚至几个月也不会沉降，其可能的原因：一是在固体粒子周围与溶剂之间有电位差（接近于 ζ 电位）或构成双电层结构；二是大量絮凝体之间形成三维网状结构，阻止了粒子的沉降。

上述胶体体系与水溶肥料的关系用表 13-11 说明。

表 13-11　胶体体系及水溶肥料的关系

体系名称	分散粒子尺寸	流体肥料大致归属	体系中粒子种类
真溶液	离子、分子级	HA-K、HA-NH_4、UHA	HA-COO^-、$CO(NH_2)_2$、K^+、NH_4^+、NO_3^-等
溶胶(胶体溶液)	1～100nm	叶面肥	同上，另有络离子、微团聚体
悬浮体	0.1～10μm	叶面肥、冲施肥	同上，另有胶态分散粒子
粗分散体系	>10μm	冲施肥	同上，另有大颗粒分散粒子

从表中归纳的情况看，水溶肥料有 3 种：①稀溶液，包括 HA 一价盐、HA-尿素复合物等；②叶面肥，可以是胶体溶液，允许有少量悬浮体，但必须有一定的稳定性，水不溶物极少，用硬水稀释也不会出现絮凝，否则会堵塞喷嘴，影响喷施操作和使用效果；③冲施肥，允许为悬浮体和粗分散体系，但稳定性要好，不能出现大量结块和凝聚。有的国家称此类肥料为“悬浮肥料”，规定在常温下几个月不沉淀或凝结，使用时用水稀释能均匀细分散，并有一定的抗硬水絮凝能力。

13.10.2　工艺路线与设备

按水溶肥料的类型，工艺路线可分为三种。

(1) 固体混合路线　大（中、微）量元素＋水溶性腐植酸盐＋助剂→机械混合→成品。优点是过程简单、成本低。缺点是混合不太均匀，HA 与营养元素在溶解后才发生部分反应，对使用效果有一定影响。此类工艺所用设备主要是粉磨机和混合机。

(2) 溶液反应路线　将腐植酸盐与各种营养元素按要求进行复配，加助剂和水，加热搅拌反应，得“液体产品”或“膏状产品”。特殊需要时也可以将稀溶液浓缩、干燥得粉（粒）状产品。溶液反应路线优点是反应充分，产品不溶物少，使用效果好。缺点是成本相对较高。此类工艺的主要设备是配料反应器、储罐，灌装机，有的还需要蒸发器、干燥机等。

(3) 悬浮液路线　有些液体肥料（如冲施肥）不一定要求全部水溶，因此可以制成悬浮液或类似乳状液的流体。对无机元素来说，实际也是过饱和溶液，通过胶体磨、乳化机之类的设备制成浓的悬浮体，使用时用水稀释，可将大部分有机、无机物质转化成溶液状态。

13.10.3　技术要点和改进措施

近期 HA 类水溶肥的市场竞争比较激烈，要想立于不败之地，除在价格和性能上要有突出优势外，还必须不断进行技术创新和品牌创新。

HA 水溶肥料目前存在的关键技术问题和难点，一是 HA 的活性问题，二是溶解性问题，三是胶体稳定性问题。特别是液体型水溶肥（液肥），既要高浓度（溶液中固形物含量过饱和，往往超过 70%，即水含量 30%以下），又要在硬水稀释后不絮凝，这是很难做到的。

本节简单提供几点参考措施和创新思路。

（1）用物理分散法处理　冲施肥不一定要求完全“溶解”，但滴灌肥仍对粒子细度和分散性有较高要求，可采用高剪切粉磨、超气流粉碎、高速搅拌、适当加温、超声波处理、乳化等措施，使粉体充分分散，并减小粒子尺寸，增加粒子间空间排斥作用，提高分散度[30]。

（2）选择先天性优良的 HA 原料　尽可能用年轻褐煤或高分解度泥炭。有少数特殊的风化褐煤，如美国的 Kozgro 煤 HA、阿塞拜疆某地的煤 HA、我国内蒙古武川煤 HA（E_4/E_6比值都在 6.7 左右），抗硬水性能都很好，应着重选择此种类型的原料。

（3）采用化学活化改性的办法，充分降低 HA 的分子量，增加官能团，这是提高化学活性、生物活性以及改善胶体保护和络合性能的关键措施。统计表明，如果 HA（FA）的总酸性基≥10mmol/g（其中 COOH 占 2/3），$E_4/E_6 \geq 8$，凝聚极限≥12mmol/g，或者能引入—CH_2SO_3H、—SO_3H 等亲水基团，均能明显改善叶面肥的稳定性和使用效果。例如中科院山西煤化所对褐煤或风化煤深度降解制成的水溶性“黄棕腐酸”[31]、FA-3[32]，东北师大泥炭氧化改性的水溶性产物[33]等，都属于此类高效改性 HA 产物。生化发酵法生产的类 FA 物质，尽管化学组成比煤炭 FA 复杂，但在水溶肥中具有相当好的抗絮凝性、生物活性和肥效，已得到专家的充分肯定，因此应该把基础研究和应用推广工作坚持下去。

（4）HA 类物质的络合能力有限，欲多溶解一些金属元素，有人建议添加适量的高效螯合剂[34]，包括氨羧络合剂乙二胺四乙酸（EDTA）、二乙烯三胺五乙酸（DTPA）、氨基三乙酸（NTA）、二乙醚二胺四乙酸（EGTA）、*N*-羟乙基乙二胺三乙酸（HEDTA）等，还有琥珀酸、柠檬酸、酒石酸、木质素磺酸盐、水杨酸和某些氨基酸等，但都价格昂贵。廉价的三聚磷酸钠（STPP）、多磷酸铵和多磷酸钾等也具有很强的溶解和络合高价金属离子的能力，40 多年来发达国家一直将其作为流体肥料的络合增溶组分。

（5）适当添加辅助剂，以增加胶体稳定性[35]　国外悬浮肥料都要添加各种增稠剂、分散剂、润湿（铺展）剂。常用的增稠剂和分散剂有：膨润土、海泡石、硅镁土、黄原胶、乙二醇、丁香粉、改性纤维素和改性淀粉、聚乙烯吡咯烷酮等；常用的润湿剂和铺展剂有：吐温、脂肪酸聚氧乙烯醚、硅系表面活性剂、十二烷基磺酸盐、藻酸、三聚氰胺甲醛树脂（MF）、烷基磷酸酯、β-萘磺酸-甲醛缩合物、烷基多糖苷、聚甘油酯等，可以根据具体情况选择使用。

（6）用尿素溶液提取 HA，也是有益的尝试　谭钧等[36]以水为介质，以尿素和复合活化剂直接从风化煤中提取水溶性 HA，80～90℃，2.5h，HA 提取率 70% 以上，含氮 30.38%；水溶 HA 的 CEC、总酸性基、E_4/E_6 都比相应碱提取 HA 的高，抗硬水絮凝性也较强，不含钠离子，含无机质也较少，可作为水溶肥料的基础材料。

（7）发展功能性、专用型的 HA 水溶肥肥料是省工省时、互补增效的好办法，也是今后水溶肥料发展的一个重要方向。最近针对某种作物的专用肥（如花生肥、葡萄肥、果树肥等）层出不穷，一般都比通用肥料的效果好。有些企业将生产酒精或味精的有机废水、腐熟发酵后的浸出液、腐植酸溶液与无机盐复合，制成分别含有 HA、氨基酸、褐藻酸、糖类、大量和微量元素、有益菌剂、酪蛋白磷酸肽、某些低毒农药等的复合液体。黑龙江省生物有机肥料研究中心[37]研发的“HA 生物液体肥”，是用煤炭 HA＋微量元素＋双效菌剂＋生长调节剂复合而成，在作物增产、改善品质（提高可溶糖和维生素 C，减少硝酸盐）方面取得显著效果。经验证明，HA、肥、药和生长剂合理混配具有不可置疑的显著作用，但必须以理论指导和科学实验为依据，不应盲目搅混，以免导致制剂相互拮抗，甚至失效。

13.10.4　质量标准

已发布的 NY 1106—2010《含腐植酸水溶肥料》是目前唯一的质量标准。主要质量指标见表 13-12。

表 13-12　含腐植酸水溶肥料质量指标

项目	大量元素型		微量元素型
	固体产品/%	液体产品/(g/L)	固体产品/%
腐植酸含量	≥3.0	≥30	≥3.0
大量元素含量	≥20.0	≥200	
微量元素含量	—	—	≥6.0
水不溶物含量	≤5.0	≤50	≤5.0
pH(1∶250 倍稀释)	4.0～10.0		
水分(H_2O)	≤5.0		≤5.0

13.11　生物腐植酸及其肥料

生物腐植酸（BHA）是用工农业废物（秸秆、木屑、蔗渣、食品加工废弃物等）接种特种微生物并通过发酵工艺生产的腐植酸，再与其他肥料复合后，制成各种生物腐植酸肥料。此类产品也适应当前“化肥负增长”形势和生态农业的需要。

BHA 与煤炭提取的 HA 主要区别在于，它不单纯是腐植酸类物质，还含有相当数量的多糖类、氨基酸、蛋白质、维生素、酶类及有益菌群。实践证明，BHA 同样具有类似煤炭 HA 的功能[38,39]。

13.11.1　工艺过程

生物腐植酸的生产方法主要有 3 类[40]：①化学氧化降解-发酵法；②水解-发酵酿法；③两步发酵法。以后者居多。两步发酵法工艺过程见图 13-8。

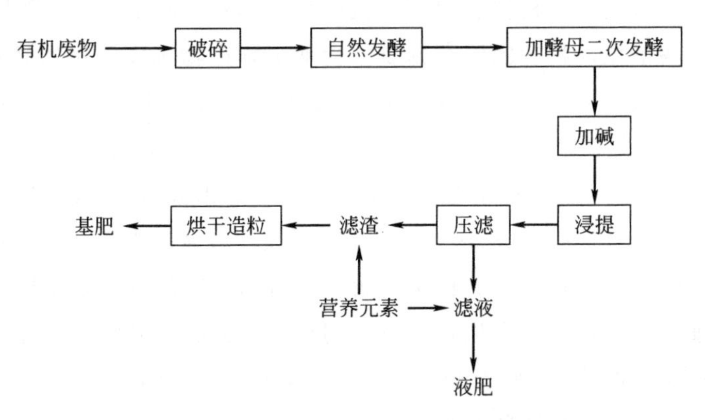

图 13-8　两步发酵法制备生物腐植酸及肥料工艺流程

先将有机废弃物破碎，在发酵罐中按比例加水，搅拌均匀，在 25～35℃下自然发酵 2～4d，升温至 60～70℃。待自然降温至 30～35℃时，加入 5%～10%的酵母菌剂，继续发酵 3～4d。加入与物料等量的水，用碱性溶液调 pH 至 5～7，浸泡过夜，用压滤机压滤，分出滤液和滤渣，分别制成固体基肥和液体水溶肥料。

13.11.2　工艺要点与技术进展

（1）以生物腐植酸为基础，一般可制成三种下游产品：①生物腐植酸水溶肥料：在滤液中添加植物所需的大/中/微量元素及其他有益元素，制成叶面肥、冲施肥等；②生物腐植酸复合（复混）肥：在滤渣中添加植物所需的元素及其他有益物质，再烘干、造粒；③生物腐植酸生物有机肥：在添加适量营养元素的同时，配入高效固氮菌、溶磷菌、解钾菌、解抗菌等有益菌株而制成。

（2）含 HA 生物肥的组成和性能与传统有机堆肥有很大区别　据徐鹏翔等[41]的研究表明，在猪粪堆肥中添加鲜粪重量 5%的 HA，有利于促进发酵反应和有机质的分解，有效控制氮的损失，使速效钾含量增加，堆肥发酵后无臭味，产品呈疏松的团粒结构，并增加 HA 特有的活性有机组分，而普通堆肥则没有这些优势。

（3）选择适当的菌剂对提高生物肥料的矿化速度和品质至关重要　按李恕艳等[42]的案例，与常规堆肥发酵相比，在鸡粪/秸秆堆肥中添加 VT-1000 菌剂后加快了有机物降解，矿化时间缩短 14d。堆肥结束时 TOC 增加 16.1%，总 HA 有所降低，但游离 HA 和水溶 HA 略有增加，分子量、缩合度、芳构化程度均有所提高。高亮[43]将 3 种生防菌剂（枯草芽孢杆菌、泾阳链霉菌、康宁木霉）与 HA 生物有机肥结合，制成腐植酸生防生物有机肥，使各种有益土壤的微生物量增长 2～11 倍，而有害菌群（根尖镰孢菌等）则减少 2～7 倍，有效降低了辣椒根腐病的发生。

（4）我国城市生活垃圾中有 40％～60％的餐厨废弃物和厨余垃圾，是庞大的碳资源 北京嘉博文生物科技公司[44]通过生物装备（BGB 生化处理机）工业技术集成完成快速腐植化，将餐厨废弃物及粮食加工副产物等原料快速转化为 BHA 肥料。该技术对好氧、微好氧及厌氧发酵过程进行智能控制，整个发酵过程在 8～10h 内完成。所得肥料产品中 HA≥50％，有机质≥75％，该生产线每年可消纳餐厨废弃物 13.2 万吨，年产 8 万吨生物腐植酸肥料，基本解决 400 万城市人口的餐厨废物处理问题，直接减排 CO_2 约 15 万吨。该项技术荣获第 15 届中国专利金奖（我国专利领域最高政府奖），获得全国第一个餐厨废弃物进入农田用肥体系的国家级肥料登记证。此外，嘉博文生物科技公司还用棕榈副产品空果串和棕榈油泥为原料添加 BHA 转化剂制取生物腐植酸，所用的发酵菌剂为枯草芽孢杆菌、嗜热侧孢霉、地衣芽孢杆菌、嗜热脂肪芽孢杆菌。

（5）糖厂的甘蔗废弃物甘蔗渣也是城镇环境污染处理的一大难题 广西甘蔗渣年产 840 万吨，处理费用和能耗巨大。广西喷施宝公司以甘蔗渣为主要原料，接种枯草芽孢杆菌、固氮菌、酵母菌等，通过发酵工艺生产出 HA 含量 10％的腐植酸有机肥。赵莹等[45]用蔗渣为主原料（培养基主次顺序：蔗渣、麸皮、蔗糖、淀粉）接种枯草芽孢杆菌，进行工厂扩大发酵生产生化黄腐酸，所得 FA 含量 23.9％。

（6）与 HA 有关的微生物菌剂和制品的研发，是近年来 HA 研究的一大亮点 例如，上海通微公司和大井公司[46]研发和培育的木霉菌（Trichoderma）及 HA 产品，在排除大棚蔬菜连作障碍、提高作物产量、品质和抗病效果方面取得重大成果，已列入国家“863”计划和农业农村部 10 项国家重大科技攻关项目。鲁西集团[47]研发的腐植酸菌剂，包括多黏类芽孢杆菌和解淀粉芽孢杆菌的植物根际促生复合菌，大田试验表明，与单施 HA-K 或微生物菌剂相比，西瓜主蔓长、产量、果形指数、可溶性固形物含量等都明显提高。赵丹等[48]以黑曲霉、绿色木酶、酿酒酵母、枯草芽孢杆菌和假单胞菌组成复合菌剂，菌剂接种量 5％，物料含水量 50％，尿素氮源加量 5％，对苹果渣发酵 25d，FA 产率达 24.3％。将腐植酸引入酵素农业，是近年来农业微生物专家提出的一项新概念。潍坊岛本微生物技术研究所[49]用酵素菌高温固态发酵饲粮基生物质材料、风化煤、枯草芽孢杆菌等制成腐植酸生物有机肥，亩施 200kg，能使葡萄增产 36％～42％。目前，这种酵素菌 HA 有机肥的应用已有许多范例，在改善生态环境、提高综合养分、减少硝酸盐含量、控制病害、增产增收等方面显示出明显的优势。

13.11.3　质量指标

已颁布的 HG/T 5332—2018《腐植酸生物有机肥》中规定的主要质量指标见表 13-13。

表 13-13　腐植酸生物有机肥质量指标（HG/T 5332—2018）

项目	指标	
	优等品	合格品
总腐植酸的质量分数$_d$/%	≥25	≥15
有机质的质量分数$_d$/%	≥50	≥40
黄腐酸的质量分数$_d$/%	≥2	
有效活菌数(cfu)/(亿/g)	≥0.20	
pH 值(1∶100 倍稀释)	5.5～8.5	
水分的质量分数/%	≤30	
粪大肠菌群数/(个/g)	≤100	
蛔虫卵死亡率/%	≥95	
有效期/月	6	

13.12　其他农用腐植酸产品研发进展

（1）多功能固型育苗基质　东北师范大学泥炭研究所[50]率先开发的集基质、营养、控病、调酸、容器于一体的新式固型育苗基质，是泥炭制品产业化的成功先例。这种基质简便高效，省工省力，具有培肥地力、可生物降解、无农药激素、无病虫草害等综合绿色环保功能，可保证营养在 80d 内均衡供应，而且秧苗成活率高，农产品成熟提早 7～15d，增产 35%以上。该技术实现了工业化手段提升种苗产业水平的目的，促使我国种苗产业界走出操作复杂、育苗效率低、秧苗素质差的困境，开创了泥炭制品高科技研发-规模化生产-网络化市场营销的成功模式。中科院沈阳应用生态所[51]研制的复合型育苗基质，由泥炭、有机肥、炉灰渣（6∶2∶2）组成，其有机质含量、养分指标、pH、电导率、孔隙率、吸水性、缓冲能力、病原微生物限量等指标都是单质泥炭所不能达到的，每吨成本比进口泥炭基质低 170 元左右，是绿色环保的好项目。

（2）多功能可降解液态地膜　塑料地膜是 20 世纪末众所周知的十大农业先进技术之一，在农业环境的保温、保墒、保肥、增产增收中具有重要作用，但塑料地膜难以分解，不仅破坏土壤结构，影响作物生长发育，而且造成对土壤和环境的

“白色污染”，成为农业生产的一大公害。2020 年 1 月，国家发展改革委、生态环境部公布了《关于进一步加强塑料污染治理的意见》，提出到 2020 年底，我国将率先在部分地区、部分领域禁止、限制部分塑料制品的生产、销售和使用，到 2022 年底，一次性塑料制品的消费量明显减少，替代产品得到推广。这一措施为腐植酸类可降解地膜的研发提供了极好的机遇。近 10 多年来，中国石油大学田原宇、内蒙古农业大学张伟华、中国矿业大学胡光洲等坚持腐植酸可降解地膜的研究，技术不断改进和优化。乔英云等[52]采用褐煤、海藻、糖蜜、酿酒废液、淀粉等为原料，经化学改性后在交联剂作用下将 HA、木质素、纤维素等缩聚成高分子，再与硅肥、微量元素、农药、除草剂及各种添加剂混合，制成一种多功能可降解液态黑色地膜，解决了 HA 溶液微孔聚合和反向悬浮聚合技术难题，不仅广泛用于常规种植业，而且用于干旱、寒冷、丘陵地区作物早期覆盖，荒地、沙地、盐碱地和滩涂整治，工程道路护坡、固沙造林、渠道防渗、树木防冻等领域。该产品集地膜、肥料、农药于一体，既有增温、保墒、保苗作用，又有一定黏附能力，翻压入土降解成 HA 类物质后，又成为土壤改良剂。试验结果表明，土壤表面喷施液态地膜后可提高地温 1～4℃，蒸发抑制率提高 30％以上，土壤含水量提高 20％以上，土壤容重降低 6％～10％，水稳性团粒数量（＞0.25mm）增加 10％以上，作物生育期提前 3～10d，0～50cm 土体含盐量降低 50％左右，不同作物增产幅度多在 20％以上，而使用成本只有塑料地膜的 1/3 左右。近期还有不少类似的黑色液态地膜技术[53,54]，其膜产品中除了腐植酸盐、生化腐植酸外，还包含丙烯酸类聚合反应所需的单体、交联剂和引发剂，另外还有各种成膜剂、发泡剂、增稠剂等助剂，如聚乙烯醇、骨胶、羧甲基纤维素、木质素磺酸盐、十二烷基二甲基甜菜碱、海藻提取物、丙二醇甲醚醋酸酯、农用稀土等。这些技术发布后，在学术界和产业界引起很大反响，认为此类产品环保、经济实惠，是具有明显先进性、创新性和实用性的技术。专家们还提出许多意见和建议，认为“黑色地膜”至今没有大规模生产和应用，其中可能是由于一些扩大试验结果不理想，或从中发现了一些令人担忧的问题。比如，有的添加未经无害化处理的造纸黑液，带来污染和后患；还有一些复杂合成高聚物的降解断片也有可能给土壤和植物带来污染和毒性；有些黑色地膜分解物质还有堵塞植物叶片气孔的现象。因此，必须继续做一些扎扎实实的基础工作，搞清某些地膜降解产物在土壤中的残留和转化机制，提出确凿的实验证据和有效的无害化措施，并经过长期的实践检验，为规模化生产和推广应用铺平道路。

（3）发展缓/控释肥料是发展高效肥料的一个重要方向　HA 在肥料营养缓/控释作用的研究方面也有很大进展。中科院石家庄农业现代化所与广州聚凡农业科技有限公司[55]合作，历经 20 多年的努力，研发出具有明显特色的涂层缓释一次肥。

肥料缓释涂层是利用亲水性材料，以腐植酸为载体、通过包膜物质（含聚乙烯醇、聚乳酸、阿拉伯胶、海藻酸钠等）水溶胀形成的大分子团絮结构来增强对溶出养分的吸附，并通过调节包膜厚度和改性包膜材料来控制养分的水溶出。他们提出具有创新性的“膜反应”和“团絮结构”缓释高效理论，包括延缓溶解、扩散控制和溶出控制 3 个要素。肥料所用的涂液中含有中/微量元素、HA、化肥增效剂等，对氮、磷、钾肥分别包膜处理，按作物养分需求和测土数据构成 BB 肥的结构，达到了“控氮、促磷、保钾”的目标，实现了干旱、半干旱农作区“一茬作物一次肥”的重大突破，使测土施肥工程变成“一袋子服务”。全国 1000 万公顷示范证明，此类缓释肥可增加土壤蓄水量 16％～19％，节约种子 10％～30％，提高氮利用率 10 个百分点，增产粮食 14％以上。该项目荣获中科院科技进步二等奖和国家科技进步二等奖。山东农大与山东金正大公司[56]合作，以风化煤为包裹材料，以植物油树脂及固化剂为黏结剂，以带喷淋器的转鼓流化床为生产装置，研发了 HA 包裹型缓控释肥。研发者认为，生产时的温度显著影响其控释效果，70℃和 80℃下制得的产品控释性能较好；风化煤粒度也是关键因素，粒度越大，养分释放速度越快，以 80～240 目较适宜；黏结剂与风化煤的质量比（B/H）以 2∶1 和 1∶1 较适宜。风化煤占颗粒肥料质量分数的 2％～5％。产品控释试验表明，28d 的养分释放率为 50％～57％。

最近，有不少独特的 HA 类农用产品的研发报道，比如腐植酸有机硒肥[57]、磁化腐植酸肥料[58]、土壤调理剂[59]、生物质复合保水剂[60～63]、微胶囊[64]、HA 复合农药[65]等，可谓琳琅满目，成果累累。这些新技术新产品的研发，完全符合当今世界和我国绿色发展方向，有望实现成果转化，走上产业化轨道，解决国家经济建设和生态建设中的若干关键性问题，造福人类！

参 考 文 献

[1] 李善祥，李燕生，于建生．腐植酸盐干法工艺的研究与应用［J］．腐植酸，1995，(2)：30-33.

[2] 周继姜．云南寻甸褐煤硝基腐植酸的生产和发展前景［J］．腐植酸，1993，(4)：43-47.

[3] 孙淑和，成绍鑫，李善祥，等．煤稀硝酸氧化制取硝基腐植酸-第一报：制取硝基腐植酸工艺条件的考察［J］．江西腐植酸，1983：1-13.

[4] 河南省化学研究所腐植酸肥料专题组．碳化氨水法制腐植酸铵肥料［J］．化学通报，1975，(3)：16-17.

[5] 钟哲科，杨慧敏，白瑞华，等．氮改性褐煤的特性及其在退化土壤造林中的应用研究［J］．水土保持学报，2010，24 (4)：213-216；221.

[6] Coca J，Alvarez R，Fuertes A B. Production of a nitrogous humic fertilizer by the oxidation-ammoniation of lignite［J］. Industrial & Engineering Chemistry，1984，23 (4)：620-624.

[7] 成绍鑫，武丽萍，柳玉琴，等．风化煤高纯腐植酸新工艺的开发［J］．腐植酸，1995，(1)：22-31.

[8] 李炳焕，曹文华．高铁含量风化煤铅蓄电池用腐植酸［J］．腐植酸，2000，(2)：41-45.

[9] Meyer G，Klöcking R. Humic acid quality：using oxalic acid as precipitation agent［D］. Function of Natu-

ral Organic Matter in Changing Environment，Institute for Verfahrensentwicklung，zittau，Germany，2011，595-597.

[10] 薛慧玲，于家伊，赵晞英，等．采用离子交换法纯化餐厨废弃物发酵产黄腐酸的工艺条件研究［J］．河北农业科学，2014，(5)：95-99.

[11] 尹淑芝．碱溶、离子交换树脂混合法提取黄腐酸［J］．化学工程师，1994，(6)：53-54.

[12] 葛红光，陈丽华．泥炭中黄腐酸的分离研究［J］．延安大学学报，2001，20 (3)：57-58.

[13] 焦元刚，朱红，邹静，等．风化煤中黄腐酸的提取研究［J］．化工时刊，2007，21 (1)：30-32.

[14] 文鹏丽．风化煤中黄腐酸提取关键技术的研究［D］．太原：山西大学硕士学位论文，2012.

[15] 王曾辉，熊晃，高晋生，等．哈密风化煤黄腐酸的研制-第一报：大南湖风化煤的特性和黄腐酸的抽提［J］．腐植酸，1995，(3)：4-13.

[16] 熊晃，王曾辉，高晋生，等．提高哈密黄腐酸抽出率的研究［J］．腐植酸，1999，(2)：11-15.

[17] 单俊杰，张常书．张江川．利用生物技术开发生化黄腐酸新肥源［J］．腐植酸，2005，(2)：1-3.

[18] 成绍鑫，武丽萍，柳玉琴，等．一种腐植酸尿素络合物的制备方法［P］．CN 96108848.6，1996.

[19] 赵秉强，袁亮，李燕婷，等．一种腐植酸尿素及其制备方法［P］．CN 201210086696.5，2012.

[20] 白凤华，谭钧．一种制备腐植酸尿素的工艺方法［P］．CN 201510477355.4，2015.

[21] 林海涛，江丽华，刘兆辉，等．腐植酸尿素新型生产工艺及田间应用效果研究［J］．腐植酸，2010，(4)：9-16.

[22] 刘艳丽，丁方军，谷端银，等．不同活化处理腐植酸-尿素对褐土小麦-玉米产量及有机碳氮矿化的影响［J］．土壤，2015，47 (1)：42-48.

[23] 张跃文，张彩凤，曾宪成．新型腐植酸磷肥的研究开发进展［J］．腐植酸，2009，(4)：1-5；10.

[24] 申守营，沈宏．增效过磷酸钙的增效机制及其对玉米生长的影响［J］．磷肥与复肥，2015，30 (1)：48-50.

[25] 吴钦泉，谷端银，陈士更，等．腐植酸类肥料活化技术的研究及其应用［J］．腐植酸，2013，(4)：15-17.

[26] 高进华，陈大印，解学仕，等．熔体造粒腐植酸功能性肥料研究与产业化开发［J］．化肥工业，2012，39 (4)：18-19；49.

[27] 窦兴霞，冯尚喜，杨晓云，等．腐植酸对高塔络合反应中缩二脲生成的影响［J］．腐植酸，2013，(4)：23-27.

[28] 曾宪成．让腐植酸水溶肥普惠全人类［J］．腐植酸，2014，(4)：2-6.

[29] 李双，成绍鑫，曾宪成．含腐植酸水溶肥料产业发展成果［J］．腐植酸，2018，(5)：1-8.

[30] 莫利特 H．乳液、悬浮液、液体配合技术与应用［M］．杨光，译．北京：化学工业出版社，2004.

[31] 李善祥，窦秀云，晁兵．活性抗硬水黄棕腐酸叶面肥的研究与应用［J］．腐植酸，2000，(3)：36-38.

[32] 成绍鑫．高效植物生长调节剂（FA-3）及其液肥（FA-L）［J］．腐植酸，2000，(3)：48.

[33] 白燕，陈淑云，赵红艳．泥炭腐植酸液体肥的制备及应用研究［J］．腐植酸，2002，(3)：35-36.

[34] 周忠平．解决腐植酸抗硬水的途径［J］．腐植酸，2003，(3)：9-11.

[35] 李万涛，霍培书，李会侠，等．高分子材料对腐殖酸水溶效应的影响［J］．安徽农业科学，2017，45 (12)：224-227.

[36] 谭钧，王丽霞，白凤华，等．以尿素和复合活化剂提取水溶腐植酸的新技术研究［J］．腐植酸，2012，(5)：18-24.

[37] 马志军，迟军道，杨旭升，等．腐植酸生物液体肥的研制与应用效果的研究［J］．腐植酸，2005，

(2)：27-35.
[38] Trevisan S，Francioso O，Quaggiotti S，et al. Humic substances biological activity at the plant interface [J]. Plant Signaling & Behavior，2010，5 (6)：635-643.
[39] 李瑞波，吴少全．生物腐植酸肥料生产与应用 [M]. 北京：化学工业出版社，2011.
[40] 于建，吴钦泉，洪丕征，等．简述生化腐植酸的功能、制备及其肥料应用 [J]. 腐植酸，2016，(2)：6-7.
[41] 徐鹏翔，赵金兰，杨明．添加不同量的腐殖酸对猪粪堆肥中主要养分变化的影响 [J]. 环境工程学报，2011，5 (3)：685-688.
[42] 李恕艳，李吉进，张邦喜，等．菌剂对堆肥腐殖质含量品质的影响 [J]. 农业工程学报，2016，32 (增刊2)，268-274.
[43] 高亮．腐植酸生防生物有机肥对辣椒根腐病防治效果的研究 [J]. 腐植酸，2015，(1)：18-24.
[44] 北京嘉博文生物科技有限公司．棕油副产品生物腐植酸及其生产方法和所用的生物腐植酸转化剂 [P]. CN 201210310925，2012.
[45] 赵莹，邱宏瑞，谢航，等．枯草芽孢杆菌发酵蔗渣生产黄腐酸的工艺条件优化 [J]. 福州大学学报：自然科学版，2010，38 (2)：290-296.
[46] 张常书，张丽娟，唐卫东，等．木霉腐植酸土壤修复剂的开发应用 [J]. 腐植酸，2014，(4)：35-39.
[47] 李书海，高立志，吕新春，等．腐植酸菌剂在西瓜上的应用研究 [J]. 腐植酸，2018，(4)：42-45.
[48] 赵丹，陈五岭，齐牧遥．苹果渣发酵法制备黄腐酸的工艺 [J]. 江苏农业科学，2012，40 (1)：229-230.
[49] 高亮，谭德星．中国酵素菌技术 [M]. 北京：中国农业出版社，2016.
[50] 孟宪民．我国泥炭资源利用研究进展和展望 [J]. 腐植酸，2004，(5)：24-29.
[51] 尹微，景红双，薛冰，等．复合基质的特性及其在黄瓜育苗上的应用效果 [J]．腐植酸，2018，(4)：37-41.
[52] 乔英云，田原宇，黄伟，等．腐植酸多功能可降解黑色液态地膜的应用研究 [J]. 腐植酸，2006，(1)：16-19.
[53] 方宁．用煤炭腐植酸生产环保全降解转肥液态地膜的技术 [P]. CN 201110092937.2，2011.
[54] 张仁杰．一种液体地膜及其生产和成膜方法 [P]. CN 201110002363.5，2011.
[55] 陈绍荣，熊思健．具有中国特色的腐植酸涂层缓释肥的作用机理与应用研究 [J]. 腐植酸，2014，(3)：6-10.
[56] 陈剑秋，张民，陈宏坤，等．腐植酸缓控释肥的生产工艺及控释性能研究 [J]. 化肥工业，2012，39 (1)：30-33.
[57] 张志明，李建华．腐植酸有机硒肥与食品安全及食疗健康 [J]. 腐植酸，2005，(6)：10-18.
[58] 康宗利，王桂红，杨玉红等．磁化腐肥对黄瓜苗生长发育的影响研究 [J]. 腐植酸，2005，(5)：25-30.
[59] 黄占斌，张博伦，田原宇，等．腐植酸在土壤改良中的研究与应用 [J]. 腐植酸，2017，(5)：1-4.
[60] 李东芳，于志佳，张建超．马铃薯淀粉接枝丙烯酸/腐植酸钠复合高吸水树脂的合成工艺 [J]. 合成材料老化与应用，2017，46 (2)：13-17，27.
[61] 程磊，匡新谋，程乐华．XG-g-PAA/SH高吸水性树脂的吸水保水性能及缓释功能研究 [J]. 化工新型材料，2016，44 (9)：110-112.
[62] 郭志娟，张丽，魏清，等．腐植酸保水剂的现状及发展 [J]. 磷肥与复肥，2014，29 (1)：34-37.

[63] 郑艳萍，刘芳，孙看军，等．麦麸纤维素与腐植酸复合保水剂的制备及性能［J］．水土保持通报，2018，38（2）：259-263.

[64] 赵冬冬，牛育华，宋洁，等．季胺化壳聚糖包覆腐殖酸微胶囊的制备及性能［J］．精细化工，2017，34（9）：967-974.

[65] 杨凌绿都生物科技有限公司．一种用于制备具有抗病虫菌性黄腐酸肥料的组合物及其方法［P］．CN 201110005238，2011.